攻擊高度四千米

德國空軍崛起與敗亡的命運

Angriffshöhe

DIE DEUTSCHE LUFTWAFFE IM ZWEITEN WELTKRIEG

Cajus Bekker
卡尤斯・貝克——著
常靖——譯

執行攻擊任務的 He 111。這款雙發動機轟炸機在為時五年半的大戰中，一直是德國空軍的制式中程轟炸機。由於有限的航程及載彈量，使它無法如盟軍的四發轟炸機般執行戰略轟炸任務。

被稱為「重型戰鬥機」或「驅逐機」的 Bf 110，在波蘭戰場所向無敵。但在不列顛戰役的表現卻不如人意。

著名的斯圖卡飛行員，左起「斯圖卡之父」史瓦茲考夫上校，1940 年 5 月 14 日於色當戰役陣亡；知名的特技飛行員迪諾特少校，加入空軍之後成為第 2 斯圖卡聯隊聯隊長；執行第一次斯圖卡空襲任務的迪利中尉；第 76 斯圖卡聯隊一大隊大隊長西格爾上尉，關於他在大戰爆發前的事蹟，本書有詳盡描述。

飛行中的 Ju 87 大隊。俯衝攻擊的戰術可說支配了德國空軍的走向。而「所有轟炸機都必須能夠俯衝」的觀念，後來證明是一項致命的錯誤。

起飛緊急！斯圖卡機長與通信士／尾砲手正迅速爬進 Ju 87B 的座艙內。

Ju 87 獨特的倒鷗翼，與粗壯而不可收回的起落架造就了它獨樹一格的霸氣造型。

烏德特（左圖中正在與梅塞希密特教授交談）在大戰期間擔任技術局長及空軍軍備發展負責人，他將美國設計的寇蒂斯「鷹」式機（左下圖）的俯衝轟炸概念引進德國，同時決定建造德國的俯衝轟炸機。右下是 Ju 87 著名的俯衝投彈照片。

「夢幻轟炸機」Ju 88 首次出擊的目標是英國皇家海軍，但其戰果卻教人大失所望。想要由天上命中快速而閃避靈敏的水上目標，是需要長時間的練習與經驗。此為合成宣傳照片，顯示 Ju 88 正對一批水面艦艇展開俯衝攻擊。

梅塞希密特 Bf 109 單座戰鬥機（右圖），推出之時性能舉世無匹；雙發動機的機 Bf 110（下圖）則在舒馬赫中校（上圖）的指揮下，於 1939 年 12 月 18 日黑戈蘭德灣海戰中，成功地防禦英國威靈頓式轟炸機的襲擊。

德國在占領丹麥及挪威的「威悉演習」中，首次出動了傘兵部隊。傘兵由敵後攻占重要橋樑及機場，為此動員了 500 架運輸機。

停放在奧斯陸佛涅布機場的 Ju 52 機群，其空降行動是順利攻占挪威的重要關鍵。

西線戰事在 1940 年 5 月 10 日的晨曦中展開，德軍部隊採取了大膽的攻堅行動，上圖為拖曳中的 DFS 230 型滑翔機。科赫突擊隊的四個目標為：攻占亞伯特運河上的維德維采橋及佛羅恩霍芬橋，摧毀卡諾大橋及艾本艾美爾要塞。下圖顯示德軍的進攻目標：9、12、18、26 為三聯裝 75 公厘砲塔；23、24、31 為升降式 75 或 120 公厘旋轉砲塔；15、16 為假掩體；13、19 為機槍碉堡；3、4、6、17、23、30、35 為運河及壕溝掩體，配備戰防砲，探照燈及機槍；29 為高砲陣地；2、25 為營房。

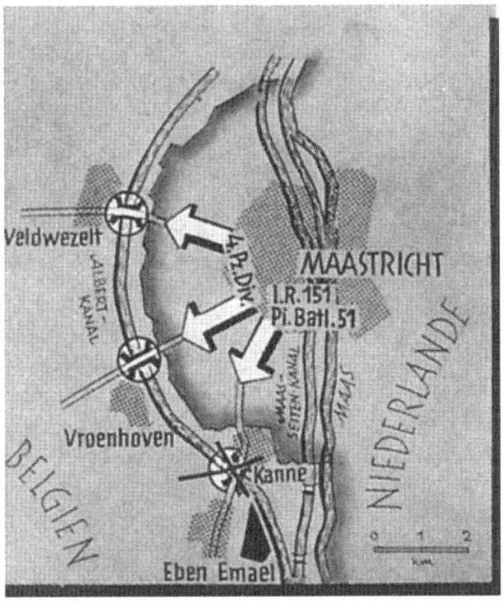

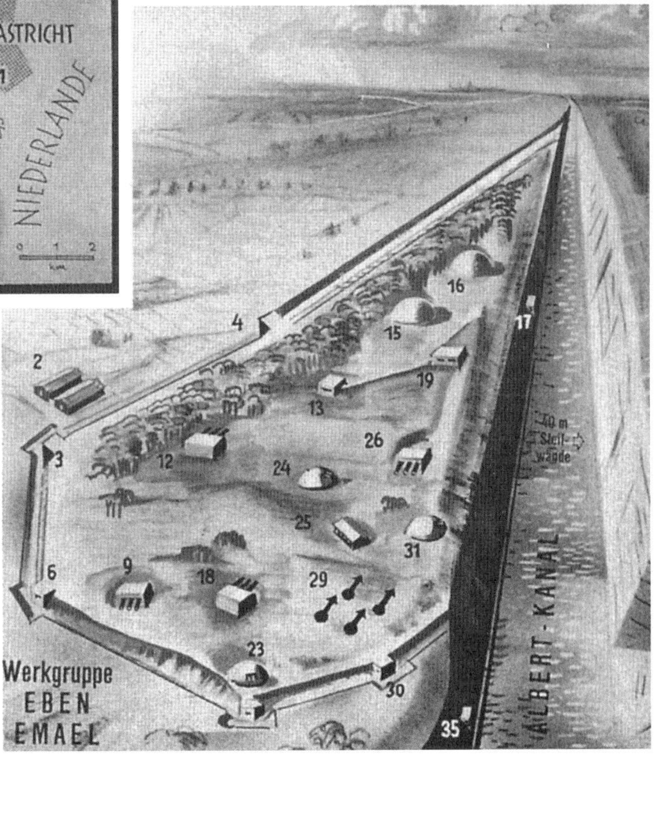

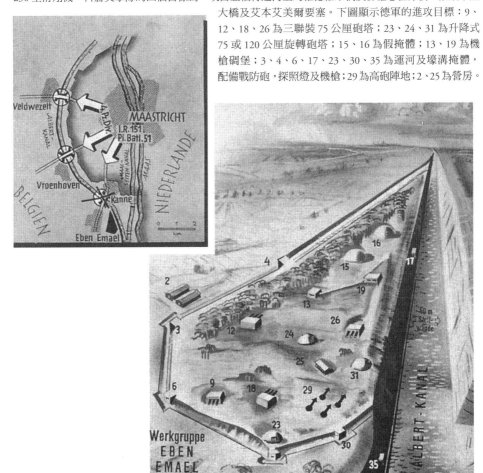

花崗岩隊空降工兵突擊隊成功擊破防衛位於亞伯特運河、高度現代化的艾本艾美要塞。圖為一番激戰之後，心情輕鬆的德國傘兵。

滑翔機以高超的技術降落在混凝土碉堡與戰防掩體之間。

左圖為艾本艾美防線臨亞伯特運河側的陡直高牆，及負責守衛此區的「壕溝掩體」。

斯圖卡投下的命中彈讓艾本艾美碉堡斑痕纍纍，不過真正使其癱瘓的仍是傘兵的攻堅行動。

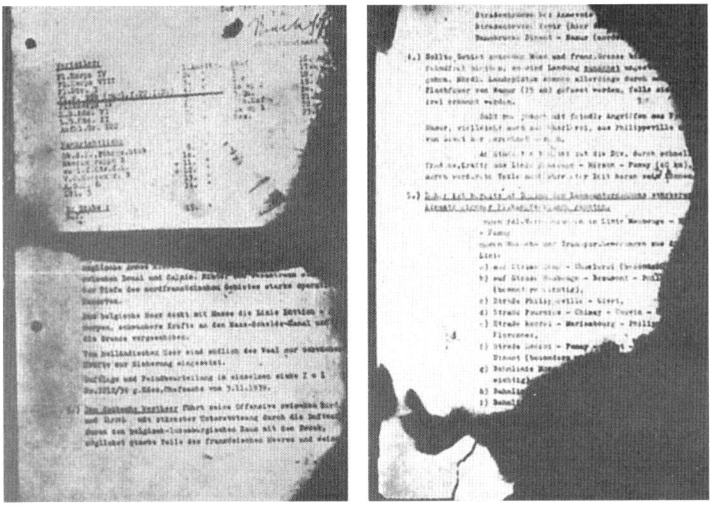

兩頁尚未被完全焚毀，有關德國西線攻勢的文件。由於兩名德軍空軍軍官的迷航導致這份機密文件落入比利時人手中。

對「荷蘭堡壘」的空降作戰，德國傘兵在僅有近接支援戰機的支撐下，堅守莫迪克大橋達三日之久，一直到增援的陸軍部隊趕到為止。

兩架隸屬 76 重戰鬥機聯隊 2 大隊「鯊魚中隊」的 Bf 110 低飛掠過滿目蒼夷的敦克爾克市區。

1939 年由測試飛行員迪特雷駕駛所 He 100（右圖）打破了世界航速紀錄，但此紀錄立即為溫德爾（上圖與梅塞希密特博士交談者）駕駛的 Me 209 創下時速 755 公里的新紀錄。不過不列顛空戰的結果顯示，英國的噴火式戰鬥機性能上與 Bf 109 不相上下。

雙發動機 He 111（上圖為 H16 型）為德國在二戰期間，幾款標準的轟炸機之一。

一架轟炸機完整的支援人員：①氣象官，②軍械士，③、④炸彈裝卸人員，⑤機械士⑥、⑦地勤人員，⑧五人機組。圖中央置於炸彈台車上者為一枚一千公斤炸彈，其他則為二五〇公斤及五十公斤炸彈。

左上：一架打開彈艙的 He 111。右上：一架第 54 轟炸機聯隊的 He 111 配備了防禦低空氣球用的試驗性裝置。下：德國空軍從 1940 年 9 月 7 日開始空襲倫敦，一架 He 111 正飛越泰晤士河轉彎處的倫敦碼頭區。

左圖：Bf 109 駕駛艙內的儀表。

下圖：Bf 109 是德國唯一的標準戰鬥機，從 1940 年秋季開始加掛二五〇公斤的 SD250 炸彈，對英國進行戰鬥轟炸任務。

德國傘兵部隊在克里特島損失慘重。一架 Ju 52 運輸機在赫拉克良上空被擊中而起火燃燒。

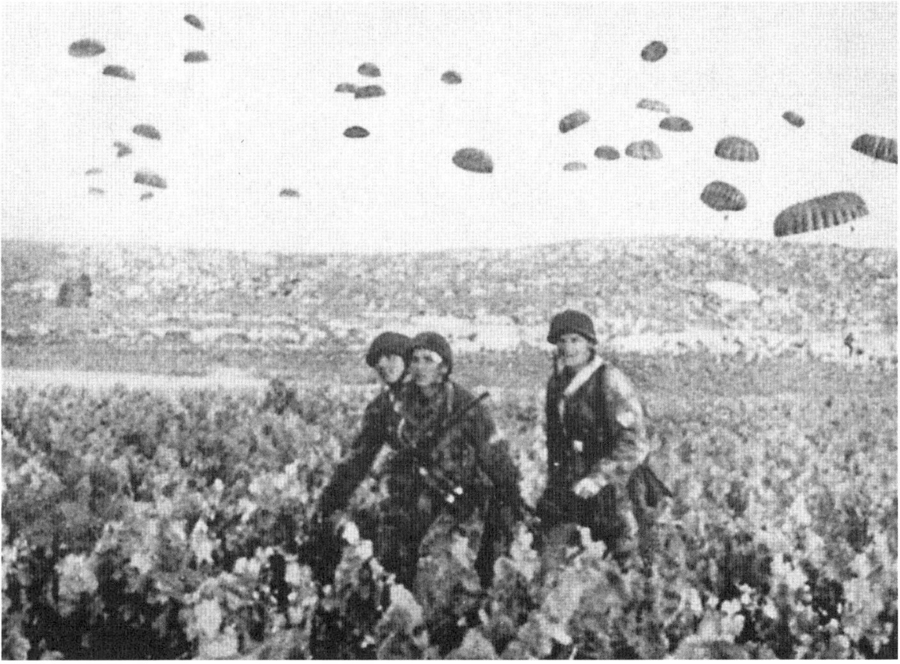

跳傘著陸後，正在集結的傘兵部隊。

493 架 Ju 52 運輸機，於 1941 年 5 月 20 日清晨飛越愛琴海前往克里特島「水星作戰」要登場了。

迫降的 Ju 52，由於敵軍猛烈的防砲火力及未知的地貌地物，使德軍運輸機部隊在克里特島折損許多飛機。

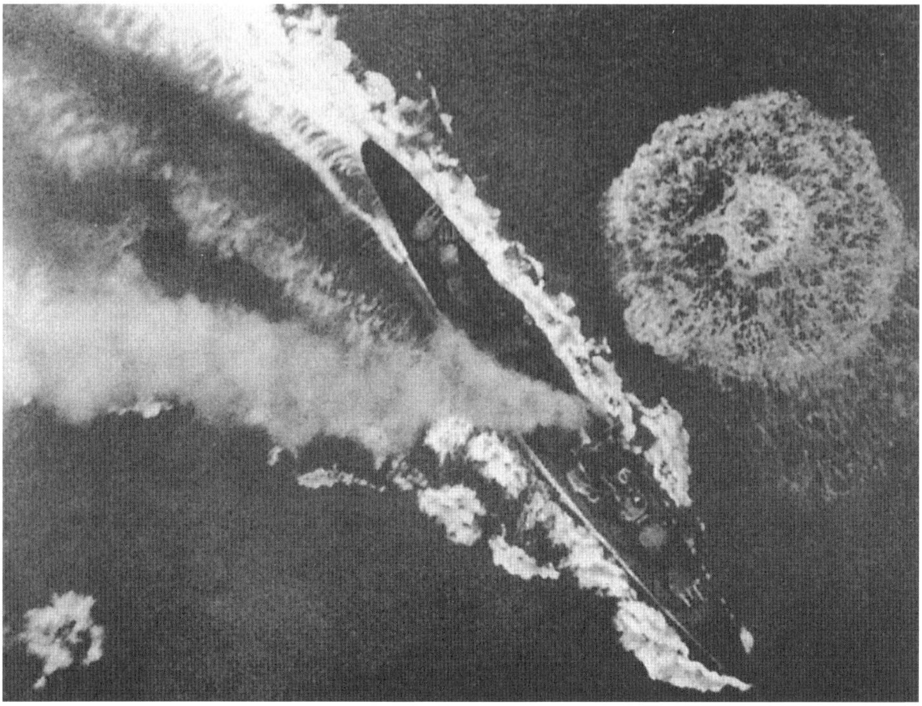

正遭受炸彈攻擊的英國「格洛斯特」號巡洋艦，該艦稍後被命中並於 1941 年 5 月 22 日下午沈沒。

一手建立起夜戰導引系統的康胡伯將軍（左起），第 1 夜戰聯隊聯隊長史特萊伯上校。素以「追蹤者」稱號聞名於夜戰部隊的賽恩－維特根史坦少校，他在擊落 83 架敵機後殉國。

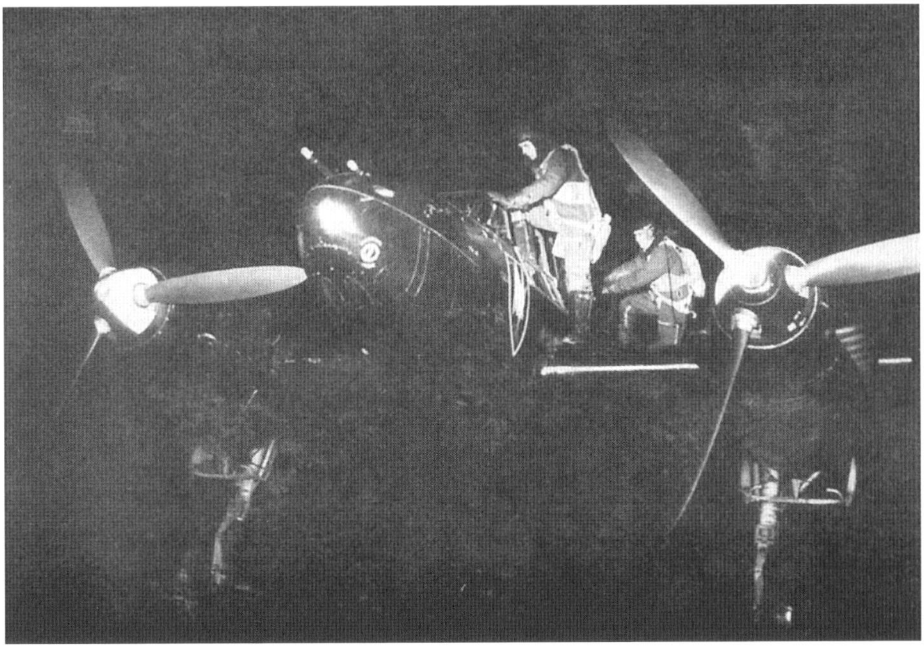

大部分的夜戰單位一直到大戰結束都仍在使用加裝夜戰裝備的老舊 Bf 110。圖為第 1 夜戰聯隊的吉德納士官長與他的通信士正要登上座機。

第 2 斯圖卡聯隊連續七天，對駐泊在列寧格勒皇家船塢內的蘇聯海軍波羅的海艦隊展開空襲，並於 1941 年 9 月 23 日重創戰艦「十月革命」號。

遭德軍斯圖卡俯衝轟炸重創的蘇聯海軍「十月革命號」戰艦。

一架 He 111 轟炸機低飛掠過一處燃燒中的蘇聯輸油管。

德國空軍從 1942 年初開始以西西里為根據地，展開對馬爾他的空襲。圖為一架在地中海上空執勤的 Ju 88。

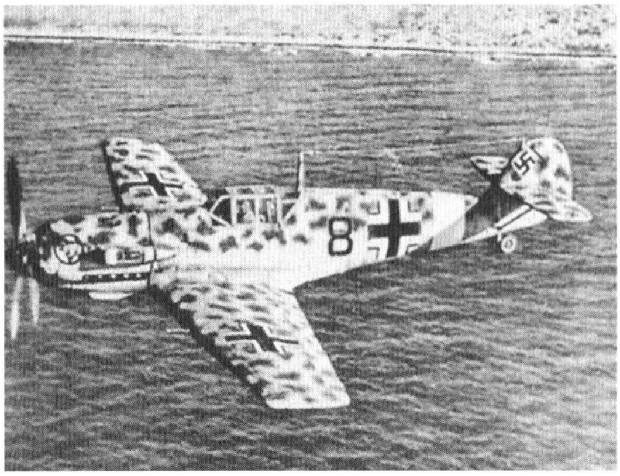

非洲戰場方面，由第 27 戰鬥機聯隊負責支援隆美爾對艾拉敏的攻擊行動。上為一架漆著非洲戰區迷彩的 Bf 109 戰機。

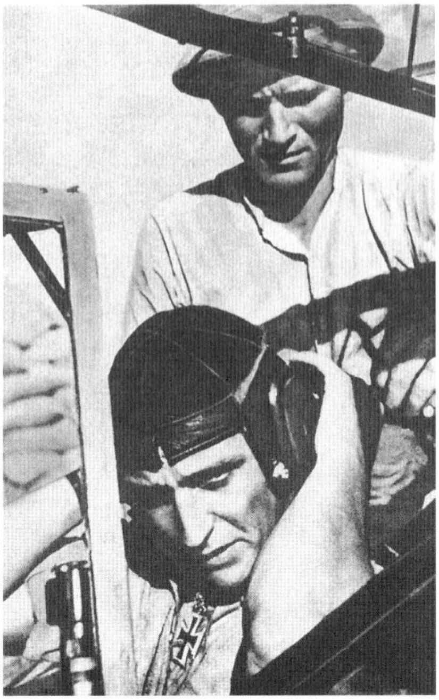

第 27 戰鬥機聯隊的空戰英雄馬塞里上尉。他累積了 158 架的擊落數。

改裝自民航機的 Fw 200「兀鷹式」長程偵察機，藉著本機的幫助，德國空軍建立了海上長程偵察能力。

第 30 轟炸機聯隊的一架 Ju 88 對 PQ 17 船團的一艘貨輪執行俯衝轟炸後拉起。

第 26 轟炸機聯隊「雄獅」聯隊為第一支配備魚雷的單位，並立即對北海船團展開攻擊。

Ju 52 運輸機冒著暴風雪降落在史達林格勒，為圍困的六軍團執行空中運補的重大任務。

在機翼下加掛 37 公厘加農砲，當成空中戰車殺手使用的 Ju 87G。

總產量高達 2 萬架的 Fw 190 戰鬥機是一種多功能的機種。東線各攻擊機聯隊甚至將其當作制式化的機型。右圖為一架 Fw 190 及其所配備的子母彈莢艙。負責攔截四發動機轟炸機的 Fw 190，則有部分配備 21 公分火箭（下）。

3 位著名的戰鬥機飛行員，左起賈南德、陶特洛夫及歐騷，攝於一場兵棋推演演習中。

一群正在熱烈討論與美軍 B-17「空中堡壘」轟炸機交戰狀況的德國戰鬥機飛行員。

一片由「蘭卡斯特」轟炸機中投下的彈雨。「蘭卡斯特」是英國最強大的四發轟炸機，但由於機腹沒有任何防禦武裝，反而容易成為德國夜間戰鬥機的獵物。

德國本土空中保衛戰中的第 26 重戰鬥機聯隊 2 大隊的 Bf 110 小隊（此照片為該小隊第 4 架僚機所攝），正試圖繞到大群盟軍轟炸機後方以取得有利的射擊位置。

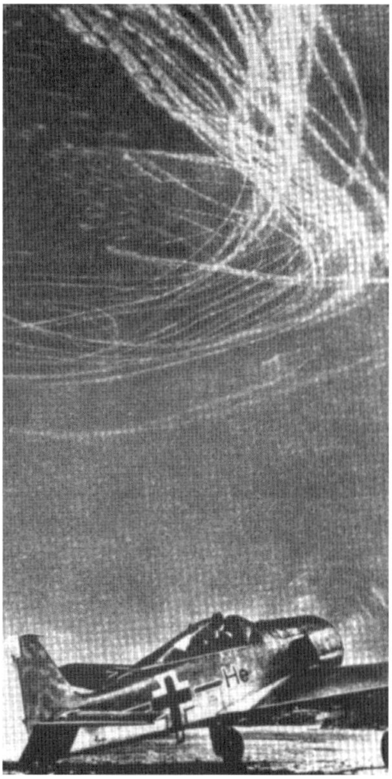

佈滿凝結尾跡的藍天，面對盟軍最新式的 P-51 野馬式長程戰鬥機，德國空軍依然使用過時的 Fw 190，甚至更老舊的 Bf 109 與之抗衡。

世界第一架噴射轟炸機阿拉度 Ar 234B，1944 年底才正式開始服役。

世界第一架噴射戰鬥機 Me 262。上圖為一架配備副油箱及「SN 2」雷達天線的夜戰機型。

在二戰爆發前的 1939 年 8 月 27 日，世界第一架噴射動力飛機 He 178 就已完成試飛。

綽號「動力蛋」的火箭推進戰鬥機 Me 163，在大戰末期專司重點區域之轟炸機攔截任務。

「國民戰鬥機」He 162，在極短的時間內完成開發工作，不過未及投入作戰，德國便已投降。

一張珍貴的 Me 262 噴射戰鬥機試飛期間的照片。

長程的芙蕾亞雷達，以及最早開發的碟狀符茲堡雷達，後者的探測距離比較短，是德國空軍預計盟軍轟炸機對歐陸空襲的利器。

目錄

推薦序　保羅・戴希曼，前德國空軍中將

我接到作者的請求而非常樂意地寫下這篇序文。從德國的觀點來看，這本書是對亡者的紀念、對生還者的致敬，也是對未來世代的警告。除此以外，這也是第一本以德國資料來源為主、探討一九三九年到一九四五年間空戰的書籍。

德國還是少有人知道戰爭期間發生了什麼事。雖然德軍的行動幾乎遍及全世界，但戰爭時期的保密措施，加上德國和盟軍雙方的宣傳，都讓事實蒙上一層秘密迷霧，至今未能穿透。各位讀者是否相信，有許多前德軍飛行員至今都還不知道他們親自參與的戰鬥有怎樣的前因後果。

我自己就聽過許多這樣的抱怨。身為戰前就當上前線指揮官、還當上參謀的軍官，加上戰後十年鑽研德國空軍史的經驗，常常有人問我：「為什麼沒有以德國觀點清楚描述空戰史的書籍呢？」

這樣的空白在新的德國空軍以北大西洋公約組織成員的身分成立後，變得越來越明顯。我們的後代在加入新空軍的同時，一直在問：「你們那場戰爭到底發生什麼事？」個人親身經驗的說法無法滿足他們，他們要的是前因後果，而他們得到的答案往往都無法讓他們滿意。

以前的國家或至今大多數國家，都會在戰爭結束後——即使戰時政府已不再掌權——出於公眾與軍方的利益而推出一套官方自製或官方認可的戰史。畢竟參加過這麼嚴肅的事，大家都有權

利知道整個來龍去脈，然後再作出自己的判斷。

只有在德國，對於二戰時期的空戰一直沒有官方歷史的說法，看起來即使再過一陣子大概也不會有了。因此，我在此恭喜本書作者，他有這樣的勇氣去接下如此具挑戰性的工作。由於這本書是寫給一般大眾看的，他的書顯然不會打算假裝自己可以取代完整的軍方史書。在五百多頁的篇幅內，根本不可能做到這種事。但根據我自己的戰爭經驗，我可以說以他對大量德軍文獻的評估、對外國官方戰史的研究和對許多戰時德國空軍領袖的訪談，他確實已成功拿出一套在細節上、在情境上都夠準確的故事。因此，本書能大幅填補現有的空白，並且無疑將會在軍事書籍中占有一席之地。

我還要補充一點，本書有相當多部分先前曾在一本頗為熱門的德文畫刊上連載，這點對此書付梓有許多幫助。文章的連載引起了前德國空軍人士的興趣，使作者得以說明、強調許多細節。

我有多年與當年敵對的盟軍戰史相關部門合作的經驗，知道其他國家也期待有這樣的一本書很久了。因此本書的德國出版社在安排它在外國以數種不同語言出版時，並沒有遭遇什麼困難。我只希望在外國的出版可以多少減少對戰時德國空軍的偏見。

戰爭結束後不久，我被某西方強權聘請調查德國空軍的歷史。有一天，在與負責此事的高階軍官談話時，我問他為什麼像他這麼強大、最終擊敗德國贏得戰爭的國家，會對我們的空軍這麼有興趣。他的回答我很驚訝，簡單來說，他們想要知道德國空軍「以其有限的武器與飛機」為什麼能對抗世界各國的空軍這麼久。這句對德國人勇氣稱讚的話，已經足以說明很多事。

然而，在這本書對戰鬥、危險與死亡的描述中，沒有任何讚揚戰爭的行為。當我國的飛行員付出了這麼多的代價以後，是怎麼能做出這種事呢？那些知道戰爭是什麼樣子的人、不只一次直視死神雙眼的人，正是最堅決有力地反對戰爭的人、最歌頌和平的人。但他們也知道在原子彈的時代裡，就像歷史上過去那樣，一個國家的自由甚至生命都取決於國民為保家衛國獻出生命的決心。願他們最終能感受到自己的使命，並阻止自己的國家再被任何戰爭的陰影所籠罩。

戴希曼（Paul Deichmann）在戰前、戰時曾擔任的職務包括：德國空軍參謀部作戰處處長、第二航空軍團參謀長、南方司令凱賽林的參謀長、第一航空師師長、第一航空軍團司令、第四航空司令部（即前第四航空軍團）司令等。他在戰後多年負責一個專門研究空戰史的研究團體，後來稱作德國空軍研究團（Studiengruppe Luftwaffe）。為了表彰他在此領域的成就，一九六三年十二月三十一日成為第一位獲得美國空軍大學獎（Air University Award）的非本國籍人士。在他之前，只有六位高階美國軍官獲此殊榮。

作者序

要在一本書的篇幅內呈現戰時德國空軍的歷史絕非易事，或許這正是為什麼至今沒有官方正式的文獻涉及這個領域的原因。由於缺少這方面的文獻，筆者認為有一件很重要的工作，就是要寫一本書來澄清一些戰爭時期產生、日後還留了下來的錯誤觀念。

筆者所設想的，是一本準確、客觀的紀錄，描述戰爭主要戰場發生的主要事件，包括西線、東線、地中海與德國本土。然而由於發生的事件甚多，這樣的一本著作不可能完整收錄。因此，如果筆者描述某些事件較為詳細，那只是因為這些事件具有代表性意義。在戰時空戰重要的發展，筆者都會在各章結尾處的「摘要與結論」整理。

當然，筆者寫這本書絕不可能沒有取得眾多他人的自願協助。雖然我想對所有人表達感謝，但分別指名道姓必然會引起大部分必須保持匿名的人士不滿。然而我仍必須提及許多組織、團體與協會，他們將手中詳盡的資料交給了我使用，其成員也說明了各自的親身經驗。當中我要特別提及漢堡－白沙島（Hamburg-Blankenese）的德國空軍研究團、司徒加特的國防研究協會（Arbeitskreis für Wehrforschung）、不萊梅的Luftwaffenring與其相關組織，還有最重要的是德國傘兵協會、轟炸機協會與戰鬥機協會。

我還要感謝我在德國的出版商，以及法國、英國、義大利、日本、西班牙與美國的出版商與譯者，他們讓我的書得以出現在這些國家；同時還要感謝德國《水晶》（*Kristall*）雜誌的製作與編輯部門，是他們一開始的連載吸引了國內外讀者的興趣。藉由聯絡上數百位書中所述事件的參與者，而讓我得以在手邊已有的素材之上，再加上他們的個人記憶，同時利用其他上千人所提供的信件而成書。

像本書這樣介於歷史與目擊者證詞之間的書籍，無可避免地一定會被某些人視為具有過多的批判性，同時又被其他人認為批判性不足。同時，許多德國讀者可能會對本書篇幅無法闡述他們參與的許多行動而感到不滿。我完全明白本書內容的限制，並且我只會說這本書只是一個需要完成的工作當中的第一步。

或許我也應該解釋一下，為什麼德國空軍在戰爭最後一年的作戰史，在本書只以摘要的方式描述。原因在於德國空軍從一九四四年中期以後，面對排山倒海的劣勢，不論在東線還是西線戰場都只有非常有限的影響力，無法改變戰爭的結果。雖然在如此絕望的狀況下，德國空軍深知國之將亡，其指揮與作戰部隊都參與了許多戲劇性的戰役。但由於缺少可靠的文獻，我不得不捨棄戰爭最後這幾個月的故事，不做深入的敘述。一旦決定要這麼做，我便只能完全依賴參與者的個人描述，其中許多描述都有互相矛盾之處。但我不希望如此。不論如何，這段時期都可以有許多飛行員的自傳來做為補充，例如阿道夫．賈南德的出色著作《第一位與最後一位》（*Die Ersten und die Letzten. Jagdflieger im Zweiten Weltkrieg*）。

因此，如果這場空戰的最後階段在本書中沒有描述得那麼詳細，並不是因為筆者企圖強調德國空軍的勝利、同時忽略其失敗。戰敗的原因來自德國空軍過於急就章的建立過程、對長期戰爭的準備不足，以及特定重要類型的飛機種類不足。本書的第一章就會把這點描述得很清楚。然而，筆者仍然相信自己成功避免了任何「如果只有那樣」的猜測。畢竟是事實，而不是理論，才是不證自明的。

本書只會以這場空中戰爭發生時的實際狀況來報告，不會企圖判斷整件事的道德價值。戰爭會產生情緒，戰時宣傳則會放大英雄行為。在戰敗後的德國承平時期宣傳，則只會輕視所有的軍人價值觀。而在兩者之下的最大受害者，必然就是真相。

因此筆者的主要立場，是要解放真相。只有在真相公諸於眾之後，才有人能找出獨立超然的意見。戰爭並不光榮，所有參戰國都從自己所受的苦難中明白到這一點。我甚至希望我的書能幫助人們明白，不論他們有多麼不同，都必須學會和平共處。

卡尤斯・貝克

漢堡

譯序

身為在本書前僅翻過兩本軍事相關書籍的資淺譯者，能獲選前來翻譯這本德國空軍史，實是十分光榮之事。

首先筆者希望在這邊說明，本書如作者序所述，是以「德軍立場的」空軍戰史。因此不論是觀點還是立場，都會偏向於德國軍人的立場。正如日本戰後曾有一段時間流行所謂的「陸軍惡玉論」、「海軍善玉論」（即認為戰時日軍的戰爭犯罪與不人道行為乃至於敗戰的主因皆出於陸軍的史觀），戰後的德國大約直到一九九五年也流行過所謂的「乾淨的國防軍」（Saubere Wehrmacht）史觀。這樣的史觀認為德國在二次大戰中的戰爭罪行（尤其是猶太人大屠殺）皆出自納粹黨與黨衛軍；國防軍身為「德國的」軍隊（而不像黨衛軍是納粹黨的軍隊），是「乾淨的」、與上述問題無關。

本書原著於一九六四年出版，當時正處於「乾淨的國防軍」史觀的流行期間。書中未提及空軍與戰爭罪行的關係（畢竟並非本書的重點），亦時常強調空軍高層與納粹黨的不和之處。這些說法必然既包括事實，也包括受訪軍人或其回憶錄、留存文獻中基於自身立場的主張與意見。如前所述，既然本書的出版目的是提出德軍立場的戰史，筆者在翻譯時便不會針對這方面作任何揣測與修改，不會像英譯本一樣在某些關鍵論點上以英美的史料加以反駁，避免模糊本書的核心價值。這點還請讀者多加注意。

接下來則是與書中用語相關的介紹。中華民國國軍的體系、用語、觀念等，以參考美軍為最多，參考日軍（主要為用語）其次，因此在本書中或許有許多用詞、用語等，與讀者習慣的系統不同，筆者將在此整理。

首先是軍階的部分。德軍的軍階尤其在將官這一塊非常容易讓讀者混淆：

納粹德國空軍軍階	**英語系國家軍階**	**本書使用的中譯**	**中華民國國軍軍階**
Generaloberst	General	上將	一級上將
General der Flieger / Luftwaffe等	Lieutenant General	航空部隊／空軍中將	二級上將
Generalleutnant	Major General	少將	中將
Generalmajor	Brigadier General	准將	少將

請特別注意，「航空部隊中將」是指實際飛行的部隊當中的中將，「空軍中將」是比較偏行政等性質單位的中將。除此以外，還要請讀者留意Oberstleutnant（中校）與Oberleutnant（中尉）這種拼法相似的軍階。

接下來則是德國空軍較為獨特的編制。

部隊規模	**指揮官軍階**
Luftflotte（航空軍團，阿）	元帥到航空部隊中將

Fliegerkorps（航空軍，羅）	航空部隊中將或少將
Fliegerdivision（航空師，阿）	航空部隊中將、少將或准將
Geschwader（聯隊，下轄至少三個大隊，阿）	准將、上校、中校或少校
Gruppe（大隊，下轄三個中隊，羅）	中校、少校或上尉
Staffel（中隊，下轄三個小隊，阿）	上尉或中尉
Schwarm（小隊，下轄兩個分隊）	中尉到下士
Rotte（戰鬥機的分隊，兩架飛機） Kette（轟炸機的分隊，三架飛機）	大致同上

表中「阿」表示其編號以阿拉伯數字書寫，「羅」表示以羅馬數字書寫。例如I/KG 53即為第五十三轟炸機聯隊的第一大隊，1/KG 53則是同聯隊的第一中隊。

另外需要注意的是，德軍在聯隊以下的各中隊共用同一套編號系統，不會隨大隊而從頭計算。例如某聯隊的第一、第二、第三中隊屬於第一大隊，第四、第五、第六中隊屬於第二大隊，依此類推。

德國空軍通常一次出動的最小單位是大隊，與英美通常以中隊規模出擊不同。另外，每個大隊還會有獨立的「參謀分隊」；每個聯隊則會有另外的「參謀中隊」。通常原文以Stab來表示。

以下是各常見編制的縮寫對照：

縮寫	**意義**
KG	轟炸機（Kampf）

JG	戰鬥機（Jagd）
StG	俯衝轟炸機（Sturzkampf）
ZG	重戰鬥機（Zerstörer）
KG z.b.V.	運輸機（特種勤務轟炸機）
SG	攻擊機（Schlacht）

以上範例皆為聯隊規模，有些部隊屬大隊規模，則G的部分要改為Gr。

最後請容筆者在這邊說明幾件瑣事。

首先，本書針對梅塞希密特公司早期的機型縮寫作了調整。該公司早期曾稱作「巴伐利亞飛機公司」，帝國航空部便依原文Bayerische Flugzeugwerke縮寫為Bf。後來在一九三一年破產後，由設計師威利．梅塞希密特在一九三三年再次重組，但到一九三八年才正式改名為梅塞希密特。因此較為早期的機型，包括著名的Bf 109，會有混用改名前的Bf與改名後的Me兩種縮寫的狀況。本書採用台灣讀者較為熟悉的Bf 109/110來稱呼戰前機型，因此在書中偶爾會出現「梅塞希密特Bf 109」和「梅塞希密特Me 410」兩種縮寫都存在的狀況。

其次，帝國航空部採用統一的編號系統，因此在絕大多數的狀況下，同一個號碼不會由兩個不同的製造商使用，並且理想上會將後兩位數相同的編號留給同系列機型的後續型號（例如Ju 88/188），但偶爾仍有例外，例如Ju 288的開發過程完全與Ju 88/188/388無關、Fw 189的號碼也沒有和89號一樣指定給容克斯公司（Ju 89）。因此，看到後兩位數相同、只有百位數不同的機型接續出現，那便是前後世代的類似機型。

最後值得一提的是，在戈林「會飛的東西都歸我管」的主張下，德國空軍擁有許多在其他國家會屬於陸海軍管轄的單位。防砲部隊在中華民國國軍內也歸空軍管，但在其他國家則不然；航空母艦的艦載機除了英國皇家海軍早期曾和德國一樣歸給空軍管轄之外，後來的英軍和此時根本還沒有空軍的美軍都是由海軍管轄；而在各國當中應該只有德國將空降部隊（本書中的空降部隊，包括使用降落傘的傘降步兵與搭乘運輸機或滑翔機降落的機降步兵）劃給空軍管轄。

第一章 波蘭閃擊戰

一、代號「東進航班」

這天是一九三九年八月二十五日。極為炎熱的一天正要結束。在西利西亞（Silesia）的申瓦德（Schönwald）城堡內，古老大樹的樹梢仍沐浴在陽光中，但樹枝下卻已是黃昏。然而這並不是一個平靜的夜晚。城堡前有許多人來來去去，都是機踏車傳令兵沿著沙子路上上下下。德國空軍的勤務兵在樓梯上爬上爬下。有一輛指揮車飛馳而去，車後捲起一片塵土，它的擋泥板上顯示著某偵察中隊的隊章。

塵土遮蓋了一切，使這片景象表達出一種不真實感。它淹沒了來往吵雜的聲音，並使眾人喉嚨乾渴、發不出聲音。或許原因不是沙塵，而是對明日的想法吧？因為明天戰爭就要開始了。

一八三〇時，空軍總司令赫曼・戈林（Hermann Göring）從波茨坦（Potsdam）附近的維德帕克瓦德（Wildpark Werder）發來關鍵的信號，這是兩個東方航空軍團（Luftflotte）及轄下所有部隊好多天來一直等著、而且越等越焦慮的信號。這個信號代表「以暴力解決波蘭問題」。而現在信號下來了：「『東進航班』（Ostmarkflug），八月二十六日，〇四三〇時。」

申瓦德就在西利西亞的羅森堡鎮（Rosenburg）東方不遠處，位於通往波蘭前線渡口的葛倫斯魯（Grunsruh）的路上，離當地只有十公里。弗萊赫・馮・李希霍芬中將（Freiherr von Richthofen）已經建立了他的作戰總部，但這位喜怒無常的小將軍並不喜歡待在離前線這麼遠的地方。

他說：「我們必須好好建立與步兵前鋒的聯繫。」

換句話說，他一定要有優良的通訊品質。如果這些通訊沒有正常往來，不管是什麼樣的指揮官都不可能好好領導部下。而德國空軍在西班牙最慘痛的教訓，就是這些東西通常都不會正常運作。

西班牙內戰時，李希霍芬是禿鷹兵團（Legion Condor）的指揮官。自那時起，他現有的部下幾乎全部都一直跟著他。這讓他擁有一個非一般的優勢：他是整個德國空軍對波蘭的部隊中，唯一在相對比較近的時間內有實戰經驗的作戰人員，而這樣的經驗在替陸軍提供空中支援時，就算不能稱之為具有決定性的優勢，至少也是相當有效的。

而用最淺白的話講，對陸軍提供支援正是李希霍芬的工作。他的密接支援部隊（四個斯圖卡大隊、一個對地攻擊大隊與一個長程戰鬥機大隊）將會突破波蘭的前線防禦工事，以便讓第十軍團從西利西亞進入波蘭。突破後，他們還要協助裝甲部隊一路開往華沙。

難怪李希霍芬想要與前線保持密切聯繫；他打算隔天就要利用日出時分奪下的土地成立指揮所。但這代表他必須擁有暢通的通信管道，而他對這點非常懷疑。這是管理司令部的工作，而這時沒有人知道現在的狀況到底是怎麼樣。

「聽我說，塞德曼（Hans Seidemann），」李希霍芬對參謀長說，「如果明天早上的計畫有什麼變化，我也非常懷疑我們到底收不收到這樣的消息。」

再過幾分鐘就到八點了。李希霍芬並不知道今晚即將發生的事情將會證明他的疑慮到何種程度。

在下面通往葛倫斯魯的前線道路上，第十軍團的指揮官黎希瑙砲兵中將（Walter von Reichenau）和他的侍從官維特斯海姆上校（Wietersheim）一起站在那裡。過去半個小時，有許許多多車隊從他們身邊經過，開往東方。

中瓦德就在德軍第十六軍的集結區中央，而這個由霍普納少將（Erich Hoepner）指揮的軍則是第十軍團的前鋒。其下的兩個裝甲師第一和第四裝甲師，預定要在〇四三〇時突破波蘭一條只有幾公里長的防線。他們預計要利用敵軍遭到奇襲與陷入混亂的優勢，一路直直往前進攻。他們的目標是要包抄南邊魯賓尼茨（Liblinitz）的水泥工事和北邊威倫（Weilun）的防線，還有琛史托紹（Tschenstochau）的工業區，以便直接前往拉敦斯科（Radomsko）的瓦爾塔河（Warte）渡口。（參閱第九十三頁地圖）

因此，這位空軍將領便想過他要在哪裡建立前進指揮部。他繼而問了第十軍團的指揮官，說能不能和他共用指揮部。黎希瑙很樂意地接受了，因為城堡的主人史都尼茨家族（von Studnitz）替這邊做了最為高雅的布置。陸軍和空軍將領的司令室就在相鄰的房間。對於要安排明天陸軍裝甲部隊發動攻擊、空軍斯圖卡俯衝轟炸機支援而言，沒有比這個更能保持密切聯繫的方法了。

八點過後不久，兩人都站在城堡大門前，看著無數的車隊來往。這時漢斯．塞德曼中校上氣不接下氣地朝他跑了過來。

「不好意思，將軍，『東進航班』行動取消了！」

正當李希霍芬無言地看著他時，他繼續說道：「消息剛剛從第二航空師傳來。元首親自下令，八月二十六日不開戰。部隊照常集結。」

李希霍芬哼了一聲。「這團亂真是太棒了！好吧，塞德曼，把取消命令發出去……電話、無線電、傳令兵，能用的方法全部用上。然後每個單位都要回報是否收到。明天不准任何一個人、任何一架飛機起飛。不然我們都要為發動戰爭負責啦！」

李希霍芬向黎希瑙打了個招呼便快速離去。城堡四周的無線電車與收發信的帳篷成了活動的焦點，有許多命令在這些地方編碼，許多電話接線生正在想辦法接通電話。外頭則有著傳令兵競相出發傳令。

李希霍芬的大隊與中隊當天下午才剛前往行動基地。其中有些單位還沒回覆，他也不知道他們跑到哪裡去了。這些基地彼此之間都太遠，也都座落在離前線太遠的後方。德國國內沒有一個人真的從他在西班牙發回國的報告中學到教訓。

君特・史瓦茲考夫上校（Günter Schwarzkopff）的第七十七斯圖卡聯隊（StG 77）與其下的兩個大隊已經在歐朋恩（Oppeln）西邊的紐多夫（Neudorf）降落；第二教導聯隊（LG 2）的兩個俯衝轟炸機大隊也在拜爾上校（Baier）指揮下降落在尼德-埃古斯（Nieder-Ellguth）旁的史坦堡（Steinberg）。瓦納・史匹佛格少校（Werner Spielvogel）的對地攻擊大隊——第二教導聯隊二大隊（II/LG 2），則在其可能目標亞特西德（Altsiedel）的幾公里外。這支部隊配有亨舍爾（Henshel）Hs 123的雙翼俯衝轟炸機，其燃料只能提供大約一百三十公里的作戰半徑。

「如果史匹佛格真的飛到前線，他幾乎就已經用掉一半的燃油了，」李希霍芬抱怨道，並馬上下令在靠近前線的亞特羅森堡（Alt-Rosenberg）幫這個單位準備臨時機場。

最後還有第二重戰機聯隊一大隊（I/ZG 2）在根森上尉（Genzen）的指揮下，於歐朋恩南邊的大史坦（Gross Stein）降落。取消命令能及時傳達到他們所有人手裡嗎？

大約到了二〇三〇時，黎希瑙從門縫中探出頭來。「呃，我親愛的朋友，」他很幽默地說，「看來我們要在沒有空軍支援的狀況下開戰了。」為了回應李希霍芬詢問式的目光，他補充道：「我這邊沒有收到取消命令。我要繼續東進！」

第十軍團的司令有好幾個小時完全聯繫不上自己的參謀長保魯斯中將（Friedrich Paulus）了，

他人就位於歐朋恩東北方的森林裡。路上，部隊仍然士氣高昂地往東行軍。除非收到給予他的直接命令，否則黎希瑙不願意阻止這件事。

為了解決混亂，李希霍芬提出請十軍團司令用空軍的無線電通訊網聯繫柏林，直接向對方查詢。黎希瑙同意了，過了不久——這時快要九點了——以下的不尋常訊息傳出去了：

「空軍司令代陸軍司令請求資訊：取消命令是否也適用於第十軍團？」

訊息沿著「常規管道」一路往上傳。從李希霍芬的總部傳到第二航空師；從那裡再傳到第四航空軍團；最後，訊息傳到了空軍總司令部。在那裡的通信官解碼完畢後，他們簡直不敢相信自己看到的訊息。

時間一分一秒地過去。二一三〇時，戰車仍從城堡旁邊往東開去。

二二〇〇時，現在步兵部隊開始往附近的前線推進了。

二二三〇時，空軍司令看到他最後的幾個單位都回報已經收到取消命令，鬆了一口氣，但步兵似乎仍然毫不知情。

終於在午夜前一個小時，柏林傳來了回覆的無線電訊息。空軍總司令代表最高統帥部通知黎希瑙將軍，取消命令也適用於十軍團。就在午夜後不久，部隊開始後退。

現在眾人終於知道為什麼陸軍長官先前沒有收到通知了。他的軍團其實早在傍晚就已經收到南方集團軍傳來的取消命令，可是黎希瑙已經驅車前往前進指揮部了。然後位於圖拉瓦（Turawa）的參謀與申瓦德的司令部之間，一整個晚上的無線電都不通，就連傳令兵也都沒有傳達到。

人在圖拉瓦的保魯斯中將光是把命令傳遍他手下的軍、再傳給師、傳給團就已經忙不過來了。更別說他還要一路傳到前線上的各個附屬部隊、營和連上，還有最重要的是傳達給要在午夜過後、攻擊發起前四個小時溜到敵軍防線後面的特遣突擊隊知道。保魯斯研判，他的下級指揮官如看到整個軍團後撤，應該還不至於單獨進攻。因此他選擇先通知自己手下的前線單位。好在他如此做，否則很難想像停止開戰的命令能在剩下的這幾個小時內，傳達給前線的每個人。

事實上這差一點就完美了。在整個第十軍團的區域內，只有一個突擊分遣隊沒收到消息。這件事發生在第四十六步兵師的區域內——波蘭軍位於魯賓尼茨的陣地對面。該單位在夜間依命偷偷溜進敵軍領土，然後在〇四三〇時，分遣隊的三十個人對波蘭人開火了。德軍各營應該都要從前線推進、呼應他們的敵後攻擊，但前線上卻一片安靜。這支部隊隨後便慘遭全滅。

還有另一個案例。南方集團軍的右翼、第十四軍團由人在斯洛伐克的李斯特上將（Wilhelm List）指揮的區域內，一場奇襲占領了一座鐵路隧道。若是德軍發動攻擊，這裡將是運輸的動脈所在。在這裡，我軍必須將突擊隊召回，把隧道還給對方。波蘭人也沒得到好處，而是把這裡炸毀，使其無法通行。

這兩次意外使得真正戰爭發生時，奪走了一切的奇襲效果，使波蘭人對於德軍是否打算進攻再也沒有一絲懷疑。接下來的幾天，航空偵察確認他們每條道路、鐵路都有援軍進入前線省分，這是德軍在最後一刻取消攻擊的直接後果。現在敵人每天都在變得更為強大。

黎希瑙和保魯斯不得不改變第十軍團的進攻計畫。裝甲與機械化部隊退回第二線，前鋒部隊改成了步兵。他們的工作是要突破前線，創造出一個裝甲部隊可以深入推進的空隙。原本可以用奇襲完成的事情，現在只能透過苦戰來達成了。

其他的軍團同樣必須盡快重新集結部隊。但這樣的戰術轉移並沒有影響基本的作戰目標。用陸軍指揮官的話來講，這是要「預期波蘭陸軍有序地動員並集結，然後從西利西亞、波美拉尼亞（Pomerania）與東普魯士發動集中攻擊，在維蘇拉-納雷夫（Vistula-Narev）線的西邊擊潰其主力。」

這一切都依賴夾攻的兩股勢力，是否能搶在敵軍主力從維蘇拉逃到波蘭東部的廣大地區之前及時會合。如果計畫成功，波蘭人就會掉入巨大的陷阱中，讓整場戰役在河道的西岸決一勝負。

但這個計畫也代表德國空軍必須先取得波蘭的制空權，同時轟炸機摧毀後方的道路與鐵路。不只如此，空軍還要在戰鬥當中扮演領軍的角色：轟炸機、俯衝轟炸機與長、短程戰鬥機都必須持續騷擾敵軍地面部隊，讓他們覺悟只有投降一途。

這是歷史上第一次空軍被要求在戰鬥中扮演這麼重要的角色。這確實也是第一次有一支獨立、自給自足的空軍上戰場。它要怎麼滿足最高統帥部對它的期待呢？它真的夠強，足以完成所有空中、對地、前線與後方的任務嗎？

德國空軍到底有多強大？在波蘭戰役結束時，全世界都傳述著一支無人能敵、排山倒海的強大空軍。而這正是精巧的德軍宣傳盡力要維持的形象。它做得非常成功，使這樣的傳奇不但持續得比戰爭本身、比德國本身都久，甚至還一路延續到了今天。

以下是兩個隨意選擇的案例。在《波蘭戰爭》（*The War in Poland*）這本美國西點軍校於一九四五年出版的戰爭史書籍裡這麼寫著：「一九三九年夏天，德國達成了自己的目標，擁有世界最強大的空軍。軍方與民間的訓練機構一共準備了將近十萬名飛行員。估計全國每個月可以生產約兩千架飛機。德國手邊有七千架第一線戰機的實力，分成四個航空軍。」頗具權威性的多冊戰史叢書《皇家空軍：一九三九至四五年》（*The Royal Air Force 1939-45*）則相當精確地宣稱一九三九年九月三日（英國對德宣戰當天）德國空軍的戰力是四千一百六十一架第一線戰機。

實際的數字又是如何呢？唯一可信的相關德軍文獻——由後勤單位為空軍總司令整理的每日可用飛機戰力報告，其說法卻截然不同。波蘭戰役期間，德國空軍可調用的部隊包括凱賽林中將（Alber Kesselring）的「東方」第一航空軍團和亞歷山大・羅爾中將（Alexander Löhr）的「東南」第四航空軍團。一九三九年九月一日當天，這兩支部隊的第一線戰機加起來最多只有一千三百零二架。

另外，東邊還有一百三十三架飛機直接由空軍總司令（戈林）指揮。除了兩支特種任務的轟炸機中隊之外，這些飛機當中只有偵察機、氣象偵察機與運輸機。還有三十一個偵察與通信中隊、總計兩百八十八架飛機交給了陸軍。

最後，或許有人會想把駐守在德國東部的戰鬥機也算進去——雖然這些飛機只有少數參與了波蘭或其附近地區的空戰。在空軍第I司令部（科尼斯堡）、第III司令部（柏林）、第IV司令部（德勒斯登）與第VIII司令部（布雷斯勞）等地，這裡一共有二十四個中隊、兩百一十六架飛機。

因此以比較寬鬆的計算方式，德國空軍可以出動攻打波蘭的飛機總數是一千九百二十九架。其中只有八百九十七架能掛炸彈——包括轟炸機、俯衝轟炸機與攻擊機——的飛機參與了真正的空中攻勢。

戈林把手下戰力的三分之二都丟往了東線。剩下的三分之一則守在西線，包括兩千七百七十五架各式第一線戰機。其中只有一千一百八十二架——大約四成，是能掛炸彈的機種。

這些不起眼的數字反映出三個事實：第一，在開戰時，德國空軍比一般人認為的要弱上許多；第二，它還不是一支攻擊性武力；最後，在德國空軍建軍初期、希特勒決定開戰時，它只適合在「一個」前線打一場短暫的閃擊戰。

然而一支空軍的價值與優勢，不能只用數字來衡量。科技上的現代化也絕不是永遠的。一九三九年五月，離戰爭爆發還有三個月的時候，空軍參謀總長漢斯．顏雄尼克（Hans Jeschonnek）就如此警告過：「各位，我們不能自欺欺人。每個國家都想超越別人的航空武力，但我們其實水準都差不多。科技上的優勢以長期來講是維持不住的。」

在一九三九年的德國，說這些話簡直是造反。他講這句話的情境，是在一群各軍種的高階軍官面前，場合是在西利西亞的歐朋恩西邊夢幻般的巴德薩爾茲布隆（Bad Salzbrunn），召開的一場代號為「西利西亞將領參謀旅行」（Generalstabsreise Schleisien）的會議上。

在顏雄尼克警告不要對德國空軍數量與科技上的優勢太過樂觀的發言中，他有一個明確的目的：「還有一件事，就是戰術。在這個領域，一切都很新且有待開發。若是把重點放在戰術，我們才能真正取得對敵人的優勢。」

因此在隨後於巴德薩爾茲布隆舉行的研究座談、指揮討論與圖上演習中，戰術就成了焦點。為了替即將發生的戰爭作準備，空軍對戰術做了一些最後一刻的調整。其中最重要的一個簡單問題，「我們要怎麼運用手下八百架俯衝與平飛轟炸機？」演變成了一大堆規模較小的討論。舉例來說，轟炸機與俯衝轟炸機應該要在什麼時機對一〇七六號目標（華沙奧克西機場[1]）發動攻擊？由於兩者的攻擊模式顯然不同，不可能同時發動攻擊。但應該誰先出動呢？是要先讓俯衝轟炸機出動，以便讓他們享有最好的視野、發動精準攻擊？還是應該讓平飛轟炸機引開敵方防空砲火，讓俯衝轟炸機攻擊時輕鬆一點？長程戰鬥機能應付敵軍的防空砲嗎？他們要怎麼保護俯衝轟炸機同時又不妨礙後者的攻擊？

這些只是眾多問題中的少數而已。「戰術太新且有待開發，」他們唯一的經驗，就是禿鷹兵團在西班牙取得的實戰經驗，而且他們沒多少時間了。希特勒已經對各軍總司令宣布，說他打算「在最快的時機攻打波蘭」[2]。但仍然沒有人相信這件事會這麼早發生。

「我軍在訓練、裝備與戰備上的不足人盡皆知，」時任第一航空軍團參謀長的史拜德將軍（Wilhelm Speidel）寫道，「我們也一次又一次盡責地報給上面知道。」但在八月二十二日那天，希特勒通知三軍高層他要出兵波蘭時，他人就在上薩爾茲堡（Obersalzberg）。「和許多其他軍官一樣，」史拜德在日記中寫道，「我帶著莫名的恐懼感離開了元首的會議室。」同一天下午，德國空軍作戰人員就在波茨坦附近的維德帕克瓦德的勞動營建立作戰指揮部了。

八月二十四日午後，戈林發出了代號「白色託管關係」（Unterstellungsverhältnis Weiss），波蘭行動的組織計畫開始執行。到了八月二十五日，每個大隊與聯隊都已離開承平時期的基地，前往作戰基地。

二十五日的下午與晚間就是先前描述的戲劇性開場白發生的時間。命運的信號「東進航班」

---

1 譯註：Warsaw-Okecie Airport，現稱華沙蕭邦國際機場（Warsaw Chopin Airport）。

2 原註：取自希特勒在一九三九年五月二十三日柏林總理府內對三軍總司令、其各自的參謀總長與另外八位軍官宣布事項的速記，並有史蒙特中校（Schmundt）的簽名認可。雖然像本書這樣的大眾讀物不會持續列出來源，但本書中引用的說法、命令等之文字皆取自官方紀錄。

發布，預定於第二天早上執行，然後過了幾個小時又取消。

接下來就是六天的等待、六天的折磨。使眾人燃起最高的希望……或許這場戰爭還有和平解決的出路。史拜德寫道：「我們仍然相信持續的協商可以讓元首恢復理智。」

八月二十五日，英國首相宣布該國與波蘭完成簽訂進一步的互助條約，就連希特勒也不能再繼續依賴英國因脆弱而保持沉默了。但這時已沒有什麼能阻止他發動攻擊了。過去的幾年間，他達成了太多不可能的成功，現在的他寸步不讓。

八月三十一日一二四〇時，六天的等待隨著「戰爭指令第一號」的發布而結束。痛苦的等待結束了，希望也消逝了。戰爭於九月一日〇四四五時開始。

——

布魯諾．迪利中尉（Brono Dilley）手下指揮著第一斯圖卡聯隊（StG 1）的三個中隊。他從Ju 87B俯衝轟炸機的駕駛艙謹慎地往外看，再次想盡辦法弄清楚自己的航向，四周的視野都被一片片的大霧給擋住了。

他這個架次的出擊簡直糟透了。只有操縱桿上的壓力與前方的容克斯（Junkers）發動機的轟隆隆聲還有點真實感。在他身後與他背對背的，是他的通信士卡瑟士官長（Kather），他正試著和分隊的另外兩架飛機保持聯絡。

若是在昨天，迪利認為只有瘋子才會在起霧的日子派他去飛這種極低空任務。現在他卻屏雀中選去發動整場戰爭的第一次航空攻擊，要對敵人的目標丟下第一枚炸彈。

德軍的作戰計畫打算快速將東普魯士與第三帝國連接起來。第三軍團的物資必須盡快以鐵路送到。但行動中有一處格外脆弱的困難點——從德紹（Dirschau）跨過維蘇拉河（Vistula）的橋樑。這座橋不論如何絕不能被敵軍炸毀。梅登上校（Medem）指揮的陸軍特遣隊將要以裝甲列車從馬連堡（Marienburg）推進，以奇襲占領橋樑，然後確保其安全。同時，空軍要持續發動攻擊壓制波蘭軍，阻止他們把橋樑炸毀，直到梅登抵達。

而這就是迪利的行動內容。他的目標不是橋，而是已經準備好的引爆裝置，位置接近火車站。這個目標很小，在城鎮地圖上只是一個點而已。好幾天來，他的中隊一直在茵斯特堡（Insterburg）基地附近，用一個假目標練習。另外，他們還搭上柏林—科尼斯堡特快車好幾次，並在跨過德紹橋後，發現引爆用的引線是沿著鐵路堤的南面，從火車站一路拉到橋上。他們利用這個情報做了自己的攻擊計畫：他們要從低高度攻擊，並在最近的距離投彈。

為了完成這次特殊任務，他們昨天從茵斯特堡往前移動到艾丙（Elbing）。然後現在又遇到這場該死的大霧。起霧的高度離機場只有五十公尺高，甚至還有些小範圍的霧一路延伸到地面。

即使如此，迪利還是願意冒這個險。艾丙到德紹只有一步之遙，開飛機八分鐘就到了。他會帶頭飛，讓西勒少尉（Schiller）跟著，後面再跟一位經驗豐富的士官。他們在〇四二六時的微明時分起飛，然後轉向南，從樹梢高度高速飛行，通過起霧的地區。

〇四三〇時，戰爭正式爆發的剛好十五分鐘前，他們短暫瞥見了一條暗色的絲帶，那是維蘇拉河。於是迪利往北轉，沿著河的方向飛。現在他知道絕不可能錯過那座橋了。而這樣的擔憂沒有意義，因為橋已經出現在遠方了。那麼大的鋼鐵結構絕不可能看錯。

〇四三四時：這個國家似乎還包裹在和平的氣氛中。三架斯圖卡俯衝轟炸機以十公尺的超低高度衝向德紹橋左側的鐵路堤。這三架斯圖卡機腹都掛著一枚兩百五十公斤炸彈，機翼下還多掛了四枚五十公斤炸彈。

就在鐵路堤前，迪利按下了投彈鈕、猛力拉起操縱桿。當炸彈在他身後爆炸時，他已經一躍而升，遠離了下方的鐵道。他左右兩邊跟著的兩位飛行員也命中了目標。

這就是第二次世界大戰中，斯圖卡俯衝轟炸機第一次發動攻擊。時間就發生在「開戰時刻」前十五分鐘。

一個小時後，第三轟炸機聯隊三大隊（III/KG 3）從海利根白（Heiligenbeil）起飛，他們飛的是Do 17Z水平轟炸機。他們在德紹上空也可以看到地面，並從較高的高度投彈，造成鎮內數處失火。

但同時，梅登上校的裝甲列車卻停了下來。波蘭人急忙修好了斷掉的引線，然後就在〇六三〇時，早在德軍來到之前，把兩座橋之一炸到了維蘇拉河河底。德國空軍的第一場攻擊雖然成功了，但目標卻沒有達成。

接下來我們又要戳破另一個傳奇。這個傳奇宣稱波蘭戰役（乃至於二次大戰）是在一九三九年九月一日開始，並且是由德國空軍猛烈的進攻發動的。

德國空軍的機隊這時都已經在作戰基地做好準備了（維修、加油、掛彈都已完成），這是事實。雖然沒有七千架飛機，甚至連四千架都沒有，但仍然有八百九十七架「可以掛炸彈的」戰機，以及差不多相同數量的長、短程戰鬥機與偵察機。

機組員很熟悉自己的目標了，這也是事實。這場偉大的行動已經在好幾個月前就事先規劃好了。幾百位將官、參謀已經仔細研究過所有細節，現在有幾千位官兵正在待命，準備將完成的計畫付諸實行……只不過這時卻有天氣來攪局。在整個第一航空軍團中，只有四個轟炸大隊在六點時起飛，在後續的早上時分也只有另外兩個轟炸大隊再加入他們，而這些飛機要是能找得到目標就算運氣好了。

連戈林都覺得應該要取消一些行動了。早在〇五五〇時，他拍發了這樣的無線電訊息：「海濱行動今日不發動。」海濱行動（Operation Seaside）指的是派出所有聯隊攻擊波蘭首都華沙的行動。可是華沙上空的雲幕高只有兩百公尺，而且雲幕以下的能見度不到一公里。

南邊的第四航空軍團狀況比較好[3]，雖然還是稱不上理想。當李希霍芬中將從申瓦德城堡出發、準備往前線再前進幾公里時，天色還很暗。當時的時間是〇四三〇時剛過不久。再不到十五分鐘，前線就要成為防線了。

這位空軍司令的座車使用燈火管制車燈，超越了無數的步兵部隊，然後在一處勞動營停了下來。從這裡開始，他必須走一公里路，前往葛倫斯魯前線渡口南邊不遠處的指揮部。侍從官貝克豪斯中尉（Beckhaus）陪在他身邊。

半路上，他們聽到步槍射擊的聲響，更北邊的地方還有砲聲傳來。

「將軍，現在正好是〇四四五時！」貝克豪斯說道。

李希霍芬點了點頭。他站著不動，仔細聽著遠方的聲響。

「第一波射擊的聲音讓我留下了深刻印象，」他後來在私人日記中寫道，「現在戰爭確實已經開打了。我直到這時都以為這只會是政治上的問題，或是武力展示而已。我還想著法國和英

---

3 原註：關於德國空軍在一九三九年九月一日對波蘭的戰鬥序列，請參考附錄一。

國，現在發生這種事，要用政治管道解決已經不可能了。花這十五分鐘走到我的指揮部，讓我對未來十分擔憂。但當塞德曼在我到達後向我報到時，我已經克服我的情感了。從現在起，一切只是依命令作戰而已。」

濃霧中，黎明來得很慢。地面仍然蓋著一層霧。

「很不適合飛行的天氣，」參謀長塞德曼中校說，「等太陽照到這層霧上，俯衝轟炸機就看不到地面了。」

第一批起飛報告進來了。李希霍芬來到了外面。這裡的一切都安靜得詭異。沒有戰鬥的聲音，只有斷續的槍聲。這實在稱不上是鑼鼓喧天的戰事。但接著，就在日出之前，攻擊機來了。

他們突然就出現。那是史匹佛格少校的大隊——第二教導聯隊二大隊，他們才剛依令從亞特西德起飛。他們很快包圍了前線，像被激怒的蜂群一樣嗡嗡嗡地飛著。這些亨舍爾雙翼機看起來相當古老，有著胖胖的圓形星型發動機，飛行員彷彿「光著身體不知害燥地」坐在開放式駕駛艙內。這架飛機沒有正面裝甲板，也沒有玻璃座艙罩。在這些攻擊機——空中密接支援用的飛機——飛行員就像以前一樣，是面對面地與敵人接戰。

在前線的另一邊，第一中隊的隊長奧托．維斯上尉（Otto Weiß）發現了他的目標：龐基村（Panki），那裡是波蘭軍加強固守的位置。他舉手對僚機示意，然後將操縱桿往前推，開始攻擊。

於是南方戰線的第一批炸彈投下了，就投在十軍團前面不遠處。這些炸彈是輕型燃燒彈（Flambo）附撞擊引信，會在碰撞到東西時發出一聲空洞的聲響，然後引爆。這種炸彈會讓撞到的東西著火，並使其包在火焰與煙霧當中。

這次攻擊從將軍的指揮部可以看得很清楚。後面還有由阿道夫・賈南德中尉（Adolf Galland）——後來成為著名的戰鬥機聯隊隊長——帶領的第二支攻擊機隊重複一次攻擊。其他飛機也列隊從樹梢出現，以機槍攻擊波軍。

同時，輕型防空砲也在敵軍就戰鬥位置時開始射擊，後來還有步兵武器加入。射擊規模一直擴大到頂點，然後一直持續，直到亨舍爾機離開後許久才停止。

一九三九年九月一日對龐基村發動的拂曉攻擊，是德國空軍在二次大戰中第一次直接支援地面部隊的進攻。那天晚上，最高統帥部的報告針對空軍在這一天的表現寫道：「……另外，陸軍的推進得到了數個聯隊的攻擊機有效的支援。」

「數個聯隊」！這樣的用詞意指好幾百架飛機。因為在開戰時，一個聯隊有三個大隊，總共有九十到一百架飛機。事實上，攻擊敵人的只有一個大隊——史匹佛格少校的第二教導聯隊二大隊——的三十六架飛機！

這些飛機肯定完成了自己的任務。十天下來，他們一直跟著陸軍第十六軍一起往華沙和維蘇拉河推進，並且在每次戰車與機械化步兵遇到頑強抵抗時發動攻擊。最後，在拉敦（Radom）與布祖拉河（Bzura）爆發大規模激烈戰鬥時，他們每天最多可以出擊到十個架次。

但以陸軍在九月一日得到的空中密接支援來講，李希霍芬只能派出這一個大隊的亨舍爾機，以及手下四個俯衝轟炸機大隊中的兩個。另外兩個大隊發生了什麼事？將軍生氣地再次讀了一遍昨天的命令，這正是在開戰攻擊前夕奪走他原本就不足的斯圖卡部隊一半兵力的命令。他們和第二航空師的其他轟炸機單位要一起去攻打敵軍防線後方的克拉考（Cracow）等機場。在他看來，這是一大錯誤。有什麼東西比攻擊敵方前線工事、支援陸軍推進更重要？

數週下來，德國宣傳單位一直在誇耀德國空軍難以阻止的力量與火力。但空軍參謀總長顏雄尼克中將手裡才有真實的數據。而這些數據讓他很頭痛。有太多單位在文書上被調來調去，除非西線棄守，不然他手裡能用在波蘭戰役上的——能掛炸彈的飛機——總共就只有不到九百架。實際上因為必須扣掉一成基於各種原因無法出擊的飛機，所以比較接近八百架。

顏雄尼克很清楚，如果勝利無法透過數量取得，那就只能透過計劃與戰術來彌補這方面的不足。換句話說，現有的兵力不能分散，弄得這裡一個大隊、那裡一個中隊的——而這正是這時正在發生的事。空軍的主要重點必須有明確定義，其戰力也必須集中，如果不能集中面對一個目標，至少也要集中攻擊一群有明確定義的類似目標。

在經過許多討論後，指揮人員擬出一份空軍行動的優先順序。首先最緊急的任務，就是摧毀敵空軍。

根據最新的情報，波蘭擁有九百架第一線飛機可用，包括大約一百五十架轟炸機、三百一十五架戰鬥機、三百二十五架偵察機，五十架海上巡邏與一百架其他的聯絡機。數量上與科技上而言，他們的空軍當然比不上德國。然而如果忽視不管，這支空軍仍可能造成嚴重的威脅。它可以妨礙航空攻擊、轟炸德國陸軍，甚至可能在德國領土上投擲炸彈。

「空戰的勝利與否將決定陸戰的命運」，義大利的杜黑[4]在空戰的研究中是這麼說的。而德國空軍採用的就是他的準則。空軍的主要目標必須是完全掌控波蘭的制空權。

第二優先的目標是「與陸軍、海軍合作」，只要他們正在進行的是具有決定性的行動。從這點而言，以飛機對戰線後方的敵軍部隊與交通線發動攻擊，會比像這些亨舍爾機直接參與地面作戰來得優先。

在行動暫停時，「攻擊敵軍軍力的來源」會得到更多重視。換句話說，攻擊敵國內部的戰爭工業核心。

德國空軍在戰爭期間都抱持這樣的原則，只有少數例外。在為期三十天的波蘭戰役中，由於德國武器上的優勢，這種原則的重要性或許不明顯，但後來這套標準的應用，或是未能應用，將會左右戰爭的勝敗。

這就是為什麼密接支援部隊的指揮官李希霍芬會被第四航空軍團抽走這麼多俯衝轟炸機的原因。如果陸軍想要大規模的空中密接支援，他們至少也得等到開戰當天的下午才行。

那天早上，空軍有更重要的工作要做。它的轟炸機與斯圖卡對敵軍的機場發動了長時間的轟炸行動，目標包括機庫、跑道、飛機停放區與周邊的航空相關設施。他們攻擊了波蘭空軍的每一個弱點。攻擊的主力就在克拉考，這裡從來不是空軍想要攻打的目標。可是更北邊的編隊不是找不到目標，就是因為天候不佳，而在起飛前被轉往南方。

克拉考的天氣已經改善，而先前的偵察顯示機場也有目標存在。第四轟炸機聯隊第一與第三大隊（I/KG 4、III/KG 4）的六十架亨克爾（Heinkel）He 111轟炸機從西利西亞的朗格瑙（Langenau）基地起飛。事實上，第四轟炸機聯隊是第四航空軍團唯一配有He 111中型轟炸機的聯隊。其他聯隊都是配多尼爾（Dornier）Do 17E或Do 17Z。

---

4 原註：朱利歐．杜黑將軍（Giulio Douhet）早在一九二一年在《空權論》中提出在當代頗具爭議的論點，主張以航空攻擊為主力擊潰敵人。

艾弗斯少校（Evers）是三大隊的大隊長，他下令各機以緊密隊形飛行，以便提升對敵軍戰鬥機的自衛能力。但在四千公尺高空，他們沒有發現任何波蘭戰機，第七十六重戰機聯隊一大隊（I/ZG 76）負責護航的重戰鬥機也沒事可做。在一段不到四十五分鐘的飛行時間，轟炸機便到達了目標。雖然克拉考覆蓋在一層薄霧中，飛行員還是可以輕易辨識目標。幾秒後，炸彈便丟了下去……一共四十八噸的炸彈，全部命中目標。

接下來登場的是第二斯圖卡聯隊一大隊（I/StG 2）的俯衝轟炸機帶來的攻擊，此單位由奧斯卡·迪諾特少校（Oskar Dinort）指揮，攻擊目標是機庫與跑道。在他們攻擊之後，第七十七轟炸機聯隊（KG 77）的兩個轟炸機大隊就不可能錯過目標了，因為現在目標區都有明顯的火焰與煙霧。但這些東西卻會妨礙視線，因此當輪到三大隊發動攻擊時，沃夫岡·馮·史圖特海姆上校（Wolfgang von Stutterheim）下令要在低高度投彈。「飛行鉛筆[5]」以不到五十公尺的高度掠過機場，並對著整條跑道丟下一排五十公斤炸彈，過沒幾秒就將水泥炸毀。

當第七十七轟炸機聯隊在布熱格（Brieg）降落時，許多飛機都明顯受損。受損的原因不是敵軍防空砲，更別提是戰鬥機，而是被自己丟下去的炸彈破片所波及的結果。

除了克拉考之外，俯衝轟炸機還攻擊了卡托維茨（Katowitz）和瓦多維茲（Wadowice）。同時七十七轟炸機聯隊二大隊也攻擊了克羅斯諾（Krosno）與摩德羅夫卡（Moderowka）。後來在天氣放晴後，第七十六轟炸機聯隊（KG 76）獲派攻打拉多姆（Radom）、羅茲（Lodz）、史基爾尼維西（Skierniewice）、托馬斯佐夫（Tomaszow）、基爾斯（Kielce）和琛史托紹。厄德曼中校（Erdmann）的第四轟炸機聯隊二大隊（II/KG 4）開著He 111P轟炸機飛了五百公里、穿過斯洛伐克上空的惡劣天候，一路飛到倫伯格（Lemberg），並在當地丟下二十二噸的炸彈，轟炸跑道與機庫。

德軍在各地派出的轟炸機都很努力對他們的主要敵人波蘭空軍使出致命攻擊。可是攻擊有打到要害嗎？跑道確實被炸得坑坑疤疤、機庫被炸彈炸得四分五裂、廠房付之一炬，並且到處都有飛機在地上被擊毀，有些單獨、有些三五成群地被燒到只剩骨架。

即使如此，一種不自在的感覺還是與時俱增。有人開始質疑，波蘭空軍到底怎麼了？它一直沒有出現，這點還滿令人意外的。雖然德軍擁有奇襲優勢、敵軍的地面支援部隊遭到嚴重打擊，但波蘭人至少應該有辦法拿出「部分」防空作為、派出幾架戰鬥機攔截德國轟炸機吧？他們希望波軍這麼做，讓德軍可以確保制空權、拿下決定性的勝利。

當時最高統帥部報告寫道：「今天空軍在波蘭戰鬥區上空得到了完全的制空權……」。這樣說實在是不正確。只有零星幾處有少數波蘭戰鬥機攔截德軍轟炸機，然後遭到擊退。除此以外，波蘭空軍並未接戰，而是一直在避戰。問題是，為什麼？它比預期的更脆弱嗎？還是它撤往了特別偽裝過的機場，準備發動反擊？後來發生的事可以證明柏林的空軍高層有多重視這個威脅。

李希霍芬位於前線後方不遠處的指揮部內，九月一日的早上十分漫長。他和參謀耐心等待濃霧散去，以便派出俯衝轟炸機。他們還在等前線的報告，以及第十六軍推進時發來的空襲支援請求。他們預期會收到緊急通訊，報告敵軍在哪裡發動逆襲，需要精準空襲支援。但這樣的通訊一

5 譯註：德文 Fliegender Bleistift，多尼爾 Do 17 轟炸機的別名。

直沒有傳來。陸軍似乎忘了空軍的存在。還是說高層還沒搞清楚狀況？

憑他在西班牙的經驗，李希霍芬知道他該怎麼做。他要派自己的聯絡官帶著通信車或至少攜帶型無線電組前往前線。然後空襲支援的請求就可以直接由他接收，而不是從陸軍的師部傳到軍部，然後再從第四航空軍團轉給適合支援的航空師。

這套從西班牙帶回來的系統還有另外一大好處。地面部隊只要遭遇抵抗，就會需要砲兵或空軍的支援，而和他們在一起的年輕空軍軍官最適合決定哪一邊的協助會最有效。地面能見度夠不夠？敵軍能從空中清楚定位嗎？應該派哪種飛機前來支援：是轟炸機、俯衝轟炸機還是攻擊機？這些都是他們可以決定的事。

但在九月一日早上，這套系統還沒開始運作。攻擊機的目標是隨機挑選的。第七十六俯衝轟炸機中隊的斯圖卡在華瑟·西格爾上尉（Walther Sigel）指揮下起飛，以便攻擊威倫的目標；第二航空師派了第七十七斯圖卡聯隊的一個大隊攻擊魯賓尼茨前線的碉堡。就只有這些了。

最後李希霍芬終於受夠了，他在一一〇〇時派出他的費斯勒鸛式聯絡機[6]。他爬上飛機，從指揮部旁邊的馬鈴薯田起飛，身上帶著一份地圖和一組野戰無線電，準備親自去看看前線的狀況。他看到了德軍用步槍從龐基村攻擊，波蘭軍則用機關槍反擊。他看到德軍的傷兵躺在地上。由於他鳥瞰整個戰場，可以看得很清楚。

他不經意飛入了波蘭防線上空，開始受到準確的敵火射擊。子彈打進機身，扯壞了機尾總成。油箱被機槍打中，汽油像水桶倒了一樣灑了出來，幸好飛機沒有著火。雖然遭到重創，卻還是成功飛出步兵的有效射程。然後飛機又繞了一大圈才飛回前線，剛好趕在發動機即將熄火、油箱全空時降落。

德軍空中密接支援部隊的司令差點就在戰爭爆發第一天被擊落。他覺得不該做自己不准手下飛行員做的事：在敵軍防線後方沒理由地低空飛過。

多年前，當李希霍芬是德國空軍技術局（Luftwaffe Technical Bureau）飛機開發處長時，他正是因為緩慢低飛的飛機很容易被敵軍防空砲火擊落，所以才反對俯衝轟炸機的概念。他認為在戰時，任何在兩千公尺以下作俯衝都是自殺行為。但歷史卻開了他一個大玩笑。他曾經鄙視的俯衝轟炸機，現在成了他手上最強大的武器。

然而以他在波蘭戰線的親身經驗，加上手下單位傳來的報告全都指向損失與損傷來自地面的猛烈砲火，他便下了一道新的命令：「除非任務絕對必要，否則不准低飛！」

開戰第一天的教訓非常清楚：波蘭的地面防禦絕對不容輕忽。

到了中午，偵察機的報告來了——雖然該機也受到能見度不佳與地面起霧的影響。據報威倫有大批波蘭騎兵，就在德軍第十六軍的左翼對面。琛史托紹北邊，瓦爾塔河的賈沃申（Dzialoszyn）還有更多騎兵。同個地區還有來自茲敦斯卡沃拉（Zdunska Wola）的運兵火車。這裡會需要俯衝轟炸機支援。

第二斯圖卡聯隊一大隊的總部設在靠近歐朋恩的史坦堡，那裡可以清楚看見整個平原的狀況。但今天卻沒有人在看，大隊才剛從早上攻擊波蘭機場的任務回來，氣氛相當緊張，只是大家都隱藏得很好。

---

6 譯註：費斯勒 Fi 156 的別名。

突然電話響了。指揮官迪諾特少校在戰前是一位著名的競賽飛行員，他接起電話時聽到了聯隊長拜爾上校的聲音。

「迪諾特，它們來了！」上校說，「新行動命令，馬上過來。」

在史坦堡底下的尼德埃古斯機場上，俯衝轟炸機從掩體中被拖了出來，保養人員正在啟動發動機。聯隊指揮部的簡報非常簡短。Ju 87B斯圖卡俯衝轟炸機有著很容易辨認的逆鷗翼設計與堅固、像根柱子的起落架。現在有三十架斯圖卡正在等待出擊命令。一二五〇時，它們起飛往東出擊。

在斯圖卡下方，一個個小村莊與偏遠的農舍快速掠過，然後一個更大的東西開始在霧中出現，顯示出與先前明顯不同的面貌。以他們飛行的路線而言，這一定是威倫。迪諾特少校把地圖放到一旁，開始往下尋找細部特徵。地上有許多黑色煙柱，而在主要道路匯集的城鎮裡，有幾間房子已經起火燃燒。這就對了，有道路！在路上靠近城鎮入口的地方，有著敵軍的部隊，雖然很小但很好認，就像蠕動的蟲子。

迪諾特將飛機向左轉。他很快地瞥了一眼，確認他的中隊已進入先前指派的攻擊隊形，然後將所有注意力集中在目標上。這個時候，他的手自然做了一連串他經常練習的事：

關閉整流罩風門

關閉機械增壓器

向左翻轉

設定七十度俯衝角

加速：三百五十公里、四百、五百……

啟動空氣煞車，製造出讓人膽寒的尖叫聲。

每過一秒，他的目標都變得越來越大。突然之間，目標不再是地圖上一隻沒有意義的蟲子，而是活生生的部隊，由車輛、人員和馬匹組成。對，部隊中有馬，還有波蘭騎兵。斯圖卡對上馬……簡直像是跨世紀的交戰。戰爭就是這樣。

道路上的一切陷入了混亂。騎兵企圖逃到原野。迪諾特專注在道路上，用他的整架飛機瞄準。在高度一千兩百公尺處，他按下操縱桿上的投彈鈕。炸彈投下時，飛機晃了一下。他一邊爬升一邊轉彎，同時迴避敵軍防空砲的射擊。最後他往下看，炸彈落在道路旁邊。空氣中充滿著細碎的木屑，還有黑色的濃煙冒出。其他斯圖卡也正在朝著自己的目標俯衝過去。

這個過程發生過三十次。在投下炸彈後，飛行員猛力爬升，並朝自己射來的火熱防空砲火網間穿梭閃避。最後他們就在城鎮上空集合，準備再次攻擊。第二個目標位於威倫的北側出口。迪諾特看到了一間大型農舍，看起來似乎是被拿去當成指揮部使用。農舍四周圍滿了軍人，還有大批部隊聚集在一個大庭園裡。

這次整個分隊的飛機全部一起攻擊。他們從只有一千兩百公尺的高度開始俯衝，呼嘯衝到八百公尺投彈。過了幾秒，煙霧和火焰遮蓋了雙方武器不對等的悲劇結局。

這仍然不是痛苦的結束。同樣的目標後來又被人稱「斯圖卡之父」的史瓦茲考夫上校麾下的第七十七斯圖卡聯隊一大隊攻擊。當偵察機回報威倫又有部隊移動時，還有另一個轟炸機大隊──巴克少校（Balk）指揮的七十七轟炸機聯隊一大隊──受命繼續殲滅任務。

幾個小時內，九十架俯衝與水平轟炸機都對這個波蘭騎兵旅發動了集中攻擊。在這之後，這個單位再也沒有戰力可言了。殘存的部隊四散往東逃竄。那天晚上，他們才在遠離被攻擊處的地方再次集結。同一天晚上，波蘭前線的一處關鍵地點就落入了德軍手中。

在這次行動中，德國空軍顯然在地面戰上扮演了決定性的角色。驚人的是，這是在開戰的第一天、在它的主要任務應該是擊敗波蘭空軍的時候發生。但波蘭空軍從來沒出現過，所以有一些部隊在這時已經可以進入第二個任務了——支援陸軍和海軍。

——

北邊的第一航空軍團司令凱賽林中將在前一天晚上已經打破這套優先順序了。他把兩個俯衝轟炸機大隊派給了烏里希・克斯勒上校（Ulrich Kessler）——科爾伯格（Kolberg）的第一轟炸機聯隊（KG 1）的聯隊長。這支補強兵力的「克斯勒聯隊」第二天就出發攻擊但澤灣、格丁根（Gdingen）、奧斯霍夫特（Oxhöft）與海亞半島（Heia）的波蘭港口設施。

九月一日早晨一開始的濃霧，使任何攻擊都無法實施，只有第一轟炸機聯隊一大隊能在〇六〇〇時起飛攻擊波蘭軍在普澤—拉梅爾（Putzig-Rahmel）的海軍航空基地。

中午，波美拉尼亞與東普魯士上空的霧多少散了一些。到了下午，整個第一航空軍團的二十個轟炸機與重戰鬥機大隊全部升空，好像要補償耽誤的時間一樣。第一五二轟炸機聯隊一大隊（I/KG 152）轟炸了索恩（Thorn）機場四周的高砲與油庫；第二十六轟炸機聯隊二大隊（II/KG 26）直接擊中波森—魯維卡（Posen-Luwica）的建築物與鐵路工事；第五十三轟炸機聯隊一大隊（I/KG 53）攻擊了格涅森（Gnesen）的跑道與機庫，然後第三轟炸機聯隊二大隊（少數早上得以起飛的大隊之一）也攻擊了格勞登茲（Graudenz）南邊的彈藥庫。

傍晚，第一轟炸機聯隊一大隊再次出擊轟炸索恩，第二轟炸機聯隊（KG 2）則去攻擊普洛茨克（Plozk）、里達（Lida）和比亞拉－波德拉斯卡（Biala-Podlaska）。至於第一航空師的一百二十多架斯圖卡（包括第二斯圖卡聯隊的兩個大隊、第一教導聯隊第四大隊與預定部署在齊柏林伯爵號航空母艦上的第一八六航空母艦大隊第四中隊[7]）則扛起了持續攻擊但澤灣海軍基地的特殊任務。

雖然這些行動覆蓋了整個波蘭北部，但第一航空軍團並未忘記自己的主要目標是華沙。在戈林的要求下，波蘭首都被劃入第一天下午兩個航空軍團全部轟炸機的目標，名曰海濱行動。他當天早上本來就想這樣做了，只是因為天候不佳而延後。

確實，華沙不只是波蘭的政治軍事中心與通信中樞，它還是飛機製造的重鎮。如果要對波蘭空軍造成致命打擊，那就一定要攻擊這裡。

首先，第一教導聯隊二大隊的He 111先從位於東普魯士波文登（Powunden）的基地起飛，以便在早晨時分攻擊華沙奧克西機場。雖然地面能見度很糟，但還是有幾枚炸彈擊中國營飛機製造廠（PZL）的機庫，這裡正是製造波蘭軍戰鬥機與轟炸機的地方。

接下來便是一大段的停歇，因為空軍在等待天候改善。第二十七轟炸機聯隊的行動就這樣一個小時又一個小時地延後下去。最後在一三二五時，柏林方面終於下令了。聯隊這時還在德國北部的德爾門荷斯特（Delmenhorst）、溫斯道夫（Wunstorf）和漢諾威－蘭根哈根（Hannover-

---

7 譯註：Graf Zeppelin，是德國海軍從未完工的航空母艦艦名。該部隊的縮寫為 4/Tr. Gr. 186。

Langenhagen）等地，因此有很長一段路要飛，總共有七百五十公里路！要到攻擊結束之後，他們才會從北方的第二航空軍團轉移到東方的第一航空軍團那裡去。

一七三〇時，三個配備He 111P的大隊到達了華沙。現在這座首都已經沒有什麼喘息的空間了。幾分鐘前，從東普魯士出發的第一教導聯隊才轟炸過華沙奧克西機場及高克拉夫（Goclaw）、摩科托夫（Mokotow）等另外兩座機場。另外負責送出加密命令的巴比切（Babice）與拉西（Lacy）兩處無線電站，也都遭到瓦納・霍策上尉（Werner Hozzel）所帶領的第一斯圖卡聯隊一大隊發動精準的俯衝攻擊。

這時期望已久的事終於發生了。波蘭空軍終於升空防衛領空了。第二次世界大戰的第一場空對空交戰，就在華沙市中心開打了。兩個中隊、總共約三十架PZL P.11c組成其大隊長保利考斯基（S. Pawlikowski）所說的驅逐機隊形，開始與護航德軍轟炸機的第一教導聯隊一大隊的梅塞希密特（Messerschmitt）Bf 110重戰鬥機交戰。德國空軍由史萊夫上尉（Schleif）指揮，因為大隊長葛拉布曼少校（Walter Grabmann）當天早上與一架波蘭戰鬥機交戰負了傷。

史萊夫發現敵機在遙遠的低空，正在爬升準備接戰，便以小角度俯衝追擊。但波蘭軍機很有技巧地閃開了。而現在被奇襲的似乎變成Bf 110。史萊夫悄悄溜走，顯出一副已經受傷的樣子，波蘭戰機很快追到它的後方。但這架看似是獵物的Bf 110，只是在把狐狸引誘到獵犬面前而已。史萊夫在八十公尺外瞄準敵機，並讓全機槍砲齊射，那架PZL被擊落了。

這幾架Bf 110又用了這招四次。一架飛機扮演受傷獵物的角色，讓其他僚機等待機會伏擊。結果幾分鐘之內，擊落了五架敵機。在那之後，波蘭空軍撤退了，Bf 110也該準備返航了。

兩天後的九月三日，華沙上空發生了第二次空戰。這次又有三十架PZL P.11c前來攻擊，第一教導聯隊一大隊又一次擊落了五架敵機，只損失一架。後來這個大隊以擊落二十八架的戰果成為波蘭戰役戰績最輝煌的大隊。

到了九月一日一八〇〇時，第一航空軍團區域內的霧又再次變得太濃，使其無法再進一步行動。凱賽林中將與參謀在斯泰亭附近的海寧斯霍姆（Henningsholm, Stettin）指揮部內，開始計算當天的戰果。

雖然遭到天氣延誤，在開戰的第一天，他手下一共以大隊規模飛了三十個架次。在這當中有十七個架次是針對敵方空軍的地面設施，例如機場、機庫和工廠。有八個架次負責支援陸軍，還有五個架次攻擊了海軍的目標。過程中一共破壞了大約三十架停在地面上的敵機，在空中則擊落了九架。相較之下，德國空軍損失了十四架飛機，大多數是精準過人的波蘭防空砲所造成的。反過來講，整天下來並沒有什麼真正的空戰，因為波軍一直在避戰。凱賽林在他的最終報告書上這樣寫：

「第一航空軍團在作戰區內享有制空權」，但他同時也寫道：「敵方空軍大多數時候都保持隱匿。」

後面這句話和南邊的第四航空軍團的經驗相當一致。這些報告對柏林的空軍總司令部有多頭痛，就反映在九月二日發佈的命令上。命令書中的用詞重複，有時甚至很尖銳：

「第一與第四航空軍團在九月二日須繼續追求與敵空軍交戰……特別注意監視靠近華沙、德布林（Deblin）與波森附近的空軍基地……總司令要求找出波蘭轟炸機的所在地，因此從破曉起即應派出充足的偵察與巡邏部隊……直到敵軍轟炸機部隊的位置得悉以前，我軍轟炸機單位應留在地面，隨時準備立刻發動攻擊。」

德國空軍要等待對手出招了。波蘭的轟炸機會來嗎？戰爭第二天他們會反擊嗎？

——

波蘭南部的高空中，有一個聯隊正以緊密編隊往東巡航。各大隊的編隊非常精確，好像是在參加閱兵。在下面四千公尺的地面上，房屋的窗戶因為八十八架轟炸機轟隆隆作響的發動機而微微顫抖。編隊的領機是馬丁・費比希上校（Martin Fiebig），他帶著參謀中隊的一個分隊飛行。[8]在九月二日這一天的早上，他親自帶領聯隊出擊。這個聯隊叫第四轟炸機聯隊，又叫「威佛將軍聯隊」（General Wever Geschwader），以一九三六年墜機殉職的第一代德國空軍參謀總長命名。

這八十八架亨克爾繼續往前飛，沒有遇到任何阻礙，事實上也沒人阻止得了他們。機上的組員正在徒勞無功地掃視天空，尋找對手。但他們只看到偶爾在陽光下閃爍、負責護航的Bf 110戰機。他們只帶了一個中隊的護航機，第二航空師認為這樣就夠了。

第四轟炸機聯隊的目標群是分布在德布林的交通樞紐、編號一〇一五號和一〇一八號，它們就在維蘇拉河河畔、華沙南方九十公里處。這裡擁有三座機場，它們在前一天都沒有受到攻擊。一〇〇〇時過後不久，他們看到了一條閃亮的絲帶，那是維蘇拉河。各個大隊在此解散。突然之間，敵軍的防空砲火猛力襲來。砲火非常強烈，但高度太低了。砲彈大約在轟炸機下方三百公尺處爆炸。

亨克爾轟炸機開始攻擊。就像昨天在克拉考、卡托維茨、基爾斯、拉敦和羅茲，炸彈沿著跑道呈一直線爆炸，同時在擊中機庫時也製造出蘑菇狀的橘色火焰。

攻擊後不久，一支由四架Bf 110組成的小隊便開始以陡峭的角度向下滑翔。他們發現在機場邊緣，有幾架轟炸機沒有炸到的敵機。

赫姆．蘭特少尉（Helmut Lent）——幾年後將會成為德國最成功的夜間戰鬥機飛行員的他，此時對一架比較大的飛機攻去。這架飛機機身很結實、駕駛艙較長，像極德國的斯圖卡。他在一百公尺處讓四挺機槍開火，幾秒後那架波蘭飛機燒得像火把。蘭特在脫離的同時轉向，然後向他的下一個目標俯衝。幾分鐘後當這幾架Bf 110拉高離開、加入編隊的其他人時，他們已經擊毀了十一架波蘭飛機，只留下在地上燃燒的殘骸。

在九月二日早上，德布林的機場遭遇到了與其他好幾十座機場相同的命運。而攻擊還沒有結束。德軍對波蘭空軍一次又一次地發動攻擊，破壞其地面設施，使波蘭空軍無法升空迎戰。一整天下來，偵察巡邏部隊持續監視著各個機場，包括波蘭東部。只要發現地上還有飛機，就會派轟炸機來摧毀。

隨著早晨過去，總部的緊張氣氛也越演越烈。羅策少將（Bruno Loerzer）的第二航空軍（II Fliegerkorps）與羅爾中將的第四航空軍團總部一直在等待回報敵軍的情報傳來，同時單發動機與雙發動機戰鬥機[9]飛行員都坐在駕駛艙內，隨時準備攔截任何攻擊。但這樣的等待沒有成果。波

8 編註：德國空軍的特殊組織架構，當中參謀也會分配到飛機臨空作戰，德文以 Stab 來標示。如以戰鬥機聯隊來說，除了一般的大隊之外，還會分配到四架左右的隊部機組成參謀中隊；大隊底下也會有三機左右的參謀分隊。也有一種寫法是聯隊本部直屬中隊或大隊本部直屬分隊。

9 編註：單發動機通常是指 Bf 109 或 Fw 190，雙發動機是指 Bf 110。為方便後續行文，單發動機戰鬥機將以戰鬥機稱之，雙發動機戰鬥機則是以重戰鬥機稱之。

蘭人從來沒有出現。

有少數報告提到波軍對德軍轟炸機發動零星攻擊，但規模最多只有兩到三架戰鬥機。還有單獨一架觀測機溜過前線，在葛萊維茨（Gleiwitz）北邊的裴斯克雷珊（Peiskretscham）丟了幾枚炸彈（全都沒有引爆）。到了中午，據報波軍正在自己的國土上派出偵察機，充當空中警戒哨，以便報告德軍轟炸機的到來。

只有幾架戰鬥機與偵察機，沒有轟炸機！波蘭轟炸機部隊的現代化雙發動機PZL.37「麋鹿式」（Łoś）轟炸機好像被地面吃掉了一樣。

緊張的氣氛消退了。波蘭空軍已經在對基地發動的第一擊中被殲滅，這樣的看法開始占上風，並且很快成了官方說法。一九三九年九月二日軍方戰報的說法：

「所有在機庫內或開闊地的飛機都已著火焚毀。從這點來看，波蘭空軍已遭到致命打擊。德國空軍已在波蘭贏得無法被挑戰的控制權。」

然而波蘭的卡利諾夫斯基少校（F. Kalinowski）卻有非常不一樣的結論。這時的他是海勒上校（Władysław Heller）轟炸機旅的飛行員，之後他會在皇家空軍成為聯隊長。

他的報告寫道：「德國空軍的行為完全與我們預期的一樣。他們攻擊我們的機場，試著將所有飛機在地面上擊毀。事後看來，德國人居然天真地相信在政治情勢高升的前幾天、在他們明顯的侵略行為之下，我們還會把飛機留在承平時期的基地裡。事實上到了八月三十一日，基地裡就連一架能升空的戰機都沒有了。在這之前的四十八小時，我們所有人都已轉移到了緊急戰備道。因此德軍一開始的空軍攻擊完全沒有達到目的……」

卡利諾夫斯基還補充，德軍轟炸與掃射破壞的波蘭戰機，不論是在機庫裡還是在停機坪，都是過時或因其他原因無法作戰的飛機；另一方面，四百架真正具有戰力的飛機，包括一百六十架戰鬥機、八十六架轟炸機與一百五十架偵察機，以及配合陸軍作戰的飛機，都在戰役的前八天勇敢地撐過了敵軍的制空權[10]。

事實是什麼呢？九月二日下午，第七十六重戰機聯隊的第一與第二中隊在羅茲上空與波蘭戰鬥機交戰。經過激烈的纏鬥後，蘭特少尉與納戈中尉（Nagel）擊落兩架PZL P.11c，但他們卻失去了三架Bf 110。

第二天，「羅茲軍團」的中隊又成功擊落了數架德國陸軍的觀測機。但到了九月四號，他們踢到鐵板了。第二重戰機聯隊一大隊轄下的一個中隊在魯恩中尉（von Roon）的指揮下又一次來到羅茲挑戰。對這個大隊的Bf 109D來講，舊型、高翼設計的PZL戰機根本不是對手。十一架波蘭戰機不是著火墜落，就是因重創而迫降。這些梅塞希密特戰機還在空中擊落了一架現代化的PZL.37「麋鹿式」轟炸機，並擊毀地面上另外三架。

但現在波蘭的轟炸機旅已經撐過了第一時間的混亂期，該要讓敵人知道自己仍然存在了。轟炸機中隊攻德軍防禦的不備，而對裝甲部隊前鋒發動了一連串的攻擊。九月二日午後，正從東普魯士前往格勞登茲的德國陸軍第二十一軍，緊急請求轟炸史特拉斯堡[11]（Strasburg）的機場。有波軍的轟炸機和攻擊機正從那裡起飛，對德軍的步兵單位持續發動攻擊。

10 原註：關於波蘭空軍的戰力，請參考附錄三。
11 譯註：現為波蘭的 Brodnica。

第二天，在第十軍團前面推進的第一與第四裝甲師到達拉敦斯科時，遭到敵軍空軍攻擊而損失慘重，同樣因此請求空軍協助。但在那之後，波蘭空軍的活動每天都在衰減。德軍的推進太快太深，空軍對交通網與補給基地的打擊也太沉重了。

「轉捩點發生在九月八日，」卡利諾夫斯基寫道，「後勤的狀況變得徹底絕望。我們的飛機一架接著一架無法使用。備用的料件已經沒了。只剩下幾架轟炸機還能運作到十六日……到了十七日，剩下可以出擊的飛機都受命撤往羅馬尼亞。」

波蘭空軍保衛國家的行動到此結束了。戰役踏入第二週開始，波蘭空軍幾乎已經不存在了。里亭斯基上校（Litynski）在替倫敦西考斯基將軍協會（General Sikorski Institute）所著的叢書所寫的內容中，對於波蘭滅亡的原因是這樣寫的。他說德軍一開始對機場、道路與鐵路發動的攻擊所帶來最糟的後果，其實是對通訊往來造成的致命打擊。「到開戰第二天，電話與電傳打字機系統已經毀了。報告與命令都變得十分混亂，沒有任何希望可言。就算這些文書真的能送達目的地，其順序也會亂掉，文字往往都是破碎的。因此從一開始，我們根本沒有有效的軍事指揮體系。」

這才是德國第一次空襲達成的戰果。「破壞機庫與跑道」其實一點貢獻也沒有。德國空軍很快就注意到了這件事。幾天後，當部隊到達前幾座被轟炸的機場時，情報單位的說法明顯非常保守。他們在報告中寫說丟在機庫上的炸彈完全浪費掉了。所有在地上擊毀的飛機也都是舊型的訓練機型，而且所有的彈坑其實都幾乎可以立刻填平。至於對航空工業發動的攻擊，其實弊大於利，因為現在德軍不能讓它們為己所用了。

當然這份報告一直是最高機密，公眾對此事一無所知。他們只知道日夜轟炸、德國空軍無人能敵，還有最重要的是俯衝轟炸機對士氣打擊所造成的效果。

二、斯圖卡的誕生

若是沒有地面上的裝甲部隊與空中的斯圖卡俯衝轟炸機，希特勒在第二次世界大戰開始時的閃擊戰根本連想像都無法想像。負責打擊敵軍士氣的角色，一次又一次地由Ju 87B斯圖卡俯衝轟炸機擔綱。

九月三日早上，十一架這種飛機頂著綿密的防空砲火，對波蘭的赫拉（Hela）海軍基地俯衝而去。這是原訂要在航空母艦上服役的第一八六航空母艦大隊第四中隊，他們選的目標是波蘭海軍最先進的軍艦：布雷艦獅鷲號（ORP Gryf）。在後甲板遭到一枚炸彈擊中、數發炸彈近爆彈錯過船本身之後，該艦被扯離了碼頭，但卻沒有沉沒。

下午他們又來了，掛著機上的警笛（名叫耶利哥喇叭）對著防空砲的火海俯衝。一架Ju 87遭到擊落，機上的兩位士官祖普納（Czuprna）和麥哈德（Meinhardt）陣亡，但他們的僚機卻炸射得十分準確。魯梅爾中尉（Rummel）和里昂少尉（Lion）都直接擊中一千五百四十噸的驅逐艦疾風號（ORP Wicher），分別炸到了艦艏和艦舯，使疾風號很快就沉沒。獅鷲號艦艏甲板被炸得粉碎，彈藥庫也起火燃燒。後來在第七〇六海岸航空大隊第三中隊由史坦上尉（Stein）指揮發動的低空攻擊下，該艦嚴重傾斜、起火燃燒，終於在淺灘觸底。

替德國裝甲與步兵單位開路的首要工具，就是斯圖卡俯衝轟炸機。是它讓快速取勝成為可能。或許會有人想問，它是怎麼達到這樣的地位的？

德國的俯衝轟炸機起源，以及其開發工作，都與一個人息息相關：恩斯特・烏德特（Ernst Udet）。這個人正是在第一次世界大戰以六十二架擊落的戰績，成為德國僅次於曼弗雷・馮・厲秋芬（Manfred von Richthofen）的王牌飛行員。協約國禁止了德國的航空工業，卻沒能把這個人關在地上；他自己打造飛機，偷偷繼續飛行。他成了特技飛行員的「守護神」，他驚人的貼地特技飛行讓數以千計的觀眾為之驚嘆。這個人有著迷人的人生、逃過幾十次墜機，並且有著自己的執念。

一九三三年九月二十七日，在美國水牛城寇蒂斯萊特（Curtis-Wright）工廠的機場裡，烏德特正在試飛一架當時頗為轟動的機型——寇蒂斯鷹式飛機。他對這款飛機很熟。兩年前，烏德特已經用過這架堅固的飛機在俄亥俄州的克里夫蘭的一場飛行展示中，用他驚人的特技博得了滿堂彩。他讓這架飛機像石頭一樣直直墜落，然後猛力地爬回空中。

他從第一刻起，就對這架飛機的性能印象深刻。如果有一架，他之後在德國的飛行表演將會更加精彩啊！

而在兩年後的這一天，烏德特正在環視兩架這款神奇的大鳥。而更讓人振奮的是，這兩架飛機將屬於被朋友稱為「飛行怪傑」的他所有！烏德特到現在為止都還不敢相信這件事情是真實的，他總認為美國政府一定會在最後一刻否決這項交易的出口許可。

畢竟這種飛機擁有優異的俯衝表現，在軍事用途上一定有很多潛力。舉例來說，飛行員可以從高空對著一架軍艦俯衝，然後只用一枚炸彈把軍艦擊沉。烏德特沒想到美國國防部完全沒顧慮到這點，而這正是他得到許可的唯一原因。

但接下來他還要面對財務問題。這兩架飛機加起來可不便宜，要價超過三萬美元。雖然烏德特賺很多錢，但他花的錢也一樣多。他要上哪裡弄這麼多錢？

答案是：向德國的革命拿錢。國社黨剛剛掌權，第一次世界大戰的戰鬥機飛行員赫曼．戈林剛由希特勒任命為帝國航空部部長。

戈林打算秘密打造新的德國空軍。很多前戰鬥機飛行員丟下自己得來不易的民間職務去加入他，但烏德特沒有。現在的戈林手上只有坐辦公室的工作，而烏德特一心只想要飛。

戈林沒有放棄。他一聽說烏德特花俏的俯衝轟炸概念，就看見了拉攏這位高人氣飛行偶像的機會。他拍電報去說：

「烏德特，用你個人名義買了這兩架鷹式吧。錢我們出。」

他用的是「我們」。烏德特仍然不敢相信。他面對著寇蒂斯萊特公司的業務部經理，覺得不敢置信。

「可是烏德特先生，這筆錢我們的銀行已經入帳了！」

戈林開了一個條件。在這兩架飛機成為烏德特的私人財產之前，要先送到雷希林（Rechlin）測試中心徹底測試，該地是新德國空軍技術局底下的單位。

在雷希林拆開飛機的包裝、組裝完成之後沒多久，柏林的命令下來了。一九三三年十二月，烏德特親自示範此型飛機的俯衝能力。他爬升、如同石頭般墜落、再奮力拉起機頭，重覆這樣的表演四次。示範完成後，他累到沒有力氣爬出駕駛艙。重覆的俯衝，還有更重要的是急拉機頭的過程，讓他全身體力放盡。

厄哈德．米爾希（Erhard Milch）是戈林的副部長，他以疑惑的眼光看著這位英雄突如其來的虛弱。如果烏德特自己都對這架飛機不滿意，那還有誰會滿意？他說的那個主意又是什麼？這個俯衝的想法太扯了。沒有任何材料能承受長期的俯衝，更別提飛機上的人了！因此鷹式被判定為不適合當作德國空軍的基礎機型。

烏德特比預期中更快拿回自己的飛機。現在這兩架飛機完全屬於他了，他想飛就能飛。而人類可以調整、適應幾乎所有事情。到了一九三四年夏天，他對垂直俯衝已經夠熟練，可以開始在特技表演中加入這個元素了。然後就在柏林的騰珀霍夫機場（Tempelhof）最後幾次練習時，他遇上了災難。在總是非常重要的拉高改平階段，他的鷹式受不了了。機尾總成承受不了壓力，在猛烈震動後斷裂。但烏德特活了下來。他的降落傘剛好趕在沉重的身體落地前打開，他又一次有了驚人的好運。

但俯衝轟炸的概念留了下來。技術局的軍官與工程師進一步開發這個概念，這在當時可是完全違背頂頭上司的願景。

他們計算出如果有一天，他們要向軍備工業訂購俯衝轟炸機，必須採用的設計會是什麼樣子。為了承受反覆俯衝急拉的張力應變，這樣的飛機首先必須非常堅固。它必須能以除了完全垂直以外的任何角度攻擊，但速度卻必須以空氣煞車限制在時速六百公里以內，這是當時認為機器和人能承受的極限。

發動機是最大的麻煩。一九三五年，航空發動機最大的輸出只有大約六百匹馬力，也沒有什麼即將到來的機型有更好的表現。若是使用這樣的發動機，飛機會太慢，在接近與脫離的階段會太脆弱。這樣一來，就需要提供空間給第二個機組員，負責操控機關槍保護飛機的後方，也就是敵機會來襲的方向。

雖然未來會成為斯圖卡的技術細節已經成形，但官方態度上還是禁止開發這種飛機。然而，它在戰術上的優勢後來將會得到第一任空軍參謀長華瑟・威佛中將（Walther Wever）的認可。

在高高度飛行的水平飛轟炸機只能攻擊區域目標。這時可靠的炸彈瞄準器還沒有問世。然而俯衝轟炸機可以用俯衝瞄準，因此可以達成比較高的精準度。當時的空軍相信，只要幾架俯衝轟炸機帶著少數炸彈，就能得到比一整個聯隊的高空水平轟炸機更好的戰果。這樣的想法改變了局面，因為原物料的不足，經濟性是第一考量。

奇怪的是，最反對俯衝轟炸機的人，正是當時技術局開發部門的主管沃夫蘭・弗萊赫・馮・李希霍芬（當時他還是少校）——那位著名王牌飛行員的堂弟。他在柏林工業高等學校[12]拿到了工程學博士學位，他現在的職務正是要負責提出新的想法。可是斯圖卡這個主意卻讓他無法接受。他的理由如下：這架飛機太慢、太不靈活了；精確瞄準只在一千公尺以下的俯衝才可能實現，然後就沒有然後了。在這樣的高度，這種飛機會像群麻雀被防空砲火擊落，更別提還有敵軍戰鬥機的威脅！

技術局早在一九三五年一月、李希霍芬還在任的時候就將開發合約發給廠商，實在是不得了的一件事。他們甚至還請好幾家廠商競標，包括阿拉度（Arado）、布羅姆與佛斯（Blohm & Voss）、亨克爾和容克斯全都參加。在這次的競標中，容克斯公司顯然握有優勢，因為這是空軍想要的東西，該公司早在一九三三年就有領銜工程師波曼（Pohlmann）提出設計圖了。這張設計圖就是後來的Ju 87，並且已經滿足所有軍事與技術上的要求。第一架原型機隨時都可以動工製

12 譯註：一九四六年後改名為柏林工業大學（TU Berlin），這裡的高等學校在當時是大學的意思。

作。

容克斯公司還有著多年近期經驗的優勢。一九三〇年以前，容克斯在瑞典的馬爾默（Malmö）成立了分部，並在那裡打造了K 47，一架具有俯衝攻擊能力的雙座戰鬥機。這架飛機現在成了空軍要求的空氣煞車測試時使用的平台。該機還裝有由高度表控制的自動拉高改平裝置。

所以就在航空部送出設計要求的短短幾週後，第一架原型機Ju 87 V1已經飛上天空了。龐大的機身、逆鷗翼低翼設計、加長的玻璃座艙罩與配有貌似褲子般的整流罩的固定式起落架都實在稱不上美麗，但卻非常堅固紮實。

雖然這架飛機還沒裝上空氣煞車，但試飛的俯衝角度卻越來越陡，直到一九三五年秋天的某一天，試飛員超越了未知的極限。在俯衝的過程中，機尾總成被強烈的風壓扯掉，造成飛機墜地。接下來兩架原型機V2與V3便改用更有耐心的測試方式。

一九三六年一月，烏德特終於受不了往日同袍的壓力，以上校軍階加入了新生的德國空軍。他的第一個職務是戰鬥機督察官，但他的興趣主要是在當前還只是雛形的俯衝轟炸機。他開著自己的小型西別爾飛機（Siebel）在各家工廠到處飛來飛去，叫大家多努力一點。阿拉度的俯衝轟炸機是一架全金屬雙翼機，名叫Ar 81；在漢堡的布羅姆與佛斯做出的俯衝轟炸機是Ha 137，沒有遵守設計要求，只有單人座，比較適合當攻擊機而不是俯衝轟炸機。

最後只剩下亨克爾與容克斯兩家在競爭。亨克爾做了一架看起來很像競賽機的飛機，名叫He 118，但其俯衝穩定性仍有待證實。在這點上，容克斯的Ju 87比對手強得多了。

到了這個階段，一九三六年六月便成了空軍的關鍵時刻。六月三日，空軍參謀總長威佛在德勒斯登駕駛「閃電式[13]」時墜機身亡。九日，李希霍芬從技術局的辦公室最後一次表達對俯衝轟炸機的不滿。在秘函文號LC 2 Nr. 4017/36中，他下令：「應中斷Ju 87的開發……」

一天後的六月十日，恩斯特·烏德特接下了威默將軍（Wilhelm Wimmer）在技術局的位子。戈林之前就曾提出要讓他來這裡，但他不想坐辦公桌，所以沒有接受。他現在之所以接受，只是因為這個職務可以幫助斯圖卡的開發得到第一次突破。

李希霍芬以禿鷹兵團指揮官的身分加入西班牙內戰。斯圖卡的概念贏了。

至於到底要購買亨克爾還是容克斯的飛機，這個問題先放在一邊，等秋天兩架飛機比較測試過後才決定。Ju 87可以用陡峭的角度俯衝，然後安全恢復平飛；He 118雖然快得多、機動性優異得多，但它的試飛員只用過比較淺的角度俯衝。他們相信這架飛機的極限差不多就是這樣了。

幾個月後，烏德特決定要親自看看。他把所有警告都當耳邊風，親自駕駛He 118作垂直俯衝，馬上就墜機了。一如先前的每一次，他在最後一刻成功跳傘逃生。

局勢已定，Ju 87斯圖卡的誕生陣痛期過去了。

一九三九年八月十五日，在科特布斯（Cottbus）空軍基地，一架架的斯圖卡排好隊形，發動機已經開始運轉。這些斯圖卡屬於第七十六斯圖卡聯隊一大隊，又叫格拉茲（Graz）大隊。因為此單位承平時期的駐紮地在奧地利的斯太利亞（Styria），故以其首府命名。現在為了準備對波蘭

---

13 譯註：He 118的前身He 70的別名。

開戰，他們移動至西利西亞，由李希霍芬中將指揮。但今天他們的任務，是要在德國空軍高層的面前，以緊密編隊對紐漢默（Neuhammer）訓練場發動攻擊，使用的是水泥煙霧彈。

大隊長華瑟・西格爾上尉在簡報中指示飛行員以攻擊隊形靠近目標，然後一個接一個快速俯衝。這時氣象偵察機已經降落，並回報說目標區上空有三分之二雲幕，雲頂高兩千公尺、雲底九百公尺，雲底以下能見度良好。

於是攻擊計畫改變了。他們要以四千公尺的高度接近、俯衝穿過雲層，然後在最後的三百到四百公尺目視目標、投彈後恢復平飛。

「有問題嗎？那就祝各位好運！」[14]西格爾總結道。幾分鐘後，斯圖卡滑行至跑道頭分批起飛，然後在機場上空組成大雁隊形。

就像戰前的所有斯圖卡單位，第七十六斯圖卡聯隊一大隊也配有最新式的Ju 87B型。B型比起只有少數在西班牙服役過的A型，最大的優勢就是馬力強化許多的Jumo 211 Da發動機，其一千一百五十匹馬力的輸出是舊型的將近兩倍。它能吊掛五百公斤的炸彈、以時速三百公里左右的速度巡航，作戰半徑大約兩百公里。這對長距離行動還是所有不足，但要支援陸軍已經很夠了。支援陸軍才是斯圖卡的主要工作。

○六○○時，在第七十六斯圖卡聯隊一大隊從雲上高處靠近目標的同時，西格爾上尉下令進入攻擊隊形。他要和他左邊的副官艾朋中尉（Eppen）和右邊的技術官穆勒中尉（Müller）一起衝第一波。第二與第三中隊會跟在後面，最後才是第一中隊。第一中隊現在隨著大雁隊形解散而留在後面。

第一中隊的中隊長迪耶特・派茲中尉（Dieter Peltz）將來會成為轟炸機部隊將官。這時不論是他，或是他的部下，連作夢也想不到自己的戰術位置會救了自己一命。

一如過去數百次練習，大隊長翻過機身，開始俯衝。一個個分隊也跟了上去，朝雲中呼嘯而去。

十秒……十五秒……他們應該要通過乳白色的雲霧了，可是十五秒到底有多久？誰能在俯衝中精確計算時間？看高度表也沒用，指針只會一直轉而已。每個飛行員都在想：「雲隨時都會散開，然後我就要以閃電般的反應瞄準目標……」

西格爾上尉擦掉眉毛上的汗水，在五里霧中陷得越來越深。現在地面應該隨時都會出現了。突然之間，前方的白色雲幕變黑了。他在瞬間反應了過來：那塊眼前不遠的黑色東西是「地面」！他只剩不到一百公尺的高度，正在衝向自己的毀滅，身後還有整個大隊跟著他！他一邊奮力拉起操縱桿，一面對著耳機大吼：

「拉起來！拉起來！地面起霧！」

森林湧向面前，他正前方有一條切穿森林的小徑。這架斯圖卡就從那裡飛過、重新拉高，剛剛好恢復控制。他離地面只有兩公尺，勉強利用樹林間的小徑逃過一劫。

西格爾小心慢慢爬升，並環顧四周。他的左邊，艾朋的飛機已經墜入樹林，現在還掛在樹枝上；右邊，穆勒的飛機變成一團火球。他很幸運不必再看到其他人的狀況。

由高德曼中尉（Goldmann）帶領的第二中隊，全部九架飛機都直接墜毀；第三中隊大多數都

---

14 原註：德文原文為「Hals- und Beinbruch!」，字面意思是「摔斷脖子與雙腿！」，是對即將起飛的飛行員傳統式的道別語。

安全改平，其他飛機則拉高拉太猛，開始翻滾，然後機尾朝下摔進森林。

漢斯·史泰普少尉（Hans Stepp）是最後俯衝向下的中隊裡的一個分隊長。在大隊長焦急的聲音傳到他的無線電裡時，他才剛開始俯衝。他馬上把操縱桿往後拉，讓飛機衝出雲層。他在空中盤旋搜索第一中隊的其他飛機，並看到棕色的煙霧穿過雲層，直上天際。

德國空軍就這樣一次損失了十三架俯衝轟炸機和二十六位年輕的機組員。李希霍芬看見了這場災難，他一直反對俯衝轟炸機，但現在已準備好帶領他們上戰場。希特勒聽到這件事時，他不發一語地對著窗外看了十分鐘。但不論他這人是有多迷信，都沒有史料證明他對發動戰爭有任何的遲疑。

調查庭於同日召開，由雨果·史培萊將軍（Hugo Sperrle）主持。調查庭沒有起訴任何人。地面的霧氣應該是在氣象偵察機離開後、攻擊機隊起飛前短短的一個小時內形成的；而立刻大聲示警的大隊長也已經盡力警告他的部下了。

他手下這支第七十六斯圖卡聯隊一大隊馬上從其他俯衝轟炸機部隊調派人力補充。從波蘭戰役開始的第一天起，這支大隊攻擊了防禦工事、十字路口、橋樑、火車站與火車。在他們帶來的破壞之下，紐漢默的悲劇很快就被眾人遺忘了。

九月二日早晨，里希瑙與李希霍芬兩位將軍達成協議，將斯圖卡部隊的優先支援對象設為施密特中將（Rudolf Schmidt）的第一裝甲師。該師遠遠走在陸軍第十六軍前面，正在往北推進、對抗堅固的琛史托紹防禦工事，往瓦爾塔河渡口前進。空軍的主要任務是要阻止敵軍的任何反制行

動；次要任務則是要掩護該師缺乏防禦的南面側翼。

第二斯圖卡聯隊一大隊與第七十六斯圖卡聯隊一大隊的四十架斯圖卡以驚人的精準度摧毀了彼得庫夫（Piotrkow）火車站，時間剛好選在波蘭軍部隊正在下車的時候。史瓦茲考夫上校的第七十七俯衝轟炸機大隊還對拉敦斯科附近的敵軍車隊反覆攻擊；同時第十一與第十四軍也發來支援請求，希望空軍攻擊他們在瓦爾塔河沿岸推進時，在賈沃申遇到的波軍堅強抵抗的兵力。

李希霍芬令手下的第一二四偵察機大隊第一中隊隨時派一架Do 17在拉敦斯科南邊的瓦爾塔河大橋上空定點偵察。這架「飛行鉛筆」的機組員不但要回報波軍的動靜，還必須以機槍與通用炸彈作低空攻擊，阻止任何企圖把橋炸毀的行動。這是因為這座橋正是第一裝甲師推進的目標。

隔天九月三日早上，第一與第四裝甲師在前一晚以奇襲拿下橋樑後，來到瓦爾塔河北岸，在遠離前線其他區域處持續從拉敦斯科往卡緬斯克（Kamiensk）與彼得庫夫推進。

在瓦爾塔河更西邊的地方，拜爾上校的第二教導聯隊底下的兩個斯圖卡大隊，都在支援陸軍第十一軍的過程中轟炸了賈沃申，讓第十一軍沒有損失的狀況下拿下這座城市。

斯圖卡和攻擊機才剛完成第十軍團左翼的工作後不久，午後他們又被派往南方，去支援軍團的右翼。這邊遭遇到了來自琛史托紹東南方的大批敵軍。九月四日上午，在航空攻擊的壓力下，波蘭第七師投降了，成了戰爭中第一個投降的師級單位。

於是戰鬥就這樣繼續下去：一個小時又一個小時、一天又一天，他們一直沿著第十軍團的前線支援。這是歷史上第一次，有一支強大的空軍直接參與地面作戰。這種作法的效果震驚了敵我雙方。然而對陸軍而言，空中支援的概念實在太過新穎、陌生，他們不論狀況多危及，常常沒有開口叫支援，甚至都沒考慮過。空軍常常還必須不請自來地「強行支援」地面部隊。

但這種新的戰爭規則卻有著越來越嚴重的隱憂。隨著部隊前進，機組員常常找不到前線在哪裡，也無法區分敵軍的斷尾單位在哪、我軍的排頭單位又在哪。如果李希霍芬沒派聯絡官升空偵察，場面一定會是徹底的混亂。

即使如此，還是有一些不幸的意外發生，就是德國人丟炸彈攻擊德軍防線這種事情。部隊標記防線的航空識別記號總是不夠清楚。九月八日，斯圖卡為了封鎖敵軍的撤退路線，就在第一裝甲師來到西岸的前鋒部隊面前把古拉卡瓦里亞（Gora Kalwarja）跨越維蘇拉河的橋炸斷了。這完全阻止了該師在對岸建立橋頭堡、繼續前進的機會。

然而這樣的意外很少見。這種事並不影響「飛行砲兵」在地面部隊快速推進時所扮演的重要角色。除了直接對前線敵軍抵抗的中心發動攻擊之外，包括更重要的擾亂後方補給線的功能。在這點上，俯衝轟炸機、轟炸機和長程戰鬥機都有貢獻。橋樑、道路、鐵路，還有最重要的通訊設施，都被炸成了無法修復的狀態，使敵軍再也無法組織反抗，也無法發展出行動計畫。日子一天天過去，前線後方的部隊調動也變得越來越混亂。

戰爭剛開始時，波軍擺出一條統一、卻只能逐漸敗退的前線。但從戰爭的第四天開始，德軍開始突破防線、攻擊對手的側翼。波軍的撤退甚至比德軍的推進還慢。

隨著這種狀況沿著公路持續發生，波軍開始在道路兩側的森林中躲藏，讓德國空軍看不見他們。等到天黑之後，他們繼續沿著沒有道路的地方往維蘇拉河撤退。雖然這不是有組織的行動，但波蘭人都知道只有跨過維蘇拉河，他們才能得救、建立新的防線。

同樣地，德軍也知道只有在河的西岸才能快速決定勝敗。德軍只能在這裡包夾、包圍敵軍，並逼迫敵軍投降。不論要付出什麼代價，都一定要阻止敵軍逃到河對岸去。德軍必須先到河邊

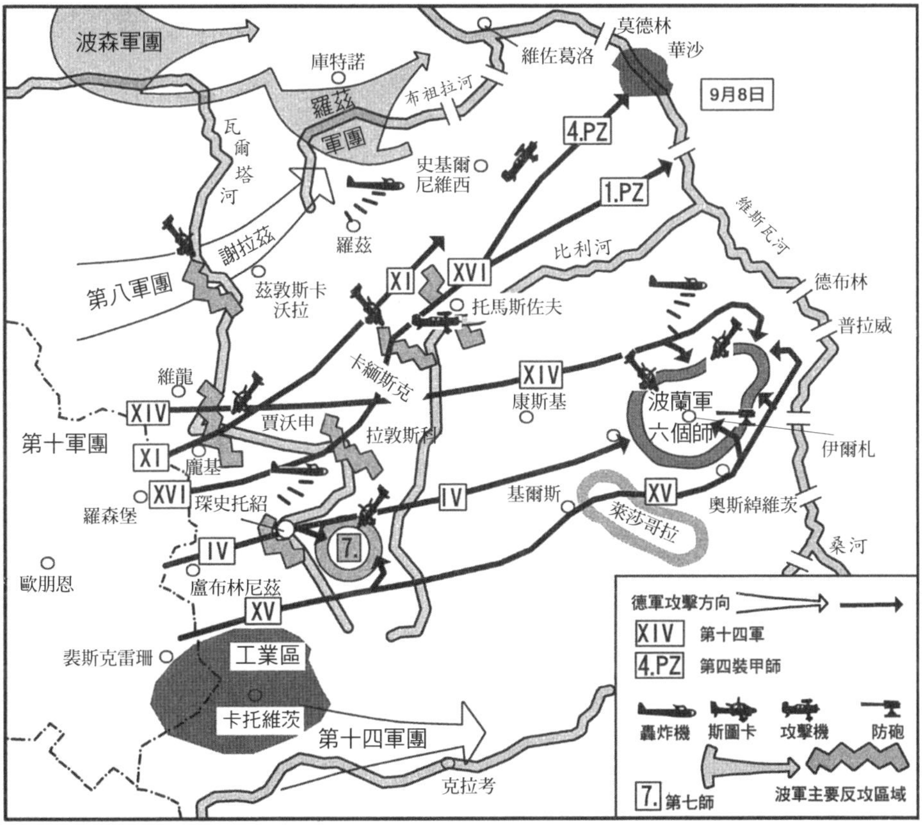

波蘭戰役　波蘭戰役開始八天之後，德軍裝甲甲先頭部隊已直逼華沙，而波蘭陸軍則全面崩潰並逐步撤退至維蘇拉河。德國空軍在這場戰役中扮演了關鍵性角色，他們運用強大的轟炸機、斯圖卡及攻擊機將波蘭部隊的抵抗消弭於無形。上圖顯示由西利西亞發起攻擊的十軍團行進路線，及負責支援的第四航空軍團參戰的情形。德國空軍除了直接支援之外，還癱瘓了波蘭的通訊與交通網路。

才行。

因此在整個前線上，以維蘇拉河為終點的競賽開始了。

三、「伊爾札之夜」

九月七日，偵察機發現第十軍團的右翼對面有著強大的敵軍部隊。這些部隊集中在萊莎哥拉（Lysa Gora）一處森林山丘上，還有拉敦南部，而這支部隊的中心據報應該是在伊爾札鎮（Ilza）邊緣的大片森林內。這些部隊顯然正在向東移動，往維蘇拉河渡口前進。

黎希瑙將軍下令發動包圍作戰，命令如下：第十四軍要推進越過拉敦，往德布林的維蘇拉河前進，截斷北方的去路。第四軍會以較慢的速度尾隨在後，充當後衛部隊，封鎖西邊；第十五軍則在右翼往前快速推進，以便完成包圍網，將自己置於敵軍與河流之間。

第二天一早，昆岑中將（Adolf-Friedrich Kuntzen）手下的第三輕裝師從奧斯綽維茨（Ostrowiec）派出「迪佛斯」（Dirfurth）戰鬥群偵察伊爾札與拉敦。這個群以第九騎兵步槍團的指揮官迪佛斯上校命名，包括他自己團裡的第六十七戰車營第二連、第八十砲兵團第一營，最後還有第二十二高砲團第一營的四個砲兵連。

最後一個單位屬於空軍管轄，他們一直跟著陸軍前鋒部隊推進，以便就地提供支援，抵禦波蘭戰機的攻擊。雖然波蘭戰機一直沒有出現，過去這幾天的推進卻一直十分匆忙，造成測距和通信單位被卡在半路，只有高砲本身來到現場。現在他們在防空上其實已經沒什麼用了。但他們可以參與地面戰鬥，讓自己的存在有點用處。步兵和砲兵都知道這些高砲砲彈的貫穿力優秀、彈道低伸，尤其是在面對目視可見的地面目標時。

大約到了中午，戰鬥群的先遣部隊到達了皮拉卡（Pilatka）——伊爾札之前的最後一個村莊——只差大約四公里路。他們無法再前進了，因為這群「騎兵」必須尋找掩護，躲避伊爾札舊城堡「古堡」（Alte Schanze）附近山丘地傳來的集中火力攻擊。同時，城鎮南北雙方的道路也傳來飛揚的塵土，顯示敵軍縱隊即將到來。還有人觀測到東北方有更多部隊正在行進。雖然西南方的森林目前還很安靜，但裡頭一定也躲滿了波軍。

敵軍的砲兵猛烈地射擊。從伊爾札西邊三公里處的二四一高地，砲兵可以綜覽整個作戰區域。德軍派了第八騎兵營第二連（2/Kav.Sch.Rgt. 8）前去反擊，但只能前進幾百公尺。

迪佛斯上校的其他單位從東方接近皮拉卡的同時，他便將這些部隊布置在村莊西邊的陣地內，讓步槍隊慢慢通過崎嶇不平的鄉間，往伊爾札前進。但就在離「古堡」一公里遠處，他們也遭遇強烈火力攻擊，無法再前進。

一三二〇時，第二十二高砲團第一營（I/Flakregiment 22）的指揮官懷瑟少校（Weisser）來到了皮拉卡，就在他的砲兵連之前，他必須躲避步槍與機槍射擊，才能進入迪佛特的指揮部。他在指揮部內受命帶砲兵通過村莊、在南邊建立陣地，然後為被壓制的步槍兵提供直接砲火掩護。

首先加入戰鬥的是第五砲兵連的六門二十公厘快砲，由塞德納少尉（Seidnath）指揮。接下來還有另外三門砲加入，同時第四排則留在後方當營的預備隊。塞德納將全部九門砲都往南瞄準，如果敵軍想包圍城鎮，就必須從這裡發動攻擊。來自這個正面的攻擊被這些砲兵成功擊退。

同時高砲營的第二連與第三連將其重型八十八公厘高砲部署在比較東邊的地方，配合砲兵的一〇五公厘榴彈砲。前者的狀況實在稱不上理想。他們的砲以俯角部署、還有地形起伏阻擋其視線。這樣的位置對榴彈砲而言很理想，因為其彈道彎曲、又有前進觀測手觀測。但對高砲而言就不好了，他們的彈道必須直接目視目標才行。火砲在高地只會被別人發現，並且在開砲前就會被敵軍消滅。

到目前為止，高射砲只能打打比較遠的目標。他們一度射中了伊爾札北方一支碰巧進入視野範圍的波蘭部隊，但在距離這些八八砲兩公里遠處發生的步兵戰鬥中，他們卻一點用處也沒有。

就在前線上，有著第五砲兵連的二十公厘快砲。但在這些砲往南射擊時，它們本身卻會受到西面側翼「古堡」的機槍火力攻擊。只要組員稍微有點動靜，馬上就會引來一陣槍林彈雨。

最後，他們的狀況變得更為艱難。砲兵連連長赫勒上尉（Röhler）下令，第三排要脫離波蘭迫擊砲與戰高砲的射擊範圍。這個命令成功完成，讓該排的三門砲轉移到新陣地，並在後來的夜戰中提供了不少火力。

同時在一八〇〇時，德軍的步兵與高砲開始面對來自南方、搭配砲兵、戰車與火焰發射器支援的第一波波蘭軍反攻。如果波蘭覺得自己的兵力強到可以在白天發

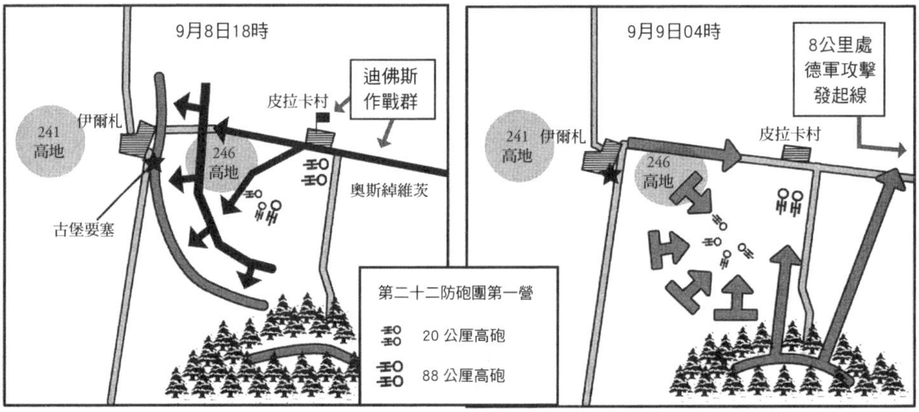

88 防空砲成為陸戰有力武器　9 月 8 日，第二十二高砲團一營以強大的火力支援位在伊烏扎的步兵部隊，第二天晚上更是傾全力阻擋波軍在數條戰線所發動的逆襲，成功地阻止了波蘭部隊往維蘇拉突破的企圖。這是 88 砲成為傳奇武器的一役。

動攻擊，那就不禁讓人懷疑他們在天黑後會做什麼了。

就在德軍最前方的位置——離「古堡」只有八百公尺的地方——有著二四六高地。這裡躲著德軍的砲兵觀測手。下午期間，他們發現了敵軍一整串的機槍與戰高砲陣地，卻無法用陸軍的砲兵處理，也不適合空軍的二十公厘快砲從當前的陣地射擊。於是這樣的聲音出現了：

「在二四六高地上部署高砲！」

第五砲兵連的第三門砲指揮官毛里沙（Maurischat）分隊長便聽令將快砲推到關鍵高地後面的小山丘上。但它在那裡的射界仍然很有限，因此砲手只能連同八百公斤重的砲彈衝下坡，並試著利用動能爬上對面的二四六高地，但是卻卡在半路了。

觀測官跑下山，把自己的體重施加在砲尾，使砲管得以爬到丘頂前不遠處。一切準備就緒、彈匣也都準備好後，砲手尼哈瑟（Kniehase）用觀測手的望遠鏡瞄準目標，然後在砲手席上坐好。抓住波蘭人裝填附近的機槍彈藥的空檔，其他官兵把砲推到山頂，讓砲開火射擊。他們一共開砲四十次，直接擊中目標。

尼哈瑟和他的火砲幾乎馬上退回山坡後。這並非慌亂下的決定，因為才過不了幾秒，山頂就遭到了猛烈火力的攻擊。

這樣的行動一共做了八次。每次都有一門敵軍的機槍或戰防砲從此沉默，引來那些在高低不平的灌木叢中被壓制了好幾個小時、進退不得的官兵歡呼。

最後，尼哈瑟瞄準「古堡」上方高聳的一座瞭望塔，那裡有好幾門重機槍控制著一大片區域。他在四輪射擊中開了八十砲，對塔上的槍眼和平台發射高爆彈。

機槍陣地沉默了，但塔仍然健在。這些砲彈對瞭望塔只能造成些許擦傷。塔上很快就會有新的敵軍部署。

這時已經過了七點，天色開始變暗，官兵聽見持續的低鳴聲，驚訝地轉過頭。一輛德軍的重型曳引機正在敵火面前拖著一門八八砲，前往二四六高地的東面側翼。懷瑟少校派了第三砲兵連底下火力更強的一門砲支援那門單獨的二十公厘快砲。

但山頂太小了。那門砲才剛與曳引機分離就開始搖晃。觀測官與砲組員開始努力挖土，將平地擴大，以便使八八砲可以安全架設。終於到了暮光，八八砲射出了第一砲。沒有中，然後砲又歪了。砲兵再次調整水平，使八八砲再次射擊：直接命中瞭望塔。第三砲擊毀了一側的石造結構，再命中幾發砲彈後，該塔便四分五裂，變成一堆沙塵與瓦礫。這時機正好，因為夜幕已經降臨了。

二四六高地上的部隊全部撤離，這兩門高砲也回到了自己的連上。雖然馮・迪佛斯上校手下的部隊全都上了前線、沒有留任何預備隊，但他仍然相信自己就算是在晚上也能守得住陣地。

但就在八點過後，波蘭軍便發動了第一次大規模攻擊，迫使德軍向後撤退。敵軍裝甲部隊一路衝進皮拉卡，迪佛斯自己也在保護指揮部時被機槍掃射致死，手裡還拿著槍支自衛。

當德軍步兵面對敵軍長達一個小時的砲擊下撤退的同時，有許多部隊通過高砲陣地，有些是單獨通過，有些則是整隊行經此地。但年輕的空軍軍官卻成功攔住了不少人，將他們組成各門砲之間的新防線。但波蘭人勢如破竹，轉眼間就出現在第五砲兵連的位置。塞德納少尉用自己的左輪手槍逼迫俘虜幫忙自己的砲手將砲口轉向，面對西邊的新一波攻擊。

在這件事完成後不久，二十公厘快砲就開始對來襲的敵軍持續射擊。這樣的直接射擊對波蘭軍而言實在難以承受，攻擊隨即潰散。

八八砲暫時守住了陣地，但它能在晚間繼續抵擋很可能會到來的下一波攻擊嗎？

一九三〇時，赫勒上尉已經將第五砲兵連的探照燈隊從車隊往前派了。不幸的是，他們的前進正好遇上波蘭軍沿伊爾札－皮拉卡道路發動的攻擊。兩具探照燈受損、被困在撤退的混亂中，但另外兩具沒有受損，並繼續對抗撤退潮，在敵軍完成包抄時到達第五砲兵連的陣地。

對塞德納來說，這兩具六十公分探照燈簡直是天上掉下來的大禮。他小心地安排探照燈的位置，使他們可以照亮陣地兩側的前方地區。

晚上的天色暗得伸手不見五指。大約在二三三〇時，德軍陣地正前方就能聽到波蘭軍官在下達命令。準備開火的訊息以口耳向外傳達，然後右側的探照燈便啟動。就在敵軍躲避燈光時，高砲便向前射擊。三秒後，探照燈熄滅，換左邊的探照燈點亮。兩具探照燈交替點亮，並在熄燈時轉移陣地。在波蘭軍能利用機槍瞄準之前，燈光一定會熄滅。

十五分鐘的戰鬥後，這一波攻擊被擊退了。接下來還有兩波攻擊也因類似的原因而遭致失敗。接近〇五三〇時，第五砲兵連終於收到命令，要他們結束交戰，試著與德軍主要防線——位於後方八公里處——會合。

同時，第二十二高砲團的第二連與第三連也沒有閒著。自〇三〇〇時起，他們就遇到壓倒性的波蘭軍攻勢，從南邊的森林裡衝出來全面進攻。波蘭軍利用暗夜的優勢，想要往東北方的維蘇拉河突破。

規模最大的一次攻擊發生在〇四一〇時。波蘭軍以緊密隊形衝過擋在中間的小山坡。德軍砲兵的步槍裝上刺刀，在肉搏戰中努力保護自己的砲陣地。德軍的官兵傷亡相當慘重，包括營長懷瑟少校，還有第三連連長雅布隆斯基上尉（Jablonski）也陣亡。

終於，第五連第三排的二十公厘快砲對波蘭軍的側翼開火，讓這波攻勢也在一陣腥風血雨中停了下來。在敵軍撤退的同時，砲手也從掩體裡跑出來，親自將敵軍趕回去來襲方向的八百公尺外。

但這次的「德國空軍衝鋒」並沒有解除危機。敵軍橫掃高砲陣地的機槍火力越來越強，波蘭軍又進攻了。呂克瓦德中尉（Rückwardt）現在成了整個第一營軍階最高的軍官，他已經派了他的副官哈邱斯少尉（Haccius）回去師部請求支援兩次了。

在戰鬥繼續的同時，德軍正焦急地清點剩下的彈藥。這時山丘上出現四輛德軍戰車。他們四處射擊、加入戰鬥，又一次使敵軍聞風而逃。

這些戰車來得剛好。高砲部隊在他們的掩護下撤退，但留下三門第三連的八八砲，因為它們的曳引機被破壞了。這三門砲在被放棄之前，組員已先行將射擊機構拆除。

各連向東沿離開皮拉卡的道路全速前進時，天色已經大亮。他們之所以這麼匆忙，是因為這條路現在敵軍也在使用。他們一路上常常遇到路旁的溝渠中有人向他們開槍。呂克瓦德兩度不得不下令前方的八八砲與曳引機分離，以便提供火力掩護，讓其餘部隊前進。在前進了八公里後，他們才到達了德軍的防線。

被稱為「伊爾札之夜」的九月八日與九日之間的夜晚，終於結束了。在這場戰鬥中，德國空軍阻止了波蘭第十六師的部分兵力到達維蘇拉河，成了空軍高砲後來成為野戰戰力的傳奇故事起點。

到了白天，波蘭人便不得不躲回森林中尋找掩護。這時德軍的包圍網已經完成了。〇九〇〇時過後，第三輕裝師發動的新一波攻擊，清除了伊爾札地區的敵軍。在那之後，空軍的航空部隊也加入了緊鑼密鼓的戰鬥中。李希霍芬的部隊除了亨舍爾機之外，開始對拉敦南部的六個波蘭師俯衝攻擊。他們在戰場上低空飛行，尋找位於道路、鐵道與村莊中的目標。

「戰車車頂上的白十字在幫我們指路，」史瓦茲考夫上校的第七十七斯圖卡聯隊有一位中隊長寫道，「不論它們跑去哪裡，我們都會遇上大量的波蘭部隊，那就可以用我們的五十公斤炸彈把他們給處理。在那之後，我們幾乎是貼著地面用機槍掃射，造成的混亂十分驚人。」

九月九日這一天，李希霍芬派出了超過一百五十架斯圖卡，再加上戰鬥機與重戰鬥機，一次又一次掃蕩附近的波蘭師。地面上，包夾的態勢也無情地收緊。九月十三日，伊爾札森林地區的最後一批波蘭單位投降了。

不論如何，拉敦的包圍網都只是次要的事情。戰爭的重點已經轉移到波蘭首都附近。九月七日，陸軍第十六軍的兩個裝甲師突破了彼得庫夫兩側敵軍的最終防線。第二天，第一裝甲師便到達了古拉卡瓦里亞的維蘇拉河河畔，第四師也到了托馬斯佐夫東北方的一處主要道路，那裡有一面路標，寫著：

「華沙：一百二十五公里。」

此時空軍對鐵路、車站與火車的全面轟炸終於顯示出效果了。波蘭軍再也無法調遣新的援軍來對抗德軍的裝甲前鋒部隊了。在九月八日午後的一次大推進中，第四裝甲師在第二教導聯隊二大隊的亨舍爾攻擊機中隊支援下，到達了華沙的外圍。下午五點，馮．黎希瑙將軍下令對這座「不設防的城市」發動奇襲。

第二天早上，第四航空軍的轟炸機和俯衝轟炸機就會對華沙的關鍵軍事要地發動攻擊，但前提是波蘭軍真的有設防才行。德國空軍已經準備好了，問題是波蘭人願意把美麗的首都變成戰場嗎？

四、華沙不設防？

沃博茲（Wolborz）是托馬斯佐夫附近的一間馬場，這裡的地勢還算平緩，現在成了第二教導聯隊二大隊的野戰機場。如同其他斯圖卡和戰鬥機等密接支援機種，該部隊的亨舍爾攻擊機也是在開戰幾天後前進到波蘭境內的緊急基地，以便持續充當快速推進的地面部隊所需要的「飛行砲兵」。

當初選擇沃博茲當臨時機場，用的是在實戰中換取回來的經驗。如果汽車能載著五十件物品開過這片土地而不會顛得東倒西歪，那Hs 123俯衝轟炸機也就能順利起降。畢竟這款「一一二一三」需要的跑道長度也不過兩百公尺而已。

但在九月九日早上，只有一架飛機從這裡起飛前往華沙，那是一架鸛式聯絡機。在機上的是指揮官史匹佛格少校，他已經一連好幾天親自飛往前線調查戰況了。今天戰車即將進入華沙，他的偵察似乎又變得更重要了。

鸛式聯絡機沿著主要道路低飛，來到了華沙上空。飛機由茲哥拉中士（Szigorra）操縱，讓史匹佛格可以專心觀察。他首先看到的，是一整片的房屋，其中還包括一大片炸彈坑與機庫遺跡：那是奧克西機場，在戰役一開始時被許多轟炸機與俯衝轟炸機攻擊過的地方。就在這之後，往摩科托夫和奧科塔（Okhota）區的方向，史匹佛格發現了德國裝甲部隊的前鋒。他叫茲哥拉飛到部隊的前方，自己則開始尋找可能的目標，例如經過偽裝的砲陣地、袋狀抵抗陣地或是路障等等。

他突然發現有一個輕型高砲陣地，利用華沙—拉敦鐵路的鐵路堤當掩護。同時這門砲也開始對這架鸛式機開火。彈片和子彈打進了機身和駕駛艙，茲哥拉腹部中彈，倒了下去。

史匹佛格接過了操縱桿，但他根本逃不掉。他只能想辦法在街道上迫降，這裡位於波蘭防線中央，離德軍前鋒還有六七百碼。

雖然持續受到攻擊，但他還是想辦法安全降落。他跳出機外，跑到另一邊，趕在飛機爆炸起火之前把受傷的飛行員拉了出來。然後他也因頭部中彈而倒地。

過沒多久，推進的部隊找到了他們，兩人都在燒毀的飛機殘骸旁不遠處。史匹佛格——有如慈父般而廣受喜愛的後備軍官——死了。李希霍芬指派了第四中隊的中隊長奧托．維斯（Otto Weiss）接任大隊長。

這時，第四裝甲師依令推進至深入至城區。由於手上的兵力非常有限，萊茵哈特中將（Reinhardt）沿著三條路，從南方與西南方前往摩科托夫、奧科塔和沃拉（Wola）等郊區。和前一天晚上一樣，德軍也遇上了猛烈的防禦火力。這些火力來自掩體與加固的陣地，是波軍在晚間強化、建立的。顯然他們完全不打算把自己的首都拱手讓人。

但攻擊還是持續推進。戰車打頭陣，突擊隊隨後就到。突然之間，空中傳來砲彈的聲響，在進城道路的各個方向爆了開來。

無庸置疑，波蘭人一定是從維蘇拉河東岸開砲，從普拉加（Praga）郊區的砲陣地開火。為了擊潰德軍的攻勢，砲彈刻意瞄準他們首都的西邊。顯然他們打算不計代價死守到底，就算要把自己家給拆了也無所謂。「不設防」這個想法可以不用再考慮了。

這正是李希霍芬的密接支援部隊正在等待的信號。在這些部隊位於琛史托紹和克魯齊納（Kryszyna）的前進基地裡，斯圖卡已開始在跑道上滑行。史瓦茲考夫上校的第七十七斯圖卡聯隊多了一個大隊——第五十一斯圖卡聯隊三大隊（III/StG 51），因此李希霍芬手下現在有五個大隊，總共差不多有一百四十架斯圖卡。它們在有完美目視能見度的狀況下起飛去攻擊華沙。

凱賽林的第一航空軍團一開始從東普魯士和波美拉尼亞對華沙機場、飛機工廠與收發站發動的攻擊開始，發動攻擊的一直都只有小編隊。這些部隊攻擊了調車場和維蘇拉河上的橋樑，但都不怎麼成功。

九月八日的攻擊規模大得多了。斯圖卡掛著怒吼的警笛滾轉半圈，在維蘇拉河形成的閃亮絲帶上衝向的目標。

橋樑以不寒而慄的速度，在投彈準星中快速變大。這並不是他們的目標，只是各個部隊用來找到各自目標的參考地標。真正的目標在河流的東岸，那些正在砲擊西側城市的重型砲陣地。面對一陣陣高砲砲火，斯圖卡投下炸彈、拉高，很快再次爬回高空。

其他部隊則轟炸從普拉加到東邊的鐵公路，以便阻擋或至少干擾敵軍的大規模行軍。

在西側的城區內，地面上的敵情壓力加劇了。空軍派出了攻擊機，但許多路障還是必須由步兵突擊處理。到了十點，第三十五裝甲團與第十二步槍兵團的先遣部隊已到達華沙的主要火車站。但他們到了那裡以後就無法再前進了，兩側都是錯綜複雜的街道，有好幾公里長的側面都是暴露的位置。敵軍只需要下定決心發動反攻，這兩個團就會與友軍隔絕。萊茵哈特將軍發現了這個危險，下令暫時停火，將兩團撤回外圍的郊區。萊茵哈特在他交給陸軍第十六軍的報告中寫道：

「在遭遇重大損失之後，我只能中止對城區的攻擊。敵軍以各種武器發動比意料中更為猛烈的抵抗，造成只有四個步兵營支援的裝甲師無法取得決定性的戰果……」

這其實還有別的問題。在延伸太長的第十六軍後方，發生了預料之外的狀況：這件事嚴重到不論戈林有多不情願，空軍都只能中止所有對城區的攻擊行動。空軍現在必須飛去支援第八軍團，他們在遙遠的西邊受到了嚴重的威脅。

發生的事是這樣的：黎希瑙的第十軍團對華沙和維蘇拉河中段發動猛攻，造成他北邊的鄰近軍團——布拉斯考維茨（Blaskowitz）的第八軍團——非常難以跟進。第八軍團從羅茲前進，其任務是要保持與北方友軍的接觸，並補上第十軍團留下的任何縫隙，而且動作要快。但八軍團在開戰時只有四個步兵師。他們進軍的速度越快，保護自己北面側翼的能力就越弱。

基於北邊不遠處就有一支兵力相等的波蘭部隊往同個方向前進，情勢就顯得更為危險了。兩支軍隊都在往東前進——往華沙和維蘇拉河的另一邊前進，兩軍遲早會相遇。

這支波蘭部隊的核心，是所謂的「波森軍團」。直到這時為止，這支部隊都鮮少參與戰鬥，因為德軍推進的路線剛好從它的南北兩側經過，沒有與他們遭遇。因此，該部的四個師與兩個騎兵旅仍然保有完整的戰力。另外，它還有部分「波美拉尼亞軍」的支援，是在德國第四軍團突襲布羅堡（Bromberg）之前先行撤往南方的部隊。

波蘭軍指揮官是庫特澤巴將軍（Kutrzeba）。他早在九月三日就看到了機會：他要往南對德軍第八軍團脆弱的北面側翼發動攻擊。可是波軍高層一直沒有核准這樣的行動。庫特澤巴只接到要把手下各個師完整地撤往東邊的命令。

這批波蘭部隊在晚上前進，白天則躲在森林裡休息。德國陸軍偵察機只會偶爾看到部隊縱隊。他們完全不知道這裡有一整個軍團的兵力躲在極佳的位置，隨時可以從後方偷襲德軍。

九月八日和九日，這批波蘭軍隊已到達庫特諾（Kutno），維蘇拉河就在他們北方，其支流布祖拉河則在南方。

在布祖拉河南岸，八軍團底下由布里森少將（Kurt von Briesen）指揮的第三十步兵師，組成齊頭並進的後衛，面向部隊的左側與後方。但這支部隊只是薄薄的一道防線而已。

庫特澤巴將軍不會再讓機會溜走。在九月九日與十日之間的夜晚，他往南跨過布祖拉河發動攻擊，第一波攻擊就突破了德軍防線的許多地方。第三十步兵師趕緊往後撤退。

這是整場戰役中，波軍第一次、也是唯一一次大規模反攻。這次反攻迫使德軍採取激烈的補救措施。布拉斯考維茨將軍的八軍團不得不停止衝向華沙與維蘇拉河、轉過頭來去填補敵軍在後方製造的缺口。不僅如此，十軍團在華沙附近的部隊也只能離開首都，回到面對布祖拉河的防線。這一步棋是十軍團的參謀長弗瑞德瑞克·保魯斯中將——後來指揮史達林格勒軍團——的計畫，有一部分是為了將德軍的後退轉換成包圍戰，要將波蘭軍給完全消滅。

同時，情勢變得十分緊急，造成德國南方集團軍在九月十一日發出自開戰以來第一次請求，要求在庫特諾地區投入最大限度的空軍軍力。任何對華沙的攻擊，不論是在陸上或是空中，突然都變成不再是首要的了。

同一天早上在康斯基（Konskie）前方機場發生的事就顯得更為古怪了。一架Ju 52降落在這裡，希特勒還有他的參謀來前線視導。黎希瑙將軍走上前，向元首大肆宣揚他的軍隊早在開戰第十天就已經進入華沙了。

李希霍芬當時也在場，他簡直無法相信自己的耳朵。這個人居然對陸軍撤退一事隻字未提！

對布祖拉河的危險情勢也沒有透露隻字片語！他趕忙在最短時間內回到自己的指揮部。他手下的密接支援單位，已經變成比以往都還要重要了。

第二教導聯隊二大隊的Hs 123這時就在沃博茲馬場旁的機場，隨時準備起飛。新的大隊長懷茲上尉已經向各中隊簡報過新的戰略態勢。他們的任務是要對布祖拉河南方的皮雅泰（Piatek）與比拉維（Bielawy）兩地的敵軍縱隊發動低空攻擊。對這些雙翼攻擊機而言，這次的目標容易發現多了，那就是要往南推進的整個軍團。

Hs 123的飛行員現在已累積有十天的實戰經驗，他們發現手上最主要的武器既不是主翼下方吊掛的五十公斤炸彈，也不是發動機上方的兩門機槍，而是更為細微的東西：螺旋槳在特定轉速下會發出嚇人的噪音，能對敵軍造成強大的心理震撼。這個效果在一千八百轉時最為明顯。他們只要看一眼轉

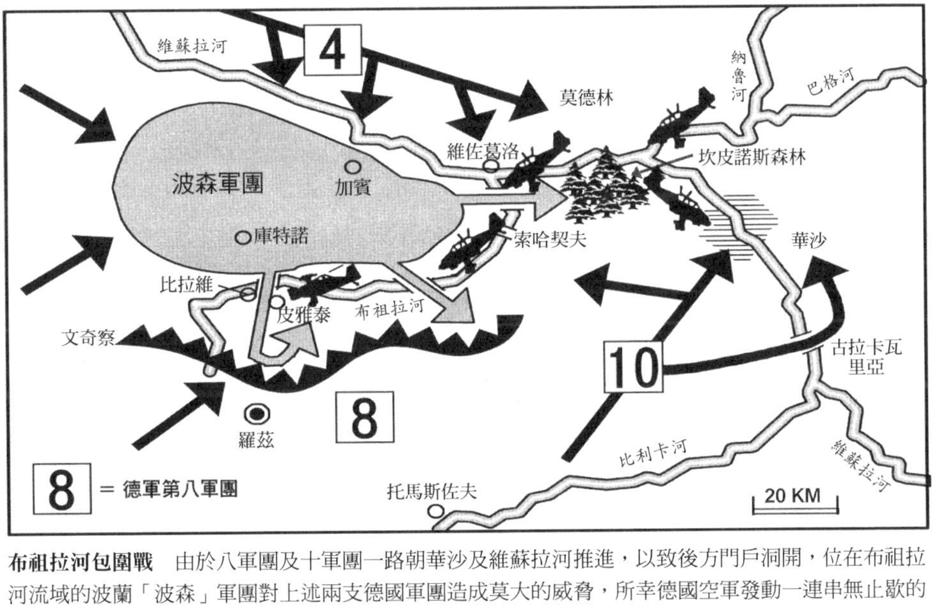

布祖拉河包圍戰　由於八軍團及十軍團一路朝華沙及維蘇拉河推進，以致後方門戶洞開，位在布祖拉河流域的波蘭「波森」軍團對上述兩支德國軍團造成莫大的威脅，所幸德國空軍發動一連串無止歇的攻擊行動才化解了危機。波軍被完全壓制在布祖拉河。經過九天的戰鬥，德軍共俘獲 17 萬名波軍。

速表，就能做到這一點，然後讓飛機俯衝，同時發出類似重機槍掃射的聲音。

現在Hs 123到在這個轉速後，一路俯衝到敵軍頭上只有十公尺的高度，在部隊間製造恐慌和畏懼感。士兵和馬匹會四散逃跑、車輛會互撞，形成一堆的道路障礙物。幾乎沒有任何縱隊能逃過潰散的命運。

最奇怪的是，這種攻擊機連一槍也沒有開。機上的機槍設計是要穿過螺旋槳射擊，但在這麼高的轉速下，機槍只會把螺旋槳給打壞。

然而這些設計過時、還在使用開放式駕駛艙的雙翼機，卻達成了比投下炸彈更為驚人的戰果。第二教導聯隊二大隊並非獨自出動。還有幾個斯圖卡部隊也從拉敦附近的新機場對庫特諾地區發動精準攻擊。他們擊毀了布祖拉河上的橋、破壞道路，並擊潰大批敵軍推進的裝甲與車輛部隊。

即使是在前幾天主要以攻擊維蘇拉河東方遠處鐵路與工業目標為主的長程轟炸機，現在也都被叫來支援這場戰鬥了。這些部隊最主要是葛勞爾少將（Ulrich Grauert）手下的第一航空師。在戰役剛開始時，第一航空師一直都和第一航空軍團一起從波美拉尼亞行動，但在土柴爾（Tuchier）荒地之戰過後，該師便轉移到西利西亞的第四航空軍團。第一轟炸機聯隊（克斯勒中將）、第二十六轟炸機聯隊（錫堡上校，Hans Siburg）和第四轟炸機聯隊（費比希上校）現在輪流轟炸著敵軍。

沒有人能長時間承受這樣的空襲。兩天後，波軍位於布祖拉河南岸的攻勢停止了，德軍八軍團的危機也解除了。

這段期間，陸軍還「洩漏」出空軍的秘密。在陸軍南方集團軍的緊急要求下，一個原本隸屬於最高統帥部預備隊的空降團，搭著Ju 52來到羅茲南邊的戰場空降。該團是德國空軍在高度機密情況下打造的部隊。第七航空師包括了空降部隊與機載步兵，是由庫特．司徒登中將（Kurt Student）所指揮。

在位於利格尼次（Liegnitz）地區的基地內，第七航空師隨時保持備戰狀態，以便在敵軍前線、後方進行各種行動。這些行動都有明確的計畫：先去德紹、再奪下普拉威（Pulawy）的維蘇拉河橋樑，之後就是在亞羅斯拉夫（Jaroslaw）的桑河（San）建立橋頭堡。但每次命令都會在最後一刻取消，其中第二次發生時，傘兵都已經準備要起飛了。

看來最高統帥部還沒準備好要承認手上這個「秘密武器」的存在。這樣一來，如此的行為就更令人費解了：他們把克雷辛上校手下的第十六步兵團——該師唯一的機載步兵部隊——投入到布祖拉河前線，傘兵則留在後方。司徒登把這樣的命令稱作「第七航空師跳樓大拍賣的開始」。這些部隊做的工作，僅僅只有保護波蘭通信區內的機場與總部安全而已。司徒登說：「乾脆把這些人的訓練都省掉算了。」

——

在十一月十二日與十三日之間的夜晚，波蘭的庫特澤巴將軍不得不將手下的師級部隊撤回布祖拉河的另一邊，而這樣的重整便成了新的攻擊標的。德軍的包圍網還沒完成，在接下來的幾天，波蘭軍也一直嘗試著往東、朝華沙與莫德林（Modlin）的方向突破。

在各地爆發戰鬥的同時，空軍又一次以手下的數百架飛機持續攻擊，在九月十六日至十七日不間斷地發動低空攻擊。這次連東普魯士的一個戰鬥機大隊都加入了戰局。

葛拉布曼少校採用雙發動機Bf 110戰機的第一教導聯隊一大隊（I/LG 1），在戰役一開始時參與了華沙上空大多數的空戰。現在這個單位分配到了一小段狹窄的前線，從布祖拉河與維蘇拉河交匯處延伸到加賓（Gabin）。葛拉布曼限制每個中隊只能在目標區上空待十分鐘：進入五分鐘、離開五分鐘。但在中隊待在目標區的短短十分鐘內，他們的命令是要把彈藥全部用光，包括機槍與二十公厘機砲。

他們不必費心找目標。目標就是會動的任何東西，不論是在公路、鐵道、田野還是開闊地上，只要是波蘭陸軍企圖強行突破的地方都行。

回到位於東普魯士的基地後，中隊長會向大隊長報告。葛拉布曼安靜地看著他們的臉，然後只會很平淡地說：「啊，真希望能有像樣的空戰發生！」

庫特澤巴將軍在報告中提到布祖拉河兩岸，都有斯圖卡與亨舍爾攻擊機反覆攻擊部隊的集結點，還包括跨過河流的渡口和野戰橋樑。他是這樣寫的：

「接近十點時，靠近維科維切（Witkovice）的渡河處遭遇了猛烈的航空攻擊。參與的飛機數、攻擊的強烈程度和敵軍飛行員特技飛行般的膽量都是前所未見的。每一個動作、每一次部隊集結、每一條進軍路線都遇到從天而降的猛烈轟炸。這裡簡直是人間煉獄。橋斷了、渡口堵死了、正在等待渡河的部隊也都被殲滅了……」

他在另一處寫道：

「我、我的參謀長和另一位軍官三人在一處樺樹林中勉強找到掩護，就在麥澤里村（Myszory）外面。我們卡在那邊動彈不得，一直等到中午空襲結束。我們知道空襲只會停一陣子，但要是繼續待下去，我們三個當中任何人存活的機率都會很不樂觀。」

九月十八日與十九日兩天之內，波蘭的抵抗結束了。有幾個師與數群零星部隊穿過坎皮諾斯森林（Kampinoska）、緊貼著維蘇拉河成功到達了莫德林。但波蘭陸軍達十七萬人的主力卻被俘虜了。這是第一次空軍對地面戰做出決定性的影響。

正當布祖拉河之戰還在繼續時，空軍在柏林的總司令便對空軍的未來下達了兩個重要決策：

第一、從九月十二日起，但實際上可能是一週後開始，大部分轟炸機、俯衝轟炸機、長程與短程戰鬥機都要撤離波蘭、回到國內。

第二、「海濱行動」——對華沙發動的大規模攻擊，再次出現在空軍的作戰命令當中。

九月十三日，本次行動的空軍指揮官李希霍芬從電話收到命令，要把他手下的部隊投入攻擊華沙的西北部，而且不只有俯衝轟炸機，而是連水平轟炸機也要投入。

李希霍芬事後對於本次行動的準備不足，有以下的評論：

「只有一百八十三架飛機真正投入作戰……目標上空的混亂難以形容。各單位並沒有在指定的時間實施攻擊，各機甚至還差點在轟炸的過程中相撞。地上都是一整片的火海和濃煙，根本沒辦法準確評估戰果。」

而這就是所謂的「二戰第一次恐怖轟炸」！目前可以找到的文獻，都指向相反的結論。空軍司令部的每日命令一直重覆這句話：「僅限軍事目標」，甚至還說「若位於人口密集之市區則不應攻擊。」（取自九月二日的指示）

至於九月十七日對華沙發動的大規模攻擊，由戈林本人簽署的命令是這樣寫的：

「優先攻擊的目標應是公共設施（水電、瓦斯等之來源）、兵營與彈藥庫、沃伊瓦德大樓（Woywod）、甕城、戰爭部、官方機構、交通中心與已知的砲陣地。請參考華沙的地圖。」

地圖上詳細標出了軍事設施的位置，是每架轟炸機上極為詳盡的目標資料的一部分。

德國空軍有沒有遵守這個命令呢？除了許多其他證據之外，還有一份法國空軍駐華沙的武官阿曼高（Armengaud）的報告。他在九月十四日給巴黎的上級的報告中是這樣寫：

「我必須強調，德國空軍的行動都嚴守交戰規則。他們只攻擊軍事目標。如果有平民死傷，那也只是因為他們正好在這些目標附近。此事法國與英國一定要知道，避免發生不合理的報復行為，也避免在空中發生全面戰爭。」

從布祖拉河之戰開始，德軍的包圍圈在華沙與莫德林一帶縮得更緊了。直到九月二十四日，德軍才真正開始推進攻擊。在這之前八天，他們一直嘗試說服波蘭人投降，「避免沒有意義的流血，以及對城市的破壞」。當德國派出的使節空手而歸時，第四轟炸機聯隊一大隊的十多架He 111在九月十六日午後起飛，飛往首都上空。在雷雨的聲音掩護下，他們投下了一百萬張傳單。傳單上請平民在十二小時內從東側出口離開首都——除非軍方接受最後通牒，拱手交出華沙。

第二天早上，波蘭軍宣布派出使節，以便談判讓平民與外交使節團離開首都的事宜。由於這一點，原訂於十七日由兩個德國航空軍團進行的大規模攻擊取消了，可是波蘭派出的談判人員一直沒有出現。

同一天，俄軍攻進了波蘭東部，希特勒開始加強要求盡速完成作戰。俄國人想要在十月三日前抵達先前雙方談妥的瓜分界線[15]，其中包括了維蘇拉河的華沙段。在那之前，華沙一定要拿到德軍手裡才行。

這樣的傳單投放行動重覆了四次，從九月十八日、十九日、二十二日到二十四日。波蘭的領袖又被提醒了四次，他們的抵抗是沒有意義的，之後城內的生命財產損失都要算到他們頭上。但波蘭人沒有回應，而是建立新的防禦、在街上挖滿壕溝，並將民宅改造成碉堡。超過十萬名部隊在這裡建立防禦工事，為接下來的巷戰作準備。

但第一個攻來的卻是德國空軍。從九月二十五日〇八〇〇時起，華沙上空出現一幅可怕的景象。除了轟炸機與俯衝轟炸機不停地對城西投下炸彈之外，還有三十架Ju 52運輸機飛在房子上空，機內裝滿燃燒彈，並由兩名士兵拿著鏟子分批從側邊投下。

戈林把空中行動全權交給李希霍芬處理。他那天手邊至少有八個大隊的俯衝轟炸機，大約是兩百四十架的Ju 87B。但這些飛機都無法掛載燃燒彈，而他原本預期要得到一個聯隊的He 111，卻只拿到一個大隊的運輸機。老舊的Ju 52太慢了，是波蘭防空砲的活靶，當中就有兩架被擊中、著火墜落。另外，「用鏟煤的鏟子丟炸彈」真的不是很理想的投彈方法。加上當時吹著強烈的東風，造成許多燃燒彈都掉到了德軍步兵的頭上。

位於包圍圈西面的第八軍團參謀大為光火，馬上要求立即停止所有轟炸行動。雖然空軍幾天前才在布祖拉河的水深火熱中解救過同一個軍團，他們現在卻一點都不想要空軍的協助。布拉斯考維茨宣稱，轟炸只會製造火光與煙霧，造成他的砲兵看不到目標。

十點時，戲劇性的一幕發生了，李希霍芬親自搭機前往第八軍團指揮部，想把事情弄清楚。布拉斯考維茨和陸軍總司令布勞齊區（Walther von Brauchitsch）都對他拿出的證據視若無睹。最

15 原註：於一九三九年八月二十三日在莫斯科簽署的德蘇互不侵犯條約中，瓜分波蘭秘密協定明訂了這條界線，沿納魯河（Narew）、維蘇拉河與桑河劃設。到了九月二十八日德蘇簽訂的前線條約中，這條線往東移到了巴格河（Bug）。

後希特勒本人出面了。他不動聲色，聽著雙方將領辯論，然後轉向李希霍芬，只說了三個字：

「繼續炸！」

到了接近中午的時候，華沙上空的煙霧已上升至三千五百公尺，開始慢慢往維蘇拉河上空飄去。隨著每一個小時過去，轟炸機與俯衝轟炸機更難找到指定的目標。但攻擊仍然持續，目標不是一個不設防的城市，而是一座遭到圍攻的堡壘；所瞄準的不是民宅，而是深入交錯的防禦系統，和裡頭駐守的十萬大軍。

事後，很多人說德國空軍是以八百架轟炸機轟炸華沙。但事實上，九月二十五日當天，李希霍芬手上的轟炸機、俯衝轟炸機與攻擊機加起來最多只有四百架出頭。剩下的早就被戈林撤回西邊了。這四百架飛機每架都出擊三到四個架次，總共在華沙投下了五百噸的高爆炸彈與七十二噸的燃燒彈。夜幕降臨後，首都在維蘇拉河河畔燃燒的火光還能在好幾公里外看到。

華沙被炸得千瘡百孔。但德軍事前就真誠地試著要放過城內的守軍和城市本身。任何客觀的觀點都不能忽略這個事實。

第二天，華沙投降了，降書則於九月二十七日早上正式簽訂。

在最後的兩天，斯圖卡都參與了攻擊莫德林行動。最後一枚炸彈於九月二十七日午夜投下。然後敵人再也無法抵抗了。

總結與結論

一、對波蘭發動的「閃擊戰」過程並不容易。波蘭軍的抵抗相當頑強，雖然戰役只持續了四週，空軍卻至少損失了七百四十三名人員和兩百八十五架飛機，其中包括一百零九架轟炸機與俯衝轟炸機（詳細的損失統計於附錄二）。

二、雖然有許多主張指向相反的結論，但波蘭空軍並未在戰役前兩天於地面遭到摧毀。尤其是轟炸機部隊，在那之後還繼續堅定地對德軍發動攻擊，直到九月十六日為止。然而波蘭軍的飛機在數量與設計上都遜於德軍，因此難以挑戰德國空軍的制空權。

三、德國空軍對此戰役快速結束的貢獻，最主要是以支援地面部隊的方式完成，包括直接與間接支援。空軍的對手受到通信中斷的干擾，大於受到轟炸機場與工廠的干擾。轟炸行動的戰果後來遭到過分高估。

四、華沙明顯不是一座「不設防」城市，而是經過補強、奮力防守的堡壘。在德軍持續要求投降未果後，於一九三九年九月二十五日以一次沉重的空襲迫使波蘭首都投降。

五、波蘭戰役中，德國空軍與陸軍的合作奠定了後來的「閃擊戰」合作模式基礎。然而，這場戰役也說明空軍只能打一場長度有限、單一前線的戰爭。

第二章　北海三角地帶

一、共同目標：敵方艦隊

一九三九年九月四日午後，黑戈蘭德灣（Helgoländer Bucht）上空烏雲密布。強烈的西北風將北海低空的雨雲吹到了德國海岸。有時候，雲底會低到只有一百公尺。在這麼有限的空間，有一群重型雙發動機的飛機正在轟隆隆地往東飛行。這些飛機一共有五架，在它們後方一段距離還有另外五架跟著。在這樣的天候下，機翼與機身上的標誌幾乎是無法辨識。

但它們並不是德國的飛機，而是英國的十架布里斯托布倫亨轟炸機（Bristol Blenheim），皇家空軍當時速度最快的轟炸機。這一天是英國宣戰後的第二天，他們是來發動第一波攻擊的。「黑戈蘭德灣上空的天氣很糟，」中隊長多蘭（K.C. Doran）寫道，他負責帶領前面五架來自一一〇中隊的飛機，「一道堅實的雲牆幾乎從海平面一路延伸到一萬七千呎。我們當然只能在雲底下飛，才有機會找到我們的目標，只好貼著海面飛行……」[1]

他們要找的目標具有相當的價值。這天早上，一架偵察機發現數艘德國軍艦就在威廉港（Wilhelmshaven）外的霄里希外港（Schillig-Reede）和易北河河口的布倫斯布特（Brunsbüttel）港外。可是傳回英文的無線電訊息太破碎了，上級決定不管有多不耐煩，還是要等偵察機返回再出擊。

最後在中午左右，偵察機終於在懷頓（Wyton）機場降落。飛行員帶回來的照片證實了他的報告。戰鬥巡洋艦格奈森瑙號（*Gneisenau*）與沙恩霍斯特號（*Scharnhorst*）就在易北河，裝甲艦[2]舍爾將軍號（*Admiral Scheer*）、巡洋艦和驅逐艦則在霄里希外港。轟炸機司令部決定要馬上發動攻擊，可是這件事不能操之過急。

由於天候問題，只能從低空發動攻擊。可是布倫亨轟炸機上裝的是半穿甲彈，必須從高空投下才能穿透裝甲。多蘭補充道：「我們把五百磅半穿甲彈拆下來，換上五百磅通用炸彈，並設定十一秒延遲引信……宣戰到現在不過二十四小時，可是炸彈卻已經換了四次。」

最後飛機終於準備好了。獲准參加本次任務的，全都是最優秀的飛行員。一一〇中隊的五架與一〇七中隊的五架布倫亨一同從華蒂斯漢（Wattisham）機場出發，在黑暗中發動攻擊。另外還有五架從懷頓起飛，但在半途迷航，繞行幾個小時之後沒能完成任務，返回機場。

多蘭繼續在五架布倫亨編隊的長機位置上往東飛，並在預先計算到達轉彎點的時間改變航向。

布倫亨機隊往南飛向德國海岸的時候，能見度是趨近於零。有時候巡邏艇會像鬼魅一樣在雲霧下出現，又突然消失不見。沒多久，前方出現了海岸線。

多蘭拿出地圖與他看到的景象對比。右邊有著群島、後面還有內陸，飛機左側的地方還有一處很深的港灣入口。那是雅德河（Jade）河口，他們現在正好飛向威廉港，正中目標！

多蘭評估「這是運氣與判斷的驚人結果」。他寫道，「幾分鐘不到，雲底便提高到五百呎，

---

1 原註：引自 *Royal Air Force 1939-45* (H.M.S.O., 1962), Vol. I, p. 38.

2 譯註：Panzerschiff字面意為裝甲船，是德國海軍在一九二二年普魯士號戰艦（*Prussen*）達到凡爾賽條約規定的二十年年限淘汰後，利用空出來的排水量建造的輕裝甲重武裝巡洋艦。對外號稱排水量一萬噸（實為一萬四千噸），此級軍艦雖為類似重巡洋艦的船體，卻裝有三座三聯裝兩百八十公厘艦砲，屬於戰鬥巡洋艦等級的武裝。由於凡爾賽條約只有規定排水量，因此此艦級自一九二八年起安然建造了三艘。由於設計特殊，此艦應列為重巡洋艦或是戰鬥巡洋艦一直有爭議，德國人稱之為裝甲艦，英國人則稱之為袖珍戰艦。

我們看到一艘很大的商船。不對，那是舍爾上將號。」

編隊馬上散開，前三架布倫亨排成一列縱隊，以緊密隊形直衝德國戰艦而去。第四與第五架飛機往左右散開，爬升進入雲中。它們要負責從側面攻擊敵艦，同時引開敵方的高砲火力。他們不打算給德軍有時間考慮要先攻擊哪架飛機。

至少英軍想出來的計畫是這樣的。從所有方向對目標發動突擊，以五架布倫亨轟炸機在桅桿高度投彈，一切在十一秒內結束，在那之後炸彈就會爆炸，如果這時最後一架轟炸機還沒離開，可能會被第一架轟炸機的炸彈波及。

從計畫上來看，這樣的安排很棒。無可避免，一定會遇到一些幅度不大、但深具影響的改變。

舍爾上將號停泊在胥里希外港裡。艦上官兵這時都在執行日常勤務。在高處的前桅上，有一位高砲官站在上面。他和一位空軍軍官在一起查看飛機辨識表。突然之間，擴音器響了：「後甲板通知高砲官，上尉：相關方位一九〇[3]有三架飛機。」

上尉拿起望遠鏡往艦艉看去。有三個黑點正在快速接近。

這根本就是抗命行為。上尉生氣地搖搖頭。他們到底要怎樣提醒空軍這些傢伙遠離軍艦啊？如果他們不保持距離，高砲組員可能會因緊張而把他們給打下來。

突然之間，他身邊的空軍軍官開口解釋：「那不是我們的！是布里斯托布倫亨轟炸機！」

不到幾秒，空襲警報響遍全艦。多蘭寫道：「我們看到水兵把洗好的衣服晾在外面、官兵無所事事地站在艦艉。一發現我們意圖攻擊，他們開始瘋狂地四處亂跑。」

在第一門砲開火之前，第一架轟炸機已經飛到舍爾上將號頭上。它從桅桿上掠過，斜斜地衝過後甲板上空。兩枚重型炸彈砸到了船上。一枚深埋在甲板下停住，另一枚跳過甲板滾入海中。沒有爆炸！高砲終於開始憤怒地對離開的布倫亨轟炸機開火。

第二架轟炸機幾乎馬上出現，並發生與第一架相同的結果。一枚炸彈落入海中，在離舷邊只有幾公尺的地方激起高聳的水花。對延遲引爆炸彈而言，這是尤其危險的位置，因為這裡的爆炸會造成類似於水雷的效果，讓吃水線以下的艦體破損。

胥里希外港已經陷入了混亂。整個地區都可以看到曳光彈紛飛，同時上百門高砲（包括艦上與岸上的砲台）集中攻擊從雲裡俯衝出來的敵機。

第一〇七中隊的五架布倫亨就沒有這麼幸運了。由於他們比多蘭的一一〇中隊晚發動攻擊，因此必須面對已經完全進入警戒狀態的敵人。該中隊只有一架飛機安全返航，其餘全數遭到擊落。其中一架布倫亨轟炸機墜落時側面撞進巡洋艦恩登號（*Emden*）的艦艏，造成艦體破了一個大洞，以及德國海軍在戰爭中的第一批傷亡。

這就是英軍此次奇襲、最勇敢的攻擊行動中，唯一的正面結果。炸入舍爾上將號的那些延遲十一秒爆炸的炸彈呢？這艘「袖珍戰艦」——英國人如此稱呼——很幸運。命中的炸彈都沒有爆炸。三枚命中、三枚啞彈。

同時，還有十四架維克斯威靈頓（Vickers Wellington）轟炸機前去攻擊布倫斯布特的兩艘最

---

3 譯註：在海軍裡，相關方位是以艦艏方位為原點順時鐘計算，不是絕對的東西南北（真方位）。一九〇方位即艦尾往左舷十度。

大的軍艦，也同樣不順利。兩艦的防空火力根本無法突破。一架威靈頓轟炸機被擊落著火，另一架則被德軍的戰鬥機擊落。雖然天氣非常不適合戰鬥機行動，哈利・馮・布羅少校（Harry von Bülow）的第七十七戰鬥機聯隊二大隊（II/JG 77）依然從諾德荷茲（Nordholz）起飛。阿弗雷・海德上士（Alfred Held）的Bf 109搶在威靈頓機的飛行員進雲之前，偷襲了這架轟炸機。這是二次大戰德國戰鬥機擊落的第一架英國轟炸機。過沒多久，同大隊的特羅伊許上士（Troitsch）也擊落了一架布倫亨轟炸機。

——

對英國的轟炸機司令部而言，九月四日行動的結果令人大失所望。它本來希望在戰爭一開始，就對德國艦隊發動大規模攻擊，卻沒有成功。他們幾乎沒有達成任何目標，卻付出了慘痛的代價。派出的二十四架轟炸機中，七架沒有回來，其他還有許多架承受輕重不等的損傷。

英國海軍部史學家羅斯基爾上尉（Roskill）寫道：「皇家空軍急著想要證明對於轟炸軍艦能帶來致命效果的理論……這幾次空襲的失敗對相信空權使大型水面軍艦過時的人而言，無疑是一記醒鐘。」

在德國這邊，事情也差不多。在開戰的前幾週與前幾個月內，皇家空軍與德國空軍有許多共通點。兩者都受命要遵守最高的道德準則作戰，包括以下禁令：

> 不得在敵方領土投擲炸彈；不得傷害敵國平民；不得攻擊商船；不得飛越中立國。
> 對雙方空軍而言，唯一的合法目標只剩在公海或錨地停泊的敵方軍艦。只要進入港口、靠港

或停在碼頭旁邊，就依然不得攻擊。

除了雙方都不想承擔發動無差別轟炸的罪名之外，德軍還有另一個可能的理由，使他們手下留情。希特勒認為英國很快就會開始「講道理」，並且準備談和。但如果德國發動空襲，這樣的想法很快就會不見。更重要的是，德國空軍必須先處理波蘭戰役，然後才能集結兵力對西線發動攻擊。[4]

常常有人批評當時的英國政府，說他們未能在一九三九年九月利用德國面對兩面作戰的情勢。若是對德國西北部的重要據點發動集中攻擊，一定能迫使戈林將大批空軍撤出波蘭，進而改善該國的戰況。

「我國政治人物的遲鈍與軟弱，是德國空軍的一大福音。」這是英國空戰專家德瑞克・伍德（Derek Wood）在一九六一年出版的書籍中所做的評論。

但張伯倫首相底下的戰時內閣仍然很堅定：除非德國人開始在英國丟炸彈，否則不准轟炸德國。

英軍的官方史書《皇家空軍：一九三九至四五年》對此有相當簡單、清楚的解釋。一九三九年九月底，轟炸機司令部的前線戰力只有三十三個中隊，總共四百八十架飛機。由於英國人認為

4 原註：開戰之後的前三週，西線的第二與第三航空軍團擁有二十八個戰鬥機中隊，總共三百三十六架飛機，還有五個重戰鬥機大隊，總共一百八十架飛機，以及九個轟炸機大隊的兩百八十架中型轟炸機。因此這段時間內，這邊的部隊都以防空任務為主。

對手的戰力是此數的三倍，「全面行動顯然對我們不利，除非能達成更令人滿意的軍力平衡。既然權宜之計和人道主義站在同一邊……轟炸機司令部手上擁有的選擇，自然就是保留、擴充轟炸機部隊，直到我們可以自由……『不受限制地』作戰為止。」

——

一九三九年九月的德國，有一個人也被綁死、無法動手。這個人就是漢斯．費迪南．蓋斯勒中將（Hans Ferdinand Geisler）。他和參謀接下了漢堡的空軍司令，位置就在白沙島的曼陀菲街（Manteuffelstraße）。蓋斯勒指揮的是新成立的第十航空師，其主要目標是對英國的海上部隊發動戰爭。

就算戈林沒有用嚴格的禁令禁止蓋斯勒對英國本土發動攻擊，他其實也做不到，這個時候的他連一架轟炸機也沒有。他唯一的轟炸機大隊——第二十六轟炸機聯隊——這個時候還在編組，而且已經被調去波蘭了。

不過，到了九月中，所謂的「雄獅」聯隊已經在黑戈蘭德灣恢復滿編了。這個聯隊原本只有兩個大隊，包括大約六十架He 111。聯隊裡大部分的飛行員和中隊長都和聯隊長漢斯．錫堡上校一樣，以前都是海軍的人。

德國海軍總司令艾里希．賴德爾元帥（Erich Raeder）懷著沉重的心情，同意建議將他手下的飛行員轉移給空軍。多年來，海空軍一直在爭論海上的航空兵力應該歸誰管轄的問題，最後以戈林的名言「會飛的東西都歸我們管」獲勝。海軍航空隊擁有的只剩少數海岸偵察機隊與軍艦上的艦載機[5]。

戈林為了追求讓空軍控制海上空戰，於一九三八年十一月承諾，要在一九四二年前準備十三個可以執行這種任務的轟炸機聯隊（希特勒向他保證在這之前都不會對英國發動戰爭）。這樣一來，就不會再有轟炸機部隊被抽走的狀況發生了。

比起如此美好的保證，開戰時真正能用的戰力——只有第二十六轟炸機聯隊的兩個大隊——真是太不起眼了。

為了確保萬無一失，航空部隊的海穆斯・費米中將（Hellmuth Felmy）手下的第二（北方）航空軍團確實在九月初得到了一個新的轟炸機單位。這個單位當時叫第八十八實驗大隊，並搶先配備了德國空軍希望能成為決定性技術突破的機種：容克斯Ju 88「夢幻轟炸機」。

然而費米和參謀長約瑟夫・康胡伯上校（Josef Kammhuber）都不打算派出一個還在訓練、使用的機種在機械性能尚待證實的單位直接參加作戰。雖然這段期間，該單位改稱第三十轟炸機聯隊一大隊（I/KG 30），他們還是被調離耶佛（Jever），送到哈格瑙蘭（Hagnow-Land）、梅客倫堡（Mecklenburg）的格里夫瓦德（Greifswald）和波美拉尼亞等地的基地去。

該大隊的大隊長赫姆・波勒上尉（Helmut Pohle）報告道：

「只有一個歸華瑟・史托普少尉[6]（Walter Storp）指揮的分隊還留在夕爾特島（Sylt）的威斯特蘭（Westerland）保持待命。費米將軍說等到下次英國艦隊出現，他們就會出動。我建議他出動

---

5 譯註：指巡洋艦與戰艦上的水上飛機。預定成軍的航空母艦上的艦載機仍歸空軍管轄。

6 原註：後來於一九四四年升為少將，以及轟炸機總監。

整個大隊來做這件事，但他沒有採納。」

第二航空軍團類似的話一路往上報到了柏林的最高統帥部去。新型的Ju 88不應該「三三兩兩地」投入行動，而是在其效果能真正表現出來時才投入。這款飛機的第一次攻擊應該至少要派出一個聯隊——一百架飛機。

戈林和參謀總長顏雄尼克對這樣的建議充耳不聞。Ju 88和它服役與否的問題拖太久了。兩年前的一九三七年，它本來號稱是沒有配備自衛武裝的轟炸機，速度可以快到沒有戰鬥機追得上。但後來還是裝上了自衛武裝。在那之後又出現要讓它像斯圖卡一樣可以俯衝轟炸的要求。這架飛機一直有新的需求冒出來，最後就因新問題不斷以及生產時間表而延誤。

Ju 88本應於一九三八年九月三日準備好要量產的。那一天，容克斯公司拿到了生產契約。總經理海因里希・科朋堡博士（Dr. Heinrich Koppenberg）收到了戈林寄去的明確指示，其中的結論是：「我要一支Ju 88的強力部隊，並在最短的時間內成軍。」

在那之後已經過了一年，戰爭已經開始了。可是德國空軍手上的Ju 88還是沒有超過五十架。最高統帥部認為空軍研究Ju 88已經夠久，該是時候讓它證明自己的實力了。「夢幻轟炸機」必須拿出成績，才能建立威望。

後來在九月二十六日午後，第三十轟炸機聯隊一大隊大隊長波勒上尉位於格里夫瓦德辦公室裡的電話響了。電話另一頭是顏雄尼克本人：「恭喜你，波勒！你在威斯特蘭的分隊擊沉了皇家方舟號航空母艦！（HMS *Ark Royal*）」

波勒和參謀總長太熟了，他在總長手下工作這麼多年，不可能聽不出這是嘲諷的口吻。

「我不相信，」他說。

「我也不相信，」顏雄尼克回答，「但鐵人（指戈林）相信啊。你馬上飛到威斯特蘭一趟，搞清楚是怎麼回事。」

擊沉這件事是誰報告的？是對英艦發動攻擊的第十航空師嗎？實際上到底發生什麼事？

九月二十六日早上，海軍西面大隊派出了長程偵察機，在當天預定要進行的驅逐艦行動之前先偵察北海。這些飛機是Do 18飛艇，屬於第一〇六海岸大隊第二中隊（2/106），其基地在諾德內（Norderney）。接近一〇四五時的時候，有一架飛艇飛到了大漁夫沙洲（Great Fisher Bank）上空。

飛艇觀測手突然開口。他在雲層的空隙看到一艘軍艦。不對，不只一艘，是一整支艦隊！

Do 18一次又一次繞著那唯一一個雲層縫隙飛行，飛行員和觀測手都努力地數著龐大的艦隊：四艘戰艦、一艘航空母艦，還有巡洋艦和驅逐艦。那是英國本土艦隊啊！

Do 18發回去的無線電訊號讓德國的海岸防衛單位像被電到一樣。等了這麼久，攻擊的機會終於來了，而這很可能是唯一一次機會，他們可以在現有命令的限制下碰到敵人。

一一〇〇時過後不久，夕爾特的轟炸機基地內，電話開始響個不停。「行動命令。地圖方格四〇二二。長程偵察機接觸到敵軍。以五百公斤炸彈攻擊。」

這支英國艦隊確實有戰艦納爾遜號（HMS *Nelson*）、羅德尼號（HMS *Rodney*）、戰鬥巡洋艦胡德號（HMS *Hood*）、名望號（HMS *Renown*）、航空母艦皇家方舟號及三艘巡洋艦。在這支艦隊不遠處，還有第二巡洋戰隊（2nd Cruiser Squadron）的四艘巡洋艦與六艘驅逐艦。

派出來攻擊這支大艦隊的兵力確實相當不起眼。一二五〇時，「雄師」聯隊的九架He 111——第二十六轟炸機聯隊一中隊——在維特上尉（Vetter）的指揮下起飛。十分鐘後，「老鷹」聯隊的戰備分隊——史托普少尉手下的四架Ju 88——也跟了上去，他們終於有機會證明這款機型的價值了。

以上就是第十航空師能夠，或者說願意派出來的兵力了。英國龐大的本土艦隊在遠離母港的地方被德軍偵察機包圍，德國空軍「逮著」大好機會，卻只派出十三架轟炸機！

在雲層底下的低空，四架Ju 88競相往西北方前進。他們希望在到達指定地點後，可以在最短時間內找到敵人。三號機的飛行員是卡爾．法蘭克中士（Carl Francke），大家都叫他「海狸」法蘭克，因為他留著一臉好看的鬍子。在這之後的第二天早上，每個人都會說著他的名字。

法蘭克其實是一位合格的工程師與飛機技工。他很瞭解Ju 88，因為他曾在雷希林負責過此型轟炸機的測試。除此以外，他也是一位非常投入的飛行員。一九三七年的蘇黎世航空展，這時他已加入烏德特手下，一起展示出一架調校至頂尖性能的Bf 109，讓世界各地的航空專家為德國飛機的速度讚嘆不已。

戰爭開始前不久，他自願加入朋友波勒的測試團隊，而不是永遠被困在雷希林。軍階只有中士的他，就這麼坐上了第一批發動進攻的Ju 88之一的駕駛座。

短短兩個小時的飛行後，眼前看到了船隻。法蘭克拉高到三千公尺高的雲層內。雲的厚度大概是八成，只能偶爾看到下方的海面。一艘大船突然出現在雲縫間，是航空母艦！

法蘭克毫不猶豫，馬上翻過機身，朝著目標俯衝而去。

沒有任何防空砲開火。他的攻擊顯然出乎敵艦的意料之外。

只有一片雲朵遮蔽了他的視線，等到通過之後，他就無法在投彈準心內看到那艘航艦了。他無法修正俯衝：他太瞭解這架飛機和它的俯衝極限了。他的瞄準太偏側面了。因此他只剩一個選擇：拉高，重來一次。

但現在敵艦的防空砲開火了。如果他第一次瞄得準，他就能在沒有遇到任何抵抗的狀況下直接把炸彈送上目標了。

法蘭克等了八分鐘，再次俯衝。這次他必須面對一整團的防空彈幕。但這一次他瞄得很準。航空母艦就在他的準心上，就像待在蜘蛛網中間的蜘蛛一樣。

他按下按鈕，炸彈下去了。減輕後，飛機自動拉高，讓他恢復爬升。

當法蘭克正在專心閃避防空砲火時，通信士與後機槍手正努力觀察著下面的航空母艦。突然，貝佛梅耶上士（Bewermeyer）大喊：「敵艦側面出現大水柱！」

這下連法蘭克都要偷瞄一眼下方了。舷側旁邊噴起了一大道水柱，然後船艄傳來一道閃光。這是命中了，還是重防空砲開砲的砲焰？如果是後者的話，那在第一枚炸彈之後自動投下的第二枚炸彈跑到哪裡去了？

現在距離目標太遠，無法觀察更多細節。反正這也不是他們的工作。他們能完好無缺地逃離那片高砲火海就已經很滿意了。

機組員在無線電上相當審慎樂觀：「以兩枚SC 500炸彈對一艘航空母艦進行俯衝攻擊；第一枚於舷側近似命中，第二枚可能命中艦艄。無法觀察命中後的成果。」

法蘭克才剛在威斯特蘭降落，大家已開始歡呼了。只有「雄獅」聯隊的聯隊長錫堡上校有點懷疑。

「你有實際看到它沉沒嗎？」

「報告，沒有。」

「那麼，我親愛的朋友，」錫堡微笑著說，「那你就沒有擊中它！」

身為前海軍軍官，錫堡知道閃光、甚至是敵艦發出煙霧，都不能算是砲彈命中的證明。但空軍的人當然不知道這種事。這時第十航空師指揮部的電話線已經熱得發燙了。柏林的空軍總司令十分焦急，想要知道為什麼沒有擊沉英國航艦的報告傳來。

「此地未有類似擊沉情事傳出，」師作戰官馬丁・哈令豪森少校（Martim Harlinghausen）發電報回應。他說得沒錯，他手上只有法蘭克用詞謹慎的報告而已，而這份報告他也在第一時間傳給柏林了。

但這件事一旦開始，就很難停止了。空軍派了一支偵察巡邏部隊去看看皇家方舟號到底怎麼了。最後在接近一七〇〇的時候，第一份報告來了：「敵艦隊於地圖方格X；二艘戰艦與護衛艦艇；全速往西前進。」

皇家方舟號不見了！

在柏林，沒有人想到艦隊分離、皇家方舟號跟在另一個沒有被發現的分隊一起行動的可能。新的命令在無線電上發佈了：「尋找海面浮油！」

過了沒多久，他們還真的找到了符合條件的海面浮油，並且完全不顧北海其實很多這種東西。這樣的證據還不足以證明皇家方舟號和艦上的六十架艦載機已經沉入海底了嗎？

戈林、米爾希和顏雄尼克正在討論要不要等英國那邊有消息傳來再說，可是德國的宣傳部門已經按捺不住，先動手了。「德國空軍擊沉英國最新型航空母艦！只用一枚炸彈！」這真是天上掉下來的宣傳大禮。

當波勒上尉依顏雄尼克的命令在當天晚上飛到威斯特蘭降落時，法蘭克中士已經顧不得軍中規矩了。「波勒，老大！」他很激動地對自己的上司說道，「這些報告一句真話都沒有。拜託，幫我解決這件可怕的事吧！」

可是波勒已經煞不住了。第二天，德軍最高統帥部發表了對英國艦隊發動攻擊的新聞，上面寫：「除了擊沉一艘航空母艦外，我軍轟炸機還命中一艘戰艦多次[7]。所有飛機皆安全返航。」現在連戈林也把自己的官印蓋上去認可了。他個人特別向法蘭克道賀，並將中士升為少尉，立即生效，還頒給他一級和二級鐵十字勳章各一。

英國海軍部反擊了。他們平淡地說德軍宣稱擊沉的皇家方舟號並未受損，且已返回母港。他們甚至還放出一張該艦進港的照片給媒體。

這張照片，根據德軍說法，是偽造的，只是英國打算隱藏嚴重損失的作法。九月二十八日，連最高統帥部都開始不得不回應英國那「帶有偏見」的公告了，他們確認一枚五百公斤炸彈「擊中」了航空母艦。但新報告不再使用像「摧毀」、「擊沉」或「消滅」這樣的字眼。但德國媒體還是堅信這個故事。

事實是，皇家方舟號在十月初前往南大西洋，參與長達一個月的行動以獵殺德國派去執行商船攻擊任務的史佩伯爵號戰艦（*Admiral Graf Spee*）。直到一九四一年十一月十四日，德國潛艦U-81在地中海以魚雷擊沉這艘英國航艦後，德國的報告才悄悄更正先前宣稱的「擊沉」一事。

7 原註：第三十轟炸機聯隊一大隊的另外三架 Ju 88 確實命中了胡德號一次，但該枚炸彈沒有引爆，並彈入海中。第二十六轟炸機聯隊一大隊攻擊了巡洋艦戰隊，但炸彈都沒有命中。

柏林的空軍高層倒不必等那麼久才知道真相，參謀本部第二天就知道了實情。德國空軍和英國皇家空軍各自消滅敵方艦隊的第一次嘗試都是令人失望的成果。其中一定有什麼不對勁的地方，雙方的美好幻想都在這個時候破滅了。

幾個月後，當戈林再次在雷希林見到法蘭克時，他還抱怨道：「你還欠我一艘航空母艦！」

——

到了一九三九年十月九日，第三十轟炸機聯隊一大隊終於在夕爾特島的威斯特蘭集合了。大隊長波勒上尉一肚子怒火地爬出他的Ju 88。他的單位又一次出擊攻擊英國艦隊，然後又一次沒有達成任何戰果。

有人叫他去接電話。戈林想要他親自回報。波勒苦澀地回應：「我們剛剛被派去了一個根本沒有敵人的地方！」

這次他們參加的，是與海軍聯合發動的行動。戰鬥巡洋艦格奈森瑙號、巡洋艦科隆號（*Köln*）與九艘驅逐艦組成了特遣艦隊，準備將英國本土艦隊引誘到北海之後，空軍要對英國艦隊發動攻擊。

更重要的是，這次蓋斯勒中將的幕僚（他的航空師被升為航空軍了）做了十足的準備。這次不是只有幾架飛機獨自發動攻擊，而是要由第三十轟炸機聯隊一大隊和整個第二十六轟炸機聯隊一起出動，再加上第一教導聯隊的兩個大隊。第一轟炸機聯隊（又叫興登堡聯隊）則擔任預備隊，以便「替失去作戰能力的敵人送上最後一擊」。蓋斯勒和參謀長哈令豪森少校總共投入了一百二十七架He 111和二十一架Ju 88。

但這次行動還是失敗了。大多數中隊在徒勞無功地尋找敵人，並在最後一刻才返回基地。其他幾個中隊——尤其是第三十轟炸機聯隊一大隊的第四中隊——宣稱有十枚炸彈擊中英國巡洋艦，但連一個可以確認的戰果都沒有。

第二天早上，柏林的帝國航空部召開了一場大型會議。這些失敗不能再繼續下去了。戈林很生氣：「各位，我有另一件事要和你們說。有關於皇家方舟號這件事……」

他眼光帶挑戰地看著最親近的同僚，航空部副部長米爾希、參謀總長顏雄尼克、航空情報部部長白波．史米德（Josef "Beppo" Schmid）、後勤官烏德特、艦載航空隊司令科勒（Coeler）等人。沒有人有話要說。但波勒上尉因為是唯一可用的Ju 88單位的司令，因此也被叫來參加。現在戈林直接轉過頭來和他說話。

「波勒，」他說，「我們一定要成功才行！擋在你面前的只不過是幾艘英國艦艇：卻敵號（HMS *Repulse*）、名望號、或許還有胡德號。當然還有航空母艦。這些艦艇消失之後，沙恩霍斯特號與格奈森瑙號就能控制大海了……」

他繼續畫著他的大餅：「我現在就告訴各位，每一個協助除掉這些船隻的人，都會得到一間房子，還有所有的動章。」

他最後以模糊的「戰術建議」作結：「用我們在第一次世界大戰的老方法對抗敵人的飛機。烏德特，你說對不對？」

烏德特笑了。他在上一次大戰時擊落六十二架敵機，戈林只擊落二十二架。「鐵人」自大的毛病又犯了。

波勒評論道：「總司令閣下，每位飛行員都希望能摧毀和烏德特將軍一樣多的飛機。」

這句話讓戈林很開心；他以笑臉送波勒離開會議。從這天起，他的大隊要一直在威斯特蘭保持戰備，以便摧毀英國的艦隊。

但其實真正搶先成功傷害英國海軍的是U艇部隊。早在九月十七日，舒哈特少尉（zur See Schuhart）手下的U-29號潛艦在愛爾蘭西邊擊沉了英國航空母艦勇氣號（HMS *Courageous*）。在十月十三日與十四日之間的晚間，普利恩少尉（zur See Prien）的U-47鑽過重重防禦，進入了斯卡帕灣（Scapa Flow），此舉的勇氣甚至比其實際成就更為重要。與原本所知不同，英國本土艦隊出海去了，因此他只找到戰艦皇家橡樹號（HMS *Royal Oak*）。他用兩輪各三枚魚雷擊沉了這艘戰艦。

這次攻擊間接促成了兩天後由Ju 88俯衝轟炸機執行的行動。這段期間，蘇格蘭東海岸的艦隊動向一直都受到德軍偵察機的監視。十月十五日，他們發現了一艘戰鬥巡洋艦，推斷是胡德號。第二天一大早，進一步的報告說它進入佛斯灣（Firth of Forth）了。

〇九三〇時，顏雄尼克以電話向威斯特蘭的波勒下達行動命令。他補充了一句：「我必須轉達元首的個人命令。命令如下：如果在第三十轟炸機聯隊到達佛斯灣時，胡德號已停泊完成，便不得攻擊。」

波勒說他明白，但顏雄尼克急忙繼續說了下去：「你要親自確保每一位機組員都明白這個命令。元首不接受有任何平民傷亡。」

又來了，又是要避免全面戰爭的這一套。德國和英國都不希望先對對方的本土丟炸彈。所以唯一可以攻擊的目標就是對方的軍艦，而且只要軍艦靠上碼頭，就成了禁忌，軍事上的機會必須排在政治考量後面。這一切都是因為柏林仍然覺得與英國的衝突可以用談判解決。

十月十六日一一〇〇時，第三十轟炸機聯隊一大隊的轟炸機中隊起飛了。到了一二一五時，他們已到達佛斯外海，開始往內陸飛去。

波勒在報告上寫道：「我們採用鬆散的分隊隊形，因為（德國空軍參謀本部）第五部通知我們，說蘇格蘭沒有部署噴火式（Spitfire）戰鬥機。」

對波勒而言不幸的是，這個情報並不正確。英國戰鬥機司令部在愛丁堡附近的透恩豪斯（Turnhouse）部署了兩個噴火式中隊，分別是第六〇二與第六〇三中隊。另外，就在這一天早上，還有採用颶風式（Hurricane）戰鬥機的第六〇七中隊部署到了佛斯南岸的德連村（Drem）。

若是德軍轟炸機前來，這些戰鬥機會依據當地雷達站的導引，飛往遠離陸地的海上攔截。而今天運氣站在德軍這邊，由於是午餐時間，雷達站剛好停機。颶風式與噴火式戰鬥機只得等到Ju 88在四千公尺高空飛過基地、傳來轟隆隆聲響時，才發現敵機來了。這害他們損失了寶貴的反應時間，轟炸機可以安然地前來尋找獵物。

正當波勒帶領著鬆散隊形往前飛時，他們開始目視到地面的愛丁堡了。這是開戰以來，第一次有德國轟炸機飛到英國上空。佛斯灣有一座大橋，把港灣一分為二，橋邊北岸就是羅西斯（Rosyth）海軍基地。

波勒馬上發現他要擊沉的船——胡德號的長度和舷寬明顯遠遠超過其他船艦。但它不在外海，已經入港了，或者應該說已經進入港口的入口了。它一定是剛剛才到的。

「這是絕佳的目標，」波勒在報告中提到，「但軍令如山，我們不能攻擊……」

即使如此，他還是駕機進入俯衝。羅西斯外港有幾艘巡洋艦和驅逐艦，他挑了最大的目標之一——巡洋艦南安普頓號（HMS *Southampton*）。防空砲打出猛烈的彈幕，雖然波勒的飛機因爆炸而搖晃，但他還是繼續攻擊，以接近八十度的角度俯衝。

然後事情就發生了，先是短促尖銳的重擊聲，再來是碎裂、撕扯的聲音。接著，一股冰冷的氣流噴到了機組員的臉上。機艙頂被掀掉了，這時的空速足足有六百五十公里！

波勒無法分辨這是高砲射擊的結果，還是他的俯衝已經超過了機體可以承受的極限。這樣的問題在Ju 88於雷希林測試時也發生過，這又是證明此型機型在重大問題修正完成前就投入戰場的證據。但他這時仍然能控制飛機，並繼續瞄準著南安普頓號俯衝。他在大約一千公尺高的地方投下他的五百公斤炸彈。炸彈分離成功。

後來證實炸彈擊中了九千一百噸的巡洋艦中段的右側上層結構。但炸彈一直沒有爆炸，就這樣斜斜穿過三層甲板，然後從舷側穿了出來，最後沉入旁邊海軍基地的碼頭。

但這架轟炸機上的機組員沒有時間、也沒有機會深究炸彈造成的破壞。波勒才剛把飛機改平，他的通信士就開口：「有三架噴火正要攻來！」

波勒在報告上寫道：「這時要迴避已經來不及了，左發動機馬上中彈、開始冒煙。我往海上轉，希望能飛到德國漁船赫農號（*Hörnum*）那裡。那是海軍提議在我們攻擊期間部署在外海的船隻。」

但噴火式戰鬥機又回來了。在這些戰鬥機面前，只有一門朝後MG 15機槍的Ju 88「夢幻轟炸機」，根本沒辦法保護自己。機槍子彈射入機艙內，通信士和後機槍手都中彈了。波勒飛到東羅錫安的塞頓港（Port Seton, East Lothian），然後把飛機直接飛往海面。可是那幾架噴火還在追擊。第三輪攻擊把觀測手也打成重傷，現在右發動機也失效了。

「我們完蛋了，」波勒這樣形容戲劇性的最後時刻，「我看到一艘拖網漁船正在往北航行，想說或許還能飛到那裡。在那之後我就昏過去了。」

那是一艘英國漁船。幾分鐘後，船員搭著小艇來到海上迫降地點。波勒是機上唯一還活著的人，船員搶在飛機沉沒前把他拉了出來。後來這位德國機長被轉移到一艘英國驅逐艦上，直到五天後才在佛斯灣北岸的愛德華港（Port Edwards）醫院醒來。

除了他之外，第三十轟炸聯隊一大隊還損失了另一架Ju 88。本次攻擊的成果如下：巡洋艦南安普頓號、愛丁堡號和驅逐艦摩和克號（HMS Mohawk）輕微受損。

第二天十月十七日早上，同單位的四架飛機在新指揮官多恩克上尉（Doench）帶領下再次起飛，他們這次的目標又更遠了，是斯卡帕灣。

這四架Ju 88頂著強大的防空砲火，直搗皇家海軍應該會停泊的地方。可是除了老舊的訓練兼倉庫艦鐵公爵號（HMS *Iron Duke*）被他們的近爆彈打爛船側之外，這裡根本只是個空城而已。英國海軍部已經下令要本土艦隊撤往蘇格蘭西岸、格拉斯哥入口的克萊德（Clyde）了。在這裡，英國的主力艦艇可以安全躲在德軍飛機的航程之外，卻只需要多航行一天，就能到達北海或北大西洋的入口。

皇家空軍將主力艦隊撤退的事情歸咎於德軍的攻擊。其官方史書上寫道：「只憑兩三次大膽的攻擊、付出四架飛機的代價，德國空軍和潛艦部隊就達成了戰略上的大勝。」

皇家空軍自己的轟炸機又怎麼樣呢？在九月四日的威廉港鎩羽而歸後，他們現在會再次攻勢嗎？

二、黑戈蘭德灣空戰

一九三九年十二月十八日，星期一，這是個寒冷但豔陽高照的日子。德國的北海海岸與東弗利西群島（East Friesian Islands）籠罩在薄霧之中。但在一千公尺左右以上的高度卻萬里無雲，視野範圍可達到整個地平線的極限。

「今天對戰鬥機而言是完美的天氣，」指揮第一戰鬥機聯隊（JG 1）的卡爾．舒馬赫中校（Carl Schumacher）說。他的部隊幾週前進駐了東弗利西的耶佛（Jever）。

「英國佬沒有那麼蠢，他們今天不會來了，」侍從官穆勒－特林布西中尉（Müller-Trimbusch）很盡責地附和道。

四天前就不一樣了。當時的天氣相當陰沉，充滿雪和雨，還有一路延伸到海面的雲層。突然之間，十幾架威靈頓轟炸機跑來攻擊停在雅德河河口的巡洋艦紐倫堡號（*Nürnberg*）和數艘驅逐艦。

這件事發生的前一天，紐倫堡號和萊比錫（*Leipzig*）號才在出海時雙雙被英國潛艦鮭魚號（HMS *Salmon*）發射魚雷擊中，但都成功以自己的動力回到港口。接下來要擊沉這兩艘船的工作，只能交給皇家空軍了。但事情並不順利。首先是高砲的猛烈火力使轟炸精度不佳，然後布羅手下的Bf 109戰鬥機又接手把這些轟炸機擊退。雖然有雲幕保護，但還是有五架威靈頓轟炸機在海上遭到擊落。

「布羅手下的戰鬥機飛行員大多都是海軍出身，」聯隊長舒馬赫解釋道，「在那樣的天氣下，任何一般的部隊都會把事情搞砸，然後空手而歸。」

後來英軍承認，在返航途中他們又損失了第六架轟炸機。

但這一切都是四天前的事了。今天不但天氣好得多，舒馬赫還終於收到了他請求的援軍。昨天，在波蘭有優秀戰果的長程戰鬥機部隊第七十六重戰機聯隊一大隊，已經從波寧哈特（Bonninghardt）來到耶佛，並交由第一戰鬥機聯隊指揮。現在舒馬赫手下的戰鬥機部隊包括以下單位：

第七十七戰鬥機聯隊二大隊，由布羅少校指揮，駐紮在汪格羅格島（Wangerooge）；

第七十七戰鬥機聯隊三大隊，由塞里格上尉（Seliger）指揮，駐紮在靠近庫茲哈芬的諾德荷茲（Nordholz, Cuxhaven）；

第七十六重戰機聯隊一大隊，由萊涅克上尉（Reinecke）指揮，駐紮在耶佛；

第一〇一戰鬥機大隊（後更名為第一戰鬥機聯隊二大隊），由萊希阿德少校（Reichardt）指揮，其中一個中隊在夕爾特的威斯特蘭，另外兩個中隊則在紐穆斯特（Neumünster）；

一個夜間戰鬥機中隊——第二十六戰鬥機聯隊第十中隊（10.(Nacht)/JG26），由約翰尼斯·史坦霍夫中尉（Johannes Steinhoff）指揮，駐紮在耶佛。

整體而言，若只算第一線機型，舒馬赫一共有八十到一百架戰鬥機與重戰鬥機。他只要發出警報，這些飛機就能在幾分鐘內升空。問題是，英軍估計得到有如此強大的防禦兵力嗎？如果他們選在天空像藍色綢緞般乾淨、對防禦方絕對有利的今天過來，情況一定會很不利。

從剛開戰起，英國的轟炸機司令部被迫重新思考自己的攻擊計畫。它原本要求轟炸機只能在偵察機發現敵方軍艦後升空，而這已在實戰中證明太浪費時間。等轟炸機到達目標上空，軍艦通常已經消失或進港，成為不得攻擊的目標了。

他們馬上改了新的方法，以至少九架、通常十二架飛機組成「武裝偵察部隊」，這些飛機通常是布倫亨、威靈頓、漢普頓（Hampton）或懷特利（Whitley）型轟炸機。這樣的部隊擁有充足的炸彈，會在黑蘭戈灣附近巡邏，尋找有價值的目標。

但就連這套方法也未能帶來成果。九月二十九日，五架漢普頓轟炸機遭到擊落，然後整個十月和十一月都沒有任何戰果。十一月十七日午後，曾有一架皇家空軍的偵察機又一次報告有軍艦正在返回黑蘭戈灣。但這次轟炸機司令部拒絕派出飛機，他們認為等轟炸機到達的時候，天都已經黑了。

如此「半吊子且猶豫不決的行為」讓第一海軍大臣邱吉爾非常不滿。他說，英國的海運因德軍水雷與潛艦而損失的數量正在上升，德國空軍甚至還攻擊了羅西斯與斯卡帕灣等嚴密保護的海軍基地。他很生氣地質問道，為什麼皇家空軍不肯攻擊威廉港？

此言一出，轟炸機司令部就收到了新的指示，現在就算敵艦在黑蘭戈灣與威廉港之間的防空區內，他們也要攻擊。上面宣布的主要目標，是敵方的戰鬥巡洋艦或袖珍戰艦。這與戈林十月十日在柏林提出的挑戰一樣：「我們一定要成功才行！」

五週後的現在，邱吉爾在倫敦提出的也是相同的要求。對英國而言，他們重要的海洋補給線最大的威脅，就是德國的軍艦。

英軍在新指示下的第一次攻擊，是在一九三九年十二月三日的黑蘭戈灣發動。有幾枚炸彈落到了島上，但外港的軍艦沒有受損。不過這次的行動還是讓轟炸機司令部看到了一線希望。參與的二十四架威靈頓轟炸機都完好無傷地返航。他們收到的命令，是絕對不准脫離隊伍，並在八千呎的高度投彈。少數登場的德軍戰鬥機並未得到任何戰果。這是否表示Bf 109在面對緊密轟炸機編隊時無能為力呢？

有趣的是，英國並未將十二月十四日損失的任何轟炸機歸咎於德軍戰鬥機。他們都把自己的損失歸咎於其他原因：惡劣天候、艦艇高砲、油箱破損造成燃油流失等等。因此英國對下一波攻擊的評估其實是過於樂觀的。十二月十八日接近中午的時候，第九、第三十七、第一四九轟炸機中隊在金斯琳（King's Lynn）集結，發動攻擊行動，並且完全不顧黑蘭戈灣上空那萬里無雲、適合戰鬥機作戰的天氣。一位皇家空軍的戰術分析師形容這樣的編隊「像克倫威爾的戰士一樣」，緊密、能表達出無法動搖的士氣與戰鬥力。

一三五〇時，德軍的兩處雷達站發現了來襲的轟炸機。這兩處雷達站分別是是黑戈蘭德灣的海軍雷達站，和通信少尉赫曼．迪爾（Hermann Diehl）手下位於汪格羅格沙丘上的空軍實驗雷達站。兩座雷達站都採用芙蕾亞雷達（Freya）。

迪爾計算出轟炸機離海岸還有一百一十三公里——還要飛約二十分鐘。一般大概都會覺得這樣的時間足夠讓戰鬥機升空，能在敵機還在海上時就攔截對方。

可是實際上，光是雷達報告送到聯隊長那邊，就花了剛好二十分鐘。或者說，讓他的部下相信有這麼一回事，就花了這麼久的時間。

這件事有一部分是因為海軍與空軍的通訊體系十分不合。開戰時，雙方幾乎沒有溝通管道。雖然舒馬赫上任幾週內很努力要讓自己「連上」海軍的預警網，但報告從黑戈蘭德灣送到威廉港的海軍交換局、再送到耶佛的戰鬥機指揮部，還是太浪費時間了。

相較之下，迪爾手上有一條熱線直通耶佛，他馬上打電話過去了。可是他的說法一點說服力也沒有。英國佬居然敢在這種天氣打過來？對方非但沒有下令緊急起飛，還很懷疑地回應：「你是掃到海鷗或是雜訊了吧。」

這位通信官遲疑了。最後他還是打了通電話直接給附近汪格羅格的戰鬥機單位——第七十七戰鬥機聯隊二大隊。大隊長布羅少校這時剛好人在耶佛的聯隊指揮部。

同時，英國轟炸機熟練地在黑戈蘭德灣外海轉彎，和島上保持距離，並向南朝耶德河河口接近。依照皇家空軍的說法，這個編隊一開始一共有二十四架威靈頓轟炸機，其中兩架因發動機故障返航。剩下的飛機以四個緊密隊形繼續任務。

而黑戈蘭德灣的海軍觀測手數到的數量剛好是兩倍：四十四架。這可是在大白天、完美的視野、萬里無雲的天氣下！如此的落差從來沒有人找到過合理的解釋。

最後總算起飛的第一批德國戰鬥機一共有六架Bf 109，他們屬於第二十六戰鬥機聯隊第十夜間戰鬥機中隊，由史坦霍夫中尉帶隊。在威靈頓轟炸機抵達威廉港前，只有他們及時就攻擊位置。

可是「克倫威爾戰士」不會被這樣的抵抗驅散，至少現在還不會。他們比翼齊飛，以緊密編隊飛到雅德河與胥里希外港，然後他們就像在閱兵，以四千公尺高度飛過威廉港上空。可是他們沒有投彈。防空砲火形成了一場風暴，但英國人完全不在意，然後又一次飛過龐大的海軍基地上空。他們還是不投彈，直接往北方和西北方飛走。直到回程的此時，黑戈蘭德空戰才開始。轟炸機被戰鬥機與重戰鬥機組成的一個個小隊追逐，一直追到轟炸機遠離港口出海為止。

第一個戰果可能是海梅爾中士（Heilmayr）的Bf 109在一四三〇時拿下的。之後不久，史坦霍夫中尉也擊落了一架敵機。他從側面第二次俯衝，以一輪機槍與機砲齊射擊中目標，讓威靈頓轟炸機翻過機身，一面旋轉、一面燃燒著墜入海中。

然而還有更多中隊正在緊急起飛。重戰鬥機大隊的參謀分隊才剛從海岸觀察巡邏任務返回耶佛，幾乎沒時間加油。他們在耶佛的地面可以清楚看到轟炸機先飛往威廉港，然後再轉向西北方返航。

我們先前已經介紹過的赫姆·蘭特少尉這時正不耐地跟戰管溝通，他的通信士庫比許中士（Kubisch）這時正跳進他後方的機艙內，而第七十六重戰機聯隊一大隊的軍械航空士官保羅·馬勒（Paul Mahle）則蹲在機翼上，更換著二十公厘機砲的彈鼓。蘭特決定不要錯過機會，開啟油門、開始滑行，讓馬勒從機翼上滑落、往旁邊滾去，以免被機尾撞到。

這架Bf 110爬升得很快。今天的視野沒什麼限制，蘭特可以從很遠的地方觀察空戰的情況。英國的主要編隊現在來到汪格羅格北邊了，四周則有德國戰機飛來飛去。蘭特心想，那些戰鬥機應該就是布羅的人馬了。接著，他發現兩架威靈頓轟炸機偷偷從沙岸那邊往西飛。不到幾分鐘，他爬到這些敵機的高度，開始攻擊。

維克斯威靈頓轟炸機的機身最尾端，有令人討厭的砲塔，上面裝著一座雙聯裝機槍。在編隊飛行時，這些轟炸機的後方是有強大火力保護的。但如果從上面或側面攻擊，他們就會脆弱許多，這些地方正是機上的六門機槍沒保護到的死角。而蘭特正是朝著這裡發動第一波攻擊，以他所有的槍砲射擊敵機。射擊似乎沒有效果，他注意風勢，再朝同樣高度的敵機尾端再一次攻擊，並以精確瞄準的射擊讓機尾機槍手失去射擊能力。

威靈頓轟炸機此時已成了待宰的肥羊。又一輪射擊之後，機上開始冒出濃濃的黑煙。英國飛行員把操縱桿往前推，並打算在波爾昆（Borkum）島上迫降。幾秒鐘後，轟炸機便起火墜毀，只有溫伯利少尉（P. A. Wimberly）生還。這時是一四三五時。

蘭特繼續追擊，將第二架威靈頓轟炸機一路追到海上。這架飛機在海浪上三公尺處飛行。他這次直接從機尾開火，並在戰鬥報告中寫道：「敵機兩側發動機都開始起火、發出強光。在敵機落海時，衝擊力造成機體解體沉沒。」這時的時間是一四四〇時。五分鐘後，蘭特又用同樣的方法擊落第三架已經受損的威靈頓轟炸機。這架轟炸機在波爾昆西北方二十五公里處墜海。其他Bf 110也在同一片海域得到了各自的戰果。他的二號機格瑞森中尉（Gresens）、卡利諾夫斯基中士（Kalinowski）和格拉耶夫少尉（Graeff）——全都是第七十六重戰機聯隊第二中隊的成員——都在一五〇〇時左右各擊落一架敵機。

烏倫貝克少尉（Uellenbeck）將他的Bf 110開出海，一直追著兩架威靈頓轟炸機跑。那是他在荷蘭的阿麥蘭島（Ameland）北方五十公里處發現的。他擊落了左邊那一架，自己卻被另一架轟炸機的後機槍手擊中。一發子彈擊中烏倫貝克的脖子，並傷到他的通信士多布羅夫斯基中士（Dombrowski）的手臂。但在透過無線電請求導引航向後，他們還是安全駕機返回耶佛。

英國轟炸機熟知保護自己的方法，該中隊的隊長沃夫岡．法克上尉（Wolfgang Falck）也注意到了。他和他的二號機弗萊西亞上士（Fresia）在黑戈蘭德灣西南方二十公里、高度三千五百公尺處遇到了一支正在返航、採用緊密編隊的威靈頓轟炸機。接下來發生的空戰從一四三五時持續到一四四五時。弗萊西亞馬上擊落了兩架敵機，法克的目標也同樣著火墜海。可是附近的一架威靈頓轟炸機瞄得很準。法克在報告中寫道：「我的右側發動機顫抖著停俥，汽油從主翼漏了出來，飛機沒有著火就已經是奇蹟了。這時我和華爾茲上士（Waltz）努力避免彈藥爆炸。整個機艙裡都在冒煙。」他往南飛向基地，希望在出現更多麻煩之前返回耶佛。可是接下來第二具發動機也停俥了，他只剩一條出路：盡量滑翔到汪格羅格，試著無動力迫降。

他將剩餘的彈藥射掉、燃料排光，使機上沒有任何東西能在重落地時爆炸。最後，法克使用壓縮空氣泵將起落架放下。

地面以嚇人的速度接近。機身在觸地時猛烈一震，但沒有解體，載著他們沿跑道滑行，在管制塔前停了下來。他們回來了。

迪崔西．羅比茲許中尉（Dietrich Robitzsch）也經歷了類似的驚險。他的中隊（紐穆斯特的第一〇一戰鬥機大隊）只有他和另一架Bf 109及時加入空戰。在擊落目標後，他也被另一架威靈頓轟炸機擊中發動機整流罩。乙二醇噴滿了擋風玻璃，讓他看不到前方。他萬分艱難地飛回基地，就在到達前不久，發動機因過熱停俥，必須馬上降落。可是他被迫在一處不安全的地點降落——部隊訓練場的壕溝與掩體間的彈丸之地。他的右起落輪爆胎、機槍扭轉成一團，但飛機終究還是停了下來。羅比茲許安全離開座機。

戰鬥在半個小時內結束。到了一五〇〇時，其餘受創的英國轟炸機都已離開戰鬥機的航程範圍。

第一個在耶佛降落的是聯隊長舒馬赫本人。接下來幾天，他擊落的那架威靈頓轟炸機殘骸都還留在史匹格羅（Spiegeroog）的泥巴地上。作戰成功的報告接踵而來，沒有一個中隊空手而歸。舒馬赫發現第七十七戰鬥機聯隊三大隊完全沒有傳任何報告過來。他的副官向他坦承：在警報響起的緊張狀況下，總部的參謀人員完全忘了通知諾德荷茲的塞里格上尉的大隊。當有人在八分鐘後想起他們時，已經來不及了。在第二天於柏林向國際媒體發出的新聞，據記載舒馬赫說他達成的戰果，甚至還有「備用」的中隊沒有上場。這當然是比較好聽的說法，也可以套用到萊希阿德少校的第一〇一戰鬥機中隊那微不足道的貢獻上。

但最驚人的報告是來自波爾昆。第十一空軍行政區的沃爾夫中將（Ludwig Wolff）在那裡碰巧目擊蘭特擊落的第一架威靈頓轟炸機。他很快就出現在耶佛，並把聯隊長帶到旁邊講話。

「我們仔細檢查過殘骸了，」他說，「舒馬赫，我不知道你會不會相信，可是機上一顆炸彈也沒有！」

在這場至此時為止史上最大的空戰，許多有關細節至今依然無解。紀錄上明白提到不論是在胥里希外港還是威廉港本身，這些轟炸機都沒有投下任何炸彈。英國的解釋，是說對停泊地或港內的任何艦艇投彈，都可能傷及德國平民。

可是顯然在波爾昆迫降的這架威靈頓轟炸機若不是在落地前就把炸彈丟掉了，就是根本沒有掛過炸彈。根據飛行員溫伯利少尉與另一位戰俘赫伯．盧瑟士官長（Herbert Russe）的說法，他們根本沒有打算要攻擊，這只是黑戈蘭德灣上空的一次「導航飛行」而已！他們宣稱機上沒有炸彈，但多載了一些機組員，以便訓練新的飛行員與觀測手。

如果這是真的，那英國在十二月十八日的損失就更慘重了。飛機可以替補，但在敵軍領空內被擊落的機組員永遠不會回來。

在這麼重要的一天，雙方真正的損失數字是多少呢？舒馬赫的戰鬥機部隊只損失兩架Bf 109。其中一架是富爾曼中尉（Fuhrmann）。在他三次從側面攻擊未果後，他把所有準則與紀律全部忘光，直接從敵機機尾發動攻擊——在後機槍手與雙聯裝機槍的射界正中間。由於他攻擊的並不是落單的威靈頓轟炸機，而是四機小隊中最左邊的那一架，因此他遭到「最完整」的歡迎。

他的梅塞希密特戰機被大量子彈擊中、發動機冒煙，他本人一定也受了重傷。飛機往下衝向海面，但就在最後一刻，他恢復了平飛，並以完美的姿態在水上迫降，激起一大片白色的尾波。海岸上的觀測部隊看到他在駕駛艙中掙扎，並在飛機沉沒前脫逃。

富爾曼中尉用最後的力氣往島上游去，可是他沉重的飛行服吸滿了冰冷的海水，並將他往海中拖去。在岸巡部隊來得及通知船隻之前，大海贏了，他沉入離安全處不到一百公尺的海底。

另外一架Bf 109是由一位來自奧地利格拉茲的年輕人駕駛，德軍有人看到他的飛機直直栽入海中。

英國的說法就不一樣了。那天晚上，英國空軍部發表公告，說皇家空軍的一支轟炸機部隊在黑戈蘭德灣外海實施武裝偵察，希望能攻擊出海的軍艦。他們遭遇到強力戰鬥機部隊攻擊，並擊落了十二架梅塞希密特。有七架轟炸機沒有返航。

顯然就算是英國人，有時也不得不請宣傳部門要稍微修飾一下。

根據英國媒體報導，擊落的十二架敵機中有六架是雙發動機的Bf 110——希特勒和戈林寄予厚望的機型。事實上，唯一有參與戰鬥並且使用此型戰機的單位（第七十六重戰機聯隊一大隊）連一架飛機都沒少，雖然有一些返航時確實傷痕纍纍。

舒馬赫在對第一戰鬥機聯隊的戰鬥調查報告中，將這樣的損傷歸咎於「威靈頓轟炸機的緊密編隊與優異的後機槍手所致」。另一方面，他也說：「他們保持編隊並嚴格遵守航線的作法使他們非常容易被發現。」

第七十六重戰機聯隊一大隊的大隊長萊涅克上尉，在報告中則下了這樣的結論：

「Bf 110可以輕易追上、超越英國此機型（指維克斯威靈頓轟炸機），就算對方以全馬力前進也沒有問題。這使我方得以從任何方向發動多次攻擊，包括從前方側面。」他還補充道：「這樣的攻擊，如果在敵機得以飛入射界範圍內的狀況下實行，是非常有效的。威靈頓轟炸機非常容易起火，火勢也很快會失控。」

最後這點也由英國第三轟炸機大隊的伯德溫少將（Jack Baldwin）證實。該大隊就是負責本次攻擊的單位。在一份評論分析中，他寫道：「我軍許多飛機在作戰中與作戰後都發現有漏油現象……必須強烈建議將所有轟炸機都換裝自封油箱的絕對必要性。」[8]

伯德溫也承認先前沒有人想到戰鬥機可能會從側面攻擊，以及威靈頓無法抵禦這種攻擊。如此正式的批評當然是屬於機密內容。站在公眾的立場，皇家空軍仍保持宣傳部門的說法，宣稱轟炸機司令部與德國戰鬥機交戰大捷，只有七架飛機沒有返航。

但德軍一開始宣稱的戰果也太高，禁不起後續的檢驗。光是第七十六重戰機聯隊一大隊，萊涅克就宣稱擊落十五架敵機，而第七十七戰鬥機聯隊二大隊的布羅（他本人因發動機問題，起飛後不久就返航）則宣稱擊落另外十四架。再加上第二十六戰鬥機聯隊第十中隊的夜間戰鬥機所取得的成果，舒馬赫以總共三十二架結案，而漢堡的第十一空軍行政區司令部則認定是三十四架。最後送到柏林的數字是後者。

必須強調一點，德國的戰鬥機飛行員並不能自行宣告擊落敵機數。在任何戰果定案之前，都必須經過一整套「官僚」程序。首先，他們必須回答一大堆基本的問題：時間、地點與交戰高度，還有敵機的國籍與機型。接下來這份戰鬥報告必須描述獲勝的過程，最後還要加上精確的資料，看能不能由地面或海上的觀測人員確認。好像這還不夠似的，他還要找一位同僚以書面證實目擊交戰，並看到敵機墜落。以下是這樣的報告範例。

一四四五時，交戰的高峰期，蘭格歐格島（Langeoog）北方的一架Bf 110攻擊一組七機小隊中左後方的威靈頓轟炸機。Bf 110的飛行員是高登・哥羅伯（Gordon Gollob）——他後來會成為有一百五十架確認擊落的世界級王牌飛行員——從左後方攻擊。

「我的射擊很精準，」他在戰鬥報告上這樣寫，「射擊後，我往左爬升，並看到那架威靈頓從機尾冒出濃煙，並往左轉、向下消失……」

考慮到英國空軍嚴令不得脫離編隊，這看起來的確像是這架威靈頓墜毀了，因此哥羅伯開始去找下一個對手。關於第一架飛機墜機一事，他後來這樣寫：「未予觀察，因為在海上著火的飛機最終應會墜海，並且有更多敵機需要擊落……」

像這樣稍微挑釁官僚回報程序的行為，當然會被處罰。五個月後，柏林把他的戰鬥報告送了回來，並說他的擊落數「不予承認」。最後，第一戰鬥機聯隊在一九三九年十二月八日宣稱的三十四架擊落數中，有七架後來被柏林的帝國航空部駁回，理由是「這些擊落宣告無法完全確定。」

有了日後的經驗，現在我們可以確定，由於這場空戰分解成許多個別的交戰，有許多擊落數在雙方都無意造假的狀況下被算了兩次。德國戰鬥機飛行員協會於一九六三年四月出版的文獻中也支持這樣的觀點。

英國戰後公布的數字確認，二十二架到達黑戈蘭德灣執行武裝偵察的威靈頓轟炸機中，有十二架遭到擊落，並且還有三架受損太嚴重，必須在英國海岸迫降報廢。然而參加此役並存活到

8 原註：引自 *Royal Air Force 1939-45* (H.M.S.O., 1962), Vol. I, p. 46.

戰後的德國飛行員還是存疑。首先，有許多威靈頓轟炸機沒有掛炸彈這點，讓他們懷疑或許還有第二個編隊，而英國方面對這方面隻字未提。但不論如何，失去三分之二的作戰部隊依然是一大災難。這正是當時盛行的「轟炸機總是能通過防禦」思想的喪鐘。

從此以後，各國空軍都明白，轟炸機若不是只在夜間作戰，就是要有強力的戰鬥機部隊護航。這樣的認知日後將會對戰爭的發展產生決定性的影響。

三、入侵斯堪地那維亞半島

一九四〇年四月六日，漢堡的廣場飯店（Hotel Esplanade）非常熱鬧。軍車擋住了入口，如同潮水般的空軍軍官正湧入飯店內。幾週前，這裡被徵用當作第十航空軍的指揮部，在接下來的「威悉演習」（Operation Weserübung）——德軍占領丹麥與挪威的行動中，所有空軍的部隊都由這個航空軍節制。

這次行動原本不在德國的戰略規劃當中。德國的戰略本來在波蘭戰役結束後且無法停戰的狀況下，是要集中全部兵力攻打西線。一九三九年九月二日，德國宣告只要沒有第三國出面介入，德國則不會侵略挪威。可是到了九月十九日，英國已經開始計畫截斷從那維克經挪威領海運往德國的瑞典鐵礦航路了。

一九四〇年一月六日，英國外交部長哈利法克斯勳爵（Lord Halifax）在一份對奧斯陸與斯德哥爾摩發出的備忘錄中宣稱[9]，英國政府打算採取適當措施，避免德國商船使用挪威領海。為了採取這些措施，皇家海軍可能偶爾必須進入領海並執行軍事行動。

雖然兩國提出抗議（一月八日，挪威外交部長柯特〔Koht〕回信給哈利法克斯，說挪威的中立性從未受到如此明目張膽的威脅），盟軍最高戰爭委員會仍在二月五日決議，要在那維克以四個師的兵力登陸，並占領瑞典的鐵礦場耶利瓦雷（Gällivare）。

在如此發展的威脅下，德軍最高統帥部指派了一組特別參謀，以「威悉演習」為代號規劃反制行動。這組參謀在二月三日正式上任。三月二十八日，盟軍終於下令，要在四月五日於挪威領海內佈雷，然後再在那維克、特倫漢（Trondheim）、卑爾根與斯塔凡格（Stavanger）登陸。事實上，德軍只比他們早幾個小時到達而已。

因此四月六日這時，漢斯・費迪南・蓋斯勒中將便把他手下的指揮官叫到漢堡，以便參加此事。他們從參謀克里斯提安少校（Christian）那裡拿到了「威悉演習」的詳細行動命令。

到了這時，大批的海運船團已經上路，過幾天就要發動入侵了。軍艦組成的艦隊也載了一些部隊，等待出航命令，以便準時在威悉日攻擊發起時間——四月九日一大早，突然出現在挪威海岸。這整個行動的成功，要依賴空軍與海軍解決運輸問題。只有透過一口氣拿下重要港口與機場，行動所需的援軍才能送達。

廣場飯店的指揮簡報做得非常完善。受命負責空運的是弗萊赫・馮・加步冷茨中校（Carl

---

9 譯註：英文版在這裡以長達半頁的篇幅，以英國方的資料否定原作者關於外交備忘錄、兩國向英抗議與英德兩國在挪威問題上的動機等論點。其舉出的證據主要包括希特勒決定入侵挪威的時間點、英軍在挪威領海佈雷的時間點，以及盟軍登陸那維克等地的作戰預計時間及行動計畫批准時間點等等，但全數皆以盟軍史料為主。由於本書之寫作動機為提供德軍立場的戰史，故不在此詳述，僅以此譯註說明此段史料存在英德說法歧異一事。

August Freiherr von Gablenz）。他這時正在詳述手下單位的時程，他們必須謹守這個時程才能避免登陸機場時發生災難。雖然這支部隊包括十一個大隊與五百架運輸機，但卻稱不上是強大的軍力。這些單位大多數採用三發動機的Ju 52運輸機，但有一個大隊使用的是四發動機的Ju 90與佛克沃夫（Folke-Wulfe）Fw 200超重型運輸機。他們在丹麥與挪威要攻占的機場總共有四處：

一號與二號機場分別是日德蘭半島北部的奧爾堡（Aalborg）東與奧爾堡西兩個機場，以當作攻打挪威的基地使用。

三號機場是奧斯陸佛涅布（Fornebu）機場，負責占領挪威首都。

四號機場是斯塔凡格的索拉（Sola）機場，位於挪威西南海岸，負責阻止英國艦隊攻擊的防禦性空軍基地。

這是有史以來第一次有人想要在這四座機場上空投傘兵。行動的時間設定得非常準確，舉例來說，奧斯陸佛涅布機場的空降行動預定時間是攻擊發起後的第一百八十五分鐘。

在這之後，傘兵只有二十分鐘可以占領機場，並在攻擊發起後兩百零五分鐘到達的機降步兵來臨前控制機場。其他Ju 52中隊會在這時依序運來空軍行政參謀前進單位、機場勤務連、另一個步兵排、法肯霍斯特將軍（Nikolaus von Falkenhorst）的指揮幕僚、通信與工兵單位，以及一些基本物資，例如燃油、幫浦與馬匹。

在佛涅布，真正投入的傘兵只有兩個連：第一傘兵團第一連與第二連（1/FJR 1和2/FRJ 1），由營長艾里希・華瑟上尉（Erich Walther）指揮。空中掩護方面，有四架長程戰鬥機（後來增加到八架）前來支援，他們是第七十六重戰機聯隊第一中隊的飛機，由漢森中尉（Hansen）指揮。這些飛機到達佛涅布之後，只剩二十分鐘可飛，因此必須馬上降落在自己要保護的機場。

四月七日——行動前三十六小時，第十航空軍的計畫在某方面來講不得不大幅改變。其他地方的戰況有變，把奧爾堡的傘兵部隊緊急調走了。

華瑟．格里克上尉（Walther Gericke）是第一傘兵團第四連連長。正當他在斯滕達爾（Stendal）的基地內喝咖啡時，有一位傳令兵前來，開飛機載他去漢堡的總部。在廣場飯店裡，參謀長哈令豪森少校把他帶到一面巨大的地圖牆邊。

「看到這座橋了嗎？」他說，並用手指敲敲丹麥法斯特島（Falster）與西蘭島（Zealand）之間的一條紅線，「這座橋有三公里長，是南邊蓋瑟（Gedser）渡輪碼頭與哥本哈根之間唯一的陸地連結。」格里克看著他的手指。「我們必須完整占領這座橋，」哈令豪森補充了一句，「如果我給你一兩個排，你覺得能守到蓋瑟的步兵到來嗎？」

格里克很有自信。這正是他和手下傘兵訓練的目的。過沒多久，他踏上返回斯滕達爾的歸途，並想著自己需要什麼東西：一份還算可靠的地圖、臨近城鎮弗爾丁堡（Vordingborg）的簡圖，還有一份法斯特島與西蘭島間小島馬斯內（Masnedø）背景裡正好有那座橋的風景明信片。四月八日，格里克連移動到威特森（Uetersen）的前進基地。團裡的另外兩個連已經到什列斯維格（Schleswig，負責攻打奧斯陸）和史塔德（Stade，負責攻打斯塔凡格）了，還帶了自己的運輸機。

這支運輸機隊終於收到了第二天行動的密文：「威悉北與威悉南滿潮，潮高九公尺。」

在指定的〇五三〇時，第一特種勤務轟炸機聯隊第八中隊（8/KG zbV 1）起飛前往丹麥，上頭載著格里克的部下。當地的天氣還算可以接受，而其他單位出發的時間卻因為斯卡格拉克海峽

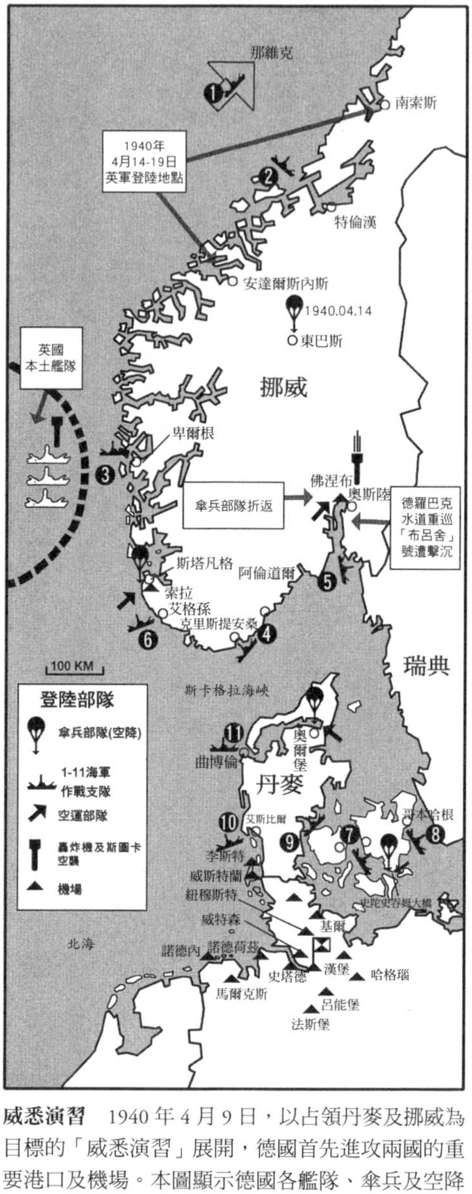

威悉演習　1940年4月9日，以占領丹麥及挪威為目標的「威悉演習」展開，德國首先進攻兩國的重要港口及機場。本圖顯示德國各艦隊、傘兵及空降部隊之作戰區域，以及德國空軍各轟炸機與運輸機大隊的起飛基地。

（Skagerrak）上空有濃霧帶而無限期延後。〇七〇〇時過後不久，格里克連底下有一個排在奧爾堡上空跳傘。這是現在要占領這兩座重要機場的兵力。然而丹麥軍卻沒有抵抗。

第八中隊其餘的Ju 52跨過波羅的海西側，並直接往目標飛去。在旭日的照耀下，那座大橋出現在前方的視野。〇六一五時，格里克下令跳傘，幾秒後運輸機清空了後艙。白色的降落傘飄降到小小的馬斯內島上。沒有任何交戰發生、沒有空襲警報，整個國家好像還在沉睡一般。

格里克上尉降落在通往橋樑的堤岸附近。他的第一個行動就是在堤岸上架設機槍陣地。這樣一來，他就能攻擊丹麥的沿岸堡壘，以便掩護他的部下。他手下的傘兵有很多人都降落在離堡壘的水泥圓頂不到一百公尺的範圍內。但這座堡壘沒有開火。傘兵衝向堡壘，由於連去找空降武器箱的時間都沒有，他們拿著手槍就攻了進去。哨兵驚訝地舉起手，德軍則衝進了起居區。不到幾分鐘，整個營區都解除了武裝。

另一個單位徵用了腳踏車，奮力往橋樑騎去。這裡的衛兵也一彈未發就投降了。但他們真正意外的，是看到一支德國步兵正朝著自己前進。這是第三〇五步兵團第三營的先遣部隊，他們根據計畫從瓦爾內明德（Warnemünde）搭渡輪來到蓋瑟，然後發現北邊這裡沒有任何抵抗發生。

接下來機槍手與傘兵一起穿過弗爾丁堡，占領了馬斯內島與西蘭島之間的橋樑。不到一個小時，任務完成。戰爭史上第一次空降行動也是史上最不激烈的空降行動。但有關傘兵存在的秘密公諸於世了。奇襲的殺手鐧本應留在更為重要的時刻使用，但現在是自我解封了。

雖然占領丹麥一事相當平靜地完成，但飛往挪威的空軍運輸部隊卻即將遇到一場慘敗。隨著四月九日的早上過去，氣象單位認定奧斯陸與斯塔凡格上空的狀況連出現可被接受的能見度的希望都沒有。兩個編隊必須通過的斯卡格拉克海峽上空，濃霧幾乎從海面一直延伸到六百公尺高，再那之上還有更多的雲層。

因此，這些運輸機無法在低空飛行。但如果他們飛在雲上，要怎麼知道何時該跳傘？如果在重要時刻，他們發現自己完全看不到地面，並且身處於挪威峽灣的岩石峭壁之間怎麼辦？

第一波（第一特種勤務轟炸機聯隊二大隊）領隊的是德雷佛斯中尉（Martin Drewes），他的目的地是奧斯陸佛涅布機場。在他的二十九架Ju 52機上，有著艾里希・瓦希爾上尉（Erich Walcher）的傘兵，他們都已準備好要空降。但德雷佛斯飛得離奧斯陸峽灣越近，天氣就變得越差。視野只有不到二十公尺，連自己分隊的鄰機有時候都會消失在濃霧之中。

德雷佛斯咬了咬牙，繼續前進，他很清楚自己的任務對整個戰役的成功十分重要。突然之間，他右邊的一位分隊長以甚高頻無線電呼叫：「呼叫指揮官，我有兩架飛機不見了。」

這兩架飛機都在濃霧中消失得無影無蹤。這就是關鍵時刻了。如果他們繼續前進，德雷佛斯將無法承擔這個責任。他下令部隊準備返航，然後在〇八二〇時，漢堡就收到訊息：「天候惡劣返航至奧爾堡。」

在廣場飯店，收到的訊息驗證了最害怕的恐懼。他們已經知道挪威軍不會不戰而降了。接下來發生的事情依序是這樣的：

德軍艦隊在奧斯陸峽灣內已和控制著德羅巴克（Drøbak）水道的奧斯卡堡（Oskarsborg）砲台鏖戰了三個小時。旗艦布呂舍號重巡洋艦（*Blücher*）已於〇七二三時因砲擊與魚雷攻擊而沉沒。其餘巡洋艦何時才能、甚至是到底能不能突破防線，並在奧斯陸讓部隊上岸都是個問題。

因此，拿下佛涅布就變得更重要了，這樣至少空降作戰可以依計畫進行。可是現在傘兵部隊要返航了，第二批運輸機再過二十分鐘就要把一個步兵營（第三二四步兵團第二營）送去一個還沒占領的機場。

戈林給蓋斯勒中將的命令非常明確：如果傘兵無法跳傘，後面的各波運輸全部都要馬上召回。這些部隊的指揮官弗萊赫·馮·加步冷茨中校相當氣憤地試著說服長官：「將軍，我拒絕叫部隊返航！就算機場沒有占領，他們還是可以強行突進。」

「挪威人會把他們打成碎片！」

「第一批降落的部隊很快就能處理防禦了，」加步冷茨相當頑固地堅持道，「至少給第一個到達的單位機會，讓他們決定要不要降落吧。」他繼續說明：「奧爾堡已經飽和了。如果把奧斯陸的人也都降落在那邊，那會很慘的。」

他沒能說服將軍，蓋斯勒還是下令部隊回頭，並且說是由第十航空軍授權。但接下來發生了最奇怪的事，這件事完全違背一般認為「好軍人就該無條件服從命令」的想法。

跟在傘兵後頭二十分鐘遠的運輸大隊——第一〇三特種勤務轟炸機大隊——大隊長是華格納上尉（Wagner）。雖然他受命返航，卻決定抗命。他收到命令時已經接近佛涅布，而命令聽起來太蠢，他以為是敵軍玩的什麼花招。其中最讓他懷疑的，就是授權者是「第十航空軍」這一點。本部隊不是歸「陸運處長」加步冷茨管，只有那裡才會發出這麼誇張的命令吧？

所以華格納上尉繼續前進。反正他手下的飛行員都有豐富的儀器飛行經驗。海岸線前方有著最濃厚的大霧，現在到奧斯陸之前，天氣越來越晴朗，視野也開始改善。在他看來，實在沒有理由不在佛涅布實施空降。這時領頭的機群已經越過了目標。華格納飛了一圈往下看，機場還滿小的。地形在兩條柏油跑道的一側陡然上升，在另一側則直落入海。這裡不算很理想的地形，但對「容克斯老姑媽」（Tante Ju，Ju 52的外號）來講不算什麼大問題。

然而在跑道上，卻有兩架飛機著火的殘骸。看來戰鬥已經開始了。沒錯，這裡還有德國的長程轟炸機傾斜著機身飛行。華格納鬆了一口氣，叫他的飛行員降落。Ju 52以陡峭的角度傾斜降落在跑道上。

這時，機身受到了重機槍的集中射擊。第一個中彈的人就是華格納。在後面傳出傷兵喊痛的聲音之後，飛行員再次打開油門，讓飛機恢復飛行。接下來該怎麼辦？第七十六重戰機聯隊第一中隊的中隊長漢森中尉不安地從自己的Bf 110中看著這一幕。

過去半小時，他和他的中隊一直在和敵軍交戰。首先在〇八三八時，他們被九架挪威單座戰鬥機從向陽面攻擊，對方是格洛斯特「格鬥士」雙翼戰機（Gloster Gladiator）。到〇八四五時，他還是依令繞行機場，以便掩護傘兵。在短暫而猛烈的交戰後，他發現手下有兩架飛機不見了。剩下六架飛機一面偵察機場，一面對防空砲開火，並使兩架在跑道上的格鬥士戰機起火燃燒。然後他們一直等、一直等，但傘兵一直沒有來。漢森的儀表板上有三盞紅色警示燈已經點亮，隨時可能會亮起第四盞，告訴他油箱已經空了。根據事前的計算，他們的燃料可以在佛涅布上空停留二十分鐘，這段期間傘兵會占領機場。但眼前時間已經到了。

最後，到了〇九〇五時，第一批Ju 52運輸機來了。Bf 110在兩側繞行，以便在關鍵時候攻擊地面的機槍陣地，同時等待空中出現打開的降落傘……他們怎麼也想不到，這些運輸機都是第二波的，機上載的根本不是傘兵。

漢森非常意外自己居然會看到第一架Ju 52直接降落，然後在敵火攻擊下再次起飛。真是夠了！他手下的六架Bf 110有三架只剩一邊發動機能用，而且六架都沒油了。如果沒有其他人可以占領奧斯陸佛涅布機場，那第七十六重戰機聯隊第一中隊的機組員只好自己上場硬幹了！

漢森透過無線電呼叫：「蘭特少尉，降落吧！我們會掩護你，然後跟著你降落。」

蘭特聽命左轉，開始接近跑道降落，他的右發動機還拖著黑煙。他看到跑道很短，因此必須在機場最邊緣處落地，這樣跑道才夠長，而他只剩一具發動機，所以問題更大。這位黑戈蘭德灣的王牌放下起落架與襟翼。幾分鐘前，他才剛打下自己在這場戰爭的第五架敵機，那是挪威士官佩爾·許葉（Per Schye）駕駛的格鬥士戰機。但現在對他和通信士庫比許中士而言，能不能好好降落就是生與死的差別了。

就在機場前幾百公尺處，他的飛機飛得太低了。他讓左發動機催到底，造成飛機猛力往右偏。他很難修正這個問題了。即使看到跑道就在自己的下方，可是現在速度太快、減速降落也來不及了，他會衝出跑道。

漢森和另外四架梅塞希密特一直盯著自己的僚機。他們不斷攻擊著水泥掩體內的機槍陣地。但子彈還是一直打在意圖降落的飛機後面與側邊。

突然之間，漢森看見了第二架正在同時降落的飛機。那是一架Ju 52，後來他們才知道那是傘兵單位的信號機。他們後來會非常有用，但這時仍在災難邊緣掙扎。這架Ju 52對著第二條柏油跑道降落。如果兩架飛機在跑道交叉處相撞，這個機場就無法再供其他飛機降落了。

漢森憤怒地從空中看著眼前這一幕。他們一直在等待這些運輸機的到來，然後就在負責掩護的戰鬥機不能再飛下去的最後一刻，這些Ju 52偏偏又要來擋他們的路。蘭特運氣很好，他的Bf 110降落速度比Ju 52快，因此在對方到達交叉處之前就已經先通過了。可是他的速度太快，不可能及時停下來。漢森一度希望他能再次拉起，但最後蘭特的飛機頭卻朝下栽入機場邊的斜坡。

漢森只看到這裡，因為他接下來得專心降落自己的飛機了。他的右發動機也中彈了。正當水蒸氣從溢流管中洩出，同時還發出頗具威脅性的嘶嘶聲時，機油溫度也正在快速上升當中。發動機只要再撐個一分鐘，他就能成功了。他以幾乎貼地的高度進入機場，將油門收回、操縱桿輕輕往自己的方向拉。飛機落地了，它從那兩架燃燒的格鬥士戰鬥機旁邊近距離經過，衝向挪威的機槍陣地。陣地沒有反應。他看到蘭特的Bf 110現在正在讓路給他過。他驚訝的第一個反應是，「原來他還活著啊！」

他小心地踩下煞車，就在邊界斜坡前十公尺停了下來。通信士一直把手指放在射擊鈕上，但機場裡一分鐘前還在射擊的火力現在都沒反應了。挪威軍放棄了嗎？

事實上格鬥士戰鬥機中隊的中隊長艾爾林・穆瑟・達爾上尉（Erlin Munthe Dahl）看著Bf 110往機場俯衝，便在無線電上說道：「呼叫所有格鬥士戰鬥機！降落在哪裡都好，但不要降落，重覆，不要降落在佛涅布。這裡正受到德軍的攻擊。」

他手下有兩架戰鬥機已經在這裡降落了。一架發動機故障，另一架瓦勒上士（Waaler）的座機則是在先前與Bf 110的交戰中遭到重創。兩架飛機很快都被漢森和手下打到起火燃燒，而現在達爾希望其他人不要遭到相同的下場。

因此，五架格鬥士戰鬥機在交戰後降落在奧斯陸西邊與北邊的冰凍湖面上。其中四架穿過了冰層，或是因為戰鬥損傷或汽油不足而必須棄機。最後只有一架飛機倖存。在第一架德軍飛機降落時，達爾上尉和地面人員就撤到阿克斯胡斯城堡（Akershus Fortress）了。高砲與機槍在對前兩架飛機開火後棄守，於是挪威軍對佛涅布基地的防禦就在沒人知道發生什麼的狀況下結束了。

漢森從機上跳了下來，並指引其餘的Bf 110降落。他把五架飛機安置在西北側的邊緣，讓通信士能有良好的射界能對樹林裡可能出現的敵人開槍。最後蘭特也出現了，不過是走路來的。他的Bf 110起落架斷了，基本上可以認定是全損了。他把飛機丟在機場邊緣外一座房屋旁幾公尺處。奇蹟似的，他和庫比許都沒有受傷。庫比許甚至還拆了後機槍，帶著彈鼓一起前來支援他的隊友——剛剛經由空路占領一處有人防守的機場的幾個人！

〇九一七時，一批新的Ju 52來了。這些重型機的降落滾行距離，使它們一路接近裝有挪威高砲陣地的岩石。這些陣地不到十五分鐘前，才打死了正嘗試大膽降落的第一〇三特種勤務轟炸機大隊隊長華格納上尉。

現在這些陣地一彈未發，穿著灰色德軍制服的步兵從機上爬出來伸伸腿。他們發現一切都很平靜之後，便點起煙來抽。漢森快氣死了。他趕緊跑過去，並將高砲與機槍陣地的位置指給他們看。步兵終於找了掩護，並派突擊隊去掃蕩陣地，然後才在此時帶著俘虜回來。挪威人投降了。

這時還有一架Ju 52正在降落，並直接滑行到戰鬥機面前，接受眾人的歡呼。那是中隊的運輸機！法拉科夫斯基上尉（Flakowski）是第七十六重戰機聯隊第一中隊的儀器飛行教官，他安全通過了斯卡格拉克海峽的惡劣天氣來到這裡。機上載著眾人最想要的支援，中隊的六位重要維修人員，以及滿滿的彈藥。

法拉科夫斯基數次在奧斯陸峽灣上空遇到正在返航的Ju 52分隊，對方還搖晃機翼，示意他也應該跟著做。他的回應是打開駕駛室的門，向後面的人說：「把手槍拿出來！奧斯陸正在交戰。」

現在他們到達之後，軍械士保羅．馬勒馬上帶著同事去修理受損的飛機，而法拉科夫斯基上尉則叫了一群士兵集合，開始徹底偵察四周。最後他命令挪威軍的戰俘將兩架還在冒煙的格鬥士戰機殘骸清出跑道外。

這時漢森中尉還以為自己在作夢。他看到一輛巨大的天藍色美國汽車開了過來，一位身穿全套正式制服的德國軍官下了車。他是史匹勒上尉（Spiller），德國空軍駐奧斯陸武官。漢森帶著他的飛行員向他報到。

「傘兵呢？」史匹勒問，「還有步兵營呢？」

漢森說他不知道。看起來攻打奧斯陸都依賴空降佛涅布機場，因為運送水路登陸步兵的軍艦這時還困在德羅巴克水道。

「你馬上和國內回報說機場已經占領完成，」史匹勒下令，「不然我們等運輸大隊將會來不及。」

於是那架負責通訊的Ju 52發出了一封電報：「已攻占佛涅布，第七十六重戰機聯隊第一中隊。」這封電報由奧爾堡接收，並轉給漢堡的第十航空軍指揮部。他們認定這八架Bf 110已經全數折損了，結果現在發現他們不但安好，甚至還有難以置信的報告，說佛涅布已經可以降落了！

這時運輸大隊原本排定的飛行順序打亂掉了。第一特種勤務轟炸機大隊第五與第六中隊載著傘兵，並且如前文所述，因為濃霧而在到達奧斯陸峽灣前就折返了。其中兩三架Ju 52因天候而與隊上失聯，並真的在預定時間的半小時後在佛涅布降落。

第一〇三特種勤務轟炸機大隊原訂要在傘兵部隊後二十分鐘到達的，但收到第十航空軍的返航命令之後，卻繼續前進。當大隊長華格納上尉於降落時被防空砲火射殺後，大多數飛機還是返航了。只有他的副指揮官尹根霍芬上尉（Ingenhoven）和其他數架運輸機在這裡降落。這幾架就是差不多與第七十六重戰機聯隊第一中隊同時降落的那幾架運輸機。

一九四〇年四月九日早上，奧斯陸佛涅布機場最後是由一支數量不多的雜牌軍把守，包括第三二四步兵團、少數傘兵，以及載送他們前來的飛機乘員。這些人由一兩位意志堅定的軍官帶領，尤其是法拉科夫斯基和尹根霍芬兩位上尉，並順利解除了機場的武裝、占領此地。

「大約三個小時後，」第七十六重戰機聯隊第一中隊的戰鬥報告寫道，「Ju 52機隊帶來了大量傘兵與機降步兵。」運輸機開始蜂擁而至。隨著一個個運輸中隊到來，飛機很快塞滿了跑道。即使如此，在這天下午，第三二四步兵團全體官兵還是順利落地了。

到了晚上，德軍「依原訂計畫」拿下奧斯陸了。這是史上第一個由空降步兵拿下的首都。兩天後，第十航空軍司令蓋斯勒中將對漢森中尉給予嘉勉。

「要不是有你的中隊，」他說，「事情說不定就大不一樣了！」

——

就在奧斯陸的運輸機接到命令要返航的同時，更西邊的另一個編隊正鑽入北海上空的雲層。第一特種勤務轟炸機聯隊第七中隊的十二架Ju 52，這時正前往斯塔凡格的路上。編隊的最前面是中隊長君特・卡皮托上尉（Günter Capito）的座機，機上還有第一傘兵團第三連的士兵，由弗萊赫・馮・布蘭迪斯中尉（Freiherr von Brandis）指揮，預計要在斯塔凡格索拉機場跳傘。

雖然飛行員都受過儀器飛行的訓練，但他們先前從未做過編隊飛行，也沒有在海上以儀器飛行的經驗。因此現在的狀況可說相當棘手。如果有兩架飛機相撞，機上的人都會沒命，因為他們都沒有穿救生衣。

「整個中隊都被雲層吞沒，」卡皮托後來在報告中寫道，「就算採用最緊密的隊形，鄰機還是像鬼魅一樣時隱時現。」

現在可以決定要不要回頭的人只有他了。這是個很困難的決擇，但他認為應該要繼續前進。只能希望挪威海岸上空的天氣比較晴朗。如果要以現在的能見度在山間接近目標，那無疑是自殺行為。但他們運氣很好。「半個小時後，四周開始穩定地放晴，突然之間，雲層散開了，我們穿過雲區。底下九百公尺處，海洋在陽光下閃爍著反光，大約一公里的右前方，可以清楚看見挪威海岸。」

接著卡皮托回頭看看他的機隊。其他Ju 52一架接著一架從黑暗雲層中的不同位置鑽出。他們花了半個小時才集合完畢。隊中只有十一架飛機，第十二架一直沒有出現。後來得知該機的飛行員沒有保持航向，並已於丹麥降落。至少不像奧斯陸有兩架飛機相撞墜海，他們沒有損失任何一架飛機。

現在這十一架飛機在接近波浪的高度繼續往北飛行。惡劣天候耽誤了他們不少時間。〇九二〇時，他們到達了斯塔凡格所在的緯度，並向右急轉飛入陸地。

接下來的一切都以相當快的節奏依序進行。他們一定要保持奇襲優勢才行。這個中隊以只有十公尺的高度沿一條側面山谷飛行，猛然往北轉，拉高飛過一連串的山丘，然後就看到了目標機場。傘兵早就準備好了。Ju 52寬大的艙門打開，現在傘兵只等著跳傘的信號響起。

卡皮托上尉將飛機拉高到一百二十公尺，並馬上收回油門。這裡就是事先設定的跳傘高度。「我們必須放慢速度，」他在報告中寫道，「這樣傘兵才能保持集中。而以只有一百二十公尺的高度飛過時時戒備的敵人頭上，實在稱不上是很安全的行為。」

信號響了，傘兵跳了出去。每架飛機有十二位傘兵，他們只花了幾秒就全都跳了出去。隨後他們的空投武器箱也丟了下去，然後飛機才以全馬力回到貼地高度，以便躲在防空砲的射界底下離開。他們的任務完成了。

天空中超過一百名傘兵正在空降，但在布蘭迪斯中尉能讓他們集合之前，得先應付一陣機槍彈雨。突然之間，兩架Bf 110衝過機場上空，並以機上的槍砲反擊。這兩機是高登・哥羅伯中尉的第七十六重戰機聯隊第三中隊，並且是碩果僅存成功通過惡劣天候來到斯塔凡格的兩架。該中隊有兩架飛機失蹤，剩下的飛機則被迫折返。

挪威軍主要的反抗來自兩處擁有良好保護的陣地，位於機場的邊緣。傘兵將手榴彈丟進槍眼，半個小時內就占領了機場。他們還得清除跑道上的鐵絲網，然後斯塔凡格索拉機場就能讓第一批運輸機中隊降落了。

德軍的指揮部希望挪威會像丹麥一樣對登陸不作反抗。第十航空軍收到的行動命令裡，有這樣一行字：「務必盡量使此行動看起來像和平占領。」

由於有這句話，配給威悉演習的轟炸機部隊（總共只有十個大隊的轟炸機和一個大隊的俯衝轟炸機[10]）不是留在後方待命，就是只獲准進行「宣示性」的任務。舉例來說，第四轟炸機聯隊的一個大隊在〇六三〇時接獲命令，要在哥本哈根上空投下宣傳單。第四轟炸機聯隊的另一個大隊第三大隊（III/KG 4）則要在克里斯提安桑（Kristiansand）、艾格孫（Egersund）、斯塔凡格和卑爾根等地以中隊規模在德軍空降與登陸作戰的同時飛行，展示軍力。

同時，第二十六轟炸機聯隊三大隊（III/KG 26）的He 111轟炸機則在奧斯陸峽灣上空飛行。這裡，他們被達爾上尉的格鬥士戰鬥機攻擊。再加上布呂舍號在德羅巴克水道的燃燒殘骸，讓德軍確認挪威軍想要以一切手段抵抗的意圖。

這時，霍切爾上尉（Hozzel）的第一斯圖卡聯隊一大隊（I/StG 1）於一〇五九時帶著二十二架Ju 87從基爾－霍特瑙機場（Holtenau）起飛，準備攻擊奧斯卡堡與阿克斯胡斯的石造城堡。他們回報看見炸彈命中目標。

第四轟炸機聯隊與第二十六轟炸機聯隊的其他中隊，再加上第一〇〇轟炸機大隊，一起轟炸

10 原註：關於威瑟演習的戰鬥序列，請參閱附錄四。

了奧斯陸凱勒機場（Kjeller）、霍門科倫（Holmenkollen）的高砲陣地，以及奧斯陸峽灣各島的岸防砲台。在轟炸的壓力下，大多數挪威的據點都在四月八日以前由德國空降部隊占領。但在當日早上，卻有一個相當不一樣的目標冒了出來。一〇三〇時，偵察機回報卑爾根外海出現許多英國戰艦與巡洋艦。這是福比斯上將（Charles Forbes）指揮的英國本土艦隊。

這支部隊的出現並沒有超出第十航空軍的預期，他們還為此保留了「海上」轟炸機部隊。接近中午時，四十一架「雄獅」第二十六轟炸機聯隊的He 111和四十七架「老鷹」第三十轟炸機聯隊的Ju 88起飛了。這支英國艦隊承受了超過三個小時不間斷的轟炸。羅德尼號戰艦被一枚五百公斤炸彈擊中，但沒有貫穿裝甲帶；巡洋艦德文郡號（HMS *Devonshire*）、南安普頓號與格拉斯哥號（HMS *Glasgow*）受損，廓爾克號驅逐艦（HMS *Gurkha*）則在斯塔凡格西邊沉沒。

接下來幾週，其實也就是在整個挪威戰役期間，英國的軍艦與運輸艦一直受到德國空軍的攻擊。這在盟軍於挪威中部實施反登陸作戰時達到高峰。從四月十四日至十九日，有兩個英國陸軍師和波蘭、法國的部隊一起在南索斯（Namsos）和安達爾斯內斯（Andalsnes）登陸，分別在特倫漢的南北兩邊。

這次上級又一次找上傘兵部隊。四月十四日晚間，第一傘兵團第一連在赫伯・施密特少尉（Herbert Schmidt）的帶領下，在古德布蘭斯塔倫（Gudbrandstalen）的東巴斯（Dombas）空降，阻止從奧斯陸撤退的挪威軍與在安達爾斯內斯登陸的英軍會合。由於天候不佳，傘兵連無法從空中取得補給，十天的頑強抵抗之後，該連的士兵還是被盟軍俘虜了。

德國空軍仍然持續攻擊英國遠征軍、補給港，還有一如往常地攻擊艦隊。德國空軍在挪威的制空權使英國空中力量難以挑戰，包括從蘇格蘭北部以極限航程前來的空軍部隊和航空母艦的航空部隊。短短兩週後，盟軍的遠征部隊被迫從原本登陸的港口離開。在德國這場快速取得的勝利當中，空軍是最主要的功臣。

——

在卡特海峽（Kattegat）和斯卡格拉克海峽——丹麥與挪威、瑞典之間的兩道海峽——事情就沒有這麼順利了。德軍在這裡承受了相當的損失。英軍派了十二艘潛艦，從四月八日開始一直守在這裡。前往挪威南部的德國運輸艦沒辦法繞過這種看不見的敵人，只能硬著頭皮闖入。

潛艦到達的那天擊沉了前兩艘運輸艦。九日，巡洋艦卡爾斯魯厄號（*Karlsruhe*）在被潛艦逃學號（HMS Truant）以魚雷擊中後，不得不讓船員棄艦逃生。十一日，旗魚號潛艦（HMS *Spearfish*）在呂佐號巡洋艦從奧斯陸返航時以魚雷擊中其船舵與俥葉。其他還有許多運輸艦受損或沉沒。

到了月底，英國的潛艦開始在卡特海峽佈雷。事態已發展到如果要保持挪威的補給線與增援，就必須採取一些措施的地步。

為了處理這件事，第七〇六海岸航空大隊在萊辛少校（Hermann Lessing）的指揮下轉移到奧爾堡。這個大隊配有亨克爾He 115和阿拉度Ar 196等水上飛機，並花了好幾週的時間執行例行、單調而累人的任務：偵察海洋、護航船隻、在某地區尋找潛艦……

到一九四〇年五月五日這一天，他們的世界傳趨明亮。這天是星期天，兩架Ar 196天還沒亮就起飛，以便執行一大早的偵察。這兩架飛機的機長分別是君特・梅衡斯少尉（Günter Mehrens）與卡爾・施密特少尉（Karl Schmidt），他們想在天亮前到達指定的海域。潛艦在夜間會浮出水面，因此第一道曙光的時分就是發現他們的最佳時機。

大約在〇二三〇時，梅衡斯的Ar 196正緩緩飛過卡特海峽，以五十公尺的高度往北，在距離瑞典領海不遠的地方飛行。突然，梅衡斯看到右前方有個像陰暗的側影。這架Ar 196往前傾斜，降低高度。沒錯，這顯然是潛艦的帆罩！這艘潛艦斜著浮在水中，艦艏抬向空中，艦尾卻沉在水裡。但看起來仍在移動，並且往東朝瑞典的方向開去。

梅衡斯以二十公厘機砲往潛艦帆罩前方射擊一輪，然後拿起信號燈，以摩斯密碼打出字母「K」，這在國際海事信號上，是「立刻停船」的意思。然後他又對著潛艦的艦橋以摩斯密碼打出「你是誰？」的信號。這是英軍海豹號潛艦（HMS *Seal*），艦長魯伯．隆斯達爾少校（Rupert P. Lonsdale）命令瓦汀頓上士（Waddington）發出無法解讀的信號回應。他要爭取時間拖延。

海豹號是一艘排水量達一千五百二十噸的大型潛艦，它原本正在卡特海峽佈雷，結果卻觸雷受損，炸沉到海底。在焦急的幾個小時後，官兵成功讓本艦浮上水面。但艦體已破了一個大洞，只能緩慢前進。艦長認為只剩一個選項，就是前往附近的瑞典領海。

梅衡斯看得出對方在虛張聲勢。這顯然是艘英國船。他叫飛行員爬升到一千公尺，並回報他的發現。然後對著目標俯衝、投下一枚五十公斤炸彈後再爬升。不到幾秒，潛艦旁三十公尺左右的海面上就冒出一道水柱。他再次攻擊，第二枚炸彈也沒有命中。接下來他用機槍掃射帆罩和吃水線。艦長隆斯達爾這時親自跳上雙聯裝路易士機槍，開始還擊。

接著，又有一枚炸彈掉在潛艦旁。施密特少尉的阿拉度機出現，並接手發動攻擊。最後的第四枚炸彈終於在附近爆炸。海豹號像個醉漢嚴重搖晃，繼而發出ＳＯＳ信號。下決定的時刻到了。輪機室裡的積水已經高到讓最後一具柴油機失效，潛艦現在只能在原地來回打轉，無法前進。

隆斯達爾艦長手下有六十人，他要為這些官兵的生命安全負責。這時的海豹號已經成了待宰的肥羊，除非他投降，否則一定會沉沒。他命人帶了一條白色桌巾到艦橋上，他則把桌巾舉到頭上揮舞。

施密特不敢相信。兩架Ar 196虜獲了一艘大型潛艦？這種事從來沒有發生過！沒有人會相信這麼精彩的故事。他需要證據，而有什麼證據比得過艦長本人呢？

施密特降在海面上，並向對方大喊：「艦長是誰？跳水游過來，到我的飛機上來！」隆斯達爾脫下鞋子，從艦橋上一躍而下，以狗爬式游了過去。施密特站在浮筒上，幫這個英國艦長拉上飛機來。接著他把對方推上觀測手席，然後自己再爬上飛機，坐在他後面。隆斯達爾抗議說他們在瑞典領海，但德國飛行員只是用力搖頭回應。

Ar 196再次起飛，飛往奧爾堡。飛行員出一趟偵察任務，卻帶了英國潛艦艦長回來，這種事可不是天天都有。梅衡斯則留在原地，直到他找到漁船法蘭肯號（*Franken*）——對方正在朗格少尉（Lang）指揮下進行反潛巡邏。朗格依指示找到海豹號，並將船員接上船，最後甚至還把潛艦成功拖回非德里港（Frederikshavn）。

到了〇五〇〇時，在奧爾堡的第七〇六海岸航空大隊基地內，一個褲子還在滴水的人接受了德國空軍軍官的生日敬禮。他們是從他的証件上得知的。今天是隆斯達爾少校的三十五歲生日，而這樣的一個生日他大概永遠不會忘記。

總結與結論

一、西線戰場的空戰在雙方都極度自制的狀況下開始。一九三九年的秋、冬季，德國空軍與英國皇家空軍都不得在敵國領土上投擲炸彈。德國希望這能促進英國談和，而對手則認為自己的戰力不足以發動有意義的進攻。因此，這段期間唯一可以攻擊的目標就是敵方的軍艦。

二、戰爭剛開始時，當時常見的想法認為轟炸機與俯衝轟炸機可以將敵國海軍趕出海域，但實際上做不到。惡劣天候與海上飛行、尋找目標、辨識目標與攻擊的經驗不足等，都是造成如此結果的原因。這段期間的戰果遭到嚴重高估。

三、第二次世界大戰的第一場大規模空戰（發生在一九三九年十二月十八日的黑戈蘭德灣上空）證明無護航機的轟炸機無法反抗敵軍的戰鬥機部隊。這點對雙方都適用，日後的轟炸行動必須冒著大幅降低命中率的風險在晚上進行。戰爭後期許多非軍事設施遭到破壞，都與這點有關。

四、一九四〇年四月九日發動的挪威入侵，對德軍高層而言是非常危險的行動。其成敗都取決於海軍與空軍是否能利用奇襲優勢奪下重要港口與機場。約五百架運輸機確實達成了史上第一次空運行動，這也是第一次在實戰中運用傘兵。德國手上的秘密兵種也因此公諸於世。

第三章　西線戰役

一、奇襲艾本艾美要塞

起飛信號亮起，航空發動機的聲音拉高成怒吼，前三架Ju 52開始在機場上移動。這些飛機的動作比平常遲緩，因為每一架都拖著沉重的拖曳物——那是一架沒有發動機的航空器：滑翔機！

隨著牽引繩拉緊，滑翔機突然被往前扯了一下，在跑道上滑行速度越來越快。隨著牽引機離地，滑翔機飛行員也小心拉回操縱桿，機輪的轟隆聲也嘎然而止。幾秒鐘後，滑翔機安靜地飛過樹籬與圍欄上空，並跟在拖飛的Ju 52後方爬升。困難的牽引起飛完成了。

這時是一九四〇年五月十日〇四三〇時。科隆在萊茵河的兩邊各有一座機場，右岸是歐斯特海姆機場（Ostheim），左岸則是布茨威勒霍夫機場（Butzweilerhof）。Ju 52組成三機分隊，每隔三十秒起飛一個分隊，包括每架Ju 52後面拖曳的滑翔機。起飛後，編隊飛往城市南邊樹林上空的一個地點，根據一條用火堆指向亞琛（Aachen）的「照明大道」飛去。不到幾分鐘，各四十一架的Ju 52和滑翔機出發了。

他們即將要參加的是戰爭史上最大膽的行動之一：對比利時邊境的艾本艾美要塞（Eben Emael）與通往亞伯特運河（Albert-Kanal）西北岸的三座橋發動的攻擊。這些地點都是比利時東面防禦工事的重點所在。

這四十一架滑翔機每一架都帶著一班傘兵，人數依任務而定，介於八人與十二人之間，還配有武器與爆破工具。每位士兵都知道自己在到達目標之後的工作。打從一九三九年十一月開始，他們早已為這次行動預演過，最開始的時候是使用沙盤與模型來進行。

他們是科赫突擊隊（Sturmabteilung Koch）的成員。從這個單位到達位於希德斯海姆

（Hildesheim）的訓練基地以來，他們就與外界隔絕。他們不能離營、不能外食，家書也受到嚴格審查，並且不得與其他單位的官兵說話。

每個人都簽過這樣的切結書：「我瞭解若我有意或無意以口頭、書面或圖畫方式讓他人知道任何與我服役基地有關的事，則可能面臨死刑。」事實上，這個單位也真的有兩個人因為一些輕微的瑣事被判死刑，直到行動成功後才得到特赦。

突擊作戰要能成功，或是說所有參戰傘兵想要活命的話，第一要件就是消息絕對不能走漏才能造成突擊的效果。德軍指揮階層為了保密，甚至連要塞的名字都不告訴士兵，而僅以編號稱之，不過這些參戰士兵對各個據點的情形都瞭若指掌，連睡夢中都能來去自如。

計畫擬定之後，他們開始日夜操演，風雨無阻。到了接近耶誕節的時候，這次行動以捷克蘇台德區阿特瓦特（Altvater）地區的要塞陣地為目標，執行了一次預演。

「我們完全不敢輕忽預定攻擊的目標，」預定要單獨處理艾本艾美要塞的傘兵爆破排排長魯道夫・威茲錫中尉（Rudolf Witzig）在報告中寫道，「但過了一陣子之後，我們作為攻擊者，在碉堡外比在裡面的守軍還安全。」

在碉堡外……他們打算怎麼一路挺進到那裡面去呢？

要塞是與亞伯特運河一起在一九三〇年代建造。這裡是列日（Liege）防禦工事的北段，離馬斯垂克（Maastricht）只有五公里，位於比利時與荷蘭邊界的一處突出部上。這樣的位置讓它可以控制整條運河，其戰略重要性十分明顯：任何侵略者要沿亞琛－馬斯垂克－布魯塞爾這條路線前進的話，就必須跨過這裡。這裡的防禦措施已經準備好了，只要一聲令下，就能把所有的橋樑全部炸斷。

防禦工事構築在山丘台地上，南北長約九百公尺，東西寬約七百公尺。個別陣地散得很開，看起來好像是隨機亂放，但組成一處五角形陣地。事實上這裡的地堡配有附迴轉裝甲穹頂的七十五與一百二十公厘大砲，還加上防空砲、戰防砲與重機槍陣地，是個精心安排的防禦系統。建築群各區都有地下隧道連接，其長度加起來將近四點五公里。

這座要塞固若金湯。它較長的東北側翼是四十公尺高的絕壁，直接下到運河裡。西北方也同樣直接垂直下降到運河。南面則採用人工障礙，有寬大的戰防壕與七公尺高的牆。同時，所有防線都有混凝土碉堡，整合在牆壁或切口內，裡頭備有探照燈、六十公厘戰防砲與重機槍。任何想要打進這裡的人都只有失敗一途。

比利時軍設想到了所有可能，只有一種例外：敵人可能會直接空降到地堡與砲塔的上面。現在，這樣的敵人已經出發了。〇四三五時，四十一架Ju 52已全部起飛，雖然天色很暗，後面還拖著沉重的滑翔機，但他們沒有半點延誤。

科赫上尉（Walter Koch）將突擊部隊分成四個部分，如下所示：

一、「花崗岩」隊由威茲錫中尉帶領，共有八十五人，攜帶輕兵器與兩點五噸的炸藥，分乘十一架滑翔機。目標：艾本艾美要塞。任務：將外層防禦清除後固守原地，等待陸軍第五十一工兵營接應。

二、「混凝土」隊由沙赫少尉（Schacht）帶領，共有九十六人與指揮人員，分乘十一架滑翔機。目標：亞伯特運河在佛羅恩霍芬（Vroenhoven）的高大混凝土橋樑。任務：避免橋樑被炸毀、建立橋頭堡，等待陸軍到來。

三、「鋼」隊由亞特曼中尉（Altmann）帶領，共有九十二人，分乘九架滑翔機。目標：維德維采（Veldwezelt）鋼骨橋，位於艾本艾美西北方七公里處。任務：同「混凝土」隊。
四、「鐵」隊由沙赫特少尉（Schächter）帶領，共有九十人，分乘十架滑翔機。目標：卡諾（Kanne）的橋樑。任務：同「混凝土」隊。

兩個飛機的編隊會合後一起往西沿著信標導引的航線前進。第一個信標是艾菲倫（Efferen）附近一個十字路口升起的火堆，第二個則是往前五公里的夫雷亨（Frechen）的一座探照燈。每當編隊接近一個信標，下一個信標就會進入視野範圍，而且通常剛好只有一個。即使是黑夜，導航卻沒有遇到什麼問題，至少到事先約好的導航終止點亞琛為止都很順利。然而有一架飛機早在科隆南邊就遇到問題了，就是那架拖著花崗岩隊最後一架滑翔機的Ju 52。

該機的飛行員突然注意到右前方出現另一架飛機的藍色排氣火焰，而且正往自己靠近。他只有一個選擇，就是讓自己的Ju 52俯衝，以便避開對方。當時他的後面還拖著一架滑翔機，於是滑翔機駕駛員皮爾茲中士（Pilz）努力平衡纜繩的張力，但才過了幾秒，他的駕駛艙就在纜繩斷裂的同時像被鞭子打了一下。皮爾茲拉高機頭、脫離俯衝，母機的發動機聲很快消失，留下一片異常的寂靜。

機上七個人隨後滑翔返回科隆，其中包括要帶領艾本艾美要塞突襲的指揮官威茲錫中尉本人在內。皮爾茲勉強飛過萊茵河，安穩地降落在草地上。現在怎麼辦？

威茲錫爬出機外，下令部下整地、安排臨時機場，把所有的籬笆等障礙物都清掉。他說：「我會想辦法去弄另一架飛機來拖我們。」

他跑到最近的道路，攔下一輛車。二十分鐘後，回到科隆歐斯特海姆機場。可是那裡連一架

Ju 52也沒有。他只好打電話到居特斯洛（Gütersloh）去叫另外一架過來。但飛機調動需要時間。他看了看手錶，現在是〇五〇五時。二十分鐘後，他的部隊就要降落在目標所在的台地上了。

同時，Ju 52編隊仍拖著滑翔機往西飛行，並正在穩定爬升。這趟飛行的每個細節都已經事先安排好了。飛往德軍前線亞琛的信標航線總長七十三公里，到達那裡後，飛機要飛到兩千六百公尺高度。如果風向預報正確，這趟飛行總共會耗時三十一分鐘。

坐在滑翔機內的花崗岩隊成員，並不知道指揮官已經脫隊。目前這點還沒有那麼嚴重。每個小隊都有自己的指定任務，而每架滑翔機駕駛也都知道自己應該降落在台地上的哪個位置：在哪個陣地後面、哪個砲塔旁邊，各自的誤差通常只有十到二十公尺。

更重要的是，如果事先沒有準備處理失去個別滑翔機這種事，那也是計畫不周的問題。每個小隊長收到的命令裡，都包括如果鄰機未能安全降落時，自己的小隊要額外執行的任務。

而且脫隊的也不是只有威茲錫。大約二十分鐘後，二號小隊的飛機才剛通過魯騰堡（Luchtenberg），前面的Ju 52突然開始搖晃機翼。這架滑翔機的駕駛布蘭登貝克中士（Brendenbeck）還以為自己看錯了，尤其是他還看到運輸機閃了一下導航燈。這是脫離的信號！幾秒後，這架滑翔機還真的照做了，都是拜這愚蠢的誤會所賜。他們這時只飛到半路而已，而且高度只有不到一千五百公尺，根本不可能到達前線。

這架滑翔機在丟倫（Düren）附近降落，機上人員徵用民車在破曉時分前往前線，剛好趕上陸軍預定出發的時間。

這樣一來，花崗岩隊就只剩下九架滑翔機了。他們比預期更早看到標示信標航線終點的探照燈。這裡是亞琛勞倫斯堡（Aachen-Laurensberg）西北方的維特紹城堡（Vetschauer Berg），同時也是滑翔機要脫離的地方。在那之後，他們要安靜地滑翔到馬斯垂克，這樣他們接近的過程才不會被發動機聲洩露了蹤跡。

其實他們比預定時間早了十分鐘到。順風比氣象單位預估的還要強，因此他們還沒到達事先指定的兩千六百公尺高度，而只有大約兩千到兩千兩百公尺。混凝土隊的隊長沙赫特少尉在行動報告中寫道：「基於某種沒有告訴我們的原因，拖曳機繼續帶著我們進入荷蘭領空，去到前線與馬斯垂克之間的某處，我們才脫離。」

這麼做是要把滑翔機帶到比較接近預定的高度。但如果這樣的舉動確保了部隊某方面的安全，它顯然也威脅了到其他的安全。吵雜的容克斯發動機就會引起荷蘭與比利時兩國守軍的注意了。

〇五〇〇時過後不久，離希特勒發動西線主力攻勢還有將近半個小時。雖然滑翔機因為風勢而比預定早了八到十分鐘，但其實還需要十二到十四分鐘才能到達目標。在攻擊發起時間前五分鐘時，這些安靜無聲的鐵鳥要搶在有人開槍之前，在運河橋樑與要塞間的各個機槍陣地間降落。可是現在，他們似乎已經失去了奇襲的優勢。

最後滑翔機終於分離，聽著母機的發動機聲消失在遠方。荷蘭的高砲開始射擊，早在滑翔機到達馬斯垂克之前，他們就已開火。小小的紅色砲彈像玩具一樣朝他們射來，逼得飛行員不得不閃避，同時慶幸自己的高度足以這麼做。沒有滑翔機中彈，但他們長久以來小心保密的行蹤再也不是秘密了。

早在一九三二年，倫山暨羅西頓協會（Rhön-Rossitten-Gesellschaft，RRG）就已打造出一款專為高高度氣象觀測用途的寬翼展滑翔機。較長的機翼可在滑翔時獲得更多的風阻，如此才能達到較高的高度以進行氣象觀測。第二年，這架空中氣象台由達姆斯塔特—格利斯海姆（Darmstadt-Griesheim）新成立的德國滑翔機研究所（Deutsche Forschungsanstalt für Segelflug，DFS）接收，並命名為「Obs」[1]。在彼德・里德爾（Peter Riedel）、威爾・休伯特（Will Hubert）與海尼・迪特瑪（Heini Dittmar）等人的團隊中，成為該研究所「開國元老」之一的機型。此機還由漢娜・萊區（Hanna Reitsch）接在一架Ju 52後面第一次進行拖飛測試，她後來會成為世上最知名的女性飛行員之一。

恩斯特・烏德特很快就聽到這個專案的消息，並來到達姆斯塔特查看這架飛機。他馬上看出該機在軍事上的潛力。像這樣的大型滑翔機，難道不能用來將物資運到前線，或是支援被圍困的部隊嗎？或許甚至還可以像現代版的特洛伊木馬一樣運用，將士兵神不知鬼不覺地送到敵後。

一九三三年的烏德特仍是平民，還沒成為秘密成立的新德國空軍成員。但他把這架滑翔機的事告知了一戰時的戰友里特・馮・葛萊姆（Ritter von Greim），協會很快收到了一份契約，要他們打造軍用版的滑翔機。原型機由工程師漢斯・亞可布（Hans Jacobs）細心指導製作，名叫DFS 230型。二戰著名的「突擊滑翔機」就這樣誕生了。

量產於一九三七年，由哥他車輛製造廠（Gothaer Waggonfabrik）開工。該機採用高翼設計，並有柱子支撐主翼。機身是箱形設計，以鋼架配帆布製成，起落架則是可拋棄式的設計，在起飛後拋棄，降落時以寬大的中央滑橇降落。這個設計是另一個烏德特的影響力所留下的痕跡：早在一九二〇年代，他就曾使用滑橇式起落架大膽地在阿爾卑斯山脈的冰河降落過好幾次。

突擊滑翔機空機淨重只有九百公斤，可以裝載將近一千公斤的酬載，相當於十名全副武裝的士兵。

到了一九三八年秋季，司徒登中將的最高機密空降部隊裡，就有一個小型滑翔機突擊部隊，由基斯少尉（Kiess）指揮。測試結果顯示，這樣的奇襲在面對銅牆鐵壁的目標時，成功的機率比傘降來得高。傘兵不但會因運輸機的發動機聲而喪失奇襲優勢，而且就算以最低的一百公尺高度跳傘，傘兵還是得毫無防禦地在空中飄十五秒鐘。同時，就連最低的七秒跳傘間距，也會造成各個單兵在地上散開約三百公尺的間距。傘兵落地後，還要浪費寶貴的時間解開傘具、重新整隊，然後再去找自己的武器箱。

但如果採用滑翔機，因為接近目標時安靜得嚇人，因此可以保持完整的奇襲優勢。訓練良好的駕駛員可以把飛機降落在任何地點，誤差只有二十公尺。滑翔機側面有寬大的艙門，可以讓士兵快速離開，而且從一開始就把武器拿在手上、組成緊密的戰鬥小隊。唯一的限制是降落時機必須等到破曉時刻，地點並且需要事先瞭解。

時間問題差點害整個亞伯特運河與艾本艾美要塞的行動失敗。陸軍總部提議，要將西線發動攻擊的時間設在〇三〇〇時，那個時間點天還是黑的。科赫則提出反對，說他的部隊所發動的攻擊至少也得和主力部隊同時，最好還能再早幾分鐘，而他的部隊不能在破曉前發動攻擊。

討論到這裡，希特勒親自介入，將攻擊發起時間設定為「日出前三十分鐘」。這個時間點是

1 譯註：德語觀測站之意。

從無數次訓練中得出的結果，這是滑翔機駕駛員能夠勉強看清地形的時刻。

整個西線的德軍部隊因此重新調整，他們也想看看是否能從空中攻下這條舉世最堅強的防線。

——

五月十日〇三一〇時，約特蘭少校（Jean F. L. Jottrand）指揮部裡的野戰電話響了。他的部隊負責防守艾本艾美要塞。比利時第七步兵師就守在亞伯特運河地區，其警戒狀態一直在升高。約特蘭下令手下超過一千兩百人的部隊就位。觀測員緊張地從裝甲砲塔中監視前方的黑夜。

接下來的兩個小時，沒有任何變化。但接著，就在新的一天天亮時，荷蘭的馬斯垂克方面傳來大量防空砲射擊的聲音。在要塞東南邊界的二十九號陣地裡，比利時兵升起了防空武器。德國轟炸機要來了嗎？他們是要來轟炸要塞嗎？他們一直聽，但卻聽不到發動機的聲音。

突然之間，東邊有巨大而安靜的幻影從空中朝他們下降。他們的高度本來就很低，好像要降落了。這些飛機有三架、六架、九架。比利時守軍放低砲管，馬上開砲，可是在下一刻，有一隻這種「大蝙蝠」已經飛到他們頭上，不，是飛過他們頭上了！

朗格中士（Lange）把他的滑翔機直接降落在敵軍陣地上，其中一邊的機翼還扯斷了一門機槍，把它拖著跑。滑翔機帶著撕裂的吱嘎聲停了下來。門一打開，指揮第五小隊的豪格上士（Haug）拿著衝鋒槍開了幾槍，並以手榴彈攻擊陣地。比利時軍即刻舉手投降。

豪格的小隊派出三人衝過中間相隔數百公尺的空地前往第二十三號陣地，那是一處有裝甲保護的砲台。不到一分鐘，其餘九架滑翔機都已在全面承受機槍火力的狀況下，在指定地點降落，機內的人也衝出來依分配的任務行動。

第四小隊的滑翔機在第十九號陣地約一百公尺外重重落地，那是一處戰防砲與機槍陣地，其砲眼面對南北兩方。溫澤爾上士（Wenzel）注意到南邊的砲眼關了起來，便直接跑到旁邊，對潛望鏡窺視孔丟了一公斤的炸藥包進去。比利時軍的機槍此時正對著暗夜盲目射擊。溫澤爾的部下拿出了他們的秘密武器——一枚五十公斤錐形裝藥。他們將炸藥裝到了觀測砲塔上，並將其引爆，但砲塔的裝甲太厚，炸藥無法炸開，只留下小小的裂痕，就像龜裂的土地那樣。他們最後終於還是炸開一個缺口進去，內部的武器都已破壞、砲手已經陣亡。

在北邊八十公尺處，第六與第七小隊分別由哈洛斯中士（Harlos）和海納曼中士（Heinemann）指揮，但他們發現闖了空城。第十五號和十六號陣地根據空照圖是尤其強大的陣地，但他們發現這兩處陣地根本不存在。那個所謂的「五公尺裝甲穹頂」其實是錫做的假貨。這些小隊去南邊比較有用處，因為第二十五號陣地已經完全失控，而那裡只是充當起居室的一處舊工具棚而已。陣地內的比利時軍比有裝甲保護的同袍反應更快，以機槍火力奮力擊退四處的德軍。恩格中士（Unger）是陣亡的德軍之一，他是第八小隊的隊長，他的部隊已經炸毀第三十一號陣地的雙聯裝砲塔了。

第一與第三小隊分別由尼德梅耶（Niedermeier）與阿倫特（Arent）兩位士官帶隊，他們摧毀了第十二號與第十八號地堡內的六門大砲。在「花崗岩」隊降落後的前十分鐘，有十處陣地遭到破壞或重創。雖然要塞本身已失去大多數的砲兵火力，但仍然沒有被攻陷。要塞區深處的機槍碉堡無法從上方破壞。比利時軍的指揮官約特蘭少校正確地發現整個台地上的敵軍總共就只有七十人，因此下令附近的砲陣地對他所在的碉堡開火。

如此一來，德軍不得不在剛被自己摧毀的陣地內尋求掩護。他們現在陷入守勢，必須等待德國陸軍前來解救。到了〇八三〇時，發生了一件不尋常的事。又有一架滑翔機飛了過來，在溫澤爾上士成立指揮部的第十九號陣地旁重重落地。從機上跳下來的，正是威茲錫中尉。他召喚替補的Ju 52成功地把滑翔機從科隆旁的草原拖走，現在他終於可以領軍發動遲來的衝鋒了。

還有很多工作要做。在收集He 111空投下來的炸藥後，部隊再次前去處理先前未能完成爆破的砲陣地。先前的一公斤炸藥無法摧毀的大砲，現在都被他們炸毀砲管了。炸藥現在可以深深炸穿陣地，並將陣地間的隧道炸毀。其他人則試著前往重要的第十七號陣地，該地位於四十公尺的高牆內，可以俯瞰、控制運河。部隊將炸藥掛在纜繩上，垂下去引爆。

這時已過了好幾個小時，空降部隊還在枯等陸軍的第五十一工兵營前來增援。威茲錫已透過無線電聯繫上指揮該營的米科希中校（Hans Mikosch），以及自己的上級——人在佛羅恩霍芬橋頭堡的科赫上尉。敵軍已炸毀馬斯垂克橋——那座於卡諾跨越亞伯特運河的橋樑，切斷了馬斯垂克與艾本艾美的直接聯繫。橋崩塌時，正好在「鐵」隊的滑翔機將要降落的時候。

另一方面，位於佛羅恩霍芬與維德維采的空降都成功了，現在兩座橋都分別由「混凝土」隊和「鋼」隊占領。一整天下來，這三處橋頭堡都承受著比利時軍的猛烈攻擊，但這些地方並未失守，這都要感謝「奧丁格」（Aldinger）高砲營的八八砲所提供的火力支援，以及第二教導聯隊二大隊的舊式Hs 123和第二斯圖卡聯隊的Ju 87持續攻擊敵軍。

到了下午，這三支部隊終於與陸軍的前進部隊會合了。只有艾本艾美的「花崗岩」隊必須獨自堅守過夜。到了第二天早上〇七〇〇時，工兵營的一支突擊隊一路殺了過去，在眾人的歡呼聲中與「花崗岩」隊會合。中午時他們攻打殘餘的比軍陣地，到了一三一五時，號角聲響起，把戰場的噪音都給蓋了過去。聲音來自西邊入口處的第三號陣地。有一位舉著白旗的軍官出現，說指揮官約特蘭少校準備要投降。

他們攻下艾本艾美了。一千兩百名比利時士兵從隧道走出日光下投降。他們在地面陣地共折損了二十員官兵。「花崗岩」隊則有六員陣亡、二十員受傷。

這次攻擊還有一個故事。在放下「科赫突擊隊」的滑翔機後，Ju 52機隊返回德國，並在原本事先準備好的收集點拋下拖曳用纜繩。然後他們又一次往西飛行，執行第二趟的任務，高高飛過艾本艾美的戰場，深入比利時境內。然後，在亞伯特運河西邊四十公里處下降。各機打開機門，丟下兩百朵白色蘑菇，隨風從天空中飄降。這些東西到達地面後，機組員就聽到交戰的聲音。不論如何，比利時人都轉過頭來應付後方的新敵人了。

但這次德軍沒有攻擊。比利時軍靠近之後，才發現了原因：這些「傘兵」還掛在降落傘上。這些東西不是士兵，只是穿著德軍制服的假人，上面還綁了自動點燃的炸藥，以模仿開火射擊的聲音。這次的佯攻肯定有達到混淆敵軍的效果。

二、有關空襲鹿特丹的真相

一九四〇年五月十四日一五〇〇時，德軍對荷蘭城市鹿特丹發動了大規模空襲。五十七架He 111在一處仔細規範的三角地帶投下高爆彈——位於馬士河（Maas）有守軍進駐的橋樑北方。轟炸造成的大火毀滅了市區大片面積，造成九百人死亡。此舉的結果，使得德國遭到國際的譴責。

雖然之後的歷史研究已有不同的結論，但直到今天為止，仍然有許多報導將鹿特丹轟炸視為是二戰期間第一個遭受恐怖空襲的受害者。

實際上是如何呢?鹿特丹的悲劇是怎麼發生的?只有透過研究空襲的原因,才能作出客觀的判斷。

——

「紅色空襲警報!城區與港區的警報響起。在這個多霧的清晨,空中傳來許多飛機轟隆隆作響的發動機聲。」

和官兵一起駐紮在鹿特丹機場邊界的年輕荷蘭軍官是這樣報告的。他的報告還寫道:「在瓦爾機場(Waalhaven)四周,女王擲彈兵團都蹲在壕溝與掩體內。他們自〇三〇〇時起,就一直待在機槍與迫擊砲陣地內,現在他們都累了,身體正在發抖。」

過沒多久,風暴來了。無數炸彈呼嘯著劃破天空。這些炸彈掉入壕溝與高砲陣地、砸進巨大的機庫。雖然機庫內警報大作,但一位體貼的司令居然讓他手下的後備部隊繼續睡覺!

最後的結果相當可怕。機庫馬上著火崩塌,將許多官兵埋在瓦礫堆中。在瓦爾港重要的機場內,防線已經崩潰。這次非常精準的轟炸是由第四轟炸機聯隊二大隊的二十八架He 111執行,是德軍在遠離前線空降攻擊「荷蘭堡壘」的事前準備行動。第四轟炸機聯隊從德爾門荷斯特、法斯堡(Fassberg)與居特斯洛起飛,時間在〇五〇〇時過後不久,他們預訂在〇五三五時越過荷蘭邊界。但在攻擊之前,聯隊長馬丁・費比希上校帶著聯隊繞著北海飛了一大圈。他想要從海上——從英國的方向——接近他的目標:阿姆斯特丹史基普機場(Schipol)、海牙附近的易彭堡機場(Ypenburg),以及鹿特丹瓦爾機場。

但他沒有達到想要的奇襲效果。荷蘭軍自五月二日起就一直在等待德軍攻擊了，就在轟炸機飛越海岸線時，他們便遇到了強烈的防空砲火。荷蘭的戰鬥機開始攻擊他們，並擊落了聯隊長的座機。費比希上校跳傘被俘，其餘的轟炸機繼續對機場發動了第一波攻擊。

在瓦爾港，炸彈爆炸與開砲的聲音還沒平靜下來，飛機充滿威脅性的發動機聲又一次開始接近。這次飛機從東邊來，不是轟炸機，而是三發動機的運輸機。接下來的幾秒鐘，那位女王擲彈兵團的軍官是這樣形容的：「像魔法一樣，機場上空與附近突然開始出現白點，就像一球球的脫脂棉。先是二十球，然後五十球，最後超過一百球！白點仍然繼續從飛機後方出現，並在低空搖晃著下降……有人嘶吼著下令，然後每一挺機槍開始射擊……射擊降落傘、射擊飛機。目標這麼多，弟兄們根本不知道該瞄準什

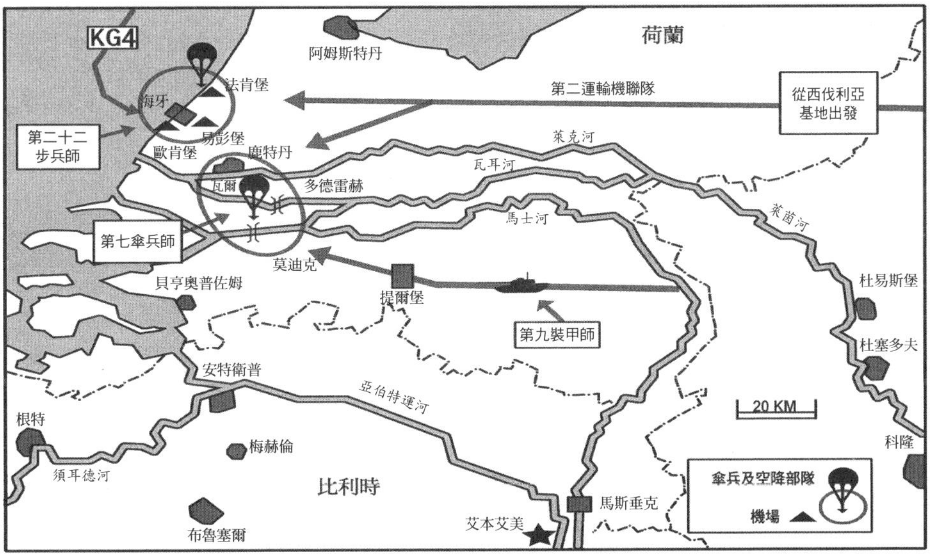

1940 年 5 月 10 日對「荷蘭防線」的進攻 在第四轟炸機聯隊針對荷蘭機場的一番轟炸之後，兩支運輸機聯隊載運著傘兵與空降部隊攻進莫狄克、鹿特丹與海牙等地區。

麼……」

這是卡爾—羅薩·舒爾茨上尉（Karl-Lothar Schulz）指揮的第一傘兵團第三營。該營直接由司徒登將軍的第七航空軍指揮，其命令如下：

「在轟炸機準備過戰場後，第一傘兵團第三營（III/FJR 1）應以最快速的方法占領瓦爾港機場（意即直接在目標空降），並控制此處供後續空降部隊使用。」

采得勒上尉（Zeidler）的運輸大隊——第一特種勤務轟炸機聯隊三大隊（III/KG zbV 1）——非常準時地來到鹿特丹南邊的郊區，並利用著火的機庫所產生的濃煙找到了機場。傘兵跳了出去，在空中度過十五到二十秒毫無防衛的時間。荷蘭軍雖然奮力攻擊，但卻漸漸陷入混亂。

傘兵部隊最大的損失來自本身的失誤。有一架Ju 52直接在燃燒的機庫上投下傘兵，造成傘兵落地前，各人的降落傘早已起火燃燒。但大多數傘兵都在接近機場的兩端落地，並馬上投入攻擊。這樣一來，荷蘭軍就不得不向外射擊。現在為了完成讓荷蘭軍陷入混亂的計畫，空軍還有第三波攻勢：一個運輸中隊進入機場降落。

他們遭遇輕微的防空火力，汽油從被打穿的油箱中漏了出來，還有一架Ju 52有兩具發動機起火燃燒。但他們還是成功降落了。在飛機停下來之前，機門便被機內的人奮力打開，機上有一隊隊身穿灰色制服的人衝了下來。這是第十六步兵團第九連的兩個排，也是機降部隊的前鋒。

荷蘭軍遭到兩面夾攻。不到十五分鐘，數量上仍有優勢的守軍就在壕溝內遭到擊敗，並解除武裝。還有更多的Ju 52飛抵機場，還差點撞上先前被擊毀的飛機仍在燃燒的殘骸。幾分鐘後，整個第三營都成功降落了。

「一切如同預期，」營長迪崔西·馮·喬提茲中校（Dietrich von Choltitz）寫道，「交火的聲響震耳欲聾，除了航空發動機的呼嘯，還有機庫裡的彈藥爆炸的聲音，加上迫擊砲砲擊與機槍攻擊飛機的聲音。速度就是一切的重點！」

荷蘭女王擲彈兵團的那位軍官也提到了這次攻擊的驚人機動力：「機場現在受到鹿特丹北部我軍的重型迫擊砲與野戰砲攻擊。在砲火掩護之下，我們希望能撤出本團的剩餘兵力，並在道路上重整部隊。但現在德軍居然開始發射綠色信號彈，那是我軍重砲部隊的停火信號！對我們來講，這就表示一切都完了。我們最後的抵抗沒了。殘存的女王擲彈兵團官兵舉手投降，並被德軍俘虜。更多的飛機進場降落，瓦爾港也被敵軍攻陷。」

但占領這處機場只是開始而已。空降作戰的最終目標，是要占領城內馬士河上的重要橋樑。這些橋必須以奇襲攻下，並且兩端都要設防。

瓦爾港是在鹿特丹的西南邊。若要到達橋樑，第十六步兵團第三營必須通過一片街道迷宮。這些橋不會在他們到達前早就被炸掉嗎？這個問題德軍也想到了。在前一天晚上，第十六步兵團第十一連就在史拉德中尉（Schrader）指揮下移動到奧登堡（Oldenburg）附近的巴德垂森納（Bad Zwischenahn）了。他們在晚間和第二十二工兵團第二連的爆破部隊一起搭水上飛機，從垂森納海起飛往西前進。當地並不是海，而是幾乎呈圓形的內陸湖。

十二架舊型的He 59雙翼機有著巨大的浮筒和像箱子一樣的機身，其載重能力已被逼到極限。雖然此型機這時仍用於海上偵察與搜救，但用於戰鬥行動還是太慢了。即使如此，五月十日〇七〇〇時，十二架老舊的He 59還是沿著新馬士的路線轟隆隆地飛進鹿特丹市中心，其中六架從東邊進入、六架從西邊。這些飛機直接降落在河裡，在威廉斯大橋（Willems）附近，成兩列降落，然後破浪駛向北岸。

工兵丟出充氣式小艇，官兵便跳上去，奮力往陸地上划。他們翻過牆，跨越了烏斯特卡德（Oosterkade），並占領了舊港口盆地之間的李歐文橋（Leeuwen）和楊魁騰橋（Jan Kuiten）。接著設立機槍陣地，快速跑過長長的威廉斯大橋，占領了該橋與附近的鐵路高架橋。幾分鐘後，步兵與工兵就在馬士河兩岸建立了小型的橋頭堡。

荷蘭軍馬上開始反擊，鹿特丹有強大的軍力駐紮。德軍躲在橋柱與牆後，並以轉角的房屋為掩體，成功擊退了前幾波攻擊。但他們總共只有一百二十員官兵，能承受具有數量優勢的敵軍多久，實在是個令人懷疑的問題。

突然之間，數輛路面電車衝進了國王港（Koningshaven），就在橋的南端。電車瘋狂地鳴著車鈴，車上載著德國的傘兵，是第一傘兵團第十一連，由霍斯特・克芬中尉（Horst Kerfin）帶隊。這支五十人特遣部隊和其他同袍不一樣，降落在河流環狀段南邊的體育館裡。他們徵用了汽車，急急忙忙通過飛燕諾區（Feijenoord），前往橋樑所在地。

工兵和步兵終於可以鬆一口氣了，因為他們的第一批援軍已經到達。克芬的路面電車甚至還能跨過馬士河，前往北側的橋頭堡。如再過一個小時，他們就再也做不到這點了，因為到時荷蘭軍便會從河岸陣地與高樓以大規模的火力攻擊威廉斯大橋，使德軍再也無法過河。

同時，瓦爾機場的第十六步兵團第三營正在奮力通過街道，並承受著沉重的損失。雖然它成功奪下國王港與馬士島之間的小橋，但威廉斯大橋的狀況在接下來的五天四夜，都不允許德軍從此地渡過馬士河。在河的北岸，德國守軍只剩下六十人，頂住了荷軍的猛烈反擊。

以上就是在判斷鹿特丹空襲的是非之前，必須先考慮的事前狀況。但在繼續之前，我們先來討論一下這次攻打「荷蘭堡壘」的高風險空降行動到底是怎麼走到這一步的。

早在一九三九年十月二十七日，第七航空師師長庫特・司徒登將軍（他當時還只是少將）就被叫去柏林的總理府參加秘密會議了。當時除了司徒登和希特勒之外，只有一個人在場，就是最高統帥部總長凱特爾將軍（Wilhelm Keitel）

希特勒說他刻意不在波蘭運用傘兵，就是不想在不必要的狀況下曝露他手上的這支奇兵。但現在西線即將發動進攻，「在深思過如何運用、在何處運用空降部隊能達成最佳的奇襲效果」後，擬出以下計畫：

第七航空師（四個營）與第二十二步兵師（空降）要從空中占領東法蘭德斯的根特（Ghent），然後占領當地的防禦工事（比利時的「國家堡壘」），直到德國陸軍抵達。

一支規模較小的突擊隊會搭滑翔機降落，然後壓制艾本艾美要塞和亞伯特運河上的橋樑。

——

對這樣大膽的作戰部署，陸軍雖然表示為難，但各種準備工作還是做得十分周密。當然也有相反的議論，認為占領艾本艾美的難度較高，比占領其它任何要塞都困難得多。這說明艾本艾美要塞之險要。正因如此，必須一絲不苟地按計畫執行。司徒登秘密地進行著突擊艾本艾美的準備工作。他的空降行動甚至未納入德國的西線作戰計畫。

也正是這些最高機密計畫（德文中稱之為「GKdos Chefsache」），因為兩名德國軍官的飛行事故，而落到了比利時軍手裡。

一九四〇年一月十日，第二航空軍團第二二〇航空指揮部在明斯特（Münster）的聯絡官萊茵伯格少校（Reinberger）要前往科隆參加會議，討論空降部隊要如何與其他部隊接應。為了到達目的地，位於明斯特的洛登海德機場（Loddenheide）司令艾里希・洪曼斯少校（Erich Hönmanns）提議開一架聯絡機載他過去。雖然萊茵伯格並不太喜歡在起霧的天氣中飛行，但他還是接受了。他帶著一個黃色的公事包，裡頭裝著與會議有關的機密文件。當中包括第二航空軍團西線戰役中的作戰計畫的第四份副本。

從洛登海德機場起飛後，洪曼斯轉向西南，沒多久視線就變差了。他在沒有注意到的狀況下跨越了萊茵河，然後越來越焦急地尋找地標。這架Me 108「颱風」前方颳著強大的東風。最後飛行員終於看到了河流，但這不是萊茵河，萊茵河沒有這麼窄。這時機翼開始結冰，發動機突然也失效了。這下他唯一的選擇就是迫降。

Me 108好不容易才閃過幾棵樹，笨拙地降落在一處田野裡，並在樹籬處停了下來。萊茵伯格的腳破了皮，爬出機外，開口就問：「我們現在是在哪裡？」

被問話的農夫聽不懂德文，但最後以法文回答，說他們在比利時的馬連（Malines）附近。萊茵伯格的臉色馬上刷白。

「我得馬上把我的文件燒掉！」他大喊道，「你有火柴嗎？」

但洪曼斯身上也沒有。這兩位少校都不抽煙的。比利時農夫帶了他的打火機來，萊茵伯格則到樹籬的背風面、拿出他的文件點火。但就在他終於點著時，憲兵騎著腳踏車出現了，並把火給踩熄。

半個小時後，在他於一間農舍內第一次接受訊問時，萊茵伯格又一次試著破壞證據。他把機密文件從桌上掃入附近的火爐裡，但比利時的上尉又把手伸進去拿了出來。

如此一來，這份德軍的行動計畫就這樣保持只有邊邊燒焦、中間還完全可以判讀的狀態落入了西方手中，這可是不得了的大事。

但在盟軍這邊，他們對於這份文件的真實性卻存疑，不知道它是否只是德國反情報單位故意放出來的假消息。最後的結果，便是原先的軍事部署都未加更動。

德軍這邊則是天翻地覆。希特勒十分憤怒，戈林也大為光火。第二航空軍團司令費米將軍和參謀長康胡伯上校雙雙遭到解職，第四航空軍的中校指揮官根司（Genth）也被解除職務。

如此一來，行動計畫就必須大幅更改。於是曼斯坦將軍（Erich von Manstein）的鐮刀計畫（Operation Sichelschnitt）就上場了。這個計畫強調的是以裝甲部隊從阿登森林突破。現在荷蘭也被列入計畫中了。根特附近的「國家堡壘」空降計畫，以及在馬士河納穆爾（Namur）與迪南特（Dinant）之間空降的想法——這是希特勒更遠大的計畫——也不得不放棄。這一切都是因為現在比利時什麼都知道了！

只剩艾本艾美計畫拜其加強保密，從未出現在行動計畫上，因而得以繼續執行。一九四〇年一月十五日——重要文件遺失後五天，司徒登將軍從戈林那裡收到了他的新命令。

根據「鐮刀計畫」的內容，德國陸軍在主力進入法國北部的過程中，其北面側翼不能受到任何威脅。因此，庫勒砲兵中將（Georg von Küchler）受命帶領陸軍第十八軍團盡速占領荷蘭。

但不幸的是，荷蘭擁有許多水道，可說是守軍的天堂。不論東方有任何攻擊襲來，只要放水淹沒南北向運河，攻勢就不得不喊停。而從南邊唯一進入「荷蘭堡壘」的路，就是走馬士河與萊茵河在莫迪克（Moerdijk）、多德雷赫（Dordrecht）和鹿特丹三角洲寬廣河道上的橋。如果能在橋被炸毀前占領，然後再在敵軍壓力下守個三至五天，等待第九裝甲師到來，那就能擊敗荷蘭了。

這個工作交給了司徒登將軍手下加強後的第七航空師。一九四〇年五月十日，此命令是以如此方式實施。

莫迪克：在俯衝轟炸機精準攻擊橋樑陣地與高砲後，第一傘兵團第二營會在普拉格上尉（Prager）指揮下同時空降至各橋的南北兩端。在短暫快速交火後，迪普河（Diep）上長一千兩百公尺的公路高架橋與一千四百公尺的鐵路高架橋都在沒有損傷的狀況下由德軍占領。

多德雷赫：由於此區建築物緊密，因此只能空降一個連的兵力（第一傘兵團第三連）來突襲舊馬士河橋。連長布蘭迪斯中尉陣亡，荷蘭軍也在反擊時奪回了鐵路橋。第一傘兵團的強大兵力在布萊爾上校（Bruno Bräuer）指揮下與第十六步兵團第一營（於瓦爾港空降）在城鎮內被圍困了三天。

鹿特丹：如前所述，瓦爾港機場已經占領。第十六步兵團第三營在喬提茲中校和北岸橋頭堡的六十名官兵持續守著馬士河的橋樑，對抗荷蘭軍持續的攻擊。

目前為止，攻打「荷蘭堡壘」的空降作戰都說明這個大膽計畫是對的。雖然德軍兵力不強，而且在各地都陷入防守苦戰，但橋是保住了。現在只要等第九裝甲師往北推進就好。

更重要的是，司徒登還有另一支部隊預計要在更北邊的地方行動，這是第二十二步兵師師長史彭涅伯爵中將（Graf Sponeck）指揮的。該師要降落在海牙附近的三處機場，分別是瓦肯堡（Valkenburg）、易彭堡和歐肯堡（Ockenburg），其命令是要穿過荷蘭首都[2]，占領皇宮、政府機關與戰爭部。

由於先前在丹麥與挪威的行動，荷蘭人現在已經知道德軍會採用空降作戰了，因此也大幅增援他們的機場，在機場上布置了障礙物。由於荷蘭地勢平坦，這些機場甚至還做得讓人難以找到。許多前幾波的傘兵常常都會被丟在不對的地點，造成後面緊跟著的運輸機不得不在防禦火力全開的情況下強行降落。

瓦肯堡就在萊登（Leiden）西邊，這裡本應由第二傘兵團第六連的傘兵占領，再由第四十七步兵團第三營在布瑟上校（Buhse）的指揮下支援。後者降落後，飛機還沒停好，他們就跳了下來、加入進攻。他們實在是沒有別的希望了。他們的飛機機輪軸以下已經陷入泥巴，再也無法起飛了。荷蘭軍一開火，這些飛機就著火冒煙。此事導致下一支運輸大隊載著第二營抵達時，根本沒有空間可以降落，只好掉頭返航。

戴爾夫特（Delft）北邊的易彭堡，防空砲火太過猛烈，前十三架載著第六十五步兵團第六連的Ju 52中，至少有十一架遭到擊落。由於火焰和煙霧影響了視線，這些官兵衝向他們看不見的障礙物與鐵刺，結果遭到消滅。剩下的兵力也只能短時間對抗敵火重大的壓制。

後來降落在易彭堡的部隊包括第九特種勤務轟炸機聯隊（KG zbV 9）的第三中隊，於〇六〇〇時離開利普斯普林格（Lippspringe）。在二號機的飛行員阿羅伊・梅耶上士（Aloys Mayer）身旁坐著史彭涅伯爵將軍本人。他們馬上發現這裡無法降落，因此改飛到歐肯堡。但那裡的狀況也一樣：機場堆滿了飛機的殘骸。這架載著師長的飛機本身因被高砲砲火擊中而搖晃。到處都有飛機在找可以降落的地方，其中有許多降落在鹿特丹與海牙之間的高速公路上，還有一些則試著降落

---

2 譯註：荷蘭首都為阿姆斯特丹，但皇宮與中央政府所在地是在海牙，因此以行政與皇室觀點而言，海牙是荷蘭的「行政首都」。

在海邊的沙灘，最後深深陷入潮溼的沙地中。

最後，梅耶終於把他的Ju 52降落在空地，並在一處矮樹林附近停了下來。將軍在那邊集結了一小支兵力。他在晚間想辦法以攜帶型無線電勉強聯繫上第二航空軍團總部。凱賽林叫他放棄對海牙的進攻，改為前往鹿特丹北部。

兩天後，在五月十二日與十三日之間的夜間，這支雜牌軍到達了目的地。他們的兵力才一千人多一點，同時還一直和三個荷蘭強大的師級單位且走且戰。史彭涅躲到了歐佛昔（Overschie）附近的郊區。他的部隊實力嚴重不足，無法攻打城區。

在胡比其中將（Alfred Ritter von Hubicki）的第九裝甲師前鋒於五月十三日早上通過莫迪克橋、迎接前方傘兵的歡呼時，當時的戰況就是如此。多德雷赫終於攻下了，當天晚上，第一批戰車也抵達了鹿特丹馬士河橋樑的南端。

第十六步兵團第三營仍死守著這座橋。威廉斯大橋這時正遭受猛烈的砲擊。荷蘭人甚至還打算以砲艇攻打此橋，但沒有成功。德軍承受著慘重的損失，喬提茲中校還受命由克芬中尉指揮，混合了步兵、工兵與傘兵的六十人橋頭堡撤離北岸。但他根本沒辦法接觸到這支部隊，因為現在不論日夜，連一隻老鼠都無法活著通過這座橋。

五月十三日一六〇〇時，有兩位平民在威廉斯橋南端揮舞巨大的白旗。在交火停止後，他們相當遲疑地走上前來。其中一人是鹿特丹北島（Noordereiland）的牧師，該島位於馬士河中，目前由德軍占領；另一人則是個商人。喬提茲叫他們去找荷軍的守備司令，向他強調只有投降才能確保鹿特丹不會遭到破壞。兩位使者在晚間返回，兩人都怕得發抖。荷軍指揮官通知他們，說當天晚上就會砲擊鏟平他們那個人口稠密的小島。沙路上校（Pieter Wilhelmus Scharoo）說，如果德軍指揮官有什麼提議，就應該派軍官來，他是不會和平民打交道的。

如此一來，這座城市的命運就決定了。鹿特丹是阻礙德軍北進非常有效的關卡，從軍事常識上來說，也是不應放棄的。

當然，德軍統帥部也同樣可以要求快速結束行動。它希望荷蘭這邊盡快「平定」，以便空出部隊參加從比利時進入法國北部的主要作戰行動。另外，第十八軍團在五月十三日攻擊荷蘭的同時，還擔心英軍很快就會登陸。因此在一八四五時，庫勒中將下令「不擇手段擊潰鹿特丹的抵抗」。

戰車部隊預訂五月十四日一五三〇時跨過威廉斯大橋。過橋前會先對北側的指定地區實施砲兵與精準攻擊，以便瓦解敵軍的防禦。

同時，鹿特丹各部隊的總指揮官一職，也從司徒登中將手上交棒給了第三十九裝甲軍軍長魯道夫・施密特將軍（Rudolf Schmidt）。施密特奉第十八軍團司令庫勒的指示，要「用盡一切手段避免對荷蘭平民造成不必要的傷害」。因此施密特在五月十三日晚間又擬了一份公告，要求荷軍投降，並將公告翻譯成荷蘭文。他向城區指揮官寫道，除非抵抗馬上停止，否則他只能不擇手段地將之擊潰。

他補充道：「而這麼做可能會造成本市完全毀滅。身為負責人，我請求您採取必要措施，避免此事發生。」

命運的日子——一九四〇年五月十四日降臨了。從此時起，每分每秒都很重要。一〇四〇時，德軍代表霍斯特上尉（Hoerst）與普魯札博士中尉（Dr. Plutzar）帶著信件跨過威廉斯橋。他們先被帶到一處指揮部，並在那裡等待。然後他們矇著眼睛，搭車在城內來回穿梭，最後才來到一處地下庫房。

「我們等了很久，這個過程也很不好受，」普魯札博士說，「而且我們都知道寶貴的時間正在流逝。」

終於在一二四〇時，沙路上校出來見他們了。他們馬上通知荷軍指揮官，說唯有立刻投降才能避免本市遭到大規模轟炸。

但沙路認為這個決定太過重大，他一個人作不了主。他必須與在海牙的最高指揮官聯絡。他告訴這兩個德國人，說自己會在一四〇〇時派代表過去。

施密特將軍一聽到這個提議（也就是他最後的機會）後，馬上拍發無線電給第二航空軍團：「攻擊因斡旋而延後。」

一三五〇時，荷軍代表依約跨過大橋。這個人是巴克上尉（Bakker），是守軍指揮官的副官。他在馬士島上見到了喬提茲中校。一位機車聯絡官驅車前往施密特中將的軍指揮部，就在南邊幾百公尺處而已。他身邊還有空降部隊的司徒登中將與第九裝甲師的胡比其中將，他們都在等荷軍城區指揮官對早上提出的緊急投降所作出的回應。荷蘭人到底明不明白狀況的嚴重性呢？

喬提茲和巴克一起在橋上等了幾分鐘，等待軍部的通知。他把握機會向荷軍官說明鹿特丹所面臨的致命危險。但荷蘭軍官一臉狐疑地看著他。他聽不到任何槍響。在打了這麼多天之後，好像突然達成停火協議了一樣。至於號稱都已準備好過橋衝進城內的德軍戰車，連影子都沒看到。說不定這支部隊根本不存在？也許德軍口口聲聲喊著「拯救鹿特丹」，只是想隱藏自己的弱點而已。

喬提茲和之後沒多久都很失望的德軍眾將領得知，荷軍指揮官沙路上校看不出立刻投降的必要。他仍占有鹿特丹的大部分地區，而且就算是在馬士河以南，他的兵力仍比入侵者的多，而德軍第二十二（空降）師仍由史彭涅伯爵指揮著幾百人死守著北部郊區，也無法發動進攻。那他為什麼要投降呢？反正不管怎麼樣，荷蘭總司令溫克曼將軍（Henri Winkelmann）下令要他避重就輕地回應德軍的要求。

因此，巴克上尉替施密特將軍帶了一封信。指揮官在信中說早上與德軍的聯絡有些問題。信上補充道：「在此類提議獲得認真考慮之前，應載明您的階級、姓名與簽名。（署名）沙路，鹿特丹部隊指揮官，上校。」

施密特將軍閱覽此信時，時間還是一四一五時。荷蘭派來的代表沒有授權談判投降，他只有聽取德軍提出的條件的權限。

但也正是在這個時候的一四一五時，空降軍的通訊部門終於在常常被蓋台的波段成功聯絡上了第二航空師，並傳出前面提到的訊息：「攻擊因斡旋延誤。」這個時間點，拉克納上校（Walter Lackner）的第五十四轟炸機聯隊（KG 54）正好飛過德荷邊境，往鹿特丹飛去。聯隊的一百架He 111轟炸機在四十五分鐘前才剛從德爾門荷斯特、威悉河的荷雅（Hoya, Weser）和夸肯布呂克（Quakenbrück）等地起飛，以便準時在指定的一五〇〇時到達目標上空。

前一天晚上，聯隊聯絡官飛去鹿特丹找司徒登將軍，並從他手裡拿到了行動指引的細節，其中最重要的就是敵軍抵抗區的地圖，標示出以馬士河橋樑北側的一處三角形地帶標出。第五十四航空團的任務就是在這個三角區內實施轟炸。

現在拉克納上校人坐在長機內接近目標，他把地圖攤開來放在膝上，手下各大隊與各中隊的隊長都有拿到複本。本次攻擊嚴令只能攻擊軍事目標。他們要以快速而猛烈的空中攻擊，癱瘓兩座橋北邊強大的荷蘭防禦兵力，以便讓德軍得以過河。每位轟炸機機組員還收到了進一步指示，北岸還有一處小型德軍橋頭堡，務必確保他們的安全。

但這些人就是有一件事不清楚：他們不知道這時雙方正在談判投降事宜，並且德國陸軍的指揮官為了等待談判結果，已經把這次攻擊取消了。拉克納只知道事情似乎有朝這個可能性發展而已。

「起飛前不久，」他在報告中寫道，「我們從作戰指揮部的電話中得到情報，說司徒登將軍以無線電通知各單位，說他們已要求荷軍讓出鹿特丹。接近目標時我們必須注意馬士島上空有無紅色信號彈。如果出現紅色信號彈，我們的目標便須從鹿特丹改為安特衛普（Antwerp）的兩個英國師。」

現在問題來了：在交戰了五天、弄得上空都是煙塵的狀況下，他們認得出紅色信號彈嗎？同時，施密特將軍正手寫出條列式的投降條件，盡量寫得讓一位沒有勝算的對手可以抬頭挺胸地接受。他的總結是這樣寫的：「我必須快速談判，且必須堅持請您將決定在三個小時內——一八〇〇時前——交到我手上。鹿特丹南部，一九四〇年五月十四日，一四五五時，（署名）施密特。」

巴克上尉帶著信馬上回到城內。喬提茲護送他到威廉斯大橋橋頭，讓他急忙衝了過去。這時時間剛好是一五〇〇時——空襲原本應該要發動的時刻。「氣氛非常緊張，」喬提茲寫道，「鹿特丹到底能不能及時投降呢？」

這時南方傳來大批航空發動機的噪音。轟炸機來了！島上的士兵開始將信號彈裝入信號發射槍內。

「在現場的我們，」喬提茲繼續寫道，「只能寄望於必要的命令已經下達、希望通信沒有中斷、希望上級知道這裡當前的狀況。」

但這時高級司令部已無法控制事情的發展了。第二航空軍團在終於收到施密特的信號後，花了半個小時盡力與第五十四轟炸機聯隊取得聯繫，並透過無線電通知返航。直接負責此事的單位是特種勤務航空軍（Air Corps for Special Purposes），他們也一直在傳送緊急召回訊息。該單位的參謀長巴森格上校（Gerhard Bassenge）在不萊梅一收到這則重要通訊，馬上親自衝到通信室，並發出事前約好、告知前往替代目標的代號。

不幸的是，只有該聯隊的作戰室與空中的飛機採用相同頻道，因此在收到命令、轉發出去的過程中，又浪費了許多時間。第二航空軍團在明斯特的作戰官里克霍夫中校（Rieckhoff）跳上一架Bf 109戰鬥機，全速飛向鹿特丹。他想要親自去通知轟炸機隊改道。

但連如此勇敢的行為都沒能趕上。轟炸機聯隊已經在目標上空排好隊形，準備攻擊了。聯隊裡的通信士已經把拖曳的天線收了起來，因此接收能力自然會大受影響。

這時只剩下最後一線生機：紅色信號彈。

聯隊在到達目標前，依原訂計畫分成兩隊。左隊由第一大隊的大隊長奧托・霍納中校（Otto Höhne）帶隊，他們從西南方進入三角地區，而拉克納則直接進入。

「雖然空中萬里無雲，」他在報告中寫道，「霧氣卻異常濃厚。能見度非常惡劣，我必須將編隊帶到七百五十公尺低空，以確保能炸到目標，而不是少尉（指克芬）和他手下的六十人，或是炸到橋樑。」

一五〇五時，他飛過了馬士河，到達城市邊緣。這個高度是中口徑防空砲最理想的高度，因此砲火很快就來了。由於目標就在前面，轟炸機無法迴避。所有人都專心注意著河道的走向。鹿特丹市內，新馬士河會繞一圈轉向北，而那兩座橋就在這個彎道的西邊。就算在濃厚的霧與煙中，橋樑的直線還是清楚可辨，馬士島的輪廓也是如此。

雖然眾人都十分注意，飛行員和觀測手都沒有發現任何紅色信號。他們只看到荷蘭防空砲朝他們射來小小的紅色砲彈。鹿特丹的命運再過幾秒就要降臨了，而在這幾秒間，喬提茲的部下在島上發射了好幾十枚紅色信號彈。

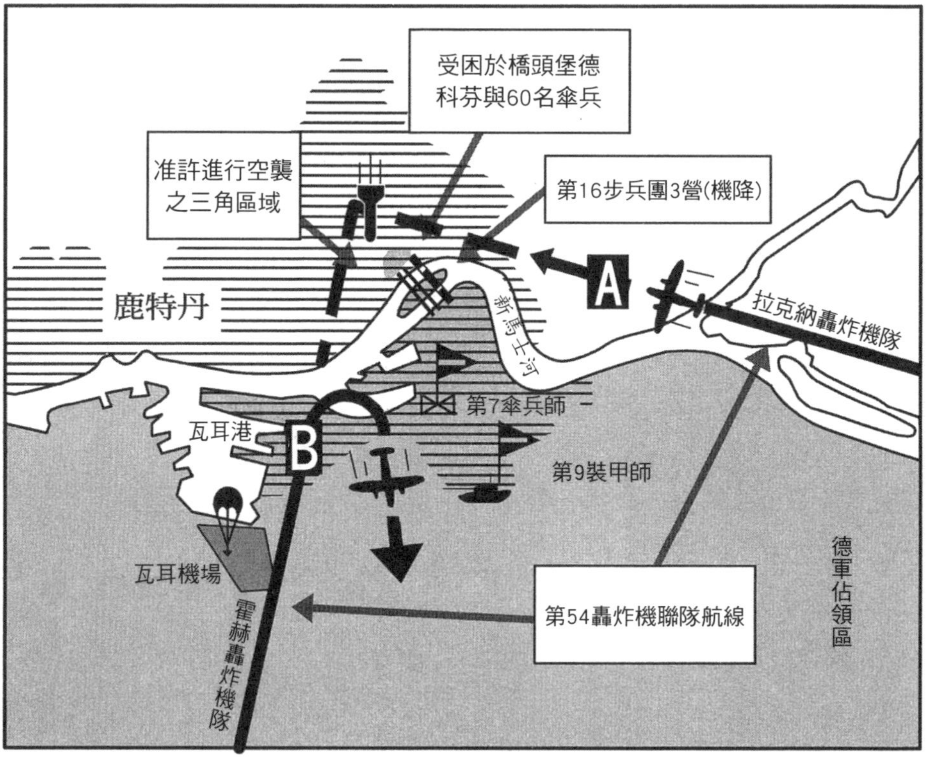

1940年5月14日下午3時，目標鹿特丹　第54轟炸機聯隊兵分兩路（A及B）進襲鹿特丹。A機隊將炸彈全數投入目標區，B機隊則因看到紅色信號彈而轉向。圖中深色部分為德軍占領區。

「我的天啊！接下來一定會很慘，」施密特喊道。他和司徒登一起站在史提帖斯街（Stielejesstraat）的廣場上，看著轟炸機慢慢從頭上飛過，大概正在尋找目標。兩位將軍都拿著信號槍垂直向上發射，但轟炸機還是什麼都沒看見。所有地面射來的信號彈都被燃燒房舍的煙霧與載客蒸汽船史特拉藤丹號（*Straatendam*）遭砲擊命中著火的黑煙所掩蓋。

來不及了，第五十四轟炸機聯隊的右側隊已飛過目標上空，投下許多五十公斤與兩百五十公斤炸彈。炸彈精確地擊中了三角地帶，就在舊城區的中心。在那之後，就輪到左側機隊投彈了，它們是由霍納中校與參謀分隊帶領。

「在那之後，」他在戰後寫道，「我再也沒有遇過如此戲劇性的行動。我的觀測手趴在我前面，操作著炸彈瞄準器，我的通信士坐在我後面，他們都知道如果轟炸在最後一刻取消，我會給出什麼樣的信號。」

他從西南方接近，可以很輕易地認出目標。觀測手在對講機上讀出自己的測量數據。霍納則專心觀察馬士島，四處尋找可能會出現的「紅色信號彈群」。但他什麼都沒看見。最後觀測手說話了：「我現在就要投彈了，不然炸彈會炸歪。」

霍納下令投彈，但馬上屏住氣息。他看到很模糊、只出現一兩秒的信號彈，「不是一整片，而只是兩枚很小的信號彈從地面上升。」他馬上轉過身，叫通信士發出回頭的代號。

對他的座機而言，這已經來不及了。自動投彈系統已經啟動，炸彈也丟了下去。這點對該分隊緊跟在後的另外兩架飛機也是一樣的。但對第一中隊而言，這一小段時間差就夠了。在投彈手拉下拉桿前，通信士已經發出了中止信號。他們遲疑了一下，一頭霧水地轉過頭，然後看了一眼下方的城市。

他們看到到處都有炸彈爆炸、殘骸在房舍上噴得到處都是，還有許多煙柱往上升。指揮分隊不是已經投彈了嗎？為什麼他們突然之間變成不該照做了？不對，命令講得很清楚，因此這些飛機轉彎離開。霍納帶著他的大隊往西南飛，將剩下的炸彈丟到英軍頭上。

第五十四轟炸機聯隊的一百架He 111中，只有五十七架在鹿特丹投彈，剩下的四十三架則是在最後一秒驚險忍住。事後調查發現，除了霍納中校之外，沒有任何人看到馬士島不斷發射的信號彈。

最後一共有一百五十八枚兩百五十公斤炸彈與一千一百五十枚五十公斤炸彈落入城中——總共九十七噸的炸彈。由於本次任務以攻打軍事目標為主，這些炸彈全部都是高爆彈。

——

然而事實擺在眼前，鹿特丹的市中心還是被大火燒毀了。怎麼會這樣？高爆彈（尤其是這次使用的小型炸彈）可以炸毀房屋、破壞街道、炸掉屋頂並轟掉牆壁；而中彈的建築物也確實受到嚴重損傷。這樣的轟炸也可能會造成火警。由於鹿特丹是國際級的貿易中心，有許多石油與人造奶油產品製作，因此火勢也很容易蔓延。再加上當天的強風，舊式的木造房屋也很容易被引燃。可是消防隊沒辦法控制住火勢嗎？

轟炸後的第二天，德國警消部隊攜帶當代最新的消防設備，進入城內滅火。但已經沒剩多少東西可以搶救了，怒火已經把東西燒光了。德國警消指揮官漢斯·倫夫上校（Hans Rumpf）檢視了這次大火的原因。他的報告提到了許多之前未透露的細節：

「這座世界級貿易城市擁有近一百萬人口，但在其各種現代化發展中，消防這塊卻仍停留在十分過時的階段。消防隊的主力是兩輪拖曳式的消防車，以及用人力推動的『水龍』——與畫家楊・凡德・海頓（Jan van der Hayden）在一六七二年發明的頗為相似。除此以外還有少數機動消防車輛，但在災難發生時發現無人會駕駛。再加上拖船上裝有的數具加壓泵浦，以上即是當地消防隊的所有裝備。」

倫夫的結論是，在發生空襲時，如此過時的消防組織完全沒有用處。荷蘭人針對這點可能會宣稱自己的消防隊完全可以應付一般火警，並且說他們從沒想過市中心會發生嚴重的空襲。他們為什麼需要去設想這一點呢？攻擊平民不是戰爭法不允許的行為嗎？

事實上，二次大戰的空戰沒有任何法律可管。這點荷蘭人只能用比較痛苦的方式來搞清楚了。最接近的條文是一九〇七年海牙公約第二十五條，裡頭載明：「不得攻擊無法自衛之城鎮、村莊、住宅或建築。」

由於鹿特丹擁有各種的防禦手段，因此不受到此條文的保護。而且德軍在發動大規模空襲前呼籲投降的行為，還遵守了第二十六條：「發動攻擊前應通知守軍。」

最後，還有另一項質疑，認為希特勒或戈林下令發動這次轟炸，是為了以德國戰爭機器的恐怖來震懾所有敵國。但這樣的觀點也有清楚的檔案否定。文件顯示本次空襲的唯一目的，就是控制占領該國所需的戰術要地，並且解救城市南北兩側的德軍，其中包括受到嚴重壓制的部隊。

真正的悲劇，是因為空襲發生在鹿特丹正在進行投降談判的這個時間點。雖然德軍做出了多方面的努力，但只有不到一半的轟炸機成功在最後一刻停止空襲。這一點在德國也是一件令人感到遺憾的事。

一七〇〇時，空襲過後才不到兩個小時，沙路上校親自跨過威廉斯大橋，來到島上要求投降。他這時已經顯得失魂落魄。施密特將軍盡量說服這位荷蘭軍官，說自己也很遺憾空襲還是來了。一個小時後，投降程序便完成了。

那些在北岸堅守了五天四夜的德軍空降部隊生還者這時從房舍、地下室和水溝中冒了出來。喬提茲如此描述他們：

「有一位年輕的傘兵抓著一面國旗，他和他的同袍把這面國旗放在陣地最前面的房子上空，以便讓轟炸機看到。他像個行屍走肉，身後跟著橋頭堡的其他士兵。許多人都不見了，還活著的人也都一身髒污、殘破不堪，有些人手上唯一的武器，就是口袋裡的手榴彈。我們一起占領了這座還在燃燒的城市……」

戰車部隊開始前進，穿越街道，準備去解救第二十二空降師的殘存部隊。步兵間的交戰仍在零星進行。荷軍接到的指示是要帶著武器前往指定地點繳械。路過的黨衛軍「阿道夫．希特勒」官兵對於看到「武裝」的敵軍突然出現，於是立刻開火射擊。機槍才打出第一發子彈，司徒登將軍就跳到指揮所的窗邊阻止他們。但一枚流彈擊中了他的頭部，司徒登頓時血流不停。在空降部隊奮力求勝、取得停火協議的三個小時後，他們的指揮官居然因為流彈而重傷！

二〇三〇時——幾乎與鹿特丹攻陷同時，荷軍總司令溫克曼將軍在無線電上提出要讓手下所有部隊投降。於是，荷蘭戰役在五天不到就結束了，比德軍最高統帥部預期的更快。這場戰役的成功，空降部隊確實功不可沒。

然而這樣的戰果卻也帶來了慘痛的代價。除了人員的損失之外，最慘重的損失就是運輸機部隊。在參與作戰的四百三十架Ju 52中，有三分之二不是沒有返航，就是受損太過嚴重而被列為全損。第二特種勤務轟炸機聯隊企圖於海牙地區空降時，損失了九成的飛機。荷蘭各地的機場都塞滿了損毀、燒成灰燼的飛機殘骸。

但還有更嚴重的事情。這些飛機大多都是從德國空軍訓練部隊調來的，因此其飛行員都是本應負責訓練新一代飛行員的教官。當時在參謀本部任職的巴森格上校是這樣形容的：「如此慘重的損失，造成轟炸機部隊的徵募速度減緩。而所造成的嚴重結果，在日後看來十分顯著。」

三、突破色當

九架轟炸機在鄉間的樹梢高度，貼著高低起伏的地勢飛行，並保持翼尖比鄰而居的中隊隊形。下方的田野間有早霧升起，影響著他們的視線範圍。飛機隨著森林與山丘而拉高、進入山谷時降低的同時，飛行員必須眼睛一直盯著地景。他們正在往西飛行。

這從側面看有著「飛行鉛筆」細長輪廓的Do 17Z型轟炸機，在破曉時從亞夏芬堡（Aschaffenburg）起飛，正要前往位於法國的目標。這九架飛機屬於保羅・懷庫斯中校（Paul Weitkus）的第二轟炸機聯隊二大隊（II/KG 2）第四中隊，這一天是一九四〇年五月十一日——德軍向西發動進攻的第二天。這天全聯隊都聽取了簡報，要負責攻擊盟軍的機場。

中隊長萊姆斯中尉（Reimers）在無線電上大喊：「注意！馬其諾防線。」

這就是他們貼地飛行的原因。他們要在強大的防禦工事上方一閃而過，趁高砲部隊還來不及接獲警報時消失無蹤。他們成功發動了奇襲，等有幾門機槍開始射擊，轟炸機早就消失在下一道山丘後方了。他們飛過馬士河，來到艾內河（Aisne）上空，並沿著河道往西飛去。他們的目標是西頌－拉馬麥森（Sissonne-La Malmaison）附近一處名叫佛爾（Vaux）的小型機場。這座機場加上其他至少十幾座機場，在蘭斯（Rheims）周邊地區圍成半圈。英國皇家空軍前進空中打擊部隊（RAF Advanced Air Striking Force）就是這些機場的使用者。

這天早上，機場相當熱鬧，因為皇家空軍第一一四中隊正在準備發動該部隊的第一次行動。飛機已經加好油、掛好彈，正在等待起飛的信號。這支中隊使用的是布倫亨轟炸機——盟軍在此時能部署的最新型中型轟炸機。這支中隊與其他中隊都已移動至前進基地，以便對德國發動空襲，卻有個原因讓他們無法實施。

自德軍於前一天發動攻擊起，英國空軍駐法部隊司令亞瑟．巴拉特爵士中將（Sir Arthur Barratt）一直收到前線發來的支援請求。現在不論戰況是好是壞，他都必須在每次德軍裝甲部隊突破防線時派出他的轟炸機。今天是列日、馬斯垂克和亞伯特運河，明天可能就是迪南特、查理維勒（Charleville）和色當（Sedan）。

當不明機突然出現在頭上的教堂鐘塔高度時，第一一四中隊還在等待起飛。沒有警告、沒有警報，沒有人認為這可能會是敵機，直到炸彈開始朝著排列整齊的布倫亨轟炸機投下炸彈為止。這時英軍終於認出機翼下的鐵十字軍徽，但已經來不及了。

萊姆斯是一位經驗豐富的儀器飛行教官，直接把他的中隊帶到了機場上空。Do 17機隊飛行的高度，剛好足以避免被自己的炸彈碎片擊中。布倫亨轟炸機排得像是要參加閱兵，這點讓德軍深感驚訝。德軍的轟炸機幾乎不可能炸歪，五十公斤炸彈呈直線狀灑落在布倫亨轟炸機的隊列上。過沒幾秒，地面這些轟炸機爆炸起火，燃燒的強光中不時還發出猛烈的閃光。Do 17繞了一圈，再度回來攻擊。

最後一架轟炸機上的通信士瓦納．波納上士（Werner Borner），一如往常帶著他的八釐米攝影機。由於現場不見敵方戰鬥機，他把握機會拍下中隊發動攻擊的英姿。同機飛行員波恩杉中尉（Bornschein）甚至還多繞一圈「方便他拍攝」。他們數出一共有三十架英國飛機著火。

「第一一四中隊可以說是在機場上被殲滅的，」皇家空軍的官方資料如此寫道。除了其他災難之外，「此事也使前進空中打擊部隊在布倫亨轟炸機還沒有機會表現之前，就宣告該型機不再列為可用戰力。」

幾天後，羅策中將在元首的總部展示了波納上士的影片，當作他手下的轟炸機在攻擊敵軍機場時精準、威力強大的證據。

西線戰役的前幾天，荷蘭、比利時與法國北部沒有幾座機場能躲得過德軍的轟炸。就像先前在波蘭，德國空軍在這裡的主要目的也是掌握制空權。而這並不只是強大戰鬥機部隊的工作。如果轟炸機能成功擊毀前進基地，敵軍就無法將戰鬥力投射到空中。

在一九四〇年五月十日這天，凱賽林將軍與史培萊將軍手下的第二與第三航空軍團擁有以下數量的第一線戰機可用：

一千一百二十架轟炸機（Do 17、He 111、Ju 88）

三百二十四架俯衝轟炸機（Ju 87）

四十二架攻擊機（Hs 123）

一千零一十六架短程戰鬥機（Bf 109）

兩百四十八架長程戰鬥機（Bf 110）

除此以外，還要再加上運輸與偵察機。

上述飛機一共分成六個航空軍。其中第一與第四航空軍（由烏里希・葛勞爾與阿弗雷・凱勒〔Alfred Keller〕兩位將軍指揮）的作戰區是比利時與荷蘭；第二與第四航空軍（由布魯諾・羅策與羅伯・里特・馮・葛萊姆兩位中將指揮）則在面對法國東北部的前線南面側翼作戰，並指揮十四個轟炸機聯隊的大批部隊。另外，還有第二「特種」航空軍，負責在荷蘭的空降作戰，以及由沃夫蘭・弗萊赫・馮・李希霍芬少將指揮的第八航空軍。

李希霍芬和在波蘭時一樣，負責主要的密接支援部隊，手下有兩個完整的斯圖卡聯隊，再加上攻擊機與戰鬥機。在先對列日兩側的前線要塞發動攻擊並深入比利時後，這個航空軍後來前去支援色當的突破戰，還支援了裝甲師前往英吉利海峽和敦克爾克的行動。

敦克爾克！這裡是德軍第一次發現自己並非所向無敵的地方。但當時誰也沒想到，這個法蘭德斯小港口的名字，日後會成為德國空軍第一次受挫的代名詞。即使扣除預備隊及故障的飛機，德軍隨時都能派出大約一千架轟炸機與俯衝轟炸機，以及差不多同等數量的戰鬥機投入作戰。雖然盟軍的飛行員非常勇敢，但連他們也阻止不了德軍。

——

一九四〇年五月十二日是當年的五旬節，也是德軍發動進攻的第三天，同時也是第二十七戰鬥機聯隊（JG 27）戰史上最值得紀念的日子。當時該聯隊包括第二十七戰鬥機聯隊一大隊（I/JG 27）、第一戰鬥機聯隊一大隊（I/JG 1）與第二十一戰鬥機聯隊一大隊（I/JG 21），一共三個大隊。聯隊的行動以馬斯垂克和列日一帶的突破為主。在一開始的戰鬥結束後，聯隊長麥斯・伊貝爾中校（Max Ibel）手上仍有八十五架可以作戰的Bf 109E戰鬥機。地勤人員漏夜修補機體、更換零件之後才能保持這樣的妥善率。他們位在科隆附近的蒙興格拉巴赫（Mönchengladbach）與吉姆尼（Gymnich）兩處基地。

破曉時分，第一戰鬥機聯隊一大隊的兩個中隊在約阿欽・史利廷上尉（Joachim Schlichting）的指揮下起飛，以便在馬士河與亞伯特運河上空以戰鬥機掩護第六軍團的推進。他們收到的命令，是要擊落任何出現的敵機。英軍顯然已經明白，這幾座由德軍空降部隊在五月十日占領的橋樑，對德軍後續的攻擊至為重要。英軍必定會用盡一切可能將橋樑炸毀，阻止德軍前進。

〇六〇〇時，華瑟・阿道夫中尉（Walther Adolph）帶領第二中隊，此時他正在觀察東方漸漸變亮的天空中出現的黑點。一共有三架、六架、九架。這些黑點越來越大，太大了，不會是戰鬥機。

「馬斯垂克上空出現敵機，」他在無線電上報告道，「我要攻擊了！」

他在講話的同時將機身翻滾半圈，然後就出發了，他的二號機緊跟在後。那些黑點現在已變成了雙發動機轟炸機，機影越來越近。機身上有紅白藍三色的圓圈，是英國的……機種是布倫亨。阿道夫在最後一架轟炸機後方約一百公尺處下降，然後再從敵機斜下方爬升接近。英軍轟炸機仍堅守著原本的航向，難道他們沒有注意到戰鬥機來了嗎？

在他的準星上，布倫亨轟炸機就和農場的稻草堆一樣大。他瞄了一眼左邊，看到布拉茲科上士（Blazytko）正在接近旁邊的敵機，於是按下自己的射擊按鈕。他在八十公尺處同時發射機槍與機砲，使目標的機身與機翼因中彈而發出小小的閃光。阿道夫轉動機身，避免迎頭撞上目標，並往後看向布倫亨著火的左側發動機。該機的整片機翼頓時斷裂，造成飛機其餘部分彷彿停滯不前。敵機邊往後退、邊往下墜毀。

阿道夫馬上轉去追逐另一架布倫亨，在五分鐘內一共擊落了三架。布勞尼中尉（Braune）、歐泰爾少尉（Örtel）和布拉茲科上士一共又擊落了另外三架。事情還沒有結束，最後三架在脫離時，在列日上空遭遇第二十七戰鬥機聯隊的第三中隊攔截。霍穆中尉（Homuth）與博舍特少尉（Borchert）又擊落了兩架敵機。

但英軍還是不放棄。他們接下來又派出一個中隊的轟炸機，並以颶風式戰鬥機護航。五架由志願參戰飛行員駕駛的巴特爾式輕轟炸機（Fairey Battle）對亞伯特運河的橋樑發動幾近於自殺式的低高度攻擊，卻全部被高砲擊落。

早上這段時間，第二十七戰鬥機聯隊的每個中隊都投入戰場，每個任務之間相隔經常只有四十五分鐘。只要飛機一降落，飛行員就要跑去聽取下一輪任務的簡報，同時地勤人員則忙著替他們的座機補充油料、彈藥，並進行小範圍的維護。即使如此，可執行任務的飛機數量還是一直在減少。

到了一一〇〇時，聯隊作戰官阿道夫．賈南德上尉拋下文書工作，與古斯塔夫．羅德爾少尉（Gustav Rödel）一起出任務。他們在列日西邊發現下方一千公尺處有八架颶風式戰鬥機，並一起俯衝進入攻擊。這八架敵機屬於比利時空軍，配備的是這款英國製戰鬥機的早期型號。賈南德後來寫道，「我都有點同情他們了。」

他故意提早開火，好像是要給敵人一點警告、給他們逃走的機會似的。比利時戰鬥機警戒地閃開，結果卻直接進入羅德爾的射界內。然後賈南德又再攻擊了一次，將颶風機打到解體。

這就是阿道夫．賈南德——日後最成功的戰鬥機飛行員之一——獲得第一場勝利的經過。「我只是運氣好而已，第一次的擊落就像是遊戲般容易。」他後來又擊落了兩架，羅德爾則擊落一架。

到了下午，盟軍便不再派機隊出現，不論戰鬥機或轟炸機都不再前來。第二十七戰鬥機聯隊已經把空中所有的敵機都清除了。該聯隊接下來便轉為執行第二與第七十七斯圖卡聯隊的護航任務，協助他們攻擊敵軍的裝甲部隊。等最後一架Bf 109降落時，天都快黑了。

聯隊在一天之內出動了三百四十個架次，每架飛機至少都出擊了四到五架次，折損了四架飛機，並取得了二十八架確認擊落的戰果。前線的其他地方也傳來了類似的報告。

在華斯河的紹尼（Chauny-sur-Oise）有一處皇家空軍指揮部，此時這裡收到了麾下各中隊傳來的報告，有如鐵鎚的重擊，震撼著英軍指揮官。在德軍發動攻擊後的前三天，英國在歐陸的空軍部隊就損失了兩百架轟炸機當中的一半。在五旬節週日的夜晚，倫敦的空軍參謀總長傳來一份緊急電報：「我們不能一直這樣下去……如果我們在戰役早期就用盡所有的戰力，等真正緊急的階段來臨時，便將無法有效作戰……」

而這樣的階段很快就到了。五月十三日，巴拉特中將給麾下損失慘重的部隊一天的時間休息。可是就在法國的參謀將所有注意力都放在德軍從列日推進的裝甲部隊上時（他們相信這波攻勢的重點就在這邊），德國第二與第八航空軍卻猛攻另一個新的目標：色當。

德軍的主力確實是沿著一條法軍完全沒有料想到的路線推進。這條路線經過盧森堡與比利時東南部，並從阿登的山丘森林地和小路前進。這支部隊是克萊斯特將軍（Ewald von Kleist）的裝甲部隊——古德林（Heinz Guderian）與萊茵哈特手下的第十九與第三十一軍組成。到了五旬節週日晚間——五月十二日，這支前鋒已經到達查理維勒-色當地區的默茲河[3]（Meuse）了。

這條河有許多機槍碉堡與砲陣地，屬於馬其諾防線的北側延伸段，因此對裝甲部隊而言是個受到強力防衛的障礙。空軍必須擊潰此地的抵抗，持續發動攻擊，讓敵軍一直受到壓制，使德國工兵可以安全通過。羅策與古德林先前已花了很長的時間討論出詳細的行動計畫與時程，但現在這整個計畫突然生變了。

五月十二日，克萊斯特叫古德林去找他報到，於是古德林搭上鸛式聯絡機過去了。默茲河的攻勢原本要在隔天的一六〇〇時發動，但古德林見到克萊斯特時，幾乎無法相信自己所聽到的內容。克萊斯特首先說明空軍要對敵方陣地發動一次集中攻擊，剩下的目標就要由裝甲部隊自行解決了。至少這是他和第三航空軍團司令史培萊將軍討論的結果。

古德林反對這麼做。他闡述自己與第二航空軍仔細規劃過的計畫，並說明陸軍與空軍長達一整個月討論的結果。他說很明顯，要得到最好的成果，就不能用一次全面攻擊，而是要以較小的機隊發動持續性攻擊，這樣才能成功。

克萊斯特向他致歉，說這個是上級決定的。古德林只能帶著悲觀的心情飛回自己的指揮部。

第二天下午，他手下的第一、第二與第十裝甲師已經準備好對色當的狹窄前線發動攻擊。古德林在前進觀察所裡，緊張地等著空軍的轟炸。現在有太多事情都依賴這次的轟炸了，甚至可以說是一切的事情也不為過。

一六〇〇時，空中準時傳來飛機發動機的聲音。那是第一批斯圖卡。敵軍發動猛烈的防空砲火，迎擊開始對著默茲河西岸目標俯衝的Ju 87轟炸機，炸彈砸入了敵軍的砲陣地裡。一枚五百公斤炸彈直接擊中一處混凝土掩體，將其炸毀。殘骸飛向空中，敵軍防空砲立即有顯著的減弱。

然後那些飛機突然就消失了。古德林揚起他的眉毛。說好的「一次大規模攻擊」呢？這次攻擊最多只有一個大隊的規模耶！

但下一波攻擊馬上就來了，這次是第二轟炸機聯隊的Do 17Z水平轟炸機。他們投下的炸彈一排排地落到了河邊的陣地上。一陣安靜後，又出現了另一波攻擊。

「我感到十分困惑，」古德林事後寫道，「每一波攻擊只有幾個中隊和護航的戰鬥機參與……攻擊的方式完全就是我之前和羅策討論後同意的作法。克萊斯特將軍是回心轉意了嗎？空軍作戰的方式，完全就是我認為最適合我攻擊的方式。我非常滿意。」

到了晚間，第一步槍兵團跨過默茲河了。色當的渡口已經成功占領了。在西邊五公里處、接近東舍里（Donchery）的地方，第二裝甲師利用浮橋和充氣式小艇強行通過別的渡口。持續的空襲壓制著敵方的火砲，並且使援軍無法前來馳援。

第二航空軍總共派出了三百一十架次的轟炸機和兩百架次的俯衝轟炸機。北邊的第八航空軍為了支援，則派了「斯圖卡之父」——史瓦茲考夫上校手下、在波蘭享有盛名的第七十七斯圖卡聯隊前來。那天晚上，古德林打電話給羅策，並對他帶來空軍的重要支援表達感謝。

「順便問一句，」他問道，「為什麼鬧了那麼久，結果空襲還是照你我說好的方式進行？」

羅策遲疑了一下，然後輕輕笑著說道：「第三航空軍團那個把所有計畫打亂的命令……這樣說吧，命令太晚到了。這樣的命令只會害我手下的單位陷入混亂，所以我沒有馬上轉送出

---

3 譯註：與馬士河（Maas）其實是同一個名字，單純是相同地名在不同語言下的寫法不同。

去……」

五月十四日就這樣結束了。這一天，盟軍的空軍在法國統帥部的緊急請求下，將所有軍力都投入了色當走廊。這是西線戰役裡第一次，有幾百架德軍和盟軍的戰鬥機與轟炸機直接對戰。空戰從接近中午時分開始，一直持續到晚上。第二航空軍的作戰日誌將這一天稱作「戰鬥機之日」。

在德國的戰鬥機部隊中，戰果最豐碩的可能要數精銳的第五十三戰鬥機聯隊的第一大隊（I/JG 53）了。在楊・馮・楊松上尉（Jan von Janson）的指揮下，該大隊擊落了三十九架敵機，其中五架由漢斯－卡爾・梅耶中尉（Hans-Karl Meyer）拿下、三架由漢斯・歐黎（Hans Ohly）少尉拿下。茅藏上尉（Günther Freiherr von Maltzahn）手下的第二大隊擊退了法國的莫拉努戰鬥機（Morane），然後衝向盟軍的轟炸機。三大隊的戰績表上，有一個很快會成為每個德國小孩都朗朗上口的名字──瓦納・莫德斯上尉（Werner Mölders）

在擊落一架颶風式戰鬥機後，莫德斯的Bf 109機尾上漆上了第十條擊落條紋。到了六月五日，劃上了二十五條線，成為當時德國戰鬥機飛行員的第一王牌。然後就在一次與法國空軍第七戰鬥機聯隊二大隊（GC II/7）的九架地瓦丁戰鬥機（Dewoitine）交戰時，被年輕的波米耶－雷豪少尉（Pommier-Layrargues）擊落，並且（暫時）成了法國戰俘。法國戰役期間，漢斯－約根・馮・克拉蒙－陶巴德少校（Hans-Jürgen von Cramon-Taubadel）手下的第五十三戰鬥機聯隊總共擊落了一百七十九架敵機。

在第五十三戰鬥機聯隊後不久，五月十四日就是「李希霍芬」聯隊──第二戰鬥機聯隊──大放異彩的日子，聯隊長是哈利・馮・布羅中校。當天的報告統整完以後，他們總共出動了八百一十四架次，並在色當地區製造出八十九架盟軍戰鬥機與轟炸機的殘骸。

這一天也是德軍高砲部隊的大好日子。華瑟・馮・希培中校（Walther von Hippel）的第一〇二高砲團跟著古德林的裝甲前鋒一起推進，並於五月十三日將其八八砲又一次用在對地射擊上。利用其低伸的彈道，該單位擊潰了許多機槍碉堡與陣地。他們是第一批跨過默茲河的部隊之一，陣地設立在夜間搭好的浮橋旁。第二天，他們整天都待在這個陣地裡，並遇到了法軍的阿米歐（Amiot）、布羅克（Bloch）與波泰（Potez）轟炸機不要命似的攻擊，還有英軍的巴特爾式與布倫亨式轟炸機。該團的作戰日誌紀錄一共擊毀一百一十二架敵機，大多數是在低空擊落。

到了五月十四日（「色當日」）晚上，盟國空軍最後嘗試阻止德軍突破的反擊已經崩潰。法國轟炸機部隊已不復存在，英軍則有六成的轟炸機沒有返航。皇家空軍的官方戰史《皇家空軍：一九三九至四五年》對此宣稱：「皇家空軍史上未曾在同等規模的作戰上遭遇比此役更高的損失率。」

五月十五日一大早，剛當上首相的邱吉爾被一通電話吵醒，是法國總理雷諾。「我們被擊敗了，」雷諾以壓力很大的聲音說，「我們這場仗打輸了。」

邱吉爾難以置信地回答：「不可能這麼快吧？」

但確實是這麼快。一週後，古德林的裝甲部隊就開到英吉利海峽沿岸了。

五月二十二日早上，第八航空軍參謀長塞德曼中校開著他的鸛式聯絡機前往坎布來（Cambrai），這裡是直接支援部隊最前線的兩個大隊的基地所在地。這兩個大隊是奧托・維斯上尉的第二教導聯隊二大隊（此時還是整個德國空軍唯一還在使用舊型亨舍爾Hs 123攻擊機的部隊），以及瓦納・烏爾其上尉（Werner Ultsch）手下的第二十一戰鬥機聯隊一大隊（I/JG 21）。這裡的戰鬥機是來充當Hs 123的「貼身護衛」，這種緩慢過時的雙翼機就像磁鐵一樣，會引來敵軍戰鬥機的攻擊。

塞德曼、維斯和烏爾其站在機場裡討論接下來的行動。這個位置並不理想，因為裝甲部隊比他們推前很多，而步兵卻又還沒上來。英軍就在西北方三十公里處的阿哈（Arras）。北方的盟軍現在發現，自己有機會可以往南方突破了。在南方的亞眠（Amiens），偵察機發現有更多盟軍裝甲部隊正在集結，其位置現在已可從後方攻擊德軍裝甲部隊。顯然此事已威脅到「鐮刀攻勢」的成敗。

「我們提議以俯衝轟炸機攻擊亞眠的敵軍裝甲部隊，」塞德曼說，「維斯，也許你也得攻擊他們的戰車才行。」

這時所有人全都抬頭看向天空，他們都聽見飛機接近的聲音。那是一架亨克爾He 46，是陸軍的偵察機。該機的右翼明顯下垂，機尾也有多處中彈。它是要降落嗎？沒有，觀測手探出機外，丟了一枚煙霧信號彈，上面用鉛筆寫了一句話：「約四十輛敵軍戰車與一百五十輛載滿步兵的卡車正從北方接近坎布來。」

塞德曼不敢相信。他說：「那一定是我軍部隊。」

但如果不是呢？那這處機場就正面臨立刻被攻陷的危險。而且這裡不是只有他的單位而已。坎布來有前線先鋒裝甲部隊的主要補給路線通過，而除了機場的高砲部隊之外，坎布來完全沒有地面守軍。

維斯喊出命令，自己則跑向座機。參謀分隊的四架Hs 123急忙起飛，執行武裝偵察任務。他們起飛才兩分鐘，就看到前面出現了戰車。他們毫不懷疑，這是法軍，離坎布來不到六公里！

「戰車已經來到松樹運河（Canal de la Sensée）南邊，以四到六輛車為一隊，準備發動攻擊，」維斯上尉後來在報告中寫道，「運河北邊還有一長串的卡車車隊緊跟在後。」

參謀分隊馬上以炸彈與機槍攻擊，但四架飛機完全無法擋住這樣的攻勢。維斯轉向離開，衝回機場，並以無線電向其餘飛行員通報。整個大隊這時才起飛，還順便帶上了戰鬥機。這些舊型的攻擊機以中隊規模發動一波波的攻擊，並將五十公斤炸彈丟在戰車前方。如果運氣好的話，這至少能讓履帶故障。戰鬥機則利用其二十公厘機砲射擊卡車車隊，很快就讓一半的卡車起火燃燒。步兵從車上湧出，並等著這次不尋常的交戰結果：飛機對上戰車，到底誰會贏呢？

法軍戰車有五六輛已經著火，另外還有十幾輛失去行動能力，但剩下的戰車還在繼續往坎布來前進，看似無人能擋。當距離只剩一百五十公尺時，傳來了大口徑砲火的聲音。第三十三高砲團第一營的兩門砲在城鎮邊緣建立了陣地，替其他部隊爭取時間。不到幾分鐘，他們就擊毀了五輛霍奇基斯戰車（Hotchkiss），其他戰車則掉頭撤退離開。

到了下午，坎布來受到的威脅解除了。其他企圖突破的敵軍也被斯圖卡部隊擊退。

在這些交戰中，舊型的Hs 123攻擊機、少數戰鬥機和空軍的高砲部隊還擊退了北方出現的一次十分危險的側翼攻擊。在這之後，德軍的裝甲部隊就能繼續往英吉利海峽前進了，他們知道空軍能保護其脆弱的側翼，直到步兵部隊跟上為止。若是空軍沒有為這次攻勢鋪路，裝甲部隊一開始也不可能跑這麼遠。

這兩項任務都是戰爭這段期間的典型案例。兩到三天內，盟軍就發現他們只剩一條出路了，那就是——敦克爾克。

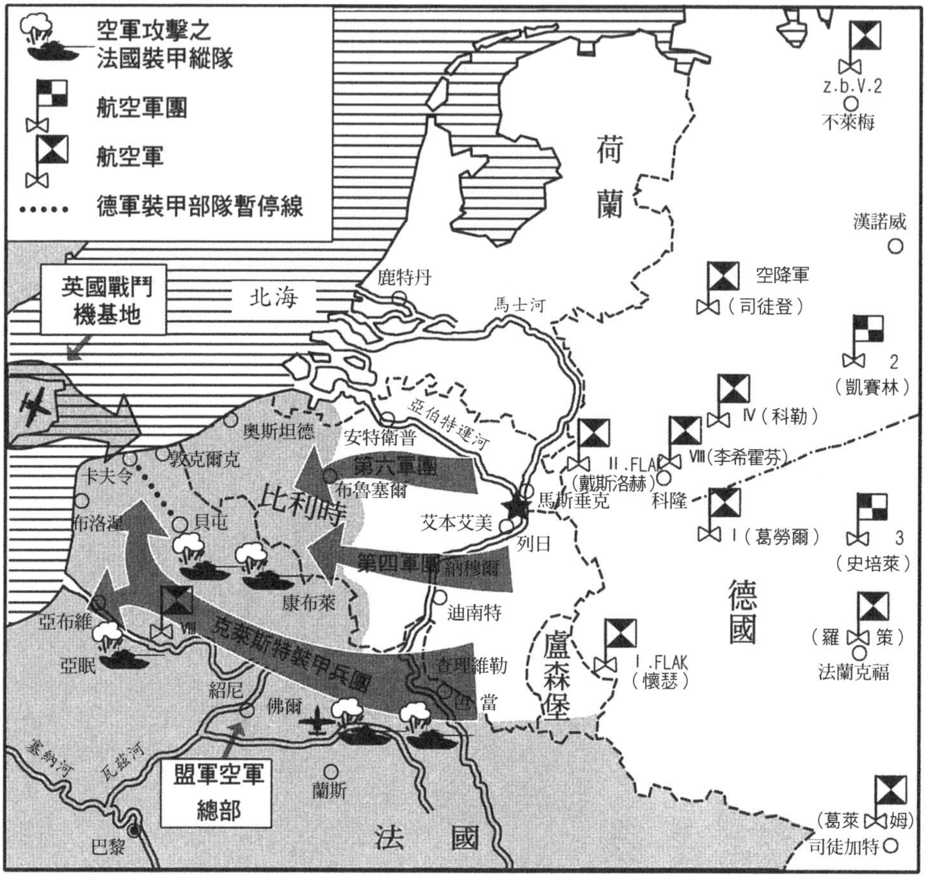

德國空軍於西線作戰的角色 根據「鐮刀計畫」，德軍出人意表地加強了左翼的軍力。克萊斯特的裝甲部隊在 11 天之內便趕抵英吉利海峽。空軍的轟炸機與斯圖卡則在法比交界的馬士河防線上攻破數處缺口。同時還抵擋住敵軍對綿長且防禦力薄弱的側翼逆襲。唯有敦克爾克未能被完全控制，德國空軍當時實力太過薄弱，且此地距英國戰鬥機基地過近。

四、敦克爾克奇蹟

五月二十四日，克萊斯特的裝甲部隊正從西邊和南邊接近敦克爾克，並第一次報告「敵軍握有空中優勢」。二十六日晚間，古德林的第十九軍作戰日誌中有這樣一句話：「敵軍戰鬥機數量甚多。我軍戰鬥機掩護嚴重不足。空軍對敵方海上運輸的攻擊依然沒有效果。」

這是怎麼回事？法國北部的戰鬥在接近敦克爾克時正進入重要階段。空軍作戰的區域離其大多數基地越來越遠。第八航空軍的斯圖卡轟炸機現在以聖昆坦（Saint-Quentin）東部的機場為基地，但就算是從那裡出發，法國鄰近英吉利海峽的海岸地帶，例如布洛涅（Boulogne）、加萊（Calais）和敦克爾克等地，都還是在這些飛機的航程極限處。李希霍芬必須把他的單位再往前帶才行。五月二十四日，他們決定至少將一個戰鬥機大隊——第二十七戰鬥機聯隊一大隊，移動到聖奧美（Saint-Omer）。英軍才剛撤離這裡，因此離前線非常近。參謀分隊馬上降落，帶隊的是聯隊長伊貝爾中校。他在報告中寫道：「我突然發現，德英兩國砲兵進駐機場兩側，並在猛烈地互相射擊……」

大隊用上最後一滴燃油，總算在南邊的聖波勒（Saint-Pol）降落。雖然裝甲部隊推進造成南面側翼門戶洞開，但第二斯圖卡聯隊的幾個中隊也來到了新占領的地區。但部隊卻在補給線上遇到了問題——車隊前進受阻，運輸機又沒辦法運送夠多的燃料、炸彈與其他彈藥。將雙發動機轟炸機進駐離前線這麼近的地方實在是不可能的事。

這就是敦克爾克之役開始之前，空軍所面對的困境。接連兩週的奮戰使德國空軍元氣大傷，許多轟炸機大隊大概只能派出編制的三十架飛機當中的十五架左右。但他們還是出動、對敦克爾克港的碼頭與倉庫投下炸彈。到了二十六日中午左右，市區西邊的大型儲油槽著火了。斯圖卡轟炸機還在一次精準轟炸行動中摧毀了進入內港的船閘。炸彈炸毀了調度場的鐵軌、船隻著火、還有一艘貨輪慢慢沉入飽受攻擊的港池內。

對英軍而言，這幾天簡直是水深火熱。他們決定要將軍隊撤離歐陸，而此時除了敦克爾克之外，已沒有其他港口可以讓他們達到這個目標了。他們投入了手上擁有的一切，連至今一直沒有參戰的本土戰機都來了。其中包括噴火式IIA型戰機，其性能與Bf 109E不相上下。這些戰鬥機現在還多了一個明顯的優勢：敦克爾克和整個戰場完全都在其基地的作戰半徑內。

五月二十三日，戈林的專列，也同時是他的行動指揮部，來到了艾菲爾山脈（Eifel）的波爾希（Polch）。隨著最新的報告湧入，顯然法蘭德斯的盟軍落入了一個巨大的陷阱中。德軍裝甲部隊的前鋒位於卡夫令（Gravelines），其與敦克爾克的距離比英軍近了五十公里，英軍還在里耳（Lille）和阿哈附近作戰。幾天之內，那條通往海邊的道路也會遭到德軍封鎖。

空軍呢？難道空軍在最終的勝利中，一點用處都沒有嗎？戈林打算確保自己也能分到一杯羹：「親愛的元首，請將敦克爾克四周的敵軍交給我和我的空軍吧！」這是他典型的自負態度。

希特勒當然十分樂意接受這樣的提議。他想要把裝甲部隊留待之後繼續攻打法國的行動。五月二十四日，裝甲部隊受命停止前進，然後在之後的兩天半內，戰車在敦克爾克附近止步，卡在卡夫令與聖奧美－貝屯（Béthune）之間，就為了給戈林想要的空中攻擊舞台。

最高統帥部作戰廳長約德爾將軍（Alfred Jodl）很確定戈林就是典型的貪多嚼不爛。連第二航空軍團司令凱賽林，都認為不妥：「此事完全超越我手邊兵力不足的部隊的能力範圍。」

但最後作決定的還是戈林：「我的空軍要完成這個任務！」

第二斯圖卡聯隊正在沿著海岸飛行，最前面的是參謀分隊。聯隊長迪諾特少校往下瞥了一眼。雖然陽光很亮，但陸地卻被濃霧籠罩。法國的海岸只是一條模糊的輪廓。左邊是加萊，他們不會看錯，因為這裡的火勢形成了龐大的蕈狀棕黑色煙霧。在加萊的街道與房屋中，第十裝甲師正在與要塞和港口的盟軍抵抗兵力交戰，還必須對抗盟軍的艦砲支援。古德林的第十九軍請求俯衝轟炸機來處理那些驅逐艦，而在五月二十五號這天，這就是迪諾特和希區霍（Hitschhold）與布呂克（Brücker）兩位上尉手下的兩個大隊現在的任務。

在前一天晚上的持續行動後，他們已經成了有經驗、有自信的團隊，因此迪諾特認為來點新花樣也滿刺激的。這是他們第一次受命攻擊船隻這種相對小型、有機動力又危險的目標。程序應該是怎麼樣的呢？要怎麼攻擊？第二斯圖卡聯隊只有少數飛行員抓得到訣竅。

他們的指揮官瞇起雙眼，水面的散射陽光相當刺眼。他底下的海洋就像無窮廣大的冰凍玻璃。可是在這片玻璃上，突然出現了少許灰塵。那就是敵方的艦艇。數量很多，可是都很小！這就是他們要攻擊的目標嗎？

「以大隊規模攻擊，」迪諾特下令，「各自選擇目標。」

此令一出，分隊的另外兩位飛行員烏里茲（Ulitz）與勞烏（Lau）中尉跟著長機進入梯隊右轉，同時收小油門，開始下降。要俯衝攻擊這麼小的目標，就必須盡量在最低的高度進入俯衝，而不能在四千公尺以上的高度。

迪諾特的Ju 87翻了半圈，開始脫離編隊瞄準一艘體積較大的敵艦。但目標卻飄出他的瞄準器外，發動機整流罩擋住視野。他的反應就是發動所謂的「階梯式」攻擊——俯衝到看不到目標時就拉高，然後重新找到目標再次俯衝，這個過程可能需要重覆好幾次。

他最後終於進入「正式攻擊」的俯衝，這時目標已不再是「一小片灰塵」，而是船體細長的驅逐艦，在他的投彈準星中越變越大。敵艦突然開始左轉，迪諾特只看得到螺旋槳留下的航跡。他試著追上，但敵艦轉了整整一百八十度，這樣的半圈迴轉是飛機追不上的。他只剩下一個選擇：拉高再來一次。

其他四十幾架斯圖卡的經歷也差不多。他們的炸彈大多掉入海中，激起巨大但沒什麼用的水柱。他們只擊中了一艘巡邏艇和一艘運輸艦。其中運輸艦聲稱艦艄被擊中兩枚，但結果未能目視確認。

各個中隊陸陸續續拉高，開始在海平面高度整隊，準備往南返航。這是他們最脆弱的時刻。由於空速大幅降低，飛機彷彿停在空中，飛行員忙著重設俯衝煞車、重新打開整流罩風門、重新調整投彈開關，還要改變螺旋槳與升降舵的設定，還得注意長機的位置，確保所有人都從同個方向脫離敵軍的防空砲射擊範圍，還要保持緊密編隊，以便集中朝後的防禦火力。

敵人都知道當斯圖卡轟炸機忙著做這些事的時候，就是攻擊的完美時機。現在他們來了。

「後方出現英國戰鬥機！」

迪諾特的耳機裡出現這樣的警告，他馬上讓飛機轉彎。在編隊上方高處，有好幾個閃爍、繞著圓圈的點。這表示德國戰鬥機正在和敵機交戰。但還是有幾架噴火式戰機逃離交戰，前來尋找更為肥美的獵物——斯圖卡。

迪諾特馬上收回油門，並以失速向右轉。由於他不可能甩掉一架速度相當於自己兩倍的敵機，因此他採用這樣的替代防禦措施，並且也成功了。噴火式戰鬥機由於速度過快，無法跟上這樣的動作。Ju 87逃出了敵機的準星外，使敵機的八挺機槍撲了個空。

這架俯衝轟炸機此時的動作，相當於前不久英國驅逐艦在受到Ju 87攻擊時的反應。他們都採取同樣的法則——迴避、反向迴轉、不給敵人瞄準的時間！

幾秒鐘之後，噴火戰機從Ju 87的側面飛過，並再次爬向高空，然後遭一架久候多時的Bf 109擊中。「我們躲過去了，」迪諾特鬆了一口氣地呼叫道。

——

上述空戰過程是當時常見的狀況。就在前一天五月二十四日，數架斯圖卡未能從英吉利海峽海岸返航，他們遭到來自英國本土的噴火式戰機攻擊。這些戰鬥機現在離自己的基地比大多數德軍戰機都近，德國空軍的駐地無法像陸軍，可以快速往前移動。迪諾特的第二斯圖卡聯隊的駐地還在聖昆坦東邊的基茲（Guise），因此加萊幾乎是他們作戰半徑的極限了。

五月二十五日就是希特勒叫裝甲部隊停止前進、「將摧毀敵軍的任務交給空軍」的第二天。但這一天，李希霍芬的密接支援航空軍卻完全沒有對敦克爾克發動攻擊。法軍的裝甲部隊正在猛力攻打德軍在亞眠延伸太長的側翼，而第七十七轟炸機聯隊與第一斯圖卡聯隊這天正在處理這個問題；匈伯恩伯爵（Graf Schönborn）的第七十七斯圖卡聯隊則在攻擊持續砲擊聖昆坦補給機場的砲兵。在德軍陣地兩側都受到如此威脅的狀況下，敦克爾克只能再等等。

但在二十五日早上，在兩個英國近衛營裝船、並在港口內的戰車砲擊下出海後，第二裝甲師占領了布洛涅。載滿部隊的法國驅逐艦胡狼號（*Chacal*）才剛離開碼頭，就被斯圖卡轟炸機炸沉。

第二天二十六日，古德林和李希霍芬兩位將軍一起安排了一次俯衝轟炸機集中攻擊，目標是加萊的要塞與港口。這裡的英軍受命絕不撤離，邱吉爾下令要他們奮戰到底。〇八四〇時，第一個聯隊——第七十七斯圖卡聯隊，飛到了聖波勒上空，以便與護航機會合。

「當掛好炸彈的斯圖卡飛過時，我們早就已經坐在駕駛艙裡待命多時了，」第一戰鬥機聯隊一大隊（I/JG 1）的卡格涅伯爵中尉（Graf von Kageneck）在報告中寫道。在前一天與噴火式戰機的不愉快經驗後，航空軍指揮部決定不要再冒任何風險了。今天斯圖卡必須由混編第二十七戰鬥機聯隊麾下的全部三個大隊護航。

「我們馬上升空，繞了一圈、進入編隊後，很快追上了斯圖卡，」卡格涅繼續寫道。「我們在斯圖卡機隊的兩側組成緊密編隊，一起飛向目標。就算沒有羅盤，也不可能有人會錯過目標，因為我們有濃厚的黑煙替我們指路。」

突然，英國戰鬥機出現了。他們看到了斯圖卡機隊旁的護航機，沒有馬上攻擊。

「我們都躍躍欲試，」卡格涅又寫道，「但我們必須謹守職責。這些敵機可能是誘餌，如果我們動手，就會有別的戰鬥機跑來攔截斯圖卡。」

英機發現德軍防禦陣形中一個漏洞後，便開始衝入。Bf 109爬升轉彎，緊跟在英國戰機後方追擊。其中一架噴火式戰機爆炸著火，拖著濃煙墜落。機後展開一頂降落傘，德軍的中隊長透過無線電確認了戰果。

斯圖卡機隊已飛到加萊上空，並以緊密小隊形朝著重兵防守的要塞俯衝而去。他們的炸彈爆炸後，在港口與要塞內製造出許多煙塵，結果當第二斯圖卡聯隊前來執行第二波攻擊時，幾乎看不到目標，但還是把炸彈丟了下去。

這整場猛攻持續了超過一個小時，從九點前後一直到十點，砲兵的砲擊則持續得更久。到中午左右，第十裝甲師又一次對盟軍陣地發動攻擊，守軍於一六四五時投降。一共有兩萬名官兵被俘，其中三至四千人是英軍。英國方面似乎還不知道他們已經投降，第二天的空投補給還是照常進行，將物資投放到起火燃燒的城鎮裡。

在空軍與陸軍緊密配合下，加萊被攻陷了。那麼對於法蘭德斯地區還在作戰的英國遠征軍最後的港口敦克爾克而言，應該也沒問題吧？畢竟德軍的前鋒部隊離當地只剩二十公里左右。

但德國裝甲部隊卻按兵不動，而且這已經持續兩天了。他們為了準備應付其他狀況而沒有投入戰場。空軍必須獨自處理敦克爾克。

五月二十六日當天，城鎮與港口只有第一與第四航空軍的小批部隊投入攻勢。第八航空軍的三個斯圖卡聯隊與其他轟炸機部隊，還有攻擊機與戰鬥機，全都積極投入加萊、里耳和亞眠的戰場，不是敦克爾克。

前一天——裝甲部隊停止前進的第一天，第八航空軍軍長李希霍芬開著他的鸛式聯絡機來到克萊斯特的指揮部，想要討論進一步合作的事情。當時陸軍第四軍團司令克魯格（von Kluge）和手下的軍長（古德林和萊茵哈特）等人也在場。當古德林聽到勝利在望卻要他們停止前進的命令時，他的反應被紀錄了下來：「我們都說不出話。」

克魯格現在轉向這位空軍指揮官：「嗯，李希霍芬，」他諷刺地說，「我想你已經拿下敦克爾克了吧？」

「將軍，還沒有。我還沒發動攻擊。我的斯圖卡部署在太後面，要飛過去的路程太遠。結果就是我一天最多只能派出兩個架次，並且無法集中攻擊一個地點。」

「其他的航空軍呢？」

「他們比我還後面，大多數都還在德國或荷蘭境內。就算是He 111或Ju 88，這還是很長的一段路。」

克魯格搖了搖頭。「他們根本不准我們跨過阿河（Aa），怕我們礙了空軍的事！結果整個裝甲部隊都無所事事，現在只是有一搭沒一搭的戰鬥。」

萊茵哈特很盡責地支持他的長官：「敵軍一定會利用通往敦克爾克、我軍還沒占領的陸路逃離我們的掌控，然後將部隊大量裝船離開。只有讓我們發動大規模進攻，才能阻止他們。」

現在就是動手的時機了，但第四軍團卻仍受限於按兵不動的命令。陸軍總司令布勞齊區與參謀總長哈德（Franz Halder）提出的所有論點，都沒能得到希特勒的認可。

連對空戰十分積極的李希霍芬，在這樣的狀況下都對斯圖卡的成功機率不抱太大的希望。他才剛回到自己設在普樺西（Proisy）一處兒童復健中心的指揮部，馬上打了通電話給空軍參謀總長顏雄尼克。

「除非裝甲部隊可以馬上再次推進，否則英國人一定會逃掉。沒有人真的相信我們只靠空軍可以擊敗他們。」

「不對，」顏雄尼克平淡地回答自己的朋友，「鐵人相信。」

他指的是戈林。然後他還加了一句相當驚人的話：「更重要的是，元首不想把英國人打得太慘。」

李希霍芬真的以為自己聽錯了。「可是我們不是要拿出全部的戰力嗎？」

「對，把你手下的兵力全部用上。」

這聽起來不太合邏輯，他們居然在考慮英國人的立場！如果空軍要拿出全力打擊英軍，怎麼還會考慮英國人的立場？然後還有戈林，雖然手下的將軍都很懷疑，但他還是覺得自己只需要兩天，就能拿下光榮大勝。

——

加萊於五月二十六日投降後，許多事情接連發生。

一、在法蘭德斯前線的特定地區，英軍開始撤離陣地，大喇喇地撤往海峽沿岸。

二、希特勒與倫德斯特（Gerd von Rundstedt）收回停止命令，在停止前進兩天半後，允許裝甲師在隔天早上繼續前進。

三、空軍終於將敦克爾克列為主要目標，並首次下令兩個航空軍團以最大戰力攻擊城鎮與港口。

四、一八五七時，英國海軍部下令發動「發電機行動」——救出歐陸英軍。

大多數由小型船隻組成的龐大船隊開始跨越海峽。船隊內有驅逐艦、魚雷艇、拖網漁船、以拖船拖動的駁船，還有無數的私人遊艇與小艇。

船隊的前景並不被看好。從多佛指揮這次行動的雷姆賽爵士中將（Sir Bertram Ramsay）認為，只要再兩天，德軍就會阻止船隻在敦克爾克靠岸。他希望在那之前，他的「小型艦隊」能從地獄中撤走四萬五千人就算不錯了。

五月二十七日——撤軍行動第一天早上，看起來英國的希望要破滅了。德軍的空襲比他們最糟的預期還猛烈。天才剛亮，第一與第四轟炸機聯隊的各一大隊已經出現在頭上了。這些大隊的He 111轟炸機投下大量的炸彈，照亮了四周的地形。但這只是前菜而已。轟炸機接連而來、從不停止。第五十四轟炸機聯隊的炸彈造成碼頭再度發生火災，在長長的東邊堤防旁，八千噸的法國貨輪亞丁號（*Aden*）也被炸到解體。直到〇七一一時，轟炸行動都由第二航空軍團的轟炸機執行，其基地位於德國西部與荷蘭。

輪到斯圖卡登場了。這時敦克爾克附近的海域已經擠滿了各式船隻。飛行員脫離編隊，挑比較大的船隻攻擊，一直俯衝到五百公尺低空才投彈，附有延遲引信的兩百五十公斤和五百公斤炸彈呼嘯而下。雖然還是有很多炸彈沒有擊中靈活的船隻，但命中的戰果仍然不俗，包括法國運兵艦蔚藍海岸號（*Côte d'Azur*）。

城鎮和港口現在受到第二與第三轟炸機聯隊的Do 17轟炸機攻擊，一點喘息的空間也沒有。這些飛機從萊茵河、美茵河附近一路飛過來，靠著起火燃燒的油槽所產生的煙柱才找到目標。在火警與倒塌的建築所形成的煙塵中，城鎮本身在持續遭到轟炸的同時，已經很難從空中識別。

中午時，英軍開始撤離城鎮與港口區。雷姆賽中將接獲通知，說船隻已經無法停靠被炸毀的碼頭。現在只能讓部隊從敦克爾克與拉潘（La Panne）之間的開放海灘登船。那裡沒有碼頭，也沒有裝卸設施，因此進度會慢上許多。

到了發電機行動第一天結束時，總共三十萬人的英軍只撤離了七千六百六十九人。此次行動十分困難，許多人也抱怨英國空軍的支援不足。雷姆賽中將在報告中說：「我們預期能得到空軍全面的保護。但實際上，外海的船隻卻必須面對一連好幾個小時的狂轟濫炸與機槍掃射。」

幾乎每個忍受這段遭遇、安全回到本土的英軍官兵，都會問同樣的問題：「我們的戰鬥機到底跑哪去了？」

這樣的質疑對皇家空軍真的很不公平，飛往敦克爾克的德軍轟炸機飛行員可以從自身痛苦的經驗證明。

第三轟炸機聯隊三大隊（III/KG 3）的十二架Do 17才剛炸完港口西邊的儲油槽，就被一個中隊的噴火式戰機攔截。現場沒有德國戰機在場。雖然各機的通信士奮力以MG 15機槍還擊，但噴火式戰機的攻擊速度與優越的火力，還是造成無法逆轉的結果。Do 17有一半不是著火墜毀，就是被迫在附近迫降。

第二轟炸機聯隊三大隊（III/KG 2）也有類似的經驗，如瓦納．克萊坡少校（Werner Kreipe）的報告：「敵機像瘋了一樣，直衝我們的緊密編隊而來。」

Do 17幾乎是比翼而飛，因此各機機槍手共同形成的防禦火力相當有用。即使如此，無線電上還是充滿各機痛苦的回報：「嚴重受損……必須脫離編隊……嘗試迫降。」

第二航空軍的作戰日誌稱五月二十七日是「糟糕的一天」：「有六十四員機組員失蹤、七員受傷，並折損二十三架飛機，今日的損失已超越了過去十天的總和。」

另一個航空軍的情況也差不多。如果這兩百架噴火與颶風式戰機沒有替撤離的部隊擋住轟炸，至少他們也讓敵軍付出了慘痛代價。德國空軍能抵擋這樣的壓力嗎？空軍在接下來幾天的攻擊，能如此持續有效嗎？

五月二十八日，每小時的天氣都在惡化。雖然個別轟炸大隊還是攻擊了奧斯坦德（Ostend）與新波特（Nieuport），卻幾乎沒有任何炸彈落在敦克爾克。雲幕太低，加上此地充滿飛揚的煙霧與塵土，都讓整個地區的轟炸行動難以進行。

雷姆賽中將和他的團隊終於可以喘一口氣了。他們現在發現港口其實還是可以用的。最重要的是，船隻可以停泊在長長的東側堤防上，比從海灘上接駁容易多了。這天他們又運走了一萬七千八百零四員官兵。

五月二十九日下大雨。李希霍芬在日記裡寫道：「不管哪個層級的司令部今天都在吵著要第八航空師回去炸那些讓英軍僥倖逃走的船隻。但我們這邊雲底高才一百公尺，身為指揮官我只能指出，敵軍集中的防空砲火，對我們造成的損失遠比我們對他們所造成的還要多。」

三十六個小時過去了，敦克爾克基本上根本沒有被轟炸。船隻來來去去，數量越來越多。到中午時分，雲層散開了，一四〇〇時以後的天氣又再度適合執行航空作戰了。德國空軍不會放過任何趕進度的機會。三個聯隊的斯圖卡接連著對撤離艦隊發動攻擊。整個裝船的過程又一次被空襲炸得四分五裂。船隻一艘又一艘地著火，港口又一次宣告「受阻且無法使用」。

到了一五三二時，第二航空軍團的機群又出現了，包括來自荷蘭的第三十轟炸機聯隊與杜塞多夫（Düsseldorf）的第一教導聯隊（LG 1），兩個聯隊都配有可俯衝轟炸的Ju 88，德國空軍口中的「夢幻轟炸機」。

這天下午空軍對英國皇家海軍的行動，造成三艘驅逐艦沉沒、七艘受損。在英國海軍部眼裡，這是難以接受的損失，下令所有新型的驅逐艦退出任務。對撤離行動而言，更重要的問題是斯圖卡造成的損害，一共有五艘大型運兵艦一艘接著一艘沉沒，包括船上所載的人員與物資，這些船分別是：海峽女王號（MV *Queen of the Channel*）、羅里娜號（SS *Lorina*）、費涅拉號（SS *Fenella*）、歐里王號（HMS *King Orry*）和諾曼尼亞號（SS *Normannia*）。在空軍發動攻擊的幾個小時後，發電機行動就遇到了嚴重的威脅。即使有各種問題，五月二十九日英軍還是成功撤走了四萬七千三百一十員盟軍官兵。

五月三十日，天氣又站到了英國人這邊。濃霧和大雨使空軍無法出動。連陸軍在攻打嚴守的橋頭堡時都沒有什麼成果，而且還必須付出停止前進兩天半的代價。六天前，在敵後推進的裝甲部隊只遇到些微抵抗，可以把敵軍圍住，但現在已經來不及了。這一天有五萬八千八百二十三人撤離，包括一萬四千八百七十四員法軍官兵。

三十一日早上起霧，到午後就散去了，德軍至少還能派出幾個轟炸機機群。但這一整天都沒有斯圖卡起飛，使撤離的人員數達到六萬八千零一十四員。

第二天——六月一日，天氣晴朗，因此空軍又一次投入所有可以參與行動的飛機。雖然他們遇到許多噴火與颶風式戰機，但這些戰機大多都被奧斯特坎上校（Theodor "Theo" Osterkamp）帶著第五十一戰鬥機聯隊（JG 51）的Bf 109與胡斯中校（Joachim-Friedrich Huth）帶著第二十六重戰機聯隊（ZG 26）的Bf 110攔截。因此斯圖卡又一次成功對撤離艦隊發動攻擊。有四艘載滿部隊的驅逐艦，以及其他十艘船艦沉沒，還有更多船隻中彈受損。

雖然這天又有六萬四千四百二十九員官兵撤離，但空襲還是迫使雷姆賽中將把撤離行動限制在夜間進行。因此當第二天早上，德軍的偵察機前來偵察時，他們發現船隻全都不見了。因此，轟炸機的目標改到了陸地上，整個空軍的重心也轉往南方。事實上，第二天空軍就對巴黎發動了猛烈的轟炸。

發電機行動持續了九天，但德國空軍成功干擾行動的時間只有兩天半——五月二十七日、五月二十九日下午，以及六月一日。當六月四日破曉時分，最後一名官兵上船時，撤離的官兵總數達到了三十三萬八千兩百二十六員。這個成果對日後的戰爭造成了決定性的影響，而這一點在當時是無人所料到的。當德軍終於攻陷敦克爾克時，陸軍參謀總長哈德將軍在日記裡提到：「占領了城鎮和海岸，但英法部隊都溜走了！」

事實上還有三萬五千到四萬員法軍官兵沒有撤離，因此成了戰俘。他們的奮力抵抗，才是發電機行動可以持續這麼久、有這麼多同袍成功撤離（英軍幾乎全員撤離成功）的主因。

正當德軍步兵在整理海灘上的殘骸時，有一位筋疲力盡的飛行員跛著腳、揮著手向他們走來。他是歐哈芬中尉（Erich von Oelhaven），第一教導聯隊第六中隊的中隊長。他的Ju 88被噴火式戰機擊落。他以戰俘的身分被帶到一處停有許多卡車的碼頭，準備要搭上英國的船隻離開，他把握機會跳入水中，躲在卡車之間的木板下。

他在水中載浮載沉了三十六小時，潮水就在他身邊起落，直到他的同袍出現。至少對這位德國飛行員而言，敦克爾克算是一場勝仗。

五、英吉利海峽上的旋轉木馬

西線戰役的第二階段在一九四〇年六月五日展開，不到三週後便以德、法、義三國簽署停戰協議告終。這段期間，德國空軍採用波蘭戰役的模式，主要忙著替快速推進的陸軍提供支援。英國將會是它的下一個對手，還是他們會願意「妥協」，在整個英倫三島承受德軍猛攻之前就投降呢？

七月十日，英格蘭東南部與多佛海峽上空有零散的烏雲，雲高約兩千公尺，並且還下著短促的陣雨。一道低壓鋒面正從北大西洋接近，英格蘭各地都正下著大雨。這樣的天氣在潮濕的七月天是很常見的。

德軍的戰鬥機飛行員隨著部隊陸續來到海峽沿岸的機場，這時正拍著手臂取暖。他們的飛行靴卡滿了泥巴，跑道也成了沼澤。在這樣的狀況下，他們要怎麼逼迫英國戰鬥機與他們交戰？還是這樣的戰鬥根本不會發生？

似乎沒有人知道答案。自法國戰役結束以來，他們大多都很冷靜，德國空軍一直按兵不動、觀察狀況——上級希望英國朝結束戰爭而採取行動。不論是戰鬥機還是轟炸機，現在都是趁機休息的時刻。

但還是有些例外。這一天中午的偵察報告，提到有一支英國大型近岸船團，正從福克斯頓（Folkeston）前往多佛。在「海峽區轟炸司令」約翰斯・芬克上校（Johannes Fink）的灰鼻角（Cap Gris-Nez）指揮部（其實就是一九一四年英軍登陸紀念碑後面一輛改裝過的公車），電話鈴聲響了。他們對一個大隊的Do 17發出了警報，再加上一個Bf 109大隊來充當護航隊，以及第三個Bf 110大隊。

芬克的命令是要「封鎖海峽，阻擋敵軍船運」。看來這個船團要倒楣了。

英國夏令時間一三三〇時，有幾處雷達站偵測到可疑的機隊在加萊地區上空集結。他們猜對了，歐陸時間一四三〇時，來自阿哈、由阿道夫・福克斯少校（Adolf Fuchs）指揮的第二轟炸機聯隊二大隊（II/KG 2）正在與哈尼斯・陶特洛夫上尉（Hannes Trauloft）麾下的第五十一戰鬥機聯隊三大隊（III/JG 51）會合，後者剛從聖奧美起飛。

一個戰鬥機中隊負責當多尼爾轟炸機的貼身保鑣，陶特洛夫和另外兩個中隊則爬升到一千至兩千公尺的高度，占據攻擊來襲敵機的有利位置。集結完成的編隊接著便往英國海岸直直飛去，其規模總共約有二十架Do 17和二十架Bf 109。他們幾分鐘內就發現了船團。

另一個方向還有另一個機群靠近，他們是胡斯中校手下的第二十六重戰機聯隊，開著三十架Bf 110C前來。這樣德軍總共有七十架飛機了。英國人會迎接這樣的挑戰嗎？

英國船團標準的航空支援只有一個小隊的戰鬥機。以這支船團而言，那就是畢金希爾（Biggin Hill）的第三十二中隊麾下的六架颶風式戰鬥機。根據英國的資料，這六架飛機還有額外的問題。就在關鍵的攻擊發生之前，該小隊還因為雨雲的關係而失散。當第一個三機分隊總算會合時，他們嚇了一跳，眼前出現的是「一波波的敵軍轟炸機從法國來襲」。但他們沒有放棄，英國的紀錄這樣寫著「颶風機仍投入攻擊，以三架飛機對抗一百架敵機」。

根據皇家空軍官方戰史，一九四〇年七月類似的空戰都是這樣的情況：「少數的噴火式與颶風式戰鬥機一次又一次必須與超過一百架的德國飛機交戰。」

但事實上，這段期間在多佛海峽對岸，用來對抗英軍的戰鬥機中隊只有奧斯特坎上校的第五十一戰鬥機聯隊。同時因為天候不佳，加上與英軍交戰的關係，他手下三個分別由布魯斯特林（Brustellin）、馬提斯（Matthes）和陶特洛夫三位上尉指揮的大隊，其妥善率一直下跌。到了七月十二日，他只能找來第四個大隊支援，以便保持六十到七十架Bf 109可用的狀態。這第四個大隊就是基尼茨上尉（Kienitz）的第三戰鬥機聯隊三大隊（III/JG 3）。除此以外，如此戰力平平的部隊，在行動時還得考慮保留實力的問題，才不會在真正要對英國發動大規模攻擊前把戰力耗盡。直到七月的最後一週，第二十六戰鬥機聯隊（賈南德上尉是其中一個大隊的大隊長）和第五十二戰鬥機聯隊（JG 52）才開始參加海峽上空的作戰。

來到了七月十日——一般認為不列顛空戰開始的日子。第二轟炸機聯隊三大隊的多尼爾轟炸機正在靠近船團，這時陶特洛夫突然注意到高空中有負責巡邏的颶風式戰鬥機。先是三架，然後全部六架都出現了。有一段時間，英國機群沒有打算介入，而是保持在高空，等待機會避開二十架德軍戰鬥機，並攻擊戰鬥機下方的轟炸機。這樣比起直接衝進來送死，他們造成的干擾甚至還更強。

陶特洛夫因此不得不一直監視對手。不論是要主動交戰，還是企圖追趕，他都不得不把自己的部隊帶離多尼爾轟炸機，他的任務並不是要擊落敵機，而是要保護轟炸機、讓這些轟炸機安全回家。這或許就是颶風機的意圖：想用輕易獲勝當誘餌，把Bf 109戰鬥機引開，讓其他戰鬥機可以安心攻擊轟炸機。

幾分鐘內，多尼爾轟炸機突破了防空圈、在船團上投彈，然後俯衝到海平面高度返航。但就在這幾分鐘內，整個局勢變了。

收到雷達警告後，皇家空軍的第十一大隊又投入了四個中隊的戰鬥機，包括曼斯頓（Manston）的第五十六中隊、克洛敦（Croydon）的第一一一中隊、肯利（Kenley）的第六十四中隊與洪恩城（Hornchurch）的第七十四中隊。前兩個中隊配備颶風式戰鬥機，後兩個則是噴火式。

「突然間，整個天空都是英軍戰機，」陶特洛夫當天晚上在日記中寫道，「眼前我們有苦日子要過了。」

現在雙方的實力來到三十二架英國戰機對抗二十架德國戰機，顯然英軍現在不再等待了。嚴格來說，Bf 110大隊也應該要算進去，但噴火式與颶風式戰機不管從哪個方位攻來，這三十架Bf

110都只能組成防禦編隊。Bf 110只有一門朝後的七點九公厘機槍，由觀測手操作，遇到比自己快的戰鬥機從後方攻擊時，其實很難保護自己。

他們現在像馬戲團的馬一樣不停地繞圈，這樣每架飛機後面都有另一架飛機的四門機槍與兩門二十公厘機砲保護。但他們能保護的也就只有自己而已。他們是長程戰鬥機，本來應該是要負責保護轟炸機的。但現在他們只能組成這樣的魔法圈圈自保，對整個空戰的結果沒有任何的實質貢獻。

這樣一來，陶特洛夫的大隊就必須扛下整個空戰的重責大任，戰場頓時演變成各機之間的廝殺，無線電上充斥著各種激動的叫喊聲。

幾架颶風式戰機突然從五千公尺高度急急俯衝而下。他們是受夠了，還是只想脫離？還是他們其實是想攻擊準備返航的轟炸機？

猛追著其中一架的，是華瑟·歐騷中尉（Walter Oesau）。他是第七中隊的中隊長，也是當時德國戰果最豐碩的戰鬥機飛行員之一。被他追逐的英國飛行員很難脫逃，因為在俯衝時，Bf 109的速度快得多了。歐騷已經把兩個對手擊落海中，正準備達成「帽子戲法[4]」時，那架颶風式就這樣撞進一架德國雙發動機的飛機的機身內。兩架飛機同時爆炸，發出強烈的閃光，殘骸接著燃燒地旋轉掉入水中。那是一架Do 17，還是Bf 110？在歐騷拉高機頭、爬升與僚機會合之後，他已經認不出殘骸的原貌了。

在激烈的交戰中，陶特洛夫看見了好幾架飛機拖著煙墜落，但卻認不出他們是敵是友。但無線電上確實曾經傳來他的二號機道爾士官長（Dau）的聲音，他急忙說道：「我中彈了，必須迫降。」

陶特洛夫馬上派了一架飛機掩護他，如果他做得到的話，至少可以在不被干擾的狀況下前往法國海岸迫降。

道爾士官長擊落一架噴火式之後，發現有一架颶風式正朝向他。對方接著直直對他衝來，在相同的高度與他正面交會。雙方互不相讓、同時開火，然後以毫釐之差錯過彼此，沒有相撞。但德機的射擊線太低了，英軍第五十六中隊的佩吉（A. G. Page）擊中了目標。道爾的座機受到一股強大的力量搖動，發動機與散熱器中彈，他還看到一側機翼有一部分脫離。發動機馬上故障，還噴出汽化後乙二醇的白煙。

「冷卻水溫很快上升到一百二十度，」他在報告中寫道，「整個駕駛艙都是隔熱材料燒焦的臭味。但我還是想辦法滑翔到法國海岸，然後在布洛涅附近以機腹著陸。我跳出飛機時，機身已經著火，幾秒後彈藥與燃油就爆炸了。」

陶特洛夫的另一架Bf 109也在加萊附近執行了類似的迫降，該機的飛行員居勒上士（Küll）也安全脫離。以上就是第五十一戰鬥機聯隊三大隊損失的所有飛機，所有飛行員都安全返航。他們擊落了六架敵機。

接下來每天都是類似這樣，德國空軍有一部分的單位對英國發動不針對特定目標的戰鬥。芬克上校手上的兵力有限，只有第二轟炸機聯隊、兩個俯衝轟炸機大隊和他在第五十一戰鬥機聯隊的戰鬥機，因此只獲准攻擊海峽裡的船團。

4 譯註：足球中指同一名球員在一場比賽內踢進三球，此指單場空戰擊落三架敵機。

到了七月底，奧斯特坎上校帶著第五十一戰鬥機聯隊底下的整個大隊，對英格蘭東南部執行一系列的高高度巡邏。但英國戰鬥機司令部司令休．道丁爵士中將（Sir Hugh Dowding），卻不覺得自己有必要迎接這些挑戰。在法國和敦克爾克承受重大損失後，他把握每一天、每一週的喘息，重建手上的打擊力。他很確定，德國人一定會打過來，並且來得越晚越好。等這一天到來時，戰鬥機就可以出動了，現在時機未到，不用理會這種試探式的行為。

他手下的飛行員都抱怨著：「為什麼不讓我們動手？」對他們而言，這樣的巡邏就是挑釁。但道丁很堅持。德軍的監聽單位回報，說只要德軍派過去的機隊只有戰鬥機，英軍的中隊就會一直被地面管制台要求避免交戰。他們會接到來自雷達站類似這樣的警告：「敵機在北福蘭（North Foreland）上空一萬五千呎，沿泰晤士河河口往上，」然後再加一句：「返回基地，不要交戰。」

道丁一開始甚至還拒絕替近岸船團提供戰鬥機護航，他認為那是海軍的事。但就在七月四日，位於大西洋的OA 178船團，在波特蘭（Portland）外海被第二斯圖卡聯隊的兩個大隊攻擊。由於只有船艦上的火砲自衛，有四艘商船因此沉沒，損失總計一萬五千八百五十六噸，其中包括五千五百八十二噸的輔助防空艦福約灘號（HMS *Foyle Bank*），並且還有九艘、總共四萬零兩百三十六噸的船隻受損，其中有些還傷得不輕。這時邱吉爾下達直接命令，從今以後所有船團都要有六架戰鬥機護航。只要接獲報告，稱德軍機群正在接近，就要馬上增援。

隨後發生的周邊戰鬥，被後世史學家認為是不列顛空戰的「接觸階段」，而真正的衝突還要再更晚一點才會發生。由於德國空軍有九成都還停在地面休整，少數持續出擊的機組員不得不懷疑自己行動的目標到底是什麼。莫非要單靠飛行員獨力擊敗整個英國嗎？

為什麼德國空軍沒有在英國於敦克爾克元氣大傷之後的期間全力攻擊？為什麼在法國投降都過了三個禮拜之後，德國空軍都還幾乎處於被禁足的狀態？以後見之明來看，原因就在於西線「閃擊戰」戰役後造成的種種耗損上。這時的德國空軍非常需要休整，他們要重建軍力、移動到前方的新基地。他們的補給線要重新組織，還要搬運很多新的機材，德國空軍才能有一點自信可以在全力攻擊中擊敗英國。

有些領導幹部，包括轟炸機與戰鬥機的，都很難同意這一點：「我們就待在那裡沒事幹，完全不明白為什麼不能出動。」

這樣的延誤讓英國得到了兩個月亟需的喘息時間，足以重建防禦，而其背後真正的原因還要更深層。

德國空軍從未擁有對英國交戰所需的裝備，因為「元首兼統帥」曾經明言這樣的交戰根本不應該發生。希特勒曾在一九三八年夏天向戈林保證，說「絕對不可能對英國開戰！」戈林相信這句話，因此叫手下將領在自己的鄉間莊園卡琳宮（Carinhall）召開一次重要會議，與會成員包括空軍部副部長米爾希、參謀總長顏雄尼克，還有技術局局長烏德特都有參加。

不列顛空戰在這次會議時就已經輸了，因為與會的德軍高層相信這樣的戰爭根本不會發生。會議中決議，所有能生產轟炸機的工廠，從此以後都只生產具有俯衝潛力的容克斯Ju 88。為什麼這個決定這麼重要呢？

雖然這款新飛機的性能預計會比現有的Do 17和He 111更強，但仍是一款航程有限的中型轟炸機。此機型只有兩具發動機，不可能有更遠的航程。Ju 88適合攻打波蘭或捷克斯洛伐克，甚至也可以攻打法國或其他可能與德國交戰的鄰近國家。但如果要攻打英國這樣的島國，它的性能就不夠了。

空軍參謀本部部長威佛中將對於可能的發展看得比較透徹。早在一九三四年年初，他除了中型轟炸機之外，呼籲要開發一種四發動機的「重型長程轟炸機」。他這時心中掛念的當然是俄國，但英國也確實只有這種「戰略轟炸機隊」才能作有效打擊。這種轟炸機的航程可以一路延伸到大西洋，讓德軍可以從空中攻擊英國的海上補給線。

在威佛的壓力下，多尼爾與容克斯公司都收到了開發契約。到了一九三六年年初，四發動機的Do 19和Ju 89總共造出了五架可以飛行的原型機。

當時的公告稱：「參謀本部對此次的開發案寄予厚望。」兩款飛機的六百匹馬力發動機對這麼大的飛機來講確實有點不足，但可以日後再加強。這時的四發動機轟炸機仍是頗有希望的投資。

然後不幸降臨了。一九三六年六月三日，威佛在德勒斯登墜機身亡，把長程轟炸機的開發案也一起帶進了墳墓。年底都還沒到，參謀本部開始把這個案子歸類為「錢坑」了。

「我國航空工業明顯完全無法將重型飛機快速投入生產，使空軍能在必要的時間內得到具備必要性能的機型。」

其實其他國家的航空工業也一樣做不到這點。連在一九四三年出現在德國天空的B-17「空中堡壘」，都是從一九三五年開始就在英美兩國持續開發的機型。但在德國，一切都要更快才行。德國的高層希望建立一支快速成軍的魔法空軍，擁有一個又一個聯隊、數量龐大的轟炸機，這樣他們才能擁有足以擊潰外國的武器。只有輕型與中型轟炸機能達成這樣的要求，只有這樣的機型，才能快速且大量地離開生產線。反正這些飛機在波蘭、挪威、荷蘭、比利時和法國，不是也證明了它們的實力嗎？

現在時間來到了一九四〇年的夏天，德國空軍這時正面對一場很不一樣的戰役。裝備上的不足一下子就表露無遺。

烏德特一直都偏好小型俯衝轟炸機，而不是重型的水平轟炸機，他承認自己從沒真的想過要與英國作戰（他將對英國的戰事說成是「一場鬧劇」）。

從技術上的決定到大量生產，中間只有一步之遙。三〇年代中期，德國的飛機工廠像雨後春筍般百家齊放。多尼爾、亨克爾、容克斯、梅塞希密特、佛克沃夫等許多廠商開始彼此競爭。「空軍要這個」、「空軍訂了那個」、「空軍會付這個的錢」，這就是當時的氣氛。製圖板上出現了一架又一架更快、性能更好的新設計。如果發動機的開發跟不上需求，那就在空氣動力學上補強。各家廠商還競相追求國際認可的速度紀錄，以便證明自家設計的性能。

我們先回到一九三九年三月十九日星期日這一天，容克斯在德紹（Dessau）的機場。試飛員恩斯特．塞伯特（Ernst Seibert）與飛機工程師庫特．海因茲（Kurt Heintz）正在他們的Ju 88 V5（意指第五架原型機）前等待。他們有很多事要做，也非常興奮。

在國外的專業人士圈子裡，容克斯這款即將量產的「高速轟炸機」已經傳得謠言滿天飛了。考慮到這時的德國空軍希望讓自己看起來比實際上更強大，因此藉由吹噓轟炸機早已獲得驚人的成功。柏林的帝國航空部則興致高昂地希望Ju 88能超越世界紀錄，好為它的傳奇性增添一些光彩。

幾個月前他們做過一次測試，結果非常失敗。天公不作美、左發動機又故障，飛行員林伯格（Ernst Limberger）還不得不在民用機場迫降。他在進場降落時，一架民航機在他前方的另一條跑道降落，並從他面前跨過，等到他終於觸地時，跑道只剩一半。Ju 88的高速性能造成飛機直接撞進機庫，飛行員和乘客也雙雙喪命。

如今在三月十九日這一天，塞伯特與海因茲在試飛前先請人做過氣象觀測，再把結果以無線電通知德紹。最後，消息傳來了：「一切安好，強烈建議起飛。」過沒多久，Ju 88飛過了測量起始點。飛行員和工程師緊張地監看儀表，並仔細調整路徑，以免走遠路。「在這樣的天氣下，我們一定要在一個小時內到達楚格峰（Zugspitze），」首席試飛員辛默曼（Zimmermann）在出發時和他們這樣說過。

他們在五十六分鐘內抵達，國際航空聯盟（Fédération Aéronautique Internationale）也正式確認他們建立了載重兩噸飛機的最新速度紀錄，在這一千公里的路程中達到每小時五百一十七點零零四公里。三個月後，同一架飛機又替德國打破了兩千公里的速度紀錄。

表面上來看，紀錄當然很棒。可是德國空軍參謀本部在一九三七年就已經放棄「打造飛得比戰鬥機還快的轟炸機」這種夢想了。

原始設計為無防禦武裝的Ju 88——如同Do 17——先是配置了一門朝後的MG 15機槍，後來又加上了更多機槍。Ju 88原本打算採用三人一組，卻必須在狹窄的機艙內塞進第四人。最後，為了配合空軍的新準則，該機還得具備俯衝轟炸能力。

這樣一來，整架飛機的結構就必須加強，但同時得犧牲飛行速度。現在量產的飛機除了名字以外，和塞伯特打破紀錄用的Ju 88 V5已經沒有什麼共通點了。

即使如此，上位者對Ju 88還是有著相當不切實際的期待。烏德特對Ju 88非常樂觀，甚至在和當時正在開發四發動機轟炸機He 177的亨克爾教授接受訪問時[5]，他還說：「我們不會再用到這種昂貴的重轟炸機了，這種機型消耗太多資源。我們的雙發動機俯衝轟炸機飛得夠遠，而且命中率高得多。每一架四發動機轟炸機所需要的資源，都可以用來造兩架或三架雙發動機的飛機。重點是要滿足元首想製造的轟炸機數量！」

Ju 88預期的航程幾乎可以說是夢幻，空軍很快就大失所望。在第二航空軍團夏季操演結束後的一次會議中，當時正在雷希林接受測試的Ju 88，其評價是這樣的：「巡航速度每小時約四百三十公里，可進入敵境約一千八百公里，並且可達成五十公尺誤差內九成的命中率。」

如此驚人的數字讓在場的Do 17與He 111部隊指揮官之間引起一陣耳語。空軍參謀總長顏雄尼克每講一個字，都得用指節敲一下桌子來強調，他大喊著：「以上性能都已在雷希林證實！絕對可信！」大概就像希特勒說絕對不會和英國開戰一樣可信吧。

聽起來或許很奇怪，但這是事實：德國空軍的裝備並不適合攻打英國。它手上的轟炸機無法有效打贏這樣的對手。空軍現有的轟炸機太慢、太脆弱也太輕薄。他們手上沒有重轟炸機。

那戰鬥機呢？德國空軍不是有世上最快的戰鬥機嗎？

———

一九三八年六月六日，五旬節的週一。這天早上十點，一架紅色的西別爾聯絡機在亨克爾公

———

5 譯註：He 177 採用兩組 DB 605/610「雙子發動機」，也就是將兩具 DB 601 或 605 組合成一具大型發動機的作法。有些人將此視為雙發動機，有些則視為四發動機。

司位於波羅的海瓦爾內明德的廠房上空繞了一圈，然後進場降落。

飛行員是烏德特中將。他的飛機在空軍內部可說是無人不知。他又逃出位於柏林那張「堆滿恐怖文書」的辦公桌了。身為負責全空軍科技開發的人，他認為恪盡職責最好的方法，就是親自測試每一架新飛機。他每個週日都會造訪工廠，這是他例行公事廣為人知的一部分。但這次他只是出於好奇才跑來這裡。

「你們的新飛機怎麼樣了？」他馬上問亨克爾教授。

「再過幾天就會創下新紀錄了。」這位實業家很酷地回答。

這樣的評論其實話中帶刺。新飛機就是He 100，一架亨克爾出於怨念、想證明自己能做出比Bf 109更快更好的戰鬥機而打造出來的。

兩年多以前，帝國航空部技術局在多次比較、試飛過Bf 109和對手He 112後，決定選擇前者當作空軍的標準戰鬥機。然而亨克爾的戰鬥機其實迴轉半徑更小，在地面上的操控性也更好。出局的原因之一，可能就是He 112比對手慢了一點點。

兩架飛機打算擊敗對手的方法，都不是像以前一樣靠運動性能取勝，而是靠速度。這樣的發展一開始並不受一戰老兵的歡迎。兩者的原型機採用相同的發動機，性能也十分接近。梅塞希密特的原型機機身比較細長、輕巧，並且構造比較簡單；He 112比較堅實卻具有氣動力學的優異設計，其構造也比較重而複雜。

空軍之所以選擇Bf 109，主要是因為其優異的氣動力學特性，烏德特尤其喜歡這個設計。梅塞希密特公司的首席試飛員赫曼．烏斯特博士（Dr. Hermann Wurster）在展示飛機時，做了一系列的螺旋飛行，卻沒有出現任何尾旋失控的現象，在從七千五百公尺高空垂直俯衝後，在到達地面前安全拉高。這架飛機不但不會尾旋，而且在俯衝時相當可靠，操控性良好，操縱桿也很輕巧。更重要的是，它的製造工時和所需材料都比較少，這點對追求大量生產的烏德特來講很重要。

但亨克爾沒有放棄。他一直都很有野心，想打造出最快的飛機。至於空軍高層，他想「讓他們見識一下」。

一九三八年六月六日，五旬節週一，這樣的時刻到了。烏德特仔細且銳利地檢視著全新的He 100 V2。機身的線條比He 112還要流暢。更重要的是，此機採用戴姆勒－賓士（Daimler-Benz）DB 601發動機，具有一千一百匹馬力。兩年半以前，德國最好的發動機也不過是六百匹馬力，德國第一款單翼戰鬥機原型甚至還得用英國的勞斯萊斯紅隼（Kestrel）發動機才能滿足需求。因此，這款也會安裝在Bf 109上的新發動機，確實是一大進步。

但其外形最重大的特徵，是機身底下本來應該要有的散熱器進氣道不見了。若是沒有這樣的突出物製造風阻，亨克爾的設計師認為此機的速度最多可再提高八十公里，因此他們改成採用主翼上的蒸發散熱系統。

烏德特檢視過機體後，由於他曾在雷希林試飛過第一架原型機He 100 V1，因此轉身對著亨克爾，眨眨眼問他：「你可以讓我開開看嗎？」

身邊的人都拭目以待，亨克爾看到了機會。好幾週以來，他一直在幫這架He 100作準備，以便挑戰一百公里封閉路徑速度紀錄。如果飛的人是烏德特本人，而不是年輕又名不經傳的試飛員赫亭上尉（Herting）的話，對技術局來說一定會有不小的影響，甚至可能讓他們認真考慮採用亨克爾的戰鬥機！只要烏德特想要，他當然可以飛。烏德特很清楚那一天是He 100安排挑戰破飛行速度紀錄的日子，天氣愈來愈好。做過宣誓的見證人與國際聯盟的計時人員也都來了。

這時德國的陸上機速度紀錄於一九三七年十一月由赫曼・烏斯特創下，速度是每小時六百一十點九五公里。當然，這是由Bf 109創下的，使用的發動機和He 100一樣，都是DB 601型。一百公里的紀錄這時仍由義大利人尼克羅（Furio Niclot Doglio）保持，使用的是雙發動機的布列達（Breda）Ba 88，紀錄是每小時五百五十四公里。亨克爾現在要挑戰的是後面這個紀錄。

下午四點，烏德特滑行出發，還揮著手回應一如往常的最終提醒與提示。他的起跑線是巴德穆里茲（Bad Müritz）的海灘，折返點則是烏斯特羅機場（Wustrow），離起始點五十公里。他很快就出發了，飛機的操控性非常好，操縱桿也很輕巧，讓他很難感覺到自己飛得有多快。他很快看見前方的天空出現點點黑煙，那是烏斯特羅的防空砲打出的空包彈，用來標示折返點的位置。烏德特在這個地點旁急轉彎，出發後不到十分鐘回到了出發地降落。

計時人員十分興奮地計算著，結果是每小時六百三十四點三二公里。這個紀錄比舊的一百公里紀錄快了整整八十公里。亨克爾尤其滿意的一點，是他的飛機用同一顆發動機，擊敗了Bf 109的速度紀錄。烏德特對此會有什麼感想呢？

結果烏德特什麼都沒說，看起來也沒有太大的興趣。

亨克爾很堅持：「接下來我要挑戰終極的世界紀錄！」

烏德特只回了他一聲「嗯」。

烏德特有口難言。身為技術局局長，他知道梅塞希密特也打算挑戰同一個紀錄，但他又不能說出來。德國空軍已經選了Bf 109來當主力單座戰鬥機了，事到如今也不可能再去改變這個決定。這樣一來，Bf 109就必須在大眾面前表現出是最強、最快的戰鬥機。現在亨克爾又拿了一台

He 100出來攪局，還打死不退地堅持要另外再做出世界最快的戰鬥機！

烏德特本身喜愛運動競技，雖然他覺得德國空軍禁不起兩家最大的飛機製造商如此競爭，他還是讓這件事情順勢發展。於是這兩家公司耗費了鉅資，各自追求同一個目標：無從被挑戰的世界速度紀錄。

自一九三四年以來，這個紀錄就由義大利的法蘭西斯科·阿哥羅（Francesco Agellos）保持。他駕著一架馬奇（Macchi）M.C. 72水上競速機飛到了驚人的每小時七百零九點二零九公里極速[6]。但他用的不是當時德國設計師必須遷就的六百匹馬力發動機，而是超過三千匹馬力的雙子發動機。當然，這架飛機是完全為打破紀錄而生，雖然浮筒會製造出許多阻力，卻擁有起降不受機場限制的優勢。梅塞希密特和亨克爾建立的紀錄是限制在陸地起降的飛機，並且必須使用量產型發動機，因此速度主要取決於氣動力學特性。

然而只靠流線型設計，還是有其極限。如果要打破阿哥羅的紀錄，就需要馬力更強的發動機。因此，戴姆勒-賓士公司提供了兩家飛機公司經過特別強化的DB 601R型發動機，其馬力從標準量產型的一千一百匹提升到可以在短時間達到一千六百到一千八百匹馬力，只需要注入甲醇就行。沒錯，只要這樣操一個小時，這顆發動機就會完蛋，但以破紀錄來講，一個小時已經比需要的時間長很多了。

亨克爾於一九三八年八月，在位於羅斯托克-馬利恩荷（Rostock-Marienehe）工廠準時收到他

---

6 譯註：此紀錄以螺旋槳推進的水上飛機而言，至今仍未有人打破。

的發動機。大家都不准太靠近那顆發動機。由於發動機壽命很短，因此不能測試。He 100 V3的機體必須使用普通的量產型發動機試飛。到了九月初，一切總算準備好了。天氣很好、國際航空聯盟的證人與計時人員都來到三公里飛行路線旁，要看著這架飛機來回各飛一次。亨克爾的首席試飛員格哈德・尼區科機長（Gerhard Nitschke）把自己塞進小小的駕駛艙內。雖然他才剛從另一次試飛事故中康復，但他還是很有自信。機場放行讓他起飛，飛機便馬上升空。幾分鐘後，悲劇就發生了。

接下來發生的事讓亨克爾六個月來的努力付諸流水。尼區科沒辦法收起起落架，只有一邊收起來了，另一邊卻卡在放下位置。這樣一來，挑戰紀錄的事情就只能放棄了。

但這還不是最糟的。等尼區科總算準備要降落時，他發現收起來的起落架現在又放不下去了。這整件事實在倒楣到令人難以置信的程度，尤其這是一架每個零件都再三檢查過，以期能完成特殊任務的飛機。顯然，這麼快的飛機不可能只用單邊起落架降落。飛行員飛過機場數次，讓地面人員看看飛機的狀況。但其實地面人員早就清楚是怎麼一回事了。亨克爾本人親自出面，試著叫尼區科以自己的安全為重。

最後，尼區科讓飛機陡然爬升、將座艙罩往後打開，然後跳傘。雖然從機尾旁擦過，但降落傘還是成功打開了。飛機就這樣帶著精心調整過的發動機和幾個月的付出在一處田野上墜毀。

He 100 V3因零件偶然的故障而墜毀，使眾人的目光轉向他的對手。現在輪到威利・梅塞希密特教授（Willy Messerschmitt）挑戰紀錄了。但他也遇到了一些困難。

他要用來挑戰速度紀錄的機型是一款幾乎全新的飛機：Me 209[7]。其機身比標準的Bf 109小、緊湊，並且更有稜有角。座艙罩幾乎沒有凸出來，而且位於機身非常後面的地方。此機型最大的問題是散熱。由於阻力問題，不能使用一般的進氣道。工程師試著採用類似He 100的表面散熱系統，卻在送回發動機循環的地方發生問題。最後，梅塞希密特決定讓蒸氣直接排出，並持續供應發動機散熱水。這表示Me 209每飛行半個小時，就要帶上四百五十公升的冷卻水。

Me 209 V1最後在一九三八年八月一日由烏斯特博士駕駛升空，就在He 100在瓦爾內明德墜機前不久。梅塞希密特還在奧格斯堡（Augsburg）完成兩架原型機的組裝，準備在次年二月和五月分別試飛。

一九三九年年初，亨克爾突然又再度迎頭趕上了。又有幾架He 100原型機在這時送到了空軍在雷希林的測試中心，意謂著這款機型很快就能進入量產。但首先，He 100 V8必須先試著打破新的世界飛機速度紀錄才行。

一九三九年三月，是時候了。原型機已經通過飛行測試，重新調校過的DB 601發動機也已經送達。這次開飛機的是二十三歲的試飛員漢斯．迪特雷（Hans Dieterle）。亨克爾在柏林－奧拉寧堡（Oranienburg）的工廠附近安排了一條新的飛行路線，那裡的天氣比陰晴不定的波羅的海海岸要好得多。

---

7 譯註：梅塞希密特公司成立於一九二〇年代晚期，早期稱作巴伐利亞飛機公司（非一九一六年成立的同名公司，該公司後來成為ＢＭＷ「巴伐利亞發動機製造廠」），因此早期有些機型代號為 Bf；諸如 Bf 109 與 Bf 110 等該公司較早期的飛機，在德軍內部常有 Bf/Me 兩種代號混用的狀況（Bf 109 甚至有同一份文件內使用兩種不同用法的情形）。在臺灣，由於 Bf 109/110 的用法較為常見，故本書採用 Bf 109 的譯法。然而這樣一來就會有「Bf 109 的後續發展型是 Me 209」這樣看似不合理的狀況。

三月三十日一七二三時，迪特雷出發執行這趟重要的飛行測試。這次起落架沒有故障。他沿著預定路線衝過四次，在折返點時必須繞很大一圈才不會超過指定高度。他在起飛後不到十三分鐘就降落了。他降落前拉高機頭，翻了幾個空翻，他很確定自己一定是打破了紀錄。

接下來就是一大段焦急的等待，讓計時人員計算、檢查，然後再計算一次。他們直到半夜才宣布結果：每小時七百四十六點六零六公里。過了五年，終於有人可以很有自信地說，打破義大利的七百零九公里紀錄了，同時這也是航空史上第一次，世界最快的人是個德國人。

這在宣傳上當然非常有利，即使有誤導民眾之嫌。第二天，柏林正式對外公佈，說一架「亨克爾He 112U型戰鬥機」打破了航空器的世界飛行速度紀錄。德國刻意製造出該型機即將量產的假象。空軍向亨克爾購買了十二架He 100D-1，將它們分別漆上各中隊隊徽之後，賦予「He 113戰鬥機」的型號，並公開向媒體展示。但這並不會改變一個事實，就是在不列顛空戰時，這款飛機並不能派上戰場，因為破紀錄這件事並未改變技術局的決定。結果，帝國航空部為了強化自己選擇Bf 109的正當性，只好萬分焦急地期望梅塞希密特再一次打敗亨克爾的紀錄。

短短五天後的一九三九年四月四日，奧格斯堡的團隊在一切就緒前夕，突然遭遇致命的打擊：試飛員弗利茨．溫德爾（Fritz Wendel）在挑戰紀錄的準備過程中因故必須迫降，造成座機Me 209 V2損毀。梅塞希密特公司很有耐心地再次拿出前一架Me 209 V1。戴姆勒-賓士公司的技術人員勉強將機上的DB 601 ARJ發動機馬力又一次加強，來到短時間可達兩千三百匹馬力的地步。就算只是接近這樣的數字，在短短的試飛期間應該就夠了。

他們又等了好幾天，等待天氣放晴。過程中有好幾次挑戰都是在最後一刻取消。最後，在四月二十六日這天，他們終於成功了。溫德爾將飛機逼到極限，以僅僅時速八公里之差（以三公里的路線而言，相當於只有五分之一秒）擊敗了亨克爾機的紀錄，來到每小時七百五十五點一三八公里的新紀錄。

這下宣傳單位就可以大肆廣告，說幾年來大家都以為牢不可破的速度紀錄，在短短四週內就被兩架不一樣的德國飛機各打破一次了。他們還用上老招，宣稱新紀錄是由一款叫「Me 109 R」的機型所創下的。當然，這是個假的機型。只要宣稱紀錄是標準戰鬥機的改裝型所創下，就能給人一種服役版機型也不會慢太多的印象。這樣一來，暗示梅塞希密特的戰鬥機比世上其他戰機快上了兩百公里，幾乎無人能敵！

實際上，Me 209是一架破紀錄專用機，其極速只能維持數秒、冷卻液只夠用半小時，發動機的壽命甚至很難超過六十分鐘。

即使如此，對亨克爾和他的同事而言，失去紀錄保持人的地位還是很糟的一件事。但他仍然堅持、不肯放棄。他很確定只要測試在海拔高了五百公尺的巴伐利亞進行，他的飛機就能利用空氣較為稀薄的優勢，飛得比對手更快。但空軍不贊成他的想法。亨克爾新一輪準備的消息一傳到柏林，技術局的首席工程師魯希特（Lucht）發了一封冷淡的電報回應：「我們對再次挑戰速度沒有興趣……速度紀錄已入德國之手，進一步微幅提升不值得投入大筆金錢。請貴企業避免再次往此方向發展。」

實際跑去見亨克爾的烏德特則說得更直白：「亨克爾，我的天啊，我們的標準戰鬥機是Bf 109，之後也會是如此。如果有另一款戰鬥機更快，那我們的面子要往哪擺！」

於是，整個德國的戰鬥機生產重心，就全部集中到了一款戰鬥機上。Bf 109當然是很優秀的機型，集中生產力當然也對駕駛、維修戰鬥機的人有利。可是如果戰爭拖得太久怎麼辦？技術局人員很清楚，He 100的巡航速度比對手Bf 109快了整整五十公里，而且起落架強壯得多、在地面上的操縱也容易太多了[8]。但技術局卻如此看待這些優勢：「我們並不擔心戰鬥機的事。」

一九三九年十月，一件讓亨克爾感到驚喜的事情發生了。蘇聯派了軍官與工程師組成的代表團過來，宣稱打算前來查看He 100，並且可能考慮要購買！他和柏林確認後，確定這次來訪是真的。帝國航空部還批准將這款飛機賣給東方的新盟友。

俄國人對He 100的性能十分滿意，並馬上把六架還留著的原型機全買了下來，而三架預先生產的He 100D、其生產執照和十二架He 112B則由日本帝國海軍航空隊[9]買走，突破各種運輸障礙送往遠東地區。

然而，沒人預期到的事最後卻成真——德國與英國開戰。這時最快的德國戰鬥機卻賣給了俄國！

空軍技術局這時還在爭辯：「無所謂，我們使用Bf 109還是可以打贏戰爭。」

在波蘭、挪威與西線戰役中，這是事實沒錯，但現在的敵軍換成了手上擁有噴火式戰機的英國，德國戰鬥機終於要旗逢敵手了。噴火式的爬升率與Bf 109差不多，運動性能更為優異，俯衝時只較為慢了一點。在英吉利海峽上空，梅塞希密特的戰鬥機這才第一次體驗到戰火的洗禮。

到了一九四〇年七月十六日，陶特洛夫上尉的第五十一戰鬥機聯隊三大隊在每天承受英國戰鬥機的攻擊後，原本擁有四十架飛機的部隊只剩十五架還能作戰。少數是因為遭到擊落，但有許多是因為中彈、起落架故障或發動機故障而無法出擊。Bf 109在實戰上的損耗是相當激烈的。

三天後在多佛上空，陶特洛夫的戰鬥機背對陽光攻擊一支正以緊密編隊爬升的英國中隊。陶特洛夫數出有十二架波頓-保羅無畏式戰鬥機（Boulton Paul Defiant）。這是一種才剛服役的雙人座戰鬥機。此型戰機的機槍並不是裝在機翼內向前發射，而是裝在迴轉砲塔上由飛行員身後的機槍手操作。相較於一開始只有少量投入戰場的噴火式而言，無畏式對Bf 109並不是十分難纏的對手。第一波奇襲後，十二架當中有五架著火墜海。德軍宣稱擊落了十一架，英軍的來源則指出有六架全損。不論如何，這對第一四一中隊都是沉重的打擊，使得該中隊不得不撤離海峽地區。

雖然所有的德國飛行員都安全返航，但許多飛機仍然受損嚴重，造成隔天的戰備機數下降到十一架，創有史以來新低。

這時空軍總司令（剛晉升為帝國元帥）才把第二與第三航空軍團所有的指揮官叫去參加不列顛空戰前的會議。戈林十分自大：「這幾週以來，在海峽前線的交戰中，第五十一戰鬥機聯隊已經擊落一百五十架敵機了。這應該明顯足以減弱對手的實力！我認為現在我們可以叫所有轟炸機安心進入英國了……英國剩下的少數戰鬥機根本無法挑戰我們！」

帝國元帥被空軍先前的成功所蒙蔽，完全低估了對手。接下來的交戰將會十分艱苦，比最悲觀的人擔心的都還要艱困，甚至最後導致失敗。

8 譯註：原書這裡沒有講得很清楚，尤其在提到 He 100 試飛時發生起落架收不起來又放不下去的意外後，讀者可能更難以理解 He 100 為何「起落架強壯得多」。Bf 109 整個服役生涯都苦於兩側主起落架距離過近造成的種種問題，包括起降與地面滑行時容易翻覆、難以適應野戰機場的不良地形等等。He 100 的主起落架間距遠很多，在這方面的問題理論上應較輕微。但實際上 He 100 的原型機仍有起落架結構強度問題，八架原型機中，有四架（V2、V3、V4、V6）都因各種起落架問題而受損。

9 譯註：即日本海軍的 AXHe1 型戰機。

總結與結論

一、西線戰役前幾天的狀況，證明傳統的要塞再也無法抵抗陸空聯合攻擊。由空軍領頭「弱化」防禦後，要塞堡壘便由裝甲部隊與步兵攻下。即使是默斯河的堅實防線，都比預期中更快攻陷。

二、像艾本艾美要塞與亞伯特運河的工兵空降行動這麼大膽的作法，可以一時癱瘓敵軍，但需要陸軍快速推進支援。輕武裝的空降部隊本身戰鬥力不足，無法單靠本身維持從一開始取得的成功。

三、這點也適用於荷蘭的傘降與機降步兵。在荷蘭，由於他們的存在已因挪威戰役而眾所周知，造成空降部隊未能享有完整的奇襲優勢，繼而導致海牙周邊的空降行動失敗。這次行動損失了數百架主要來自空軍教導聯隊的運輸機，造成未來補充訓練人員上的困難。

四、在法國，空軍不只替裝甲部隊開路，還負責保護其延伸而暴露的側翼。雖然密接支援與俯衝轟炸單位尚不熟悉攻擊戰車的戰術，但仍多次擊退敵軍裝甲部隊對其側翼的攻擊。

五、空軍在敦克爾克的任務是要阻止英法兩國部隊從海上撤離，但事後證明此任務超出空軍當時的能力所及。成功所需要的條件包括天候、前進基地與精準轟炸的訓練，在當時來說，空軍三者皆無。在撤離行動的九天內，空軍真正能大規模發動攻擊的時間只有兩天半。這是轟炸機與俯衝轟炸機部隊第一次面對英國戰鬥機時承受重大損失，這是由於英軍戰鬥機現在可以從離本國比較近的基地起飛。

六、雖然在法國戰役的其餘時間並未遇到重大問題，但戰役結束後空軍仍需要休整。空軍手上沒有立刻對英國發動攻擊所需要的戰力。最重要的準備是在法國北部建設所需的地面設施。然而，英國皇家空軍利用這段時間加強防禦。雙方都在為接下來的衝突作準備。

第四章　不列顛空戰

一、鷹日作戰

一九四〇年八月十二日星期一，多佛海峽上的低空，有一支混合機種的德國編隊正在往西前進。從昨天開始，天氣已經改善，現在視野相當良好。

華瑟・魯本多佛上尉（Walter Rubensdörffer）瞥見英國海岸從水中陡然升起，他在快要通過海峽一半的時候，對著麥克風說道：

「呼叫第三中隊。前往執行特殊任務。祝好運。完畢。」

該中隊的中隊長奧托・辛則中尉（Otto Hintze）回應「收到」，然後結束通話。他帶著八架Bf 109繼續往多佛飛去，而魯本多佛手下的第一與第二中隊則挾十二架Bf 110的機隊往左脫離，往西南方與英國海岸平行飛去。

這支機隊混合了戰鬥機和重戰鬥機，但它們不僅僅擔任戰鬥機的任務。機身下面還分別掛著兩百五十公斤和五百公斤的炸彈。

魯本多佛的Bf 110和Bf 109屬於「第二一〇試驗大隊」（Erporbungsgruppe 210），是德國空軍唯一的同類型大隊。過去一個月，在海峽區轟炸機司令芬克上校的指示下，本大隊一直在攻擊英國的船團。這段期間，它證明了空軍高層所寄望的事——戰鬥機也可以掛著炸彈前去攻擊、命中目標。

前一天，大隊才獲派出去攻擊代號「戰利品」（Booty）的英國近岸船團。大約在一三〇〇時，二十四架Bf 109開始俯衝，衝進船團的防空砲火中。船員想說這些飛機只是戰鬥機，並不足以造成過多的傷害。但德機低空飛過，並且投下炸彈。有不少炸彈擊中了甲板與上部結構，造成兩艘大型船隻嚴重受損。

大隊脫離目標後，被皇家空軍第七十四中隊的噴火式戰機追逐，後者宣稱遇到的敵人是「四十架Bf 110」。魯本多佛馬上要Bf 110組成防禦圓圈，並讓Bf 109與噴火式交戰。現在Bf 109的炸彈已經投下，又能恢復純戰鬥機的角色了。

試驗大隊的戰鬥機全都配有與標準戰鬥機相同的機槍與機砲，因此比通常只有三挺機槍的重型轟炸機更能自我保護。這種戰術的概念，是認為戰鬥轟炸機在受到敵軍攻擊時，可以自行組成戰鬥機防禦隊形。

但今天，試驗大隊的目標第一次從原本的船團與港口變成別的東西。他們今天的目標，是英國海岸上多處設立的最高機密「無線電天線」。這些目標從海峽另一邊，可以輕易地以望遠鏡觀察到。

德軍透過有系統地竊聽敵軍無線電，發現英國的戰鬥機都是接受地面站點透過甚高頻無線電給予指令。他們還發現這些地面站會透過一種新型的無線電定位系統來取得情報，而這些系統可見的「接收器」就是海岸上的那些天線。

對空軍信號通訊系統的主官沃夫岡．馬丁尼將軍（Wolfgang Martini）而言，這個發現是一大震憾。他還以為德國在這方面是遙遙領先呢。

一九四〇年的德國擁有兩種雷達：

一、芙蕾亞。機動式雷達，能發射波長兩百四十公分的脈衝，適合在海岸找出海上與空中目標。加萊西邊的維桑（Wissant）就有一座這樣的雷達站，會找出英國的近岸船團，然後再由芬克上校的飛機與武裝快艇攻擊。

二、符茲堡（Würzburg）。此時才剛量產，一開始是由魯爾區（Ruhr）的高砲團使用。此型雷達使用超短的五十三公分波長雷達波，其脈衝可以非常集中，有時能得到驚人的成果。這種雷達可以找出一架飛機的位置、路徑與高度，其精準度驚人，甚至在前一年的五月，埃森－費林卓普（Essen-Frintrop）的一個高砲陣地擊落了一架飛在濃密雲層上方、自以為十分安全的英國轟炸機。

——

從技術層面看，馬丁尼手下那些在占領法國後連忙衝向海岸的雷達及官兵所發現的事情，對他來說實在不是什麼新消息。英國採用的雷達波長至少有一千兩百公分，根據英國方面的資料顯示，他們觀測來襲機隊的規模有時誤差可以達到三百個百分點。

馬丁尼感到困擾的不是敵軍的科技，而是他們顯然頗有系統的作法。他發現英國整個東部和南部海岸都已經建滿了一系列的監聽與傳輸站，這讓他大為震驚。來自這些單位的報告會在作戰中心經過分析之後，再形成對整體防空現況的理解，進而使英國的戰鬥機中隊可以找到目標。

德國並沒有這樣的系統。雖然這些「DeTe裝置[1]」（這是德國雷達使用的代號）確實存在，但這種科技對戰爭的影響力卻沒有得到高度的重視。

這下德軍司令部得再想想了。如果敵軍利用雷達，可以在德軍空襲部隊接近時、甚至在法國上空集結時就開始追蹤的話，那這些部隊就會失去對進攻方幾乎是必要的奇襲優勢。事實上，這會造成德國空軍面對皇家空軍時承受相當嚴重的戰術劣勢，除非德軍能先摧毀海岸邊的定位站。

一九四〇年八月三日，第二與第三航空軍團指揮部的電傳打字機打出了空軍參謀總長顏雄尼克將軍的指令：「以特種單位攻擊英國已知的DeTe站台，以期在第一波攻勢摧毀之。」

第一波耶！這意思是不列顛空戰的第一槍，就是摧毀這些雷達站！

魯本多佛上尉看了看手錶。德國時間再幾分鐘就十一點了。他帶著十二架Bf 110轉向西北，朝敵人的海岸飛去。各個中隊此時已散開，準備尋找各自的目標。

第一中隊由馬丁・盧茲中尉（Martin Lutz）帶隊，他們找到了位於佩文西（Pevensey）的雷達站，就在義本（Eastbourne）附近。六架飛機掛著兩枚沉重的五百公斤炸彈慢慢爬升。雖然這是戰鬥機，但炸彈的掛載量卻是Ju 87俯衝轟炸機的兩倍。

他們終於爬到夠高的高度了。接著他們翻過機身，向下滑翔，衝向目標。等四組天線中的第一組終於占滿他的準星後，盧茲丟下了炸彈。

六架Bf 110就像驟雨掃過雷達站、來去無影，只留下八枚五百公斤炸彈在目標上爆炸。其中一枚直接擊中一處長建築，第二發則切斷了主要供電線，造成發射器故障。佩文西雷達站下線了。

在東邊飛行五分鐘可達的距離外，第二中隊在羅西格中尉（Rössiger）的指揮下對海斯丁（Hastings）附近的萊鎮（Rye）一處類似的設施襲擊。指揮官回報說投下的五百公斤和兩百五十

---

1 原註：DeTe全名為Dezimeter-Telegrafie（公寸級遙測），在英國則稱為RDF（無線電方位測定）。英語的雷達（Radar）與德語的Funkmeß都是大戰後期才出現的詞。

譯註：RDF意指被動接收無線電波並測定發射源位置的系統，與主動發射電波的雷達不一樣。英國的Chain Home系統自一九三五年起便採用會主動發射電波的系統，但仍使用RDF的名稱一段時間。

公斤炸彈一共有十枚命中。英國的紀錄也確認所有的建築物都被炸毀，但重要的收發區和觀測室仍保持完好。

同時辛則中尉的第三中隊則往多佛的天線攻擊。有三枚炸彈在天線附近爆炸，破片損傷了支柱，還有兩支天線柱為之搖晃，但都沒有倒下。

到處的結果都差不多。攻擊隊離開時，留下滿天的塵土與黑煙，但天線仍屹立不搖。這就像在波蘭戰役時對無線電發訊站發動的攻擊。不論瞄得有多準，天線就是不會被炸毀。

萊鎮雷達站在三個小時後利用緊急裝備恢復運作，午後其他雷達站也陸陸續續恢復正常。英國雷達網的破洞都修復了，只有一處例外。

一一三〇時起，第五十一與五十四轟炸機聯隊的三個大隊、一共六十三架Ju 88轟炸機一直在轟炸樸茨茅斯（Portsmouth）的港口設施。但有一個大隊的十五架轟炸機在懷特島（Isle of Wight）上空脫離，並攻擊文特諾（Ventnor）雷達站。當地的設備嚴重受損，雷達站報廢。英軍花了整整十一天日夜施工，才在島上蓋好新的雷達站、補好雷達網中的破洞。

為了掩蓋失去文特諾一事（並對德軍欺瞞），英軍用另一具發射器發射電波脈衝。雖然這樣的電波無法產生回波，但敵軍聽到這些電波後，只能假設雷達站已經修好了。

各單位都很失望。顯然要「弄瞎」英國的預警系統，最多只能撐兩個小時。但同時在八月十二日，德國空軍也對肯特郡的前進戰鬥機基地發動攻擊。至少這些攻擊比較有成功的希望。

〇九三〇時，歐茲曼少校帶著第二轟炸機聯隊一大隊（I/KG 2）的Do 17轟炸機，在優勢戰鬥機護航下對海岸附近的林普尼機場（Lympne）轟炸。一整串的五十公斤炸彈把跑道炸了一遍，還擊中了機庫。

中午過後不久，又有二十二架斯圖卡對馬蓋特（Margate）北邊的泰晤士河河口發動俯衝轟炸。這些飛機隸屬於第一教導聯隊第四大隊（IV/LG 1），由德國陸軍總司令的兒子布勞齊區上尉（Bernd von Brauchitsch）領隊。他們回報擊中兩艘小型散裝貨輪。

過沒多久，在一三三〇時，最前線的戰鬥機基地曼斯頓受到了第一次大規模攻擊。這又是魯本多佛上尉的第二一〇試驗大隊的傑作。他們早上發動的攻擊現在終於有用了——雷達站這時還沒恢復運作。直到最後一刻，曼斯頓才獲報說有敵機正在接近。

機場上，第六十五中隊的飛行員正衝向各自的噴火式戰機。十二架急忙向跑道滑行，但第一個分隊才剛升空，德國戰鬥機已經飛到他們頭上了。

「戰鬥機都排成一列，」盧茲中尉在報告中寫道，「我們的炸彈直接丟在它們之間。」

地面上眾多掙扎著起飛的飛行員中，有一位是奎爾上尉（Jeffrey Quill）。他從一九三六年開始就在維克斯公司當噴火式戰機的試飛員，直到最近才向上級提出想調到作戰單位，現在當上了小隊長。這時他的發動機聲突然被空洞的悶響蓋過，他本能地縮下身子，然後轉頭看到身後有一座機庫被炸到了半空中。

就在他沿著跑道加速起飛時，炸彈在他的左右兩側紛紛落下。他的噴火式消失在煙霧中，然後又是同樣突然地，毫髮無傷地再度出現。機輪終於不再傳來隆隆的滾動聲——他起飛了。能在面對如此的攻擊下安全起飛，簡直可以說是奇蹟。

其他噴火式也陸續出現，從包住曼斯頓的黑煙中陡然爬升。從空中看來，機場應該是完蛋了。德國的機組員是這樣報告的：「十二枚SC 500（五百公斤高爆彈）與四枚Flam C 250（兩百五十公斤燃燒彈）命中機庫與房舍。四枚SC 500擊中準備起飛的戰鬥機隊伍。戰果：四架颶風式（原文即如此）與五架其他飛機於地面遭到擊破……」

根據英國的資料，六十五中隊大多數的噴火式都沒有在攻擊中受損。但機場本身倒是承受了相當嚴重的損傷。地面管制人員要戰鬥機轉移到更內陸的機場去。

隸屬戰鬥機司令部的沿岸基地中，下一個要遭受攻擊的是霍金格（Hawkinge），之後再回頭來攻擊林普尼。這兩個地方後來都承受類似於曼斯頓的損害。工兵必須徹夜搶修，才能把彈坑填平、讓跑道恢復使用。

英國人知道海岸遭遇戰的時期過去了，現在德軍打算使出致命攻擊。八月十二日只是前奏。雖然第二與第三航空軍團在這一天派出了大約三百架優勢戰鬥機護航的轟炸機與俯衝轟炸機，但這只是這兩支部隊不到三分之一的兵力而已。

戈林已經決定了真正主力攻擊的時間，並用密語「鷹日（Adlertag）八月十三」指示在第二天早上發動。兩個航空軍團的第一批機群要在當天〇七三〇時到達英國海岸上空。

為了發動史上第一次戰略性空中行動（後來的不列顛空戰會被認定為如此），德國準備了將近兩千架各式戰機。英國是個強權國家，還擁有決心誓死反抗的百姓，這樣的國家能不能藉由空權擊敗，就要看接下來的發展了。但這點確實是德國空軍的目標。目標的野心當然很大，光是戰役的前奏就夠戲劇性了。

一九四〇年六月三十日，法國戰役結束後一週，戈林發佈了「空軍對英作戰一般指示」。當中提到「各航空軍團應相互配合、以全部兵力攻擊。其機隊在整隊完成後，應攻擊指定的目標群」。

他們的首要目標是皇家空軍、其地面設施以及工業後盾。另一方面，賴德爾元帥還要求將皇

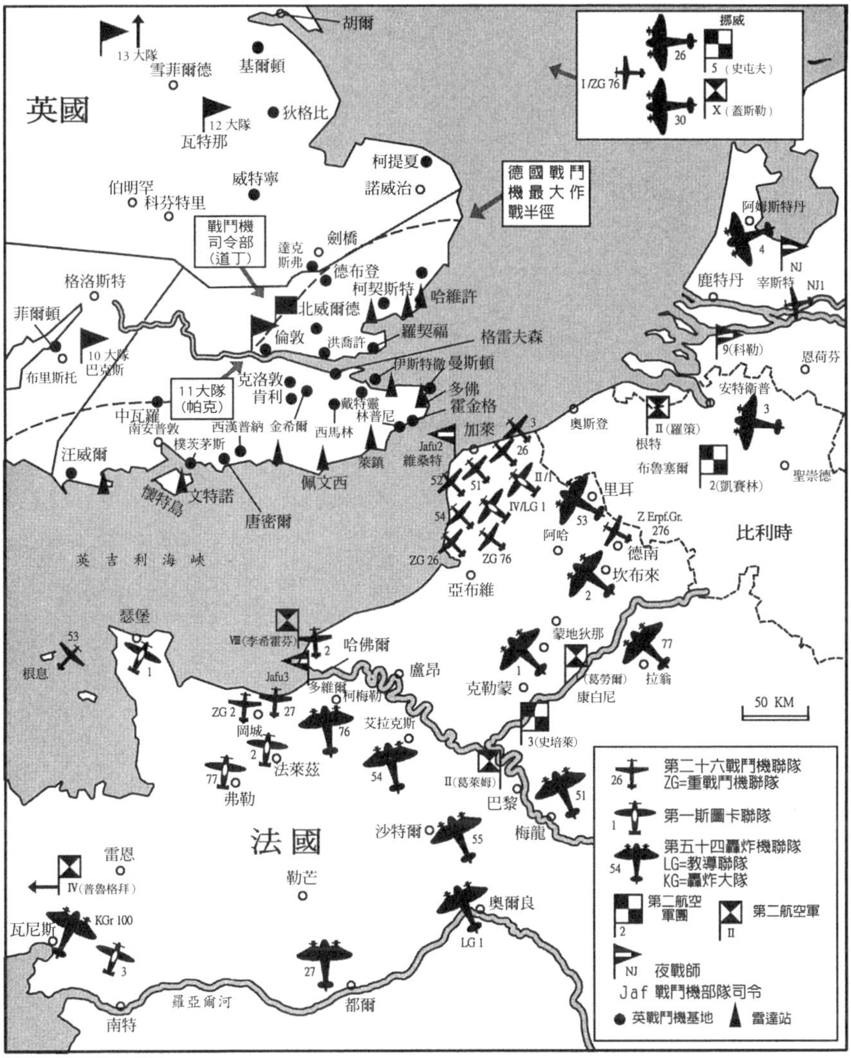

德國空軍投入大不列顛空戰　1940 年 8 月 13 日「鷹日作戰」，三支航空軍團的戰力達 949 架轟炸機及 336 架斯圖卡。地圖顯示從挪威至法國西部各聯隊與大隊的分佈狀況。負責護航的 734 架戰鬥機限於作戰半徑，全部署在緊鄰海峽的各基地，往內陸稍遠處則為 268 架重戰鬥機。Bf 109 有限的航程同樣導致轟炸機無法對英國東南部進行日間空襲，轟炸機若無戰鬥機護航，將會蒙受沈重的損失。英國動用了約 700 架戰鬥機保衛祖國。這個時期英國擁有的 471 架轟炸機，是在夜間以小編隊對德國實施騷擾性的空襲。

家海軍、補給船團與其停靠的港口也列為航空攻擊的目標。戈林很有自信，認為空軍可以同時完成這兩個任務。但最後作決定的還是空軍參謀本部。「直到成功摧毀敵空軍前，德國空軍指揮官應日夜把握每一次可能的機會，以其麾下飛機攻擊敵空軍在空中與地面上的相關設施，並不考慮其他任務。」

他們的目標非常明確。但詳細的計畫這時還沒訂好。一九四〇年七月十一日，戈林再度頒布新的指示，有了較具體的說明。他允許空軍攻擊海峽的船團，以便引誘英國戰鬥機與德國戰鬥機交戰。但這個計畫沒有成功。英國的戰鬥機雖然會保護船團、抵擋轟炸機，但他們有嚴格命令在身，必須盡力與敵避戰。

然而，對英國發動航空攻擊之所以延後，最主要的原因還是政治。德國高層認為，在法國以超乎想像的短時間內投降後，德國應該已經證明自己在軍事上所向披靡，足以說服孤立無援的英國投降。

七月十九日，柏林的國會已經在慶祝西線勝利了，慶功宴還請了三軍將官參加。在場幾乎所有人都得到了升遷。戈林穿著他精美的帝國元帥白色制服，渾身散發著榮耀的光芒，德國空軍本身則得到了兩位元帥，分別是凱賽林和史培萊。

（凱賽林在戰後寫道：「現在我十分確定，若不是希特勒覺得在西線戰役結束後，與英國談和比較有利，我們兩個人都不可能在那個時間點升上元帥。」）

希特勒在國會大堂的演講中，指示要「再一次說服英國妥協」。現在我們都很清楚，與英國談和對他之後的計畫很有幫助。他宣稱：「我看不出有什麼理由一定要繼續抗爭下去。我對這樣的犧牲感到非常遺憾……」他還補充說，「如果我們繼續作戰，其中一定有一邊會徹底毀滅。邱吉爾先生或許相信毀滅的是德國，但我很清楚那將會是英國。」

三天後，英國外交部長哈利法克斯勳爵以電報回應。他說希特勒隻字未提和平必須建立在正義上。他只會提出威脅。英國以堅定的意志力立國，絕對不會放棄作戰。

對幻想英國可能還會願意談和的德國而言，這是最後的致命一擊。現在德國空軍必須認真考慮如何與這個島國作戰了。這時他們還沒有真正的作戰計畫。

七月二十一日，戈林找來了幾個航空軍團的司令，並叫他們提出想法。凱賽林和史培萊則各自叫下轄的各航空軍照做。各地的參謀官開始努力想辦法。大家都同意，第一要務應該放在擊潰皇家空軍上，但一講到要怎麼達成這個目標，大家的意見就開始分歧了。

在各種主張之間，還摻雜一系列元首下達的指示。

七月十六日，希特勒在國會演講前三天，他發佈了第十六號元首指令，下令「準備對英國發動登陸行動，必要時執行」（指的是「海獅行動」）。

但到了七月三十一日，他又在上薩爾茲堡的一次會議中，和陸軍總司令布勞齊區將軍與參謀總長哈德提到，說他想要攻打俄國，還說「越快越好，最好在今年之內。俄國一垮，英國最後的希望就沒了。」戈林與空軍參謀總長顏雄尼克也聽說了希特勒態度大轉變的事。

即使如此，第二天元首還是發佈了第十七號指令，允許從八月五日起開始對英國發動無限制的空中與海上行動，並且「在八到十天內」決定九月中（此為海軍承諾完成準備的日子）是否能登陸。

矛盾在此時開始顯現了。表現上，英國仍是下一個敵人，但德國高層的注意力已經轉往東線了。沒錯，希特勒沒有排除英國先垮的可能，但也沒有證據指出他真的相信會演變成這樣。

八月二日，戈林發佈了「鷹日作戰」的最終命令。第二與第三航空軍團的首要目標，是英國的戰鬥機——包括在空中的噴火式與颶風式戰鬥機、機場、海岸雷達站，以及南英格蘭地區的所有相關地面設施。

行動的第二天，攻擊範圍會延伸到倫敦外圍的機場，並持續投入全部兵力攻擊到第三天。空軍希望以少數幾次沉重的攻擊，將皇家空軍的兵力減弱至可以讓德軍擁有制空權（後續行動的先決條件）的程度。

現在一切都決定好，只剩日期了。為了依計畫而行，空軍需要連續三天的好天氣。氣象單位預計八月初會有這樣的條件出現，但航空軍團需要六天來準備這次大規模行動。就在他們準備好時，天氣突然又惡化了。「鷹日」在十日與十一日兩天都延後。最後，亞速群島（Azores）上空的高壓終於保障了幾天的好天氣。

戈林馬上將攻擊發起時間定在十三日〇七三〇時。接下來的兩天剛好天氣也都很好，空軍抓緊機會。船團、港口、雷達站與先前提過的三處機場全都遭到強力轟炸。

到了十二日夜間，亞速群島的高壓又散開了，造成「鷹日」當天早晨的天空一片灰暗，多數機場上空起霧，海峽上空也出現厚厚的雲層。戈林別無選擇，只好再次取消攻擊，並將大規模攻勢延後到午後。

可是在命令還沒從航空軍團傳到各大隊之前，有一些飛機已經起飛了。大規模的「鷹日」攻勢就這樣從仔細規劃的集中攻擊，變成少數單獨的行動，而且還受到惡劣天候影響。

第二轟炸機聯隊聯隊長芬克上校好奇地從他的Do 17擋風玻璃瞥了出去。現在是「鷹日」〇七三〇時，大規模攻擊開始的時間。但這時芬克卻煩躁地搖搖頭。他已經到達與護航戰鬥機會合的地點了，但在他面前只看到少數幾架Bf 110。他們的行為很怪異，先朝他飛過來，然後壓低機頭俯衝，然後又拉高、從頭再來一次。他們到底想幹什麼？

芬克沒有想太久，而是轉往英國飛去。他身後還跟著懷庫斯中校的第二大隊和福克斯少校的第三大隊。他們的目標是伊斯特徹（Eastchurch）的機場，就在泰晤士河出海口的南岸。

Do 17轟炸機保持緊密編隊，穿過濃密的雲層往下降，飛到離英國領土只有不到五百公尺的低空。他們沒有看到任何戰鬥機——德軍或是英軍的都沒有。這五十五架德國轟炸機很幸運，因為英國雷達認為他們只是「少數幾架飛機的編隊」，洪恩城的管制員因此只派出了第七十四中隊的噴火式前去追蹤。

這時轟炸機隊已抵達伊斯特徹。他們以中隊為單位飛過機場上空，轟炸跑道、飛機、機庫與庫房。後來英國人在這裡計算出一共有超過五十個彈坑，還有五架布倫亨轟炸機在地上被炸毀。直到轟炸機隊準備打道回府，噴火式才開始從四面八方攻擊他們。芬克掃視天空，德軍戰鬥機顯然不在，轟炸機只能自己看著辦。若是沒有雲層掩護，轟炸機很可能會被敵軍的戰鬥機痛宰。即使如此，大多數多尼爾轟炸機還是盡力抵擋住了英國戰鬥機果斷的攻擊。

第二轟炸機聯隊還是在這次出擊中損失了四架飛機上最優秀的機組員。一回到基地，芬克馬上衝向電話，憤怒地質問為什麼戰鬥機丟下他的部隊不管。

他很驚訝地得知，自己獨自發動了德軍在「鷹日」對英國的攻擊。戈林的取消命令沒有及時傳到他的大隊，那些Bf 110做的特技動作也正是要叫轟炸機返航。但他沒有理解到其中的訊息。

現在雖然天氣又更惡化，但發起時間還是改到一四〇〇時了。

第一個出發的是從康城（Caen）起飛的二十三架Bf 110，隸屬於第一教導聯隊第五重戰機大隊（V(Z)/LG 1）。大隊長連斯伯格上尉（Horst Liensberger）聽取的簡報只叫他在波特蘭附近進入英國，之後的行動全權由他自行決定。

雖然文特諾的雷達站已於前一天摧毀，但這支機隊一從瑟堡（Cherbourg）離開法國海岸，馬上就遭到英國防空單位回報。他們是被別的雷達站發現的。雷達站甚至還正確地指出此機隊的規模是「二十架以上」。他們只缺了一項情報——飛機的機種。

戰鬥機司令部司令道丁中將已經下令，要麾下的戰鬥機盡量避免與德軍戰鬥機交戰，集中攻擊更具威脅性的德軍轟炸機。如果英國的地面管制官知道這個機隊只是重戰鬥機，他們應該就不會有什麼反應才對。

但實際上英國人卻下令三個噴火式與颶風式中隊緊急起飛，分別從艾克塞特（Exeter）、汪威爾（Warmwell）和唐密爾（Tangmere）前往英國海岸上空攔截。

而這正是德軍希望英軍會有的反應。這些Bf 110的任務就是要引誘英國戰鬥機與他們交戰。等轟炸機在一段精心計算過的時間抵達時，英軍戰鬥機就會用盡燃料、無法作戰。等他們降落、準備加油掛彈時，便正是將他們與基地一網打盡的好時機。至少計畫是這樣的安排。

德軍高層很清楚，英國戰鬥機享有許多戰術上的優勢。他們是在自己的國家上空作戰，因此從起飛到攔截的時間很短，導致滯空的時間拉長。他們擁有更優異的敵機定位系統和地面管制體系。他們同時還可以利用天氣。為了平衡這些優勢（即使無法完全抵消），德軍必須在戰術上更為精明才行。這次由Bf 110在波特蘭上空發動的行動就是其中一個例子。但結果證明如此的代價頗高。

連斯伯格才剛到達英國海岸，他最後面的僚機就出聲警告：「後方有噴火！」

這聲警告使德軍飛官即刻開始警戒。他們知道自己的雙發動機Bf 110比較笨重，在空戰中不是噴火的對手。但反過來講，他們的武裝（兩門機砲與四挺機槍）如果能一口氣全部開火，仍具有相當的威力。

因此，連斯伯格馬上下令各機組成防禦圈。這樣每架飛機都能掩護前方僚機的機尾。他第一個開始轉彎，但在轉回來之前，英國戰鬥機已利用高度優勢，開始對著機隊後方發動攻擊了。

有一架Bf 110往右傾斜閃避，造成噴火式射出的子彈在該機左側撲了個空。第二架Bf 110試著俯衝閃避，但動能不足，導致對手直接跟在後面追逐，同時以八門機槍掃射。

最後，防禦圈終於形成，這樣自衛能力就能提升了。可是這時已有兩機遭到擊落，英國人還不打算放棄。戰鬥機俯衝穿過防禦圈，在水平飛行的Bf 110面前只曝露短短幾秒的弱點。

即使如此，他們還是未能全身而退。兩架、三架英國戰機脫離戰鬥，機後還拖著黑煙。但他們是在自己的國土上，必要時只要迫降即可。如果他們真的不得不跳傘，至少也不會被俘。

但對德機而言，狀況就不一樣了。他們和法國之間有一百六十公里的水域，若是只有一側發動機可用、機尾受損，或是主翼下垂、持續喪失高度，這趟旅程可一點也不安全。當連斯伯格的大隊終於返航時，他手下已損失了五架飛機及機上組員，其他各機也都傷痕累累。除了戰術上的劣勢之外，他們在數量上也討不到好處。他們有二十三架Bf 110，對手的噴火式和颶風式加起來有四十架。

此事的尾聲在兩天後到來。八月十五日，凱賽林和史培萊被叫去卡琳宮，去聽他們的老大為作戰沒有進展一事發脾氣。

「……然後還有這個Bf 110大隊單獨起飛這件事，」戈林說，「我到底給過幾次命令，包括口頭和書面，說這種單位只能在航程上別無選擇的時候出動？」

他的意思是，如果目標對單發動機的Bf 109而言太遠，無法一路護航轟炸機，此時才可以派出航程較長的Bf 110掩護最後一段路。

這個主意沒有人喜歡。從西線戰役到七月時更重要的海峽空戰，都已證明雙發動機的Bf 110無法反制敵軍更為靈活的戰鬥機。雖然戈林很喜歡Bf 110，把它們說成是手下最精銳的戰機、是他的「鐵甲騎士」，但事實上Bf 110就需要戰鬥機護航。但連斯伯格和他的手下卻連一架護航機都沒有。

「像這種需要明確命令的狀況，」總司令憤怒地說，「要嘛就是沒人遵守，要嘛就是該給的命令沒有給。我們沒有那麼多Bf 110。我們必須以最經濟的方式運用。」

他這頓罵其實是有幾分道理的，因為連斯伯格的行動是以大失敗告終。在他的大隊吸引英國戰鬥機交戰後，轟炸機並沒有善用因此所產生的防禦漏洞，而是過了三個小時後才出現。這時對手已經安安心心降落、加油、補充彈藥了。最後，整個地區的部隊都已嚴陣以待，等著他們的到來。德軍的指揮真的太糟糕了！

等到一七〇〇時，匈伯恩伯爵少校的第七十七斯圖卡聯隊才跨過海峽。他們一共有五十二架Ju 87，還有伊貝爾中校帶著第二十七戰鬥機聯隊的Bf 109護航。他們的目標是波特蘭地區的機場。可是他們找不到目標。這時濃厚的雲層高度只有一千公尺，根本不可能執行俯衝轟炸。

「這次任務很失敗，」李希霍芬將軍在日記中寫道，「由於起霧，轟炸機隊沒有投彈就回來了。天氣預報是錯的，但上面還是下令攻擊。這種事就是不可能啊！幸好英國的戰鬥機太晚到達！」

英國的地面管制其實指引了七十架戰鬥機從不同方向攔截德軍。雖然Bf 109與颶風式奮戰，但第六〇九中隊的十五架噴火式還是直直朝著斯圖卡機群衝過去，並擊落了五架。緩慢的Ju 87真的無法抵抗這樣的攻擊。這是「鷹日」慘痛的第二課教訓。這天本應是德軍展示自己優於英國的日子，但八月十三日這天好像真的不吉利。

第二波發動攻擊的是布羅維斯上校（Alfred Bülowius）帶隊的第一教導聯隊，他們也遇到十分果斷、有地面精確指引的戰鬥機反抗。但LG 1使用的是快速的雙發動機的Ju 88轟炸機，並且還成功利用雲層掩護。然而，他們沒能找到目標機場。

LG 1第一大隊在科恩上尉（Kern）指揮下，前去攻擊南安普頓的港口設施，權充替代目標。只有六架Ju 88成功抵達中瓦羅（Middle Wallop）的重要戰鬥機基地。這是個地區基地，轄有四個中隊的戰鬥機。區區六架轟炸機，實在很難對這樣的基地造成任何有實質意義的傷害。這六架轟炸機回報「擊中邊緣的帳篷與棚屋群」。中瓦羅可以鬆一口氣了。

但十公里外、沒那麼重要的安多佛機場（Andover）就沒這麼幸運了。當地遭到十二架轟炸機攻擊，但沒有達成目標，安多佛並不是戰鬥機基地。但以當時的天候而言，德國的轟炸機機組員有目標可打就已經心滿意足了。

同時在更東邊的地方，肯特郡的另一處機場正受到第二航空軍的轟炸。指揮官羅策將軍派出了兩個俯衝轟炸機大隊，再加上第三個和第八航空軍借調來的大隊。

這裡兩軍之間只有多佛海峽相隔，因此相對安全。第二十六戰鬥機聯隊的戰鬥機由奧運金牌得主哥特哈德・韓德里克少校（Gotthardt Handrick）帶隊，他們在擊退幾波規模不大的英國戰鬥機後，便清除了此地區的抵抗。

八十六架Ju 87得以安全抵達目標，沒有受到任何騷擾。一八一五時，他們出現在美德茲頓附近的戴特靈（Detling, Maidstone）上空，將當地炸成了廢墟。這裡的跑道上布滿了彈坑，機庫起火燃燒，四處都有黑煙升上天際。作戰室遭到炸彈直接命中摧毀，基地司令本人也被炸死。德軍計算一共摧毀或引燃二十架地面上的飛機。

只有一個問題：戴特靈也不是戰鬥機司令部底下的基地。此基地隸屬於海岸司令部，其飛機主要用於海上巡邏與偵察。

第二個目標是泰晤士河出海口北岸的羅契福（Rochford），那裡確實是戰鬥機基地，卻被低雲籠罩，前來攻擊的斯圖卡找不到目標。他們沒有投彈就返航了。

這天晚上，「鷹日作戰」的戰果計算出來了。雖然天候不佳、行動延後，一共還是有四百八十四架俯衝轟炸機與水平轟炸機、加上一千架左右的單、雙發動機戰機跨過英國海岸。據報有九處敵軍機場受到攻擊，並且「其中五處受損嚴重，可以視為失去功能。」

凱賽林和史培萊兩位元帥對這樣的成果都很滿意，雖然德軍損失了三十四架飛機。為了確保萬無一失，他們之後還會發動規模更大的攻勢。兩位元帥現在必須再次等待天氣變好，以便將全部兵力一次投入戰鬥。

英吉利海峽的另一邊，英軍同樣也把八月十三日的戰鬥視為是一場勝仗。英國確實有感到滿意的理由。雖然有三處機場遭到攻擊（早上的伊斯特徹、下午的安多佛與戴特靈），但這三處都不是戰鬥機基地。戰鬥機司令部的地面設施肩負著全國的命運，而這樣的戰力並沒有受到影響。

德國人好像根本不知道英國的戰鬥機基地的位置似的，而這還是花了超過一年時間收集、研究情報的結果。負責此事的人是空軍參謀本部的約瑟夫・施密特中校（Josef Schmidt）。空軍下達給大隊與中隊的所有指揮部，都有目標資料、英國空照圖和機場地圖。在空機接收無線電命令的頻率高得嚇人，機組員都會逐字寫下，甚至還會修訂。德軍早就破解英軍諸如「C3」代表曼斯頓之類的代號了。這樣看來，德軍應該早就知道攻擊英國戰鬥機與其地面設施最佳的位置才對。畢竟德國空軍一直強調自己最重要的任務，就是摧毀敵軍的戰鬥機部隊啊。

然而，空軍攻擊的卻是無關緊要的機場。即使如此，最高統帥部還活在危險的想像中，以為自己已經打到敵人的要害了。

「鷹日」所做的，只是給英國戰鬥機司令部更多喘息的空間而已。比起前一天對萊普尼、曼斯頓與霍金格等真正的戰鬥機基地所發動的有效攻擊，八月十三日的攻擊幾乎沒有任何效果。總共只有十三架噴火與颶風式戰鬥機遭到擊落，而這是可以補充的損失。如果這就是最猛的攻擊的話，英國根本不以為懼。

二、黑色星期四

八月十四日，空軍又一次將敵軍的戰鬥機部隊與地面設施列為攻擊目標，但天候太差，不要說聯隊級，就算是大隊級機隊也無法執行任何任務。這一天，只有離法國最近的曼斯頓戰鬥機基地受到十六架第二一〇試驗大隊的Bf 110轟炸。他們從雲層中衝出來後就投下炸彈，又一次取得了奇襲效果，並再次讓四座機庫起火燃燒。除此以外，還有零星的轟炸機對南英格蘭發動干擾攻擊，其規模只足以讓守軍不能放鬆休息。

第二天早上，十五日星期四，天氣看起來還是沒有改善，今天似乎也無法發動什麼大規模行動。要不是這樣，各航空軍團與航空軍的司令就不會在一大早被叫去卡琳宮和總司令開會了。但午後不久，天氣改善了。灰色的天空突然變藍、雲層也分開了。

在加萊南邊的第二航空軍司令部，參謀長保羅．戴希曼上校留在後方，一臉狐疑地對著太陽眨了眨眼之後，急急忙忙趕回作戰室。過沒多久，他發出了第一波命令給轄下的各個單位。一如先前，「鷹日」的基本準則此時仍然有效。

戴希曼接著開車前往第二航空軍團的前進指揮部，位於白鼻岬（Cap Blanc-Nez）凱賽林口中的「聖山」一〇四高地上一處地下碉堡的內部。凱賽林和參謀長去找戈林開會了，因此戴希曼只找到作戰科長里克霍夫中校（Herbert Rieckhoff）。他才剛從柏林收到命令，說因為天候不佳，今日不發動攻擊。

「來不及了！」戴希曼激動地說，「他們已經出去了！」

兩位軍官離開碉堡，爬上觀察站。天空中有許多斯圖卡機群正在轟隆隆飛向西北方。里克霍夫感到震驚，想要去打電話問最高統帥部人員，他該不該把部隊叫回來。戴希曼叫他握著自己的手，直到飛機飛到英國海岸、看見多佛的高砲開始射擊為止。里克霍夫此時只好放棄，向柏林報告「攻擊已在執行！」

這時是中午，第二航空軍的兩個斯圖卡大隊——凱爾上尉（Anton Keil）的第一斯圖卡聯隊二大隊（II/StG 1），與布勞齊區上尉的第一教導聯隊第四俯衝轟炸機大隊（IV(St)/LG 1）已經出發前往英國。他們在加萊上空與護航機會合後，再一次攻擊萊普尼與霍金格。萊普尼受創嚴重，兩天無法運作。

在此之前沒有人曉得，這波攻勢將會引發不列顛空戰期間最艱苦的一段交戰。在先前令人失望的情況過後，沒有人預期會發生這種事——天氣突然好轉，大規模行動隨之登場。

一般而言，史學家認為這一天德國一共對英國派出了一千七百八十六架飛機。但根據空軍第八處（研究處）的資料，總共有八百零一架轟炸機與俯衝轟炸機、一千一百四十九架戰鬥機、重戰鬥機，再加上駐挪威的第五航空軍團的一百六十九架飛機。換言之，僅僅一個下午，德國空軍就派出了超過兩千架飛機！

——

在第一批斯圖卡攻擊剛過多佛海峽的地方後，舞台轉到了北方。接近一三三〇時，第五航空軍團的兩個轟炸機聯隊（分別是從挪威斯塔凡格起飛的第二十六轟炸機聯隊與丹麥奧爾堡的第三十轟炸機聯隊）在斜向跨過北海後，飛往英國東海岸泰恩河（Tyne）與恆伯河（Humber）河口。這場大膽的行動是在前一天晚上才下達的。

從基地飛到目標，距離大約是六百五十到七百五十公里，考慮到來回，再加上起降、攻擊、導航誤差等，還要再加上兩成的航行時間，因此這些飛機總共必須飛行超過一千七百公里。

這樣一來，就無法安排適當的戰鬥機護航了。Bf 109在還沒到達英國海岸之前就會用盡燃料。這些轟炸機是我們之前在海上行動時提過的老朋友——「雄獅」聯隊的He 111和「老鷹」聯隊的Ju 88，必須獨自出任務。

為了降低風險，德軍希望南邊的全面攻擊能夠綁住英國戰鬥機司令部的資源，將東北部能反應的戰鬥機數量減到最低。

但道丁中將早有準備。雖然他把第十一大隊的大多數中隊都放在英格蘭東南部的激戰區內，但他還是留了第十二與第十三大隊的部分中隊來掩護英格蘭東北部、接近蘇格蘭邊界的地方。目前這些中隊都只有在遠方觀察的份，但他們表現的時刻很快就到了。

一三四五時，第二十六轟炸機聯隊第一和第三大隊帶著第一波六十三架He 111轟炸機接近。他們離新堡（Newcastle）東北方的英國海岸還有四十公里，以四千五百公尺的高度在雲上兩百公尺飛行，雲層大約遮住了六成的地面。一時間，無線電傳來大量呼喊的聲音：

「左側有噴火式！」

「戰鬥機從太陽方向攻擊！」

「我中彈了！」

在這個重要時刻，這支轟炸機隊是由第七十六重戰機聯隊一大隊的二十一架Bf 110護航，他們的基地在斯塔凡格－佛魯斯（Forus）。這個大隊就是一九三九年十二月十八日在黑戈蘭德灣空戰中擊落最多威靈頓轟炸機，後來在挪威戰役時首先降落在仍有守軍防禦的奧斯陸－佛涅布機場和斯塔凡格－索拉機場的部隊。

但現在他們手上的問題幾乎不可能解決。轟炸機隊上方是參謀小隊，帶頭的是指揮官雷斯特梅耶上尉（Werner Restemeyer）。今天他機上載的不是平常的通信士，而是第十航空軍無線電攔截連的連長哈特維上尉（Hartwich）。他的身邊裝滿了監聽裝置。他想用這架空中無線電截聽站來找出英軍採取了什麼樣的防禦行動，並透過改變航向與高度等戰術作為，來讓機隊準備迎戰。這點證明至少第十航空軍有想到會遇到來自守方的優勢戰鬥機。

但哈特維的觀察一下就結束了。發動攻擊的第一波噴火式裡，有一架從陽光方向往他的

Bf 110D衝來。在雷斯特梅耶能轉向迎擊之前，座機就被子彈掃了一輪，還引起一次爆炸，幾乎將飛機炸碎。一定是副油箱中彈了。

副油箱體積相當大，外號「臘腸狗的肚子」（Dackelbauch），可以容納一千公升的汽油。雖然在飛過北海後，油箱已經空了，但因為製造上的問題，飛行員沒能將油箱拋掉，而這時裡面已充滿了易爆氣體。這個缺陷在挪威那維克與特倫漢之間的長距離任務中已經害死過不少人，現在也要了雷斯特梅耶和哈特維兩位上尉的命。大隊長的飛機就這樣一面燃燒、一面旋轉著落入海中。

擊落他們的是來自艾克靈頓（Acklington）的第七十二中隊。中隊長葛拉漢上尉（Edward Graham）這時才第一次看到下方約一千公尺處的德國轟炸機隊。他幾乎不敢相信自己的眼睛。

「敵機超過一百架！」

英國人看得心驚膽跳，數出光是戰鬥機就有三十五架，但其實只有二十一架[2]。不過他們的激動是可以理解的，因為雷達站一開始只說德機隊「大約三十架」，後來又改成「三十架以上」，而且宣稱的接近路線比現場更南邊。

即使到了今天，皇家空軍都還相信這是他們當時還處於黎明期的雷達系統的誤差。事實上，雷達顯示的結果非常準確，他們原本回報的機隊根本就不是第二十六轟炸機聯隊，而是大約二十

---

2 原註：英國皇家空軍官方史書《皇家空軍：一九三九至一九四五年》記載英國戰鬥機計算的總數為「約一百架 He 111、七十架 Bf 110」。實際上的數量是六十三架 He 111 和二十一架 Bf 110。

架水上飛機。它們是第十航空軍派來對佛斯灣發動佯攻的，目的是要混淆英國的守軍、將其引向錯誤的方位。

第二十六轟炸機聯隊的目標是英軍在迪許佛斯（Dishforth）和烏斯河林頓（Linton-on-Ouse）的轟炸機基地，那裡比較南邊。但德國轟炸機的導航發生嚴重偏差，造成進入點與原訂地點往北誤差了一百二十公里，正好與佯攻路徑幾乎一致。

「拜這些偏差所賜，」第十航空軍參謀亞諾．克萊史都伯上尉（Arno Kleyenstüber）寫道，「佯攻實際造成的效果與預期完全相反。英國防空戰機不但在正確的時間得到預警，還遇上了真正的主力攻擊部隊。」

接下來的十五分鐘，德軍先是被第七十二中隊的噴火式從四面八方攻擊，然後又有第七十九中隊的加入。梅塞希密特機隊擔任後衛的飛行員里希特中士（Richter）頭部中彈、失去意識，他的飛機開始猛然俯衝。

他的通信士蓋歇克准尉（Geishecker）想說完蛋了，就跳傘逃生。但里希特在雲層底下恢復意識，並成功拉高機頭，還在身負重傷的情況下成功飛回北海的另一邊，在艾斯比爾（Esbjerg）附近迫降。蓋歇克則下落不明。

同時，烏倫貝克中尉（Ullenbeck）和第二中隊剩下的五架飛機一起帶坡度轉彎、開始交戰。烏倫貝克擊中了一架噴火式，對方拖著黑煙俯衝，一路衝過雲層往下飛去。

但敵機數量太多，他只能命令手下的飛機組成防禦圈，充當最後手段。烏倫貝克受到敵機從後方攻擊，幸虧他的二號機舒馬赫士官長（Schumacher）打得很準，這才把那架噴火式逼退。沃特多夫少尉（Woltersdorf）另外還擊中了兩架敵機。

在更前面有著哥羅伯中尉指揮的第三中隊，他們雖然也受到猛烈攻擊，但還是成功和轟炸機隊待在一起。但才過了幾分鐘，哥羅伯只剩四架Bf 110了。其中一架不見的飛機，飛行員是林克士官長（Linke），他後來寫下他是怎麼追上一架才剛把He 111轟炸機打到起火的噴火式。

「我貼近不到五十公尺的距離，」他的戰鬥報告上這樣寫著，「然後做了一次相當不錯的偏移射擊。噴火機後退，然後一邊旋轉一邊墜落。」

幾秒後，他便遭到兩架敵機攻擊。他的機翼中彈，左側發動機也開始冒煙、故障。

「我把操縱桿往前推，垂直俯衝穿過雲層，後面有兩個英國佬在追。衝了大約八百到一千公尺後，我在上層拉高，同時改變方向。等下降到下層之後，我看到兩架噴火式落水。這時大約是一三五八時。」

在這之後，林克想辦法以僅存的一具發動機再次飛越北海，並於兩個小時後在耶佛降落。藉由拜哥羅伯與中隊另一位飛行員的證實，林克最後終於得到兩架噴火式的擊落紀錄。

第七十六重戰機聯隊一大隊與數量占優勢的敵人交手，其最終結果是損失了六架Bf 110。他們宣稱擊落了十一架噴火式，就算轟炸機組員都以書面確認這樣的戰果，但顯然這個數字太誇大了。這樣的誤差在多雲的狀況下是可以諒解的，因為許多交戰的最後結果都因此被雲層擋住。如果兩架重創的梅塞希密特都能飛過北海安全返航了，當然會有更多類似狀況的噴火式可以返回他們鄰近的基地。

即使如此，這場戰鬥也不可能是英國史學家口中的「獵野雞」。他們宣稱沒有任何一架噴火式損失或受損[3]。

同時，第二十六轟炸機聯隊沿著海岸南下，尋找因為飛得太北邊而錯過的目標。他們又一次被英國戰鬥機騷擾，因此只能將炸彈四散投放在新堡與桑德蘭（Sunderland）之間的海岸與港口。「雄獅」聯隊一直沒有找到他們的預定目標——那兩個轟炸機基地。

第三十轟炸機聯隊的三個Ju 88大隊在沒有戰鬥機護航的狀況下，行動還比較成功。他們在夫蘭巴洛岬（Flamborough Head）上岸，並善加利用雲層掩護，直往目標飛去，並在德里菲（Driffield）發動俯衝攻擊，這裡是英國第四轟炸機大隊的一個基地。

他們破壞了四座機庫和數棟其他建築，引燃了十二架懷特利轟炸機。雖然英國戰鬥機擊落了五十架Ju 88當中的六架，卻沒能阻止攻擊。

從斯堪地那維亞發動的側翼攻擊就到此結束了，這是第五航空軍團第一次和最後一次大規模出擊。

下一波攻擊又回到了東南方，就在「雄獅」和「老鷹」聯隊從東北方離開之後不久。英國的雷達螢幕上可以看到新的敵軍機隊正在比利時與法國北部的上空集結。報告相當緊密地陸續傳到戰鬥機作戰中心。

「奧斯坦德上空六十架以上。」

「加萊方向一百二十架以上。」

在一四五〇時到一五〇六時之間，第三轟炸機聯隊（KG 3）全部三個Do 17大隊都從比利時安特衛普的德伊內（Deurne）和聖崇德（St. Trond）機場起飛完畢，準備攻擊泰晤士河南邊的英軍機場與飛機工廠。聯隊長夏米耶-格里辛斯基上校（Wolfgang von Chamier-Glisczinski）帶著參謀中隊飛在皮爾格上尉（Pilger）的第二大隊前方，該大隊的目標是羅徹斯特（Rochester），就在往倫敦的路上。

但出發前，這些Do 17轟炸機必須先在法國海岸與護航的戰鬥機會合。由於Bf 109的航程有限，戰鬥機聯隊都集中駐紮在靠近海岸的加萊省（Pas-de-Calais）。護航機在英吉利海峽上空再追上轟炸機隊，大多時候機都飛在轟炸機上空大約一千公尺的高度。

如此他們才能自由來去，將飛機的飛行特性與速度優勢發揮出來。高高度的優勢使他們能俯衝攻擊任何正在攻擊下方轟炸機的敵機。用德國最有名的幸運戰鬥機飛行員阿道夫・賈南德的話講，就是：「我們不對皇家空軍抱有任何幻想。我們知道這是個必須認真看待的對手。」

八月十五日午後，賈南德帶著第二十六戰鬥機聯隊三大隊，前往英格蘭東南部巡邏，以便支援轟炸機的行動。直到這天為止，他維持擊落三架敵機的紀錄，而他的大隊在四次行動中總共擊落了十八架。

除了韓德里克少校的第二十六戰鬥機聯隊之外，莫德斯少校的第五十一聯隊、楚朋巴克少校（Hans Trübenbach）的第五十二聯隊、梅提希少校（Martin Mettig）的第五十四等戰鬥機聯隊的大隊也都飛到海峽上空了。不論是支援或直接掩護轟炸機，他們都同時在許多不同地點飛進英國海岸線。

雷達一下子出現這麼多回波，地圖桌上的戰場現況頓時變得非常混亂。雖然皇家空軍派出了十一個戰鬥機中隊、總共一百三十多架噴火式與颶風式戰鬥機緊急起飛，但管制員卻把他們隨處亂帶。由於所有部隊都只是中隊等級，因此不論去到哪裡，都只會遇到戰力更強大的Bf 109機

---

3 原註：為什麼英國史書會這麼寫至今仍是個謎，畢竟至少有兩架噴火式被目擊到墜海。

隊。

舉例來說，第十七中隊的颶風式原本在泰晤士河口巡邏，卻不得不緊急返回哈威治（Harwich）北邊的馬圖罕西斯（Martlesham Heath）基地。早在他們抵達前，飛行員看到受損嚴重的基地正冒出黑煙。等他們終於到達現場，德軍早就跑了。

這又是第二一〇試驗大隊的傑作。這些Bf 110沒有被敵人發現，因此也沒有受到阻撓，一路來到馬圖罕投彈。跑道上到處都是彈坑，有兩處機庫著火，還有工廠、倉庫與通信設施損毀。從空中看起來，這座基地就是一堆冒煙的廢墟，雖然景象總是會比實際情況看起來更嚴重，但馬圖罕還是需要好幾天的漏夜搶修，才能恢復到可以應急使用的程度。

同時，第三轟炸機聯隊正在肯特郡上空往西推進。他們有大批戰鬥機護航，而且沒有遇到任何反抗。拉斯曼上尉（Rathmann）的三大隊對伊斯特徹的海岸司令部機場發動了新一波的攻擊。過沒多久就輪到羅徹斯特了。三十架第三轟炸機聯隊二大隊的Do 17再加上夏米耶上校的參謀分隊，來到機場上空大肆轟炸。雖然這裡並不屬於戰鬥機司令部，但這次攻擊卻十分準確。炸彈不但一排排斜向鋪滿跑道、炸毀機庫與停泊的飛機，還有大批五十公斤破片炸彈砸入機場北界的飛機工廠。最後一批Do 17還丟下了燃燒彈和延遲引爆炸彈當作收尾。

該大隊的報告上寫道：「航空發動機工廠多次中彈……冒出大量火焰與煙霧……」這次的報告難得謙虛。被炸的工廠屬於宵特公司（Short），是英國最先進的工廠之一，前一年才剛翻新過。工廠內正在製造第一款四發動機轟炸機——史特靈式（Stirling）轟炸機。這款轟炸機未來將會對德國發動戰略轟炸。第三轟炸機聯隊二大隊的精準轟炸，大多都砸到了「成品」儲藏區裡，使它們慘遭祝融，史特靈式的生產時程也因此延後了好幾個月。

不論如何，德國最優先的目標還是英國的戰鬥機，而不是轟炸機。只有將戰鬥機部隊消滅，才能讓空軍贏得此役。

第三轟炸機聯隊離開之後，戰鬥機部隊得到了喘息的空間。近兩個小時，沒有任何德國機隊出現在雷達螢幕上，而這又是第二與第三航空軍團合作不佳的證據。到這時為止都是凱賽林的舞台，現在輪到西邊兩百公里處的史培萊了。

如果這波攻擊緊跟在第一波攻擊之後，敵軍就會很難應付。但實際上卻讓英軍有了時間可以補充燃料與彈藥。英軍的地圖桌顯示德軍機隊正在海峽的另一邊集結，因此柏蘭德（Sir Quintin Brand）與帕克（Sir Keith Rodney Park）兩位少將指揮的第十與第十一大隊可以安心準備反制。一個小時前，帕克在阿克斯橋（Uxbridge）的地下作戰中心，戰備板上還顯示有許多中隊因為先前的戰鬥而無法作戰。但現在戰備板上已經幾乎掛滿每個中隊的名字了。因此，守軍總算可以拿出當時打破紀錄的陣容，派出十四個中隊、一百七十架戰鬥機的戰力對抗。

進攻的德軍包括一六四五時從奧爾良（Orleans）起飛的第一教導聯隊，配備Ju 88；還有霍策上尉與埃內策魯上尉（Eneccerus）帶隊的第一斯圖卡聯隊一大隊與第二斯圖卡聯隊二大隊，在十五分鐘後從布列塔尼的拉尼翁（Lannion）起飛。護航部隊由第二重戰機聯隊（ZG 2）佛巴特中校（Vollbracht）帶領的Bf 110、以及伊貝爾中校的第二十七戰鬥機聯隊與克拉蒙-陶巴德少校的第五十三戰鬥機聯隊的Bf 109提供。德軍這邊全部加起來，一共有遠超過兩百架飛機組成編隊往南英格蘭前進。

他們還沒到達前，英國戰鬥機就來了。第一教導聯隊第四中隊（4/LG 1）的中隊長約恆・海爾比上尉（Jochen Helbig）才剛看到前面的海岸，他最後面的Ju 88機組員幾乎馬上開口報告：

「後方出現戰鬥機進攻！」

是噴火式戰鬥機。他們直接衝進德軍機隊，發動全面攻擊。由於噴火式速度甚為優秀，因此很快就會拉高離開、再次爬升，然後再攻擊。

海爾比四處尋找自己的護航機，但他們正在上方一千公尺處忙於自己的戰鬥。轟炸機得不到他們的協助，只好自己看著辦，把編隊收緊，讓後方的機槍手能互相掩護。

但噴火式又回來了，從最後面兩側的轟炸機開始攻擊。Ju 88別無選擇，只好脫離編隊轉彎。英國戰鬥機馬上集中攻擊落單的飛機，這是完全導向一邊的交戰。這架曾經號稱快到沒有戰鬥機追得上的「夢幻轟炸機」，其實比噴火式還慢了大約兩百公里。而在噴火式的八挺機槍面前，Ju 88只有一挺後射機槍可以自衛。

但這挺機槍還是救了海爾比上尉和機上人員。操作機槍的通信士史隆德士官長（Schlund）冷靜地報告著每一波新的攻擊：「噴火式在右後方，四百公尺……三百……兩百五……」

以一個面對死亡的人而言，他確實很有膽量。他一直沒有開火，讓對手誤以為可以安全接近至極近距離才對堅持直飛的轟炸機射擊。史隆德的機槍這時才終於開火，只用一秒的時間計算對手的動作。

而這正是海爾比等待的時刻。他同時將飛機往右急轉。噴火式戰機的動能太強，無法跟上這樣的轉彎。噴火式以毫釐之差沒撞上Ju 88，射出的子彈全都打到了轟炸機的左邊，而且還在經過時中了幾發子彈。接著這架冒煙的戰機就消失了。

這架Ju 88就這樣又活過了一天。後來這架飛機會在地中海累積超過一千個飛行時數，成為證明其耐用性的有名轟炸機。海爾比是這樣說的：「Ju 88是個贏家……在對的人手裡，就是一架頂級的飛機。」

但今天他幾乎失去了整個中隊。除了他自己以外，只有另外一架飛機安全返航。其他五架都被大批的英國戰鬥機擊落了。中隊所屬的大隊一開始有十五架轟炸機，其中只有三架安全抵達目標——南安普頓東北方的沃西唐（Worthy Down）海軍航空基地，其他大多數都被迫提早拋棄炸彈返航了。

八月十五日又一次證明了轟炸機對戰鬥機護航的依賴。轟炸機開始更強烈地要求短程的戰鬥機護航。若是沒有戰鬥機的護航，轟炸機不但脆弱，而且也無法完成任務。

科恩上尉的第一教導聯隊一大隊比較早出發，也確實比較走運。十二架Ju 88在英軍完全沒有預期的狀況下出現在中瓦羅上空，因此得以把地面上的兩個英國中隊幾乎全滅。第六〇九中隊的最後幾架噴火式，包括中隊長達里（George Darley）的座機，搶在身後的機庫爆炸的同時起飛。這是該地區的基地三天來第三次受到攻擊，但第一教導聯隊一大隊卻在返回時錯報攻擊的目標是安多佛。看來德軍到這個時候都還不知道中瓦羅其實是更重要的目標。

另一次炸錯目標的後果幾乎釀成了災難。八月十五日的行動還沒結束、德軍也還沒離開南部海岸，新的機群又出現在多佛海峽上空了。這次兩波攻擊之間沒有停頓，並且在南方的激烈交戰後，第十一大隊的許多中隊非得降落不可了。這樣一來，第二航空軍團的大規模攻擊只會遇到零星的戰鬥機抵抗。但這次只有不到一百架飛機從東邊進入肯特郡，總共只有兩個大隊的轟炸機和數十架戰鬥機。

一九三五時，魯本多佛忙碌的第二一〇試驗大隊又在丹吉內斯（Dungeness）跨入英國海岸線。他們的護航機來自第五十二戰鬥機聯隊，就跟在後面，但不在視野範圍內。即使如此，十五架Bf 110和八架Bf 109全都掛著炸彈繼續前進。這是第一次德軍準備攻擊倫敦南方的肯利——第十一大隊轄下的重要基地。第二支轟炸機部隊（一個大隊的Do 17）則準備攻擊附近的畢金希爾。

他們都炸得很準，可惜目標既不是肯利，也不是畢金希爾。

魯本多佛由於沒能與護航機接觸，便想要繞一大圈，從北邊攻擊肯利，以便混淆守軍。但他們單位沒想到的是，他們飛到了倫敦南邊的郊區，並馬上往南轉，企圖接近目標。

機場比預期還早出現，Bf 110便開始俯衝攻擊。颶風式突然出現在他們上方，但由於沉重的Bf 110在俯衝時速度更快，英國戰鬥機追不上他們。他們投彈擊中了機庫，還摧毀了至少四十架訓練用的飛機；其他炸彈還擊中了兩處有偽裝保護的飛機與航空發動機工廠；另外還有人重創了一處生產航空無線電器材的工廠。但這一切全都不是在肯利，而是在倫敦的克洛敦機場。魯本多佛的導航搞錯了！

希特勒有明令在先：不准攻擊英國首都倫敦，至少現在還不行。德國空軍手上所有的地圖，整個大倫敦地區都是列為禁航區。戈林一聽說克洛敦遭到攻擊，馬上憤怒地要求送軍法處置，但還有誰活著可以當代罪羔羊呢？

就在轟炸後，第一一一中隊的颶風式追上了德機的機尾。就在最後一架Bf 110爬升、進入他的準星後，中隊長湯普森只要按下開火按鈕就行。他打掉了大片的機翼蒙皮和部分右側發動機，造成德國飛行員迫降，並被英軍俘虜。

其他Bf 110盤旋著爬升，組成防禦圈，等待脫離的時機到來。颶風式遲疑了一下，因為Bf 109突然出現，大概是他們的護航機吧。其實這些Bf 109是試驗大隊的第三中隊，他們只是排在最後空襲而已。在攻擊目標後，該中隊的飛行員馬上從轟炸任務轉為戰鬥機，因為這時颶風式已經在追他們了。這次一共有兩個中隊，分別是克洛敦的第一一一中隊和畢金希爾的第三十二中隊。

由於數量寡不敵眾，辛則中尉同樣也下令Bf 109組成防禦圈，還試著和Bf 110的防禦圈結合。同時，魯本多佛也看到了脫離的機會。後來該單位的戰鬥報告上是這樣寫的：「參謀分隊的另外四架飛機跟著他以小角度俯衝加速返航。他們消失在濃霧中，從此沒有再出現。」

第二一〇試驗大隊的大隊長魯本多佛上尉和他的組員沒有返航。肯利的管制官調遣了返航中的第六十六中隊噴火式去攔截，交戰在英國領空發生，而且很快就結束了。

「黑色星期四」這天，二一〇試驗大隊總共損失了六架Bf 110和一架Bf 109。這證明就連戰鬥轟炸機也不能在沒有像樣的戰鬥機護航時出動。

他們炸到的目標不是肯利，而是克洛敦；不是畢金希爾，而是靠近海岸的西馬林（West Malling）。兩處機場都損傷慘重。隨著英國戰鬥機驅逐最後一批返航的機隊，八月十五日的戰鬥終於落幕了。這是不列顛空戰的第三天，後來會有許多人認為是戰鬥最激烈的一天。

——

這次的戰果與損失如何呢？從英國的資料來看，戰鬥機宣告的擊落數經過一番的計算之後，終於得出一個驚人的數字：確認擊毀一百八十二架德國軍機，可能擊落另外五十三架。

德軍的紀錄則顯示一共損失五十五架飛機，大多數都是轟炸機和Bf 110。但即使是這個數字，也已經夠慘重了。

德軍還宣稱擊落了數量驚人的英國戰鬥機。確認擊落一百一十一架，還有十四架「疑似擊落」。英國戰鬥機司令部正式的損失只有三十四架。

當然數字是會騙人的。戰鬥機除非垂直墜地或落海，不然不會被算進損失數字裡。如果飛行員成功迫降，並且機上還有零件可用，這架飛機就會列為「可修理」，不會算入損失數。但這樣的狀況確實可以說這架飛機無法再當武器使用了。這些零件再次變成一架可作戰的飛機，中間可能需要好幾天或好幾週。

受損的飛機加上全毀的飛機，肯定都讓道丁中將在八月的這幾個禮拜心神不寧。雖然英國的航空工業已經全力生產了好幾個月，但他們損失的戰鬥機還是比補充的多。

邱吉爾在五月十四日成為首相後最先做的幾件事之一，就是指派媒體大亨比佛布魯克勳爵（Lord Beaverbrook）出任航空生產部部長。他四處剪綵，使用和自己打造媒體帝國的相同方法，讓飛機的生產力大幅提升。他不顧許多空軍將領的反對，堅持要將戰鬥機生產列為絕對優先。道丁在戰後寫道：「全英國找不到第二個人能做到這件事。」六月的戰鬥機生產數達到單月四百四十至四百九十架，即使在德國空軍的攻擊之下，也幾乎一直以同樣的規模持續生產。

德軍的戰鬥機生產力根本不能比。梅塞希密特生產的Bf 109當時是德國唯一的單發動機戰鬥機，在六月一共生產了一百六十四架、七月兩百二十架、八月一百七十三架、九月則有兩百一十八架。

結果德國空軍本應擁有的絕對數量優勢也不過如此！在決定勝敗的幾個月間，空軍得到的新戰機數量不到皇家空軍的一半。這樣要怎麼「消滅敵軍戰鬥機部隊」？

即使如此，在接下來的幾天，戰況看起來德國空軍還真可能達成以上目標。八月十六日，前一天晚上被誤炸的西馬林又遭到強力轟炸，導致四天無法使用。當天午後，第二斯圖卡聯隊的一個Ju 87大隊和第五十一轟炸機聯隊的一個Ju 88大隊又炸毀了南部海岸唐密爾的重要基地。十四架英國軍機被摧毀或嚴重損壞，包括七架颶風式戰鬥機和六架布倫亨轟炸機。

邱吉爾似乎對戰鬥機司令部宣稱的高擊落數字沒什麼信心，他對空軍參謀總長寄了一封警告信：

「雖然我們的焦點都放在我國上空空戰的戰果，但也不能忽略其損失……昨晚有七架重型轟炸機（損失），現在還有二十一架在地上被摧毀，就是唐密爾那些，這樣總共就是二十八架。這二十八架再加上二十二架戰鬥機，我們一天就損失了五十架飛機。這點會大幅影響德軍損失七十五架這點所帶來的印象……」

更何況，英國戰鬥機宣稱擊落七十五架這件事本身就不準確。德軍其實只損失了三十八架。這時的天氣又站到了英國人這邊。第二航空軍團作戰區內的主要戰鬥機基地，例如德布登（Debden）、達斯福（Duxford）、北威爾德（North Weald）、洪恩城等地，全都逃過了類似於唐密爾的命運，只因為進攻的部隊（第七十六轟炸機聯隊二大隊、第一轟炸機聯隊二大隊、第五十三轟炸機聯隊三大隊與第二轟炸機聯隊一大隊）無法從雲層上找到這些基地。

八月十八日星期天，戰鬥繼續。佛里希中將（Stefan Fröhlich）的第七十六轟炸機聯隊結合高、低空轟炸，攻擊地區基地肯利與畢金希爾基地。除了一如往常讓跑道坑坑洞洞、機庫起火燃燒，證明自己來過一次之外，他們還第一次造成肯利基地的作戰中心失去功能。

這表示戰鬥機防禦網的大腦受到了一記重擊。德軍還以為這麼重要的設施一定會蓋在地底下、強化過的建築物內，沒有想到會在幾乎沒有受到任何保護的機場上。正因如此，德軍並未有系統地試著攻擊這類目標，肯利的成功只是瞎貓碰到死耗子而已。

八月十八日同時也是斯圖卡慘痛的一天。這天下午，第八航空軍派出了四個斯圖卡大隊，對哥斯波特（Gosport）、索尼島（Thorney Island）和佛德（Ford）等地的機場，還有南部海岸波靈（Poling）的雷達站發動攻擊。他們遇到了第一五二中隊的噴火式和第四十三中隊的颶風式戰機的攔截，時間就在他們還來不及整隊返航之前。英國的戰鬥機並不打算放過他們。李希霍芬在日記中寫道：「一整個斯圖卡中隊被消滅了。」

第七十七斯圖卡聯隊一大隊是最大的受害者。二十八架飛機中十二架沒有返航，還有六架受損太過嚴重，只能勉強飛到法國迫降。沒有回來的人包括大隊長邁索上尉（Herbert Meisel）。加上其他大隊的損失，總共有三十架Ju 87損失或嚴重受損。這樣的代價太高了，斯圖卡必須退出作戰。

第二天中午，各個航空軍團司令官和參與英國作戰的各大隊的大隊長，再一次聚集到了卡琳宮。戈林絲毫不打算掩飾自己對目前戰局發展的不悅，畢竟這場戰役三天就該結束了。他說大家做錯了一些事情，造成許多不必要的損失。從今以後，所有行動的準備都必須改進。

「我們必須保留戰力，」元帥宣布，「我們的機隊必須得到應有的保護。」

這時轟炸機部隊的指揮官提出了一套真正派得上用場的戰鬥機護航措施。一支戰鬥機部隊在前面開道，其他則飛在轟炸機部隊上方、側面和下方，最後還有另一支部隊在Ju 88投彈時俯衝下來，掩護散開的轟炸機。

戰鬥機部隊的指揮官聽後，眉頭皺了一下。他們要從哪生出這麼多戰鬥機？第一線飛機的數量越來越少，生產的數量也跟不上。如果他們要滿足這麼多需求，每一架轟炸機就需要配五架Bf 109護航，那真正可以擊落對手的「自由狩獵」任務怎麼辦？

最後，空軍的主要目標「減弱敵軍的戰鬥機實力，讓我們的轟炸機可以在不受干擾的狀況下前進」得到了眾人的再次強調與肯定。但方法卻仍然沒有結論。李希霍芬將軍在日記中如此總結這次會議：「對英國的戰役要以強大但不同的方式進行。」可是具體是要怎麼進行呢？

三、對戰鬥機的攻擊

空軍最先採取的行動，包括從戰鬥機部隊的指揮官下手。比較年長的聯隊長幾乎在一夕之間全數遭到解職，由比較年輕、有指揮大隊經驗，並且擁有良好擊落成績的人取代。根據戈林的說法，聯隊長必須親自帶領部隊進入戰場，進而「立下良好的榜樣」。

如此措施得到的評價相當兩極。一個聯隊大約有六十到八十架戰鬥機，指揮這麼大的機群不只需要一位王牌立下榜樣，還需在地面上有領導統御經驗的才行。

但這些年輕人很快就證明自己配得上這樣的重責大任。他們的榜樣感染了所有人，很快就展成各聯隊在比誰的戰果最大、最多的狀況。莫德斯上尉從奧斯特坎上校手中接下了第五十一戰鬥機聯隊；賈南德少校從韓德里克上校手裡接下了第二十六戰鬥機聯隊；呂佐上尉（Lützow）從維克中校（Vick）處接下第三戰鬥機聯隊；楚本巴克少校（Trübenback）從凡・莫哈特中校（van Merhart）手裡接下了第五十二戰鬥機聯隊；陶特洛夫上尉（Trautloft）接替梅提錫少校（Mettig）接下第五十四戰鬥機聯隊。上述異動都是在對英國戰鬥機部隊的主要攻勢於八月底發動的同時進行的。其他異動還包括：布羅中校離開了第二戰鬥機聯隊，交棒給史奈曼少校（Schnellmann）；克拉蒙-陶巴德少校則把第五十三戰鬥機聯隊交給他手下最成功的大隊長茅藏少校。

隨著每一天過去，對英國戰鬥機司令部和其地面設備的作戰越演越烈。八月三十一日早上，一個又一個的德國戰鬥機中隊對多佛的防空氣球發動攻擊，超過五十個氣球起火冒煙墜地。這些氣球從英國、法國兩邊都看得到，是不列顛空戰最關鍵階段開始的象徵之一，代表著持續一整週對英國第十一大隊內陸基地發動轟炸行動的開始。

這個大隊下有二十二個中隊，負責英格蘭東南部以及「世上最大的目標」倫敦的防禦。十一大隊深入內陸的基地繞著首都形成一片保護牆。肯利、紅丘（Redhill）、畢金希爾、西馬林和格雷夫森（Gravesand）位於倫敦東南方；洪恩城、羅契福、北威爾德和德布登則位於東方和東北方；西邊還有諾霍特（Northort）基地（參閱二六三頁地圖）。

標準的攻擊部隊只有一個轟炸機大隊，平均大概擁有十五到二十架飛機。但現在這樣的部隊還有一整個聯隊的戰鬥機保護，其數量大約是轟炸機的三倍。轟炸機會以緊密編隊飛到目標上空，每個大隊一天出動超過一次以上。

早上第一個被攻擊的基地是德布登，是十一大隊最北邊的地區基地。炸彈又一次炸向伊斯特徹的跑道。先前已經被炸過幾次的戴特靈，現在又被埃史威格上尉（Eschwege）帶隊的第五十二戰鬥機聯隊一大隊（I/JG 52）以Bf 109的機砲與機槍掃射。

但最具效果的攻擊要留到午後才開始。芬克上校的第二轟炸機聯隊分成兩列接近，右邊前往洪恩城——該地區基地有四個中隊，戰力約有七十架噴火式。這四個中隊有三個已經起飛、前往其他地方作戰，但第四個——五十四中隊還在地上充當預備隊。他們突然聽到機場管制官激動的聲音從擴音器中傳來：「緊急起飛！緊急起飛！趕快離開地面！」

這時的狀況，可以看出戰鬥機司令部那套複雜的回報管制系統被太多束縛纏住的案例。雷達站從海岸傳回一大堆回波，皇家觀測團的目視報告也從全國各地湧入，作戰中心確實很可能在情報作出評估、各區採取適當行動之前，就被大量的報告淹沒。這樣一來，偶爾就會有德軍機隊在沒有被發現的狀況下溜進來。

這次，第二轟炸機聯隊的Do 17大隊都已經排好隊準備投彈了，洪恩城的防空警報才響起。部分噴火式來不及起飛，但大多數飛行員還是成功在炸彈落地的幾秒前緊急起飛，只有阿爾．迪爾（Alan "Al" Deere）上尉的分隊沒趕上。

這三架噴火式就像是被追捕的兔子在機場上以不同的方向加速衝刺，而且還妨礙著彼此的路線。迪爾罵著髒話收回油門，以免撞上另一位同袍。這時Do 17轟炸機已在頭上，並投下了一排排的炸彈，攻擊加速起飛的戰鬥機。接下來發生的事，讓目睹的人無不為之屏息。

阿爾．迪爾不顧身邊四處爆炸的炸彈，還是離開了地面。他起飛了！但他才勉強離地，炸彈的爆炸把他往上拋起，之後氣流再把他往下吸。在這個過程，他的噴火式翻滾了半圈，並以頭下腳上離地只有幾公尺的高度飛行。被炸飛的泥土噴到了擋風玻璃上，造成這位上下顛倒的飛行員什麼也看不到。接下來飛機便傳出一種像電鋸般的聲音，先是垂直尾翼刮著地面前進，然後（據目擊者說法）又以整個機身在地上滑行了一百公尺左右。最後這架飛機顫抖了一下，便翻滾過來停止不動，而且居然沒有著火！大家都認為機上的飛行員死定了。

不遠處，第二架噴火式也因主翼折斷而墜地。飛行員埃德塞少尉（Eric F. Edsall）兩腳腳踝扭傷，但還是爬出了駕駛艙，然後一路爬到分隊長的戰機殘骸所在處。他簡直不敢相信，迪爾不但沒死，甚至沒有受什麼傷！他唯一的麻煩是出不來，直到兩人合力強行將座艙罩往後推開為止。兩個人都有點暈頭轉向，只受了點輕傷，便一起蹣跚地走向遮住散落在各處的營舍與其他建築的棕色煙霧。

第三架噴火機的飛行員戴維斯上士（Jack Davis）在經歷飛機被彈到機場外遠處的田野之後，還能步行返回，而且沒有受傷。

這三位英國飛行員不但承受住突然的驚嚇，甚至第二天爬上備用機繼續作戰。他們的行為所表現出的韌性，足以代表戰鬥機司令部賴以承受德國空軍猛攻的特性。重點是這些飛行員活下來了，他們損失的飛機在日漸提高的產量下，可以輕易替換。

——

畢金希爾的狀況比洪恩城還糟。這座基地就在往倫敦的路上，前一天在有戰鬥機中隊升空防禦的狀況下仍被炸了三次。最嚴重的破壞來自第七十六轟炸機聯隊三大隊的八架Do 17轟炸機，其專門負責低空攻擊。他們從泰晤士河往上游飛，以誤導守軍，然後突然轉向，從北邊攻擊這處機場。機上的五百公斤炸彈在機庫、工廠與房舍中爆炸，其中還有一枚炸彈直接擊中一處掩體，造成超過六十名皇家空軍官兵死傷。這次攻擊一口氣切斷了畢金希爾的水電與瓦斯供應，使基地完全無法與外界聯繫。

今天前來攻擊的，是第二轟炸機聯隊的左縱隊。許多到目前為止都逃過一劫的建築物都被猛烈的轟炸炸垮、起火燃燒。但最糟的是作戰中心也中彈，而那裡正是畢金希爾透過無線電管制三個戰鬥機中隊的神經中樞。那裡有一個小房間，裡面擠滿了管制官和女子輔助空軍的女性官兵——負責操作電話、在地圖桌上移動代表敵我雙方飛機的符號。

德國轟炸機逼近的沉重發動機聲蓋過了所有其他聲音。接著就是炸彈落下的尖嘯聲，以及愈來愈近的爆炸聲。幾秒鐘後，就會聽到一聲震耳欲聾的撞擊聲。整棟建築物都在搖晃，牆壁也好像要垮下似的。燈全都熄了，門縫裡還傳出煙霧。被炸得暈頭轉向的軍官和女兵急忙逃到開闊地，原來炸彈是掉在幾公尺外的信號官室。

上次攻擊後大家辛辛苦苦修好的電話與電傳打字機線又斷了。附近的肯利基地指揮官打電話來問畢金希爾的狀況時，沒有人接聽。他從皇家空軍在布倫萊（Bromley）的一處中心再試了一次，但那裡也完全聯繫不上。最後他派了一位傳令兵經由公路去調查，並找到了畢金希爾現在群龍無首的中隊是用哪個頻率，以便讓他們接受肯利基地的指揮。

「那座機場就像屠宰場。」他是這麼形容的。

作戰中心不得不移到附近村子的商店內，而透過備用裝備，他們只能指揮三個中隊的其中一個。

當炸彈掉到基地時，七十二中隊的噴火式和第七十九中隊的颶風式正在更南邊的地方巡邏。兩個中隊都對畢金希爾不熟，因為他們是從「寧靜的北方」轉調過來的。事實上，七十二中隊當天早上才剛到這裡，以便替換一個在戰鬥中損失慘重的中隊。

因戰鬥而疲勞、損失許多飛行員或已接近精神上極限的中隊數量持續上升。到了八月底，帕克少將原本在不到三週前的「鷹日」用來對抗德國空軍的中隊，已經沒幾個還在倫敦附近的作戰區了。大部分中隊都被從北方調來的新血替換掉。

能替換這些中隊，表示戰鬥機司令部把超過二十個中隊留在北方（只有八月十五日遇過一次日間攻擊）的政策是完全正確的。現在疲於交戰的中隊可以被調去北方休息、訓練新的飛行員，同時補充戰力。

德國的戰鬥機部隊一天最多可以出擊五個架次，因此也有戰鬥損失的問題。他們現在深入英國海岸線以內，因此每次作戰常常都是在航程的極限，使他們在返航時都得忍受令人窒息的恐懼，生怕無法在燃油用盡前返航。

「我們當中只有少數人，」第三戰鬥機聯隊一大隊的杭恩中尉（Hans von Hahn）回報道，「到現在還沒遇過必須在海峽駕著嚴重受損或螺旋槳不會轉的飛機迫降的經驗。」

第五十四戰鬥機聯隊三大隊的馬克斯-赫姆特．歐斯特曼少尉（Max-Hellmuth Ostermann）寫道：「去英國出任務的疲勞開始影響我們了。我們有史以來第一次聽到有飛行員在討論要調去比較平靜的區域。」

歐斯特曼是在與英國戰鬥機交手的過程中學到艱苦教訓的年輕飛行員之一。他的單位每天都要出擊多次，不是護航轟炸機，就是要從海峽地區執行戰鬥機巡邏，最遠可能一路飛到倫敦。「我又和我的中隊走散了，」他寫道，「整個大隊散成各自獨立的纏鬥戰，幾乎沒有兩架戰鬥機一起行動的時候。噴火式真的非常靈活，這些飛機像在做特技表演，能急轉彎又能翻滾，還能在爬升時一邊滾轉一邊射擊。這點讓我們大為驚艷。我們常常開火，但很少擊中目標。比起我在法國打空戰時，我現在冷靜多了。我不會隨便開火，而是努力占據有利位置，同時注意自己的後方……」

他有好幾次失敗的經驗。在他占位得以開火之前，噴火式總是會轉彎離開。最後他發現有一架僚機在他下面，正被後方的噴火式追逐。

「我馬上作出翻滾，往下追逐那架噴火。現在我離英國佬只有大約兩百公尺。我穩定機身……等一下，太遠了。我慢慢靠近，直到我離他只有一百公尺、噴火式的機翼填滿了我的整個準星。突然，英國佬開火射擊，我前面的那架梅塞希密特也俯衝迴避。同時我也按下瞄了好久的機槍射擊鈕。我開火時，只有輕輕地帶了一點桿而已。噴火式馬上著火，並拖著長長的灰煙垂直墜海。」

這是歐斯特曼第一次擊落敵機，是他在一九四二年於俄國陣亡前擊落的一百零二架中的第一架。

這段期間，他所屬的總部位於法國海岸線上的維桑，那裡的奧斯特坎少將可說是把自己的頭銜「第一暨第二戰鬥機司令部司令」發揮到了極致。

自第三航空軍團於八月二十六日對西南方發動最後一次日間攻擊——派出四十八架He 111和參謀中隊——在優勢戰鬥機護航下攻打樸茨茅斯的港口後，戰鬥機部隊就重新整編過了。從現在開始，第三航空軍團的三個戰鬥機聯隊不會從瑟堡一路飛到英國海岸，而是從加萊地區出發，這樣離英國就只有多佛海峽的寬度了。

這樣的舉動，呼應了第二航空軍司令布羅策將軍認為空軍無法分散戰鬥機兵力的看法。由於作戰的重心是在英格蘭東南部的倫敦外圍，他認為護航機必須是轟炸機的兩至三倍。因此，史培萊元帥的第三航空軍團從此以後，就只能在夜間轟炸了。如果轟炸的效果因此大幅降低，至少攻擊的轟炸機不需要戰鬥機保護。

八月三十一日這天，為了支援攻擊洪恩城、畢金希爾和其他機場的僅僅一百五十架轟炸機，就出動了至少一千三百零一架次的Bf 109和Bf 110。

英國的戰鬥機司令部則派出了九百七十八架次的戰鬥機迎擊，其中只有少數幾次，噴火式與颶風式成功攔截轟炸機，並迫使他們遠離目標。由於到處都是德國戰鬥機，英國飛行員必須應付一波接一波的德軍戰機。根據皇家空軍的官方數字，他們一共損失了三十九架戰鬥機；德軍則損失三十二架。戰鬥在此時達到了最高點。

戰鬥機司令部的道丁中將肯定很想派出英格蘭中北部閒置的中隊，來支援陷入激戰的十一大隊。但他沒有這麼做。他認為時機還沒成熟，不適合拿出最後的預備隊。

這時英軍的損失已經很慘重了。皇家空軍的統計數字指出，光八月份，空軍就損失了三百九十架噴火式與颶風式戰機，另外一百九十七架嚴重受損。相較之下，德國空軍後勤署署長辦公室的統計數字則指出德軍在同時間損失兩百三十一架Bf 109，並有八十架受損。這個數字不是只有在英國損失的數量，還包括其他占領區與德國本土。

這樣算起來，德國空軍每損失一架戰鬥機，英國就要損失兩架[4]。確實，雙方都覺得自己的戰果與敵軍的損失比實際上要多。即使如此，還是有許多質疑的聲音出現。參謀弗萊赫・馮・法肯斯坦少校（Freiherr von Falkenstein）在九月一日的最高統帥部會議討論到目前的空戰狀況時，便代表空軍作出以下發言：「在制空權的爭奪中，皇家空軍自八月八日起已損失一千一百一十五架戰鬥機與九十二架轟炸機，德國空軍則損失兩百五十二架戰鬥機與兩百一十五架轟炸機。然而，我們宣稱破壞的英國飛機當中，有相當的數量其實可以在很短的時間內修復。」

參謀官不顧空軍統計結果的隱喻，反而做出了正確的判斷。法肯斯坦繼續說：「英國的戰鬥機部隊受了一記重擊，如果我們可以在整個九月把握每一次天候允許的機會，繼續對英國施壓，便能確保敵軍的戰鬥機防禦能力，會減弱到我們對其生產中心與港口設施發動的空襲可以大幅加強的地步。」

在這個時間點上，實現如此目標的障礙仍然存在。但德軍覺得這樣的障礙看似很快就會消失。他們繼續攻擊倫敦的機場防護網，每天都有戰鬥機在首都周圍的天空交戰。

道丁中將寫道，在九月初，戰鬥機的損失率之高，使得新調來的中隊都已經消耗殆盡，替換的中隊卻還沒準備好。他們的飛行員人數實在是不足以補上戰鬥單位的損失。

事實上，讓英國最緊張的並不是飛機的損失數量高居不下，而是有經驗的飛行員不斷地凋零。即使不像在敵國上空跳傘的德軍，英軍成功逃生的飛行員都能再戰，還是無法解決這個問題。

邱吉爾曾寫到，在作戰前段時期的八月二十四日到九月六日（德軍對英國戰鬥機基地發動主要攻勢的期間），一共有一百零三員飛行員陣亡、一百二十八員重傷，而飛機的損失則是這個數字的兩倍——一共有四百六十六架噴火與颶風式戰鬥機遭到摧毀或嚴重損壞。[4]

「在總共約一千架戰鬥機的戰力中，」他寫道，「我們損失了將近四分之一。」

戰鬥機司令部試著以戰術作為彌補眼前的危機。他們規定一次要出動兩個中隊、數量不得低於二十架飛機。帕克少將還得到了授權，可以在緊急狀況下從附近的大隊徵調援軍。最後，十一大隊的前線中隊還分配到國內幾乎所有結訓的飛行員，每個「還在休整」中的中隊至多可以補到五人而已。就連海軍、轟炸機和海岸司令部都釋出了自己的飛行員，交給陷入激戰的戰鬥機司令部。

九月初，德軍機隊回報，英國戰鬥機的防衛能力終於有史以來第一次開始動搖了。舉例來說，第一轟炸機聯隊（「興登堡聯隊」）二大隊在九月一日攻擊泰晤士河的提柏立碼頭

---

4 原註：這包括在地面上被擊毀的數量。

（Tilbury）時，其報告上是這樣寫的：「遭遇輕微敵戰鬥機抵抗，我軍護航機輕易反制。」

事實上，這十八架He 111有整整三個戰鬥機聯隊護航，分別來自五十二、五十三和五十四聯隊。九月二日，七十六重戰機聯隊的聯隊長葛拉布曼少校在成功護航第三轟炸機聯隊前往伊斯特徹後，向他的上級奧斯特坎將軍報告：「現在這裡沒什麼事可做了。」連雙發動機的Bf 110，都可以在英國的上空來去無阻了！

這場仗相當艱苦，德國空軍似乎已完成了自己最重要的任務——消滅英國的戰鬥機部隊。

四、倫敦成為目標

在這個關鍵時刻（準確來說是九月七日），德國空軍從最高層接獲命令，要大幅改變其接下來的行動性質。從現在起，空軍的目標要放在倫敦了！

對於邱吉爾以下的英國人來講，這樣的戰術改變是德國根本上的大錯，使英國的防禦免於徹底毀滅的命運。戰鬥機基地終於有了喘息的空間，現在可以從先前受到的嚴重損害中恢復過來。

這樣的新政策有兩個原因，一個是純然的軍事考量，另一個是政治上的理由。

九月三日，戈林在海牙接見了他的兩位航空軍團司令——凱賽林和史培萊元帥。他提出放下目前的戰術，轉而對最重要的目標——英國首都發動大規模攻擊的想法。唯一的問題是，這樣的攻擊能不能在轟炸機部隊不必面臨無謂風險的狀況下進行？英國的戰鬥機部隊實力已經減弱夠多了嗎？凱賽林說是，史培萊說不是。

史培萊希望繼續對戰鬥機基地施壓；凱賽林則認為不必。如果基地損害嚴重，戰鬥機部隊可能會退到倫敦北邊的基地，而由於這些基地在德軍戰鬥機的作戰半徑之外，因此不會受到轟炸機攻擊。他確實很驚訝英國人沒有馬上這麼做，但他認為他們的理由一定是因為心理上的因素，例如「守住前線」或是「成為眾人的榜樣」等等。但他們現在絕對有這樣的選擇，可以退到位置比較安全的機場去。

他說：「我們沒辦法在地面上摧毀英國的戰鬥機，必須逼他們最後的備用噴火式與颶風式升空交戰。」

這樣一來，目標就一定要改變才行。早在「鷹日」之前，第二航空軍就已判斷倫敦的重要性極高，英國人會願意為了保護倫敦而投入最後一批中隊。

在整個八月，希特勒都出於政治理由，禁止對首都發動任何攻擊。不幸的是，由於少數轟炸機機組員的導航失誤，空襲還是發生了。八月二十四日與二十五日之間的夜晚，有些炸彈本應攻擊羅徹斯特的飛機工廠與泰晤士河的儲油槽，結果卻落到了倫敦市區，引起一連串的連鎖反應。

第一轟炸機聯隊的作戰官約瑟夫．科諾貝少校（Josef Knobel）記得很清楚。那天一大早，戈林用電傳打字機發了電報給每一個當天晚上有參與行動的單位：「立刻報告是哪些人在倫敦禁制區內投彈。總司令保留個人直接對涉事司令執行處分、改列其為步兵的權限。」

不可以發生的事情發生了。邱吉爾直接對心不甘情不願的轟炸機司令部發出要求，要他們馬上對柏林發動報復攻擊，但轟炸機司令部根本不覺得這樣做有什麼軍事上的好處。第二天晚上，八十一架英國的雙發動機轟炸機飛過光單程就要一千公里的航程，來到了德國首都柏林上空。號稱有到達目標的二十九架（德軍觀測認為只有不到十架）轟炸機受到濃厚的雲層影響，只能隨便在目標區投彈。沒有任何軍事設施受損。

這是十天內英軍總共四次轟炸中的第一次。德軍又一次違背了禁令，將炸彈丟在了倫敦，顯然使英國的政治領袖更為堅定，要對柏林發動攻擊。

對希特勒而言，這實在是太過分了。他放棄了自己原本的限制，在憤怒與失望中宣稱：「既然他們攻擊了我們的首都，我們就要鏟平他們的。」

九月五日，從晚上九點到第二天早上，從第二、三、二十六與五十三轟炸機聯隊挑選的六十八架轟炸機對倫敦的碼頭發動了第一次有計畫的攻擊。他們一共投下六十噸的炸彈，最後一個機隊回報有五處大型火警、四處小型火警。

九月七日下午，戈林和凱賽林、羅策一起站在白鼻岬的海邊，看著他的轟炸機與戰鬥機轟隆隆地往前飛。他已對新聞記者表示，說他「開始親自指揮空軍對英國的戰事」。

這次至少有六百五十二架轟炸機，從午後開始一直到晚上持續前往倫敦轟炸。日間的機群有六百四十八架單、雙發動機戰鬥機護航。這些飛機分成數波前進，並以緊密編隊在四千五百到六千五百公尺之間的高度飛行[5]。

英軍的戰鬥機中隊排列在機場上，等待著新一波德軍攻擊的到來，但卻阻止不了德國空軍。德軍採用英軍沒有料想到的方向靠近目標。

在第一波大型轟炸中，德國空軍第一次使用了一千八百公斤炸彈，而且一次投下了超過一百枚用來攻擊倫敦的碼頭。當第三航空軍團的機群在夜幕低垂後抵達時，他們可以直接利用已在燃燒的火勢找路。

倫敦戰役於焉開始，這場戰役旨在逼迫最後的後備英國戰鬥機部隊加入戰鬥，以便在秋季的惡劣天候阻止大規模行動發動之前，摧毀英國的戰鬥機戰力。

一週後，第三轟炸機聯隊飛在四千公尺高度，在雲層上方往西朝倫敦飛去。他們的目標又是泰晤士河在倫敦東方的大迴轉處的碼頭。這樣的目標通常很難認錯，尤其是在視野良好的日子裡。但這個機隊越往前飛，雲層就越密。雲幕只有偶爾散開，讓他們稍微瞥一眼底下的地面。

其中一架Do 17的通信士霍斯特・贊德（Horst Zander）正研究著後方與兩側的天空。左右兩邊都有他的第六中隊的同袍，更遠處則有第三轟炸機聯隊二大隊的其他中隊。他的飛機前後稍微高一點的地方，則是另一個大隊，總共有五十架Do 17以緊密隊形共同組成這個聯隊級兵力。但也不是只有第三轟炸機聯隊，其他方向還有其他聯隊正在和他們朝著同一個目標聚集，而這個目標就是倫敦。轟炸機上方的高空還有戰鬥機護航。

贊德想著，這裡只缺英國佬了。他看了看手錶：一三〇〇時，九月十五日星期日。戰鬥就從這時開始了。

英國人已經用雷達追蹤海峽對岸的進展有一個小時了，先是轟炸機部隊在法國北部聚集，然後再與戰鬥機會合，最後兩者再一起接近英國。

第十一大隊指揮官帕克少將有充分的時間，可以讓手下的二十四個戰鬥機中隊進入戰備狀態。過去幾天，德軍的轟炸機常常在無人干擾的狀況下到達倫敦，主因是守軍溝通上的誤解，但這次英國人下定決心，一定要在肯特郡上空抓到、攻擊他們。他們的戰鬥機全都按時起飛，沒有提早。

5　原註：關於本次大規模轟炸倫敦的行動計畫與參與部隊名單，請參閱附錄六。

第三轟炸機聯隊第一次遇敵，發生在坎特柏立（Canterbury）上空附近。贊德突然在對講機上聽見他機上的觀測手兼指揮官勞伯中尉（Laube）的聲音：「前方有敵軍戰機！」

這些戰鬥機屬於七十二和九十二中隊。為了讓麾下的火力更強，帕克現在一次都出動兩個中隊。

英軍的中隊長並不在德軍上方占據有利位置，卻直接從正面的相同高度衝進機隊之中。總共有二十四架噴火式排成寬廣的陣線，每一挺機槍都在射擊。幾秒之後，英國戰鬥機便從對手上方或下方近距離竄過，並衝過整個德軍機隊。

「機槍射擊從四面八方傳來，」贊德後來回報道，「還有兩次從離我們還滿近的地方傳來一陣強大的重擊聲。有兩架英國戰機一定是撞上了我們的兩架多尼爾機。這些飛機都燃燒著並旋轉墜落，在我們下方還有幾頂降落傘打開。我們彼此互看了一眼，交換了一個大姆指朝上的手勢。這次我們毫髮無傷地逃出了這場肉搏戰。」

第三轟炸機聯隊封閉這次攻擊造成的缺口，採用更緊密的隊形繼續平靜地飛往倫敦。

五分鐘後，帕克少將下令，將他最後六個還留在後方的中隊投入戰場。為了支援他們，十二大隊還多派了五個中隊南下，來到交戰區的北方。這些中隊組成一個緊密編隊，直接衝進對倫敦的攻擊部隊本隊內。返航的轟炸機機組員在報告中無力地寫道：「我們在目標區遇到敵軍戰鬥機隊，其數量最多有八十架……」

這和前一天的狀況大為不同。當時轟炸機只需應付個別的噴火式與颶風式的攻擊，倫敦的防禦幾乎全部都由集中且準確的高砲火力負責。就昨天看來，認為英國戰鬥機部隊已經潰散的看法，似乎是正確的。

想像一下九月十五日當天，德軍看到上百架英國戰鬥機又一次對轟炸機發動攻擊時的失望表情。在交戰的高峰期、一三三〇時剛過的時候，大約有三百架噴火式與颶風式同時升空作戰。整個英格蘭東南部的天空，從海峽沿岸一直到倫敦，全都充滿了戰火，沒有一個德國轟炸機隊能在不受阻擾的情況下抵達目標。

就在這時，帕克少將待在他位於阿克斯橋的地下作戰中心接待一位重要訪客——首相邱吉爾。他從附近的契喀爾鄉間別墅跑來這邊，準備親眼在負責指揮作業的戰鬥中心看看過程。首相坐在居高臨下，仿如劇場包廂的座位，一言不發地看著樓下的緊張場面。地圖桌展示著不斷改變的戰況。隨著飛機的位置報告傳來，女子輔助空軍的女兵馬上變更桌上彩色符號的位置。這些位置顯示德軍正一步步接近倫敦。

在對面牆上，一面大型燈光板，顯示著每個戰鬥機中隊的狀態：待命、已經起飛、接戰中、脫離戰場、降落與裝填。

過沒多久，所有的中隊都已升空、深陷在多個交戰之中。但還有許多的德軍轟炸機隊正朝首都逼近，決戰的時刻到了。如果德軍現在能再投入全新一波的轟炸機，就沒有部隊可以迎擊了。

直到此時都未發一語的邱吉爾這時轉向帕克。「我們還有什麼單位在待命？」他問。

帕克回答他：「沒有了。」

最後，一共有一百四十八架德國轟炸機在這個週日午後抵達目標，但第二波卻沒能善用守軍的空窗。第二波在兩個小時後才抵達，在這之前，德軍的戰鬥機都忙於第一波攻勢，沒辦法為第二波轟炸機提供護航。到了這個時候，英國的戰鬥機又能空出手來去攔截了。

更重要的是，這天的轟炸戰果完全比不上七日的第一次大規模日間轟炸。由於濃厚的雲層妨礙了瞄準，炸彈只能四散投在倫敦各地。另外，轟炸機在返航途中也一直被英國戰鬥機追逐，一直到出海相當遠的地方才停止。

勞伯中尉的Do 17在投彈後於倫敦上空迴轉時，他們又遇到了新一輪的交戰。

「我們的大隊，」贊德在報告上寫道，「在過程中散開了。每架飛機都像動力滑翔機在比賽，快速衝向低空，衝往返航的方向。」

突然，他的Do 17受到了猛烈的攻擊。外面傳來強烈的閃光，接著黑煙湧進機艙，然後就是從玻璃破掉的地方灌進來的冰冷強風。

「機艙內到處都是血。我們的飛行員中彈了。我聽到他在對講機上虛弱地說：「海因茲・勞伯，你得接手把飛機開回去！」這時我們已經到達北海上空，因此有空檔可以換手。機工長替身受重傷的飛行員急救。我們違反禁令要求安特衛普-德伊內管制站導航，投彈手勞伯因為有B2級飛行執照，便接手控制嚴重受損的飛機。二十分鐘後，飛機像隻活蹦亂跳的馬匹降落在地上，幸好人員安全。」

像這樣的故事發生在太多轟炸部隊的成員身上了。有些飛機發動機故障或起落架斷裂，有些機翼與機身上都是彈孔，還有許多機上有同袍死亡或受傷。

德國空軍在九月十五日這天學到了兩個慘痛的教訓：

一、英國的防空戰機完全沒有被消滅，甚至比以往戰力更強。

二、以戰鬥機近距離護航轟炸機的做法只有部分成功。由於受限於轟炸機的低速，戰鬥機無法利用其飛行性能上的優點，因此難以擊退噴火式與颶風式。

再次引用第五十四戰鬥機聯隊三大隊的歐斯特曼的說法。

「我們兩機一組緊跟在轟炸機旁邊，這種感覺真的很奇怪。我們從下面看著英國佬的亮藍色機腹，他們大多都會等我們的轟炸機轉彎才開始攻擊。然後，他們衝下來、短暫拉高，射擊一輪之後又俯衝下去。我們只能臨時開幾槍意思意思干擾而已，同時還要注意自己後面有沒有敵機追上來。我們常常必須猛拉操縱桿，導致副翼都會搖晃得厲害，這樣一來，就沒辦法快速轉向，只能看著英國佬對一架轟炸機猛力攻擊……」

德國空軍陷入了一種惡性循環。在它的首要目標仍然是擊潰敵軍的戰鬥機兵力時，英軍避免與自由行動的Bf 109機隊交戰，專注在攻擊轟炸機上。轟炸機比較慢、比較脆弱，在這樣的策略下就必須擁有自身數量兩倍到三倍的戰鬥機來護航。但這樣一來，這些近距離護航的動作又造成戰鬥機速度變慢，無法達成任何有意義的成果。而且沒有人找得出解決這個問題的方法。

一二五〇時到一六〇〇時之間，在兩波德軍攻勢都必須承受的激烈交戰過後，英軍宣稱擊落了一百八十五架飛機。邱吉爾稱九月十五日是空戰最偉大、最具決定性的一天，後來在英國還成了用來慶祝的「不列顛空戰日」。

但在德國，這場戰役離輸掉還遠得很，即使承受的損失迫使他們必須調整策略也一樣。實際上，當天總共只有五十六架飛機沒有返航，包括二十四架Do 17和十架He 111。另外有幾十架飛機，所受到的損傷是大修可以修好的程度。最後整個轟炸機部隊總共有四分之一無法使用。這樣的損失太高了，如果這樣下去，德國空軍將會在英國上空損失太多，最後導致潰不成軍。

九月十六日，幾個航空軍團和航空軍的司令又被叫到了總司令面前。戈林氣得臉都漲紅了。他要的不是補救措施，而是犯人。他心裡已有定見：「戰鬥機讓我們很失望！」

奧斯特坎少將是西線戰鬥機部隊的指揮官，他為自己的部下辯駁，並質問道：「戰鬥機被迫採用一種害他們無法成功的戰術，這是他們的錯嗎？這樣的戰術造成的損失只有一半能得到補充，這是他們的錯嗎？」接著他控制住自己的語氣，提出了專業的證據：「英國人已經採用新的戰術了。他們現在採用更強的戰鬥機隊，並以整個機隊作為單位發動攻擊。我軍的監聽單位得知，說他們的命令就是專心攻擊我們的轟炸機。昨天的結果，就是新戰術讓我們措手不及。」

「那正好！」戈林罵道，「如果他們大量來襲，我們就可以大量擊落他們！」

在這樣的主張下，根本不可能做什麼有價值的討論。總司令已經偏離作戰問題到一個令人擔憂的地步，活在自己的幻想之中。而那些在英國天空中不斷參與激戰的人們，卻只能得到無盡的責備。

那現在到底該怎麼辦呢？結果又是指揮鏈的最底層提出了最接近重點的意見：

一、在天氣良好的狀況下，繼續進行日間攻擊，但應以較小規模的大隊級兵力加上戰鬥機護航進行。

二、對倫敦與重要工業目標的騷擾應於任何天候以少量轟炸機或戰鬥轟炸機進行，以便剝奪敵軍的喘息空間。

三、主力空中攻勢從今以後應於天黑後進行。

於是不列顛空戰的最後階段開始了。這個階段實際上在秋冬兩季都仍然持續進行，一直延續到一九四一年的春天。同時，柏林的空軍高層與西線指揮官之間也針對主力部隊應該攻擊何處的哪些目標才能達成最佳效果、最低損失一事，開始產生了分歧。

第三航空軍團參謀科勒上校寫道：「帝國元帥從未原諒我們未能征服英國一事。」沒過多久，就連最樂觀的人都不得不承認，由於天氣持續惡化，即使偶爾有一兩次成功，空軍再也無法對英國造成致命打擊了。轟炸機從比利時與法國北部出發，必須穿越多重雲層才能執行任務。許多第一代受過儀器飛行訓練的機組員現在都已陣亡或被俘，而取代他們的年輕人則缺乏經驗。

這時因在挪威與荷蘭發動大膽空降行動，導致損失大量Ju 52運輸機的後果就顯現出來了。這些運輸機許多都來自空軍的儀器飛行學校，包括教官在內許多都沒有回來。空軍花了很久時間才得到替換人選，新加入的飛行員素質也因此受到了影響。在德國四處戰無不勝的時候，這似乎沒什麼關係，但現在嚐到了苦頭。

這些編隊在穿過雲層時常常會散掉，而整隊又要浪費寶貴的時間。如果他們改成繞過雲層，就無法及時與戰鬥機會合。若不這樣做，他們又會變成拖長好幾公里的散亂隊形，無法抵抗任何戰鬥機攻擊。

由於英國的天氣主要取決於大西洋的狀況，因此德國的天氣預報常常不太可靠。在倫敦上空，獨立的雲區可能會以驚人的速度組成一道濃密的雲幕，使轟炸機無法瞄準投彈，或是與護航的戰鬥機走散。戰鬥機無法以儀器飛行，而且不像對手有地面管制的支援，因此只能返航，否則直接飛往倫敦再回來，就差不多是他們的航程極限了。

九月底的某一天，這樣的狀況終於造成了災難。轟炸機在飛往倫敦的路上，發現後方有大批雲層聚集。依照命令，這種狀況下他們應該放棄任務返航，但這次的指揮官是個才剛從德國過來的年輕人，他不明白有什麼危險非得讓他放棄任務不可。因此他繼續前進，打算在回程時繞過那個雲區。

他知道這樣繞路會超過Bf 109的航程，因此聯絡了護航隊的指揮官，讓他先回去。但指揮官不想讓轟炸機獨自面對噴火式的攻擊，於是帶著自己的戰鬥機大隊支援。這次歐斯特曼少尉也有參與，他在報告中寫道：「起飛後剛好九十分鐘，我們短暫遭到敵軍攻擊。我的紅色警告燈已經開始閃爍，但我可以在雲隙間看到底下的英國海岸。在擊退敵軍後，我們往下穿過雲層，讓轟炸機待在雲層之上。我們應該是在多佛上空。我們對這裡很熟，可以很快就回去。」

但這樣的錯誤假設會造成他們付出慘痛的代價。轟炸機繞的遠路讓他們比自己以為的位置要西邊很多。

「中隊散了開來，各機貼在雲底想辦法省油飛行。在海上以最低油量飛行是非常不舒服的，一分鐘就像是一個小時那麼久。我們還是沒有看到陸地，我發現我們跨越的海岸比多佛要西邊很多，是位於海峽比較開闊的地方。各機一架接著一架被迫在海上迫降，留下一道水花、然後是一件黃色的救生衣和一股綠色油污。我可能也隨時要做同樣的事……我看到前面遠方有東西在發光。那是陸地，還是只是一片反光？那確實是海岸，有人在無線電上開玩笑說『前面是挪威！』。這確實讓大家緊張的情緒緩和不少，並感到放心。」

他們已經升空兩個小時了，就算是以巡航速度飛行，這對Bf 109而言也還是太久。這個大隊有七架飛機在海上迫降，五架在發動機停俥後，不得不在亞布維（Abbeville）附近的海灘以機腹著陸。敵軍什麼都沒做，就取得不得了的戰果。

到了月底又有新的鋒面從大西洋抵達，加上強烈的西北風、更低的雲高與陣雨。日間轟炸行動幾乎變成不可能，但空軍還有另一個意料之外的狀況。

早在九月二十日，就有一支二十二架的Bf 109機隊前往倫敦，而且這次不必護航轟炸機。他們甚至還有別的戰鬥機替他們護航。在加萊與英國海岸之間，他們爬升到八千公尺的高度，然後快速朝著英國首都下降。

英國的地面管制員這時召回了前往攔截的戰鬥機。沒有掛炸彈的敵機不是他們要攔截的對象。

於是，這些Bf 109就在不受打擾的狀況下安全抵達倫敦。他們俯衝到四千公尺高度再拉高，在二十二枚兩百五十公斤炸彈擊中倫敦市與泰晤士河轉彎處西邊的鐵路終點站前打道回府了。

德國的監聽單位聽著英國的無線電，並回報說英國因為命令傳遞的往返而陷入嚴重的混亂。戰鬥機居然投彈了！

這些Bf 109才剛回來，凱賽林打算利用一開始取得的成功，發動第二波戰鬥轟炸機攻擊。兩次都是由第二教導聯隊二大隊發動，先是由史匹佛格少校帶隊，然後是維斯上尉。這個單位在波蘭與法國戰役期間，都還在使用舊型的Hs 123雙翼機。後來飛行員接受了Bf 109E的訓練，並換裝了戰鬥轟炸機版的Bf 109作戰。

這種機型可以在機身下方掛載最多五百公斤的炸彈。當然，這樣一來這些飛機就很難再當戰鬥機來運用了。它的飛行動作會變得笨拙，速度與爬升率也會下降。但因為第一次奇襲的成功，德軍高層便一直抓著這個想法不放。在戰鬥機飛行員的反對之下，上級下令除了第二教導聯隊二大隊和第二一〇試驗大隊之外，至少要有三分之一現有的Bf 109接受改裝，以便掛載炸彈！

現在只要用Bf 109就可以逼敵軍交戰了，而敵人也很快就適應了這樣的模式。就連颶風式戰機都能在沉重的戰鬥轟炸機身邊繞圈圈，於是損失數字又上升了。

「我們戰鬥機飛行員，」有一位飛行員在戰後寫道，「對於這樣亂搞寶貴飛機的行為感到厭惡。我們居然只是替代品與代罪羔羊而已。」

這種飛機官方稱為輕型轟炸機，但前線人員都用「輕型凱賽林」來稱呼。戰鬥轟炸機在十月間繼續攻擊，成果卻是參差不齊。最後，戰鬥機總指揮官奧斯特坎將軍終於惱怒成怒，對空軍參謀總長顏雄尼克表示，「拜這種沒有道理可言的行動所賜」，他的戰鬥機部隊很快就出不了任務了。他的抗議成功了，十一月只有少數幾次這樣的行動，到了十二月初全部喊停。

從這時開始，司令部的批評從未停過。在充滿高度期待以及承諾之下發動的作戰，僅僅過了三個月之後，不列顛空戰的危機使得上級開始對德國空軍失去了信心。

倫敦每天晚上還要被一百到三百架不等的轟炸機空襲。在黑夜的掩護下，他們可以擁有白天永遠得不到的某種程度的「制空權」。然而，德國卻嚴重低估了英國老百姓的抵抗意志。倫敦不願意投降的態度，就和幾年後盟軍轟炸德國時，各個德國城市所展現出的態度一般。

德國空軍在十一月中旬最後一次改變了攻擊目標。他們將重要的工業城市與港口列為主要目標，以便摧毀敵軍的經濟實力、物資與電力來源。轟炸機雖然受益於泰晤士河這個明顯的地標，而一定能準確轟炸大倫敦地區，但要找到別的目標就比較有困難了。

十一月十四日晚上，第一〇〇轟炸機大隊（Kampfgruppe 100）的兩個中隊起飛，執行夜間行

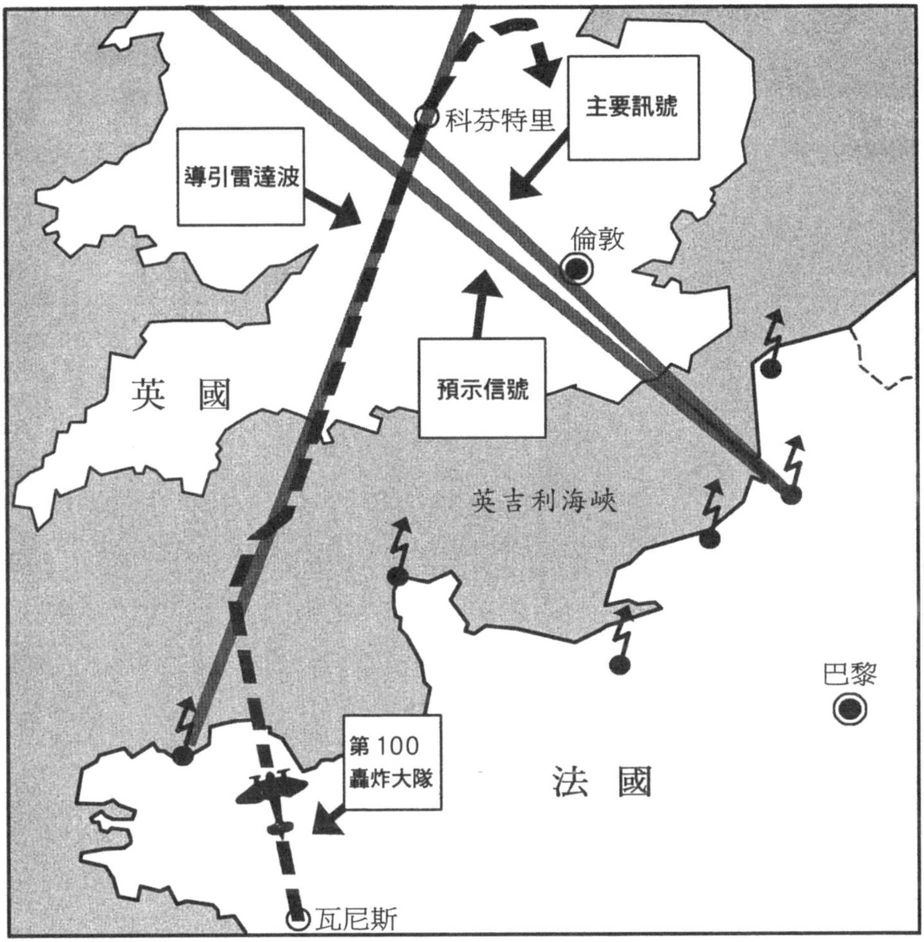

夜間轟炸的導引系統 密集的雷達波將 100 轟炸大隊及 28 聯隊 3 大隊精準導引至目標上空，另一具發射器則發出投彈的訊號。這種作戰模式一直到 1941 年才被有效的反制。

動。這個單位使用的He 111H-3配有「X裝置（X-Gerät）」，一種指向性電波裝置。這個裝置早在一九三四年就由高頻無線電專家普蘭德博士（Johannes Plendl）在雷希林開發完成了。

從法國海岸代號「彎腿（Knickebein）」的發射站，電波會直接指向他們的目標——科芬特里（Coventry），轟炸機直接沿著這個電波飛行。飛行員可以根據無線電收到的信號來修正航向。如果聽到短音或長音，表示偏左或偏右，而持續的聲音則表示是在正確的路徑上。

機上的通信士則用另一組接收機等待第二道電波傳來的「預告信號」與第一道電波交替。當這個信號響起時，表示飛機離目標還有二十公里。這時操作員就會開始計時，驅動指針開始作動。

接下來的十公里要用來測量飛機的對地速度。結束後，第三道電波會製造出視覺與聽覺信號，那就是主信號。這時計時器的按鈕再按一次，將第一個指針停住、第二個開始計時。

在這之後，飛行員就必須保持固定的速度、高度與航向。接下來的一切都是自動進行——在第二根指針碰到第一根時，電路會啟動，將炸彈投下。這時飛機正好是在科芬特里上空。下方開始有第一波火光閃過，使後方的單位不會錯過目標。

這天晚上，第二與第三航空軍團能派出去的每個轟炸機隊都來到了科芬特里。照行動命令上的說法，這裡是「敵軍軍事工業的重要中心」。一共有四百四十九架轟炸機投下大約五百噸的高爆彈與三十噸的燃燒彈，擊中這座受損嚴重的城市。

一位德軍轟炸機飛行員寫道：「平常在炸彈擊中目標後的歡呼都卡在我們的喉嚨裡。大家只能一言不發地看著底下的火海。這真的是軍事目標嗎？」

科芬特里成了一座紀念碑，提醒著後人轟炸戰的可怕。而轟炸戰的高峰期卻還沒到來。

德軍從夜間轟炸啟動時就開始使用類似的無線電波導引方法，這當然瞞不過英國的情報單位。邱吉爾在九月二十六日第一次聽說此事，馬上下令想辦法反制。他寫信給伊斯梅將軍[6]（Hastings Ismay）說如果實際狀況這麼嚴重的話，那將會是非常致命的威脅。

英軍確認了實際的狀況有多糟。直到一九四一年春天，英國人才成功找出有效干擾X裝置的方法。舉例來說，他們可以「干擾」信號，讓轟炸機飛往錯誤的目標。這時德國人又更換成新的Y裝置。不論如何，高頻無線電裝備這時的效果，還比不上戰爭後期，英國的「導引機」（Pathfinder）模仿一九四〇年第一〇〇轟炸機大隊的模式所達成的成果。

十一月初，先前被撤回的斯圖卡部隊又回來對海峽的英國船運發動攻擊了。第一斯圖卡聯隊三大隊（III/StG 1）的二十二架Ju 87由赫姆・馬爾科上尉（Helmut Mahlke）帶隊，並有至少兩個完整的戰鬥機大隊護航。他們在十一月一日、八日、十一日分別對泰晤士河口外圍的三個大型船團發動俯衝攻擊。三天後，因為護航機沒有到場，在一次噴火式的攻擊中損失了四分之一的飛機。

在那之後，對英國船團發動航空攻擊就因秋冬兩季的風暴而幾乎停止。只有在十月十六日針對第九航空師改組，以「威佛將軍」第四轟炸機聯隊為核心組成的第九航空軍仍全天候在港灣入

6　譯註：英國陸軍將領，邱吉爾的軍事幕僚，後成為北大西洋公約組織秘書長。

口與船團的海岸航線上佈雷。

就連對英國發動的攻擊也漸漸停止。德國的轟炸機無法從淹水的機場起飛，因此可行動的部隊瀕臨耗盡。以下的數據可以看出這個過程。

德國空軍在八月一共出動四千七百七十九架次，投下四千六百三十六噸的高爆彈與燃燒彈。九月在倫敦的全天攻擊中，上述數字分別是七千兩百六十架次，六千六百一十六噸高爆彈與四百二十八噸的燃燒彈，另外還有在河口與港口投下的六百六十九枚水雷。

這些數據在十月達到高峰——倫敦的日間戰鬥轟炸機攻擊與多次夜間轟炸工業城市的行動期間。該月一共出擊九千九百一十一架次，投下八千七百九十噸的高爆彈，以及三百二十三噸的燃燒彈，同時還在沿岸海域投下六百一十枚水雷。

從十一月開始，這樣的攻勢就減弱了，因為大規模行動都受限於夜間。雖然戈林又提出要將倫敦當作主要目標，但大多數這樣的攻擊都是針對科芬特里、利物浦、曼徹斯特等工業城市，還有普利茅斯、南安普頓與利物浦-伯肯赫德（Birkenhead）等港口。該月的統計是六千兩百零五噸的高爆彈、三百零五噸燃燒彈和一千兩百一十五枚水雷。在這之後，下跌的速度就變快了。十二月是三千八百四十四架次、四千三百二十三噸的炸彈；一九四一年一月是兩千四百六十五架次與兩千四百二十四噸；二月就只有一千四百零一架次與一千一百二十七噸了。

雖然在春天時對英國的攻擊又變多了，但這有相當的佯攻成分。德軍在東邊的動作頻頻與很快就要開始的推進，這些事情都務必盡量遮掩得越久越好。因此，四月到五月時還在西線的大隊便再次提高行動態勢。三月的出擊架次回升到四千三百六十四架次，到了四月更達到了五千四百四十八架次。事實上，倫敦在整場戰爭中被攻擊得最嚴重的時期就是這段期間。四月十六與十七日之間的晚上有六百八十一架轟炸機來襲，十九與二十日之間則有七百一十二架。就連到了五月的前十天，都還有新的大規模攻擊來到利物浦-伯肯赫德、格拉斯哥-克萊德塞（Clydeside）和倫敦本身。軍方高層的一份指示中提到：「務必加強英國即將遭到進攻的既定印象。」

事實上德軍登陸英國的「海獅行動」已經無限期延後了。行動的先決條件之一，就是要取得英國東南海岸空域的制空權，而這點空軍一直沒有做到，更別說要在戈林宣稱的三天內達成，或是在希特勒設定的九月十五日海獅行動發動日之前的四週內達成了。

空軍顯然在頻繁變更目標的過程中，從沒追求過他們的主要目標——替陸軍的登陸作戰作準備。空軍的目標更有野心，他們想第一次證明義大利理論家杜黑對未來戰爭的看法，認為戰略轟炸可以單獨贏得戰爭。戈林不會承認德國空軍沒有做到這點的能力。

事實上，希特勒早在十月十二日就取消海獅行動了。之所以宣稱因天候因素延後到一九四一年春天，只是為了「對英國施加政治與軍事壓力」而施的障眼法而已。

有很長一段時間，希特勒都執著於一個想法，認為自己必須先「以一場快速取勝的戰役擊敗俄國」。然後在德國後方安全後，就能將全部的兵力投入西線。這時就能將武器生產的重點放在空軍和海軍，英國遲早會落入德國手中。

五月二十一日，第三航空軍團司令史培萊元帥成了西線唯一留下來的空軍指揮官。過去十個月一直攻擊英國的四十四個轟炸機大隊中，只留下四個還在西線。其他除了一些留在巴爾幹半島之外，全都回國整補，然後投入東線作戰。

俄國戰役原本只會使得對英國的空戰中斷一段時間。但對德國而言，這就是兩面作戰的開始。

總結與結論

一、在一九四〇年夏秋兩季只靠空中攻擊逼迫英國投降的意圖沒有成功。如此失敗乃至隨後所造成許多軍事後果的根本原因，在於希特勒直到一九三八年，都還相信德國不會與英國開戰。因此當戰役發生時，德國空軍並未擁有對英國作戰所需的裝備。首先，德國空軍欠缺重型四發動機轟炸機，其開發工作於一九三六年停止，以便集中資源開發俯衝轟炸機。Do 17、He 111與Ju 88相較之下太輕、太脆弱，防禦火力太弱、航程也有限，同時其炸彈掛載量也不足。

二、德國在戰役開始時只擁有約七百架第一線Bf 109戰機。德軍並未擁有夠多的戰鬥機可以同時滿足與英國戰鬥機交戰和近距離護航轟炸機的雙重需求。由於德軍戰鬥機的航程只及於倫敦，因此轟炸機在日間行動的範圍也受限於英格蘭東南部——轟炸機在沒有戰鬥機護航的狀況下會變得脆弱。Bf 110重型戰鬥機對這樣的任務幾乎沒有任何用處。雙發動機設計導致該機無法與英國的戰鬥機交戰。德軍沒有長程單發動機戰鬥機。

三、每次德軍發動攻擊，英國都會有難以破解的雷達站陣列提供預警，造成德軍幾乎不可能發動奇襲。這點與完善的地面管制系統共同替英國戰鬥機部隊提供優異的支援，使其不致於遭到擊潰，德軍也無法取得制空權。

四、與德國判斷的狀況不同，面對嚴重的損失，英國第一線戰鬥機的數量（同樣大約七百架）在戰役期間幾乎沒有減少。在對戰役結果具決定性的幾個月，英國的戰鬥機生產數量是德國的兩倍以上。

五、雖然德國空軍在日間攻擊具軍事價值的目標，可以享有更高的成功率，但到了秋季，日間攻擊便因天候不佳與難以承受的損失而無以為繼。

六、戈林與他的高階將領不斷改變目標。這樣的舉動造成可用部隊的分散，無法長時間集中在一個重點。

七、轟炸行動，尤其是夜間轟炸行動的效果往往遭到嚴重高估。即使是像倫敦與科芬特里這類最大規模的轟炸行動，都未能擊潰遭到猛烈攻擊的英國，使其放棄抵抗。事實上，這樣的攻擊反而造成反效果，一如多年後英國對德國發動規模更大的空襲時所造成的結果那樣。

八、德國既沒有夠多的潛艦，也沒有更多航程夠遠的轟炸機，無法如一九三九年十一月二十九日「元首第九號指令」所提到的那樣，對船團與港口等英國的重要補給線發動具決定性的攻擊。

九、希特勒早在一九四〇年七月決定要攻打俄國，那是在不列顛空戰開始之前。從此以後，西線的戰事便不再是德軍最高統帥部的優先事項。雖然德國空軍對英作戰十分艱苦，但空軍的器材補充並未獲得最高優先的重視。當此役於一九四一年春天終於結束時，德國空軍的主力跟著陸軍一起轉往東線。

第五章　克里特島的「水星作戰」

一、浴血克里特

一九四一年春季的戰役早在一九四〇年秋季就決定了。只要天氣轉好，德國就會在五月對蘇聯發動進攻。

但希特勒低估了義大利兄弟墨索里尼的野心。德國在巴爾幹半島採取的一些措施（尤其是派出軍隊前往羅馬尼亞，一方面阻止俄國入侵，一方面充當德軍往東進軍的跳板）讓這位義大利領袖相當不滿。

「希特勒老是拿既定事實來煩我！」他對自己的外交部長齊亞諾伯爵（Count Ciano）說，「這次我要反將他一軍。等我打下希臘的時候，讓他看了報紙才知道！」

墨索里尼在一九四〇年十月二十八日出兵。一天後，英軍就占領了東地中海的關鍵地點克里特島（Crete）。對希特勒而言，這是壞消息。他在十一月二十日寫信給墨索里尼，並「帶著友善溫暖的心」把他罵了一頓。英國在希臘建立基地，會對希特勒的南面側翼造成威脅。他最擔心的是羅馬尼亞的普洛耶什提油田（Ploesti），此地對德國十分重要，而且在英國拿下克里特島之後，就進入了英國轟炸機的航程範圍內。他還補充說他根本不敢想像這會有什麼後果。

希特勒抱怨道，說他希望請義大利領袖「在採取行動前務必先以閃電攻勢占領克里特島。針對此事，我希望提供一個實際的提案，投入一個德國傘兵師與機降步兵師發動攻擊。」

早在一九四〇年十一月，就已經有從空中占領克里特島的想法了。六個月後，這樣的想法化為了行動。義大利的攻勢幾乎從一開始就遇上瓶頸。一九四一年三月，英國陸軍與空軍踏上了希臘本土，德國在四月六日對南斯拉夫和希臘發動攻擊，幾週內就占領了兩國。五月初，各地的德軍已到達愛琴海與地中海沿岸。

他們面前只剩下克里特，它屏障著希臘各小島，並阻止德軍往地中海拓展。這座海上堡壘長約兩百五十公里，寬三十公里，是英軍撤離希臘本土後的據點，他們會誓死守住這裡。

——

我們先回到四月十五日，當時是巴爾幹戰役最激烈的時候。第八航空軍的斯圖卡與其他密接支援部隊在李希霍芬將軍的指揮下，正在猛力攻擊敵軍防線的缺口。

這一天，第四航空軍團司令羅爾中將以負責東南方面行動的指揮官身分，正向總司令報告。戈林在奧地利的塞默靈（Semmering）設立了指揮所，並在這裡仔細聽著羅爾提出對克里特發動大規模行動的建議。他想要使用第十一航空軍的傘兵與機降部隊。

五天後的四月二十日，空降部隊的鼻祖司徒登中將親自前去面見戈林，並補充說明計畫中的一些細節。司徒登在鹿特丹身受重傷，傷癒後馬上接手新成立的第十一航空軍，接管所有空降部隊及其相關的運輸部隊。

戈林的回應，是要司徒登和空軍參謀總長顏雄尼克去莫尼基恆（Mönichkirchen）的元首總部。這時是四月二十一日，同時也是希臘軍對李斯特的第十二軍團投降的日子。希特勒幾乎忘了自己在前一年秋天想過要在克里特發動空降行動的想法。

從那時以來，狀況一直在惡化，現在時間越來越緊迫了。除了巴爾幹戰役本身導致進攻俄國延後了四週（從五月延後到六月）之外，每個多冒出來的戰場都會造成德國軍力的分散。德軍不但必須協助北非的義大利軍，還派了第十航空軍前往西西里，幫義大利處理英國的地中海艦隊與馬爾他。

儘管三軍參謀總長凱特爾元帥與幕僚都建議將傘兵投入馬爾他的攻略戰更好（他們認為這是更有價值、更具威脅的英國基地），但希特勒還是選擇了克里特。他認為拿下克里特就是巴爾幹戰役的「光榮勝利」。這裡是前往北非、蘇伊士運河與整個東地中海的跳板，能讓空軍控制上述所有地區。他只開了兩個條件：

一、只能派出第十一航空軍的部隊（一個傘兵師和一個機降步兵師）。

二、雖然準備時間會很短，但攻勢必須在五月中旬發動。

司徒登將軍沒有花太多時間考慮。他相信自己的部隊可以完成這個目標，希特勒也同意他的看法。四天後，墨索里尼也同意了。四月二十五日，希特勒終於發佈第二十八號指令，提出「水星行動」（Operation Mercury）——攻打克里特島的作戰。

在位於德國的基地，空降部隊突然提高警戒。他們只有二十天的時間準備發動當時史上規模最大的空降行動。他們來得及嗎？

他們遇到了許多困難，首先是運輸問題。歐根·麥因德少將（Eugen Meindl）的突擊團短少兩百二十輛卡車，因此大部分都得用鐵路先行運送。幾天後，他們來到了羅馬尼亞的阿拉德（Arad）與克拉約瓦（Craiova），從當地再走一千六百公里的公路到雅典附近的行動基地。「飛翔的荷蘭人」——第十一航空軍約莫四千輛車車隊的掩護代號——花了整整三天塞在馬其頓的山區。之所以會受困這麼久，原因出在從希臘返回的第二裝甲師把維瑞雅（Verria）和科薩尼（Kosani）的窄路優先使用權占掉了。這是因為希特勒明令巴巴羅沙行動（入侵俄國）的部隊不能被反方向的水星行動運輸部隊耽誤。

道路網的不足也造成二十二空降師（一年前攻打荷蘭的部隊）被困在羅馬尼亞。陸軍宣稱無法協助這個部隊往南推進。最高統帥部為此另外安排了林格中將（Julius Ringel）已經在希臘的第五山地師歸入司徒登的節制。這是一支精銳、才剛突破梅塔薩斯（Metaxas）防線的部隊，卻沒有受過任何空降在敵軍防線中央的訓練。

五月十四日，最後一批空降部隊終於來到了雅典附近的指定基地。他們是突擊團的第一與第二連，在該團其餘成員由鐵路運輸的同時，卻被上級給遺忘了。他們必須自己走公路從北德的希德斯海姆一路來到集結點。

——

運輸機部隊對於及時作好準備也面對困難。水星行動負責航空指揮的布瑞納少將（Gerhard Brenner）手下有十個「特種勤務轟炸機大隊」，兵力大約有五百架Ju 52運輸機。但這些飛機大多都在參與巴爾幹戰役時，忙於每一天的彈藥與物資運送任務，現在機體與發動機狀況都需要大修。

五月一日，機隊全部往北移動，有好幾十個維修中心，包括德國的布藍什外格（Brunsweig）、福斯坦瓦德（Fürstenwalde）和科特布斯，以及奧地利的亞斯伯恩（Aspern）和次沃法興（Zwölfaxing）全都放下所有工作，來照顧空軍的「容阿姨」。到了十五日，其中四百九十三架完全翻新，不少甚至還換了新發動機的Ju 52再度於雅典地區的機場降落。這樣的成果可以說是組織效率的經典，技術成就的典範。

但機場又變成了第二個問題。像雅典附近的艾列夫西斯（Eleusis）這種少數有鋪跑道的機場，已經被第八航空軍的轟炸機部隊占據了。現在當地只有小型、沒人照顧的沙地機場可用。

第二特種勤務轟炸機聯隊的聯隊長呂迪格・馮・黑津上校（Rüdiger von Heyking）在報告中挖苦地寫道：「這裡根本是沙漠！載重的飛機輪軸以下都會陷到沙裡去。」

黑津運氣不好。他的一百五十多架Ju 52分別屬於六十、一〇一和一〇二大隊。他們的基地位於多波利亞（Topolia），一位過於熱情的陸軍軍官在占領此地後，決定把土地刨過一遍「好讓它更平坦」。結果每次飛機起降都會產生相當驚人的塵土雲，一路上升至一千公尺處，把太陽都給遮掩。在練習時，黑津算出一個中隊起飛後要等十七分鐘，地面人員伸手才有辦法看得到自己的手指，下一個中隊也才能跟著起飛。

鄰近的塔納格拉機場（Tanagra）狀況也好不到哪去。這裡駐有布希荷茲上校（Ulrich Buchholz）指揮的第一空投聯隊一大隊、第四十與第一〇五特種勤務轟炸機大隊。剩下的四個運輸機大隊則分別在達迪翁（Dadion）、梅加拉（Megara）與科林斯（Corinth），那些機場也全都是沙地。

但最嚴重的問題是燃油。為了將主力作戰部隊運往克里特島，四百九十三架飛機必須來回飛行三趟——會消耗掉大約三百萬公升的汽油。這些燃料由油輪運至雅典的外港皮雷埃夫斯（Piraeus），然後再由卡車運往偏遠的機場。這些機場並沒有任何像樣的地勤安排。

到了五月十七日，連一滴燃料都還沒運到，因為從義大利過來的油輪被卡在科林斯運河。四月二十六日，工兵與兩個步兵營傘降至此地，並完整占領了運河上的橋樑，但接著就有一枚英國防空砲彈擊中拆除後的炸藥，導致運河橋被炸至運河底部，使油輪無法通行。第十一航空軍的補給官塞伯中校（Seibt）從基爾派了潛水伕過來，終於在五月十七日將水道恢復暢通。第二天，油輪便在皮雷埃夫斯急急忙忙地將燃料換裝到油桶內。

本來就已延後到五月十八日的攻擊再次延後了兩天。就算到了十九日與二十日之間的午夜——起飛前四個小時——尚有幾個Ju 52中隊還沒加滿油，而本應在睡覺的傘兵也必須幫忙將油桶推到飛機旁。每架飛機的油箱還得由手動幫浦加油。

水車在夜間替跑道灑水，徒勞無功地試著減少揚塵問題。風向轉向一百八十度，飛機只得在黑暗中移動到另一側跑道頭集合。最後在〇四三〇時，第一批滿載的飛機從沙地上起飛，消失在黑暗的空中。在機場沙塵揚起之下，大隊花了超過一個小時，才在空中集合完畢，並往南邊飛去。

第一波攻擊隊是突擊團的第一營，他們跟攻擊艾本艾美與亞伯特運河時一樣，分乘五十三架滑翔機空降。其餘所有約莫五千人的部隊則必須從一百二十公尺的高度跳傘，直接空降到已在警戒的敵軍頭上。他們直到午後都只能靠自己獨立作戰。至於飛機的機組員，直到返航為止，他們都不會知道機場是否還有足夠的燃料可以將第二波部隊運出來。

一九四一年五月二十日〇七〇五時，轟炸已經進行了一個小時。德國空軍的一個個中隊一直在攻擊克里特島西部的一個點——馬勒美村（Malemes）。這裡有一處小型海岸機場與控制降落航線的一〇七高地。

首先是轟炸機——第二轟炸機聯隊的Do 17和第二十六轟炸機聯隊二大隊的He 111。第二斯圖卡聯隊的斯圖卡跟在後面，呼嘯著俯衝轟炸。然後是第七十七戰鬥機聯隊與第二十六重戰機聯隊的戰鬥機低空從山丘上掠過，往下沿著海灘攻擊，對已知的高砲與步兵陣地開火射擊。

他們的敵人是紐西蘭陸軍的第五步兵旅二十二營，還有其他營部署在村莊後面不遠處，總共一萬一千八百五十九員，由普提克准將（Edward Puttick）指揮，守軍非常清楚敵人的意圖。他們知道接下來會面對空降作戰，而馬勒美將會是三個空降區之一。英國情報單位在這之前從未如此清楚過德軍的作戰計畫。德軍想取得奇襲的意圖泡湯了。

轟炸結束後，四周一片寂靜，只有一些相對和平的聲響，例如像是樹倒下的沙沙聲與斷裂聲。有一些體型非常大的鳥從空中落下，幾乎無聲地滑翔，最後在落地時解體。滑翔機降落在一〇七高地後面的塔佛尼提斯谷（Tavronitis），還有一架陡降而下，差點撞上一處敵軍陣地，它喀擦一聲觸地後反彈，然後在岩石地形上彈跳。機內的十個人被撞擊的力道甩向前方。然後在最後一次撞擊扯下機身側面之後，滑翔機在一片沙塵中停了下來，機內乘員衝往附近的矮樹叢尋找掩護。

這時是〇七一五時，而上述就是科赫少校帶著第一空降突擊團的團部在一〇七高地旁降落的經過。其他滑翔機從他們頭上飛過，大多都飛得太高了。七分鐘前與拖曳機脫離後，滑翔機駕駛被迫朝著旭日飛行。克里特島籠罩在一片朝霧中，在他們眼前破碎不成形，而能見度還要進一步受到稍早轟炸產生的煙霧影響。轉眼間，他們發現馬勒美機場已在下方，而空降區的乾河床就在前面。他們比目標高度高了一百到兩百公尺，只能陡然下降，並往一側傾斜以免飛得太南邊。有些滑翔機提早轉彎，有些比較晚，結果他們彼此的降落點相距甚遠，而不是緊鄰著彼此，還有不少滑翔機在多岩石的地面上解體。

科赫少校驚訝地看著四周。這裡的地形起伏比他預期的大很多，這種情況從空照圖上是看不出來的。滑翔機消失在山頂後頭，並降落在一連串的谷地當中。各部隊便因此掉到彼此的目視範圍之外。為了組成有效的戰力，他們必須集合，卻被敵軍的精準射擊給阻撓。每個分隊只能運用手頭上的資源投入作戰了。

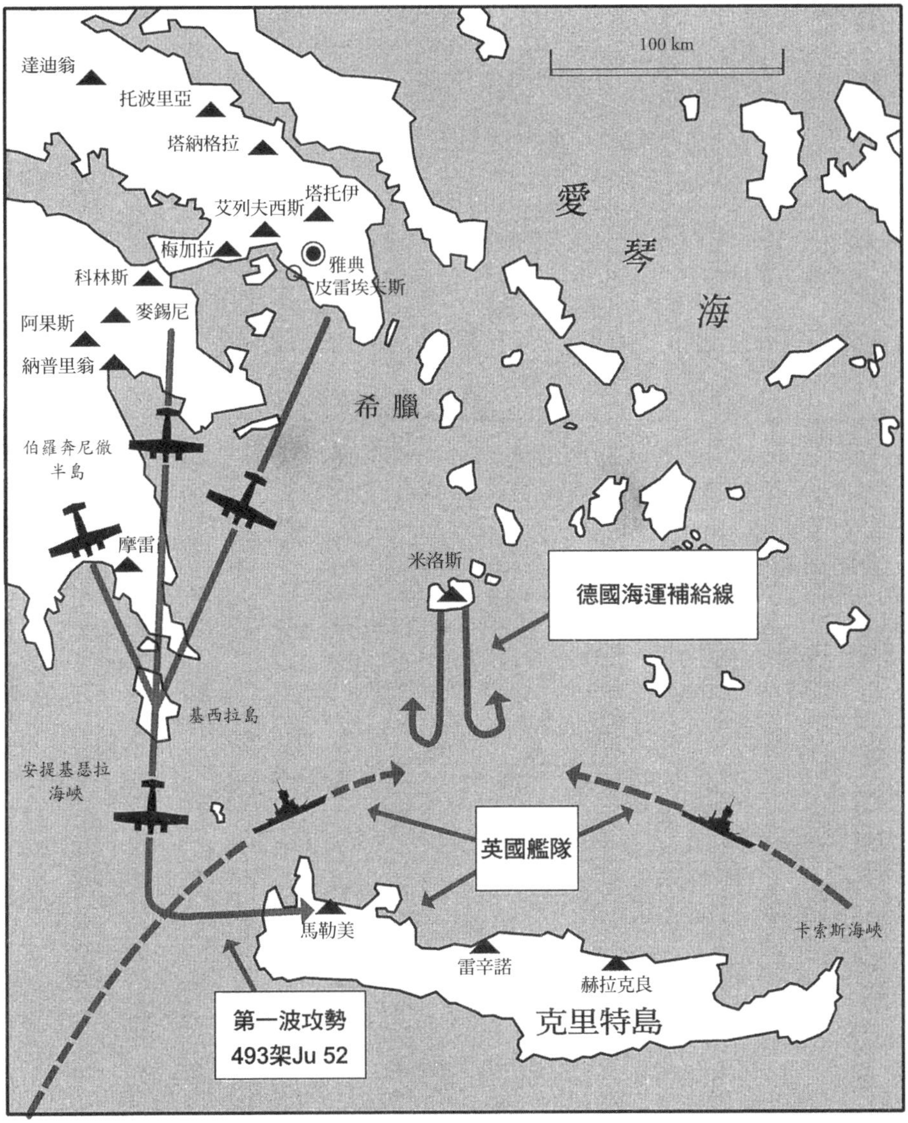

水星作戰，攻占克里特　1941 年 5 月 20 日 0715 時，493 架德軍運輸機從希臘起飛，從西邊向克里特島迫近。到傍晚，英國地中海艦隊成功控制克里特島北方海域，阻止德軍的海上運補行動。克里特島作戰的成敗決定於空運的成效，前提便是德國傘兵必須先攻占島上三座機場（馬勒美、雷辛諾與赫拉克良）中的任何一座以為基地。

儘管如此，少數人員在營部參謀的指揮下還是成功攻進了一〇七高地兩側的紐西蘭軍宿營地。這裡充滿斯圖卡投彈留下的彈坑。根據德軍的計畫，他們必須「讓敵軍在帳篷內遭遇奇襲，以免干擾空降行動」。但奇襲早就沒有了，營地裡的人都撤走了。他們移動到高地上——德軍最終的目標。唯有占據制高點，德軍才能從紐軍手中搶過機場。

幾秒鐘後，他們遭到近距離集中火力的攻擊。科赫少校頭部中彈，其他官兵也因死亡或重傷倒地。生還者緊緊趴在地上，無法再前進一步。這裡仿如梯田的地形充滿許多偽裝良好的防禦陣地，空中偵察根本無從發現。

突擊團第三連比較成功。該連的滑翔機降落在岩石密布的乾河床上，不到幾秒河口兩側的高砲陣地開始受到來自多個方位的火力攻擊。連長普雷森中尉（Wulff von Plessen）帶著部隊猛攻西側陣地，另一支部隊則攻擊東面的砲陣地。生還的紐西蘭官兵都舉手投降了。

過沒多久，幾十架Ju 52運輸機從海岸線上空轟隆隆地飛過。他們以不到一百二十公尺的高度飛行——油門收至慢俥——是十分脆弱的目標。但高砲陣地卻靜悄悄地沒有動靜，在機組員返航至希臘本土的基地後，對於第一波攻勢的輕微損失而感到十分振奮。他們的成功都來自突擊隊快速占領高砲陣地的戰果。

這時，第三連已經來到了機場。敵軍再次猛力抵抗，迫使德軍尋找掩護。普雷森想與科赫少校會合，可是卻被一陣陣機槍射擊打斷計畫。

但這時候傘兵正不斷地從運輸機上空降而下。幾分鐘內，就有幾百人到達馬勒美東西兩側的地面。他們是麥因德少將突擊團的其餘兵力，該團的第三與第四連十五分鐘前才搭著滑翔機降落。他們的目標是機場。除非克里特島的三座機場有一座由德軍拿下，否則運輸機便無法運送增援抵達。這些至關重要的援軍，最晚要在作戰的第二天抵達當地。

守軍對這一切都瞭若指掌。伯納德・佛萊伯格爵士少將（Sir Bernard Freyberg），來自紐西蘭勇敢的老兵，自撤離希臘以來，就一直是盟軍在克里特島的指揮官。他手下有大約四萬兩千人，包括英、希、紐、澳軍，其中大部分部隊都躲在連接馬勒美、雷辛諾（Rethymnon）與赫拉克良（Heraklion）三座機場的山丘碉堡陣地內。尤其在馬勒美，紐軍已經反覆練習反空降作戰好幾週了。自從四月二十六日科林斯的空降行動以來，加上在希臘機場的大動作備戰——英國情報單位有詳細回報——魏菲爾將軍（Archibald Wavell）在開羅的司令部確信克里特就是德軍下一次空降行動的目標。

雖然過去幾天有轟炸機與俯衝轟炸機來襲，尤其是空降前不久的攻擊更造成守軍蒙受損失與壓制，但大多數陣地卻僅僅因為無法從空中發現而逃過一劫。紐軍幾乎沒有受到任何影響，而德軍很快就會付出代價來學得教訓。

○七二○時，薛伯少校（Otto Scherber）的第三營在馬勒美東邊空降。他們在當地集結後，依計畫往村莊和機場

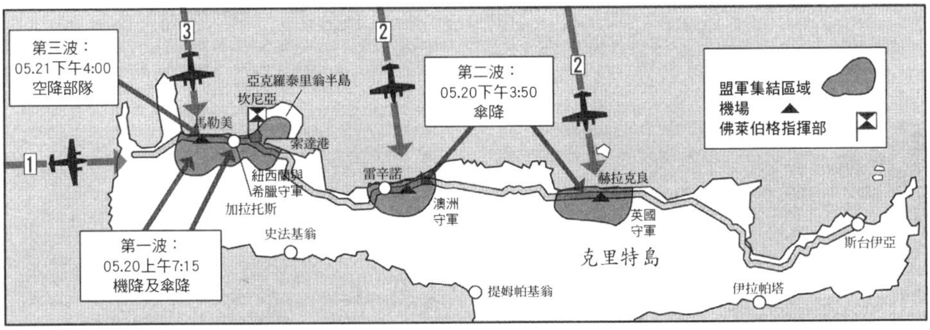

空降兵血戰克里特　第一波乘坐滑翔機的空降部隊，與第二波的傘兵因著陸區滿佈嚴陣以待的守軍，以致兩股部隊損失慘重。德軍指揮官於 107 高地上決定，在隔天下午使用運輸機載運山地師冒著猛烈砲火在馬勒美降落，以免兵力無以為繼。

前進。但他們的五十三架運輸機飛得太深入內陸，使本應降落在海灘上的傘兵不致於被風吹入海中。結果他們變成是在研判不會有敵人的山丘地上跳傘，但其實這裡布滿敵軍的砲陣地。

如此的後果相當可怕。許多傘兵還在空中傘降時就被火力射擊至死，還有些人降落在樹上，或是撞擊到岩石時受傷。生還的人受到強大火力的壓制，無法前往另外空投的武器箱所在位置。這些武器箱大多都落到了敵軍手裡。

不到一小時，第三營軍官全都陣亡或受了重傷，只剩下主要由士官指揮的個別分隊勉強守在有利地形。他們一整天忍受著高溫蹲在掩體後方，身上穿的是先前在那維克冰天雪地下使用的同一套厚重軍服。他們沒有水，只有少量彈藥，只能死守著等待黑夜降臨。

天黑後，第九連的殘部往西直接推過敵軍防線，直到塔佛尼提斯谷。其他部隊則守了兩三天，直到救兵終於抵達。

突擊團的行動報告上寫道：「第三營的大多數官兵，都在勇敢抵抗後遭到殲滅。六百員空降部隊當中，有將近四百員陣亡，包括指揮官薛伯少校。」

從東邊包圍馬勒美的計畫失敗了。現在若是要拿下這座重要的機場，就只能從西邊攻擊。第二與第四營在塔佛尼提斯谷西邊空降，還帶上了團部的成員。他們運氣比較好，因為敵軍在這邊準備的陣地裡沒人。或許滑翔機的到來出乎守軍的意料，使他們不想留在這裡吧。

另外九架滑翔機於〇九三〇時降落在谷底——東西向的海岸道路穿過塔佛尼提斯谷的唯一一座橋附近。雖然滑翔機降落時幾乎都損毀，但機上的機降部隊還是跳出來突擊橋樑。附近的山坡上有機槍掃射，造成指揮官布朗少校（Franz Braun）陣亡，但其餘官兵仍然完成了目標，同時拆除炸藥確保橋樑安全。

部隊從西方跟上以後，麥因德少將也就可以接管整體的指揮了。格里克上尉帶著一支匆忙集結的特遣隊往機場方向推進。但在一〇七高地猛烈的機槍火力掃射下，只有短距離的猛攻才可能突破僵局。

高地上的某處山坡，一定有第一波以滑翔機降落的科赫少校部隊。可是在哪裡呢？為了與對方聯繫，麥因德將軍親自離開掩體，舉起一面信號旗。期盼他認為科赫應該所在的帳篷營地會有回應。但回應他的卻是敵人。麥因德被紐軍狙擊手射中手部，並遭受一輪機槍掃射而受傷倒地。即使如此，他仍然留在指揮崗位，格里克的部隊攻打關鍵機場的正面時，他還指示史騰茲勒少校（Edgar Stentzler）帶著第二營從南方攻擊。

德軍一步步忍受著重大損失而攻城掠地，但是從機場西側邊緣可以清楚看見目標的地方，他們無法再前進了。敵軍的兵力實在太強了。

——

除了馬勒美的「西面部隊」之外，五月二十日一大早的第一波進攻部隊還有「中央部隊」，其目標是克里特島的行政中心坎尼亞（Canea）。這支部隊是由第七航空師師長威廉·蘇斯曼中將（Wilhelm Süssmann）指揮，但將軍從未踏足克里特。載著師部人員的五架滑翔機從艾列夫西斯起飛後才過了二十分鐘，便遭到一架He 111超越。轟炸機通過的距離太近，造成纜繩被氣流扯斷。機身輕盈的滑翔機，自科林斯行動以來就一直曝露在高熱之下。這時滑翔機往上後退，造成主翼受力過大而斷裂。機身旋轉著墜落，在雅典附近的岩石島嶼愛吉納島（Aegina）上墜毀。克里特島的行動還沒開始，師長和幾位參謀就這樣死了。

至於馬勒美，前兩個空降在坎尼亞的連都以滑翔機降落，其任務是占領已知的高砲陣地。但古斯塔夫・亞特曼上尉的第二連卻早在接近目標阿克羅泰里翁半島（Akroterion）前，就遇到各種口徑的沉重火力攻擊。三到四架滑翔機遭到擊落，其他則四散降落在各地。由於這個連空降的地點太過分散，因此無法執行任務。

另外五架載著第一連的滑翔機由阿弗雷・根茲中尉（Alfred Genz）指揮，於坎尼亞南邊一處砲陣地附近降落。在艱苦的近距離戰鬥後，五十人的機降部隊擊敗了一百八十人的英軍，並快速衝向砲陣地。但他們沒能拿下前方幾百公尺處的盟軍指揮部的無線電站。

又有三架裝滿由魯道夫・托許卡中尉（Rudolf Toschka）指揮的機降兵力，在坎尼亞中部降落，並一路奮戰攻向當地的高砲陣地。他們堅守陣地，以攜帶型無線電與西邊三公里左右的第三傘兵團保持聯絡，一直等著援軍到來。為了回應他們的請求，該團的第三營在賫德里希－奧古斯都・馮・德・海特上尉（Friedrich-August vonder Heydte）指揮下推進離至這些部隊只有不到一千公尺的地方，最後因遭遇強大火力壓制而不得不撤退。紐軍從其位於加拉托斯（Galatos）的有利陣地強力擊退所有德軍往首府推進的部隊，同時英國戰車部隊還前來支援。第一營很快就只能為求生而戰了。

德帕少校（Helmut Derpa）的第二營也同樣在重大傷亡之下被迫撤退，而海爾曼少校（Ludwig Heilmann）的第三營各連則被擊潰到接近全滅的地步。此時的狀況迫使團長理查・海德里希上校（Richard Heidrich）以無線電通知根茲位於坎尼亞的小股部隊，「請嘗試在黑夜掩護下突破至本部所在地。」

拿下首府或附近的索達港（Souda Bay）現在都不可能達成了。

在雅典，第十一航空軍司令部人員等不到情報進來，對馬勒美和坎尼亞兩地的失敗所知有限。司徒登將軍只能推測「水星行動」已經達到了預期。少數進來的報告是由返航的運輸機部隊傳來的，內容聽起來都還不錯：「依計畫成功投放傘兵。」

載運第一波進攻部隊的四百九十三架Ju 52中，只有七架沒有返航。但其餘許多飛機卻不得不繞行基地長達兩個小時，直到終於有辦法降落為止。在這之前，他們必須個別在綿密的塵土雲中盤旋，情況變成一團亂。飛機常常在地上相撞，然後擋住別人的去路。塵土造成的損害，比克里特島的防空砲加起來都還要多。

司令部一次又一次呼叫克里特團部的呼號，但都沒有回應。到了中午，他們派出一支機場維護部隊前往馬勒美，準備讓史諾瓦斯基少校（Snowatzki）接手機場。少校的Ju 52繞行機場時，他發現一面德國國旗出現在機場西面邊緣的地方——德軍推進的最前緣。但他以為這表示德軍已經攻下馬勒美了，因此下令飛行員降落。飛機接近時，受到敵軍集中火力攻擊。飛行員馬上將加大油門、機頭拉高，勉強脫離機場。多處中彈的飛機載著史諾瓦斯基返回雅典，讓司徒登將軍第一次親眼目睹實際的狀況是如何。

幾乎在此同時，有一則微弱的無線電訊息從中央部隊傳來，基本上就是說攻打坎尼亞一事因損失慘重而失敗。但直到一六一五時，馬勒美的團部人員才回報。空降部隊使用的是兩百瓦與八十瓦的無線電發射機，早在滑翔機迫降在塔佛尼提斯谷河床的時候就摔壞了。當地的通信官高特舍中尉（Göttsche）只得辛苦地拿沒有損壞的零件重新拼湊出一台無線電。

第十一航空軍對於終於聯絡上馬勒美的歡樂情緒，很快就被對方帶來的消息破壞了。第一則訊息通知司令部，麥因德將軍深受重傷，第二則訊息是：「馬勒美有多波敵軍裝甲部隊攻擊機場與河床。」感覺好像危機即將到達頂點，但最糟的還在後頭。

根據原本的行動計畫，德軍在五月二十日還要發動第二波攻勢攻打雷辛諾和赫拉克良。這波攻勢會由第一與第二傘兵團，在阿弗雷·史圖姆（Alfred Sturm）與布魯諾·布萊爾兩位上校的指揮下進行。但現在司徒登叫他們延後出發。在第一波於島上西部回傳這麼不利的報告之後，似乎派援軍前往他們的位置才是上策。但現在已經來不及了，在這麼突然的狀況下改變目標，通常都會帶來十分災難性的結果。

在希臘的出發點，事情已經夠混亂了。第二波原本應該在一三〇〇時起飛，但大多數運輸機都還沒準備好。濃濃的塵土雲、難以忍受的高溫、眾多的機身損傷和麻煩的油桶手動加油程序，在在都造成了時間上的延誤。黑津上校是多波利亞的運輸大隊的大隊長，他發現潛在的危機，因此想把出發時間延後兩個小時，但他沒辦法作出請求，因為電話線故障了。司令部忙得不可開交的人也有同樣的想法，但他們也沒辦法把新的起飛時間傳給所有受到影響的部隊。

於是，轟炸機、俯衝轟炸機和長程戰鬥機便依原訂的攻擊時刻轟炸雷辛諾和赫拉克良，這時許多運輸機單位甚至都還沒從希臘的機場起飛。更重要的是，這些運輸機部隊沒能以原訂的順序前進。很多中隊甚至是分隊單獨飛行，使前去戰場的空降部隊七零八落，完全不集中。原本要在轟炸後大量投放傘兵一事就這樣無疾而終了。

「我們又一次發現自己正在海面上往南飛，」第一〇五特種勤務轟炸機大隊（KGr zbV 105）大隊長萊茵哈德·溫寧少校（Reinhard Wenning）在報告中寫道。他的單位是少數依原訂時間出發的運輸機部隊。「依照原訂計畫，我們應該會在前一波飛機返航時與他們在空中交會，但完全沒看到他們。」

溫寧的運輸機大隊抵達赫拉克良後，便與海岸平行飛行，這時空投長舉出黃旗，指示傘兵跳傘，他們便聽令一躍而下。溫寧繼續寫道：「本營應該是擔任先頭空降的弟兄的預備隊，但地面上沒有類似部隊。弟兄只能自行面對猛烈的敵火。」

直到這個大隊返回時，他們才遇到其他Ju 52大隊，最晚抵達克里特的運輸機與最早出現的Ju 52前後相隔整整有三個半小時。這個第二「波」攻勢已經破碎成無數的小漣漪了。傘兵部隊也因此蒙受了慘重的損失。在赫拉克良機場西邊，英國戰車開始對飄降而下的德軍開火。不到二十分鐘，登茲上尉（Dunz）的第一傘兵團第二營（II/FJR 1）有三個連遭到全滅。赫拉克良和雷辛諾兩地的占領都沒有成功，兩地的機場還留在英軍手中。

然而，盟軍指揮官佛萊伯格將軍應該有理由好好慶祝一番，但他的報告卻透露出擔憂之情，「今天相當艱難。我們受到了相當強大的壓力。相信目前我們是守住了雷辛諾、赫拉克良與馬勒美的機場以及兩處港口，但也只是勉強守住而已。我無意在此表達出樂觀的預期……」[1]

佛萊伯格的悲觀看法很快就應驗了。

到了晚間，承受慘重損失的德國傘兵終於拿下了第一次決定性的勝利。突擊團的兩支部隊分別在霍斯特·崔白中尉（Horst Trebes）與團部軍醫海因里希·紐曼少校醫官（Dr. Heinrich

---

1 原註：引自 W. S. ChurchiU, *The Second World War* (Cassell, 1948-52), Vol. III, p. 229.

Neumann）指揮下，再次對馬勒美關鍵的一〇七高地進攻，只用手槍和手榴彈攻上了高地頂部。

紐曼醫師寫道：「我們很幸運，紐軍沒有發動逆襲。我們非常缺乏彈藥，如果他們反攻，我們可能就得用石頭和傘兵刀反擊了。」

佛萊伯格將軍錯過了這天晚上讓馬勒美情勢翻盤的機會。到隔天早上，來不及了。這時第八航空軍的斯圖卡與戰鬥機已完全取得克里特的制空權，並且以低空攻擊持續壓制英軍。關鍵的一〇七高地只能留在德軍手裡了。

五月二十一日早上，一個Ju 52分隊從馬勒美西側接近、準備降落。機上載著負有「特別任務」克萊耶上尉參謀（Kleye），以及補給突擊團的彈藥——原先帶來的已全數打光。由於機場受到敵軍砲轟，飛機只能在海灘上降落。長機飛行員格魯納上士（Grünert）看著下方，發現海灘上到處都是岩石。他找到一處空隙，便將飛機往那裡降落。運輸機重重落地，在沙子的幫助下減速，並剛好在石塊之前停了下來，機上支援馬勒美攻勢不可或缺的彈藥得救了。

司徒登將軍現在決定要把剩下的所有預備隊全部投入馬勒美的攻勢。不論要付出什麼代價，今天都一定要把山地師送進去。

大約在一六〇〇時，第一批運輸機中隊開始在敵火下降落在狹窄的跑道上。敵軍砲兵的砲彈就在飛機之間爆炸，有一架Ju 52馬上起火燃燒，其他則拖著損毀的起落架跛行前進。還有更多的運輸機進場降落，並卸下部隊。到了晚間，布希荷茲的運輸機聯隊把整個第一〇〇山地團都運來了。這支部隊由烏茨上校（Willibald Utz）指揮，還沒降落就先接受了敵火的洗禮。

師長林格中將在報告中寫道：「馬勒美簡直是通往地獄的大門。」每三架降落的運輸機，就有一架遭到敵火擊中，不是著火就是被扯掉一邊主翼。史諾瓦斯基少校下令用一輛擄獲的英國戰車，將殘骸推出唯一的一條跑道。過沒多久，機場兩側就成了巨大的飛機墳場，一共有八十架Ju 52的殘骸停在那裡。

原本大家以為不可能的事現在卻發生了——空降作戰扭轉了局勢。克里特此時還沒攻下，但情勢開始轉為對德軍有利了。

二、俯衝轟炸機對決英國艦隊

愛琴海的太陽升起，將海面染成血紅，使五月二十二日這天頓時變得炎熱了起來。在伯羅奔尼撒半島（Peloponnesos）的阿果斯（Argos）、邁錫尼（Mycenae）和摩雷（Molae）機場上，有幾百具發動機正在發動，Ju 87、Bf 109、Bf 110等各式戰機正在等候起飛。德軍飛行員很少如此焦急。

李希霍芬的第八航空軍作戰日誌裡，對於情緒如此緊張一事作了解釋：「自本日〇五〇〇時以來，多份報告指出克里特島南北兩側出現英軍巡洋艦與驅逐艦。」

德軍偵察機從前一天就一直在監控英國地中海艦隊，並認為安德魯·康寧漢爵士元帥（Sir Andrew Cunningham）的艦隊正在從他們看不到的地方往克里特西邊前進。由於德軍握有制空權，英軍無法冒著風險以艦砲投入島上的戰鬥。至於德國轟炸機部隊，他們現在首重的任務也是對空降部隊的支援，因此只有一個俯衝轟炸機大隊投入對艦隊的攻擊，並擊沉了一艘驅逐艦。

但在五月二十一日與二十二日之間的晚上，整個情況都改變了。康寧漢元帥這時派出了兩支強大的戰鬥支隊前往克里特島北邊的位置，各包括七艘巡洋艦與驅逐艦。他們在那裡等待，並切斷德軍從海路提供任何物資的路線（參閱三二九頁地圖）。

英國與德國的最高統帥部有一個共識——雙方都不認為這座重兵防守的島嶼，單靠空降部隊就可以拿下。如果這些傘兵不想孤立無援的話，他們就必須在戰役第二天、最晚第三天得到經海路登陸的援軍支援。可是德軍的運輸艦隊只有小型沿岸小艇、動力帆船和單桅帆船——希臘的港口裡就只有這種東西。

二十一日與二十二日之間的晚上，海軍中尉歐斯特林（Oesterlin）帶著第一帆船支隊靠近目的地——馬勒美西邊的一處登陸點。這支船隊前一天就出發了，只是半路被叫了回去，然後又再派出來。這樣的來來回回花了二十幾艘滿載的小船六個小時，而這樣的延誤接下來會為他們帶來嚴重的後果，現在他們正朝著英軍艦砲開去。

午夜之前，英軍巡洋艦與驅逐艦全部同時開火。兩艘帆船馬上起火燃燒，還有一艘載著要給傘兵的彈藥的蒸汽船發出強烈的閃光爆炸。剩下的船隻開始逃往安全地帶。

這樣一面倒的交戰持續了兩個半小時。葛列尼少將（Irvine Glennie）隨後放棄追擊，將他手下的「D部隊」（Force D）帶往西南邊，穿過安提基西拉海峽（Antikythera）。他的旗艦戴朵號（HMS *Dido*）與另外兩艘巡洋艦獵戶座號（HMS *Orion*）、阿賈克斯號（HMS *Ajax*）已消耗將近三分之二的防空砲彈，葛列尼認為如此下去，將無法應付隔天一大早必定會出現的俯衝轟炸機攻擊。反正這支德軍運輸艦隊也幾近於殲滅了，不必再追擊。英軍估計一共有四千名德軍與艦共沉。

但天才剛亮，十艘走散的帆船發現自己又來到了米洛斯島（Melos）外海。其餘船隻都沉沒了，海面上到處都是抓著殘骸載浮載沉的官兵。德軍花了一天進行搜救行動後，只剩下兩百九十七人仍然失蹤。但英國艦隊阻止援軍從海路抵達克里特的目的已經達成了。

這就是五月二十二日早上，空軍又一次得以加入戰鬥的狀況。迪諾特中將是「英麥曼」（Immelmann）第二斯圖卡聯隊的指揮官，他在摩雷機場的流動指揮車上向部下做行前簡報。他說根據偵察巡邏的報告，敵艦一艘接著一艘，不可能找不到英國艦隊。

○五三○時，希區霍與西格爾的大隊起飛，在機場上空完成編隊，便往東南方飛去。這時英軍D部隊已經離開，由格洛斯特號（HMS *Gloucester*）、斐濟號（HMS *Fiji*）兩艘巡洋艦，以及灰犬號（HMS *Greyhound*）和獅鷲號（HMS *Griffin*）兩艘驅逐艦接替。它們待在克里特島北邊外海二十五英里的地方，是第一批即將承受斯圖卡攻擊的船艦。

Ju 87轟炸機從四千公尺的高度，俯衝進入集中高砲彈幕之中。軍艦全速前進、滿舵迴避，試著躲避掉下來的炸彈。軍艦四周的海面上，炸彈激起了許多與桅桿等高、離巡洋艦非常近的水柱。船艦只能在激起的水花底下開過去。

幾枚五十公斤輕型炸彈擊中了格洛斯特號的上層結構，儘管炸彈產生許多破片，卻沒能貫穿過去。斐濟號則只受到輕微損傷。所有的重型炸彈都沒有擊中目標，但有些只有毫釐之差。歷經一個半小時的攻擊後，斯圖卡轟炸機不得不返回基地加油掛彈。

英軍利用這段空檔與在克里特西邊約三十海里處的主力艦隊會合。那裡集結A、B、D等部隊，總共有兩艘戰艦——厭戰號（HMS *Warspite*）與英勇號（HMS *Valiant*），五艘巡洋艦和十多艘驅逐艦。艦隊司令勞令少將（Bernard Rawlings）認為十九艘軍艦的防空砲火應該足以讓斯圖卡不敢靠近，或至少讓他們投彈時失去準頭。

德國空軍知道除了英軍主力部隊之外，在附近還有另一支英國海軍區艦隊——由金恩少將

（Edward L. S. King）指揮的C部隊。C部隊的四艘巡洋艦與三艘驅逐艦依令從五月二十二日破曉時分，便往克里特島北部開去。像這種在白天突破龍潭虎穴的行為，最適合空軍動手了。

金恩少將在米洛斯島南方二十五海里處遇見了第二支德國帆船隊——是黎明時出發前往克里特島的船隊。這支船團被迫掉頭，驚險躲過又一次大屠殺。就在最後一刻，空中出現了救兵，是一個大隊的Ju 88轟炸機。

庫諾·霍夫曼上尉（Cuno Hoffmann）帶著手下的第一教導聯隊一大隊，在〇八三〇時從雅典附近的艾列夫西斯起飛。幾分鐘後，眼前呈現的是期待的景象。其中一位Ju 88飛行員格德·史丹普少尉（Gerd Stamp）看到遙遠的下面有德軍「小型艦隊」正在往北航行，後面不到幾公里遠的南邊，還有英軍的巡洋艦與驅逐艦在追趕。

但在英國軍艦與再明顯不過的獵物之間，還有一艘義大利魚雷艇人馬座號（*Sagittario*）擋在兩者之間。這艘小艇以全速蛇行前進，同時還噴出煙幕掩護自己的衝鋒，並吸引澳洲海軍巡洋艦伯斯號（HMAS *Perth*）與娜雅德號（HMS *Naiad*）的火力。第一教導聯隊一大隊這時介入正是時候！霍夫曼上尉下令動手，第一批Ju 88帶桿俯衝，滑入猛烈的防空砲火之中。他們的炸彈在娜雅德號的舷邊激起兩道水柱，使得它停止前進。

雖然德軍船團就在前面不遠處，但金恩少將不想再往北前進，讓所屬艦艇冒更多風險，決定掉頭離去。可是德國空軍並不打算放過他。艦隊往東南高速航行的過程中，他們持續遭受了三個半小時的轟炸，分別由第一教導聯隊一大隊的Ju 88和第二轟炸機聯隊的Do 17輪番轟炸。有殺傷力的近爆彈造成娜雅德號的兩座砲塔故障，同時還將該艦舷側撕開一個大洞，使海水進入數個船艙。但水密隔艙幫了大忙，娜雅德號得以半速繼續航行。

防空巡洋艦卡萊爾號（HMS *Carlisle*）艦橋遭到直接命中，漢普頓艦長（Thomas Cloud Hampton）陣亡，但該艦仍繼續前進，加爾各達號（HMS *Calcutta*）與伯斯號巡洋艦則成功躲過德軍投下的每一枚炸彈。同時，金恩少校對於防空砲彈的消耗越來越擔心，他在前一天造成驅逐艦朱諾號（HMS *Juno*）被重型炸彈擊中、並於兩分鐘後沉沒全程四小時的空襲中，已經消耗掉不少彈藥了。雖然康寧漢元帥代表克里特島的部隊要求他繼續執行任務，但他覺得已經無法再回去這個龍潭虎穴了。事實上，他甚至親自請求勞令少將援助，希望他把主力部隊帶到安提基西拉海峽與他會合，以便保護他受損的巡洋艦。

中午過後不久，兩支艦隊進入目視範圍。十分鐘前，勞令的旗艦厭戰號戰艦遭到直接命中，並且還被第七十七戰鬥機聯隊三大隊的一個Bf 109戰鬥轟炸機小隊進一步攻擊而受損。德機在沃夫-迪耶崔·胡依中尉（Wolf-Dietrich Huy）指揮下，直接從艦艏發動攻擊，並摧毀了厭戰號的右舷四吋與六吋砲塔。即使如此，整支艦隊受到的損害還是相當輕微，只有防空砲彈存量越來越告急而已。

然而德國空軍和他們的交戰還沒有結束。第八航空軍的作戰日誌寫道：「這時俯衝轟炸機正再次恢復戰備，準備在安提基西拉海峽攻擊敵艦隊。當中會有掛彈的Bf 109，連同Bf 110與轟炸機毫不留情地攻擊敵艦。」

五月二十二日，李希霍芬手上有以下單位：

第二轟炸機聯隊底下有三個大隊的Do 17，由里克霍夫上校指揮，以塔托伊（Tatoi）為基地。艾列夫西斯有兩個Ju 88大隊，分別由霍夫曼上尉與科列維上尉（Kollewe）指揮的第一教導聯隊第一與第二大隊，再加上一個大隊的He 111（第二十六轟炸機聯隊二大隊）。迪諾特的第二斯圖卡聯隊下有兩個大隊的Ju 87，分別駐紮在邁錫尼和摩雷，第三個大隊則由布呂克上尉指揮，駐紮在克里特島與羅得島（Rhodes）之間的斯卡潘托島（Scarpanto）。第二十六重戰機大隊有兩個大隊的Bf 110由雷特堡上尉（Ralph von Retberg）指揮，部署在阿果斯。第七十七戰鬥機大隊有三個大隊的Bf 109，由沃登加少校（Bernhard Woldenga）指揮，當中包括伊勒菲上尉（Ihlefeld）的第二教導聯隊一大隊，亦以伯羅奔尼撒半島的摩雷為基地。

正當五月二十二日的海空大戰達到高峰時，這些單位採用以下方式作戰。只要飛機一降落，準備加油掛彈，很快就會以雙機或分隊規模起飛繼續攻擊。至於一支強大的海軍艦隊在沒有戰鬥機護航的狀況下，到底能不能對抗一個掌控制空權的敵人，這時還沒有定論。

接近一三〇〇時，也就是厭戰號中彈的半個小時後，灰犬號驅逐艦被斯圖卡投下的兩枚炸彈送入海底。之所以會發生這樣的結果，是因為該艦被單獨派去執行擊沉安提基西拉島外海的一艘帆船。

灰犬號沉沒後，金恩少將便派坎達哈號（HMS *Kandahar*）與京斯頓號（HMS *Kingston*）兩艘驅逐艦前往沉沒地點援救生還者，同時還有格洛斯特號與斐濟號巡洋艦提供防空掩護。這兩艘巡洋艦自日出以來就參與了許多戰鬥，現在幾乎沒有彈藥了。少將得知這點之後便把兩艦叫了回來，但這時已經來不及了。

幾個分隊的Ju 87與Ju 88轟炸機發現了機會，開始對著落單的巡洋艦發動攻擊，並馬上擊中了格洛斯特號。兩根煙囪之間發生了火警，很快蔓延到整個甲板上。格洛斯特號無法繼續向前，冒著濃煙，只能原地慢慢繞圈，直到一六〇〇時因艦內爆炸沉沒。

金恩少將又一次面對艱難的抉擇，最後他只好拋下格洛斯特號的官兵不管。在這次交戰的報告中，他宣稱如果派出軍艦去協助格洛斯特號，只會讓更多船艦面對風險而已。隔天天亮前，德軍救了超過五百名英國官兵，海上搜救飛機也有參與。

第二個潛在的目標是斐濟號，該艦與其驅逐艦被迫突圍。斐濟號獨自航向亞歷山卓港（Alexandria），從此沒有再與主力艦隊會合。之所以沒有會合，是該艦在一七四五時被第二教導聯隊一大隊的一架Bf 109發現。該機只有掛載一枚兩百五十公斤炸彈，飛行員這時已達航行距離極限，正準備要返航時發現稀薄的雲層下有一艘巡洋艦。

這天的斐濟號已承受轟炸機與俯衝轟炸機二十次的攻擊，現在的命運卻落在一架戰鬥轟炸機手中。Bf 109快如閃電、俯衝而下，將炸彈近距離投往斐濟號。炸彈像水雷般在水下引爆，扯破了巡洋艦的舷側，斐濟號立即開始嚴重傾斜。Bf 109的飛行員透過無線電呼叫僚機前來支援。半個小時後，第二波攻擊出現了。這時的斐濟號只能用微弱的防空砲火自衛。這次有一枚炸彈直接擊中前鍋爐室，送上了致命一擊。斐濟號於一九一五時翻覆。

黃昏時分，五艘新型驅逐艦開始在克里特島北岸進行新一波偵巡。這支部隊是英軍司令從馬爾他叫來支援的。凱利號（HMS *Kelly*）與喀什米爾號（HMS *Kashmir*）以艦砲射擊馬勒美機場，並造成兩艘單桅帆船失火。第二天清晨，德國空軍發動了最後一波行動。這兩艘驅逐艦遭到第二斯圖卡聯隊一大隊的二十四架Ju 87圍攻，在希區霍上尉帶隊攻擊下，兩艦皆遭到直接命中而沉沒。

五月二十三日〇七〇〇時，受到嚴重打擊的英軍地中海艦隊返回亞利山卓。第一回合的克里特海空戰結束。

李希霍芬在日記中寫道：「此役的結果夠清楚了。我很確定我們達成了偉大、具決定性的勝利。我們確定擊沉了六艘巡洋艦與三艘驅逐艦，除此之外還命中敵艦多次，甚至包括擊中戰艦。我們終於證明了只要天候許可，敵軍艦隊在空軍作戰範圍內是很脆弱的。」

實際上從五月二十一日到五月二十三日清晨，地中海艦隊承受損失的真實數字是兩艘巡洋艦和四艘驅逐艦沉沒，加上兩艘戰艦與另外三艘巡洋艦受損。這個數字並不包含多次近爆彈所造成的損傷[2]。康寧漢元帥拍了電報給倫敦，說他恐怕得承認在沿岸地區的作戰遭受挫敗，同時坦承英軍承受的損失太大，不應再繼續嘗試對克里特發動海上攻擊。

但人在倫敦的參謀總長還是要求康寧漢不計一切代價，甚至冒著日間遭到轟炸的風險，也要阻止德軍的援軍和物資經海路前往克里特島。可是康寧漢很堅持，如果還要他繼續忍受手下的艦隊承受這樣的損失，他將無法掌控東地中海的制海權。他表示，手上的輕型艦艇、官兵和器材全都快要耗盡了。

同時，第十一航空軍的Ju 52運輸機隊已成功把林格中將加強的第五山地師送到了克里特島。英軍則透過軍艦與運輸艦，在夜間將援軍送進去，卻在索達灣與坎尼亞地區遇到強大的航空兵力攻擊。

五月二十七日，德國海軍第一次成功將少數幾輛戰車送上克里特。他們的方法相當大膽，將戰車放在開放式駁船上，然後駁船直接拖過愛琴海。佛萊伯格將軍差不多在這時回報：「我在索達灣的官兵差不多已到耐力的極限了……我軍陣地根本沒有希望可言。」他的部隊再也無法對抗類似「過去七天對我軍實施的集中轟擊」[3]。

雖然邱吉爾又拍了一次電報過來，說「值此戰爭轉捩點之時，克里特務必求勝」，但魏菲爾將軍在同一天的五月二十七日回應道：「恐怕我軍必須認清事實，克里特已無法堅守……」當天晚上，英軍開始撤離。到六月一日，英軍全數撤離完畢。

克里特島的勝利是由德軍空降部隊為主力，配合空運而來的山地師，加上第八航空軍的轟炸機與戰鬥機持續不斷提供的支援下取得。德軍在這十天的戰鬥中損失慘重，光是空降部隊總計一萬三千人當中，就有五千一百四十員陣亡、受傷或失蹤。

整個行動過程，最慘重的傷亡是發生在一開始對已有警覺的敵軍空降的階段，空降部隊只能說是慘勝。他們在戰爭的剩餘時間幾乎都只能以一般地面部隊的方式作戰了。

克里特島的撤退期間，英國地中海艦隊又一次受到強力的航空轟炸攻擊。第二斯圖卡聯隊的斯圖卡轟炸機這時已進駐斯卡潘托，因此能控制克里特島東邊的卡索斯（Kasos）海峽。他們擊沉或嚴重破壞了數艘載有部隊的巡洋艦與驅逐艦。

---

2 原註：克里特之戰的詳細軍艦損失請參閱附錄七。

3 原註：引自 W. S. Churchill, *The Second World War*, Vol. III, pp. 235-6.。

早在五月二十六日，康寧漢元帥已經遭遇了一次挫折。這天他唯一的航空母艦可畏號（HMS *Formidable*）遭到猛烈的航空攻擊。快到中午的時候，第二斯圖卡聯隊二大隊在支援北非的隆美爾將軍、尋找運輸艦的過程中，碰巧發現了這支先前一直不見蹤影的英國艦隊。可畏號馬上轉向逆風方向、開始派出艦載戰鬥機，但俯衝轟炸機隊的指揮官華瑟·恩奈克羅少校（Walter Enneccerus）直接投入戰鬥，他的後面還跟著亞可布中尉、哈梅斯特中尉（Hamester）與艾爾中尉（Eyer）分別指揮的三個中隊。

可畏號的飛行甲板在接近十號砲塔的地方中彈，其他命中的炸彈則在右舷十七號到二十四號隔艙之間炸開一道裂口。可畏號只能一跛一跛地返回亞利山卓港。

——

此次戰鬥相當類似於四個半月前，同一個俯衝轟炸機大隊在馬爾他西邊對可畏號的姐妹艦光輝號（HMS *Illustrious*）所造成的損傷。

一九四一年一月十日，恩奈克羅少校的第二斯圖卡聯隊二大隊與霍策上尉的第一斯圖卡聯隊一大隊才剛來到西西里島的特拉帕尼（Trapani），就收到情報說有一支英國補給船團及其強大的護航艦隊正在往西朝馬爾他前進。這些俯衝轟炸機賭上一切，從四千公尺高度俯衝到七百公尺，頂著軍艦的集中高砲火力投彈，並以六枚炸彈擊中光輝號。雖然光輝號並未沉沒，但之後必須前往美國修理，整個過程花了好幾個月。

第二天的一月十一日，第二斯圖卡聯隊二大隊又在一架He 111「導引機」的導引下追殺往東撤退的英國艦隊。他們在西西里東方近四百公里處——接近斯圖卡航程極限的地方——以背對日光的方向攻擊，並以一枚直接命中輪機室的炸彈擊沉了巡洋艦南安普頓號。

這是自第十航空軍出於希特勒和墨索里尼的協議，而來到西西里島支援兵力不足的義大利軍後，第一次發動的行動。漢斯・費迪南・蓋斯勒中將與參謀徵收陶爾米納（Taormina）的多梅尼科飯店（Hotel Domenico）當指揮部。他們手下的空軍部隊接到了以下明確的任務：封鎖西西里與突尼斯（Tunis）之間的狹窄海域，不讓英國海運船團通過。對馬爾他發動空襲，替北非的義大利軍提供空中支援，隨後保護德國非洲軍前往的黎波里。攻擊魏菲爾從蘇伊士運河前來的所有援軍。

雖然最後一個任務看似最為重要，意謂著要阻止英軍在昔蘭尼加（Cyrenaica）的攻勢，但這個目標卻也是最困難的。如果要對蘇伊士運河發動攻擊，最明顯的行動基地就是羅得島。但很不幸，那裡沒有燃油庫存，而且也很難將物資運往當地。班加西有很多燃油，但再過幾天，那裡將被英軍攻陷了。

班加西有從西西里急忙派去的第二十六轟炸機聯隊二大隊，由伯特蘭・馮・科米索少校（Bertram von Comiso）指揮。該大隊的十四架He 111之中有三架於降落時發生碰撞損失，又有三架必須前去執行運河的偵察任務，因此大隊的有效兵力只有八架飛機。

一月十七日下午，等待已久的報告進來了：有一支船團在蘇伊士外海，正準備從南端進入運河。轟炸機接獲情報後，以半小時的間隔在黑夜中起飛。兩組四機編隊的He 111依令要從相反方向攻擊運河，一隊從右岸、另一隊從左岸。

從班加西到蘇伊士運河有一千一百公里遠，目標區幾乎是在航程之外。He 111必須使用最省油的巡航速度與螺旋槳設定，才有望安全完成任務並返航。第十航空軍的參謀長哈令豪森少校決定親自帶隊出擊。雖然軍部的氣象專家赫曼博士預計回程會遇到時速六十公里的逆風，但他們還是以最有利的四千公尺高度飛行，希望可以克服航程過遠的問題。

載著哈令豪森的He 111由羅伯．科瓦列夫斯基上尉（Robert Kowalewski）駕駛，並在四個小時的飛行抵達蘇伊士運河後往北轉。他們沿著運河飛行，繞過大苦湖（Bitter Lakes）繼續前進。他們沒有找到任何船隻，那支船團好像消失了似的。

哈令豪森下令其他飛機攻擊次要目標，但他不願意放棄。他在抵達塞德港（Port Said）時曾考慮要返航，現在還是決定回頭往南再找一次。還是什麼都沒找到，只好對著一艘伊斯美利亞港（Ismailia）的渡輪投了一輪炸彈。又一次回到大苦湖，結果船團出現了，它們散開停泊，正準備在此過夜。

He 111試著轟炸一艘輪船，但沒有擊中，整個行動就這樣告終了。

直接跨過沙漠返航的過程非常緊張。He 111以四千公尺的高度飛行，卻必須應付意料之外的一場風暴，風速至少有每小時一百二十公里。這時天色已是一片漆黑，機上人員沒有地標可以計算對地速度，自然也就無法得知風速。哈令豪森計算他們會在四個半小時後返回基地，但時間到的時候，他們卻沒找到導引的信號。五個小時過去了，然後是五個半小時，他們還是什麼都沒收到。最後科瓦列夫斯基在燃料用盡的狀況下，只得在沙漠中以機腹著陸。其實沙漠的地面很平，他是可以用起落架正常降落的。

機上四人經過簡短討論後，決定放火燒毀殘骸，然後步行往西北方前進。他們認為班加西應該不遠，但其實還在兩百八十公里外。

第二天早上，德軍發現了著火的殘骸，卻沒看到機組員。四天後，才有一架搜救飛機找到他們，並降落在筋疲力盡的機組員旁將他們救走。這個救兵正是考皮許中尉（Werner Kaupisch），唯一一架成功返回班加西的He 111飛行員。他注意到高高度有強風，因此降低高度飛到了海岸邊。其他飛機全都必須在沙漠中迫降，其中有三架飛機的機組員被英軍俘虜。

總結與結論

一、由於義大利攻打希臘失利，英軍在歐洲東南部得以持續擁有一處堅強的陣地，進而威脅到重要的羅馬尼亞油田與即將進攻俄國的德國陸軍南面側翼。雖然巴爾幹戰役成功避免了威脅，卻也造成巴巴羅沙行動延後了一整個月，還可能對戰役造成關鍵性的影響。

二、攻打克里特島一事被視為是巴爾幹戰役的「光榮勝利」，卻是在空降該島的空降部隊蒙受慘重損失的情況下才得以達成。雖然空降部隊在後來的戰爭中擴充至數個師的兵力，卻再也沒有投入大規模的空降作戰。

三、部分傘兵直接空降在已有警覺的敵軍上空，成了損失最慘重的部隊。他們落地時大多無法觸及武器箱所在地，因此遭到敵軍殲滅。空降在敵軍未控制地區的單位較為成功，他們得以集結並以有效兵力進攻。

四、空運行動受到希臘機場的揚塵嚴重影響，造成第二波空降部隊無法全員投入。第十一航空軍司令部直到行動開始的第一天下午，才了解到第一波空降部隊遭遇的危急狀況。司令部在最後一刻企圖將第二波攻勢轉移去支援第一波部隊，卻因情報不足而註定失敗。

五、攻打克里特島之所以最終能夠成功，是因為最後一次的進攻僥倖成功占領了馬勒美機場。雖然機場仍遭到敵火攻擊，但載運山地師的運輸機仍然成功在第二天下午降落。這些重要援軍的到來使德軍對該島的攻勢得以繼續。

六、英國地中海艦隊的制海權與第八航空軍的制空權引發戰爭史上的第一次海空戰。此役持續數日，並以德國空軍的顯著勝利作結。英國艦隊在承受嚴重損失後，被迫撤離此地，克里特島之戰的局勢就此成定局。

第六章　帝國夜空保衛戰

一、「康胡伯防線」

自西線攻勢於一九四〇年五月十日開戰以來，英國轟炸機司令部便開始對德國城市發動夜間空襲。他們迫使德國空軍必須緊急回過頭來，照顧至當時為止幾乎都沒人當一回事的本土防禦。

德國夜間戰鬥機部隊的第一次行動正好是在不列顛空戰期間。在空戰高峰期被重新召集回負責這場全新純防禦性作戰的飛行組員，無不將這樣的調動視為是一種懲罰。他們無法理解自己的國家明明無往不利、看似大步邁向勝利，為什麼還會有人要他們負責防禦這種不實際的工作。過了很久以後，先是英國，然後美國的轟炸機從稀稀落落變成大舉入侵的時候，他們就會明白是怎麼一回事了。

德國的夜間戰鬥機部隊發展得十分快速，而這也是迫於形勢的必然。從第一次笨拙地試著將日間戰鬥機改造成夜間戰鬥機開始，空軍還有很長的一段路要走。同時，探照燈防線也換成了「康胡伯防線」（Kammhuber，這是敵我雙方共用的稱呼），配了雷達系統的地面管制區也改成了無邊界夜間追逐戰。夜間戰鬥機部隊從幾個建制下的大隊，成長到六個完整的聯隊（Nachtjagdgeschwader），總共有約七百架配有專用裝備的飛機，再加上六個探照燈團與一系列由大約一千五百座雷達站組成，一路延伸到西西里與非洲的雷達防禦網。但正所謂萬事起頭難……

———

一九四〇年七月二十日的夜晚相當明亮，有月光照耀，天空中幾乎沒有半片雲朵。萊茵河下游，魯爾與西伐利亞的鄉間就像由聚光燈照著，彷彿故意要協助從西邊接近的英國轟炸機似的。

理論上，這樣的能見度對德軍的夜間戰鬥機應該也很有利，但實際上他們和往常一樣，什麼都看不見。今晚的故事和過去幾週雷同——警報響了，戰鬥機起飛前往受到威脅的區域，然後每次都找不到敵機。

接近午夜時，德國第一支夜間戰鬥機大隊又有一架Bf 110從居特斯洛起飛。飛行員是維納・史特萊伯中尉（Werner Streib）駕機快速爬升至四千公尺高度，並飛往他的作戰區。緊張的搜索工作又開始了。他和通信士林根中士（Lingen）一起看著夜空。史特萊伯不顧機外的寒風，將座艙罩打開，以便有更好的視野。兩個人一直提高警覺等著，等待那個至今一直沒有到來的瞬間。

早期的夜間作戰，機組員沒有雷達站或地面管制的協助，必須自己想辦法找到敵人。肉眼的視力有限，能找到轟炸機本身就是很看運氣的事，而如果飛行員沒有馬上反應，下一秒敵機又會消失在黑暗中。夜間攔截的技術這時還處在黎明期，而且很多人覺得這個黎明期大概不會過去了。在成功率這麼低的狀況下，許多飛行員寧願繼續開日間戰鬥機。

一九四〇年七月二十日〇二〇〇時，史特萊伯等到他的機會了。在他右前方約三百公尺處稍低的地方，他突然看到另一架飛機的輪廓。林根努力仔細看，他也看到了，可是卻開口大喊：「那是我軍的Bf 110！」

此話一出，史特萊伯也開始懷疑了。他為了確認，漸漸靠向不明機，同時謹記先前唯一一次夜間戰鬥機的成功攔截，最後是以Bf 110被另一架Bf 110擊落作結。同袍以如此悲慘的方式死去，使飛行員更為苦惱。

隨著追擊的飛機越飛越近，他們發現對方有兩具發動機，並且機影非常類似於Bf 110。史特萊伯要求自己保持冷靜，並近距離飛到對方旁邊，而此時對方的機組員還很幸運地對此一無所知。就在雙方翼尖幾乎相觸時，一座砲塔在月光下閃爍，同時對方機身上也出現一個直徑六英尺的皇家空軍標誌，至此所有的疑雲都一掃而空了。

史特萊伯在報告中寫道：「我從來沒有在這麼近的距離，這麼清楚地看過一架敵機。我不想被對方的後機槍手在極近距離打中，馬上右轉九十度，快速脫離。」

那是一架懷特利轟炸機，此型機有兩片垂直尾翼，和Bf 110的構造一樣。史特萊伯不願讓敵機離開自己的視線，因此在一個急轉彎後，又一次從機尾方向接近。英軍機組員一開始顯然也把這架Bf 110當成是自己人，但現在他們已經提高警覺了。英國的後機槍手在兩百五十公尺處開始射擊。

史特萊伯等待能安全瞄準的時機到來，並以機砲和機槍短放兩輪，然後退到一旁觀察結果。「對方的右發動機稍微起火燃燒，同時機上有兩個點脫離機身、兩頂降落傘打開，然後消失在夜空中。轟炸機轉向後，採取規避航線，想要把我甩掉，但就算是在晚上，發動機冒出的廢氣還是清楚可見。我又一次攻擊左發動機與左翼，這次沒有遇到反擊火力。在兩輪射擊後，發動機和機翼馬上起火，我在敵機後方趕快轉彎脫離……」

這架懷特利保持方向飛了三分鐘，同時慢慢下降。然後突然轉向，往地面急衝而去。最後是機身的爆燃與炸彈爆炸產生的閃光，確認它的墜落。林根降落後便對上級報告了德國夜間戰鬥機部隊的第一次勝利。

這樣一來，魔咒解除了，飛行員對夜間攔截敵機到底可不可能的疑問也隨之煙消雲散。短短兩天後，史特萊伯又一次成功擊落敵機，過沒多久又有艾勒中尉（Walter Ehle）和吉德納上士（Paul Gildner）加入他的行列。史特萊伯和艾勒後來還成了第一夜間戰鬥機聯隊一大隊（I/NJG

二）底下的中隊長，由大隊長根特．拉德許上尉（Günther Radusch）指揮。

這些中隊一直在各地流浪，從一個基地轉移到另一個，沒有人真的把他們當一回事。在幾乎整個空軍都在執行進攻作戰，眼看勝利就要到手時，他們的防禦性角色在德國的戰爭機器內被當成是一個累贅。他們通常都會被叫去英國前一天晚上轟炸過的地方，並在缺乏經驗、地面配合，以及任何導引他們找到敵人的方法下，日復一日地執行任務。

雖然敵機的接近與方向每天晚上都有高砲觀測中心負責偵測與回報，但真正的目標區（通常在魯爾附近的城市）卻是一大禁忌。這裡是高砲的地盤，他們的「魔法煙火」讓大家都敬而遠之，不想為了夜間戰鬥機那未經考驗的保護效果而放棄。但飛行員不願因此退縮，仍然待在轟炸機接近的路線上。到了八月，史特萊伯擊落了第四架敵機。這時第三個中隊也成軍了，中隊長格里瑟中尉（Heinrich Griese）在九月擊落了第一架敵機。同時，大隊也移到了奧登堡的費希塔（Vechta），以便更快速到達現場。

夜間戰鬥機部隊終於達成的突破，得到空軍整體的認同了。一九四〇年十月的第一天晚上，史特萊伯在四十分鐘內把三架威靈頓轟炸機打到著火，格里瑟與科拉士官長（Reinhard Kollak）則擊落了另外兩架。不幸的是，一架碰巧溜進返航敵機路線的Ju 88也被夜間戰鬥機追擊，進而燃燒著墜落。這種辨識上的錯誤實在太常發生了。

在這次前所未有的成功之後，史特萊伯拿到了騎士十字勳章，升為上尉，還賦予他擔任母隊第一夜間戰鬥機聯隊一大隊大隊長職務。他們艱苦贏來的勝利終於得到了統帥部的關注，讓後者曉得夜間戰鬥機需要技術上的支援。現在時候到了，雖然此時皇家空軍的夜間空襲比起未來幾年讓整個德國起火燃燒的攻勢，只能算是小巫見大巫而已。

如果我們指控德國空軍高層從未想過有關本國夜間防禦問題的話，那就太遠離事實了。他們對空軍在白天掌握住的制空權有著十足的信心。正因如此，他們也相信敵軍轟炸機將不得不在夜間行動。

早在戰爭爆發前，格里夫瓦德的教導聯隊早就建立了一支Bf 109中隊，練習在探照燈輔助下進行夜間防空任務。他們認為只要用探照燈照著敵機，就能像在白天一樣，透過目視對敵機發動攻擊。雖然這種方法的成功必須建立在能見度良好、無雲的天候條件，但空軍認為英國的轟炸機也需要同樣的狀況才能找到目標，因此就算在戰爭爆發後也仍然沿用此法。

一九三九年，有一批飛行員從各個聯隊調了過來，成立第一個「夜間戰鬥機中隊」。第二十六戰鬥機聯隊第十中隊，由約翰斯・史坦霍夫中尉指揮，採用Bf 109戰鬥機。本書先前已經提過，這支中隊在黑戈蘭德灣空戰就拿下第一次戰果，擊落了三架威靈頓轟炸機，只不過是在日間。

一九四〇年二月，布魯門薩特少校（Albert Blumensaat）的第二戰鬥機聯隊第四大隊（IV/JG 2）在耶佛成軍，當中便包括幾個這樣的中隊。在多次行動沒有成果之後，該大隊在當年春天達成了第一次也是唯一一次的成功，由佛斯特士官長（Hermann Förster）在良好的月色下發現並擊落一架英國轟炸機。問題是Bf 109是為日間作戰設計的戰鬥機，沒有盲目飛行的能力[1]，不適合夜間作戰。許多飛機在夜間起降時迷向，也常常有戰鬥機被探照燈照到，然後好幾分鐘陷入目眩，失去視覺的狀況。

然而雙座的Bf 110在這方面有不少優勢。首先，導航可以交給通信士，因此具備盲目飛行能力。將它當作夜間戰鬥機使用的想法，最早來自第一重戰機聯隊一大隊的大隊長法克上尉。他的大隊在一九四〇年四月參加占領丹麥的行動後，便以奧爾堡為基地，每天晚上必須面對英國轟炸機的攻擊。法克對於無法反擊這點相當不滿，他注意到攻擊總是在日出前不久發生，便產生追擊返航轟炸機的想法。

從這時起，他手下能力最強、受過盲目飛行訓練的飛行員每天晚上都要保持備戰狀態，這包括隊長本人、史特萊伯、艾勒、盧茲、維克多．莫德斯（著名王牌飛行員的弟弟）和提爾。為了達成目標，法克還尋求沿岸芙蕾亞雷達站的協助，請通信官瓦納．柏德少尉（Werner Bode）幫忙把拂曉出擊的戰鬥機部隊帶到敵機的撤退路線上去。芙蕾亞雷達雖然能指示距離與方向，卻無法探測高度，縱使法克的部隊找到了幾架轟炸機，最後都消失在黑暗的大霧中。他們曾經成功對一架漢普頓轟炸機開火，可是對方卻像幽靈般消失在尚未全亮的暗夜。

一九四〇年五月，第一重戰機聯隊一大隊來到西線，大隊長關於拂曉攻擊的報告決定了他們接下來的職務。法國停火後幾天的六月二十六日，法克被叫到了海牙附近的瓦聖納（Wassenaar），在克里斯提安森將軍（Friedrich Christiansen）徵用的飯店裡，把他介紹給德國空軍的高層認識，包括戈林、羅策，還有許多其他將官。

戈林在長篇大論的獨白中，將夜間抵禦英國轟炸機一事說成是空軍的「阿基里斯腱」。顯然戈林對個人的聲望相當在意，他說敵軍轟炸機要是出現在柏林上空，他就要「改姓氏」[2]。最

---

1 原註：意指在沒有視覺標的物、看不到天地線，飛行員無法得知地理位置或飛機相對於地面姿態的狀況下飛行。譯註：現代通常稱之為儀器飛行，當代的用詞與現代不盡相同。

2 編註：這是戈林在戰前的一次公開演講時誇下的海口，說：「倘若有一架英國轟炸機飛到柏林上空，我就不叫戈林，改姓

後，總司令轉向一頭霧水的法克上尉，並言辭浮誇地任命他為德國第一個夜間戰鬥機聯隊的聯隊長。

但這樣的戲劇性發展，卻未能在戰爭期間變出一套新武器來啊。不到四週時間，第一個夜間戰鬥機航空師成立時，該師師長——才剛從法國戰俘營回來的康胡伯上校，一開始只有法克的聯隊可以用。聯隊並未滿編，底下只有兩個大隊，分別是拉杜許上尉的第一夜間戰鬥機聯隊一大隊，包括前第一重戰機聯隊一大隊的兩個中隊，以及布魯門薩特少校的第一夜間戰鬥機聯隊三大隊。後者前身是第二戰鬥機聯隊第四大隊，這時才剛完成從Bf 109到Bf 110的換裝訓練。

除此之外，還有三個Ju 88和Do 17中隊組成所謂的「長程」夜間戰鬥機大隊，並由海瑟上尉（Heyse）指揮。康胡伯是一位本領高強的組織者，他在一九五六到一九六二年間，以督察官的身分參與了西德新空軍的成立。此時的康胡伯將這個長程大隊命名為第二夜間戰鬥機聯隊一大隊（I/NJG 2），希望有一天能成立第二個聯隊[3]。然而，在黑夜裡能有效攔截目標的問題還是沒有解決。

康胡伯在一九四〇年十月十六日升為少將，並使用「夜間戰鬥機總監」的頭銜。他替自己的部隊立下了兩個相當不同的目標：

一、在德國西線的有限地區內執行防禦任務。

二、對英國轟炸機的本土基地發動長程「反制」行動。

一開始他以前者為主。他認為，如果戰鬥機找不到敵人，就必須像高砲部隊那樣，利用探照燈來確保視野。為了避免互相干擾，戰鬥機的作戰區域必須與高砲有所區隔，但兩者都需要用到探照燈，而且要用到成千上百座。

最先與第一夜間戰鬥機聯隊一大隊緊密合作的探照燈部隊，屬於費希特中尉（Fichter）指揮。他在明斯特西邊的一道斜向防線上設立了探照燈和聽音辨位站[4]，這裡是轟炸機通常會出現的地區。英軍的反應則是試著從兩端繞過有燈光照射的地區。康胡伯得知這點後，又延伸了南北兩側的探照燈防線。整個魯爾地區很快就得到一條長三十五公里的防線保護。

個別的戰鬥機會待在這條防線上空各自負責的區域，在主要探照燈打開前，在空中繞著一道充當標記的光束巡邏。只要雷達發現一架轟炸機，西側就會有幾盞探照燈啟動，並試著追蹤轟炸機的位置。但通常英國轟炸機都會以全速通過探照燈區，在戰鬥機追上轟炸機之前，他們早就已經離開燈光區、回到黑夜的保護中了。就算轟炸機從一盞探照燈的範圍飛到另一盞，讓探照燈連續好幾分鐘照著，戰鬥機的工作依然不輕鬆。轟炸機幾乎永遠都和他們方向相反，他們必須掉頭才能從機尾靠近。而為了這麼做，飛行員就得躲避探照燈，以免被燈光照到而致盲。

這種事需要相當多的練習，只有豐富經驗的飛行員才能做到。事實上，從一九四〇到一九四一年，有三分之二的夜戰戰果都是由飛去英國的反制部隊拿下。有許多年輕的飛行員受不了持續的失敗，最後失去了信心。

「報告少校，我想調回去日間戰鬥機部隊。」

邁耶」。邁耶（Meyer）是德國非常普遍的姓氏，換句話說，他寧可當個凡夫俗子。

3 原註：關於德國夜間戰鬥機部隊逐漸建立的過程，請參閱附錄九。

4 譯註：從一戰到二戰間曾存在的一種簡易飛機探測站點，以類似指向性喇叭的裝置配合人耳判斷來襲敵機的方位。

「為什麼？」

「我在晚上什麼都看不到。」

第一夜間戰鬥機聯隊的指揮官常常聽到同樣的故事，但今天說話的可是蘭特中尉。他就是一年前以擊落三架敵機的成績成為黑戈蘭德灣的空戰英雄，後來還在攻占挪威佛涅布的過程中作出貢獻並活了下來的人。可是現在呢？

「蘭特，再試一次吧，」指揮官說，「一個月後我們再來談這件事。」

蘭特又繼續嘗試，他的運氣突然轉好了。他最後以一〇二架夜間擊落的成績，成為德國空軍繼史瑙佛少校（Heinz-Wolfgang Schnaufer）之後的第二夜間王牌，直到他於一九四四年十月意外喪生為止。

到了一九四一年年中，夜間戰鬥機部隊戰果越來越豐碩的消息傳開了。六月三日〇二四〇時，卡利諾夫斯基上士與通信士茲維科上士（Zwickl）拿下了柏林上空的第一場勝利，對方是一架宵特史特靈轟炸機（Short Sterling）。二十八日，當時駐在史塔德的第一夜間戰鬥機聯隊二大隊副官埃卡德中尉（Eckardt）又在漢堡上空接連擊落了四架英國轟炸機，其中有探照燈部隊的協助。到了一九四一年年底，康胡伯將軍已經把他的探照燈防線一路從德國北海海岸拉到了法國的梅茲，並且還打算再繼續延伸下去。

但探照燈輔助攔截的時日不多了。一九四二年春天，希特勒親自下令，廢除康胡伯努力建立的防線，命令上寫道：「所有探照燈部隊，包括實習與試驗團轄下的單位，即日起全數移交高砲部隊。」

顯然元首終於受不了地區黨部的壓力了，他們一直在爭取要讓所有探照燈都直接裝在受到威脅的城市，而不是在西線當防線。這樣一來，夜間戰鬥機部隊又要從頭開始了。

事實上，這時的夜空已經沒有像戰爭開始時那麼容易滲透了。

——

一九四〇年初夏，德國空軍後勤部長烏德特已經在柏林的舜涅菲機場（Schönefeld）展示過一種用兩組「符茲堡A型」雷達套件組成的戰鬥機管制單元了。新型的符茲堡雷達不但能準確測量飛機的方向與距離，還能測量高度。現在雷達上有兩架飛機，一架是烏德特駕駛的飛機，扮演「戰鬥機」，另一架則由法克駕駛，扮演「轟炸機」。

在地面上，負責開發符茲堡雷達的派德札尼工程碩士（Theodor Pederzani）正在用地圖追蹤兩套系統提供的資料，並以無線電將攔截路線告訴烏德特。將軍依指示飛行，除此以外什麼也沒做。幾乎每一次他都能成功攔截目標。

「成功了！」烏德特和法克降落後高興地喊道，「你的夜間戰鬥機部隊未來肯定大有可為！」

從此以後，成敗不再只由戰鬥機組員決定了。現在還多了一個元素——地面管制官。這些人會在雷達畫面上追蹤我軍飛機的動靜，有了這第二雙「眼睛」，可以追蹤敵軍轟炸機進入戰鬥機作戰區的狀況。空軍官兵從此把這個管制區稱作「天床」（Himmelbett）。

一九四一年夏天，康胡伯將軍在探照燈防線上加了一整串「天床」區，其半徑依符茲堡雷達的有效範圍劃設。早期型的符茲堡雷達有大約三十五公里的偵測半徑，但到了一九四二年，「加大型符茲堡」——因具有龐大的七點五公尺反射面而得名——配發成軍，其有效偵測半徑可達六十到七十公里。一套完整的「天床」雷達站由以下裝備組成：

一套芙蕾亞雷達，偵測範圍可達一百五十公里。

一套用來偵測轟炸機的符茲堡雷達。

一套用來偵測戰鬥機的符茲堡雷達。

一張「塞堡」（Seeburg）評估桌，上有一片玻璃板，可以投影綠色和紅色的點，以代表兩架飛機的路徑。

雖然有這樣的技術裝備與人員，但一個管制區內一次只能管制一架戰鬥機。

「方位二六〇，敵機迂迴飛行，高度四千公尺，距離三十三公里，」瓦納．舒爾茲中尉（Werner Schulze）小聲對著麥克風說。他是「老虎」管制站的管制員，該站位於荷蘭北海岸的呂瓦登（Leeuwarden）附近，這天他正在導引第二夜間戰鬥機聯隊第六中隊（6/NJG 2）的中隊長路德維希．貝克中尉（Ludwig Becker）。貝克和通信士史陶布上士（Staub）都是夜間戰鬥機的老手了。早在一九四〇年十月十六日還沒有人相信地面管制可行的時候，他們經由一套附AN測向儀的芙蕾亞雷達導引找到了一架轟炸機，並拿下德國空軍在暗夜天空中的第一次擊落。

「三十秒後執行羅夫一八〇，」管制員的聲音繼續說道。這是右轉一百八十度的暗號。羅夫（Rolf）是右轉，麗莎（Lisa）是左轉。「轉！」

玻璃上的綠點和紅點近距離交會而過。貝克的Ju 88作了一個急右轉，帶向轟炸機的機尾，但前提是地面的資料準確無誤。他試著看穿前方的一片黑暗。要是機上有雷達就好了！接著在前方不到一百公尺的地方，看到小小的排氣管火焰曝露了敵機的行蹤。

「目視敵機！」貝克在無線電上說道，「我要攻擊了。」幾秒後，他的機槍與機砲便開火射擊。

二、夜間入侵英格蘭

在荷蘭的提爾堡（Tilburg）和布雷達（Breda）之間的基策-賴恩機場（Gilze-Rijen），有著頻繁的軍事活動。德國唯一的長程夜間戰鬥機大隊——胡斯霍佛上尉（Karl Hülshoff）的第二夜間戰鬥機聯隊一大隊駐在這裡。這天是一九四一年六月二十五日深夜，有六架飛機的機組員正在準備行動。

大隊部一直透過電話聯絡庫爾曼上尉（Kuhlmann）的無線電攔截單位。該單位有受過專門訓練的操作員，可以利用調整到相同波長的無線電，竊聽敵軍轟炸機的通訊。突然間一道無線電波產生變化：發出多重的音波和雜音，顯示英格蘭的一個轟炸機單位剛剛啟動了無線電，準備進行測試。這表示轟炸機一定是準備要起飛了。庫爾曼馬上把情報轉給夜間戰鬥機。他傳過去的訊息上寫道：

「約十六架轟炸機將從亨斯威爾（Hemswell）起飛，還有約二十四架將從沃丁頓（Waddington）起飛。」

這兩處機場都屬於第五大隊，由哈里斯少將（Arthur Harris）指揮。德軍知道五大隊底下的轟炸機都以漢普頓式轟炸機為主。

「約十四架威靈頓機即將離開紐馬克（Newmarket），」庫爾曼的報告繼續寫道。這支機隊屬於第三大隊，由伯德溫少將指揮。

早在轟炸機發動機開機前，德國的夜間戰鬥機就知道他們在準備了。胡斯霍佛上尉繼續替已經起飛的第一波戰鬥機提供敵軍基地的情報。這樣他們就可以在轟炸機起飛的同時去到基地的位置，並大肆轟炸。第二波戰鬥機則會在北海上空——轟炸機標準的接近路線附近攔截。

但第三波的工作則是在幾個小時後才出發，追逐返航的轟炸機，然後在轟炸機降落在看似安全的基地時再攻擊一次。對德軍而言，這才是頭痛之處：他們大多必須在英國上空的敵軍地盤上作戰，還常常要被英軍部署在他們後面的夜間戰鬥機追逐。

即使如此，康胡伯還是希望能拿出具決定性的成果。他已經知道敵軍基地的位置了，只要讓他的戰鬥機在關鍵時刻抵達就行——不是轟炸機起飛的時候，就是機場不得不開燈讓轟炸機降落的時候。就在布倫亨、懷特利與威靈頓轟炸機排隊降落時，Do 17和Ju 88也可以加入盤旋編隊。

雍格中尉（Jung）是第二夜間戰鬥機聯隊第二中隊（2/NJG 2）的中隊長，他就反覆做過這樣的事。他在對手後方轉向，並在對方準備降落時開火射擊。這還不是他們唯一的任務。其他戰鬥機的飛行員，包括塞姆勞中尉（Semrau）、漢恩（Hahn）、伯默（Böhme）與佛克（Völker）三位少尉，以及拜爾（Baier）、赫曼（Hermann）與科斯特（Köster）三位上士，會朝著有燈光照明的機場俯衝，並在滑行的轟炸機頭上投下五十公斤破片炸彈。雖然造成的混亂往往大於實際損害，但這整件事最棒的一點，是英國的高砲不得不作壁上觀，以免擊中自己人。

胡斯霍佛上尉將英國轟炸機司令部的地盤分成三個行動區：東安格利亞（East Anglia）、林肯郡（Lincolnshire）與約克郡（Yorkshire）。手下的機組員很快摸清每個區域內的每個機場。雖然大隊同一時間鮮少有超過二十架可行動的飛機，但仍能每天晚上都出動。

一九四一年六月二十五日晚上出動的名單中，包括第二中隊的保羅・波恩中尉（Paul

Bohn）。他前一天晚上才在英國上空擊落了三架敵機，今天駕著Ju 88往西北飛入黑暗的夜空中時，他對自己很有信心。

Ju 88的夜間戰鬥機版與轟炸機版有一點明顯的差異——機鼻沒有玻璃艙，採用實心機鼻，並且裝有三門二十公厘機砲與三門MG 17機槍，分別裝在機鼻與機腹的吊艙內。機上組員只有三名，而不是四人：飛行員、機工長和通信士。今晚組員是波恩、華瑟·林德納（Walter Lindner）與漢斯·英格曼（Hans Engmann）兩位士官。

不到一個小時的飛行後，地面上傳來閃光，顯示英國的高砲開始對他們射擊了，探照燈也開始往天空搜尋。這兩者都無法令組員擔憂，反而顯示他們已進入英國海岸，是他們用來計算接下來路徑時求之不得的地標。

目前波恩沿方位三二〇飛行，他突然看到左前方不到幾百公尺處一個影子，以不尋常的速度阻擋他的飛行路徑。幾秒鐘後，他發現那是一架懷特利轟炸機，並往相同的方向轉彎。懷特利機高速通過，但波恩憑自己優秀的夜間視力繼續追蹤，同時慢慢從後方接近，直到距離不到七十公尺才以機砲與機槍開火。彈藥在擊中時照亮了機身，懷特利機馬上著火。但它沒有受到致命打擊，還是可以找地方迫降，波恩從另一邊再攻擊一次，這次瞄準右翼，同樣命中。

同時，Ju 88的駕駛艙被英國後機槍手的四聯裝機槍打得四分五裂。對方在墜毀前幾秒，決定要作出最後的反擊。在這之後，懷特利轟炸機的右翼馬上脫落，飛機機體像火炬般燃燒、墜落。

「中了！」通信士英格曼說完，馬上被倒出座位、往駕駛艙竄過去。Ju 88現在也開始墜落了，而機上的槍砲還在毫無意義地朝著夜空射擊。

林德納是第一個注意到事情不對勁的人，他馬上理解到眼前的狀況有多危險。波恩已經失去意識，他的身體還在把操縱桿往前推。林德納將波恩沒有氣息的身體往旁拉、抓起操縱桿，並根據自己在飛行員身邊的座位上看過許多次的動作——把飛機從俯衝中拉出來。Ju 88從一匹飛躍的馬回正了，這時他們正飛在海面上一千公尺高的濃霧中。

林德納當年申請當飛行員時，心理醫師對他的評估是這樣寫的：「這名新兵沒有執行獨立行動的能力」。現在他在緊急狀況下採取了主動且有效的行動，不但證明了這個說法不對，還救了他和英格曼的命。但他救不了波恩，他已經頭部中彈陣亡。

英格曼在四千公尺的高度以無線電報告剛剛發生的事，並補充說，「我們嘗試在基地降落。」

在基策-賴恩，胡斯霍佛下令啟動一座垂直往上照的探照燈來充當信標。但探照燈的光束被一層層的霧擋住，當林德納試著穿過霧下降時，他便失去了方向感。他三度跨越認為是荷蘭海岸的地方，然後又轉回來再試一次。這時英格曼還多次呼叫地面，但都沒有回應。

最後兩位士官已經不知自己身在何方，只好棄機逃生。但他們覺得把身亡的中隊長丟在無望的飛機上好像不太好，兩人一起把他從機腹的艙門帶了出去。林德納拉了他的開傘拉繩，讓「塞普」．波恩的遺體在夜空中飄降，並於幾天後由一群法國農民找到後埋葬。

林德納和英格曼成功在查理維勒附近跳傘落地，但他們的Ju 88仍依最後設定的控制方式往前飛過了半個歐洲。它甚至飛過了阿爾卑斯山去到義大利北部，最後才因燃油用盡而墜毀。

——

隨著日子過去，英國夜空中的戰鬥也變得越來越困難。即使如此，日落後對夜間轟炸機基地發動的攻擊仍是對皇家空軍轟炸機司令部最有效，甚至是唯一有效的方法。

「如果我想要擊潰一個蜂巢，」康胡伯說，「我不會去攻擊飛來飛去的蜜蜂，而是等牠們全都回巢後，從蜂巢的入口進去。」

將軍盡力爭取擴充他的長程打擊部隊。歷經多次施壓後，戈林在一九四〇年十二月十日承諾，說他會把這些部隊從一個大隊擴充成一個聯隊。但參謀總長顏雄尼克卻諷刺地說：「照這樣下去，夜間戰鬥機就會把整個空軍吃下來了。」

參謀總長的反對成功了。康胡伯最多只能擁有二十到三十架第一線飛機，而在英國的轟炸機威脅越來越強時，這個數量完全不夠。事實上，德國空軍從一開始就是以攻擊為主，一直到這個時候，他們還沒有開發過適合夜間作戰的飛機。既然Ju 88的防禦型會影響轟炸機型的產量，其優先順序被往後挪也就沒有那麼令人意外了。

但更糟的事情還在後頭。一九四一年十月十二日，年僅二十二歲的另一位夜間戰鬥機王牌漢斯・哈恩少尉（Hans Hahn）在英國執行夜間任務後沒有返航。第二天，正當第二夜間戰鬥機聯隊一大隊士氣低迷的時候，康胡伯將軍又不得不通知大隊長，說接下來的反制行動依元首的直接命令必須全部停止。這完全是宣傳上的考量。希特勒主張，要看到這些實施「恐怖轟炸」的英國飛機掉在德國人民的面前。在遙遠的英國取得的勝利無法提振德國的士氣，更何況地中海現在也需要這個大隊，他們馬上要調去西西里島了。

康胡伯的各種抗議都沒有用。他不但未能改良前景看好的作戰形態，甚至還被一把搶走。有一份對戰時德國空軍的研究，當中提到了這樣一句話：「為了強化對德國的夜間攻擊，皇家空軍不得不採用一套在技術上相當複雜，對入侵攻擊十分脆弱的起降體系。德國空軍未能利用這個機會，是其最大的錯誤之一。」

英國皇家空軍也同意這樣的看法。根據空軍部的官方著作《德國空軍興衰史》（*The Rise and Fall of the German Air Force*），皇家空軍從一九四一年到一九四五年，本土基地不再受到侵擾，是德國最終敗北的決定性因素之一。

康胡伯只剩一種替代方案，他要把能量用在擴大德國西線的夜間戰鬥機行動區上。這點倒是在一九四一年七月二十一日從元首總部發佈的演講中，得到了希特勒的口頭許可。夜間戰鬥機航空師在八月一日升格為航空軍，康胡伯便是其指揮官，握有特殊的權限。他必須升到這樣的位置，才能在戰爭期間發展全新的武器，以及使這個武器可以正常運作的相關無線電與雷達技術。

他在烏德勒茲（Utrecht）附近的宰斯特（Zeist）設立了司令部，這裡是英國轟炸機的主要航線。他的「天床」區域從這裡延伸到荷蘭北部和西部。每個管制區之間都有些許重疊，並且都有大約六十五公里的管制範圍。他還把這些管制區重疊了好幾層，建立綿密的防守區。但重大的弱點還是沒有解決：一個管制區同時只能管制一架戰鬥機。

幸好到了一九四一至一九四二年的冬天，英國轟炸機還沒學會夜間編隊飛行，因此德國的夜間戰鬥機還能應付。北邊管制站有美洲豹（Jaguar）、海豚（Delphin）、獅子（Löwe）、老虎（Tiger）、醃鯡魚（Salzhering）與北極熊（Eisbär），南邊則有蝦虎魚（Zander）、魚鷹（Seeadler）、大猩猩（Gorilla）、海狸（Biber）、知更鳥（Rotkehlchen）和蝴蝶（Schmetterling）等。這些管制站後來都因為獲得顯著的成功，而成為空軍裡無人不曉的名字。

然而比起成功攔截，地面管制官更常遇到的狀況，是雷達螢幕上的兩個點會合了，但飛行員卻看不到目標。有時候轟炸機的高度給得不準確，有時候雙方接觸的距離太遠，飛行員無法穿透暗夜看見對方。在管制員能帶領戰鬥機攔截第二次之前，轟炸機往往都已離開管制區，超出雷達的偵測範圍了。由於戰鬥機不能由鄰接的區域接手管制，只能空手而歸。

像這樣的缺點，可以透過在戰鬥機上安裝機載雷達來解決，讓機載雷達處理最後數百到數千公尺的偵測。一九四一年八月九日，這件事終於第一次成功了。執行此事的是路德維希·貝克中尉與約瑟夫·史陶布上士。他們的Bf 110從荷蘭的呂瓦登起飛，機鼻上裝了一些奇妙的鋼條。那是德國第一款機載雷達的偶極天線，雷達稱為「列支敦斯登B／C型（Lichtenstein B/C）」。

貝克在夜間戰鬥機最早發展時期，對這樣的發展非常不看好，但他年輕又有野心，因此留了下來。他在技術高校[5]的工程學歷讓他很早就相信，夜間戰鬥機取得持

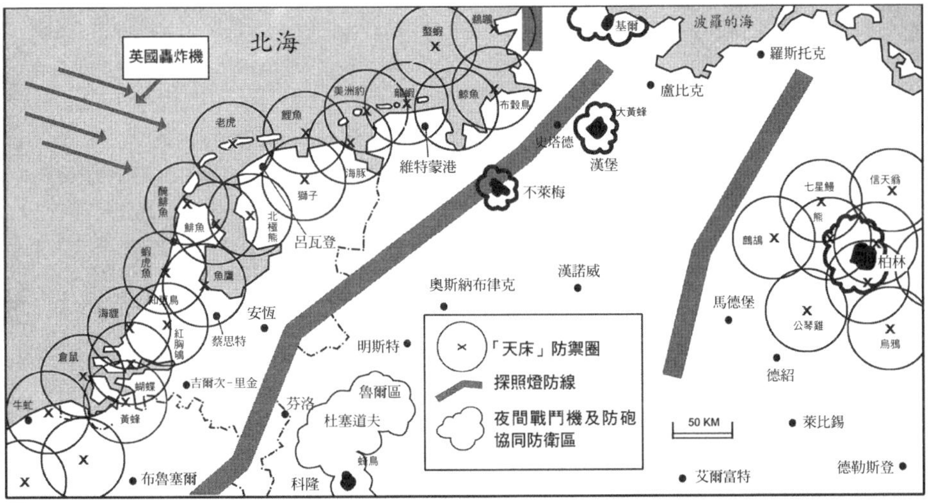

德國防空 VS 夜間轟炸　「康胡伯防線」最初由一條寬約35公里的探照燈帶所構成，以執行「照明夜戰」。但這個戰術立即被密集的「天床」系統所取代。「天床」以一座地面管制站指揮一架夜間戰鬥機的方式執行。其中部分管制站戰績卓越，如位在荷蘭近岸特雪林的「老虎」雷達站，就導引擊落超過150架以上的敵機。

續成功的不二法門，就是要利用雷達管制。早在一九四〇年十月，他就當過芙蕾亞雷達的推手赫曼·迪爾手下的白老鼠，成了第一位成功在雷達管制下攔截目標的人。現在他又要當第一位嘗試以飛機自己的「眼睛」尋找目標的人了。

列支敦斯登雷達的主要特徵是一根陰極射線管顯示器，就和現在[6]電視機裡的東西一樣。在Bf 110上，這可是通信士的新玩具。史陶布上士正玩得不亦樂乎時，畫面上突然顯示出一架飛機的路徑，應該是他們剛剛依管制員堯克少尉（Jauck）指示轉向後，要去攔截的那架轟炸機。

「列支敦斯登雷達偵測到『信使』，距離兩千公尺，」史陶布報告道。

從此以後，飛行員完全依賴通信士提供方向與距離等情報了。這表示飛行的「浪漫時代」已經過去：機組員已成了互相依賴、看著儀器飛行的團隊。

突然，轟炸機注意到有人在跟蹤自己，便開始來回閃避。由於列支敦斯登天線的偵測範圍只有前方大約二十五度，轟炸機因此兩度從雷達畫面上消失。貝克的反應是把飛機轉向目標消失的方向。他很幸運，兩次都成功讓雷達再次捕捉到目標。他們快速來到轟炸機正後方，並以一長串射擊將目標擊落。

一九四一年八月九日的這場勝利，終於證明了夜間戰鬥機是科學上站得住腳的武器，能自行在最後一段夜空中追蹤目標。但事實上，德國的雷達科技根本可以在整整一年前秀出這樣的實力。早在一九三九年七月，一家叫德律風根（Telefunken）的公司就製造過這樣的裝備，並裝在一架Ju 52上面向德國空軍技術局展示過，但很快就被拒絕了。該公司的工程師在沒有收到任何合約的狀況下，自行將那小小的魔術箱變成了無線電高度計，德國空軍還是沒興趣。直到一九四〇年春天，當機載雷達的需求越來越明顯時，這些過去的設計圖才又從冷宮裡被請了出來。接下來只要換個方式運用這個想法就可以了。只要把雷達波從往下改成往前，剩下的事就都很順利，直到天線的問題出現為止。

「由於預期將會遇到風阻與速度降低的問題，我們一開始不敢打造真正伸出機外的天線陣列，」負責的工程師穆斯（Muth）說。損失速度對德國空軍是大忌，他們花了好幾個月，徒勞無功地嘗試將天線藏在駕駛艙內，最後發現雷達波會太弱。

高頻率無線電專家威廉．朗吉博士（Dr. Wilhelm Runge）是德國的雷達先驅之一，他把梅塞希密特教授叫到一旁，對他說：「我問你，夜間戰鬥機的重點應該是一雙眼睛加上一把槍吧？如果戰鬥機看不到目標，那它乾脆別起飛算了。厄果，你一定要找地方放這雙眼睛才行啊！」

到最後，還是得靠夜間戰鬥機單位不斷和上級爭取，才成功打破了空軍高層的抗拒。康胡伯利用元首親自授予的權力，正式要求上級提供機載雷達，當然是有機外天線的那種。這整個過程浪費了一整年的時間，要不然他的部下早在一九四〇年秋天就拿得到這種東西了。

有了列支敦斯登雷達協助後，攔截成功的次數便大幅提升。史特萊伯上尉當了好久的第一名，他的第一夜間戰鬥機聯隊一大隊現在到了芬洛（Venlo）。呂瓦登的新星則是「阿弟」蘭特中尉，就是先前對自己夜間視力沒信心，想調去日間戰鬥機部隊的那位飛行員。他的第一夜間戰鬥機聯隊第六中隊裡，還有保羅．吉德納上士，他在擊落十二架敵機後，成為第一位因夜間戰鬥機

---

5 譯註：德語的 Hochschule 相當於大學。早年中文亦有名為高校的大專等級學校，至今於簡體中文仍有類似用法。惟近年來臺灣的流行文化時常使用日語的高校（指高中），為避免讀者誤會，特加入此註。

6 譯註：本書原著於一九六〇年代，當時的電視仍採用陰極射線管，又叫映像管。

任務而得到騎士十字勳章的士官。

還有一些新面孔也出現了。其中包括埃格蒙・利普－維森菲德親王中尉[7]（Egmont Prinz zur Lippe-Weißenfeld），他在濱海卑爾根（Bergen aan Zee）成立了一支夜間戰鬥機突擊隊。到了一九四一年秋天，他和費勒赫少尉（Leopold “Poldi” Fellerer）與拉斯伯（Rasper）、羅勒（Rölle）兩位士官等人總共擊落了二十五架英國轟炸機。利伯在一次高風險訓練任務中，還把自己的Bf 110一側機翼給扯掉，並和通信士雷涅特中士（Rennette）一起在外海墜落。幸運獲救後，他們收到了康胡伯將軍發來的電文：「誰准你們去游泳的？」

一九四一年十一月一日，蘭特組成新的夜間戰鬥機大隊，番號是第二夜間戰鬥機聯隊二大隊（II/NJG 2），並請了有民航機機長經驗、曾在不萊梅的威悉工廠當過試飛員的舜涅特中尉（Rudolf Schönert），還有利伯親王與貝克等人當他的中隊長。和先前一樣，貝克仍是這方面技術的專家。他每天都會花好幾個小時教導資淺組員自己成功運用過的攻擊模式。

他的方法包括從低處接近，然後在爬升的過程中射擊，使轟炸機的整個機身通過射界。貝克將這套作法練得爐火純青，在他最後三十二次成功的出擊中，他連一次都沒有遇到敵火反擊。但在那最後的一次任務，這位擊落四十四架敵機的飛行員和史陶布再沒有返航。而這是一次日間任務，是他們第一次在黑戈蘭德灣上空對上美國的B-17轟炸機。

康胡伯的防禦鏈逐步加入一個又一個的新環節。他的終極目標，是要打造一條從挪威南部一直延伸到地中海的防線，保護整個德國。隨著編制的擴大，每個地區的管制站越來越多、每個師的責任區也越來越多。航空師師部從柏林附近的多伯利茨（Döberitz）、史塔德、安恆－迪倫（Arheim-Deelen）、梅茲到慕尼黑附近的史萊斯漢（Schleißheim）都改成建在防爆掩體內，賈南德稱之為「軍用歌劇院」，一般部隊則戲稱為「康胡伯戲院」。

但不論防護網張得有多大，終究都無法改變限制：一架夜間戰鬥機只能受限於一個狹窄的區域內作戰。康胡伯並未擁有一套可以持續追擊管制區外敵機的系統。

只要轟炸機還是一架架單獨前來，成果還是能令人滿意的。可是如果轟炸機以緊密編隊突破，一次只經過少數的「天床」呢？

這個問題只能留待之後再回答了，因為正當西線的夜間戰鬥機在保護德國的夜空，康胡伯還在建造他的防護網時，眾人的焦點已經移到東線去了。從一九四一年六月二十二日〇三一五時起，影響深遠的巴巴羅沙行動——對蘇俄進攻戰役——開始了。

總結與結論

一、在英國夜間轟炸機與德國夜間戰鬥機剛開始交手時，為了執行各自不同的任務，雙方都需要相同的天候條件——晴朗而月光明亮的夜晚，並且只有最少的雲量。為了改善夜間戰鬥機機組員的視野，探照燈防線是合理的作法。然而隨著雷達科技的快速發展，空軍很快發現轟炸機和戰鬥機能快速在全黑的狀況下找到目標。在高頻無線電領域的任何科技突破都可能為成功研發的那一方帶

7 譯註：自奧匈帝國由奧地利第一共和國取代後，他正式的姓名即因廢除皇室頭銜而成為埃格蒙・簇爾・利伯－懷森菲爾德（Egmund zur Lippe-Weißenfeld，意即「利伯懷森菲爾德的埃格蒙」）。

來決定性的優勢。

二、在一九四一年間，以長程戰鬥機攻擊英國轟炸機基地是前景非常看好的戰術。然而可用的部隊只有區區一個大隊，並未能滿足所需。將這支大隊撤往地中海的決定，說明德國空軍高層對本國防空十分輕忽。

三、耗費許多心力建立的「康胡伯防線」證明，只要敵軍轟炸機少數入侵廣大的前線，以受限於單一管制區的夜間戰鬥機進行攔截是可行的。然而這套系統不論延伸得有多大，都無法有效反制自一九四二年五月起以上千架規模入侵的轟炸機隊。

第七章　巴巴羅沙行動

一、目標：蘇聯空軍

一九四〇年秋天，當德國空軍高層聽說希特勒決定要攻打俄國時，他們的反應混合了痛苦的驚訝與災難的預感。

「不可能！」阿弗雷・凱勒中將說，他是上級指派負責帶著航空軍團攻打列寧格勒的人，「我們和俄國簽有條約啊！」

「你不用擔心政治問題，」戈林回答他，「那個讓元首來處理。」

事實上，戈林自己就試過好幾次想說服希特勒不要這麼做，但都沒有成功。從巴巴羅沙行動開始的兩面作戰，正是德國空軍後勤署署長賽德爾將軍（Hans-Georg von Seidel）警告，說空軍無法負擔的狀況。不論德軍在一九四一年六月二十二日往東進軍後取得了怎樣的勝利，他們最後都難逃戰敗的命運。

——

He 111的高度表抖了一下，然後繼續上升。飛機從五千公尺爬升到五千五百公尺時，機組員也戴上了氧氣面罩。但飛行員仍然將操縱桿往後拉。他接到的命令要求盡可能以最高高度飛過前線——與蘇俄接壤的前線。

他的手錶沒多久顯示〇三〇〇時已到，這天是一九四一年六月二十二日星期日。在他們下方的鄉間，一切看似都還在沉睡。這樣的狀況不會持續太久。不到十五分鐘，大地就會甦醒，爆發激烈的交戰，宣告德國與俄國戰爭的開始。戰爭將在〇三一五時發生，一秒都不會早。這就是為什麼已經出發的轟炸機必須以最高的高度，從幾乎無人居住的沼澤森林地帶飛過。他們不能讓敵人察覺戰爭即將開始。

這個困難的任務總共只挑了二十到三十組機組員參加，他們分別來自第二、第三與第五十三轟炸機聯隊，全都是經驗豐富的人，有長期的盲目飛行經驗。他們精準地在〇三一五時到達目標，並對俄國中央防線後方的戰鬥機基地發動「閃擊戰」，一處機場只有三架轟炸機負責。

他們靠近目標時天色還很黑，旭日才剛剛開始從東方升起。但他們仍往下俯衝、從機場上呼嘯而過，並在安然排好的戰鬥機與人員帳篷間投下數百枚小型破片炸彈。

這樣顯然無法造成真正致命的傷害。他們的目的是形成混亂，延後敵軍起飛的時間，製造一個空檔，彌補陸軍全面進攻與空軍可以大批支援之間的時間差。

這場全面進攻的時機在陸軍與空軍的參謀本部之間引發了長時間且激烈的論戰。陸軍希望能在剛破曉時攻擊，以便達成最佳的奇襲戰術效果，但又希望蘇聯空軍不會介入。而如果要阻止蘇聯空軍，德國空軍就必須在他們還在地面上時就予以破壞。一切的重點都在奇襲這個問題上。

第二航空軍團司令凱賽林元帥的作戰區是東線的中央區，他是這樣看這個問題的：

「我的聯隊若要組成編隊並以相當的兵力發動攻擊，那就需要日光。如果陸軍堅持要在黑暗中前進，那我們就得過了一個小時後才能出現在敵軍機場上，這時敵軍的軍機早就起飛了。」

對於這點，中央集團軍司令費多．馮．波克元帥（Fedor von Bock）是這樣回應的：「只要貴軍的飛機被敵人聽到正在跨過邊界，敵軍就會提高警覺，我們就會失去奇襲優勢。」

一年前西線戰役開打時，陸軍被迫聽空軍的意見行事。由於亞伯特運河的艾本艾美的滑翔機行動只能在破曉時發動，地面部隊只得等他們出發。但現在風險太高了，這次只能讓空軍配合陸軍。第二航空軍司令羅策將軍於是提出一套折衷方案，只派少數精銳部隊以高高度突破防線，在不被敵方發現的狀況下於攻擊發起時間的〇三一五時到達目標。

後來德軍也確實發動了奇襲。小規模前衛部隊後腳剛走的時分，大編隊的空軍機隊便於破曉時突破防線。德軍沒有遇到任何一架敵軍戰鬥機。蘇聯空軍的數量是德國的兩倍，卻被癱瘓在地面。

戰後我們從蘇聯的紀錄得知，其實早在〇一三〇時，史達林就發電報警告他手下的軍事將領與西線紅軍司令，說德軍即將發動攻擊。莫斯科發出去的指示提到：「六月二十二日黎明前，所有飛機都必須在機場上散開來排列並作好偽裝。所有單位必須馬上進入備戰狀態……」

但史達林的指示在俄國的通訊管道某處卻卡住了，造成收件人在事情發生後才收到。對大多數俄國航空部隊來說，德軍的進攻彷彿是突如其來的惡夢。

「這天是週日早晨，許多弟兄都在離營放假，」第二十三航空師師長瓦努什金上校（Vanyushkin）報告稱。他後來被德軍俘虜，「我們的機場離前線實在太近了，德軍對其位置一清二楚。更重要的是有好幾個團都在換裝新型機的過程中，就算來到作戰基地結果還是一樣。面對俄軍嚴重的疏失，不論是新型機還是舊型機，全都在沒有偽裝的狀況下緊密地排列在機場上……」

破曉時，斯圖卡俯衝轟炸機對著這些簡單好打的目標襲去，同時水平轟炸機則處理比較遠的基地，而短程與長程戰鬥機則從低空加入戰局。

從北角（North Cape）一直延伸到黑海的巨大前線一共由四個航空軍團分擔。東線開戰時，四個航空軍團一共有一千九百四十五架飛機，但其中只有三分之二——一千兩百八十架——是妥善可以出任務的。這一千兩百八十架飛機中包括約五百一十架轟炸機、兩百九十架俯衝轟炸機、四百四十架戰鬥機和四十架重戰鬥機，再加上大約一百二十架長程偵察機[1]。如先前所述，蘇聯空軍的兵力據估計是上述數字的兩倍以上。

德國空軍的任務優先順序這時和一九三九年進攻波蘭時、一九四〇年攻打西方同盟國時如出一轍：先取得制空權，再支援陸軍。受過時間考驗的「閃擊戰」模式，到了俄國的廣大腹地還有用嗎？一開始答案似乎是肯定的，因為奇襲蘇軍機場的行動帶來了相當毀滅性的效果。在沒有任何戰鬥機反抗之下，德軍投下的兩公斤破片炸彈灑滿了一排排的俄國飛機，任何倖存的飛機也都成了戰鬥機的標靶。

「我們不敢相信，」第五航空軍團第三戰鬥機聯隊一大隊隊長漢斯・馮・杭恩上尉（Hans von Hahn）報告稱，他的行動區域是李沃夫（Lvov）一帶，「一排排的偵察機、轟炸機和戰鬥機排得整整齊齊，好像要參加閱兵似的。我們對於俄國人準備拿來對付我們的機場與飛機的數量感到十分震驚。」

焚毀的俄軍軍機以百架為單位。在第二航空軍的區域內，布雷斯特-里托夫斯克（Brest-Litovsk）附近的巴格（Bug），有一個蘇聯空軍戰鬥機中隊企圖緊急起飛，結果卻在地面滑行時遭到轟炸。後來德軍發現這座機場的邊緣充滿了燒毀的飛機殘骸。

然而即使有這麼多優勢，德國空軍在東線的第一場戰鬥也並非毫無損失。有些飛機被俄國的

---

1 原註：關於德國空軍東線開戰時的兵力與戰鬥序列，請參閱附錄十。

高砲擊落，還有一些被自己的炸彈炸毀。

問題就在於SD 2這種外號「惡魔蛋」（Teufelseier）的破片炸彈。這種炸彈原本被列為最高機密，這時終於第一次大量投入使用。「惡魔蛋」重量只有兩公斤，外觀呈圓形，上面裝有小型拖曳翼，原本是由對地攻擊機用來攻擊人員目標用的。這種炸彈可以調整成撞擊時引爆或是在地面以上的半空中引爆後，炸出五十枚小型、兩百五十枚更細小的破片，其殺傷半徑可達十二公尺。若是以停放的飛機為目標，只有直接命中才有效果。一旦命中，其威力就相當於中口徑高砲砲彈。在這次行動中，德軍成功以大量此型炸彈直接命中敵機。

但「惡魔蛋」很不可靠。它們常常會卡在專用的炸彈莢艙內，由於引信已經啟動，即使最輕微的晃動都會引爆，並在轟炸機上炸出一個和高砲直接命中差不多大小的彈孔。

戰鬥機部隊對它們也怨聲載道。第二十七戰鬥機聯隊的所有Bf 109全都改裝了炸彈架，可以在機身下方掛載九十六枚此型炸彈。飛行中的風壓常常會造成第一排炸彈卡在架子上，而飛行員卻無從得知有這麼一回事。當飛行員收小油門，準備在基地降落時，這些炸彈就會一個接著一個掉出來，或是等到地面滑行時直接在飛機後方爆炸。有些飛行員甚至會把飛機停在跑道上，等軍械士執行危險又繁雜的尋找、拆除工作。

馬爾夸特將軍（Marquardt）是德國空軍技術局負責炸彈開發的首席工程師，他提出了這樣的見解：「雖然SD 2在俄國戰役的前幾天相當成功，但它的服役時間來日不多了。蘇聯的高砲對低空攻擊的飛機十分有效，很快就逼迫我軍飛機飛得更高。若是沒有可拋棄的容器，這樣的炸彈便無法使用。」

有一段時間，就連能從高高度轟炸、以四枚一組的方式投放的十公斤SD 10炸彈也遭到停止使用的命運。六月二十二日，由於沒有敵軍戰鬥機和高砲爆炸的煙霧，其他飛機的機組員很驚訝地發現有幾架Ju 88和Do 17突然在空中爆炸、起火墜毀。這種事總是發生在回程，而且有時要到降落後才發生。

理由也不難發現。個別的SD 10沒有投下，卡在炸彈掛架上，加上引信已經啟動，最輕微的震動都會引爆它們。幾乎每次這種事情發生，都會造成飛機全損。

凱賽林馬上禁止所有水平轟炸機掛載這種炸彈，只有Ju 87和Hs 123可以使用，因為它們會將這種炸彈掛在機翼下，機組員可以確認炸彈是否已經投下。

——

焦點回到對俄國的攻勢上。德國空軍機隊才剛剛從六月二十二日清晨的第一擊返航，又掛上新的炸彈，出發執行第二次任務。這次他們遇到俄國戰鬥機的反擊了。雖然德軍摧毀了幾百架停在地面上的戰鬥機，但似乎還有更多戰鬥機在後面等著。

俄國人將這場戰爭稱作「衛國戰爭」，其中的第一位英雄，是第一二四戰鬥機團的可可雷夫准尉（D. V. Kokorev）。在他與一架Bf 110纏鬥到機槍故障後，他將自己的鼠式戰鬥機猛力轉過來衝撞對手，造成兩機雙雙墜落。

戰爭爆發初期，德軍戰鬥機出乎意料地在對戰中遇到了困難。雖然俄國的I-153與I-15雙翼機、小而短的寇蒂斯戰機與I-16鼠式戰鬥機都因採用寬大的星形發動機，而在速度上遠遜於Bf 109戰鬥機，但俄機的運動性能卻是更為優異的。引用第五十三戰鬥機聯隊參謀希斯少尉（Schiess）所表達的意見：「他們會讓我們進入瞄準位置，然後把飛機轉動整整一百八十度，讓雙方的飛機正面互相射擊。」

第五十三戰鬥機聯隊聯隊長茅藏上尉覺得相當挫折，對手總是能在最後一刻逃出他的射擊線，然後他總是超過目標。類似的誤算在第二十七戰鬥機聯隊第一次出任務時，就害該單位賠上了聯隊長沃夫岡・雪爾曼少校（Wolfgang Schellmann）。這是一次在格羅德諾（Grodno）上空的戰鬥巡邏任務，少校瞄準了一架鼠式戰鬥機並全力射擊，將俄機打到在空中解體。然而他的高速卻造成自己的飛機撞上敵機爆炸後的殘骸。雖然他成功跳傘，最後還是失蹤了。

而就在德軍戰鬥機出擊的同一天早上，俄國的轟炸機也攻擊了德軍的機場。沒有人知道這些轟炸機是從哪來的，是從遠方飛來、從已經攻擊過的機場起飛，還是從目前德軍還沒發現的機場打過來。但不管怎樣，這些轟炸機就是出現了，有十架、二十架、三十架，組成緊密的編隊攻來。

匈伯恩伯爵少校的第七十七斯圖卡聯隊下的一個大隊，在初次攻擊巴格河的工事陣地後，他們才剛重新降落。另一邊的機場邊緣發生五次爆炸，然後升起了五朵蕈狀雲。這時他們才發現轟炸機的出現，六架雙發動機轟炸機正繞著寬大的弧形航線轉身飛走。

這時他們看到兩到三個小點以全速接近這些轟炸機——是德軍戰鬥機。他們對地面上的俯衝轟炸機組員而言，是令人嘆為觀止的景象。第七十七斯圖卡聯隊第六中隊（6/StG 77）的中隊長賀伯・帕布斯上尉（Herbert Pabst）在報告中寫道：

「第一架戰鬥機一開火，就有細細的煙線出現，好像把戰鬥機和轟炸機連在一起。大型機猛力往側邊一翻，閃過一道銀光，便垂直往下墜落，發動機還發出尖嘯般的聲響。第一架轟炸機墜落後，從地面往上升起一大片火焰。第二架轟炸機燒成了大火球，並在俯衝時爆炸，只剩下碎片像秋天的落葉般掉下。第三架轟炸機翻了半圈，上下顛倒著拖著火焰飛行。其他的飛機也遇到類似的命運，最後一架還掉到了一處村莊裡，燒了一個小時才熄滅。地平線上有六道煙柱，六架敵機都被擊落了！」

這只是眾多案例之一，這樣的事情前線到處都在上演。俄國轟炸機前來，保持航向，完全不打算閃避高砲或是戰鬥機的攻擊。他們承受了十分驚人的損失，可是德軍一擊落十架，就會有另外十五架出現在戰場。

「他們整個下午都繼續前來攻擊，」帕布斯繼續寫道，「光從我們的機場可以看到有二十一架飛機墜落，連一架都沒有逃得走。」

——

在一九四一年六月二十二日這個炎熱的激戰日，德軍寫下了史上空軍對空軍的最高單日戰果。德軍摧毀了至少一千八百一十一架蘇軍戰機，自己只損失三十五架。蘇軍的損失中，有三百二十二架是被戰鬥機與高砲擊落，其他一千四百八十九架則是在地面遭到催毀。

對德國空軍總司令戈林而言，這樣的數字太過驚人，連他都不得不請人私底下去確認。他底下的軍官花了好幾天的時間造訪德軍占領的機場，然後一一清點燒毀的俄軍軍機殘骸。他們算出來的數字更為驚人：超過兩千架。

戰後的蘇聯文獻也證實了這一點。莫斯科國防部出版的《蘇聯衛國戰爭史》（*History of the Great Patriotic War of the Soviet Union*）一書中，就寫了以下這樣一段話：「敵軍地面部隊的成功，其中包括德國空軍作出的決定性貢獻……在戰爭開始後的前幾天，敵軍轟炸機對六十六處前線機場發動大規模攻擊，其中又以那些配有新型蘇聯戰機的基地為重點。這些空襲與激烈的空戰造成我軍的慘敗，截至六月二十二日中午，便有約一千兩百架飛機損失，包括約八百架在地面遭到催毀。」

光是中午以前就損失了一千兩百架，而交戰還一直持續到晚上。蘇軍的報告繼續寫道：「光是在西方集團軍的區域內，敵軍就成功摧毀了地面上的五百二十八架飛機，並擊落兩百一十架飛行中的我軍飛機。」

這裡說的西方集團軍的區域就是凱賽林的第二航空軍團所負責的，其中包括羅策與李希霍芬的第二與第八航空軍。而德軍的說法，這個區域也是戰果最豐碩的地方。凱賽林在開戰第一天晚上已經達成了他的主要目標——取得制空權。從第二天開始，空軍的所有單位都將轉移到支援陸軍的任務上。

——

在古德林上將的第二裝甲群往前推進的部隊後方，布雷斯特-里托夫斯克要塞有一支紅軍政委學校的部隊把守。他們在這裡守了一週，阻擋了德軍前線的唯一補給線。連斯圖卡的炸彈都很難炸穿這座要塞厚達一公尺的城牆。到了六月二十八日，一七四〇時到一八〇〇時之間，第三轟炸機聯隊的七架Ju 88以一千八百公斤的重型炸彈攻擊了要塞。有兩枚炸彈直接命中，要塞在隔天早上淪陷。

正當陸軍快速推進的同時，空軍的密接支援單位也陪著他們，以斯圖卡替遇到阻礙的裝甲部隊開路。李希霍芬將軍一直處心積慮地讓他的「閃擊戰」策略臻於完美，現在可以將他的第八航空軍帶來支援霍斯上將（Hermann Hoth）的第三裝甲群；在南邊，羅策將軍則將第二航空軍的斯圖卡和長短程戰鬥機組成類似角色的部隊，並交給費比希上校指揮，協助古德林的裝甲部隊前進。

然而蘇聯空軍並沒有被殲滅。六月三十日，幾百架漆著紅星的轟炸機又出現在前線的上空。這些轟炸機一波接著一波對德國裝甲部隊的前鋒攻擊。裝甲部隊從兩側繞過明斯克，正準備繞到它的後方，策動那年夏天的第一場包圍戰。

可是俄國人沒有料想到第五十一戰鬥機聯隊，或是其優秀的聯隊長莫德斯上校。他的聯隊就在古德林的前鋒上空俯衝而下，把沒有戰鬥機護航、一如往常只有中隊規模的蘇軍轟炸機打得粉碎。到了這天晚上，他們紀錄了一百一十四架擊落數，使第五十一戰鬥機聯隊成了一九三九年開戰以來第一支累計一千架擊落數的聯隊。莫德斯擊落了五架，使個人的擊毀數來到八十二架，約平上尉（Joppien）和貝爾少尉（Bär）也各擊落了五架。

在西北方約兩百五十公里的杜納堡（Dünaburg），陶特洛夫上尉的第五十四戰鬥機聯隊（又叫「綠心聯隊」）也遇到了類似的交戰狀況。這裡的俄國轟炸機準備攻擊道加瓦河（Düna）上的橋樑，而第四裝甲群必須跨過這些橋才能往東北方推進。在這個區域內發生了一場漫長艱苦的戰鬥，造成六十五架蘇聯戰機遭到擊落。

陶特洛夫的聯隊是在佛斯特將軍（Helmuth Förster）的第一航空軍底下運作，他支援了北面集團軍推進到列寧格勒前的整個過程。到八月一日，朔茲中尉（Scholz）將這個聯隊的擊落成績帶到了一千架之譜（其中六百二十三架是蘇聯機）。第五十三戰鬥機聯隊已於前一天達到這個壯舉，而呂佐少校指揮、在里特·馮·葛萊姆的第五航空軍底下行動的第三戰鬥機聯隊也在八月十五日以史帖克曼士官長（Steckmann）的三架擊落數，達到了這個成果。

各個戰鬥機聯隊之間的競爭一週接著一週、一個月接著一個月地繼續下去。雖然俄國空軍的龐大損失證明其飛機在德軍戰鬥機面前幾乎沒有勝算，他們卻不願承認失敗。到了八月，最晚不超過九月，據德國的計算，蘇聯空軍開戰時擁有的戰鬥機、轟炸機和攻擊機已全數遭到消滅了。然而蘇軍還是有新的飛機投入戰鬥，俄國的物資彷彿永遠不會消耗殆盡。

到了今日，我們終於知道原因了。蘇聯官方的戰史中是這麼說的：「一九四一年後半，改良型飛機的產量達到了原本的四倍。比起同年前半，LaGG-3型戰鬥機的產量從三百二十二架提升到兩千一百四十一架（達到原本的六倍以上）、Yak-1從三百三十五架提升至一千零一十九架，而裝甲攻擊機Il-2則從兩百四十九架提升到一千兩百九十三架。這段期間共有一千八百六十七架轟炸機出廠，其生產速度是開戰前的三倍，整個航空工業在一九四一年一共生產了一萬五千七百三十五架各型戰機……」

這一切都在幾個月內完成，而且德國的轟炸機部隊幾乎沒有出手干預！德國的轟炸機只能聊勝於無地發動少許攻擊而已。

這是德國空軍參謀本部的一大失誤。我們先前已經講過，一九三五年時的威佛將軍便曾提議開發四發動機的「烏拉山轟炸機」，卻從未量產。即使如此，在這場長期戰役剛開始時，這時德軍還是有機會把現有的轟炸機單位放到一條單一的指揮鏈上，供戰略目的調度。如此，轟炸機就能用來攻擊敵軍軍事物資的重要地點，即使必須飛到航程極限、即使目標「只是」製造戰車或飛機的工廠，也不減其威力。

轟炸機在本質上是一種戰略性武器。如果把它分散在各地，效果就會隨之減弱。而這正是蘇聯戰役中發生的事。轟炸機聯隊沒有集中到一個指揮部底下運作，而是被分給了不同的集團軍運用。每個聯隊四處奔波，執行各自的任務，而這些大多都是陸軍迫切需求下產生的任務。最後導致轟炸機要去執行密接支援任務，這並非他們所長。

最後的結果，就是轟炸機炸了一週的戰車、自己損失慘重，然後大概只破壞了戈奇（Gorki）工廠一天產量份的T-34戰車。這或許正是陸軍的立即戰術需求所在，卻完全浪費了轟炸機的戰略潛力。

——

七月二十一日和二十二日之間的晚上，指揮莫斯科防衛區的格羅馬丁少將（M. S. Gromadin）發出了首都第一次的大規模空襲警報。德軍轟炸機從明斯克、奧爾沙（Orsha）、維捷布斯克（Vitebsk）與查塔羅夫斯卡（Chatalovska）等前進基地起飛轟炸。雖然附近的斯摩倫斯克（Smolensk）包圍戰的砲火已經近到連機組員在機場都聽得到，他們卻要飛往四百五十到六百公里遠的莫斯科出任務。

希特勒在七月八日的參謀會議中宣布，說他「十分堅定」，要「利用空軍把莫斯科與列寧格勒夷為平地」。當一週後什麼事也沒發生時，他便諷刺戈林說：「你覺得你的空軍底下有任何一個聯隊敢飛去莫斯科嗎？」

於是，對俄國首都的空襲便以賭上空軍面子的形式開始了。這個責任被視為是一種負擔，是犧牲更重要的任務來做的「副產品」。

事實上，莫斯科不只是政治上的首都、蘇聯政府與黨的中心，也是該國的軍事與經濟中心，更重要的是它還是軍事聯絡核心與軍事物資樞紐。從這點來看，莫斯科無疑是德國空軍最優先的攻擊目標才對。

結果，七月二十二日對莫斯科的第一波攻擊，是由一批數量不足、勉強湊合的部隊執行，一共有一百二十七架飛機。其中包括第三與第五十四轟炸機聯隊的Ju 88；第五十三與五十五轟炸機聯隊的He 111，再加上從西線調來的第二十八轟炸機聯隊及其兩個導引機大隊，分別是第一〇〇轟炸機大隊與第二十六轟炸機聯隊三大隊。東線各個航空軍司令都不願意調出更多部隊，而且他們還得到陸軍高層的支持。大家都覺得自己的行動區域才是最重要的。

在離莫斯科還有三十公里遠的地方，轟炸機遇到了第一批探照燈，但還是有幾個大隊在完全沒有遭到阻撓的狀況下一路飛到了克里姆林宮上空。突然之間，整座城市宛如一座爆發的火山，無數的輕重型高砲開火，超過三百座探照燈照著轟炸機，讓他們根本看不到目標。莫斯科的防空戰力幾乎可以與倫敦大轟炸時的水準相比。

德軍投下了一百零四噸的高爆彈與四萬六千枚燃燒彈，卻沒有集中在任何目標上。雖然負責攻擊克里姆林宮的第五十五轟炸機聯隊二大隊非常確定有上百枚燃燒彈擊中目標，但宮殿沒有起火燃燒。第二天，駐莫斯科的前德國空軍武官是這樣解釋的：克里姆林宮的屋頂覆蓋有非常多層的十七世紀磚瓦，燃燒彈顯然是炸不穿的。

第二天晚上，莫斯科再次遭到一百一十五架轟炸機的攻擊，第三晚則有一百架。在這之後，攻擊的飛機數量很快掉到五十架、三十架，甚至只有十五架。一九四一年間，莫斯科一共受到七十六次轟炸，其中有五十九次的飛機數量介於三到十架之間。

對敵軍軍事中心發動的攻擊，似乎從一開始就在走下坡了。有人開始質疑，空軍在戰場上當

「飛行砲兵」不是更有效率嗎？希特勒在一九四一年九月中，看到蘇聯在基輔東邊遭到包圍時又一次承受驚人的損失後，便作了這樣的預言：「我們的敵人已經被打得站不起來了，永遠沒有機會翻身了！」

史達林反駁道：「各位同志！我們兵強馬壯。暴躁的敵人很快就會被迫認識到這點了！」

——

九月二十二日，駐在西佛斯卡亞（Siverskaya）的第五十四戰鬥機聯隊，聯隊長陶特洛夫少校去了列寧格勒一趟。他想在現場以望遠鏡近距離看一看這座城市。他手下的Bf 109整晚繞著城市飛行——通常是在相當高的高度以躲避遠比倫敦強得多的高砲。空中到處都有飛機的蹤影，尤其是紅軍艦隊停泊的克隆斯塔特灣（Bay of Kronstadt）上空。Bf 109負責為轟炸機護航，每天都要與俄國的寇蒂斯和鼠式戰鬥機交手。

列寧格勒的教堂高塔、宮殿與公寓在砲兵觀測望遠鏡裡，看起來就像近到可以用手摸到，城市到處都在失火。在這處德軍哨站上方的高空中，有一支斯圖卡機隊正在對俄國軍艦俯衝，這已經是今天的第三次了。陶特洛夫對這樣的景象很有興趣，便看著這二十到三十架飛機幾乎同時轉向、往下衝進高砲的火力中。

這時有一個聲音叫了起來：「少校，掩護！有人攻擊我們！」

六架寇蒂斯機正在靠近德軍哨站，並以機槍掃射地面，製造出一系列飛射的碎片。戰鬥機司令第一次發現自己成了前線的步兵，他的反應也和步兵一樣，向躺在身旁的砲兵軍官質問道：「我們的戰鬥機到底在哪啊？」

最丟臉的一點是，就在數千公尺的高空，他的戰鬥機就在陽光中閃閃發亮。陸軍軍官笑著回答他，說：「少校，你應該明白，所有可用的戰鬥機都受命必須嚴守崗位，只能護航俯衝轟炸機呀！」

陶特洛夫終於明白，看著自家空軍在空中悠悠哉哉、自己卻被敵軍戰機攻擊的時候，地面部隊到底心裡有什麼感受了。步兵怎麼可能知道戰鬥機接到的是這樣的命令？

迪諾特的「英麥曼」第二斯圖卡聯隊又對紅軍艦隊與克隆斯塔特的外港轟炸了一週。自加萊的行動以來，他們已經很習慣攻擊船隻了，尤其是在克里特攻擊英國地中海艦隊的時候。現在他們的目標換成了蘇聯波羅的海艦隊，這支艦隊在克隆斯塔特與列寧格勒一共有兩艘戰艦、兩艘巡洋艦、十三艘驅逐艦、四十二艘潛艦和超過兩百艘輔助艦艇。如此龐大的艦隊威脅到了從瑞典進口的鐵礦、經海路送往芬蘭的物資，以及前線北方區段的波羅的海港口。

九月二十三日，第二斯圖卡聯隊第一與第三大隊於〇八四五時從提科沃（Tyrkovo）起飛，不到一小時便到達目標。據稱蘇軍為了保護其艦艇而集結了六百門重型高砲，因此斯圖卡轟炸機以五千公尺的高度進來。他們無視底下的猛烈火力，依然翻過機身，以緊密編隊往下俯衝。在這個過程中，十月革命號（*October Revolution*）與馬拉號（*Marat*）兩艘戰艦在他們的投彈瞄準器中越變越大，直到在一千兩百公尺處投彈，Ju 87轟炸機才以緩慢、笨拙的方式拉高機頭、爬升離開。

他們身後的海面成了一鍋煮沸的人湯，這一幕被隊上技術官勞烏中尉的機槍手貝爾中士（Bayer）拍了下來。他的照片顯示炸彈擊中馬拉號戰艦，舷側還有更多近爆彈，甲板上的火勢也正在蔓延。在另一次直接命中後，排水量達兩萬三千六百噸、擁有十二門三〇五公厘主砲與十六門十二公分副砲的戰艦折成兩半、沉了下去。這最後、最致命的一擊來自漢斯-烏里希·魯德爾中尉（Hans-Ulrich Rudel），他在接下來的幾年會因自己擊破戰車與其他地面目標的成績優異，而得到德軍的最高榮譽。

斯圖卡那天午後又回來了，之後從二十五日到二十八日的每一天也都不例外。在這當中，聯隊長迪諾特中校曾看見一架Ju 87拖著越來越濃的黑煙垂直俯衝，後來才知道那是三大隊的大隊長史亭上尉（Steen）。他被一枚高砲砲彈直接擊中，應該是無法拉高機頭，座機因此直接墜入重巡洋艦基洛夫號（*Kirov*）的側邊，炸成一片火海。

俄國高砲的強大火力，加上戰鬥機的攻擊，使緩慢且早就過時的俯衝轟炸機難以應付。但德國空軍這時手上只有這款機型可以勝任。在每次前線遇到危機的時候，陸軍還是一直和空軍要求密接支援。克隆斯塔特的紅軍艦隊才剛承受這一擊——列寧格勒的包圍圈才剛形成——第八航空軍（第二斯圖卡聯隊的上級單位）又被從北方叫了回來，前往中央前線。

在南方一千公里的此地，基輔的包圍戰正如火如荼地進行。這是一場希特勒逼迫將領進行的戰鬥，造成中央集團軍往莫斯科的推近晚了關鍵的兩個月。空軍在這裡除了要參加地面戰之外，還有更重要的工作，就是要封鎖戰場。空軍整整四週的時間，每天有系統地攻擊連接此地東邊與東北邊的所有鐵路網，包括車站、橋樑、隘口、列車和火車頭等。布瓊尼將軍（Semyon Budyonny）的軍隊得不到任何援軍、撤退的路線也都被封死了。

雖然德軍在局部地區獲得了成功，俄國的整體鐵路系統卻幾乎沒有受損。若是要長期摧毀調車場與重要的轉接站，就需要大量投放反碉堡炸彈。德國空軍沒有這樣的東西，也沒有能大量投放這種炸彈的飛機。空軍只能以單機或小編隊執行這樣的任務，採用的戰術是沿著鐵軌飛，直到找到火車為止，然後把幾節車廂打到出軌，最好能把火車頭也破壞掉。他們也可以用炸彈切斷一小段鐵軌。但這能持續多久？

俄國人在修理、應變搶修上成了專家。他們常常將一段前一天晚上看起來嚴重受損的鐵軌在當天夜間就修好。引用蘇聯官方戰史的說法：「在一九四一年六月到十二月間，敵軍對接近前線的鐵路一共發動五千九百三十九次攻擊。平均每次攻擊僅造成五小時四十八分鐘的交通中斷。」

成功封鎖基輔戰區，是德國空軍在俄國入冬之前最後一次的大規模行動。再過幾天，這樣的行動就會因為飛機都陷在泥濘裡，因無法起降而無以為繼。他們的物資一直沒有送來，備品也開始短缺，其中又以替換的發動機最為嚴重，這些備品的生產一直跟不上消耗的速度。

秋季的這幾週，可行動的飛機數量以令人警覺的速度下滑，甚至有些轟炸機與戰鬥機大隊只剩三到四架飛機可用。整個十月，凱賽林的第二航空軍團只成功出擊了一次戰略性攻擊，目標是弗羅涅日（Voronezh）的飛機工廠，負責執行的居然是僅僅一架長程偵察機！

自從季節從雨和泥巴變成冰雪與極地的酷寒之後，又有新的難題出現了。有許多空軍的單位都不得不撤出前線、回國整補。當德國陸軍努力在十一月對莫斯科發動最後一次進攻時，長程偵察機卻回報這座城市的東邊出現了大量運輸部隊正在往城內聚集，其中又以戈奇和雅羅斯拉夫（Yaroslavl）兩地派出的部隊最多。但這時空軍已經無法出面作任何干預了。

凱賽林在戰後的一封信中，不得不承認這些運輸行動的長期效果當時應該要得到德軍的重視，但卻一直沒人提出來。這些運輸行動就這樣一直沒有受到德國空軍的阻礙。

因此，蘇軍得以在十二月五日投入剛從西伯利亞抵達的師級部隊，並於莫斯科與卡利寧（Kalinin）前方發動反攻。德軍的防線不得不撤退，關鍵目標莫斯科卻始終沒能攻下。艱苦的冬季作戰要開始了。

二、烏德特之死

在戰爭的關鍵時刻，德國空軍發現本身的實力無法勝任自己的工作。怎麼會變成這樣呢？生產落後的原因是什麼？為什麼在戰爭開始的兩年後，前線部隊卻還在使用同樣那幾款已經過時的機型？最重要的是，為什麼對四發動機轟炸機的需求沒有得到滿足？

威廉・溫默上校（Wilhelm Wimmer）是技術局的第一任局長——烏德特的前任——他還記得一九三五年春天發生的兩件事可以說明上述問題。第一件事發生在一次戈林拜訪容克斯在德紹的工廠時。曾是戰鬥機飛行員的總司令，突然發現眼前正看著Ju 87四發動機轟炸機的巨大木製模型，這是當時容克斯公司正在依約打造的機型。他問：「這是什麼東西？」

溫默依照參謀本部所有對「烏拉山轟炸機」的討論，向理應早就聽過此事的戈林解釋了一遍。但總司令似乎打定主意不要想起來有這麼一回事。「這種這麼大的計畫只有我一個人可以決定！」他丟下這麼一句話之後掉頭就走。

第二件事發生在國防部長布倫堡（Werner von Blomberg）前去拜訪多尼爾在波登湖（Lake Constance）的工廠時發生的。這家工廠當時正在製作Do 19四發動機轟炸機——Ju 89的競爭對手。當滿懷興趣地聽溫默講完後，他問：「你覺得這架飛機什麼時候可以裝備部隊？」

「報告，大概需要四到五年。」

「嗯，」布倫堡對著天空眨眨眼說道，「我想這個計畫的規模差不多就到這裡了。」

打從長程轟炸機的發展初期，這些機型就是以空軍總有一天要與蘇俄開戰為前提設計的。而這點對任何讀過希特勒寫的《我的奮鬥》（*Mein Kampf*）的人而言也不難猜到。為了攻擊該國在烏拉山山區的巨大生產重鎮，德國空軍必須飛過好幾千公里遠，而這只有四發動機轟炸機做得到。事實上，雖然戈林極力反對，但威佛將軍命名的「烏拉山轟炸機」計畫還是持續了好一陣子。前面已經講過，兩家製造商生產的第一批原型機在一九三六年試飛時，其實前景都相當看好，只是馬力不足而已。

但威佛在當年六月一死，計畫的推手就沒有了，其中最糟的就是溫默在技術局的繼任者烏德特。烏德特是俯衝轟炸機的高手，背後還有時任教導聯隊隊長的顏雄尼克中校支持。顏雄尼克在試飛中得到了一個結論，水平轟炸這種戰術沒有未來，不是瞄準儀故障，就是機組員無法正確操作。不論如何，大多數炸彈都會落在離目標很遠的地方。

空軍部副部長米爾希有工業背景，他很擔心四發動機轟炸機會吃掉太多原本就不足的金屬等原物料，這點他還得到新任德國空軍參謀總長凱賽林的支持[2]。難道不能透過三倍數的雙發動機的飛機，以更快、更便宜的方式達成整體目標嗎？六個月內（到一九三六年秋天），米爾希、凱賽林和烏德特達成共識，認為四發動機轟炸機的進一步開發應該停止了。而這正是美國陸軍航空隊開始試飛其第一款四發動機轟炸機——波音B-17的時間點。美國人相信這才是未來的趨勢。

即使在德國，對這個決定的反對意見也沒有少過。轟炸機總監庫特·普魯格拜將軍（Kurt Pflugbeil）曾提出異議，但沒能成功，而在一九三七年春天，參謀本部的作戰處長戴希曼少校也曾試著親自與總司令會晤。戈林在卡琳宮見了他一面，戴希曼再次代表長程轟炸機派提出他們的主張：大幅增長的航程、兩到三倍的載彈量、更為優異的武裝、速度與高度等。

「長官，」戴希曼說，「我們必須想辦法在這當中看到武器的可能未來。」

對他的說法，當時也在場的米爾希以相當制式的方式回應：「政策已經決定要採用Ju 88了，因此任何針對四發動機轟炸機的開發與建造問題都不再成立。」

戴希曼又試了一次：「我想請長官不要在長程轟炸機接受進一步測試之前就下結論。」

可是戈林已經沉醉在米爾希和烏德特給他的數據幻想中，根本聽不進去。一九三七年四月二十九日，他在中止Do 19與Ju 89所有進一步開發的命令上蓋了章，並說：「元首不會問我，我們的轟炸機有多大。他只會問我們有幾架。」米爾希還親自確認多尼爾和容克斯都把原型機完全拆毀報廢。

一九三七年秋天，顏雄尼克接過了戴希曼的職務，年輕上校很快就成了參謀總長。這樣一來，德國空軍的路線就確定，他們要走完全的俯衝轟炸機路線，不只是堅固的單發動機Ju 87斯圖卡轟炸機，連雙發動機轟炸機也要會俯衝轟炸。任何沒有能力做到這點的轟炸機都要拆掉。他們的主張是：為什麼要造一支又大又貴的水平轟炸機部隊，去打明明只要少數俯衝轟炸機的精準轟炸就能處理的敵方軍事目標呢？這似乎是解決原物料不足的理想方案，也是唯一能在短短幾年內打造出一支能震驚世界的德國空軍的方法。

烏德特是斯圖卡的鼻祖兼靈魂人物，這時他正站在權力的巔峰。身為技術局局長，他可說是決定著當時世上最大的軍武決策。但這位善良、唯美主義性格、熱愛自由生活的「飛行小丑」（這是許多參謀對他的蔑稱），真的是能冷靜指揮如此龐大的工業力量、以必要的實事求是和鐵腕精神下決定的人嗎？

---

2 原註：關於凱賽林對德國開發四發動機轟炸機的態度，請參閱附錄十一。

連他都曾推辭過這個職務，烏德特對戈林說：「我對這方面一點都不懂。」戈林則回答他：「你以為我就懂要處理的每一件事嗎？最後事情還是能完成的。你也一樣，身邊會有夠格的專家幫你做事。」

這些專家以首席工程師魯希特為首，烏德特只能依賴他的建議和判斷。他還與航空工業的領袖建立了私交，尤其是設計Bf 109的天才梅塞希密特教授，而十分清楚烏德特弱點的米爾希也從旁提供了許多的建議與做法。烏德特的秘書普洛希（August Ploch）曾記錄下他說：「他（米爾希）的行為就像個父親。」

當容克斯公司的董事長海因里希．科本堡博士（Dr. Heinrich Koppenberg）親自接受戈林的命令，要「打造出一支龐大的Ju 88轟炸機部隊」時，烏德特便卸下一個重大責任。這件事讓科本堡自己弄就好啦！結果科本堡一直抱怨這架飛機得經過兩萬五千多項的設計更動，迫使開發大幅延後。當戰爭爆發時，Ju 88還在測試。這時的Ju 88可一點都稱不上是「夢幻轟炸機」。

奇怪的是，雖然「烏拉山轟炸機」的開發早在一九三七年就被禁了，卻還是有一款四發動機飛機正在建造當中，那就是He 177，其原本的設計是要作為長程偵察使用。烏德特對這架飛機一點興趣都沒有。除非它能像輕型轟炸機具備俯衝轟炸能力，否則他不認為空軍會生產這樣的飛機。而將這麼大一架飛機用於俯衝轟炸，本身就是相當荒謬的想法。

He 177採用亨克爾從他的設計師齊格菲．君特（Siegfried Günter）那裡得來的想法，沿用自後者先前看起來很成功的He 119原型機上試過的設計。這個設計將兩具發動機前後或左右排列，並讓它們驅動同一具螺旋槳。外表上看起來，這似乎很類似一架傳統的雙發動機飛機，因此其空氣動力學特性可以降低阻力，開發者希望這也能提升速度。

一九三九年九月，不該發生的事發生了，德國和英國開戰了。一時間，德國空軍需要一架長程轟炸機，而He 177也因此重返眾所矚目的焦點。當年十一月，He 177在工程師卡爾·法蘭克（後來號稱「擊沉」皇家方舟號的那位）的操縱下，在雷希林測試中心第一次起飛。他幾乎馬上就降落，否則飛機要開始冒煙了，雙子發動機的潤滑油溫度已經飆到了紅色危險線以上。

這顯然是一大警訊，但為了趕快讓He 177上前線，開發人員忽略了這個問題。亨克爾收到了每個月生產一百二十架的合約，預計要從一九四〇年夏天開始量產。但這合約馬上被取消了。一九四〇年二月，戈林出於對原物料短缺的擔憂，下令採取經濟性絕對優先的政策。所有長期計畫和開發案都必須取消，將現有的資源全部用於「以最多數

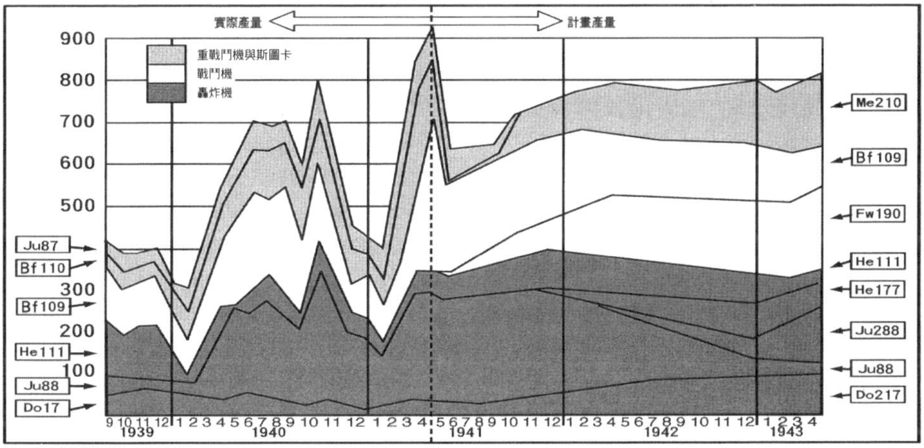

烏德特的飛機產量　由於德國領導階層對戰事的過分樂觀，造成飛機產量的巨幅起落。每當德國重大勝利之後，產量就會急速下跌。例如在1940年2月（西線作戰勝利）及1941年2月間，轟炸機、戰鬥機、重戰鬥機與斯圖卡的生產量甚至低到只有300至400架。此圖表是依據技術局在1941年5月19日發佈的第20c號生產建議案所製作的，因此在表中1941年4月之前的數字為實際產量，5月之後則為各計畫產量（見圖中之虛線區隔）。空軍高層在1941年夏季，不顧即將展開的對俄戰爭，仍執意降低飛機產量，使烏德特感到萬念俱灰。而由圖中我們也可以看出新式重戰鬥機Me 210及長程轟炸機He 177的生產都嚴重落後，為了避免造成戰力斷層，只好繼續生產舊型飛機以應付作戰所需。

量、最快速度」供應前線已證實可用的機型。數千名工程師與技術人員發現自己成了累贅，並遭到徵召入伍的命運。任何一九四〇年時無法上場作戰的機型都不再需要製造了，因為戰爭最久到隔年就會打贏。

西線戰役結束後，烏德特在一次聚會中意氣風發地對著諸多空軍將領及同僚表示：「戰爭已經結束了！別管我們的飛機計畫了，不需要了！」

在這之後不久，由於不列顛空戰顯示出德國空軍的弱點，幻想很快破滅了。空軍又恢復了He 177的生產，結果卻發現它狀況連連。試飛期間，開發人員發現了原因不明的振動、翼面裂開等問題。雖然雙子發動機是由兩具早已證明實用性的戴姆勒－賓士DB 601發動機組成，卻一點也不可靠。這兩具發動機裝得非常靠近，在同樣的狹窄空間內還要塞進液壓式起落架收放系統，因此只要有液壓油外洩，就會在火熱的排氣管上引起火勢。He 177一次又一次著火墜毀，還得到了「飛行火機」的外號。

這些問題只要安裝四具分開的發動機就能解決，但參謀本部和技術局卻堅持要保留俯衝轟炸的可能。如果這架重達三十一噸的飛機要俯衝，那就必須採用雙發動機構造。

「要求一架四發動機的飛機俯衝實在是很愚蠢，」戈林在一九四二年九月十三日，向航空工業人士說出晚了兩年，他對於沒有長程轟炸機的抱怨，「各位，我一想到這點就想哭啊！」他是真的忘了自己五年前曾經下令中止「烏拉山轟炸機」的開發嗎？

一九四一年春天過後，烏德特成了自己輝煌過去的陰影。雖然他將自己推往極限，但他兵器生產總監的身分卻害他老是成了每次失敗的代罪羔羊，最後使他被沉重的責任壓垮。除了He 177之外，Me 210——本應成為Bf 110與Bf 87的後繼機型——也一直無法克服其惱人的問題。Me 210

在急轉彎時常常會陷入尾旋，連有經驗的試飛員都能把飛機開到墜毀。雖然問題還沒克服就讓它服役很危險，但空軍還是讓Me 210開始量產了。

烏德特最不滿的，就是與老友梅塞希密特之間的諸多問題。他在一九四一年七月二十五日寫信給梅塞希密特，說：「這麼多不必要的煩惱與讓人無法忍受的浪費時間，使我不得不對你的新設計採取更高標準的監督。」但他一直沒有把這封信寄出去。烏德特這時是個病人，深受出血與嚴重頭痛之苦，而俄國戰場的開啟對他也沒有好處。他認為自己很快就會無法供應前線足夠的飛機了。

一九四一年六月二十日，戈林全權授權米爾希元帥，讓「空軍軍備在最短時間內翻四倍」。這表示米爾希接下來將會介入烏德特仍是主官的部門。這樣的安排根本不太可能會成功。

八月九日，烏德特飛去東普魯士找戈林，讓他看自己的新飛機計畫——這已經是開戰以來的第十六次了——米爾希一聽說此事，便打了一通怒氣沖沖的電話，叫烏德特馬上回去。烏德特向戈林抱怨此事，使戈林也拍了一份同樣怒不可遏的電報給米爾希。但在此同時，戈林也建議烏德特請長期病假。到了二十五日，接近崩潰的烏德特前往畢勒霍（Bühlerhöhe）的飯店養病。兩天後，他收到了戈林寄來的一封親切的慰問電報，烏德特把此事視為戈林對自己的信心證明。烏德特並不知道這是朋友偽造來鼓勵他的，戈林根本不知道這件事。

九月三日，米爾希開始「整理」烏德特的部門。他指控技術局的工程師違抗他的命令，並在六天內把計畫部門的主官徹錫許工程將官（Günther Tschersich）革職。當烏德特於二十六日返回崗位時，他連自己長期的秘書普洛希少將都保不住。到了十月，技術局人員已經完全換成新的一批，烏德特已經無能為力了。

十一月十五日星期六，普洛希前去拜訪他，並告訴他東線屠殺猶太人的事。烏德特已經受不了了。十七日早上九點，國務卿柯納[3]（Paul Körner）和烏德特的侍從官麥斯・潘德勒上校（Max Pendele）被茵格・布雷勒小姐[4]（Inge Bleyle）叫到烏德特位於柏林陸軍街（Heerstraße）的住處。烏德特死了，在他舉槍自盡前，他用紅筆在床頭飾板上寫了一句話：「帝國元帥，你為什麼要疏遠我？[5]（Reichsmarschall, warum hast Du mich verlassen?）」

潘德勒把這行字擦掉，事後卻對此後悔不已。柯納打電話通知空軍人事局長卡斯納-科爾多夫將軍（Gustav Kastner-Kirdorf），人事局長又通知了戈林。戈林的反應十分謹慎，他說：「我們必須把這件事偽裝成是意外。」於是官方的新聞稿是這樣寫的：「恩斯特・烏德特上將在測試新型武器時不幸因公受傷，而後傷重不治。」

戈林後來真正表露出自己對烏德特的看法。他企圖在烏德特死後對他進行軍事審判。四位高階軍法法官受命要檢視他自殺的原因。在前往技術局收集了好幾個月的證據後，他們終於在一九四二年秋天交出了報告，其中要求戈林不要再提出任何追訴程序，否則會有太多事情曝光[6]。

「我只能慶幸，」空軍總司令說，「烏德特親自把自己的問題解決了。要不然我只好親自來處理他的問題。」他說這些話時，眼中充滿著自我肯定的淚水。

總結與結論

一、在一九四一年夏季與秋季間，德國空軍有三分之二的兵力投入攻打俄國，其餘三分之一則分散在地中海與對英國的海峽沿岸。雖然東線的戰果超凡，但資源的消耗速度遠遠快過補充，造成戰鬥機與轟炸機部隊的兵力都危險地下滑。「在簡短的戰役中擊潰俄國」這樣的軍事目標，未能在泥濘與冬季冰雪開始影響之前達成。

二、德國空軍若要進行多面作戰、適應東線戰場的廣大地形，就需要在組織上作調整，但這點一直沒能實現。雖有建立純轟炸機部隊、由單一戰略司令部指揮、將支援陸軍的工作留給少數有偵察機與攻擊機的戰術單位等想法，但這樣的提議沒有得到重視。

三、因此，各個航空軍只能充當陸軍地面部隊的輔助單位，幾乎沒有發動任何戰略性空中攻勢。雖然缺乏適合的長程轟炸機是原因之一，但就連中型轟炸機部隊也未能集中兵力攻擊戰車與飛機工廠等重要的戰略目標，而是四散於前線各地。

四、蘇聯的航空工業沒有受到破壞，其產能也大幅提升。不論損失有多麼慘重，蘇軍都能快速補充兵力。這點也適用於戰車的生產，例如戈奇的產量幾乎沒有受到任何影響，德國空軍的行動依然以

---

3 譯註：保羅・柯納（一八九三－一九五七年），德國政治人物，常被稱為是「戈林的右手」。
4 譯註：烏德特的女友。
5 譯註：烏德特的傳記《鷹之隕落：戰鬥機王牌恩斯特・烏德特的一生》（暫譯，*The Fall of an Eagle: The Life of Fighter Ace Ernst Udet*，Armand van Ishoven 著，一九七九年）描述他寫了兩句遺言，分別是「茵格，妳為什麼要離開我」以及「鐵人，你要為我的死負責」。鐵人即是指戈林。這兩句剛好分別符合本書版本遺言的前半與後半，因此有可能其中一個版本是誤傳。
6 譯註：這些不能曝光的事可能是以下幾件事之一：首先，烏德特自殺前如先前所述，與戈林、米爾希乃至於納粹黨整體有過許多不和；其次，烏德特在戰前曾與瑪莎・多德（Martha Dodd），也就是美國駐德大使威廉・多德之女交往。她是親蘇聯人士，後來被 NKVD 吸收成為情報人員。如果追究烏德特自殺的原因，可能不得不將他與納粹黨不和、與親蘇人士來往等事公諸於眾，對當時的德國空軍將是一大打擊。

直接支援陸軍為主。

五、三面作戰使德國空軍的資源耗盡，無以為繼。德國空軍的開發與生產危機在一九四一年十一月造成烏德特自殺，並反映出德國軍事規劃缺乏遠見，將期待都放在短期結束的戰爭上。未能開發新機型，造成舊型機必須持續生產。它們很快就無法對抗敵人的飛機與武器，其中又以西線尤其明顯。

第八章　馬爾他與北非戰場

一、目標：馬爾他

一九四二年一月，一股西洛可風[1]帶著不間斷的雨勢，從海上吹到了埃特納峰（Mount Etna）峰頂，然後再下降到西西里島的平地。對德國空軍的轟炸機與戰鬥機大隊而言，他們在幾週前才剛回到卡塔尼亞（Catania）與吉兒比尼（Gerbini）、拉帕尼、科米索（Comiso）與基拉（Gela）等機場，這可不是什麼開始新的一年的好日子。

凱賽林元帥在一九四一年十一月二十八日帶著參謀撤出俄國前線的中央作戰區，並接下了「空軍南戰區司令」的頭銜。他下令對馬爾他大規模空襲，雖然已有許多中隊在對馬爾他發動攻勢，真正具規模的攻勢卻因天候問題而受阻。

時序進入二月之後，雨雲突然變成了春季的陽光。轟炸機飛過閃爍著少許白色浪花的深藍色海洋往南方前進。隨著一週週過去，空襲的規模也越來越大，英國在地中海的這座要塞堡壘也開始習慣整天響個不停的空襲警報了。但不論空襲變得有多麼頻繁，每次發動攻擊的仍然只有小規模的編隊。

吉爾克萊少校（R.T. Gilchrist）是英國第二三一步兵旅的情報官，他是這樣形容此時的狀況，「一開始的轟炸行動相當謹慎，三到五架Ju 88一天大約空襲八次，並有大量戰鬥機護航……他們只會攻擊機場、碼頭等純軍事性質的目標。」

德軍這時之所以仍只以三到五架飛機的分隊規模攻擊，其理由已不再是天候問題了，而是凱賽林故意實施的戰術，其目的是不要給敵人喘息的時間。但不論這點可能會帶來什麼樣的優勢，都因為守軍可以集中兵力各個擊破，而使效果大打折扣。其中又以落單的Ju 88受到的損害最為嚴重。他們承受的損失相當慘重，少有能夠返航的飛機是沒有被擊傷的。

「我本來飛在中隊長左邊不遠處，」Ju 88飛行員格哈德．史丹普少尉（Gerhard Stamp）在報告中寫道，「我往四周張望，可以看到我們的Bf 109護航機。一切看來似乎沒什麼可以出錯的可能，尤其這天的天氣又這麼好。」

史丹普隸屬於第一教導聯隊第二中隊，他的中隊長是呂登上尉（Lüden），基地位於卡塔尼亞。他們在簡報中受命要俯衝轟炸魯卡機場（Luca），並破壞駐在那裡的布倫亨與威靈頓轟炸機。他們的護航機由第五十三戰鬥機聯隊二大隊提供，指揮官是「諸侯」[2]威科上尉（Wolf-Dietrich "Fürst" Wilcke）。

從西西里南岸飛到馬爾他只有九十公里，飛行時間只比十五分鐘多一點。等這座岩石島嶼從海水中浮現在飛行員眼前時，其首府法勒他與當地的大型港口和分散在三處深水入口的海軍基地也隨之瞬間出現。轟炸機在接近時遇到了猛烈的高砲攻擊，砲彈在底下不遠處爆炸，史丹普的飛機還在空中被推了一下。他的機工長戈克（Goerke）說：「希望下一輪射擊不要比剛剛再高出個三十公尺！」

一九四一年春天，馬爾他的高砲就已經在德國轟炸機組員之間「威名遠揚」了。當時攻擊的飛機大多都是俯衝轟炸機，英軍的高砲顯然有中央射擊指揮所統一指揮。對方上百門高砲同時射

1 譯註：Scricco，義大利文中指西南方吹來、帶著北非沙塵與海上濕氣的風。
2 譯註：德語的 Fürst 指具有分封領土的親王，類似於西周以來的同姓諸侯。

擊時，小而靈活的Ju 87剛好有足夠的時間，可以變更高度和方向，等著五十秒後那些砲彈準確地沿著自己原本的路徑引爆。英軍高砲也不會全部都打向同樣的高度。在轟炸機俯衝時，每一輪射擊都會同時在三千、兩千和一千五百公尺處引爆，最後地面上與港內艦艇上的輕型防空砲也會加入。

「他們的高砲真的不好惹。」這是第一斯圖卡聯隊三大隊的大隊長赫姆・馬柯上尉（Helmut Mahlke）的心得。他飛機的右翼在一九四一年二月二十六日被一枚直接命中的高砲砲彈炸出一個大洞，是靠著運氣與技術才僥倖飛回基地。

從那時起，英軍的高砲部隊也沒閒著，現在比以前更強大了。史丹普穿過高砲火力往下俯衝時，他一心只想著要飛到彈幕的下方。他貼著自己的指揮官，打開俯衝煞車，跟著對方脫離隊形後，瞄準魯卡機場交叉的跑道俯衝過去。下降的同時，他可以看到瞄準器中有一條跑道，後來又出現第二條，然後在跑道末端還有飛機。兩架、四架，一共有六架轟炸機。觀測手替他讀著高度，並在最後的投彈時機來臨時敲了一下他的膝蓋。他按了操縱桿上的紅色按鈕，炸彈便丟了下去。Ju 88隨後便自動拉起機頭。

前面的長機飛得像是喝醉了酒，左右亂轉、上下亂飄，這正是中隊長在執行所謂的「高砲之舞」。幾秒後，史丹普也準備好做同樣的動作了。前面有一整片充滿閃光的黑煙牆，他別無選擇，只能衝過去。接下來便是一陣顫抖與爆炸，好像耳邊被打了好幾拳。

「起落架放下去了！」戈克喊道，其實只是襟翼而已，起落架還是收在機內；要不是這樣，他們就會損失太多速度，無法安全脫身了。史丹普想著，只要發動機能撐住，我們就能安全通過。但這時通信士諾辛斯基（Noschinski）開口了：「右後方有三架颶風式戰機正在攻擊。」

戰鬥機一直在高砲區的邊緣等待。史丹普將油門全開，往下衝向海面，諾辛斯基則在他身後不停地轉述颶風式被Bf 109攻擊、損失兩架飛機的過程。當史丹普半個小時後在卡塔尼亞降落時，他發現液壓管已經中彈，起落架就算用手動幫浦也放不下去。由於必須以機腹著陸，他便低空飛過機庫上空，並發射信號彈。機場馬上為他清空四周，救護車與消防車也就位待命。

「我們繫緊安全帶後，開始進場降落，」史丹普說，「由於襟翼也壞了，所以降落速度太快，只好加大油門再試一次。我在第二次嘗試時感覺到一股強烈的撞擊，馬上叫組員把座艙罩打開，但飛機彈了一下，又恢復了飛行。剩下的跑道已經不多了，我們又撞了一次，造成塵土噴得整個座艙都是。接著飛機便朝著一大片水泥牆，犁著地面滑了過去。我踩了煞車，好像這樣真的有用似的！飛機最後終於往右偏，在離牆面只剩三公尺的地方停了下來。」

真是太驚險了。史丹普向大隊長海爾比上尉報告自己的行動經過。上尉翻了翻白眼對他說：「你在馬爾他好像不太受歡迎。或許你應該接下作戰官的職務，等這一季結束後再領一架新飛機。」

——

德國空軍對馬爾他發動的第二波攻擊從一九四一年十二月開始，於一九四二年四月達到最高峰。但在這之前，空軍得先在制海權這件事上學到痛苦的一課。只要占領馬爾他，就能控制地中海中部的關鍵戰略位置。對英軍而言，馬爾他是「不沉的航空母艦」，是海空軍基地，不光保護英軍從直布羅陀到亞歷山卓與蘇伊士運河在補給線上最危險的地點，還能威脅軸心國從義大利與西西里前往北非的補給線，迫使義大利軍繞遠路。

理論上，這樣一個如此靠近敵國義大利領海的基地，應該很難守住才對。義大利轟炸機早在一九四〇年就轟炸過這裡，他們的攻勢一開始很猛烈，但很快就無以為繼。至於德國空軍對馬爾他的第一波攻擊——一九四一年春天由蓋斯勒將軍的第十航空軍發動——卻效果有限，只為隆美爾的非洲軍前往的黎波里的時候，幫忙爭取到一點點的時間罷了。就這個目的而言，這次的攻勢很成功，但德國海軍駐義大利司令懷霍德少將（Eberhard Weichold）建議馬上占領馬爾他一事卻沒人聽得進去。馬爾他又得到喘息的機會。

自一九四一年四月六日起，德國空軍的重點都放在巴爾幹戰役上。兩週後，希特勒決定發動高風險的空降克里特島行動。他的幕僚都試著說服他，說馬爾他雖然只有克里特島二十六分之一的面積，但在戰略上比較重要。可是他不聽。接著俄國戰役又開始了，第十航空軍這時已離開西西里島，前往東地中海和愛琴海執行任務。

因此到了一九四一年夏季，馬爾他有了休養生息的機會。在那年抵達島上的三支大型補給船團——三十九艘船中，只有一艘沉沒。這些船帶來了武器、彈藥、燃料與糧食。在這年五月接下皇家空軍駐馬爾他部隊指揮權的洛伊德少將（H. P. Lloyd）據說還曾這麼評論：「這裡根本感覺不出正處於戰爭狀態。」

但皇家空軍並沒有忘記戰爭還在繼續，他們一直以轟炸機和魚雷機騷擾敵人。海軍也一樣，除了第十潛艦分遣隊之外，由巡洋艦與驅逐艦組成的「K部隊」（Force K）也在那年秋天將基地移到馬爾他。德國與義大利的補給船團發現馬爾他的武力越來越強，包括空中、水面和水下皆是如此。

九月十八日，英國潛艦堅持者號（HMS *Upholder*）以魚雷擊中了義大利運兵船海神號（MS *Neptunia*）和海洋號（MS *Oceania*），這兩艘都是兩萬噸級的高速客輪，載滿了要運往非洲的部隊與裝備。這次攻擊造成五千人喪生。在班加西外海，三架從馬爾他出發的布倫亨轟炸機炸沉了奧里亞尼號巡洋艦（*Alfred Oriani*）。八月的船運損失率只有百分之九，到了九月卻變成百分之三十七，這嚴重影響了義大利運輸艦隊的能力與士氣。

災難在十一月到達頂點。K部隊在當月九日由阿格紐上校（W. G. Agnew）指揮的兩艘巡洋艦與兩艘驅逐艦，發現一支藉著夜光航行的義大利運輸船團，並擊沉了其中的五艘貨船與兩艘油輪，排水量總共三萬九千七百八十七噸。

隆美爾在非洲的部隊必須為此付出代價。他無法從海上得到彈藥與燃料，空運又不足以支撐非洲軍的前進。非洲軍仍然卡在埃及前線，英國的第八軍團得以安心準備秋天的攻勢。十一月十八日，第八軍團向沙漠出發，年底前把隆美爾趕回到他在春天時的原點——布雷加（Marsa el Brega）。

運輸艦隊十一月的總損失，包括了十二艘滿載的運輸船，共五萬四千九百九十噸，相當於所有出航船隻噸位的百分之四十四。懷霍德中將傳給柏林的資料寫成百分之七十七，使賴德爾海軍元帥跑去元首總部示警。替代方案再清楚也不過了——不把馬爾他再次壓制住的話，非洲軍就完蛋了。於是，德國空軍又回到了西西里。

希特勒把凱賽林從莫斯科前線的冬季指揮部給叫了回來，羅策將軍和第二航空軍的參謀們也在十二月跟著他一起前往墨西拿（Messina）。第二航空軍所屬的聯隊已在俄國遭到消滅，因此只能重新組織。五個全數配備Ju 88A-4的轟炸機大隊，再加上一個Ju 87大隊與一個Bf 110大隊陸續抵達西西里。戰鬥機掩護的工作落在戰績彪炳的第五十三戰鬥機聯隊頭上，其轄下有四個大隊的Bf 109F。新的戰力全部加起來，總共有三百二十五架飛機，但其中只有兩百二十九架是妥善機。

部隊才剛抵達新基地，幾乎馬上投入戰場。單機或中隊規模以下的編隊會在航道巡邏，或是掩護運輸船突破敵軍、前往北非。歷經幾個月的安靜後，炸彈終於又開始投往馬爾他。但就在英國人的狀況越來越艱苦的同時，德軍仍然以小部隊的方式投入戰場，也開始發現作戰的代價實在是不成比例地高。

前面提到的Bf 110大隊——第二夜間戰鬥機聯隊一大隊——的經驗，正是此時的代表。兩個月前，這支部隊還在對英格蘭的轟炸機基地發動反制行動，直到希特勒親自禁止這種戰術為止。現在他們移防到卡塔尼亞，由雍格上尉指揮，常常要把幾個中隊派到北非與克里特島，使該單位在西西里當地的兵力很少超過十架飛機。即使如此，他們還是日夜出動，陸續開始一架接著一架飛機不再回來基地。

十二月三日，柯伊戴少尉（von Keudell）在第勒尼安海（Tyrrhenian Sea）發現了一艘膠筏，馬上通知搜救部隊前往。他救起了德國空軍駐羅馬將官里特．馮．波爾少將（Ritter von Pohl）。將軍在飛去找凱賽林開初期行動會議時因故跳傘落海。八週後，反而輪到柯伊戴前往馬爾他任務時失蹤。

耶誕節前不久，該大隊最年輕的飛行員巴比涅克少尉（Babineck）在法勒他上空被輕型高砲擊落，只在無線電上留下這句最後通訊：「正在俯衝通過密雲，高度五百公尺。」史萊夫少尉在一次前往馬爾他的夜間行動中擊落了一架正在降落的布倫亨轟炸機，將對方打成一團火球。他在一月十八日想要再接再厲時，卻發生機槍卡彈。第二天晚上，他在魯卡上空兩百公尺處被高砲打中，Ju 88像點燃的火把燃燒著墜落。哈斯少尉（Haas）有一次在夜間追擊英國轟炸機，之後便再也沒有回來。勞夫斯少尉（Laufs）在晚間的多雲天候下找不到機場，卻撞上了埃特納峰。大隊長的侍從官舒爾茨中尉最後一次被人看見，是在外海朝著海面俯衝，托伊伯中士（Teuber）則在班加西機場上空遇到發動機故障，從一千五百公尺高空直直墜落。

這支部隊就這樣一直耗損，日復一日、一週又一週。對第二航空軍的參謀長戴希曼上校而言，這樣的損失——尤其是馬爾他上空損失的轟炸機——令人費解。或許是目標太分散，造成每個目標都必須分別以俯衝轟炸攻擊的原因。這都是因為德國空軍的參謀總長顏雄尼克仍將精準轟炸奉為圭臬。這是他和空軍其他高層的共同執念，但在馬爾他，這樣的執著終於開始出現問題了。

在凱賽林的指示下，戴希曼擬定了一個計畫。根據這個計畫，除了攻擊確認位置的高砲陣地與少數特定目標之外，分散各地的俯衝轟炸戰術將徹底放棄。從今以後，轟炸機必須以單一隊伍行動，並以以下戰術攻擊：

一、對英國戰鬥機位於塔卡利（Ta Kali）的基地發動奇襲，在地面上擊破戰鬥機；

二、攻擊魯卡、哈法（Hal Far）和卡拉福拉納（Calafrana）的轟炸機與魚雷機；

三、攻擊法勒他海軍基地的碼頭與港口設施。

經過大量討論之後，計畫在一九四二年三月初通過了，並開始準備付諸行動。但在這個時候發生了一次插曲。用於複製攻擊命令的印刷版模沒有燒掉，而是在外包人員要將廢紙運走時，被保防官抓到。誰能確定英國人沒有收到風聲、發現有這樣一場行動正要展開呢？因此攻擊的時間只好延後，以便觀察英軍是否改動部隊的配置。但什麼都沒有發生，空照圖顯示噴火式與颶風式戰鬥機仍然集中停放在塔卡利，奇襲成功的必要條件仍然成立。

三月二十日，德軍準備好了。天一黑，英軍戰鬥機從當日最後一批出擊中返航降落。過沒多久，德國轟炸機從海上接近的報告又傳來了。英軍官兵仔細聽著，發現這不是平常只有少數Ju 88時那種高頻率的轟隆隆聲，而是更為深沉、低頻率的大編隊聲響。

第一波抵達時，第二波也緊跟在後，炸彈開始不斷灑下，數量越來越多，全都朝著塔卡利而來。工廠和其他建築紛紛起火燃燒。在這次黃昏攻擊中，第二航空軍叫上了每個有夜間飛行經驗的機組，一共組成大約六十架轟炸機的機隊，還有Bf 110與其他夜間戰鬥機護航。

但還有另一個問題。立體影像指出機場邊緣有一處往下的坡道。坡道旁有一大塊高起來的土石。他們推測英軍已經蓋了一座地下機庫！

為了應付如此難以攻擊的目標，數架Ju 88掛有一千公斤穿甲火箭彈。這些飛機又變成要作俯衝攻擊，因為唯有提高初速，火箭彈才能貫穿最多十五公尺厚的岩石。其他飛機則以燃燒彈攻擊那座坡道，希望燃燒的汽油能把機庫內的戰鬥機引燃。

直到今天，我們還是不知道德軍這次使用特殊武器的攻擊有沒有成功，甚至不知道這個所謂的地下機庫到底存不存在。英國對這件事仍然閉口不言。紀錄上只提到，當轟炸機第二天早上再次發動攻擊時，並未遭遇戰鬥機抵抗。卡塔尼亞的第六〇六與八〇六轟炸機大隊（KGr. 606、806）、吉兒比尼的第五十四轟炸機聯隊一大隊、科米索的第七十七轟炸機聯隊底下的兩個大隊，再加上第五十三戰鬥機聯隊與第三「烏德特」戰鬥機聯隊二大隊與第二十六重戰機聯隊三大隊，一共有超過兩百架德國戰機在短時間內出現在馬爾他上空。這次他們的目標仍是塔卡利——好像島上沒有其他目標似的。這是整場戰爭第一次的「地毯式轟炸」。到了晚上，英國的戰鬥機基地宛如火山爆發過後的現場。

三月二十二日輪到其他機場遭殃了，這是本次行動「第二階段」的一環。但到了第四天，「戴希曼計畫」（Deichmann Plan）遭到英國打斷。英軍打算將新的運輸船團強行送進這座受到猛攻的島嶼。由於德軍又一次掌握了制空權，這樣的嘗試實在沒什麼希望可言。這支船團共有四艘載滿彈藥、燃料與糧食的運輸艦，從四天前離開亞歷山卓港起，他們就一直遭到跟蹤。

義大利海軍企圖在二十二日攻擊，被英軍四艘巡洋艦與十六艘驅逐艦的優勢護航兵力擊退。但義大利這次的介入卻使船團無法在當晚準時抵達，直到第二天早上才能進入港口。因此這支船團便成了德國空軍的盤中飧。在離馬爾他還有二十海里處，運輸船坎貝爾氏族號（*SS Clan Campbell*）被一發直接命中擊沉。海軍補給艦布瑞肯郡號（HMS *Breconshire*）被炸彈擊中失去動力，由其他船隻拖進馬沙西洛可灣（Marsa Scirocco Bay）後又被另一波攻擊擊沉。剩下的兩艘商船在三天後蹣跚駛入法勒他港，英軍在這之前趁空襲間少數的空檔，救回了珍貴的五千噸貨物。但這僅僅只是四艘商船所載運的兩萬六千噸貨物中不到四分之一的量，馬爾他接下來還有一段苦日子要過。

轟炸行動的第三階段在該月月底發動，其主要目標是法勒他的港口與碼頭。空軍在四月加強攻勢，迫使英軍驅逐艦與潛艦在承受重大損失後，隨著英國轟炸機部隊的腳步離開此地。北非船團路線的威脅已經排除了。隆美爾看著自己的物資不受騷擾地送達的黎波里和班加西後，終於鬆了一口氣。

四月中旬，敵軍又打了下一張王牌。美國航空母艦胡蜂號（USS *Wasp*）從直布羅陀出發，往東航行了五個經度穿過地中海。四十七架全新的噴火式戰鬥機從飛行甲板上起飛，並在燃料耗盡之前在馬爾他降落。雖然胡蜂號本身沒有進入德國駐西西里轟炸機的作戰半徑內，第二航空軍卻一直由庫爾曼上尉的監聽單位整個過程的情資。連噴火機何時降落，他們都可以算得清清楚楚。

噴火式戰機降落二十分鐘後、還來不及保養完成前，炸彈就又一次落到了哈法與塔法利兩處機場，最後只剩二十七架戰鬥機仍可作戰。接下來幾天，連這二十七架都在與第五十三戰鬥機聯隊交戰而消耗得所剩無幾。

——

到了當月月底，德軍已經不知道該轟炸哪裡了。至少從空中看來，每個軍事目標不是已經摧毀，就是嚴重受損。第二航空軍在一篇「每日事務」中是如此總結其成果：「一九四二年三月二十日至四月二十八日，馬爾他的海軍與空軍基地已完全失去作戰能力……期間轟炸機共出擊五千八百零七架次、戰鬥機五千六百六十七架次、偵察機三百四十五架次，一共投下六百五十五萬七千兩百三十一公斤炸彈……」

事實上，這個炸彈量幾乎相當於不列顛空戰高峰期的一九四〇年九月在全英國投下的總和。馬爾他的機場已經被炸成沙漠，碼頭和港埠也成了廢墟，港內的軍艦被迫出港。現在只剩下最後的光榮一役了——占領馬爾他的行動，代號「大力士行動」（Operation Hercules）。

賴德爾元帥已經力推此事很久了。凱賽林元帥也試著讓希特勒核准這個計畫，但元首只會敷衍地說：「我總有一天會做的！」

同時，墨索里尼和他的參謀總長卡瓦列羅伯爵元帥（Count Cavallero）則宣布，除非拿下馬爾他，否則他們在北非不會再推進任何一步。連隆美爾都提出要親自指揮登陸作戰了，但希特勒還是想把這件事交給義大利軍。四月二十九日，在元首位於上薩爾茲堡的柏特斯加登（Bertesgaden）附近的總部，墨索里尼說：「為了策劃這樣的登陸行動，我們需要三個月的時間。」

三個月是可以發生很多事的。

——

五月十日晚間，四艘英國驅逐艦離開了亞歷山卓港往北北西前進，高速駛入夜色之中。領頭的是哲維斯號驅逐艦（HMS *Jervis*），艦上載著艦隊司令波蘭上校（A.L. Poland），後面還跟著豺狼號（HMS *Jackal*）、吉卜林號（HMS *Kipling*）和活力號（HMS *Lively*）。

艦隊會在第二天早上抵達克里特島與北非之間，他們希望能從那裡往西，遠離南北兩邊的德軍基地，以躲過偵察機的追蹤。雖然成功躲過的機會不大，但要是做到了，那將會是影響重大。

本次任務的目的是要攔截一支義大利船團，包括三艘運輸艦與三艘驅逐艦。這支船團這時正從塔蘭托（Taranto）前往班加西。由於馬爾他已不再是可用的海空軍基地，德義兩國的運輸船團不再受到前一年秋天那種毀滅性的打擊，因此可以安心在此航行了。

船團還有另一層保護。皇家空軍原本在德納（Derna）和班加西之間建了一座新基地，但隆美爾在一月底對英國第八軍團發動猛烈的反攻，把昔蘭尼加一直到格查拉（Gazala）防線為止的地區都搶了回來。從那時起，皇家空軍攻擊船團的唯一可能，就是派機隊直接從昔蘭尼加的德軍戰鬥機基地附近通過去執行既遠又危險的任務。當一隊波福魚雷機（Beaufort）和布倫亨轟炸機試著透過這樣的方式去攻擊馬爾他東南方八十五海里處的一個船團時，克里斯托上尉（Christl）的第二十六重戰機聯隊三大隊派來護航船團的機群便擊落了其中六架。

這下輪到英國皇家海軍登場了。但四艘驅逐艦從遙遠的亞歷山卓一路開過來，卻要達成類似一九四一年十一月那樣的海上戰果，連自己人都覺得大概只有一成的勝算。波蘭上校下令，只有於五月十二日破曉時分在班加西外海成功攔截船團的狀況下才會發動攻擊——而且前提是他之前一整天必須不被敵人發現。最近幾週英國軍艦損失慘重，證明德國空軍在地中海的實力是不容小覷的。

十一日一開始，一切都很順利。接近中午時，英軍驅逐艦已來到克里特與托布魯克（Tobruk）之間。現在正是關鍵時刻，地中海在這裡只有三百五十公里寬，而且空中有德國空軍的偵察機持續在巡邏著，使得此地成了英軍口中的

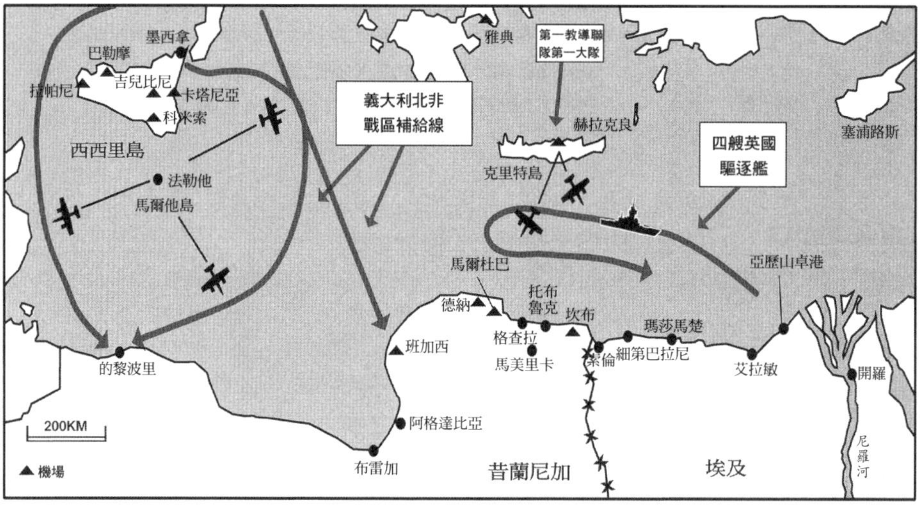

馬爾他與北非戰役　此圖中可看出馬爾他島在地中海的戰略地位。由西西里起飛的第 2 航空軍機隊雖然在 1942 年 4 月間有效地削弱了島上守軍的戰力，但德義聯合登陸行動卻未實現，於是英軍立即加強了該島的防務。因有效制壓馬爾他而斷續達成的北非運補行動，使隆美爾可以開始著手進行自格查拉防線對艾拉敏的反攻。期間英國曾派出四艘驅逐艦往西發起突襲，但最後在 Ju 88 的猛烈攻擊下宣告失敗。

「轟炸巷」。午後不久，哲維斯號的雷達發現一架飛機，軍官們無不屏息以待。艦隊被發現了嗎？位置已經報給敵方了嗎？此時艦隊命懸一線，幾分鐘後這條線就斷了。偵察機保持在高砲射程外，並以無線電回報：「發現四艘驅逐艦，座標如下……航向二九〇，距離二十五海里。」

在哲維斯號艦橋上的波蘭上校，下令掉頭返回亞歷山卓。他之前的命令就是一旦行蹤暴露即取消行動，因此他也沒有別的選擇。但這並不代表他們逃過一劫了。位於雅典的第十航空軍接到警報，派出最精銳的教導部隊，包括克里特赫拉克良的第一教導聯隊一大隊，以及希臘艾列夫西斯的第一教導聯隊二大隊。

在赫拉克良，大隊長海爾比上尉趕緊通知手下飛行員。自一年前的克里特海空戰以來，他們已成為攻擊水面艦的專家了。他們所有人都很清楚，驅逐艦又快又靈活，是最難纏的對手。這種目標很容易在投彈時刻逃過準星。有一位飛行員是這樣描述的：「就像是徒手抓魚，是需要經過練習、耐心與非常敏捷的反應。」

他或許還該加上「勇氣」。從四千公尺的高度俯衝進入一片彈幕，而且彈幕每過一秒都越來越集中。海爾比現在對部下的命令，是要俯衝到八百公尺的高度，然後在海面上低空拉起機頭，以躲過最猛烈的防空砲火。

這個大隊有十四架Ju 88A-4可共調遣。正當他們從克里特往南出發時，海爾比帶著他們繞了一大圈從西南方接近敵艦，計謀差點成功了。哲維斯號才剛聯絡上兩架波福戰鬥機[3]

---

3 譯註：Beaufighter 是 Beaufort 的重戰鬥機改型。

（Beaufighter）從非洲趕來護航，頓時護航機就出現了。接著艦上官兵發現：數量太多了，一定是德軍！

這次攻擊發生在一五三〇時過後不久，由海爾比帶頭攻擊領航的驅逐艦。兩百五十公斤的炸彈讓海域翻騰，將驅逐艦炸得左搖右晃，可是一顆也沒命中。沒有人目擊到擊中活力號的炸彈，也沒有人看到那枚近爆彈把該艦的側面撕裂出一個大洞的過程。活力號三分鐘後沉了，可是轟炸機那時已經打道回府，還因沒能達成戰果而垂頭喪氣。降落之後，海爾比下令加油掛彈，並對部下說：「今天傍晚從夕陽方向再攻擊一次，這次我們要俯衝到五百公尺。」

一七〇〇時，科列維上尉的第一教導聯隊二大隊從希臘出擊，但沒有成功，所有炸彈都沒有命中。海爾比在大約兩個小時後再出擊時，手上只有七架飛機。但這七架的機組員都是他最強的官兵。這時沒有風，地中海像個池塘般平靜無波。

他利用夕陽，從艦艉方向沿著與驅逐艦相同的航向傾斜著俯衝。這個戰術讓他可以跟著敵艦的迴避動作走。他在五百公尺處投彈，並且命中目標。同一艘驅逐艦就被擊中四次。

隨後攻擊的人也都大有斬獲，包括伊羅・伊克（Iro Ilk）、格哈德・布萊納（Gerhard Brenner）、巴克豪斯（Backhaus）和羅伊伯（Leupert）四位中尉。海爾比回報：「第一艘驅逐艦解體，很快就沉沒；另一艘著火，後部甲板已經沉入水中。」

這是轟炸機離開時看到的最後景像。事實上，吉卜林號幾分鐘後沉沒。隔天早上，失火的豺狼號也在拖航失敗後沉沒。離開亞歷山卓的四艘驅逐艦中，只有波蘭上校的旗艦哲維斯號返航，艦上還載著其他三艘船的六百三十名生還者。

海爾比上尉因為大隊的整體戰果，獲頒橡葉寶劍騎士十字勳章。凱賽林送給他一箱香檳，德國海軍則送給他一條從作戰海域撈到的英國救生帶。連英國媒體都充滿敬意地報導了他們口中的「海爾比飛行小子」。

然而，最後決定勝負的還是英軍。六月，英軍組成一支十一艘運輸船的船團，配上比此前更優勢的護航艦隊，再次從亞歷山卓前往馬爾他。但在出發前，英國的爆破隊卻來了赫拉克良一趟。他們偷偷溜到該大隊的Ju 88旁邊，並在右翼翼根裝了炸藥。「海爾比飛行小子」被爆炸驚醒，赫然發現他們已經沒有飛機可飛了。一支預備大隊趕緊讓出自己的飛機給海爾比用。

英國顯然鐵了心，不論如何都要讓一支船團成功進入馬爾他。對這座疲累飢餓的小島而言，船團到來與否就是生與死的差別。

二、隆美爾與「大力士」作戰

馬爾他在五月份來了一位新總督——哥特勳爵（Lord Gort）。他在一九四〇年曾成功解救情況危急的英國遠征軍，讓他們得以在敦克爾克撤離。當他在一九四二年五月七日抵達馬爾他時，來自西西里島的主要轟炸攻勢才剛結束。但就算這裡的三萬名英軍可以喘一口氣，他們的狀況也稱不上有多好。

「我們的食物，」皇家空軍駐馬爾他司令洛伊德少將寫道，「『就是早餐吃一片半品質極差的吐司配果醬，午餐吃鹹牛肉配一片麵包，然後……晚餐也一樣……就連飲用水、照明和暖爐都要配給。所有一切我們一直以為理所當然的東西都沒了……馬爾他現在正面對令人不安的事實，就是我們可能會因為飢餓和缺乏裝備而被迫投降。」[4]

五月九日，守軍贏來了一線希望。航空母艦胡蜂號和老鷹號（HMS *Eagle*）派出六十四架噴火式戰機，從阿爾及爾的附近起飛，幾乎全數安全抵達馬爾他（有三架沒有飛到）。這次沒有發生四月二十日那種四十七架飛機當中，有二十架馬上被空襲破壞的災難了。他們一落地，幾秒內馬上被推進防爆掩體，裡頭已經裝滿了燃料、彈藥與裝備。不到五分鐘，它們已經有部分可以起飛值勤了。

德軍依然會發動空襲，只是來得太晚。他們還錯過了法勒他港裡的一個重要目標——五月十日進港的高速佈雷艦威爾斯人號（HMS *Welshman*）。該艦帶來最重要的物資——高砲砲彈。拜濃霧所賜，德軍轟炸機只能盲目亂丟炸彈，七個小時後，重要物資都已經卸貨完畢了。

馬爾他原本在經歷了德國的慘烈空襲之後顯得岌岌可危，而此刻防務又變得更為堅強。凱賽林的第二航空軍團（五月十日）才剛拍發電報給位於東普魯士總部的元首：「已消滅敵軍於馬爾他的海空軍基地。」

德軍花了好幾天才發現事實正好相反。於五月十日至十二日發動的新一波空襲，義軍與德軍損失的轟炸機比前面五週、一萬一千五百架次的主力攻勢還多。義大利外交部長齊亞諾伯爵在日記中寫道：「過去幾天，我們和德國人都在馬爾他上空折損了不少飛機。」英國人則將五月十日視為是馬爾他戰役的轉捩點。

德國空軍才剛結束攻勢，兵力也已重新分配到別的前線去，因此再也無法以先前的規模發動攻擊了。由於接下來的東線夏季攻勢需要所有能動用的飛機，第七十七轟炸機聯隊便在元首的直接命令下轉移過去。第五十四轟炸機聯隊一大隊轉往希臘，而第三斯圖卡聯隊二大隊、第二十六重戰機聯隊二大隊與第二夜間戰鬥機聯隊一大隊的夜間戰鬥機則全部前往非洲支援隆美爾。戰鬥機的狀況也一樣，第三戰鬥機聯隊二大隊和第五十三戰鬥機聯隊一大隊去俄國；第五十三戰鬥機聯隊三大隊前往非洲——這個時間點正是新出廠的噴火式正以一次一個中隊的速度進駐馬爾他的時候。到了五月底，羅策手下那個在四月差點把馬爾他打到投降的第二航空軍，開始在風中凋零了。

最高統帥部又一次犯下「舊的戰役還沒結束就另闢新戰場」的嚴重錯誤，造成德軍的兵力嚴重分散。就在凱賽林想要在轟炸機攻勢結束後馬上結合空降與登陸作戰，一舉拿下馬爾他的同時（他在回憶錄中寫道：「這樣比較容易」），義大利人卻有不一樣的意見。他們認為太倉促，手邊的兵力不足。前面已經講過墨索里尼要求進攻延後三個月，雖然希特勒一定有辦法堅持要在更早的日期發動攻勢，但他對義軍成功執行作戰的能力有嚴重的疑慮，因此沒有堅守立場。

這樣一來的後果，就是地中海戰場的狀況沒能如想像中的發展。在德義陣營內，大家都同意在非洲發動任何新攻勢之前，一定要先消滅馬爾他的敵軍。可是現在非洲軍司令隆美爾上將卻準備對格查拉線的敵軍發動大規模攻勢，準備迎戰里奇將軍（Neil Ritchie）的英國第八軍團。英軍則發動攻勢，並把握機會援救馬爾他。德國空軍的兵力根本不足以同時支援兩個戰場。

對隆美爾而言，這是個兩難。如果他等到馬爾他攻下來，自己就會在沙漠裡被消滅。相對地，如果他預料到英軍的攻勢，則馬爾他仍會威脅到他的後方，可能會讓前一年秋天的物資危機

---

4 原註：引自 *Royal Air Force, 1939-45*, Vol. II, p.203。

重新上演。話雖如此，「沙漠之狐」很快作了決定。他主動攻擊，搶在里奇之前先發制人。過去幾個月他的補給狀況很好，實力已經足以發動攻勢了。手邊的彈藥與燃料應該可以撐四週，他認為屆時德軍應該已經打到托布魯克了。在那之後，隆美爾打算在埃及停下來，等馬爾他的局勢穩定之後再說。

因此，隆美爾並沒有反對「大力士行動」，而是支持「最終」應該要發動。但現在，他還是要用他的方式作戰。四月三十日，希特勒和墨索里尼在上薩爾茲堡發出了新的優先順序命令：六月先打托布魯克，七月再打馬爾他。這是個沒有人感到滿意的折衷方案。

五月二十六日，在正午的烈陽之下，隆美爾出手了。在二十天的苦戰之後，他開始占上風，到了六月二十一日，托布魯克正好攻陷。同一天，墨索里尼寫了一封信給希特勒，信中充滿了示警的言語，希望他不要忘了馬爾他。但元首並不想要被提醒。他對大力士行動的興趣早就煙消雲散了。

但司徒登將軍與他的第十一航空軍早就為了大力士行動準備好幾個月了。克里特島作戰的錯誤決不會再發生第二次。「我們對敵軍的位置了解得更多，有完善的空照圖指出每個要塞、岸防砲和防空砲的位置與陣地。我們甚至知道岸防砲的口徑與可以往內陸調整多少度的情報。」

義軍負責本次行動的司令是卡瓦列羅伯爵元帥，他手上光是空降部隊就有三萬人，相當於馬爾他英軍的總和。除了第十一航空軍之外，這些人還包括義大利傘兵師「閃電部隊（Folgore）」，由伯哈德·拉姆科少將（Bernhard Ramcke）訓練，是連凱賽林都深覺佩服的部隊。另外還有義大利的機降部隊「卓越部隊」（Superba）。兩棲登陸的部分，義大利至少準備了六個師，一共有七萬人。司徒登說：「這是十分驚人的兵力，是我們攻打克里特時的五倍。」

康拉德少將（Gerhard Conrad）和克里特時一樣負責第十一航空軍的運輸機，他這次得到十個大隊的Ju 52，總共約五百架飛機。由於從西西里飛往馬爾他的距離很短，因此可以讓他們在第一天內飛四趟。他手邊的滑翔機也比克里特時候要多，除了三百架十人座的DFS 230之外，還有兩百架新型的哥他（Gotha）Go 242，每架可以載二十五個人。還有兩百位滑翔機駕駛已完成訓練，可以使用減速傘降落。康拉德寫道：「我建議所有B-2級飛機（單發動機訓練機）都要改裝成可以牽引DFS 230。最後一枚炸彈一落下，滑翔機就精準地利用減速傘降落在高砲陣地、已知的指揮所與內部狀況不明的山洞附近。然後六個運輸大隊馬上在指定目標上空投下傘兵，同時四個攜帶機降步兵的大隊則空降在第一座要占領的機場上。」

在他們正緊鑼密鼓地準備的六月初，司徒登突然被叫到了東普魯士拉斯騰堡（Rastenburg）的元首總部。希特勒聽他報告，偶爾打斷問幾個問題，甚至還承認在馬爾他建立橋頭堡確實有可行性。

「但接下來呢？」他不耐煩地問，「我保證接下來就會變成這樣：直布羅陀的艦隊會馬上出港，英軍也會從亞歷山卓打過來，接下來你就會發現義大利人是什麼樣子。他們一聽到無線電回報，就會帶著他們的軍艦、運輸艦和所有部隊逃回西西里的港口。然後你和你的傘兵就會被單獨困在島上！」

司徒登聽後呆住了。幾個月來他一直在準備的行動，居然是希特勒從來沒打算要批准的東西！他開始抗議，但元首馬上打斷他：「我不准你回義大利！給我待在柏林。」

最重要的是，這段對話發生在隆美爾在馬馬利卡（Marmarica）的成敗全靠這一戰的時候。兩週後，他拿下了托布魯克與當地的所有戰利品，並請求授權他一路攻到尼羅河岸去。這時希特勒和最高統帥部根本不願阻止他尋求勝利的意圖，而轉去支持攻打馬爾他的行動。

義軍動手了。他們相當焦急，一直想著補給線和去年的慘劇。他們指著德義兩國講好的協議：先打托布魯克，然後打馬爾他，最後才是埃及。墨索里尼在六月二十一日寫了前面講的那封信。兩天後希特勒回信給他，信中完全沒提到馬爾他，只講著「歷史性的時刻」、「徹底毀滅英國第八軍團的大好機會」，以及要怎麼把埃及從英國人手裡搶過來。他的信最後是這樣結尾的：「戰爭女神只對我們這些領導者微笑一次。若是沒能把握祂的眷顧，之後便再也沒有機會。」

林特倫將軍（Enno von Rintelen）是將信交給墨索里尼的專員，根據他的說法，當墨索里尼讀這封信的時候，他的眼睛都亮了起來。「他自豪地看著我，並且馬上轉而支持立刻進攻埃及、占領開羅與亞歷山卓的計畫。墨索里尼對希特勒戰略的信任這時可說是沒有限制。卡瓦列羅和他的反對論述根本動搖不了墨索里尼。馬爾他的行動被延到了九月，這也表示這個行動最後將會被完全放棄。」

元首對凱賽林的處置方式就沒有這麼有技巧了。當凱賽林說隆美爾的部隊已經疲勞、敵軍機場卻仍然完整的狀況下選擇推進是「瘋狂之舉」時，希特勒便去電南戰區司令，蠻橫地不准他反對隆美爾的作戰概念，並予以後者絕對的支持。

隆美爾想在十天內抵達尼羅河。八天後，開羅離他只有兩百公里遠。這時他已推進至一個以前都沒人聽過的村莊——艾拉敏（El Alamein）。他的攻勢於五月二十六日從七百五十公里外的格查拉線發起，原本躊躇滿志地前進，卻在艾拉敏崩潰。

六月三日，馬馬利卡的戰鬥來回搖擺不定。隆美爾和他的裝甲部隊從攻勢第二天起就一直在敵軍防線後方作戰，在沙漠裡繞到了英軍的側翼；義軍同時發動了一次正面佯攻。但格查拉線並不容易突破，就算從後面也很難，因為防線上有六十五公里長的地雷區，而且每個點都有惱人的沙漠要塞保護著。直到這些要塞全部攻陷為止，隆美爾都無法享有行動自由，而最後一座要塞位於比爾哈凱姆（Bir Hakeim），其守軍是由區尼希將軍（Marie-Pierre Koenig）指揮的第一自由法國旅。他們堅守了九天，阻止隆美爾繼續推進。

隆美爾叫來了斯圖卡。六月三日，西格爾中校的第三斯圖卡聯隊發動了第一次的集中兵力攻勢。從空中俯看，這座要塞雖然直徑達三公里，但看起來和沙漠其他地方別無二致。法軍就躲在這裡，趕也趕不走，其實還滿奇妙的。

炸彈傾瀉而下，但大多都埋到了沙子裡。只有直接命中才有效果，而地面部隊也未能利用空襲製造的混亂。他們散得太開，無法占領這座要塞。

午後不久，第二波斯圖卡從德納起飛，並由第二十七戰鬥機聯隊一大隊的Bf 109護航。一二一二時，Ju 87被一個中隊的P-40戰鬥機攻擊，然後馬上又被第五（南非）中隊攻擊。突然之間，一對Bf 109戰機出現了，長機是非洲軍的名人，機身上漆著大大的黃色數字「十四」；二號機則是萊納・波特根上士（Rainer Poettgen）的座機。

英軍馬上轉向防禦，黃色十四號在短暫的收油門後，馬上攻擊其中的第一架飛機。機槍射擊了幾發子彈，英國軍機便著火翻覆。一分鐘後，第二架機也遭到同樣的命運；然後是第三、第四、第五架和第六架飛機。波特根事後說：

「我光是幫他計算擊落數、記錄時間、地點，同時再保護他的後方就夠了，根本沒辦法做其他事。」他對長機有如此的評價：「他對偏移量的判斷非常驚人。每次他開火，我都是看到子彈先擊中機鼻，然後再一路打到駕駛艙。他從不浪費一發子彈。」

少有飛行員能真正學會偏移射擊。從這點來看，在十二分鐘內擊落六架敵機真可謂是天才方能做得到的事。黃色十四號的飛行員是馬塞里中尉，德國空軍排名第一的王牌飛行員[5]。

三、非洲之星的隕落

漢斯-約阿欽．馬塞里（Hans-Joachim Marseille）出生於一九一九年十二月十三日，是真正的柏林人。他在一九四一年以候補軍官身分，隨第二十七戰鬥機聯隊一大隊及其指揮官愛德華．紐曼上尉（Eduard Neumann）一起來到北非。在海外的第一次作戰經驗，讓他贏得為人極其冷靜的名聲。

在從的黎波里飛往格查拉、進駐未來的行動基地時，他的Bf 109發生發動機故障，被迫在離目的地還有八百公里遠的沙漠迫降。他的中隊繞著迫降地點飛行，直到他們確定他安全降落才繼續往東飛。

馬塞里孤身一人，先是搭了一輛義大利卡車半天的便車，他覺得這樣太慢了，便在一處機場碰碰運氣。但他的運氣不好，沒有人知道往班加西或德納的飛機會不會來、什麼時候會來。最後，他在通往前線的幹道上，想辦法找到了負責一座物資站的將軍，並想辦法說服對方說他是個「小隊長」，隔天必須前往行動基地，能不能請將軍派一輛快車送他。

這位年輕人的熱情和厚臉皮說服了將軍，讓他把自己的歐寶上將（Opel Admiral）專車連同司機一起借給了馬塞里。將軍最後還對他說：「馬塞里，去擊落五十架敵機，你欠我的人情就算扯平！」

經過一夜驅車前往，他隔天乘著將軍的專車高調地出現在格查拉機場。中隊長格哈德．霍穆中尉嚇了一跳，中隊必須在班加西降落過夜，兩個小時前才抵達格查拉。馬塞里「用走的」行了八百公里路，居然幾乎和開著Bf 109的隊上其他人一樣快。

這一路上還發生了另一個相當經典的插曲。專車沒油了，馬塞里便把握機會分攤一點油錢。當收銀的財務士要在他的薪俸簿上蓋章時，他卻出聲抗議：「請不要蓋那裡！那邊一定要留著。」那是用來記錄授勳的頁面，上面已經記有一等鐵十字勳章了。

「你覺得還能拿到比一等鐵十字勳章更高的榮譽嗎？」收銀員問他。

「當然。」財務士替它留了超大的空間，並微笑著說：「這樣你就有空間放橡葉、佩劍什麼的啦！」

馬塞里這時二十一歲，自稱是「全空軍最老的候補軍官」。他本來早就該升少尉了，但他的個人檔案裡總是寫滿各種不利的紀錄，害他到這時還是個候補軍官。像「訓練時行為不檢及惡作劇」和「違反飛行規範」這樣的字句，在作戰部隊指揮官眼中是非常刺眼的。而這些指揮官一個個又在他的檔案裡加上了更多「飛行不檢」的奇妙佐證。他一直擺脫不了惡名，造成每個新的主

---

5 譯註：德國空軍有多位擊落數勝過馬塞里的人，但全都是在東線戰場面對飛機性能與飛行員水準較低的蘇聯空軍取得，一九四二年夏天此時尚無人超越他的紀錄。

官對他都不信任，甚至在他於英吉利海峽上空初次擊落英國戰機而證明了自己的實力後，這個問題還是陰魂不散。

他現在來到非洲，希望能證明自己是個優質戰鬥機飛行員。他在托布魯克上空拿下中隊（第二十七戰鬥機聯隊三中隊）在新戰場的第一架戰果，對方是一架颶風式戰機。雖然這算是個好的開始，但他實在太沒耐心了，總是直直衝進入英軍機隊內，然後開著破破爛爛的飛機返航。

他每次都很幸運。有一次才剛把身體往前傾，一發子彈就打中了他的皮革頭盔；他在托布魯克上空的另一次纏鬥，被逼迫降在三不管地帶，但卻成功逃回德軍防線。後來有一次發動機中彈、機油噴得擋風玻璃上到處都是，讓他看不到前面，卻成功回到基地迫降。他的大隊長只好把他叫來開導一番。

「你之所以還活著，」紐曼說，「是因為你的運氣比你的常識要好。但可不要以為你可以永遠這樣下去。一個人過度依賴好運，就像把飛機操到超過極限，遲早要出事的。」

紐曼上尉很清楚這個年輕人擁有超乎常人的潛力和戰鬥精神，但他不修邊幅、缺乏紀律的特性也很令人頭痛。紐曼認為不應該打擊馬塞里，而是要教導他，讓他在具備勇氣的同時也擁有一點謹慎。「你有成為頂尖飛行員的潛力，」他補充道，「但若要成為真正的王牌，你需要時間、成熟處事與經驗。繼續這樣下去，你絕對沒有這樣的機會。」

馬塞里聽進去了，並承諾他會聽話、努力加強自己。只是他實在是懶得改變自己發動攻擊的模式。他不喜歡訓練時教他專注在繞到敵機後面的那一套，而是覺得飛行員對飛機應該要有足夠的了解，可以從任何角度瞄準敵機。也就是說，除了平直飛行之外，在轉彎時、爬升時甚至是滾轉機身時，飛行員都應該要能擊中目標。

少有飛行員能像他這樣。以上狀況下，他們是打不中敵機的。但他擁有優異的時間感與距離感。經過大量練習之後，他得以算出正確的目標偏移量。當第三中隊任務後返航，他常常會請中隊長准他脫離編隊，然後對隊上其他隊友發動假想攻擊，以便練習從不同角度瞄準目標。

他花了一九四一年的整個夏天磨練戰技。就在九月二十四日這天，他終於嘗到了努力的成果，在一天之內擊落五架敵機。早上擊落一架馬丁馬里蘭轟炸機（Martin Maryland），下午在哈法雅山口（Halfaya Pass）與西迪巴拉尼（Sidi Barrani）之間長達半小時的纏鬥中擊落四架颶風式戰鬥機。他和他的小隊一次又一次衝進英軍機隊，將敵機打得潰不成軍。他在一次從防禦圈編隊中驅逐敵機的行動成功後繼續追擊，並在西迪巴拉尼上空拿下了第二十三架的擊落數。

大雨讓德軍的戰鬥機基地泡在水裡，之後又有英軍一九四一年的秋季攻勢，把隆美爾一路推回他一開始發起攻勢的地方。馬塞里仍然繼續飛行，到了一九四二年二月，他已經擊落了四十八架敵機，還因此獲頒騎士十字勳章。他在四月升為中尉，六月初接下第三中隊的中隊長。赫穆上尉也同時接下一大隊，紐曼少校則接管第二十七戰鬥機聯隊。此時的聯隊已經擁有完整的戰力，可以支援隆美爾的重要攻勢了。

隨著馬塞里武運昌隆，他的黃色十四號座機也成了隆美爾手下德義聯軍的傳奇。前面已經提過，他在六月三日的十二分鐘內，擊落了南非中隊的六架寇蒂斯戰斧式戰鬥機（Curtiss Tomahawk）[6]，使第三斯圖卡聯隊的Ju 87可以繼續發動對比爾哈凱姆的攻擊。雖然他們的炸彈擊

6 譯註：即英軍與蘇軍版的P-40戰鷹式。

中了目標，這座位於英軍格查拉線的南面要塞卻憑著加總約一千兩百個單位的機槍陣地、野戰砲、戰防砲、防空砲，而躲過被攻陷的命運。隆美爾的攻勢都受到這裡的威脅，因此每天打電話去找非洲航空部隊總司令霍夫曼·馮·瓦爾道中將（Hoffmann von Waldau），要他再多派俯衝轟炸機部隊過來。

敵人也很清楚此戰風險很高。寇寧漢少將（Arthur Coningham）把英國沙漠航空軍的戰鬥機、戰鬥轟炸機和轟炸機都拿來對付德國攻擊機與其基地。西格爾的第三俯衝轟炸機損失慘重，一週內損失了十四架Ju 87。最糟的是，德軍的攻勢還因為地面部隊未能以足夠的兵力跟進而總是失敗。於是，瓦爾道中將憤而向凱賽林報告，說由於陸軍配合不佳，俯衝轟炸攻擊根本毫無意義，只是在浪費兵力。

凱賽林飛去找隆美爾抱怨。隆美爾把沃

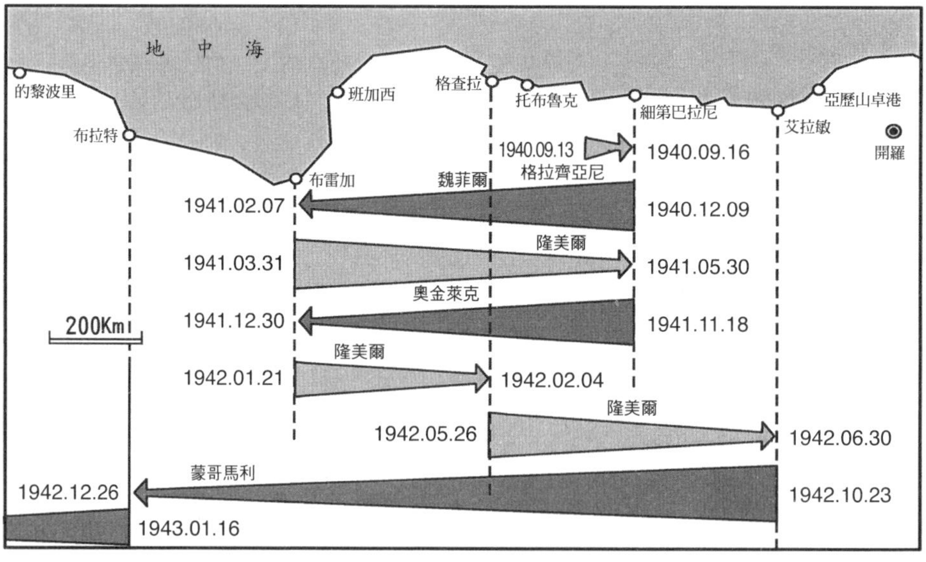

北非戰場的鐘擺　德義聯軍與英國部隊間的作戰互有勝負，雙方你來我往長達兩年之久。直到1942年秋季，蒙哥馬利終於將隆美爾逐回利比亞，此役也決定了德國非洲軍敗亡的命運。

茲上校（Alwin Wolz）的第一三五高砲團，從原本負責在德軍東面側翼擊退英軍裝甲攻勢的任務，轉為支援空軍。這招還是無效後，他逼得從北面的主力推進部隊裡抽出作戰單位，把他們轉投入這個在「沙漠裡的漩渦」。

地面攻擊終於有成效了。六月九日，就在德義兩軍發動攻勢一整晚之後，斯圖卡又前來轟炸比爾哈凱姆了。這座要塞北邊兩公里處的砲陣地遭到重創，那天晚上瓦爾道向隆美爾報告：「我們已經為了支援你的陸軍，而對比爾哈凱姆出擊了一千零三十架次。」可是第二天，所有可用的轟炸機部隊還是得發動三波攻擊。為了補充轟炸機部隊，凱賽林還從希臘和克里特送了第一教導聯隊的Ju 88大隊過來。

第一波攻擊由於飛行員無法區分陷在煙霧與沙塵中的部隊到底是敵是友，而不得不作罷。但到了中午與下午，另外兩波攻擊來了，第一波有一百二十四架Ju 87，第二波有七十六架Ju 88。一共有一百四十噸的炸彈投放在勇敢的法國人陣地上，這次炸得很準。在沙塵落定之前，步兵與工兵單位就先開始突擊。

為了保護轟炸機，空中有一百六十八架梅塞希密特戰機，這時噴火式正好第一次出現在非洲戰場。馬塞里又一次擊落四架敵機，將個人戰績提升至八十一架。空戰期間，區尼希將軍和他的部分守軍衝出了要塞，並一路突破前往英軍陣地。第二天六月十一日早上，比爾哈凱姆陷落了。

隆美爾終於保住了後方。接下來三天，他往北沿著英軍格查拉線的後方推進。到了十四日，里奇將軍只得把手下的各師往後撤。馬馬利卡戰役終於結束，大英國協的部分部隊撤往托布魯克，大部分則繞過比爾哈凱爾，快速地往更東邊的地方撤退。隆美爾故意忽略左翼還沒攻下的托布魯克，開始追擊棄甲逃亡的敵軍，一直推進前往埃及。

馬塞里和他的第二十七戰鬥機聯隊三中隊也以自己的方法施壓。他前一週才從凱賽林手上獲頒鑲有橡葉的鐵十字勳章。現在他每天都參與作戰，每次都開著那架黃色十四號座機。他曾開玩笑地對機工長保證，只要他的飛機每天早上都保持絕佳狀態，他每擊落一架敵機，就要分給地勤五十里拉。但軍械士舒爾特（Schulte）卻很好心地提醒：「長官，還是算了吧，這樣您會破產的！」

他現在擁有如夢似幻般的精準度，飛機好像會自動且立刻回應他的每個指示，讓他可以專心在對手身上。現在只要進入交戰，他的對手就很少能安全脫身的。在阿頓（El Adem）附近撤退的英國陸軍上空，馬塞里在六月十五日一天內擊落了四架敵機。這樣一來他累積擊落九十一架，聯隊裡已經開始賭他什麼時候會破百了。

「約恆（約阿欽的小名），你什麼時候會拿到勳章上的佩劍啊？」有一天晚上，一位同伴這樣問坐在一旁的中隊長。

「後天中午，」馬塞里笑著回答。如果是其他人，這只是無恥的吹牛，但「我們的約恆」（他們如此稱呼這位瘦削的金髮年輕人）並未被成功沖昏頭。聯隊長以下的人都很愛戴他。

第二天早上，第三中隊飛了兩趟任務，但都沒遇到敵人。下午他們又做了一次戰鬥巡邏，隨後預定要在新奪回的格查拉機場降落。當地勤人員於當日晚間抵達時，他們遇到了馬塞里的僚機波特根上士，他正開心地大喊：「他又擊落四架了！」

波特根身負替中隊長計算戰果、確認敵機墜毀與時間的任務，因此被隊友戲稱為「空中計算機」。事實上，他也常常警告馬塞里後面有敵機，因而救了他一命。馬塞里轉而投桃報李，在類似的狀況下救他的僚機一命。現在馬塞里還有一天的時間可以完成承諾，他的成績現在已經來到九十五架了。這時第二十七戰鬥機聯隊的士氣達到最高點。

十七日，聯隊又被叫去做另一次戰鬥巡邏，希望能攔截英國派來騷擾德國陸軍前鋒部隊的低空攻擊機，尤其是第二十一裝甲師那邊。英軍攻擊了格查拉機場，破壞了第二十七戰鬥機聯隊的七架Bf 109。

一二三五時，馬塞里的小隊回來了，並從基地上空低空飛過、搖晃機翼三次。接著又繞了一圈，然後再搖晃三次。這代表馬塞里達成了驚人的成就，擊落了第一百零一架敵機。

大家丟下手上的東西，衝向降落後正在滑行的戰鬥機，準備把馬塞里拖出來，扛在肩膀上抬進基地。他的機工長梅耶是第一個爬上機翼的人，但就在梅耶打算解開安全帶時，馬塞里卻一臉愁容地把他推開。他一臉死灰、沒有血色，整個人彷彿變成了石頭。等他終於慢慢爬下飛機，眉宇間也滿布汗水。大家發現他快要站不住了。長時間飛行、戰鬥、殺敵，一直沒有休息，他的體力已經到了極限。

他最後用還在顫抖的手抽了根煙，勉強算是變回了大家認識的那位瀟灑的年輕戰鬥機飛行員。但等他去找聯隊長報到時，紐曼少校卻對他說：「你現在馬上休假！」

馬塞里試著抗議，現在他們正面對著托布魯克、攻勢的關鍵時刻，每個人都很重要，怎麼能選這個時候缺席？紐曼非常堅持：「你走吧！更何況元首本來就要你去他的總部接受勳章上的佩劍。」

承德納的財務官所言，他的薪俸簿上還有空間。他離開了兩個月，可是才過了一晚，北非的戰事就發生了決定性的變化。

——

在一九四二年六月十七日攻下英軍的阿頓要塞之後，義大利的「公羊」裝甲師（Ariete）和非洲軍繼續往埃及推進。隆美爾把還沒攻下的托布魯克留在後面，可是他一定要先占領坎布（Gambut）以及當地的皇家空軍基地。

軸心國在六月十八日攻破此地，逼得英軍的機場人員在最後一刻逃離。現在敵軍正面的空中抵抗力沒了，隆美爾馬上轉過頭來，攻打身後的托布魯克。

這次的攻勢與空軍的攻擊同步進行。〇五二〇時，第三斯圖卡聯隊的Ju 87發動了第一次俯衝攻擊。炸彈炸開了東南方的鐵絲網防線，並在地雷區炸出一道寬一公里的窄道。德義兩國步兵馬上從窄道衝了進去，第一教導聯隊的Ju 88也開始轟炸德軍前鋒面前的砲陣地。他們後面還有第二十六重戰機聯隊三大隊的Bf 110，負責以機砲掃射機槍與戰防砲陣地。

接著輪到格蘭迪涅提上校（Grandinetti）手下、隸屬於「東部隊」（Settore Est）的飛雅特CR 42戰鬥轟炸機登場了。最後在第一波攻擊的一個半小時之後，斯圖卡又回來了。攻勢持續「癱瘓」軸心國地面部隊狹窄的攻擊區周邊。煙霧彈同時標示出最遠的推進地和側翼位置，同時還做出指引性的射擊，用來指示空軍攻擊的目標。

歷經艱苦的近距離交戰後，外層防線崩潰了。到了〇八〇〇時，工兵開始在寬廣的戰防壕上架橋。到了中午，戰車已到達西迪馬穆德（Sidi Mahmud）的路口，隆美爾也開始準備突破托布魯克要塞的核心了。

德國空軍現在轉而攻擊皮拉斯垂諾（Pilastrino）與索拉羅（Solaro）兩座堡壘、機場，以及港口裡的船隻。這裡的守軍司令是南非的克羅坡將軍（Hendrik Klopper），他被德軍炸得不得不離開指揮所，並且失去了與部隊的聯繫。那天晚上，他向開羅報告，說陣地守不住了。第二天早上，隆美爾以勝利者之姿開入托布魯克，克羅坡則於〇九二〇時投降。一九四一年，托布魯克承受了整整二十八週的攻勢，但在一九四二年只撐了二十八小時就被攻陷了。

現在隆美爾已升為元帥，正站在自己名望的頂峰。他手下的部隊雖然已經連續作戰了四週，卻無法喘息。隆美爾繼續要他們往東推進。他想前往開羅並取得完全的勝利，而現在似乎就是最好的時機。

六月二十六日，就在非洲軍兵臨城下，來到瑪莎馬楚（Marsa Matruch）時，前面提過的「馬爾他與開羅」的爭端便發生了。在西迪巴拉尼那場著名的「元帥會議」中，隆美爾在凱賽林和義大利元帥巴斯提科（Ettore Bastico）與卡瓦列羅面前，提出要在十天內推進至尼羅河。

凱賽林不同意這樣的看法。從他看來，如果要繼續推進，就要先解決補給線的問題。他說：「空軍非常需要休息。我的飛行員都累了，他們的飛機也需要修理。身為空軍，我認為急著攻打一個仍擁有完整空軍基地的敵人，是十分瘋狂的舉動。考慮到此役中德國空軍必須扮演重要的角色，我光是這一個理由就必須反對繼續往開羅推進。」

隆美爾再次強調他的立論。名義上有指揮權的巴司提科和卡瓦列羅都同意他的說法，因為兩人背後的墨索里尼是支持隆美爾的。墨索里尼已經準備前往非洲，他一心只想騎著白馬，帶著他的軍隊進入開羅。希特勒也命令凱賽林不要再爭辯，而命運也就這樣定下了。

第二十七戰鬥機聯隊指揮官紐曼少校寫道：「整體的規劃看起來是要讓陸軍快速推進。我們的地勤不足，根本跟不上。」

即使如此，非洲軍航空部隊司令還是把手下所有的部隊都投入了瑪莎馬楚與艾拉敏戰役。第一教導聯隊攻擊了英軍的補給站，第三斯圖卡聯隊則以在後方移動的部隊為目標。第二十七戰鬥機聯隊的作戰日誌是這樣寫的：「六月二十六日，前往西迪巴拉尼的戰鬥機相當忙碌。但聯隊在這裡只有一輛加油車。飛行員還得餓著肚子出勤。」

到了晚間，科納少尉（Korner）擊落了五架敵機，史塔施密特（Stahlschmidt）和許羅（Werner Schroer）兩位少尉則各擊落三架。第二天早上，戰鬥機又被派往更遠的比爾埃阿斯塔（Bir El Astas），兩天後又到更遠的福卡（Fuka）。但這時整個大隊已經因燃料短缺而無法起飛了。

同時，皇家空軍現在已可從精心完工的埃及基地起飛，因此其攻擊力越來越強。攻勢推進得越遠，德國空軍在敵軍低空戰機手上承受的損失就越嚴重。

六月三十日，德軍駐福卡的轟炸機和俯衝轟炸機因為嚴重沙塵暴的關係，而無法起飛支援對艾拉敏的攻擊。隆美爾努力了三天，他的兵力耗盡，不得不轉為守勢。他在八週後發動的最後一次攻勢必然會失敗，而當蒙哥馬利將軍在一九四二年十月二十三日發動攻勢時，北非的鐘擺終於往西邊擺了。

——

馬塞里這時已二十二歲，他成了德國空軍最年輕的上尉。他在八月二十三日回到自己的單位，並再次重回第二十七戰鬥機聯隊三大隊的中隊長之位。隊上的人都很高興見到他，負責做紀錄的紐曼中士也把鉛筆削尖了。馬塞里對他笑著說：「希望能讓你有事好忙。」

接下來的一週什麼事都沒發生。然後在九月一日，也就是隆美爾最後一次試著從大幅強化的敵人手裡搶過主導權時，前線的航空活動頓時恢復到過去熱鬧的程度了。馬塞里帶著他的中隊出擊三趟，在〇八二八時與〇八三九時擊落兩架P-40和兩架噴火式；一〇五五時和一一〇五時，在護航阿蘭埃海法（Alam El Haifa）的斯圖卡機隊時擊落八架P-40；最後，又在一七四七時與一七五三時之間，於伊馬易（Imayid）再擊落五架P-40。

一天內擊落十七架敵機，是歷史上的最高點，使馬塞里上尉成了無庸置疑的世界最強戰鬥機飛行員。不論戰後有許多的擊落數字受到質疑，英軍在八月三十一日到九月二日間的官方損失數字，都比德軍在這四天宣稱擊落的數量還要多。

在這個月初，馬塞里的名氣更超越了隆美爾。他在九月三日收到了德軍最高榮譽[7]：鑲鑽橡葉寶劍騎士鐵十字勳章。他在二十六日遇到一位幾乎和他旗鼓相當的噴火式飛行員，他花了十五分鐘纏鬥才好不容易擊落對方。這是他擊落的第一百五十八架敵機，也是最後一架。

九月三十日一〇四七時，他帶著中隊裡的八架Bf 109起飛，在護航俯衝轟炸機的任務中負責擔任高空巡邏。他們沒有遇敵，但在返航時，他的駕駛艙開始冒煙。他把排煙裝置打開，結果卻有更多濃煙飄了進來，是發動機著火了。

「易北一號呼叫，」他的聲音在無線電上傳來。「駕駛艙內有大量煙霧，我看不到外面。」

7 譯註：鑲鑽石金橡葉寶劍騎士十字鐵十字勳章此時尚未問世，因此這在一九四二年時仍是德軍最高階的勳章。

中隊飛機全都靠了過來，他過去的僚機波特根負責替他指路：「往右一點，對了。機頭拉一下……很好。」

馬塞里繼續說他看不到東西，波特根也繼續幫他帶路：「離艾拉敏只有三分鐘……兩分鐘……再一分鐘就到了。」

他們終於來到友軍領空了，但馬塞里卻說：「不行，我要跳傘。」他把飛機翻了過來，把座艙罩拋棄，他也跟著跳出機外。隊友驚恐地看著他往下掉，降落傘沒有張開。馬塞里宛如石頭般往下掉，並於一一三六時落地。第二十七戰鬥機聯隊一大隊的大隊長路德維希·法蘭西茲凱上尉（Ludwig Fransizket）聞訊馬上驅車前往，並從沙漠取回他倒下的同袍遺體。

驗屍後發現，他沒有拉開傘拉繩。馬塞里在要開傘時可能已經失去意識了，因為他的胸部有個相當大的傷口，說明他撞上了墜落的飛機機尾。

大家很難相信這位前途無量的年輕飛行員，他的軍旅生涯居然就在名聲處於顛峰時刻畫下句點。原因卻不是在交戰中陣亡，而是意外死亡。

總結與結論

一、德義兩國前往北非的運輸船團，在一九四一年秋季遭遇毀滅性的損失，迫使德軍最高統帥部再次於西西里島部署航空軍。一九四二年年初，第二次馬爾他之戰爆發後，船團的狀況馬上獲得了改善。該島被攻擊的狀況越嚴重，能送到隆美爾手上的物資就越多，最後使他得以從格查拉的陣地出發進攻。

二、雖然比較合乎邏輯的結論是以空降與兩棲部隊占領馬爾他，但這樣的行動雖有建立計畫，卻一直沒有執行。最適合發動此行動的時間點是一九四二年四月的強大轟炸結束後，但德軍沒有把握這個機會。希特勒雖然把此行動的指揮權交給義軍，但他同時並不相信義軍能成功完成任務。隆美爾最後終結了「大力士行動」的概念，他相信只要他快速攻下托布魯克，就能一舉攻到尼羅河。

三、為了做到這點，隆美爾要求整個地中海所有的德國空軍部隊都要來支援他，而他也得到了這樣的兵力，但他從未攻進開羅。這時不再受到打擾的馬爾他迅速復原，造成隆美爾在海路損失的物資再次增多。北非的局勢至此已成定局。

四、在轟炸馬爾他的過程中，以大編隊而非連續的俯衝轟炸（此時仍為德國空軍參謀總長顏雄尼克所主張的戰術）攻擊機場與港口設施等關鍵目標的作法，顯示出明顯的優勢。雖然被空襲的是軍事目標，但馬爾他是二戰中第一個遇到「地毯式轟炸」的地方。

第九章　大西洋與北冰洋海空戰

一、大西洋之戰

三架He 111正在北海海面上低空往西飛，機尾的氣流掠過海面，飛行員緊張地專心駕駛，避免一個分心摔入水中。在飛機的快速飛行下，海水就像是石頭般堅硬。

他們之所以飛得這麼低，是為了躲在英國雷達波偵測不到的低空，進而取得奇襲優勢，以便攻擊據報於中午離開朋特蘭灣（Pentland Firth），現在正沿蘇格蘭海岸南下的船團。秋天的太陽已經西下，連暮光也逐漸消去。天空只剩西半邊還是亮的，這是對他們有利的狀況——轟炸機可以從黑暗的水平線發動攻擊，直到最後都能保持奇襲優勢。

帶頭的He 111上，第十航空軍參謀長哈令豪森少校是該機的觀測手兼指揮官。他身邊的飛行員是他的作戰官羅伯．科瓦列夫斯基上尉。這三架飛機是第十航空軍的參謀分隊，是德國空軍特有的單位。它們屬於漢斯．費迪南．蓋斯勒中將指揮，直到此時都和先前一樣，以攻擊英國的船運為任務。但航空軍的幹部可不是「坐辦公桌的」。他們親自指揮攻擊，因此他們向各聯隊與大隊要求的，全都是自己也有準備要動手執行的任務。

哈令豪森發明了一種特殊的戰術用來攻擊敵軍艦艇。他把這種戰術稱作「瑞典燕青法」。這種方法取自舊時代的海軍原理。一艘船的正側面擁有最大的截面積。飛機飛得越低，目標看起來離水面就越高，其剪影在水平線上也會越顯眼。最後這一點尤其適用於黃昏時分，但在星光或月光明亮的夜間也適用。

他們在金奈德岬（Kinnaird Head）東北方約二十海里處發現船團，馬上進入與船團平行的路線，以便規劃攻擊。

「我們攻擊左邊數來第四艘船，」哈令豪森說。這艘船最大，由於船體龐大、船尾與中央都有巨大的上層結構，看來這是艘油輪。科瓦列夫斯基往左傾向船團。「哈令，我看不到。」

「往左再修正十度，」上司糾正他。科瓦列夫斯基頭朝前趴著，幾乎是貼在玻璃上，因此可以完全專注在目標上；飛行員則在他身後忙著其他事情。兩人已在一起練習過好幾個月，可以馬上瞭解對方的意思並作出反應。

「現在目標就在你正前方，」哈令豪森說。他十分冷靜，因為他的「瑞典蕪青法」早在先前西班牙內戰中經過實戰驗證。當時他使用的是舊型的He 59，只能用在低空奇襲，否則會太早被發現並遭到擊落。

現在He 111以約三百公里的時速接近目標，高度則是在四十五公尺左右。維持這樣的低空高速飛行需要練習，因為氣壓式高度計在這樣的高度非常不準確，常常會顯示飛機是飛在海平線下。但在哈令豪森的計算，高度卻是十分重要的因素。炸彈在前三秒會分別落下五、十五至二十五公尺，或是一次落下四十五公尺。這段時間內，He 111會前進兩百四十公尺，因此為了命中目標，這個距離就是要投彈的時機。三秒內，炸彈損失的動能可以忽略，它們會先飛在轟炸機下方，然後呈弧形軌跡落下。

油輪的輪廓越來越大，船員還不知道自己正要被攻擊。科瓦列夫斯基直接瞄準上層結構，其下方就是輪機室。轟炸機每秒前進八十公尺，目標的甲板、駕駛台和桅桿越來越清楚。最後在兩百四十公尺處，投彈信號發出，四枚兩百五十公斤炸彈緊密地投下。由於哈令豪森將投彈間隔調整至最短，炸彈落下的間隔大約是八十公尺。這樣應該至少有一枚炸彈會擊中目標。

三秒後，He 111機飛過油輪上空，炸彈也幾乎同時擊中，但要過八秒後才會引爆，讓飛機可以飛到安全的距離以外。油輪爆炸了，火焰也吞噬了整個船身。

就在轟炸機繞一圈回來時，他們看到著火的石油正從油輪漏了出來。根據船團的無線電通話，這是一艘八千噸級油輪。第二架He 111機上載有一支監聽小組，正聽著同一個頻道上的對話。

船團的護衛艦提升警戒，但哈令豪森無視於朝他射來的曳光彈，仍然用右掛架上的炸彈攻擊一艘貨輪。

在一九四〇年一年內，他和他的飛行員有三次成功在一趟任務內擊沉兩艘船，方法就是分別使用兩側的炸彈掛架。到了九月，光是這一架飛機就宣告擊沉了至少十萬噸的船隻[1]。但在那之後，情況就越來越難了。船團的防禦開始加強，接近船隻的行動每個月都變得更困難。雖然第二十六「雄獅」轟炸機聯隊受過低空攻擊訓練，並以混凝土炸彈在挪威峽灣內練習過，但戰果仍然有限，而且損失越來越多。

到了一九四〇年十月，他們又取得了成功。少數可用的四發動機佛克沃夫Fw 200型轟炸機從別的地方調了過來，在波爾多成立第四十轟炸機聯隊一大隊（I/KG 40），負責在大西洋遠方執行武裝偵察任務。十月二十四日，在一次這樣的任務中，伯恩哈德·約普中尉（Bernhard Jope）動手攻擊四萬兩千三百四十八噸的大英帝國女王號（RMS *Empress of Britain*），該船此時正在愛爾蘭西邊約六十海里處運送部隊。他俯衝時並未從側面攻擊，而是從船尾。炸彈在上層結構中爆炸，造成輪船失火。英軍試著拖航該船離開，但兩天後它又被以無線電叫來的U-32號潛艦在耶尼許少尉（HansJenisch）的指揮下以魚雷擊沉。

接下來我們快轉到一九四一年二月九日。波爾多-梅里尼亞（Bordeaux-Mérignac）機場上有二十具發動機正在暖俥，卻只有五架飛機。這是五架四發動機Fw 200「兀鷹」式偵察機。

早上六點，第四十轟炸機聯隊二中隊（2/KG 40）的中隊長弗利茨・費利格上尉（Fritz Fliegel）正在起飛，後面還跟著阿當（Adam）、布希荷茲、約普與史洛瑟（Schlosser）四位中尉。沉重的飛機不情願地離開地面，機身與翼內的油箱都加滿了大約七千五百公升的燃油。每架飛機上一共有六位機組員：正副駕駛、兩位通信士、機工長，還有一位後機槍手。

機上只載了一千公斤的炸彈。雖然Fw 200是德國空軍最重的機型，但從來不是針對轟炸任務設計的，是源自民航機改裝過來的。德國真正的長程轟炸機是He 177，而這時它還在進行徒勞無功的測試。考慮到兀鷹式的改裝性質與數量的稀少，這些機組員運用此型機的成就確實相當驚人。

費利格帶著他的中隊往西南方飛，因為他們的目標有點遠，是在大西洋的深處、介於葡萄牙與亞速群島之間。前一天晚上，U-37號潛艦艦長尼可萊・克勞森少尉（Nicolai Clausen）遇到一支從直布羅陀離開、正要前往英格蘭的英國船團。這算是相當走運，過去船團常常會繞一大圈避開德國空軍與海軍在法國海岸建立的潛艦基地。U-37一面跟蹤這支船團，一面將位置透過潛艦部隊司令鄧尼茲上將轉給在波爾多的第四十轟炸機聯隊。二月九日一早，U-37發動攻擊，擊沉貨輪庫

---

1 原註：戰爭第一年，從一九三九年九月三日到一九四〇年八月三十日，德國空軍宣稱擊沉了排水量一百三十七萬六千八百一十三噸的船隻。但戰後盟軍公布的數字卻顯示這段期間他們只被德國的航空攻擊擊沉約四十四萬噸。

爾蘭號（*Courland*）和埃斯崔拉諾號（*Estrellano*）。然後克勞森與目標保持接觸，持續回報船團的位置。現在只剩下轟炸機隊何時會到達而已。

兀鷹式飛了六個小時後，於中午抵達，發現船團在里斯本西南方約四百海里的地方。費利格分配目標後開始攻擊。他之所以需要分配目標，正是說明了這款機型的過渡特性。此機型無法像重型轟炸機可以在高高度水平投彈，機上沒有像樣的投彈瞄準器。所謂的「垂直望遠鏡7D型」（Lotfernrohr 7D）瞄準器還要過很久才會裝備。費利格得把笨重的飛機下降到海面上的低空，然後再轉向選擇的目標船隻，試著從側面接近，盡量取得最大的目標截面積。

費利格在距離四百公尺、高度約五十公尺處投下四枚兩百五十公斤炸彈中的第一枚。機工長也同時在機腹的機槍位置開火射擊，以火力壓制敵船的甲板位置，阻止高砲組員前去就定位。幾秒後，Fw 200從船桅上方掠過，這目標可真大！阿當中尉的機翼油箱在接近時中彈，幸好沒有起火。汽油從一處和橘子差不多大的洞裡漏了出來，逼他馬上回頭，想辦法飛往海岸。

其他飛機則再行攻擊。布希荷茲是第四十轟炸機聯隊的「王牌」之一，他驚險錯過瞄準中的貨輪，炸彈則在舷側精確地引爆。費利格和史洛瑟分別擊中目標兩次，約普則擊中一次。他們一共擊沉五艘貨輪：英國籍的侏羅號（*Jura*）、達格瑪一號（*Dagmar I*）、瓦爾納號（*Varna*）和布列塔尼號（*Britanic*），以及挪威籍的泰攸號（*Tejo*）。最後U-37回來了，並再擊沉一艘商船。

HG 53船團離開直布羅陀時的十六艘商船雖然有九艘護航艦保護，但至此已損失了一半。除非其餘船隻能採取迴避動作，否則英國海軍部只能作最壞的打算。他們最後決定下令採取極端措施，讓各船散開，分別前往目的地。

德軍取得的戰果被誇大了許多。根據德國空軍指揮情報部第五二〇、五二一號機密戰報，第四十轟炸機聯隊二中隊回報擊沉六艘船，計兩萬九千五百噸，還有三艘計一萬六千噸的船隻受損。連有經驗的海軍飛行員都很難從空中估計船隻的大小了，尤其是在注意力都集中在攻擊的時候。史洛瑟把兩千四百九十噸的不列塔尼號說成了六千噸，費利格則把九百六十七噸的泰攸號說成了三千五百噸。事實上，這時往返直布羅陀只有一千噸到三千噸的商船。

不論如何，兀鷹偵察機還是擊沉了五艘船，共九千兩百噸，而且擊沉的船隻數量與噸位其實沒有那麼重要。他們的成果最主要的價值，在於這是第一次空軍與潛艦合作取得戰果。雖然在這次案例中，雙方的立場和原本官方上的作法是相對的。正常來講，應該是由飛機負責找到船團，並由潛艦攻擊。即使如此，鄧尼茲還是把這次成功當作是往好的方面發展的徵象。或許他的潛艦從今以後終於能得到更好、範圍更廣的情報，而不必浪費許多精力進行徒勞無功的搜索了。

一九四一年三月中，鄧尼茲在羅希安（Lorient）見了新任大西洋航空指揮部（Fliegerführer Atlantik）司令——馬丁・哈令豪森中校。他說：「用陸地上的狀況來比對我們的問題的話，大概就是這樣：敵軍船團在漢堡，我最近的潛艦在奧斯陸、巴黎、維也納和布拉格，每艘船都只有最多二十海里的視野範圍。除非有偵察機指引，不然他們怎麼可能找得到船團？」

———

這個問題幾乎和二戰的時間相同，而以Fw 200來做長程偵察機的想法早在一九三九年秋天就有了。提出這個想法的人，是第十航空軍的參謀、導航官彼德森少校（Petersen）。

兀鷹式偵察機是由庫特・唐克（Kurt Tank）設計，並於一九三七年七月首次試飛。自那時候起，Fw 200便多次打破長程飛行紀錄——花二十五小時從柏林飛到紐約；花二十小時從紐約到柏林；花四十六小時又十八分鐘從柏林飛到東京（中間當然都有降落加油）。在戰爭爆發、外銷中斷之前，兀鷹式的出口訂單才正在成長。這時德國空軍未能開發出四發動機轟炸機與偵察機已經是路人皆知的事實了，因此當第十航空軍向顏雄尼克建議拿Fw 200充當過渡機型時，他也同意了。彼德森先前曾以民航機飛行員的身分開過Fw 200，因此負責建立第一支試驗中隊。挪威戰役期間，該中隊確實飛了幾趟有用的偵察任務。

為了適應新的用途，佛克沃夫公司強化了機身，加入內建副油箱，並在主翼下方加裝了炸彈掛架，再加上機內必要的改裝，軍用版Fw 200C就問世了。兀鷹式還是看得出原本是民航機的外觀——結構過於脆弱、速度慢，生存能力差。原本的武裝是在駕駛艙上的砲塔內裝一挺二十公厘機砲，後機腹和機頂再各裝一挺機槍。這樣的武裝實在很難抵擋戰鬥機的攻擊。

然而，兀鷹式的航程確實相當優秀，尤其是在德國空軍因Ju 88未能達成原始承諾而大失所望的此時。就連「標準版」的Fw 200C都有一千五百多公里的作戰半徑，外加兩成的備用油，可以應付導航誤差、任務需要等等。若是加上副油箱，作戰半徑還可以提升到一千六百五十公里。長程版的兀鷹式以油箱取代炸彈，可以雙向進行兩千三百公里以上的一趟任務。十四到十六小時的長途任務也是稀鬆平常。

上述優點在彼德森中校新成立的第四十轟炸機聯隊一大隊，於一九四〇年夏天進駐法國西南部大西洋海岸時成了一大重點。第一與第二中隊進駐了波爾多-梅里尼亞，第三中隊來到科涅克（Cognac）。這些中隊可以從比斯開灣（Bay of Biscay）一路前往愛爾蘭西部執行武裝偵察任務，然後繼續飛往斯塔凡格-索拉或特倫漢附近的威爾涅（Vaernes）降落。偵察機會在第二天或第三天以相反方向重覆同樣的飛行。

雖然Fw 200充滿臨時應急色彩，德國空軍還是成功提供了潛艦部隊非常需要的遠程偵察能力。鄧尼茲在一九四〇年十二月三十日向最高統帥部報告大西洋的狀況時呼籲：「給我至少二十架Fw 200，專門只做偵察任務，這樣潛艦的戰績就會衝上去了！」一九四一年一月四日，德國海軍司令部又強調：「為確保海軍指揮中心可在大西洋達成有系統的作戰，需要建立完善的偵察體系。」

但在表面上冷靜的討論背後，針對誰應該握有Fw 200大隊最終指揮權一事，卻是場大混戰，空軍和海軍都想握有主導權。一月六日，希特勒親自裁決，下令「第四十轟炸機聯隊一大隊將由海軍總司令指揮」。他試圖安撫戈林的方法，就是把海軍拿去的第八〇六轟炸大隊還給他，這樣戈林就可以把該大隊的Ju 88轉給史培萊的第三航空軍團，用於英國的轟炸作戰。

這樣的安排雙方都不怎麼滿意。鄧尼茲雖然拿到了第四十轟炸機聯隊一大隊的指揮權，卻發現該大隊的兵力比他想像中弱得多。雖然大隊滿編時有二十到二十五架飛機，但通常一天可以出動的飛機最多只有六到八架。這又是改裝民航機的另一個問題，Fw 200很難適應軍事事應用所造成的耗損。這麼少的飛機怎麼可能達成潛艦司令想要的效果——把整片大西洋掃一遍呢？

一九四一年一月十六日，第四十轟炸機聯隊一大隊的一位中隊長費羅爾上尉（Verlohr）在愛爾蘭西邊發現了一個船團，並以「瑞典燕青法」擊沉兩艘船，計一萬零八百五十七噸。他與船團保持接觸好幾個小時，直到燃料不足、必須馬上返航為止。這時他既未能叫第二架Fw 200繼續追蹤，也沒辦法叫來潛艦攻擊。他們都太遠了。於是船團失去蹤影、夜幕低垂，第二天就找不到了。

同樣的事情在一月二十三日、二十八日和三十一日一再發生。每次他們發現一個大船團，然後每次飛機都被迫在潛艦到達前離開。不過這些飛機倒是每次都有擊沉船隻。事實上，武裝偵察機擊沉的數量從一月的十五艘、六萬三千一百七十五噸，上升到了二月的二十二艘船、八萬四千五百一十五噸。這是戰後盟軍的數據，當時德軍宣稱的戰果還要高上許多。

Fw 200的機組員為了成功完成長程任務，必須把他們的能力發揮到極限。他們是轟炸機訓練學校最頂尖的人才，只有佼佼者才能脫穎而出。他們還從資深的前德航飛行員那裡學了不少，因為民航機飛行員早已熟知盲目飛行與長途飛行的訣竅。戰果最為豐碩的是彼德森中校——他很快就會接掌第四十轟炸機聯隊，以及指揮大隊長與中隊長費羅爾、達瑟（Daser）、布希荷茲、約普和麥爾（Mayr）。最後兩位至今[2]還在漢莎航空（Lufthansa）擔任總機師。

然而不論個人表現有多出色，都無法掩蓋一個事實。只要可用的飛機還是一隻手就數得完，替潛艦提供有效偵察的主要工作就不可能完成。一九四一年，佛克沃夫Fw 200的每月產量只有四到五架，根本沒有增產。由於潛艦還是只能在廣闊的大海上瞎著找目標，羅希安的指揮所便常常可以聽到鄧尼茲和作戰官艾伯哈德·哥德中校（Eberhard Godt）有這樣的對話。

鄧尼茲：「今天有任何偵察架次嗎？」

哥德：「報告將軍，有。」

鄧尼茲：「幾架飛機？」

哥德：「報告將軍，一架。」

兩人說到這裡便會對看一眼，然後哀傷地笑一笑。手下擁有英國人最畏懼武器的鄧尼茲也只能聳聳肩而已。

哈令豪森於一九四一年三月成為第一任大西洋航空指揮部司令，負責將所有海上巡邏機集中在同一個指揮鏈之下，就連他也沒辦法改善這個狀況。戈林和顏雄尼克從一開始就爭取把海軍拿走的第四十轟炸機聯隊一大隊弄回來，希特勒最後也不得不收回成命，把兀鷹機部隊也交給新上任的航空部隊司令指揮。雖然空軍得了面子，替潛艦部隊司令提供偵察的任務仍維持不變。幾個月過去了，這支部隊的規模還是沒有成長。

鄧尼茲將離羅希安約二十公里的布蘭德恆城堡（Château Brandérion）指定給哈令豪森當指揮所，而哈令豪森手邊還有其他更重要的工作要做。首先，他要打擊從愛爾蘭海經英吉利海峽往泰恩河的船運，然後還要支援史培萊的第三航空軍團，一起攻擊英國的港口。

哈令豪森有很長的前線要顧，而他手下有以下這些單位：

波爾多：第四十轟炸機聯隊一大隊（Fw 200）、第四十轟炸機聯隊三大隊（He 111，後換裝Fw 200）；

荷蘭：第四十轟炸機聯隊二大隊（Do 217）；

布列塔尼（拉尼翁）：一個長程偵察機中隊，第一二三偵察機大隊三長程中隊（3 (F)/123）（Ju 88）；

三個海岸大隊，兩個配有Ju 88，最後一個還在使用He 115水上飛機。

2 譯註：指撰寫時的一九六〇年代。

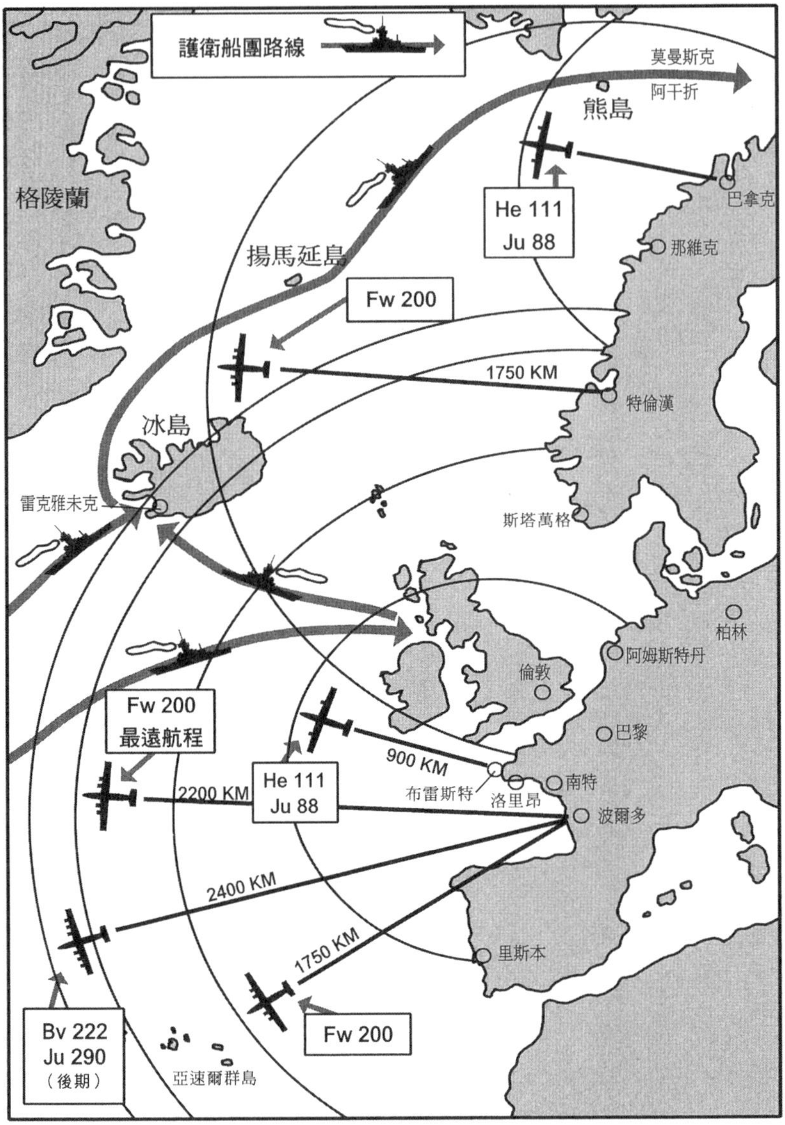

北冰洋海戰　由這張圖上可清楚看出德軍各式飛機在航程上的限制，導致空軍對盟軍運補船團攔截時的諸多不便。在各種飛機中，只有滯空時間長達 16 小時的 Fw 200 勉強可符合需求，但數量一直嚴重不足。船團一旦進入 He 111 及 Ju 88 轟炸機作戰範圍內的莫曼斯克海域，損失數遂急遽升高。

上述單位每天都在巡邏英國的海運航線，範圍從愛爾蘭海一直延伸到泰晤士河河口。他們不光回報船團的位置，也會親自動手攻擊。就算是史托克曼少校（Stockmann）手下那些「又胖又累的鳥」——過時、只能掛兩枚兩百五十公斤炸彈和兩挺前射固定機槍的He 115——從布雷斯特飛往布里斯托海峽（Bristol）攻擊船團也能拿出成果來。

到一九四一年春天，英軍的防禦加強了。他們的船團不但得到了更強的反潛護航艦，商船的輕型防空武力也大幅提升，這是德軍飛行員親自體驗到的。這時德軍的攻擊手法仍是以「瑞典蕪青」的方式低空攻擊。飛機必須從敵船船桅的高度掠過，因此會有一段時間十分脆弱。

根據大西洋航空指揮部參謀的說法，一開始，他們每損失一架飛機，可以擊沉三萬噸的商船。現在這個比例突然變了。他們的飛機必須面對高密度的高砲彈幕，再也無法到達目標。到了六月，部隊的損失實在太嚴重了，哈令豪森只能下令禁止由他於一九三九年引進的戰術。

英軍的反制措施也逼使潛艦放棄愛爾蘭與蘇格蘭之間的大好獵場。光是三月七日到四月五日，就有六艘德國潛艦在這裡被擊沉，連同它們優秀的艦長普利恩（U-47）、薛佩克（Schepek，U-100）一起沉到海底，只有克雷區默（Kretschmer，U-99）是當中唯一獲救的人。鄧尼茲把他的潛艦派到遙遠的西邊，以便在廣大的北大西洋上尋找目標，而這些地區大多都在Fw 200的航程之外。它們往西最多只能飛到西經二十二度，距離基地大約一千六百公里的範圍。

一九四一年七月中，海軍與空軍的合作又展開了短暫的篇章。鄧尼茲將他的狼群派去騷擾離開直布羅陀的船團。雖然這樣一來，交戰地就會又一次進入兀鷹機的作戰半徑內，但現在除非是偶爾對付落單的船隻，否則不僅不能再使用低空攻擊，連尋找船隻都得用望遠鏡在遠方進行。即使如此，他們在偵察上的表現還是改善了許多，可以在潛艦被護航艦趕走後，帶他們回到船團附近。

一九四一年九月，鄧尼茲又把潛艦派去了北方。整個十一月，兀鷹式執行了六十二次北大西洋偵察任務。雖然他們發現了五個船團，卻只成功追蹤其中一個船團兩天，其他之後都找不到了。十二月他們只出了二十三次任務，其中有一次追蹤了一個船團整整五天。大西洋航空指揮部作戰日誌中寫道：「不論如何，我們都把船團的位置轉達潛艦部隊，讓他們趕往現場。」

在這之後，海空軍的合作又中斷了。潛艦部隊前往地中海作戰，到了一九四二年一月，甚至被派到美國東岸。德國潛艦來到一個完全陌生的海域，面對全新的對手。第四十轟炸機聯隊一大隊這時也移到挪威的威爾涅（Vaemes），以監視自一九四二年起的援俄船團，也同樣踏進了全新的作戰海域——北冰洋。

——

在英吉利海峽沿岸，英軍自一九四一年年中以來，就一直持續以轟炸機發動攻勢，希望能吸引德國空軍從東線撤一些戰鬥機部隊過來。德軍在海峽沿岸僅有的兩支戰鬥機聯隊（第二戰鬥機聯隊「李希霍芬」和第二十六戰鬥機聯隊「史拉格特」[3]）仍舊獨自對抗這些攻擊。第二十六戰鬥機聯隊二大隊在一九四一年秋天換裝第一批量產的新型Fw 190戰鬥機。該機和Bf 109在防禦作戰上取得了相當優異的戰果。

這段期間主要有三件大事：

一、德國空軍在出擊兩百一十八個架次後，仍未能救出遭英國海軍追擊的俾斯麥號（*Bismarck*）戰艦（一九四一年五月二十六至二十八日）。

二、戰艦沙恩霍斯特號、格奈森瑙號與巡洋艦歐根親王號（*Prinz Eugen*）在優勢空軍掩護下，成功突破了英吉利海峽（一九四二年二月十二日）。

三、英軍與加軍企圖在第厄普（Dieppe）登陸，卻在遭遇嚴重損失、折損一〇六架英國轟炸機與戰鬥機後遭到德軍擊退（一九四二年八月十九日）。

一九四一年五月二十四日，巴黎的第三航空軍團司令部收到排水量四萬一千七百噸的俾斯麥號戰艦通知，說該艦想要在聖納捷赫（St. Nazaire）靠港。這時俾斯麥號已擊沉英國戰鬥巡洋艦胡德號。德國空軍接獲指示，要盡力確保俾斯麥號安全靠港。但該艦至少還需要兩天才會進入Ju 88與He 111轟炸機可以掩護的範圍，這時俾斯麥到底在哪呢？

五月二十六日是與該艦接觸的關鍵日，西北方有一波低氣壓鋒面帶來了強風暴雨，航空單位幾乎不可能前往當地執行任務。雖然哈令豪森的偵察機起飛前往當地，卻只飛進一片毫無視野可言的虛無空間當中。到了一五四五時，有一架Fw 200看見英國戰艦羅德尼號與數艘驅逐艦。但附近的旗艦喬治五世號（HMS *King George V*）卻完全隱藏在低空雲層下，而Fw 200不像英國長程偵察機有雷達可以穿透雲層。

根據收到的情報——當然，在這樣的天候狀況下，這個情報也不見得怎麼準確——敵軍大約離法國海岸還有一千兩百公里遠。可是Ju 88和He 111能出海的距離只有九百公里左右。這樣

3 譯註：Schlageter，以德國一戰空軍軍官 Albert Leo Schlageter 來命名。

一來，空軍別無選擇，只能將所有行動留到隔天（五月二十七日）早上〇三〇〇時了。到那個時候，俾斯麥號的命運已經成定局了。前一天晚上二一〇五時，皇家方舟號航空母艦的艦載機已擊毀了該艦的俥葉與船舵，使其再也無法逃離追擊。

俾斯麥號為求生而戰時，於二十七日〇九五〇時最後一次看到友軍。那是第六〇六海岸大隊的五架Ju 88，是幾個小時前起飛前來的機隊。在激烈的砲擊戰中，這五架飛機試著對最靠近的巡洋艦實施俯衝轟炸，但炸彈全都沒有擊中。一個小時後，第二十八轟炸機聯隊一大隊（I/KG 28）的十七架He 111從南特（Nantes）趕到時，俾斯麥號已經沉沒了。他們試著攻擊皇家方舟號航空母艦，每架飛機投下兩枚兩百五十公斤與八枚一百公斤炸彈，同樣全都沒有擊中。

在這之後，第一〇〇轟炸機大隊、第一轟炸機聯隊二大隊、第五十四轟炸機聯隊二大隊與第七十七轟炸機聯隊一大隊依序抵達，但都沒有找到敵人。幾個月以來，上述部隊都在對英國實施夜間轟炸，突然叫他們前往海況不佳的海上、在航程極限處進行他們從未受訓執行的任務，確實是過於樂觀的想法。至於受過這種訓練的第二十六與三十轟炸機聯隊，卻一直到事情來不及為止，都沒有上級想到要找他們。雖然返航的英國艦隊在隔天一整天再次遭到德國空軍騷擾，但只有一艘驅逐艦瑪紹納號（HMS *Mashona*）受損嚴重，最後在愛爾蘭西岸外海沉沒。

德軍機組員懷著沉重的心情返航。他們飛了兩百一十八架次，結果完全沒幫到俾斯麥號。直到隔年，他們才會轉運，有沙恩霍斯特號與格奈森瑙號的事、第厄普之戰，還有最重要的是在北冰洋消滅PQ 17船團的戰果。

二、德國空軍對決北冰洋船團

自一九四二年六月二十七日，PQ 17船團離開冰島雷克雅維克附近的鯨魚峽灣（Hvalfjörður）後，一直身藏在濃霧之中。除了一艘用於替眾多護航艦艇補充燃料的油輪和兩艘搜救船之外，船團內一共有三十六艘載滿軍用物資、原物料和糧食的商船，準備前往蘇俄。

保持緊密隊形的船團緩緩前進，霧非常濃。灰色遊騎兵號油輪（*Grey Ranger*）被貨輪埃克斯福號（*Exford*）撞上，美籍商船理察・伯蘭號（*Richard Bland*）則觸礁擱淺。這三艘船都被迫返航，船團裡只剩下三十三艘船。在冰島北邊的丹麥海峽，船團還遇到滿布的浮冰。但冰雪、寒冷與濃霧都是船團的好友，它們能遮住船團，不讓德軍長程轟炸機發現，以免他們從挪威北部叫來德國空軍的轟炸機，對船團投下炸彈與魚雷。

但德軍其實早就來了。第四十轟炸機聯隊一大隊的兀鷹式在新任指揮官恩斯特・亨克曼少校（Ernst Henkelmann）的指揮下進駐特倫漢，並已觀察船團集結的狀況好幾週了。在船團出港後不久，第三中隊有一架飛機在濃霧中以超低高度飛過，還差點撞上巡洋艦倫敦號（HMS *London*）。PQ 17船團出港一事不但有雷克雅維克的情報人員確認，德國海軍的監視單位也再三確認過了。德國海軍根據突然暴增的無線電對話判斷，又一支大型盟軍船團已經展開行動。

如果在這之後都找不到這支船團，那這樣的情報也沒有什麼用處。對PQ 17船團而言實屬不幸，因為出航後的第四天，具有保護功能的濃霧消散了。兩艘德軍潛艦發現了它們，並緊跟在後追蹤其動向。當天下午，盟國水手最大的恐懼成真了——有一架飛機出現在船團上空。該機小心躲在船團高砲的射程之外，並加入潛艦的行列，一起如影隨形地追蹤著PQ 17船團。

船團這時已到達央棉島（Jan Mayen Island）附近，並從其南邊通過、朝東北方前進。這裡仍然在德軍駐北角（North Cape）的巴度佛斯（Bardufoss）、巴那克（Banak）與科克尼斯（Kirkenes）等地攻擊機的航程外，只要船團保持目前的航向，他們就永遠不會進入德軍的攻擊範圍。可是最晚到熊島（Bear Island）北邊，他們就一定要東轉，即使是夏天，那裡的浮冰也不允許他們再往北前進了。德國空軍等的就是這一刻。

七月二日，有四艘德軍潛艦嘗試發動攻擊，但沒有成功。該船團強大的護航部隊（包括六艘驅逐艦、四艘護衛艦、七艘掃雷艇與武裝拖網漁船、兩艘防空艦與兩艘潛艦）每次都能找到進犯的德軍潛艦，並將對方趕走。接近一八〇〇時，第一波空襲來了，並從水面上低空飛過。這支部隊有八架He 115水上飛機，隸屬於第四〇六海岸大隊一中隊，駐在特隆瑟（Tromsø）附近的索雷薩（Sørreisa）。這種飛機太慢、太笨重，只能依賴奇襲優勢攻擊。

八架飛機各掛著一條魚雷，護航艦早已有所警戒，因此這八架He 115只能面對猛烈的高砲火力。中隊長賀伯．法特上尉（Herbert Vater）的座機中彈，不得不拋棄魚雷、在水面迫降。就在飛機沉沒前，他和另外兩位機組員勉強逃到了救生艇上。伯梅斯特中尉（Burmester）降落在水面，將三人救起，然後毫髮無傷地再次起飛。但和潛艦情況相同，這次的魚雷攻擊也由於船團護航部隊的機警而只能以失敗告終。

七月三日的天氣以德軍的立場而言又變得更糟了。盟軍船團在這天有低雲層保護，即使有航空偵察，但還是失去了船團的蹤影。第二天早上，PQ 17船團已到達熊島北方，至此連一艘船都沒有損失。這天的雲層更低，很適合實施魚雷空襲，但前提是攻擊機得找得到目標才行。

沒過多久，有人得手了。這次仍是He 115，但是第九〇六海岸大隊一中隊的飛機。在漫長的搜尋後，隊長艾伯哈德·波伊科上尉（Eberhard Peukert）在四日〇五〇〇時從雲間的縫隙找到了船團，而這次高砲只有在魚雷投下後才開火射擊。一枚魚雷直直衝向美國自由輪克里斯多福·紐波特號（SS *Christopher Neuport*），擊中輪機室，沉悶的爆炸聲響徹整個船團。船員轉移到後方的一艘救援船上，船本身則由兩枚魚雷擊沉，一枚來自德軍潛艦U-457號，另一枚則奇妙地來自英國潛艦P-614號。

PQ 17船團損失的第一艘船是美國船。英國船員屏住氣息，看著船團內其餘的美國船將國旗降下，這是海上準備投降的意思。過了一會兒，全新的國旗又升了上去，好像在表達美國船隻的反抗意識。看起來這個時機有點怪，但其實只是英國船員忘了這一天是美國獨立紀念日而已。

七月四日這天，天氣又放晴了，視野如此良好，船團卻遇上了令人恐懼的平靜。直到晚間，德國空軍又回來了。可是在北緯七十五度的此地，「晚間」根本沒有意義，因為現在這個季節的太陽永遠不會下到海平線下，一天二十四小時都亮到足以攻擊。一九三〇時，第三十轟炸機聯隊的一個Ju 88中隊從巴那克發動了第一次攻擊。炸彈雖然在船隻四周紛紛落下，卻沒有直接擊中。

一個小時後，空中又出現了更大的編隊——第二十六轟炸機聯隊「雄獅聯隊」一大隊，由資深中隊長伯諾特·艾科上尉（Bernot Eicke）領軍。大隊長布西中校（Busch）被調去斯塔凡格當西北區航空指揮部司令了。艾科下令二十五架He 111採包夾方式攻擊，從不同方向朝船團低空接近。他這麼做的原因，是因為He 111也能在機身下掛魚雷了。

為了適應這種對他們而言完全陌生的作戰方式，第二十六轟炸機聯隊一大隊的各中隊在一九四二年春天在義大利中部的格洛瑟托（Grosseto）魚雷學校受訓。德國空軍參謀本部對義大利魚雷機的成果相當滿意，對日本魚雷機的戰績更是驚豔。在德國，空投魚雷的開發因為遇到空軍與海軍爭奪海上航空部隊指揮權的問題，而一直沒有進展。海軍當然想要讓自己的部隊能擁有航空魚雷攻擊能力，但他們手上擁有的航空兵力在表面上卻一直只有偵察能力。德國空軍希望把所有擁有真正攻擊能力的航空部隊都握在手裡。到了開戰時，德國空軍沒有魚雷機，也沒有能飛魚雷機的飛行員，但海軍卻有，就是採用He 115的「通用」部隊。這些飛機掛上魚雷之後，一直在英國四周攻擊敵軍船團，視空軍認為海軍不得擁有航空攻擊武力的想法於無物。

如此難以置信的爭端最後——精確來說是一九四〇年十一月二十六日——甚至造成戈林中止了海軍所有的航空魚雷的作戰任務，並暫時停止F5航空魚雷的生產。根據兵器署署長辦公室的報告，十一月二十七日時整個海軍只有一百三十二條F5魚雷，而且還要留給空軍在攻擊直布羅陀與亞歷山卓的英國地中海艦隊時使用。

這時海軍總司令賴德爾元帥終於抓到機會，在親自拜訪元首時提出自己的想法。他要求讓海軍繼續攻擊英國的近岸船團。希特勒下令調查，發現將航空魚雷用於直布羅陀和亞歷山卓等淺水地區，可能會導致魚雷撞到海底的狀況。如果從三十公尺的高度投放，魚雷會先沉到三十公尺的深度，然後才浮到水面附近。戈林難道沒有考慮過這個問題嗎？

空軍總司令的魚雷計畫就這樣沒了，海軍則乘勢而起。結果到了一九四〇年十二月四日，海軍參謀總長庫特・弗利科將軍（Kurt Fricke）要求大舉恢復海軍的航空魚雷攻擊，後又提出要將手下的「通用」中隊換裝更適合、更現代的機型，以便適應日間作戰，新機型具體來說就是He 111 H-5。

但最後的贏家仍然是空軍。He 111和後來的Ju 88與Do 217都接受掛載魚雷的改裝，但這些飛機卻不是交到海軍手上。雖然戈林完全贊成沿用義大利的經驗，但還是有許多人支持第三航空軍團參謀長寇勒上校（Koller）的發言：「為什麼要把射彈（魚雷）丟在船前的水裡，而不是直接把炸彈丟到船上呢？」

這樣的觀點完全忽略了兩件事：第一，高砲對於阻止低空轟炸或俯衝轟炸擊中目標的效益日漸增加；第二，魚雷在吃水線以下炸開一個洞的效果，遠大於炸彈在通常會擊中的上層結構內部爆炸的威力。

縱使參謀本部反對，自從魚雷於在一九四二年年初引進之後，空軍很快就不再懷疑魚雷的潛力了。格洛瑟托魚雷學校（Grosetto）——正式名稱第二轟炸學校聯隊（{Kampfschulgeschwader 2, KSG 2）在經驗豐富的海上飛行員史托克曼中校的指導下，以靶艦熱那亞城號（*Citta di Genova*）為目標進行戰術演練，證明只要利用奇襲優勢並同時從不同方向進攻，就能將損失減到最少。更好的作法是結合轟炸機與魚雷機同時攻擊，但德國空軍從未嘗試過如此困難的戰術。

——

七月五日晚間，第三十轟炸機聯隊的Ju 88俯衝轟炸機與第二十六轟炸機聯隊一大隊的He 111魚雷機攻擊PQ 17船團時，兩個單位是分別進行攻擊，中間間隔一個小時，而不是同時攻擊。如此一來，英軍的防禦火力就能先以全力對抗第一波攻擊，然後再轉去對抗第二波。

即使如此，在第二波攻擊時，船團還是承受了首輪重大損失。He 111魚雷機從四面八方朝船團聚集，並從海面低處接近，一路躲過敵軍砲彈激起的水花，攻擊鎖定的目標。

康拉德·海納曼少尉（Konrad Hennemann）打算攻擊大型軍艦，可是當他接近船團時，前面只有驅逐艦以下的軍艦，其他都是商船，並發現自己身處於砲彈與煙霧之中。他的魚雷終於擊中了四千九百四十一噸的貨輪那瓦里諾號，但同時他的飛機也多處中彈。海納曼墜海的位置離攻擊的對象不遠，飛機沒多久就沉沒了。

喬治・康梅耶少尉（Georg Kanmayr）的He 111也中彈了。他的視線受到一片霧氣反射的陽光干擾，因此不知道自己正朝一艘驅逐艦直直飛去。第一發砲彈擊碎了座艙罩，還打傷了康梅耶和他的觀測手費利斯・史倫克曼上士（Felix Schlenkermann）。他們成功迫降，四位機組員都由擊落他們的英國驅逐艦救起。

艾科上尉的魚雷擊中了七千一百七十七噸的美國貨輪威廉・霍坡號（SS *William Hooper*）。船員決定棄船，後來再由U-334號潛艦擊沉。蘇聯油輪亞塞拜然號（*Azerbaijan*）雖然也被一枚魚雷擊中，但仍能保持九節航速，並和船團待在一起。當第二十六轟炸機聯隊一大隊離開，船團指揮官道丁准將[4]（John Dowding）開始點名，發現手上又再損失了兩艘船。但這樣的損失實在稱不上有多慘。對船團成員來說，有一件事似乎已經獲得證實——最好的船團防衛，就是讓各船待在一起、互相保護。只有這樣，護航隊才

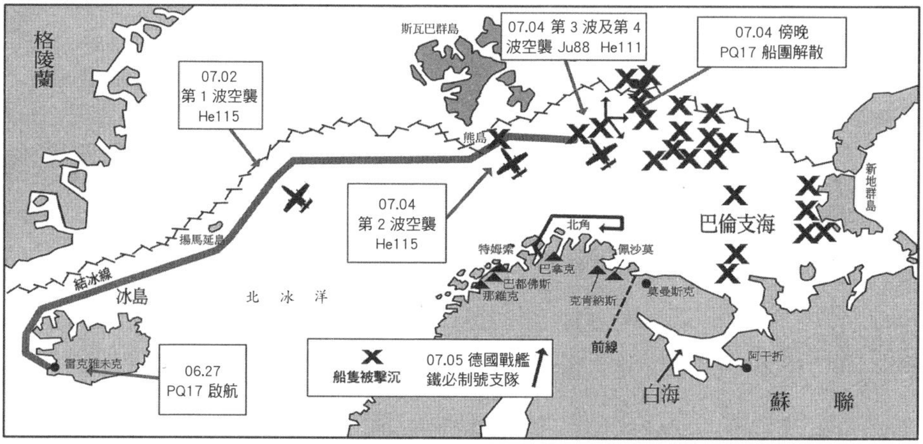

PQ17 船團的命運 PQ17 於 1942 年夏季自冰島啟航，一路沿著結冰線邊緣駛往目的地阿干折。英國海軍部在第 8 天下達了致命的解散命令，德國飛機與潛艦得以從容不迫地獵殺孤行海上的各艘船隻。

能保護船隻不受空中與水下的攻擊。

因此，當倫敦的英國海軍部發來電報，叫巡洋艦支隊先「高速往西撤離」，又對船團本身發出直接指令時，其衝擊自然非同小可。海軍部對船團發出的電報如下：

二一二三時：「立即生效，因水面艦威脅，船團立即散開並單獨前往俄國港口。」

二一三六時：「緊急命令，如我台於四日二一二三時發出之電報。船團立即散開。」[5]

這是叫他們全速逃命的意思。船團聽命行事之後，船長們都覺得隨時會看到德軍戰艦、巡洋艦艦隊出現在水平線上，想把他們一網打盡。可是幾個小時過去了，什麼都沒有發生。PQ 17船團不復存在，變成一群四散各處、單獨行動的商船。它們受到驚嚇、缺乏防衛，是潛艦或德軍飛機的理想目標。這是怎麼回事？英國海軍部做錯決策了嗎？

西方同盟國自一九四一年八月起就持續派出PQ船團經北冰洋前往莫曼斯克（Murmansk）與阿干折（Archangel），其目的是為了替受到嚴重打擊的蘇聯盟友提供大量軍事物資。德軍花了很久才發現這個威脅並作出回應。到了這時，東線已經有越來越多戰車與火砲出現在戰場上。

因此，前十一次PQ船團幾乎沒有受到任何干擾，直到一九四二年二月的PQ 13船團才第一次

---

4 譯註：部分來源稱其為上校，但經查此時的 Dowding 已於一九四一年升為 Commodore 2nd class，軍階應為准將。注意勿與船團司令官的職稱 Convoy Commodore 搞混。

5 原註：引自 S. W. Roskill, *The War at Sea 1939-1945* (H.M.S.O., 1934-57), Vol. II, p. 139.

遭到攻擊。這時的德軍已大幅強化其位於挪威北部的基地了。希特勒一直擔心盟軍有一天會再次入侵挪威、威脅他的北方側翼，因此下令優勢海軍進駐挪威。戰艦鐵必制號（*Tirpitz*）、重巡洋艦呂佐號、舍爾上將號和希佩上將號接連前往峽灣內孤伶伶的新基地就位。希特勒還不顧鄧尼茲的反對，派了一大批潛艦部隊前往這個地區。

最後，漢斯-約根・史屯夫上將（Hans-Jürgen Stumpff）總部設在奧斯陸的第五航空軍團終於得到了支援，還有北角南方新準備的基地可用。在打擊船團行動的高峰期，東北區航空指揮部司令與洛弗坦（Lofoten）區航空指揮部司令——科克尼斯的亞歷山大・霍勒斯上校（Alexander Holle）與巴度佛斯的恩斯特・奧古斯都・羅斯上校（Ernst August Roth）——手下一共有以下部隊：

巴那克的第三十轟炸機聯隊（Ju 88）；

巴那克與巴度佛斯的第二十六轟炸機聯隊一與二大隊（He 111）；

科克尼斯的第五斯圖卡聯隊一中隊（1/StG 5，Ju 87）；

特隆瑟與斯塔凡格的第四〇六與第九〇六海岸大隊（He 115和BV 138偵察飛行艇）；

分散在各機場的第五戰鬥機聯隊兩個大隊（Bf 109）；

特倫漢的第四十轟炸機聯隊一大隊（Fw 200）；

駐在巴度佛斯、巴那克、科克尼斯等地，配有Ju 88的第二十二大隊一長程中隊（1 (F)/22）與第一二四大隊一長程中隊（1 (F)/124）等長程偵察中隊，還有巴那克的第六氣象偵察中隊（Westa 6）。

在極地的冬季期間，德國空軍在極北地帶能執行的任務十分有限。但最高統帥部仍不合理地要求他們找到、追蹤並攻擊每一支盟軍船團。在PQ 17船團之前，曾發生過以下事件：

一九四二年三月五日，PQ 12船團在央棉島南方被偵察機發現。當時正颳著暴風雪，原則上不可能讓空襲部隊起飛。鐵必制號戰艦在三艘驅逐艦護航下出動，卻沒找到船團，只成功擊沉落後的蘇聯貨輪伊卓拉號（*Ijora*）。英國本土艦隊出海了，使鐵必制號被迫努力閃避勝利號航空母艦（HMS *Victorious*）對其發動的魚雷機攻擊。

三月二十七至三十一日，PQ 13船團因天候不佳而走散，有兩艘貨輪遭到哈約・赫曼上尉（Hajo Hermann）帶領的第三十轟炸機聯隊三大隊擊沉，另有三艘被潛艦與驅逐艦擊沉。

四月八日至二十一日，PQ 14船團受困在濃霧與密集的浮冰中，造成二十四艘船有十六艘受損，必須返回冰島。一艘貨船被U-403擊沉。

四月二十六日至五月七日，PQ 15船團有三艘船被魚雷機擊沉。同時，在從莫曼斯克返回的QP 11船團中，負責護航的愛丁堡號巡洋艦（HMS *Edinburgh*）雖有惡劣視線條件保護，但還是被德軍潛艦與驅逐艦的魚雷嚴重破壞，最後棄艦。

五月二十五至三十日，PQ 16船團在二十七日被第三十轟炸機聯隊與第二十六轟炸機聯隊一大隊超過一百架飛機攻擊。雖有大量船隻受損，但三十五艘船中只有七艘船沉沒，計四萬三千兩百零五噸。

雖然船團持續擴大的規模遭遇到同樣持續擴大的兵力攻擊，但一直到這時為止，緊密編隊與護航部隊的警覺性都能防止損失擴大到難以承受的地步，史達林還是能得到大部分需要的戰車。可是至此最大的PQ 17船團，其結局卻因英國海軍部的決策而與先前不同。

自PQ 17船團於六月二十七日從冰島出發起，除了布魯默中校（Jack Broome）的近接支援部隊之外，還有四艘巡洋艦與三艘驅逐艦組成的掩護部隊保護。這支掩護部隊由漢彌爾頓少將（Louis Keppel Hamilton）指揮，負責在附近巡航，驅逐德國海軍任何意圖發動攻擊的部隊。除此以外，英國本土艦隊司令約翰．托維爵士上將（Sir John Tovey）還帶著一支長程掩護部隊離開斯卡帕灣，包括戰艦約克公爵號（HMS *Duke of York*）與華盛頓號（USS *Washington*）、航空母艦勝利號、兩艘巡洋艦與十四艘驅逐艦。海軍部十分擔心焦急，因為等在挪威峽灣裡的德國軍艦顯然打算親自出來攻擊船團。

這並非海軍部被騙了。德國第一與第二戰鬥支隊一聽說PQ 17船團出海，兩位艦隊司令奧托．史尼文中將（Otto Schniewind）與奧斯卡．庫梅茲中將（Oskar Kummetz）便下令艦隊離開特倫漢與那維克，往北前進。這些艦隊包括龐大的鐵必制號、希佩將軍號（*Admiral Hipper*）、呂佐號、舍爾將軍號和十二艘驅逐艦。他們的第一個目的地是阿塔峽灣（Altafjord），德艦會在當地等待偵察機回報英軍艦隊的動向。德軍很焦急，希特勒甚至親自下令，只要有任何風險就要放棄任務。這裡所說的風險主要是英軍至少有一艘航空母艦出海了，但還有一點，就是情報誤將漢彌爾頓艦隊的兩艘巡洋艦誤判成戰艦。因此德軍軍艦像被綁住一樣，沒有出海進入北冰洋，而是待在原地等待。

但英軍對此一無所知。由於第一海務大臣[6]達利．朋德爵士上將（Dudley Pound）沒有收到偵察部隊傳來的實際位置，隨著時間的過去，他愈來愈著急。從七月三日晚間到四日早上，無線電報告不斷湧入，基本上說明了PQ 17船團和其掩護部隊都遭到了德軍軍機的追蹤。德軍顯然完全瞭解狀況，也知道托維上將的本土艦隊距離太遠，根本無法阻擋前來攻擊船團的德艦。

那道要求船團解散的命令，來自七月四日白天傳到倫敦的一份報告，上面宣稱有一艘俄國潛艦發現德國軍艦正往船團接近。雖然這個報告完全錯誤，但卻促使朋德上將採取托維在和他通電話時稱會造成「血腥屠殺」的判斷。所有巡洋艦與驅逐艦都撤走了，商船則受命單獨、散開，在沒有保護的狀況下繼續前進。

結果德軍艦隊直到第二天中午才離開阿塔峽灣，而且才出航甚短，當天晚上就回去了。PQ 17如此分散各地，不是重型軍艦的理想目標，卻是潛艦與飛機的完美標靶。

大屠殺於七月五日開始。這場持續一整天的攻勢，由艾里希·布羅冬少校（Erich Blödorn）的第三十轟炸機聯隊實施。該聯隊底下的三個大隊分別在康拉德·卡厄（Konrad Kahl）、艾里希·史托夫雷根（Erich Stoffregen）和哈約·赫曼三位上尉的指揮下輪流發動攻擊。第一個犧牲者是貨輪彼得·克爾號（*Peter Kerr*），被克勞森納少尉（Clausener）的Ju 88以精準俯衝轟炸擊沉。隨後還有美國商船華盛頓號（SS *Washington*）、潘克拉夫特號（SS *Pan Kraft*）、費爾菲市號（SS *Fairfield City*）、英國商船波爾頓堡號（*Bolton Castle*），以及救援船札法蘭號（*Zaafaran*）。

其他還有許多船隻受損。保魯斯·波特號（*Paulus Potter*）就在波爾頓堡號旁邊，沿著冰層的邊緣航行。本船也與波爾頓堡號同時遭到攻擊，卻沒有沉沒，而是在棄船後在浮冰間漂浮了一

6 譯註：前面提到的邱吉爾當時是第一海軍大臣，第一海務大臣是武官，前者是內閣官員。

週，最後被U-255號潛艦發現並擊沉。華盛頓號的生還者還有個奇特的狀況，據說他們拒絕離開救生艇、登上前來救援的歐羅帕納號（SS *Olopana*），最後在八日遭到潛艦擊沉。

對四散船隻的攻擊一直持續到七月十日，地點則一路延伸到白海（White Sea）與阿干折。有些商船在那裡被第三十轟炸機聯隊的第五與第六中隊發現並攻擊，其中包括美國的胡西爾號（SS *Hoosier*）與巴拿馬的甲必丹號（*El Capitan*）分別遭到多納上尉（Captain Dohne）與布勒少尉（Bühler）重創，然後再由潛艦擊沉。七月十二日，第五航空軍團司令史屯夫上將對帝國元帥做出這樣的報告：「已消滅大型船團PQ 17。七月十日，白海、科拉（Kola）沿岸西部海峽與北方海域的偵察機都回報沒有再看見浮在水面上的船隻……我在此宣告第五航空軍團擊沉二十二艘商船，計十四萬兩千兩百一十六噸。」

船團實際受到的損失其實是二十四艘船、十四萬三千九百七十七噸，其中只有八艘是由航空部隊單獨擊沉，九艘由潛艦擊沉，剩下的七艘則是「共同」擊沉。其餘十一艘安好的商船在遙遠東方的新地島（Novalya Zemlya）沿岸躲了好幾週，好不容易才抵達阿干折。

英國海軍歷史學家羅斯基爾上尉寫道：「這場悲劇的成因出自英國海軍企圖從兩千英里外控制一支船團……若是PQ 17的行動由現場指揮官全權決定，肯定能與先前的船團一樣安全抵達。」[7]

比較PQ 16與PQ 17船團送達與損失的軍事物資

船團	物資	損失	送達
PQ 16	車輛	770	2,507
	戰車	147	321
	飛機	77	124
PQ 17	車輛	3,350	896
	戰車	430	164
	飛機	210	87

現在雙方都開始為下一個船團作準備。盟軍必須繼續協助蘇俄，不論要付出什麼代價都不能停；德軍則下定決心，要讓PQ 18也遇到和前一個船團一樣的下場。

八月一日，北角的德國空軍基地收到了錯誤的警報。偵察機宣稱冰島的鯨魚峽灣出現新的巨大船團：四十一艘滿載貨船、三艘油輪，還有巡洋艦與驅逐艦。三天後，報告又傳了進來，說峽灣空了，雷克雅維克也沒有任何一艘船。顯然船團已經出發了，可是在哪裡呢？

接下來的兩週，第五航空軍團的每個偵察中隊都忙著把北極圈內的每個角落找一遍。他們用上了一切自己對盟軍戰術的了解與經驗，想把船團找出來，卻沒有任何成果。這時雨雲又開始影響能見度了，他們等到八月十二日與十三日天氣轉好後才繼續尋找。他們找了每一個地圖方格、每一條水道，但這支船團好像消失了。直到十七日，在出擊一百四十架次、飛行一千六百小時、消耗超過九十萬公升的汽油後，長達兩週的搜索才告一段落。

事實上，整個一九四二年八月根本沒有船團出發前往蘇聯。八月初出現在冰島外海的船團其實不是開往北冰洋，而是開往大西洋，其目的地是馬爾他。所有部隊這時都正忙著執行「臺座行動」（Operation Pedestal），將物資送往慘遭圍困的馬爾他。不過，十四艘運輸船中只有四艘抵達。

真正的PQ 18船團要到九月才啟航。該船團第一次被發現，是在天氣良好的九月八日。一架三發動機BV 138飛行艇的機組員在抵達央棉島後，發現了這個船團，包括三十九艘貨輪與一艘油

---

7 原註：引自 S. W. RoskOl, *The Navy at War 1939-45* (Collins, 1960), pp. 208-09.

輪，再加上兩艘艦隊油輪與一艘救援船，同時還有數量不明的驅逐艦與小型軍艦。

這次德國空軍基地響起的警報是貨真價實的了。偵察機一直監視著船團的動向，可是到了第二天早上，卻發現一個不太好的驚喜——有另一支艦隊出現了，包括六艘驅逐艦、一艘巡洋艦，以及一艘更大、甲板寬廣的軍艦，是航空母艦！這是護航航空母艦復仇者號（HMS *Avenger*），載有十幾架戰鬥機與數架反潛機。海颶風式戰鬥機馬上起飛，巨大的德國飛行艇只能勉強在視線範圍的極限內保持目視接觸。

船團自行攜帶掩護用的戰鬥機確實是新鮮事，但這些海颶風式戰鬥機是最老的機型[8]，托維上將還曾向邱吉爾提過，說載著最新型颶風式戰鬥機的船居然要舊型機來保護，實在是一大諷刺。因此，這些戰鬥機對德軍的影響也就減弱了不少，如果航艦搭載的是新機型，德國的偵察機和轟炸機將更難以得逞。

九月十三日傍晚，時候到了。第二十六轟炸機聯隊一大隊的二十四架He 111從巴度佛斯起飛。這些轟炸機一架架從馬蘭格峽灣（Malanger Fjord）飛往外海的集合地點，然後再以編隊前進。帶隊的是新任大隊長瓦納・克呂坡少校（Werner Klümper），他前不久還是義大利格洛瑟托魚雷學校的主任教官。他們盡量低飛，以免被敵軍的雷達偵測到。如果失去奇襲優勢，他們就完蛋了。

這趟飛行持續了一個小時，然後是兩個小時，他們一直往西北方飛。雲幕高大約八百公尺、下著小雨，能見度大約十公里。最後克呂坡轉向他的通信士，可是對方卻只聳聳肩：「少校，沒有方位。」

在預計發動攻擊的半小時前，與目標保持目視的偵察機本應以無線電通知船團的位置。顯然他們已經飛過頭了，沒有看到目標。由於飛機已經快要到達出海飛行的極限距離，克呂坡便設定往東的來回航線，總算找到船團。依照原訂計畫，第二十六轟炸機聯隊一大隊分成兩波攻擊，每波有十四架[9]魚雷轟炸機。為了提升火力，還有第三波轟炸機跟在後面，他們是從巴那克起飛的一個中隊，隸屬於第二十六轟炸機聯隊三大隊，並由克勞斯．諾肯上尉（Klaus Nocken）帶隊。

這支船團才剛以沒有損失任何船隻的成績，挺過了第三十轟炸機聯隊的Ju 88俯衝攻擊，因此四十架魚雷機就這樣出現在水面上的低空，對他們而言簡直像是「一大群惡夢般的蝗蟲過境。」但他們還是做了該做的事。當第一波He 111接近時，艦隊開砲在編隊前方激起高大的水花。這些水花本身就足以構成威脅，並迫使轟炸機無法在低空發動攻擊。克呂坡把高度拉高到五十公尺，並讓各機蛇形飛行閃避。但他們還是繼續朝船團接近。

德機的首要目標是航空母艦，但克呂坡不管怎麼找都找不到。他開始懷疑偵察報告的正確性，尤其是考慮到他連一架戰鬥機都沒遇到。他並不知道那些海颶風戰鬥機還在追上一波的Ju 88，也不知道復仇者號因此還在一段距離外以保持比較好的戰術位置。

結果四十架轟炸機全數對船團的右翼發動攻擊，各船都對它們全力射擊。有些飛機中彈而不得不拋棄魚雷，但大多數都得以繼續攻擊，並在離最近的船隻不到一千公尺處投下魚雷。三十枚魚雷同時朝目標衝去，各機一面來回閃躲，一面離開危險的高砲射程。

---

8 譯註：外銷俄國的是颶風二型，航艦上配備的海颶風一型是以颶風一型為基礎開發。
9 譯註：原文如此。前文提到總共只有二十四架飛機，如兩波各有十四架，總數應有二十八架。

海上的船團，災難要降臨了。第一艘貨輪被魚雷擊中，發出強烈的爆炸聲，然後是第二艘、第三艘。火焰直衝雲霄，而爆炸還在繼續。攻擊前後只有八分鐘。

羅斯基爾上尉寫道：「四十架魚雷機幾乎將船團右翼的兩個支隊全數擊沉。」他宣稱德軍損失了五架飛機[10]。

他們確實擊沉了八艘船、一共超過四萬五千噸，克呂坡少校的大隊全數安全返隊。他的飛機確實都中彈了，其中還有六架受損嚴重，無法參與接下來的行動。

第二天，天氣仍然對PQ 18船團不利。天空萬里無雲、海面上風平浪靜，視線可以一路延伸到地平線上。魚雷機大可重現前一天的成功。

可是他們的計算卻被作戰命令打斷了。戈林還想著第一批Ju 88在開戰前幾週內沒能擊沉皇家方舟號的事。該艦最近才在地中海被潛艦擊沉這點，對他更是在傷口上灑鹽。他還以充滿羨慕的眼光看著日本海軍的飛機在太平洋對抗美軍航空母艦的成果[11]，因此決定德軍也該要有一些類似的作為了。於是，第二十六轟炸機聯隊現在受命將所有可用的飛機全部投入攻擊復仇者號航艦，結果造成這支部隊迎向毀滅的命運。

這次克呂坡少校只帶了二十二架飛機起飛。偵察機回報航艦位於船團前方。克呂坡以低高度緊密編隊接近。他先看到煙囪排出的黑煙，然後才看到桅桿與煙囪，最後才是船艦本身。接著在望遠鏡的協助下，發現確實有一艘大型船隻在船團前方航行，那一定就是航空母艦了。第二十六轟炸機聯隊一大隊分成兩隊，各以十一架飛機從兩側攻擊。

至此都很順利。但就在他們放棄緊密防禦編隊的同時，無線電上傳來了一聲呼叫：「注意！前方有戰鬥機。」十架海颶風式戰鬥機出現了，顯然他們沒有達成奇襲。海颶風式之所以知道轟炸機正在接近，可能是透過監聽偵察機的無線電通訊吧。總之，戰鬥機已經在空中等待他們了。

克呂坡對散開的飛機下令縮緊隊形，至少保持部分互相掩護的效果。他們又失望了一次——瞄準的目標根本不是什麼航空母艦。

「脫離攻擊，」克呂坡呼叫道，「航空母艦在北方，重覆一次，在船團北方。變更目標。」

這表示他們必須直接從船團上方低空飛行，成為數百門高砲的目標，而且還得近距離從驅逐艦旁飛過。如此的火力如果還不夠可怕，還有三架海颶風式衝入戰局。一架He 111機直接墜毀在敵船團內，其他則因發動機受損冒煙，或機身、機翼多處中彈而必須脫離戰場。這次例子又一次證明在敵軍已有警覺的狀況下，對防禦完善的船團發動魚雷攻擊有多危險。只有克呂坡少校和另一架飛機成功投下魚雷，而且角度還過於傾斜。復仇者號馬上轉向面對魚雷，並讓魚雷無害地從艦體旁通過。

第二十六轟炸機聯隊一大隊在這次徒勞無功的攻擊中損失了五架飛機。還有九架勉強飛回基地，但受損太過嚴重，無法繼續使用。這支本來十分強大的部隊，在對PQ 18船團發動兩次攻擊後，只剩下八架飛機可以行動。第二天，天候又轉壞了，船團利用霧氣與低空雲層的掩護繼續前進。

---

10 原註：*The Navy at War 1939-45*, p. 229.

11 譯註：此時是一九四二年九月，即是日本海軍在中途島損失四艘航艦後三個月。雖然美國海軍在太平洋只有一艘航艦可用，但擊傷薩拉托加號與擊沉胡蜂號航艦的都是潛艦。雖然後來日軍艦載機確實擊沉（精確來說是迫使美軍鑿沉）大黃蜂號航艦，但那是一個多月後的事。

最後PQ 18船團只因航空與潛艦攻擊而損失了十三艘船。剩下的二十七艘安全抵達阿干折。對蘇俄而言，這支船團帶來了數百輛現代化的戰車、數百架飛機、數千輛車輛，以及大量其他軍事與工業物資，足以在前線裝備一個軍的兵力。

德軍也意識到這點的嚴重性。一九四三年四月四日，在一份德國空軍司令部情報署的機密報告中提到，一九四二年全年，蘇俄從北冰洋航線取得了一百二十萬噸的物資，而從波斯灣與遠東則只有五十萬噸。除了原物料、糧食與原油之外，這批物資還包括一千八百八十架飛機、兩千三百五十輛戰車、八千三百輛卡車、六千四百輛其他車輛與兩千兩百五十門砲。

東線戰場的德軍很快就會感受到這這批物資所造成的差異了。

總結與結論

一、自開戰起，德國空軍對英國艦隊與盟軍船團的打擊能力，一直受限於空軍在急速建軍的過程中沒有培訓任何適合類似任務的部隊。這方面的培養原訂要在德國空軍發展的第二階段（一九四〇至一九四二年）進行。在這個階段到來前，希特勒一直向海空軍高層再三保證，不會與英國開戰。

二、雖然海空軍雙方都立意良善且有許多聯絡往來，但雙方的合作只有少數幾次帶來戰術上的成功。空軍本身在其他戰場需要的資源越來越多，因此很少能提供海軍所需規模的支援。

三、飛行艇與水上飛機一開始是海上行動的首選，但除了航程以外，其性能卻往往劣於起落架可收放的陸上機型。德國「海岸司令部」換發Ju 88等機型的舉動卻常常造成此類單位被用於攻擊地面目標，模糊其海上作戰的核心目的。

四、若要對抗海上目標的機動性與靈活度，除了需要訓練與經驗之外，還需要因應敵人的強度而具備戰術上的彈性。德國空軍的準則是讓所有飛機時時準備應付所有緊急狀況——包括海上的作戰——是難以達成的目標。空軍過於樂觀，相信其飛機有可能將英國海軍艦隊擊潰，這樣的期待註定會落空。由於德國沒有航空母艦，只有在沿岸地區、在制空權已經獲得的狀況下（例如克里特島戰役），才可能成功對敵軍艦隊發動航空攻勢。

五、德軍高層在各軍種之間的合作不佳，這點也表現在水雷與魚雷的運用上。尤其魚雷的空投型是由海軍測試中心研發，且很長一段時間都沒有任何成果。德軍直到一九四二年才有魚雷機可用，這時可用的飛機已經相對太慢、太笨重了。

六、PQ 17船團承受的慘重損失主要是因為英國海軍部對狀況的錯誤判斷，使其下達不合實情的命令所致。命令要求船團散開，導致失去其主要保護力量。後繼的PQ 18船團承受的損失比較輕微，主要是因為戈林想要取得擊沉英國航艦的戰果所致。由於天候與英國海軍護航艦艇的影響，德軍未能繼續對北極船團取得值得一提的成功戰果。

第十章　史達林格勒與庫斯克的潰敗

一、德揚斯克空運行動

一九四一年十二月，德軍的攻勢在莫斯科前方不遠處停下腳步，是時候要輪到蘇聯出招了。德軍原本以為紅軍已遭到擊潰，在夏天承受恐怖的損失之後肯定沒有更多後繼資源，但很快證明這是錯的。德軍或許已相當疲累，但俄國人卻不是如此。他們不給敵人喘息的空間，並開始積極反攻。

德軍北方與中央集團軍之間的邊線，有一處叫塞利格湖（Lake Seliger）的地方，這裡只有兩個步兵師防守。一九四二年一月九日，四個蘇聯紅軍對這裡長約一百公里的防線突破，往瓦爾代高地（Valday Hills）前進，攻擊德軍的後方。這是史達林對德軍夏季包圍戰的回應，他的目標是整個中央集團軍。

德軍緊急組成了臨時編組，並投入蘇軍推進路線上的各個村莊防守，攔阻蘇軍的推進。南邊的大魯基（Velikiye Luki）、維利日（Velizh）和德米多夫（Demidov），以及北方的霍姆（Kholm）、斯塔拉雅魯薩（Staraya Russa）與德揚斯克（Demyansk），全都成了抵抗兵力的核心。但到了二月第二週，伯克多夫－阿勒菲特伯爵將軍（Graf Brockdorff-Ahlefeldt）的第十軍與第十一軍的部分部隊便被切斷在伊爾門湖（Lake Ilmen），無法與德軍後方聯繫，共有六個師、約十萬人的部隊遭到包圍。幾天內，後退的德軍防線與他們之間的距離便擴大到了一百二十公里。

只有一種方法可以防止這些部隊遭殲滅——空運。但只靠空運在零下四十到五十度的氣溫，以及經常轉壞的天候下，替十萬人供應口糧、醫藥、武器、彈藥與裝備，真的能維持數週甚至數個月，讓他們擊退數量更龐大的敵人嗎？

這就是二月十八日，奧斯特羅夫（Ostrov）的第一航空軍團司令凱勒上將向空運處長弗利茨・莫吉克上校（Fritz Morzik）提出的問題。在這之前，莫吉克一直在幫李希霍芬的第八航空軍支援中央集團軍的防禦戰。他很熟悉這些現正急速運往北方的Ju 52運輸機單位，他們頂多只有兩百二十架飛機的兵力，其中只有三分之一可以出任務。

「如果每天要運三百噸的物資到德揚斯克，」他說道，「我需要至少一百五十架可以出任務的飛機，我們現在手上只有這個數字的一半。如果要把數字提升到兩倍，就得從別的前線調來，還要把國內可用的飛機全部運過來。」

凱勒同意了。

「其次，若要在冬季行動，地勤人員與技術裝備的需求都會更高。我需要機動工廠、替航空發動機暖車用的車輛、輔助起動器等等的裝備。」

凱勒說只要他能動手，這些東西自己都能準備。不到二十四小時，開始執行緊急計畫，讓那些帳面上「特種勤務」的Ju 52機隊進入普利斯科（Pleskau）西基地與南基地、科羅維（Korovye Selo）與奧斯特羅夫等地，甚至連里加（Riga）和杜納堡都有。莫吉克和作戰官威廉・梅徹上尉（Wilhelm Metscher），以及空運處參謀只能將就一點，和第四轟炸機聯隊的人擠在普利斯科南基地的指揮部。這個轟炸機單位除了要在整個作戰區達成自己的防禦目標之外，也很快要幫被圍困在霍姆的謝爾將軍（Theodor Scherer）運送物資了。

隨著時間過去，德國空軍漸漸轉成純防禦性的部隊，用於支援被圍困的陸軍士兵。由於斯圖卡與其他攻擊機無法個別滿足這樣的需求，轟炸機也不得不加入支援，造成轟炸機無法攻擊遠離前線的原訂目標。任何個別的策略、利用敵軍弱點的戰略，都得先放在一旁，優先回應陸軍那些受困在殘酷冬季交戰中的部隊。

二月二十日，第一批四十架Ju 52運輸機降落在德揚斯克八百公尺長、五十公尺寬的壓實雪地跑道上。指揮官只有九十分鐘可以卸載，然後就要返航。可是這裡一開始根本沒有地勤——從裝有方位測定儀的信號飛機到最基本的工具，都得靠空運運過來。要替十萬人的部隊進行運補，一個機場根本不夠。除了可能會被敵軍攻擊之外，天候不佳或有飛機墜毀時，都可能造成機場無法使用。到了三月，緊急跑道在德揚斯克北邊十二公里的皮耶斯基（Pyeski）完工。可是只有經驗最豐富的飛行員，才有辦法使用此地寬三十公尺的跑道，而且為了避免飛機陷入雪地，機上只能載一噸半的物資。

從普利斯科往德揚斯克要飛兩百五十公里，其中有一百五十公里是在敵軍控制的土地上空。一開始，莫吉克派飛機單機低空飛過，但俄國的高砲很快就構成太大的威脅，還有越來越多的戰鬥機出現。運輸機改在兩千公尺高度以緊密編隊飛行，由安德雷斯少校（Andres）的第三「烏德特」戰鬥機聯隊三大隊與五十一「莫德斯」戰鬥機聯隊一大隊保護。俄軍通常會在德揚斯克上空等待，並在運輸機離隊降落時從機尾攻擊。但只要德軍戰鬥機出現，敵機就會失去蹤影。

但最大的問題還是俄國的冬天。有些運輸大隊是直接從德國的飛行學校送來執行空運任務的。貝克曼少校的第五〇〇特種勤務轟炸機大隊甚至必須短時間內從非洲沙漠的氣候轉換到冰寒的暴風雪與零下四十度的氣溫。有好幾週的時間，機組員都因地勤人員不足而必須自行保養飛機。由於橡膠在低溫下變脆，爆胎的問題層出不窮。油箱，乃至於油管都會結凍，發動機才跑四十個小時，活塞就會刮傷。液壓泵故障、儀器完全不可靠，無線電也會失效，連發動機都需要時時照顧。

在如此惡劣的環境，飛機的妥善率掉到了百分之二十五。面對這樣的狀況，空運得以成功更令人感到驚訝了。從一九四二年二月二十日到五月十八日的整整三個月，這六個被圍困的德國師只靠空運活了下來。這段期間一共空運了兩萬四千三百零三噸的物資——平均每天兩百七十六噸——足以替十萬員士兵提供足夠的糧食、武器與彈藥。另外，孤軍還收到了兩千四百萬公升的汽油與一萬五千四百四十六員補充兵，並將兩萬兩千零九十三員傷兵空運後送。他們一共損失兩百六十五架飛機，大部分不是被敵軍擊落，而是被「冬將軍」弄壞的。

五月十八日過後，空運行動只剩三個運輸大隊繼續執行，這時德軍已清出一條狹窄的地面聯絡通道，當中沒有敵軍。

往霍姆的空運行動也成功了。這裡有第二八一步兵師的三千五百員步兵在謝爾少將的指揮下，於直徑只有兩公里的包圍區內抵禦四面八方的蘇軍攻擊。雖然蘇軍淹沒了城鎮四周的陣地，但他們還是撐了過來。

這個區域太小，沒辦法蓋機場，Ju 52不得不降落在三不管地帶的積雪草原上，並當著敵軍的面卸載。飛機還沒停下來，艙門就已打開，由機組人員將物資丟到地上。然後飛機馬上加速起飛，搶在蘇軍砲擊著地前升空。

即使如此，華瑟·漢默少校（Walter Hammer）手下勇敢的第一七二特種勤務轟炸機大隊還是承受太嚴重的損失了。後來物資不是改由第四轟炸機聯隊的He 111運送，就是由Go 242重型滑翔機降落在德軍防線前方。若是使用滑翔機，當地部隊便會在火力掩護下衝出來，從飛機落地現場把重要的物資搬回去。雖然蘇軍有時會搶先一步，但未能阻止謝爾的部隊取得足夠的物資，他們一直撐到五月初第四一一擲彈兵團前來救援為止。

霍姆救援戰也是德國空軍野戰營的初次作戰。此戰由鮑爾博士中校（Dr. Bauer）指揮，其部隊來自空軍的志願者。在霍姆持續轉手的過程中，這支新成立的「麥因德師」（Meindl）——後來重編為德國空軍第二十一野戰師——在此地經歷了整個夏天與秋天的交戰。

——

雖然有霍姆和德揚斯克取得的重大成功，但空運行動六個月後卻成了危險的舉動。此時的運輸地不是在伊爾門湖，而是在更南邊的頓河（Don）與窩瓦河（Volga）之間。一九四二年秋季的此地，保魯斯將軍的第六軍團正努力占領史達林格勒。這座巨大的工業城市已有八分之七落入德軍手中，但在十一月十九日，預期會到來的蘇軍反攻的這一天，正好迎來初雪。兩天後，六軍團不得不做出選擇，是要且戰且退，還是要冒著被包圍在頓河與窩瓦河之間的風險繼續堅守。

這天指揮第八航空軍參加史達林格勒戰役的費比希中將打了一通電話，給六軍團的參謀長亞瑟·施密特少將（Arthur Schmidt），保魯斯則用另一個聽筒同步接聽。在把蘇軍的動作稱作是以裝甲部隊準備包夾之後，費比希問六軍團打算怎麼辦。

施密特回答，「司令提議要獨立堅守史達林格勒。」

「那軍團的補給怎麼辦？」

「從空中進行。」

費比希嚇了好大一跳。「整個軍團？這不可能啊！我們的運輸機在北非都快忙不過來了。建議不要這麼樂觀！」

費比希馬上把這件事報告給他在航空軍團的上級李希霍芬上將知道，然後李希霍芬又在深夜打電話去哥達普（Goldap），把正在睡覺的參謀總長顏雄尼克吵醒。

「你一定要阻止他！」李希霍芬大叫，「這種爛天氣，我們不可能從空中運補二十五萬人的軍團所需。這太扯了！……」

但已經建立的前例，使得命運就此確定。

二、被「背叛」的第六軍團

十一月二十二日〇七〇〇時，費比希中將又打了一通電話，再次向六軍團提出他的警告。前一天晚上，可怕的壞消息一個接著一個傳來，頓河河道轉彎處的卡拉蚩機場（Kalatsch）陷落，裡頭還有斯圖卡與密接偵察單位。希區伯中校（Hitschbold）和他的部下搶在最後一刻飛了出來，但重要的地面裝備卻沒了。卡拉蚩是蘇軍包抄攻勢的合圍點，他們透過這樣的方式切斷了史達林格勒的主要補給線。攻勢開始的三天後，六軍團基本上已經被包圍了。

「我很擔心你們對空運有過度的信心，」費比希對施密特說，「這很不實際。現在的天氣和敵情都是不利因素……」

施密特中斷了對話，因為第四裝甲軍團司令霍斯上將進來了。第四裝甲軍團位在保魯斯軍團的南方，因此前來尼茲尼–契爾斯卡亞（Nizhniy-Tschirskaya）和他討論戰況。但接下來又有一位空軍將領前來表達意見。〇八〇〇時，派給六軍團的第九高砲師師長來了。此人是沃夫岡·皮克特少將（Wolfgang Pickert），他在日記裡寫下了他們的對話。

首先，施密特問了自一九二五年以來的好友皮克特，問說他對目前威脅性甚高的狀況有什麼樣的看法。皮克特沒有任何遲疑，馬上回答：「我會盡量帶著所有部隊往西南方突破。」

「不行，首先，我們根本沒有這麼多汽油。」

「我的高砲部隊可以在這點幫上忙。我的一百六十門二十公厘快砲可以用人力運送就好，彈藥也可以人力搬運。」

「我們當然想過要突圍，如果要一路撤到頓河，我們就得在沒有任何掩護的狀況下跨過四十五公里的草原。而且現在地面還沒結凍，敵軍會躲在西邊的高地上，我們就得從平地攻擊占據制高點的敵軍，手上還沒有重武器，因為燃料不足，這些武器一定會被迫拋棄。皮克特，這樣不行，我們只能走拿破崙的結局了。更何況我們還有一萬五千員傷兵，只能丟下他們自生自滅。」

施密特的結論是：「我們已經下令軍團要固守史達林格勒。因此必須強化陣地，然後等待物資用空中運補送達。」

皮克特嚇壞了。「一整個軍團要在這樣的天氣以空運取得物資？這根本不可能啊。你一定要趕快出來。馬上開始作準備吧！」

保魯斯將軍一言不發地聽著兩人的對話，但他沒有改變主意。他很確定逃跑只會造成災難，認為必須讓部隊採取防禦態勢。同一天，他搭機飛進包圍區，並在市郊的古姆拉（Gumrak）設立指揮部。對於李希霍芬、費比希與皮克特在過去二十四小時間的警告，保魯斯也不是完全充耳不聞。他要求上級給自己完全的行動自由。雖然他計畫守住史達林格勒，但如果防線撐不住，或是空運無法送達充足的物資，還是希望留有試著讓軍團突圍以求保存戰力的選項。但這個請求在同日晚間被希特勒以不得違抗的態度拒絕了。

二十三日，保魯斯又作了一次請求，希望上級能通情達理。這時連他都認為「無法期待空運能準時送達足量的物資」了。希特勒還是下令六軍團待在窩瓦河，一步都不准後退。這樣一來，元首等於親自宣告了六軍團的命運。但這是他一個人的責任嗎？

希特勒傳給保魯斯的訊息裡，最後兩個字是「空運」。是不是有人不顧空軍將領的抗議與充滿濃霧、冰雪的風暴天候，向元首建議空運是個可行的辦法呢？自蘇聯在十九日發動攻勢以來，德軍最高層內部到底發生了什麼事？

沒有任何作戰日誌或其他文件，紀錄有關戈林第一次向希特勒保證說「他的」空軍可以處理後勤問題的詳細對話紀錄。我們只能確定戈林確實有這樣的舉動，而且此舉完全是他個人的行為，事先沒有和身邊的幕僚討論過。空軍與陸軍的參謀總長顏雄尼克與柴茲勒（Kurt Zeitzler）現在面對的長官與部屬之間相互對立的尷尬局面。而可以把前線指揮官的觀點轉達給最上層的也是這兩個人。六軍團被包圍當天是星期日，希特勒人在上薩爾茲堡。這天午後，顏雄尼克離開柏特斯加登的蓋格飯店（Hotel Geiger），驅車前往上薩爾茲堡的元首總部。希望在柴茲勒的協助下讓希特勒願意聽他的意見，但最後卻發現沒有那麼簡單。

後來柴茲勒向顏雄尼克抱怨，說他沒有讓自己的立論更有說服力。顏雄尼克確實表示如此安排對空軍的負擔太大，但他沒有警告說這整件事有可能會失敗，更別提表達有關李希霍芬的「太扯了」的意見。即使如此，他耐著性子說明空運對空軍的種種困難倒也不是沒有效果。戈林在元首總部的聯絡官波登夏茲將軍（Karl Bodenschatz）覺得自己必須離開會議，並緊急撥電話給他在卡琳宮的上司。

戈林一聽便叫顏雄尼克來聽電話，然後明確禁止他「進一步打擊元首的情緒」。空運當然是做得到的事情。

對於帝國元帥是怎麼壓下所有來自部屬的意見、向希特勒掛保證的過程，最可靠的證據來自他的一戰時的老戰友——布魯諾・羅策上將。羅策後來寫道，戈林常常和他討論史達林格勒的悲劇，並否認自己是罪魁禍首。他說：「希特勒抓住我的佩劍帶，對我說：『聽著，戈林，要是空軍無法執行六軍團的運補工作，整個軍團就完蛋了。』我能怎麼辦？我只能同意他的看法啊！不然我和空軍豈不是從一開始就成了罪人？我只能說：『元首，沒問題，我們一定會成功的！』。」

從那時起，連老普魯士軍官顏雄尼克，也不得不違背自己相信的事而聽從上級的命令。他不再反對空運，而是提出兩個條件，有這兩個條件，空運才會成功：

第一、天氣處於可飛行的狀態；

第二、塔辛斯卡亞（Tazinskaya）與摩洛索夫斯卡亞（Morosovskaya）兩處重要機場必須不計代價守住，不能被紅軍攻下。

這兩個條件其實都很難保證，可是希特勒也不在乎。當天晚上，他下令要保魯斯死守陣地。兩天後的二十四日，柴茲勒將軍又一次試著說服希特勒，但這次他沒有找空軍官員陪同。他說六軍團的口糧還可以再撐幾天，應該請空軍把所有能飛的飛機都用來集中運送燃料與彈藥，這樣才可能成功突圍。

希特勒把戈林找了過來[1]，帝國元帥如此表達自己的立場：「元首，我在此宣布空軍將會從空中提供六軍團所需的物資。」

「空軍實在做不到，」柴茲勒回答，「元帥，您知道被圍困在史達林格勒的軍團一天需要多少物資嗎？」

「不知道，」戈林有點尷尬地承認，「但我的參謀知道。」

柴茲勒相當堅持，並計算所需的數字給戈林看。他說六軍團每天需要七百噸的物資，就算把包圍區內的軍馬全殺了，一天還是需要五百噸。「這可是要空軍每天空運五百噸的物資啊！」他又強調了一次。

「我做得到。」戈林仍然如此堅稱，柴茲勒這時已經失控，他大吼道：「放屁！」

戈林的臉紅了，呼吸也變得急促。他握緊拳頭，彷彿要動手打陸軍參謀總長。這時希特勒插嘴了，他冷冷地說：「帝國元帥已經表達了他的立場，而我必須相信他。最後做決策的人是我。」

對柴茲勒而言，這次的對話到這裡結束了。他無法拯救六軍團，原因是希特勒那種絕不放棄曾奪下的領土的立場。至於空軍實際上到底能不能維持二十五萬人的補給，對元首而言根本是次要的事情。同時，戈林誇大的承諾又支持了他的堅持，讓他更堅定要求讓六軍團待在原地，繼續困在史達林格勒。

——

1 原註：元首總部的這個說法取自一九五五年三月十一日，是前德國陸軍上將柴茲勒（後已過世）寫的書面聲明。他在聲明中記述了他與戈林的逐字對話。他確認空運是希特勒與戈林兩人當面同意的方案，並且補充說明顏雄尼克受到戈林的強力施壓。

天氣是接下來悲劇的開始。

「天氣溫和的夏季和秋季已經過去了，德國空軍在這段期間內一直成功控制著這個地區，」第五十五轟炸機聯隊（KG 55）的資深氣象士費德里希・沃布斯特（Friedrich Wobst）寫道，「我們著眼於準備面對終將到來的惡劣天候。它們是蘇軍最棒的盟友，這樣一來，德國空軍就很難出動了。」

日常的天候規律從十一月四日開始改變。到了七日，寒冷就來到了頓河的轉彎處；到了八日，第五十五轟炸機聯隊位於摩洛索夫斯卡亞的基地就觀測到讓人措手不及的零下十五度低溫。如此的寒冷馬上影響到飛機的發動機，同時還有偶爾的濃霧使飛機運作更為困難。

這還不算什麼，十一月十七日的狀況更糟糕。當天史達林格勒附近的寒冷地區遇到了從冰島吹來的濕暖空氣，結合成最糟糕的天候——冰點的氣溫加上濃霧與雨雪交加的天氣。地表的結冰必然會造成機身結凍、無法操作，德國空軍突然就停止運作了。

俄國人對自己的天候相當熟悉，因此知道如何加以利用。兩天後，他們發動了攻勢。蘇軍幾週以來的準備都被德軍偵察機看在眼裡，但六軍團卻沒有採取任何措施強化延伸的北面側翼。攻勢一發動，羅馬尼亞第三軍團的防線就垮了，整個戰略態勢馬上丕變。唯一可以處理這種狀況的德國空軍卻沒辦法起飛。

費比希中將人在歐布里夫斯卡亞（Oblivskaya）的第八航空軍總部，他堅持至少要由有經驗的機組員出少數幾趟任務來打擊敵軍。在摩洛索夫斯卡亞，有幾架He 111無視低懸在地面上方的雲層與不到一百公尺的能見度強行起飛。編隊指揮官是第五十五轟炸機聯隊二大隊的大隊長漢斯－約阿欽・加百列少校（Hans-Joachim Gabriel）。他的飛機由里皮士官長（Lipp）駕駛，從草原上空低空衝向北方。紐曼中尉（Neumann）是最後一個看到他們的人，他看到那架He 111從極低空對蘇軍縱隊發動攻擊，之後就被高砲擊落了。

在蘇軍突破點的卡拉蚩，阿弗雷・魯舍爾少校（Alfred Druschel）的轟炸機大隊起飛接敵，史達林格勒附近的卡波夫卡（Karpovka）還有幾架第二斯圖卡聯隊的Ju 87前來支援。該聯隊的第一中隊中隊長是得了黃疸仍帶病出擊的漢斯-烏里希・魯德爾（Hans-Ulrich Rudel），後來成為著名的「戰車殺手」，在東線總共飛了兩千五百三十架次，紀錄遠遠超過其他飛行員。但在十一月十九至二十日，這幾次攻擊只能算是稍稍干擾了敵軍一下下而已。二十日晚間，第四航空軍團司令李希霍芬上將在日記中寫道：「俄國佬又一次精明地利用天候狀況來創造優勢。如果我們打算挽救任何東西，那就一定要有良好的天氣才行。」

但天氣還是一如既往地十分惡劣。李希霍芬想從高加索山脈撤來支援頓河戰役的轟炸機根本無法起飛。蘇軍不但成功包夾了卡拉蚩，還往南進入了頓河與其支流契爾河（Chir）之間的盆地。德國空軍的基地就在盆地後面，其中又以摩洛索夫斯卡亞和塔辛斯卡亞基地最為重要。如果這些基地失守，顏雄尼克開出來的空運成功的第二個前提也無法達成了。

德國空軍得想辦法自保。海納・史塔赫上校（Reiner Stahel）是第九十九高砲團團長，他用手邊擁有的一切，想辦法組織起基地防衛隊——高砲陣地、維修人員、後勤人員、留在後面的散兵，還有剛從休假返回的人。他帶著這支雜牌軍占領契爾河西邊與南邊，陸軍與其他空軍指揮官看到他的舉措，紛紛以他為榜樣做了同樣的事。

十一月二十六日，這支緊急成立的部隊在另一位高砲軍官愛德華・歐伯蓋曼中校（Eduard Obergehtmann）的指揮下，擊退了蘇軍在歐布里夫斯卡亞對機場的攻勢。他在空中有反戰車用的

Hs 129攻擊機，甚至還有一個中隊的舊型Hs 123雙翼機支援。Hs 123的地勤人員還要負責保護跑道，讓他們有地方可以降落。由於第八航空軍指揮部就在這座機場內，連該部的參謀軍官都加入了戰鬥。交戰期間降落當地的李希霍芬，問起旁人參謀長羅薩・馮・海納曼中校（Lothar von Heinemann）人在哪裡。

費比希將軍告訴他：「報告司令，他在那邊操作機槍。」

李希霍芬十分生氣，下令費比希帶著參謀返回塔辛斯卡亞。他說他們應該去指揮航空軍、執行空運行動，而不是親自與蘇軍交戰。但如果空軍不保護自己的機場，又有誰會保護呢？

最後，援軍終於來到了契爾河流域——第一批地面部隊與戰車來了。雖然史塔赫的緊急部隊還是需要出一點人手，但新來的羅馬尼亞第三軍團的德國參謀長華瑟・文克（Walther Wenck）還是勉強建立了一條防線。這條防線縱深不足，能守住可以說是個奇蹟。最後，分別簡稱為「塔辛」和「摩洛」的兩大空運基地就此保住了。要不是這樣的話，空運行動絕對不可能進行。

十一月二十四日，第四航空軍團接獲德國空軍高層的命令，要先開始將每日三百噸的物資送入史達林格勒包圍圈，包括三百公秉的燃料和三十噸的武器與彈藥。三天後，六軍團又要求送麵粉、麵包與其他糧食進去。由於軍團在先前撤進防守位置時被迫放棄頓河西岸的軍糧庫，口糧早就不夠了。當下正寅吃卯糧了，很快只能透過空運取得物資。

這時，Ju 52大隊正在塔辛斯卡亞集結。這些部隊包括有許多執行過高風險任務的老手，但也有直接從德國送來、經驗不足的年輕人。部隊帶來的飛機也同樣參差不齊，有些又老又破舊，甚至還有民用機。這些是先前只曾用於交通運輸，沒有任何作戰裝備的飛機：有些飛機沒有無線電和方位測定儀、有些沒有冬季防寒設備，有些甚至沒有槍砲與降落傘！到了十二月初，塔辛斯卡亞的空運處長佛斯特上校（Förster）集結了十一個大隊的Ju 52與兩個大隊的Ju 86，總共約三百二十架飛機。可是這些飛機很少達到超過三分之一的妥善率。

空運發動後的前面兩天——十一月二十五日與二十六日——史達林格勒只收到六十五噸的燃料與彈藥，而不是要求的三百噸。第三天他們甚至什麼都沒收到。

費比希在日記中寫道：「天候十分惡劣。我們試著起飛，但根本不可能。塔辛的暴風雪一場接著一場地來，情況十分令人絕望。」

即使如此，還是有十二架飛機冒險起飛。他們不顧機身結冰的危險，在低能見度的情況下飛了兩百二十公里，來到史達林格勒的皮托尼克機場（Pitomnik），送了二十四公秉的燃料。對一支四面八方遭到痛擊的軍團而言，這樣的量當然少得可笑。這時大家都明白，只靠Ju 52運輸機是永遠無法把需要的物資全部送達的。

因此，李希霍芬下達兩個任務，給人在摩洛索夫斯卡亞的第五十五轟炸機聯隊聯隊長恩斯特・庫爾上校（Ernst Kühl）。

一、以他新運輸部隊司令身分，要將手下的He 111投入史達林格勒的空運任務；

二、以他先前負責史達林格勒防禦的空軍軍官身分，他要利用這些部隊支援契爾河的防禦部隊，阻止蘇軍推進到「塔辛」和「摩洛」。若是失去此兩地，史達林格勒的六軍團將必死無疑。

庫爾和他的兩位作戰官漢斯．多林（Hans Dölling）與海因茲．霍佛（Heinz Höfe）將這樣的雙重任務指派給了以下單位：第五十五轟炸機聯隊底下的兩個大隊；摩洛索夫斯卡亞西基地與南基地的第一〇〇轟炸機聯隊一大隊與五、二十特種勤務轟炸機聯隊兩個He 111運輸單位；最後還有密勒羅伏（Millerovo）的漢斯－恆寧．馮．波斯特中校（Hans-Henning von Beust）手下的第二十七轟炸機聯隊（KG 27）。上述單位全部加起來，一共有一百九十架亨克爾轟炸機，全都是有經驗的機組員，可以加入史達林格勒的運補行列。不過這有一個前提，這些單位必須先解除自己門前的敵情壓力。為了處理這個問題，庫爾上校還得到了第三（烏德特）戰鬥機聯隊，還有反戰車攻擊機與俯衝轟炸機各一個大隊。

十一月三十日，四十架He 111第一次加入Ju 52運輸機的行列，前往史達林格勒口袋。這些部隊從此日以繼夜地出動，有時單機出動、有時以分隊規模出現，有時還有第三戰鬥機聯隊的戰鬥機護航，但大多數時候都是冒著遇到蘇聯戰鬥機的風險單獨出擊。他們會飛在雲上，以躲避敵軍的高砲，並以皮托尼克的無線電信標找路，然後再下降到雲層底下，在平坦而覆滿積雪的草原上尋找降落場。他們會看到幾架停泊的Ju 52，然後是紅色的十字降落標記，最後才看到綠色的信號彈。亨克爾機就是利用這樣的導航方式降落在厚實的雪堆上。

皮托尼克在九月剛開始使用時，是個戰鬥機機場。但現在一整個軍團的命運都要依賴它。只要亨克爾機一降落，便會接受指引離開跑道，然後會有一大群人衝上去卸載。彈藥從炸彈艙裡卸下、返航所需量以外的燃油則從機翼油箱裡抽出來。左翼裝的是機場所屬戰鬥機中隊要用的燃油，右翼則是戰車與陸軍車輛用的油料。

幾位傷兵爬上飛機後，亨克爾機就可以返航了——除非這時天氣變好，引來了敵軍戰鬥機的注意。如果有這樣的狀況，飛行員會等另外兩架飛機再起飛，這樣一個分隊才有足夠抵禦戰鬥機的火力。然後便是五十分鐘的返航，回到「摩洛」去載下一批物資，並重覆一次。這就是整個過程，不論日夜，只要天候允許就會執行。

在He 111的協助之下，十一月三十日的單日運輸量首次達到了一天一百噸。這仍然只有戈林承諾的三分之一，更是只有軍團基礎所需的五分之一。第二天，由於下大雪的關係，運輸量又下跌了，到了十二月二日，雪更是換成了冰。加熱裝備嚴重不足，要把機身上厚厚的結冰融化、讓發動機發動，整個過程要好幾個小時，而空運在這幾個小時間只能停擺。飛機不論在哪裡都得在開闊地保養，地勤人員只能曝露在冰冷的暴風雪中作業。「摩洛」基地曾經試著打造防護牆，但因缺乏木材與金屬材料而作罷。大家的手指都凍僵了，無法進行比較細微的保養工作，而每次更換發動機都像是酷刑。這樣一來，妥善率只能跌到兩成五了。

大多數空軍將領都已預期或至少擔心會有這樣的挫敗。他們還在首次於蘇聯度過的冬季中汲取教訓，並明白地警告六軍團，希望他們決定要堅守史達林格勒時不要對空運有不切實際的想像。而在十二月十一日這天，當費比希中將與第八航空軍的後勤官庫特．史托伯格少校（Kurt Stollberger）一起飛進史達林格勒口袋時，他更覺得應該再重申他的警告。保魯斯對空運至此完全失敗一事非常不滿。他說他每天需要六百噸，空軍承諾的也是六百噸，但現在實際送到的不到六分之一。

「這樣下去，」保魯斯補充，「我的軍團根本無法繼續生存，更別說要作戰了。」

費比希只能向他保證，說他會盡一切努力達成所需的運輸量。但他也毫不掩飾地鄭重宣告，說長期以空運支撐六軍團的後勤無論如何都是不可能的，就算運輸機部隊的數量增加數倍也一樣。

即使如此，保魯斯和參謀長施密特還是針對接下來的幾天提出了特殊要求。霍斯上將和他的軍團嘗試要從西南方突破包圍網。如果這重大的行動要取得成功，六軍團就會馬上需要燃料與彈藥供突圍行動使用，同時官兵也會需要糧食。十二月十六日會發下最後一批口糧，之後會發生什麼事就沒有人知道了。

空軍為了因應這麼緊急的狀況，空運行動在十二月十九到二十一日之間達到了最高峰。三天內一共飛了約四百五十架次，運送超過七百噸的物資進入皮托尼克。整個情況看起來似乎每日最低要求量真的能夠達成。但所有的希望卻很快又幻滅了。起霧的高度在二十二日降低，接下來的兩天也沒什麼改善。

這時又發生了新的災難。兩個蘇聯近衛軍團突破了頓河的義大利第八軍團防線，往南朝羅斯托夫（Rostov）攻去。這波攻勢不只會威脅到史達林格勒的六軍團，連整個德軍南面前線都可能被截斷。但這時蘇軍的兩面進攻目標其實還很有限——他們只打算拿下塔辛斯卡亞和摩洛索夫斯卡亞。德軍組織起一支緊急部隊，包括第三十八通信團與剩下的第八航空軍指揮部的參謀，由海納曼中校指揮。他們試著將蘇軍擋在塔辛斯卡亞北邊十二公里處的峽谷內，卻因缺乏戰防砲而失敗。

到了十二月二十三日，塔辛斯卡亞的一百八十架適飛的Ju 52必須撤離。但這時，空軍總司令卻親自介入，不讓這些飛機撤離。他從兩千公里外下令，除非塔辛斯卡亞受到直接攻擊，這些飛機都要留在原地。這實在是匪夷所思。這時冒上存亡風險的，是一整個運輸機隊，而這支機隊盡管有許多缺點，仍是被包圍的六軍團最後的一線生機。

二十四日〇五二〇時，第一批蘇軍戰車砲砲彈落到了機場北邊外圍。一架飛機馬上起火，另一架則在跑道上爆炸。剩下的飛機發動機都已發動，就等一聲令下。

整整一個小時，大隊所有的指揮官都擠在管制塔的碉堡裡，焦急地等待命令傳來。但費比希中將不願扛起責任。他堅持要想辦法打電話聯絡第四航空軍團，不顧在場所有人都知道電話交換站早在一個半小時前就已經在蘇軍砲擊塔辛斯卡亞村時失火燒掉的事實，費比希甚至在前往機場的路上親眼目睹了這件事的發生。可是他仍然極力想辦法聯絡上級單位——李希霍芬上將。費比希身邊站著航空軍團的參謀長赫胡・馮・羅登上校（Herhudt von Rohden），他是李希霍芬出於對接下來戰況變化的焦慮而在前一天派來坐鎮的。但羅登什麼也沒說，顯然他也不打算違抗戈林的命令。

〇五二五時，一輛福斯指揮車以高速駛進機

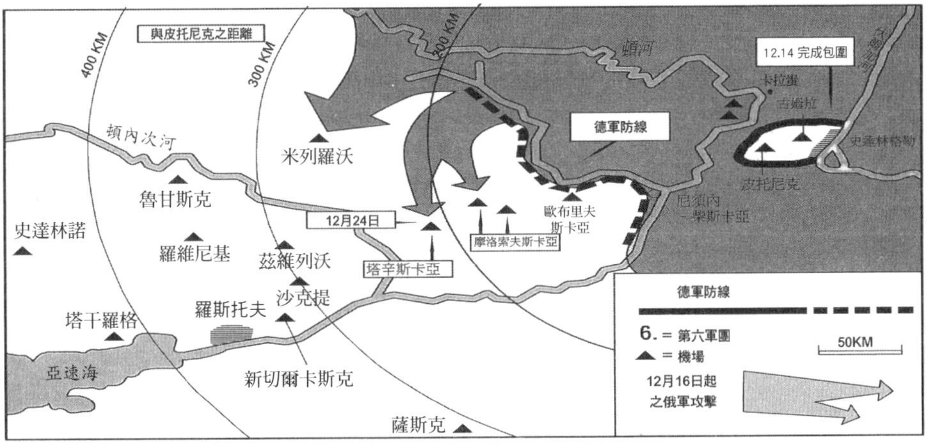

對史達林格勒運補　對遭圍困的六軍團而言，運補機場飛抵皮托尼克機場的遠近，扮演了關鍵的因素。當塔辛斯卡亞、摩洛索夫斯卡亞兩座野戰機場相繼在 1942 年 12 月 24 日、1943 年 1 月 1 日陷落之後，運補成效便巨幅滑落。新的前進機場離史達林格勒的距離又多了 100 公里以上。

場，車上載著第八航空軍的參謀長海納曼中校。他直到此時都一直和耶內上尉（Jähne）與德魯伯中尉（Drube）待在村內的航空軍指揮部。在警告航空部隊後，他下令等待起飛的飛機載不下的地勤人員，全都要準備從機場的南邊離開。他自己到達機場時，正好是第一批Ju 52開始起火冒煙的時刻。在不斷變化的霧氣中，沒有人知道砲彈是從哪裡打來的，交戰的聲音也被航空發動機的噪音蓋掉了。直到此時都還靜靜等待命令的人突然開始到處亂跑、塞滿了飛機。這裡已經陷入了恐慌。

海納曼衝進碉堡，把上述一切都報告給費比希聽。「長官，」他喘著氣說，「您一定要採取行動！請您務必下達起飛許可！」

「我需要航空軍團的授權才能這麼做，」費比希反駁，「反正現在起霧，飛機也不能起飛啊！」

海納曼繼續施壓，以平淡的語氣說：「您必須冒這個險，不然機場裡的每個單位都會完蛋。長官，這可是史達林格勒的所有運輸單位。他們是六軍團被包圍後的最後希望！」

這時羅登上校開口了，「我贊成他的意見。」

費比希退讓了。「好吧！」他說，然後轉向各大隊的大隊長，「准許起飛。想辦法往新切爾卡斯克（Novocherkassk）的方向撤離。」

這時是〇五三〇時，而在接下來的半個小時，這裡出現了空前絕後的景像。許多Ju 52運輸機在咆哮的發動機帶動下，拖著噴出雪花的機輪，從霧中往四面八方加速起飛。這時的能見度不到五十公尺，雲層幾乎就在地面上，低到好像伸手就可以摸到。大多數飛機都載滿了貨物，但載的卻不是在新機場保持機隊運作的地勤裝備，而是還載著要給史達林格勒孤軍使用的一箱箱彈藥與一桶桶的燃料。直到最後一刻，執行空運的命令都仍然有效，彷彿蘇軍還在幾百公里外那樣。

正當飛機努力起飛迎向未知的命運時，有兩架飛機從不同的方向起飛，並在機場中央撞成了一團，引發巨大的爆炸。其他飛機也有人在滑行時相撞、起飛時勾到主翼，或是撞壞了機尾。這種險象環生的場面層出不窮。有些剛好及時起飛的飛機就這樣低空從蘇軍戰車上空掠過，這時的濃霧反而成了他們的盟友。

到了〇六〇〇時，費比希將軍還站在管制塔前，身邊還有許多參謀，附近則停著一架可飛行的Ju 52。敵軍的火力增強了，在他的左邊，儲存著六軍團物資的補給站已經起火燃燒。第一輛蘇聯戰車衝出大霧，卻從他們身邊通過，繼續前進。

「長官，」迪特・佩克倫上尉（Dieter Pekrun）說，「該走了！」可是費比希還是留在原地。〇六〇七時，第十六裝甲師的伯斯多夫少校（Burgsdorf）出現了，並報告說到處都是敵軍戰車與步兵。他說不該再等下去了。

事實上，費比希也沒有部隊可以指揮了。最後一架Ju 52在〇六一五時離開塔辛斯卡亞，機上載著費比希、通信官保羅・歐佛迪上校（Paul Overdyk）、補給官寇特・史托伯格少校，還有軍部的幾位參謀軍官。這些人的性命都在飛行員魯伯特上士（Ruppert）手中。他從起火燃燒的機場起飛後，便爬進高高雲層，就算爬到了兩千四百公尺，他都還沒離開雲層。七十分鐘後，降落在羅斯托夫西機場。

這年的耶誕夜，還有另外一〇八架Ju 52與十六架Ju 86從塔辛斯卡亞的混亂中逃了出來，並降落在各地的機場。其中一架的飛行員是第三十八通信團的羅倫茲上尉（Lorenz），他根本沒有受過飛行員訓練。同日晚間，他從李希霍芬手中收到了一面榮譽飛行員徽章。但在這個過程中，有六十架飛機——全機隊的三分之一——折損，幾乎所有的備用料件與重要的地勤裝備都被丟棄在機場。如果撤離命令早一天下來，這一切都可以避免。把德國最後一批訓練與聯絡機調來史達林格勒，卻又讓它們在如此情況下白白犧牲，到底有什麼意義呢？

——

往東四十公里處，雖然蘇軍戰車沒有很靠近，但第二處大型空運基地摩洛索夫斯卡亞也受到了威脅。在第一次與姐妹機場的電話聯絡中斷、隨後又傳來消息說當地淪陷後，所有對於本次行動的幻想都煙消雲散了。這表示現在「摩洛」西邊的路也被切斷了。

恩斯特·庫爾博士上校以「第一運輸隊隊長」的名義指揮這座基地，他馬上採取行動。為了保住He 111與俯衝轟炸機部隊，他先把它們送回新切爾卡斯克，帶著一小批參謀留在後面，並祈禱過去三天的大霧會散去。只要他們能飛，這些轟炸機說不定還能讓蘇聯裝甲部隊安分一點。

耶誕夜一早，聯隊氣象士費德里希·沃布斯特（Friedrich Wobst）叫醒聯隊長，並興高采烈地宣佈：「上校，我們今天會有能飛行的天氣了！」

庫爾瞥了外面一眼，結果只看到大霧。他懷疑地看著這個氣象專家，但對方非常有自信：「東邊會有強烈冷氣團過來。大霧會消散，陽光最多在兩個小時內就會照進來了。」

作戰官海因茲·霍佛上尉（Heinz Hofer）馬上打電話給新切爾卡斯克，並通知當地的機組員。機組員大部分在前一天晚上在飛機上度過了一夜。不到一個小時，大部分轟炸機已回到「摩洛」了。大霧一散，斯圖卡直接對蘇軍裝甲前鋒發動了攻擊。這次剛好遇到敵軍位處開闊草原的時候，造成蘇軍損失慘重。第二天，剩下的裝甲部隊後退，摩洛索夫斯卡亞也因此得救了。

這次的成功要歸功於庫法博士少校（Dr. Kupfer）的第二斯圖卡聯隊、希區霍中校的反戰車聯隊、威科上尉的第三戰鬥機聯隊與第二十七、第五十五轟炸機聯隊，加上第一〇〇轟炸機聯隊一大隊。同時，這次成功也證明德國空軍只要天候允許，還是能對戰局作出貢獻。但好景不長，耶誕節的好天氣馬上又轉變成了接連好幾天的濃霧與冰風暴，蘇軍馬上恢復攻勢。雖然塔辛斯卡亞曾在德軍一次裝甲部隊反攻中短暫奪回，但空軍最後還是在一九四三年一月初被迫放棄這兩個基地。

現在Ju 52運輸大隊改成從薩斯克（Salsk）出動，He 111則以新切爾卡斯克為基地。不論是哪個基地，往史達林格勒的航程都要多飛一百公里，空運成效率明顯降低。「塔辛」與「摩洛」的陷落對被圍困的六軍團是一大打擊。耶誕節後，空運幾乎完全停擺。只有在新年前後（十二月三十一日與一月一日、四日）送達的物資曾再次超過兩百噸。一月二日甚至因濃霧導致所有空運行動中止。

航程拉長對蘇軍的攻擊反而有利。蘇軍直接沿著皮托尼克的無線電波路徑建立了一條不中斷的高砲戰線，逼迫運輸機浪費時間繞路，消耗更多本來要供應給史達林格勒孤軍的燃料。

理論上，最有效率的空運是以單機接著單機、日夜不間斷地進行運補。但實際上這是不可能的，因為每週下來，蘇軍的戰鬥機部隊都比前一週更活躍。Ju 52在日間無法單機飛行，必須在基地上空整隊，然後還要接受戰鬥機的護航。這點對皮托尼克的效率實在沒什麼幫助。這裡的卸貨人員會一連好幾個小時沒事做，然後突然遇到一整個四十到五十架飛機的機隊，並且每一架同時都希望能快點卸貨。他們當然不可能應付得來，造成過程中浪費更多的時間。

第八航空軍從一開始就希望六軍團能準備別的降落場。費比希和他的補給官史托伯格少校一起在十二月十一日前去拜訪六軍團時，便強調過這樣的需求。他們特別指出前往軍團指揮部半路上的古姆拉機場。六軍團已經到了缺乏人力把彈坑填平、從雪地中整理出一條跑道的地步了嗎？

工作最後還是沒有完成。保魯斯甚至拒絕費比希的提議，沒有讓他派一位空軍將領進入包圍圈、接收所有的空運任務。根據這個提議，這位專業的空軍將領不但會負責建造機場與卸貨，還會負責處理空運產生的所有技術與戰術問題。包圍圈內只有一位空軍將領——第九高砲師師長皮克特少將。他帶著作戰官海茲曼中校（Heitzmann）與第一〇四高砲團團長羅森費上校（Rosenfeld），三人一起孜孜不倦地打造出一套像樣的地面編制。他們不僅以自己手下的高砲抵抗敵軍對皮托尼克發動的低空攻擊，還接手了整個飛行管制與補給管控。雖然這幾位高砲軍官如此用心投入，他們既沒有充分的權限，也沒有十足的專業可以處理所遇到、事實上是德國空軍史上最艱鉅的技術性挑戰。

六軍團的補給官從包圍圈外派出許多部隊，盡量「搜括」補充運補所沒有的東西。空軍帶來的往往不是陸軍最需要的物資。舉例來說，空運運來的濕黑麥麵包總是凍得硬梆梆，要吃之前還得先退冰，而羅斯托夫卻有大量小麥麵粉和奶油卻不准動用，只因其中有幾道莫名的行政命令作怪。有四分之三是水分的生鮮肉品蔬菜在凍成冰塊的狀態下，占滿了寶貴的空間，似乎也沒有人想到運用傘兵和潛艦口糧慣用的乾燥技術來加以改善。十二月時，運輸機甚至還塞滿了非常占空間的聖誕樹和「元首包裹」，軍團無法靠這些東西活命。

以上就是造成六軍團走向毀滅的種種錯誤與疏失。然而，只要希特勒堅持要六軍團留在史達林格勒，盼望空軍可以在冬季供應二十五萬官兵的每日所需物資，這仍會是一條不歸路。

一月九日，皮托尼克的官兵聽見空中傳來了與以往不同的聲響。那是大型四發動機飛機的聲音，是一架Fw 200兀鷹式飛機。該機在〇九三〇時降落，激起了大片雪花。能降落在雪地上實屬幸運，否則以這架飛機超載的狀況，輪胎可能會因過熱而爆胎——這架兀鷹式比其額定的十九噸最大總重超出了至少四到五噸。

幾分鐘後，中隊長舒特-佛格海姆中尉（Schulte-Vogelheim）進場降落，後面還跟著另外五架兀鷹式，他們的出現激起了新的希望。大家都認為如果空軍可以派出這種大型飛機，說不定六軍團還有救。

但兀鷹式只有十八架，是從大西洋海岸的第四十轟炸機聯隊借調來的，而且是急就章式地以第二〇〇特種勤務轟炸機大隊的名義投入史達林格勒空運任務。大隊長是漢斯·約根·威勒斯少校（Hans Jurgen Willers），基地在史達林諾（Stalino），離皮托尼克整整有五百公里遠。

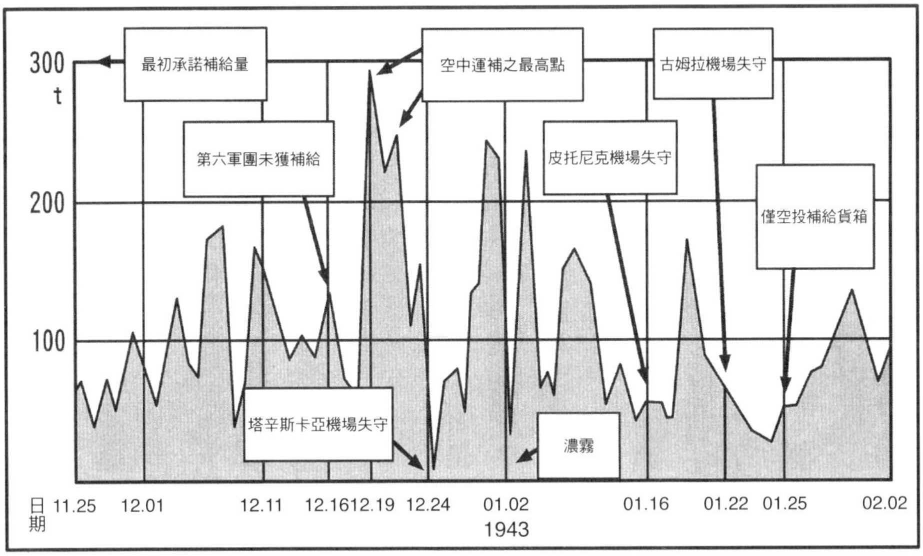

挨餓受凍的六軍團 六軍團如要維持正常的守勢運作，每日至少必須有600噸的補給。空軍承諾的數字為每日300噸，但實際每日平均收到的物資只在100噸上下。上圖為至1943年2月2日六軍團投降為止的補給量曲線圖。補給量最低的幾天都是因為惡劣的天候。

果最豐碩的是庫特·埃朋納上士（Kurt Ebener），他擊落了三十三架敵機，包括重裝甲的Il-2攻擊機，以及此時幾乎與Bf 109戰機旗鼓相當的MiG-3和LaGG-3戰鬥機。

當這六架戰鬥機在一月十六日躲過皮托尼克的蘇軍時，他們受命要在口袋圈內的古姆拉再次降落，可是這是一座沒有經過整備的機場。第一架飛機在雪堆上翻覆、第二架衝進一處彈坑、第三、四、五架飛機也遇到了類似的命運。只有最後一架——魯卡斯中尉（Lukas）——及時拉高，往西離開。他是唯一一架倖存的Bf 109。

這下運輸機只能降落在塞滿飛機殘骸的古姆拉了。但就在這一天，這裡的Ju 52大隊被迫急忙離開其位於薩斯克的基地，因為那裡也開始受到敵軍威脅了。在前一年冬天德揚斯克空運的總策劃莫吉克上校的指示下，他們開始使用斯佛耶佛（Sverevo）附近的一處玉米田——正好把航程發揮到極限。不到二十四小時，在蘇軍轟炸行動中莫吉克損失了五十二架，包括十二架完全燒毀、四十架受損的軍機。

打擊接踵而來。同一天，這個不祥的一月十六日，米爾希元帥加入了李希霍芬位於塔干羅格（Taganrog）的參謀列車，身上還有希特勒特別授予的權力，可以重新組織空運部隊。但他又能做什麼呢？早在他來到這裡之前，德國空軍就已經用盡一切，在人力可及的範圍內想盡辦法拯救史達林格勒的孤軍了。空軍之所以失敗，只是因為這個任務從一開始就不可能成功。現在蘇軍在皮托尼克奪走了德軍的機場照明與無線電測位裝備，還架設了誘餌裝置。有相當數量的飛行員因此上當，直接降落在敵軍地盤。

古姆拉的情況持續惡化，狹窄的跑道兩側布滿了殘骸與彈坑，每次降落都需要飛行員使出最精湛的技術與膽量。一月十八日至十九日之間的晚上，年輕的漢斯·吉伯少尉（Hans Gilbert）成功把沉重的兀鷹式偵察機在能見度不到五十公尺的暴風雪中降落在這裡。雖然他摔斷了機尾的滑橇，但還是成功完成了自己的命令，將裝甲軍軍長胡伯將軍（Hans-Valentin Hube）救了出去。同一天，第二十七「波爾科」（Boelke）轟炸機聯隊三大隊的大隊長提勒少校（Erich Thiel）開著一架He 111在當地降落。他是以第八航空軍代表的身分，前來了解此座臨時機場——六軍團無線電中宣稱日夜皆可使用的——的狀況。有許多運輸機不準備冒險降落，不是回頭返航，就是把炸彈艙裡的貨箱丟下去了事。提勒的報告中便說明了這點：

「機場因其整平的跑道、許多殘骸與大量彈坑與彈孔所致，從一千五百到兩千公尺的高度就能明顯目視。降落用的十字標記被冰雪蓋住了。我的飛機才一停下來，機場就被十架敵軍戰鬥機掃射，但這些戰鬥機受到輕型高砲的壓制，未能降低到低於八百至一千公尺的高度。同時，機場也開始受到砲兵的攻擊。我才剛關閉發動機，我的飛機就成了敵軍的練習靶。整個機場都受到重型與中型砲兵的射擊，依目前的開火位置來看，主要應該是在西南面……

「技術上而言，此機場可以在白天降落，但在晚上只有經驗豐富的機組員有辦法……機場上總共有十三架飛機的殘骸，造成降落區的有效寬度只有八十公尺。對夜間降落的滿載機而言，最危險的是跑道末端的Bf 109殘骸。羅森費上校已承諾要馬上清理這些障礙。此機場還有許多裝有口糧的貨箱，其內容物都已無法使用，有些還半埋在雪地中……

當我向保魯斯中將報離並返回我的飛機旁時，發現飛機已在砲擊中嚴重損毀，機工長也已陣亡。分隊還有另一架飛機在跑道旁，也承受了類似的損傷。雖然我在一一〇〇時就已降落，但到二〇〇〇時還是沒有卸貨人員出現。即使史達林格勒的部隊如此缺乏物資，我的飛機至此都還沒有完成卸貨與取油工作。他們給我的藉口，是說砲擊使他們無法這麼做。一五〇〇時，蘇軍的

U-2[2]偵察機開始以三到四架的小隊監視機場。我從一開始就去查看飛管系統，並認定直到二二○○時之前，應該都不太可能讓任何一架飛機降落……如果有飛機靠近，跑道照明線上的七盞燈就會打開，提供幾公里外的飛機目視機場，然後就會被上述偵察機轟炸。唯一可行的方法，就是短暫發出閃光，讓飛機可以瞄準並投下炸彈艙內的貨箱……」

提勒前往六軍團指揮部討論空運遇到的種種棘手問題，但他得到的回應卻只有拒絕、埋怨與絕望。保魯斯說：「如果你的飛機無法降落，那我的軍團就完蛋了。每架成功降落的飛機都能拯救一千名官兵的性命。空投根本沒有幫助，我的人已經虛弱到無法去尋找貨箱了，而且我們也沒有運物資要用的燃料。我甚至沒辦法把防線往後退幾公里，我的部隊會因為疲累而脫隊。他們已經四天沒東西吃了。重型武器因為汽油不足而無法帶回，現在全都沒有了。最後幾匹馬我們也都殺來吃了。你能想像看著士兵倒在腐爛的屍體上、把頭敲開、直接把腦生吃是什麼感覺嗎？」

據提勒的說法，最後一句話可能是當時在場的任何人所說，包括塞德利茨-塞德利茨將軍（Walther Kurt von Seydlitz-Kurzbach）、施密特少將、艾希列普上校（Hans Elchlepp）、羅森費上校與科本史拉格中尉（Kolbenschlag）在內。提勒在報告上說：「不管我面向哪裡，聽到的都只有責備。」

保魯斯充滿怨氣地繼續說：「身為軍團司令，我看到一位基層士兵走在我身邊，然後對我說『司令，您能不能幫我留一片麵包？』，我到底該作何反應？為什麼空軍承諾要給我們補給？到底是誰宣布這件事是可行的？如果有人告訴我這不可能做到，我絕對不會和空軍爭辯，早就趁我們還有機會的時候突破了。現在這一切都來不及了。」

六軍團司令是不是忘了堅守史達林格勒是他自己的決定呢？他是不是忘了每個空軍前線指揮

官，在他做出這樣的決定時，都警告不要指望空軍能在俄國的冬季替二十五萬人運來補給呢？他不記得是偉大的元首本人拒絕了保魯斯親自發出的緊急要求，不讓他在必要時有權下令突圍、並命令六軍團待在原地，以便以六軍團的滅亡來保住元首個人的戰略主張嗎？

「元首向我保證過，」保魯斯說，「說他和全德國人民都支持六軍團，而現在整個德軍的歷史都要因為這場可怕的悲劇而蒙上陰影，就因為空軍讓我們失望！」

參謀長施密特也作出了同樣的結論，「這支偉大的軍團居然落到如此下場！」

保魯斯補充道：「我們現在已經是不同世界的人了，我們已經死了。從現在起，我們只會存在史書上。我們只能試著寬慰自己，說我們的犧牲或許還有一點點的價值。」

承受上述整段憤怒與絕望的人，只是區區一介空軍少校大隊長。他已在各方面完成了自己的職責，並和他的同袍一起盡力達成不可能的任務。提勒十分不滿地離開了孤軍的指揮部，並在他的報告中客觀地將這些將軍的不滿歸咎於他們承受的沉重精神壓力。自他從史達林格勒口袋返回後，運輸部隊又一次嘗試盡全力送更多口糧、彈藥與燃料進去供孤軍使用。即使是在一月二十一到二十二日之間的最後一晚，都還有二十一架滿載的He 111與四架Ju 52在古姆拉降落。最後就連這處機場也失守了。

早在幾天前，保魯斯已對第一特種勤務轟炸機聯隊一大隊（I/KG zbV 1）大隊長梅斯少校（Ernst Maess）這樣說過：「你們現在不管送什麼援助過來，都已經來不及了。我們已經完蛋

2 譯註：Polikapov Po-2的別稱，取自「教練機」的俄文Uchebny。

了。」當梅斯告訴他，頓河西邊的運輸機基地已經受到敵軍壓迫時，將軍苦澀地回應：「死人對軍事史而言已經不再重要了。」

古姆拉被占領後，運輸機部隊只能空投貨箱，造成運輸物資的載貨量進一步減少。許多這種「炸彈」在投下後便消失在城市的廢墟中，或是地面上的德軍根本沒有力氣去撿。越來越多的食物與彈藥最後都落到敵軍手裡。

二月二日，口袋區北邊的陸軍第十一軍轉來最後的通訊：「……已盡我軍之責，戰至最後一兵一卒……」。然後通訊就中斷了。那天晚上，兩波的He 111又一次載著貨箱從城市上空飛過，但他們不管怎麼找，都找不到任何生命跡象，戰役結束了。

德國空軍在支援上付出的努力，可從其損失得到佐證。從一九四二年十一月二十四日起，到一九四三年一月三十一日止，空軍一共損失兩百六十六架Ju 52、一百六十五架He 111，四十二架Ju 86、九架Fw 200、七架He 177和一架Ju 290，計四百九十架飛機，相當於五個聯隊，甚至超過一個航空軍的規模！

德國空軍從此再也沒有從深受的打擊中恢復過來。

三、「衛城行動」

時間推進到五個月後。當六軍團與其麾下的十九個師殲滅後，德軍在東線又遇到了更多的潰敗。在一九四二年攻勢中拿下、一路延伸到高加索山脈的土地，在這段艱苦的冬季戰鬥中全都由蘇軍奪回。只要冰天雪地的氣候改善，空軍便持續協助各地的德國陸軍，支援其應付困難甚至絕望的戰況——支援庫班河（Kuban）橋頭堡，協助陸軍防守頓內次河（Donets）與米烏斯河（Mius），以及支援哈爾可夫（Kharkov）、庫斯克與歐雷爾（Orel）等戰役。

自四月起，前線便漸漸穩定。冬季戰鬥留下兩處相互的突出部——德軍的突出部以歐雷爾為中心向東突出，蘇軍則以庫斯克為中心往西突出，位於德軍突出部北邊。對任何從地圖上觀察情勢的參謀而言，這都是兩軍分別企圖包夾對方的情勢——德軍想從南北兩邊切斷庫斯克突出部與其中的蘇軍，而歐雷爾的突出部也遭到蘇軍類似的企圖威脅。

對於這樣一場自德蘇開戰以來規模最大的戰役，兩邊都正在全力作好準備。德軍以「衛城行動」（Operation Citadel）為代號，希望能取得一場決定性勝利，擊敗現已幾乎令人難以招架的蘇軍，並採用一九四一年夏天的模式包圍。但將領認為希特勒延誤了太久才讓他們著手準備。整個一九四三年六月，德軍的突擊師都受限於命令而只能空等，讓蘇軍可以完成他們的準備工作。兩軍現在都完全明白對方的企圖了。

最後在七月一日，希特勒總算把他的將領找來拉斯騰堡，並給了他們一個確切的日期：「衛城行動」將會在四天內開始。他說按照經驗顯示，沒有什麼東西比靜止不動的軍隊更糟糕了。他還說，德軍各師往東推進時，蘇軍可能會在北邊歐雷爾突出部發動德軍早就預知的攻勢，並直取德軍的後方。如果發生這樣的狀況，希特勒提議要投入德國所有可用的飛機來解除如此關鍵的威脅。

為了這次的最後一搏，空軍盡力集結了手頭上的兵力。他們將其他前線的兵力全都調了過來，還從德國本土調來了所有的後備兵力。最後，一共找來了約一千七百架可用的飛機。塞德曼將軍手上分配到一千架轟炸機、戰鬥機、攻擊機與反戰車攻擊機，他會從別哥羅德（Byelgorod）

地區支援——位於霍斯上將的第四裝甲軍團南邊。北邊摩德爾上將（Walter Model）的九軍團則由歐雷爾的第一航空師支援，師長戴希曼少將（Paul Deichmann）一開始的兵力是七百架飛機。

攻勢於七月五日〇三三〇時發動。依照計畫，這一千七百架飛機此時應越過前線，不但要攻擊敵方機場，還要鎖定蘇軍較為深入的要塞、防禦工事與砲陣地。

在別格羅德後方約三十公里處的米高楊諾夫卡（Mikoyanovka）、第八航空軍指揮部內，緊張的氣氛正在蘊釀。命令都已經發送出去了，哈爾可夫的五座機場全都塞滿了飛機，各單位也都在駕駛艙待命。轟炸機聯隊會先起飛，在基地上空整隊，等待護航戰鬥機，然後再前往前線。這天的早晨夏季天氣相當良好，計畫沒有受到影響。德軍雖然知道蘇軍早就等著他們發動攻擊，但仍然期望能至少造成一丁點的「戰術奇襲」效果——在敵人料想不到的時間及地點發動攻擊。

突然令人緊張的報告傳到了塞德曼將軍手中，是防空預警單位傳來的。無線電監聽部隊確認蘇軍航空團之間的通訊正在大幅增加，這顯然代表有大規模行動正在進行。過沒多久，哈爾可夫的芙蕾亞雷達站回報有幾百架飛機正在接近。

沒有人想到會有這樣的發展。蘇軍顯然完全知曉德軍的發動日期與時間。他們得知了敵人最緊密保守的秘密，並打算以發動攻勢來回應德軍的攻擊。早在德國轟炸機離地之前，他們就已帶著空中大軍殺了過來，準備攻擊哈爾可夫密集排滿飛機的機場！這下要大難臨頭了。德軍的飛機不是在地面上靜靜地接受毀滅，就是在最脆弱的起飛時候受到攻擊，而這一切都發生在德軍還有很久才會發動攻擊的時刻。這個時候，德軍東線翻盤的最後一次大規模攻勢，在開始之前便遭到擊潰。若是沒有數量最多、連續不斷的空中支援，這波攻勢是不會成功的。

德軍的戰鬥機理解到了這樣的危機，發現一切的重責大任都落到自己身上。蘇軍機隊來襲的報告才剛送到米高楊諾夫卡基地，第五十二戰鬥機聯隊（JG 52）便緊急起飛爬升，準備前往攔截。在哈爾可夫的那幾座機場，轟炸機的起飛不斷延後。他們的發動機已經啟動，但仍持續等待，同時看著第三戰鬥機聯隊從他們之間滑行前進，並搶在他們之前往各個方向起飛。

塞德曼與身邊的空軍參謀總長顏雄尼克焦急地等待，這時蘇軍已從他們頭上往哈爾可夫的方向飛去。隨後，第一波德軍戰鬥機便與這些蘇聯軍機接觸，並爆發二戰史上規模最大的空戰——兩個聯隊的德軍戰鬥機對上約四百到五百架蘇聯轟炸機、戰鬥機與攻擊機。

「這是難得一見的奇景，」塞德曼寫道，「到處都有飛機起火墜毀。轉眼間就有一百二十架蘇聯飛機遭到擊落。我軍的損失十分輕微，甚至可以說是完全勝利，在整個第八航空軍的區域內，制空權最後是落入德軍手中。」

蘇聯軍機早在抵達哈爾可夫的各處機場之前，規模已經大幅減弱了。等到了機場之後，他們又必須承受強大高砲的彈幕，以及不顧被友軍高砲擊落的風險，仍然緊追在後的德軍梅塞希密特戰鬥機。於是，這波保密到家、大膽而持續的蘇聯空襲，結果什麼成果也沒有達成。轟炸機的炸彈四散各地，前不久還擔心遭到消滅的德軍轟炸機仍然毫髮無傷地依指定時間起飛。

——

「衛城行動」的前幾天，北方的德軍深深攻入了蘇軍防線，南方則更加深入庫斯克突出部。就像閃擊戰的時候，斯圖卡在二戰中最後一次炸開防線，讓德軍戰車進入。這些俯衝轟炸機和其他密接支援機一起出擊，一天可以出擊到六個架次。

「我們都很清楚，對我們的裝甲部隊而言，第一波空襲一定要達到效果，」第一斯圖卡聯隊三大隊的大隊長費德里希·朗格上尉（Friedrich Lang）寫道，他的聯隊長是普萊斯勒中校（Gustav Pressler）。這支聯隊由歐雷爾的第一航空師指揮，其對手是小阿干折斯克（Maloarchangelsk）以西防線的蘇軍。他們必須在某個地方打出一塊缺口，讓摩德爾的裝甲師得以推進，利用其在機動戰中的戰術優勢取勝。但蘇軍的防禦十分頑強，而且和德軍不同，他們有充分的預備隊可以替補。

三天的激戰中，包抄尖峰的南面——第四裝甲軍團——成功往北推進了大約四十公里，但也因此裸露出其過度延伸的東面側翼。這段側翼位於別格羅德北方，沿途有一段樹林帶，坎普將軍（Werner Kepmf）的掩護兵力並未成功清除樹林內的敵軍，因此嚴重威脅到德軍的推進，也成了偵察機持續關注的目標。

七月八日清晨，攻勢發動後的第四天，這裡的樹林上空正有一個分隊的亨舍爾Hs 129B-2反戰車攻擊機在執行偵察任務。這個分隊的基地在米高楊諾夫卡。帶隊的是大隊長布魯諾·梅耶上尉（Bruno Mayer）。但不管他如何努力巡視，這裡的樹林都太稠密了，看不到下面有什麼動靜。突然之間，他在西邊的開闊地上看到有戰車在移動，一共有二十輛、四十輛，甚至更多，相當於一整個旅的兵力。戰車的前面還有密集的步兵，就像中世紀的行軍圖般。

這只有一個解釋——蘇軍正打算攻擊德軍的側翼。梅耶開始返航，但他發現這樣太花時間，便以無線電通知米高楊諾夫卡的同袍。他們屬於第九攻擊機聯隊的第四（反戰車）大隊，幾天前才從德國的機砲測試任務中獲派前來支援第七航空軍，剛好趕上衛城行動。這個大隊有四個中隊，每個中隊有十六架Hs 129反戰車攻擊機。

梅耶下令以中隊規模出擊。不到十五分鐘，第一支由大隊長領軍的編隊開始接近目標。蘇軍戰車此時已離開樹林，在沒有掩護的地形上往西推進。Hs 129開始俯衝，從側面和背面攻擊蘇軍戰車，以三十公厘機砲射擊目標。最前頭的幾輛戰車中彈爆炸，各機繞了一圈，選擇新的目標攻擊，再射擊四到五發的機砲彈。

蘇軍的部隊看起來陷入混亂。他們並不知道德軍有這種攻擊方式。在這之前，飛機主要以投下破片炸彈為主，或是在低高度以機槍掃射。這種掃射頂多只能偶爾幸運擊中履帶主動輪，或是碰巧打穿散熱孔。就連二十公厘機砲通常都會被裝甲板彈開。可是現在三十公厘砲彈可以貫穿裝甲了，不到數分鐘就有六輛戰車在戰場上起火燃燒。

——

在這之前，德國空軍與波蘭軍、法軍交手，還經歷過不列顛空戰，其中唯一的反戰車單位，就是第二教導聯隊二大隊（II/LG 2）。在對俄開戰當時也是如此，整個空軍依然只有第二教導聯隊二大隊有能力攻擊戰車。他們當時除了少數Bf 109之外，還在使用古老的Hs 123雙翼機。

一九四一年夏天，第二教導聯隊二大隊在維捷布斯克寫下了軍事史上新的一頁。若不是此事由時任第二航空軍團司令的凱賽林元帥親眼見證，上級大概也不會相信。少數幾架從行動中返航的Hs 123發現下方有約五十輛蘇聯戰車正與德國戰車交戰。當時還是中尉中隊長的布魯諾·梅耶，丟下自己的中隊往下俯衝，作勢要攻擊，問題是他們已經沒有炸彈了，機頭的同軸機槍打出去的子彈也沒有什麼用處。他們唯一的希望，就是透過俯衝來驚嚇敵人，這招先前已經證明有用，因為螺旋槳在馬力全開時的噪音相當類似於砲擊的聲響。

敵人真的掉頭就跑！隨著Hs 123一次次的俯衝，戰車兵也昏頭轉向，嚴重失去方向感，全部開進了一處沼澤。由於戰車深陷泥潭，他們只好把車輛全數炸毀。凱賽林前來這場不尋常戰鬥的現場之後，親自證實一個根本沒有武器的中隊，竟然能夠摧毀了四十七輛T-34與KV-1戰車。

這當然是瞎貓碰到死耗子，也沒有人會宣稱這種輕型飛機可以長期打擊敵軍的強大裝甲部隊。一九四二年春季，第二教導聯隊二大隊被併入了新創的單位——第一攻擊機聯隊（SG 1）。在一九四二年克里米亞半島戰役中，該聯隊的二大隊成了第一個配備新型亨舍爾Hs 129攻擊機的單位。此型攻擊機的駕駛艙和俄製的伊留申Il-2一樣，都有厚重的裝甲保護，武裝也比舊型機好，有二十公厘的MG 151/20機砲與輕機槍可使用。即使如此，攻擊戰車還是相當靠運氣，何況蘇聯的戰車數量還在不斷上升。就連斯圖卡，如果沒有直接命中，通常效果也很有限，而直接命中是相當少見的狀況。若是以戰車為目標，炸彈顯然不是有效的武器。早在一九四一年，負責攻擊戰車的部隊就已經呼籲空軍要開發穿甲武器了。可是國內的高層光是把這句話聽進去，就又再花了整整一年的時間。

等高層終於聽進去之後，德國空軍雷希林測試中心才開始測試在Hs 129機身下安裝三十公厘MK 101機砲的設計。他們發現此種機砲的鎢芯穿甲彈，可以貫穿至少八公分厚的裝甲。空中的「戰車殺手」終於成形了！

新武器的第一次成果，出現在一九四二年五月，對手是在哈爾可夫之役中突破防線的蘇聯戰車。當時雷希林的技術小組已經將幾十架Hs 129裝上了三十公厘機砲，以便在前線使用。但在德軍的夏季攻勢中，「戰車殺手」鮮少有登場的機會，根本沒有那麼多目標可以打。正當前線急需Hs 129之際，生產線卻只能以每個月二十到三十架的緩慢速度生產，為了增加生產速率，於是取消了加裝重型機砲的計畫，卻發現穿甲彈在嚴寒氣溫下時常無法擊發。即使如此，一支僅有兩個中隊的反戰車部隊還是在奧托．維斯中校的指揮下保留了下來，充當戰略「救火隊」，常常在最後一刻成功救援前線的危機。

一九四三年初，這種新武器終於在德國國內臻於完美。到了七月，德軍第一次擁有完整的大隊——梅耶的第九攻擊機聯隊第四反戰車大隊——準備好參加史上最大規模的戰車大作戰。

從這時起，從空中獵殺戰車的行動迅速占據了重要的地位。在「衛城行動」與德軍退出歐雷爾突出部後不久，斯圖卡也加裝了類似的裝備，並從斯圖卡聯隊改制為攻擊機聯隊。第二斯圖卡聯隊的魯德爾中尉這時已經成功運用他的座機拿下不少戰果。他的座機是一架機翼下掛有兩門Flak 38三十七公厘砲的Ju 87，後來由容克斯公司以Ju 87G的型號量產。但沒有人能追上魯德爾的成果。在戰爭的最後兩年半間，他一個人就寫下了極為驚人的戰果，擊毀了五百一十九輛蘇聯戰車。他在一九四五年一月獲頒一枚專門為他設立的勳章——鑲鑽金橡葉寶劍騎士鐵十字勳章。

到了一九四三年秋天，前第二斯圖卡聯隊隊長庫法博士上校成了第一位攻擊機部隊將領，手下有五個攻擊機聯隊。這五個聯隊包括十四個配備Ju 87、Hs 129與Fw 190的大隊。當時空軍甚至還打算以其「全能」機型Ju 88為基礎，打造出一架「戰車殺手」，讓這款飛機載著一門七十五公厘自動裝填的PaK 40戰防砲飛行。雖然這樣的武器只要一發就能摧毀最強大的戰車，卻會使機身變得十分笨重、脆弱，因此計畫沒有獲准。

蘇軍很快發現他們最致命的對手是這些「戰車殺手」。他們不只費心將靜止不動的戰車施以偽裝，還在行動中帶上越來越多的高砲，以便保護戰車。

至於德國空軍，他們持續擴充反戰車攻擊機，卻也證明自己的地位正日漸下降，成為純粹支援在東線損失慘重的陸軍部隊的輔助兵力。

前面已經提過，這樣的新階段開始於梅耶的第九攻擊機聯隊第四反戰車大隊在別格羅德西邊對蘇軍裝甲部隊的攻擊。隨後又有馬圖雪克少校（Matuschek）、奧斯華中尉（Oswald）、多納曼中尉（Dornemann）與歐斯少尉（Orth）等人指揮的中隊加入他的行列。東線的鄉間很快就充滿了遭到破壞、起火燃燒的戰車。同時，掩護這些戰車的步兵則由杜魯舍少校的Fw 190戰鬥轟炸機大隊投下破片炸彈驅散，剩下的戰車則逃回森林中尋求掩護。

等陸軍的指揮部聽見戰鬥聲響、預期到側翼面對這樣的威脅，而向第八航空軍請求協助時，蘇軍對推進中的第四裝甲軍團側翼發動的攻擊，早已由梅耶的部隊單獨執行的攻擊中被擊退。由於德軍嚴重缺乏補充兵力，「衛城行動」包圍庫斯克的戰略目標還是沒有達成。七月十一日——德軍的攻勢才過了六天——當蘇軍在這一天對歐雷爾北方與東方發動可怕的反擊時，德國陸軍和空軍都只能放棄攻擊，以便補上遭到突破的缺口。於是，攻打庫斯克突出部的行動，便被防禦歐雷爾突出部的行動給取代了。在這邊，有兩個德軍軍團（第九與第二裝甲軍團），都在摩德爾上將的指揮下承受著被包圍的威脅。蘇軍的戰車從北邊一處寬廣的缺口，勢不可擋地直取德軍的後方。

到了七月十九日，已有一個蘇聯裝甲旅從科提涅茲（Khotinez）封鎖了布揚斯克（Bryansk）－歐雷爾鐵路，並威脅著往南延伸的防線，進而壓迫兩個軍團唯一的補給線。這時的狀況相當類似於八個月前發生在頓河畔的卡拉蚩的狀況——造成第六軍團被圍困在史達林格勒的那場戰役。

這時德國空軍出動了，斯圖卡從靠近被突破處的卡拉切夫（Karachev）出擊，還有轟炸機、戰鬥機與反戰車攻擊機協助。在這最後的時日，德國空軍在東線戰場可作戰的大隊，幾乎全都擠進了第一航空師的作戰區。他們終於能專注在單一一個具有決定性影響力的地點上了，而他們也沒有錯過成功的機會。蘇軍在沉重的攻擊下被迫撤退，而庫法中校的Ju 87與梅耶上尉的Hs 129則持續攻擊著四散逃往北方的蘇聯戰車。

接下來幾天，德軍得以封鎖突破口，並迅速清理歐雷爾突出部。摩德爾上將發出電報，將此事的功勞全部歸給了空軍。這是第一次有威脅兩支軍團後方的裝甲突破部隊只由空軍擊退。

事實上，德國空軍以其從一九四三年七月十九日到二十一日在卡拉切夫的重要貢獻，阻止了史達林格勒的悲劇以更大的規模重演。這是空軍在東線戰場最後一次的大規模行動。從此以後，空軍又再度四散各地，且其兵力也一直被空軍最新、最後的任務——德國本土防空抽走。

總結與結論

一、一九四一年，空軍幾乎純粹以直接或間接支援陸軍的方式，對蘇聯發動「閃擊戰」未果之後，此時的空軍應優先考慮對敵軍軍備工業實施戰略性攻擊。如此行動的需求十分重要，因為蘇俄的工業產能，尤其是戰車、槍砲與密接支援飛機的產量正在上升，而在德軍整個過度延伸的前線上都可以感受到這一點。德國從一九四一年到戰爭結束為止，一共生產了兩萬五千輛戰車，蘇聯在這段期間卻生產了這個數字六倍的數量。

二、若要攻擊蘇俄境內的戰略目標，德國空軍便須面對比不列顛空戰時更為急迫的重型四發動機轟炸機不足的問題。由於缺乏俯衝潛力，唯一為此目的建造的機型（He 177）從未完全授權開發。即使如此，以可用的Ju 88與He 111機隊進行集中攻擊仍可能達成可觀的效果，即使此類任務將會要求上述機種在航程極限運作，仍可期待其達成相當的成果。一九四三年春季發動的少數「戰略」

行動，足以證明了這一點。但空軍仍將兵力拆散成個別直接部署在前線的戰術單位。不論空軍在這樣的角色上取得何等的成功，蘇俄損失的資源都仍能輕易獲得補充，使敵軍一年比一年強大。

三、當希特勒發現其軍隊在冬季顯露的弱點時，他的反應不是撤退並強化防線、保持部隊的機動性——這是將領的建議——而是要求他們固守陣地。這造成防線破損、空軍也被迫接下全新、困難的任務，要供應因這個命令而被截斷的部隊物資。雖然如此的行動在德揚斯克獲得成功，卻也立下十分危險的前例。當第六軍團同樣在一九四二年十一月遭到圍困時，最高統帥部便因前有成功的案例，而相信第六軍團也能以空中運補的方式取得所需物資。

四、即使如此，希特勒決議使超過二十五萬人的軍團留在原地、禁止任何企圖突圍的行動，與空運是否能達成足夠的成效並無關聯。從一開始，包括對此事直接負責的第四航空軍團司令李希霍芬在內的眾多空軍前線指揮官，便已嘗試避免讓上級相信此事可行，但希特勒對這些建議充耳不聞，造成第六軍團的全軍覆沒。空軍在絕望與資源不足的情況下，仍企圖讓六軍團在冬季條件下存活，是德國軍事史上最悲劇性的歷史之一。

五、德軍在東線戰場的最後一次大規模攻勢是發生在一九四三年七月的「衛城行動」，其中有德國空軍最後的大規模兵力參與，包括一千七百架轟炸機、戰鬥機與攻擊機。雖然此次行動取得多次戰術上的成功，由於敵軍規模過於龐大，因此德軍一直未能達成戰略目標。空軍在東線戰場的剩餘期間，又一次四散於前線各地，以便最後一次嘗試支援陸軍。對轟炸機而言，這樣的運用方式十分無效且無望。

第十一章　德國本土防空戰

一、空中激戰

只要是親眼見過的人，絕不會忘記對看過「空中堡壘」機群的印象。

「『北極熊』管制官帶著我們飛越須德海（Zuyderzee），我們是最後目視到敵機從泰瑟爾（Texel）西邊二十公里處、以七千公尺的高度飛過的部隊，」一架Bf 110的通信士艾里希・韓科下士（Erich Handke）在報告中寫道，「突然之間，我們看到波音空中堡壘II型[1]轟炸機出現在我們面前，數量非常多。我必須承認，看到這一幕，我不禁感到激動，其他人也都和我一樣。我們在這些四發動機巨獸面前真的好渺小。我們跟著分隊長格林姆士官長（Grimm）從側面攻擊……」

他們一共有四個分隊依序攻擊——六架Bf 110對上六十架B-17，或者說是十六挺二十公厘機砲與四十挺七點九公厘機槍，對上七百二十挺五〇重機槍。這天是一九四三年二月四日，八天前的一月二十七日，美軍的空中堡壘式轟炸機第一次對威廉港發動大規模日間空襲，進而開啟對德空戰的新頁。

為了麾下飛機的安全著想，皇家空軍的轟炸機司令部只會在夜間攻擊德國的城市，而直到此時，在一九四二年開始在英國境內集結的美國陸軍第八航空隊也只曾攻擊過法國的目標，身邊還會有相當強大的戰鬥機隊護航。可是現在，美國的轟炸機開始在光天化日之下進入德國，進入遠遠超過其戰鬥機航程範圍的地方。

英軍曾警告過這位盟友，說不要這樣做。他們知道德軍的防空戰鬥機實力如何，那是他們以相當的代價換得的經驗。但美國人對這樣的警告充耳不聞。他們很有自信，認為大量B-17轟炸機排成緊密編隊後的火力足以提供充分的保護。

一月二十七日的經驗，足以證明美國人是對的。五十五架「空中堡壘」在威廉港的港口設施上空投彈，只遇到少數第一戰鬥機聯隊的佛克沃夫Fw 190戰鬥機，在艾里希・米克斯博士中尉（Dr. Erich Mix）帶隊下對他們發動攻擊。他們是當天唯一能前往北海沿岸攔截的部隊，其數量當然遠遠不足以衝散美軍的機隊。但他們還是攻擊了，他們先超越轟炸機，然後在編隊前方遠處掉頭，並從相同的高度往轟炸機隊的方向衝去。這種攻擊模式是部署英吉利海峽的兩個戰鬥機聯隊（第二「李希霍芬」聯隊和第二十六「史拉格特」聯隊）在與新的敵人交戰好幾個月後所發展出來的戰術。德國空軍高層要求的傳統後上方攻擊模式，在過去幾個月的經驗中已證明是自殺行為，但轟炸機的正前方卻是個明顯的弱點。

雙方以總共一千公里的相對時速正面交會，因此交戰在幾秒內就結束了；轟炸機在戰鬥機的準星內以極快的速度擴大，使飛行員必須要耐住性子，不要太早按下扳機。開火後，戰鬥機必須馬上往上或往兩旁閃避，以免迎面撞上轟炸機。只有反應最快的人才能學會這樣的招數，因為只要時機抓錯一點點，就會馬上一頭撞死。

一月二十七日，只有三架轟炸機沒有從威廉港的攻擊行動中返回，如此輕微的損失似乎證明了美軍的戰術相當成功。他們堅信這項戰術，便繼續執行日間空襲，目標全都是經過嚴格確認、純軍事性質的目標。他們的下一次大規模空襲在二月四日實施，目標區再次選在北海沿岸，但這

---

1 譯註：英軍的稱呼，即美軍的B-17F型。

次卻遇到更強的德國守軍抵抗。除了佛克沃夫機之外，還有Bf 110戰鬥機參戰。

「目視到五十架敵機，開始定音鼓、定音鼓！」謝爾准尉（Scherer）在無線電上呼叫。「定音鼓（Pauke）」是夜間戰鬥機使用的代號，意思是「攻擊」。這些Bf 110正是夜間戰鬥機，機鼻上裝有像鹿角一樣的雷達天線，機上也載著受過嚴格訓練、習慣在夜間攔截英國轟炸機的專業組員，但他們眼下是在白天對上美軍。這八架Bf 110由第一夜間戰鬥機聯隊二大隊的中隊長漢斯-約阿欽・亞布斯上尉（Hans-Joachim Jabs）帶隊，以呂瓦登為基地。他們的大隊長赫姆・蘭特少校曾是黑戈蘭德灣空戰的英雄，現在也成了德國最成功的夜間戰鬥機飛行員，但他本人卻被上級禁止參加任何日間行動。

亞布斯曾是第二十六重戰機聯隊的飛行員，他在一九四〇年夏天、Bf 110還用於護航德軍轟炸機前往英國時，曾在倫敦上空與噴火式戰鬥機纏鬥。在那之後，大多數的Bf 110便轉作夜間戰鬥機使用了。不列顛空戰結束後又過了兩年半，現在同樣的舊型機又被拿出來執行日間行動了，現在的對手還是擁有四發動機的轟炸機。

他保持與轟炸機編隊同向飛行，尋找攻擊的機會。B-17和英國轟炸機不同，擁有機腹砲塔，上面裝了雙聯裝機槍。整架飛機到處都有機槍保護，沒有任何死角。在對抗英國夜間轟炸機時十分成功的從下往上攻擊戰術，面對這樣的對手就不適用了。但亞布斯發現敵機的編隊中有一處空隙，並帶著他的二號機衝了進去。這次攻擊的時機剛剛好，引開了敵方機槍的注意力，使已經中彈的謝爾機得以脫身。謝爾被迫脫離編隊，機上的兩個人都被飛散的破片打傷了。

佛寇普少尉（Vollkopf）與瑙曼中士（Naumann）所組成的分隊則從敵機編隊正面一掃而過，兩人成功擊中一架轟炸機，逼迫對方脫隊。脫隊的轟炸機有一具發動機冒煙、起落架也放下，不得不撤退。瑙曼接著轉過機身，從機尾攻擊那架轟炸機，但機上的美國機槍手卻盡力射擊，造成B-17和Bf 110雙雙著火墜落。但瑙曼成功拉起機頭，並在阿麥蘭島附近的淺灘迫降。

最後一個分隊是格林姆士官長與卡夫特中士（Kraft），機上還分別載著麥斯納（Meissner）與韓科兩位通信士。他們從轟炸機隊的後方一掃而過，並以一陣彈雨擊中另一架落後的轟炸機。這架飛機又一次從側面受到攻擊，最後終於著火並進入尾旋。也差不多是時候了，兩架Bf 110的左發動機都已著火停俥、格林姆的駕駛艙還被彈片擊中，麥斯納也受了傷。就在他們準備在呂瓦登降落時，右邊的發動機也停止運作了，格林姆只好以機腹降落。雖然卡夫特可以正常降落，但他的飛機也嚴重受損。

雖然亞布斯、格林姆和瑙曼在初次日間迎擊「空中堡壘」的硬仗中都各擊落了一架B-17，但第一夜間戰鬥機聯隊四大隊參戰的八架飛機全都受了相當程度的損傷。這造成在接下來的幾天晚上，該大隊只能使用妥善率較差的飛機應戰。這一次交戰損失了八架飛機，機上還載有夜間作戰不可或缺的感測儀器。其他大多數必須兼日間任務的夜間戰鬥機大隊也都是差不多的狀況。

但就算飛機最終總有辦法找到替代品，人員卻沒辦法，而這樣的戰鬥最後總是會以損失資深機組員作結。這些人員在經歷過多次攔截強大的蘭開斯特轟炸機（Lancaster）後，其專長是以機上自備的雷達組在黑夜中跟蹤敵機，然後以奇襲方式擊落目標，這就是他們的獨特之處。他們在這種技術上是專家，但這樣的戰術在白天沒有用武之地，等於是在浪費他們的技能。

空軍還是繼續這樣運用他們。一九四三年二月二十六日，亞布斯上尉帶著三個警戒小隊起飛，準備攔截一支正從恩登（Emden）的轟炸任務中返航的B-24解放者式轟炸機（Liberator）編隊。他們身邊第一次出現在日間行動的，是第一夜間戰鬥機聯隊十二中隊（12/NJG 1）的中隊長路德維希・貝克上尉，他是夜間戰鬥機部隊中，技術最高超的佼佼者。但他的技術在白天面對解放者轟炸機的機槍火力時，有什麼用呢？他的同伴早在攻擊一開始時就失去了他的蹤影，他和他的通信士史陶布也從此再也沒有出現。就算出動所有飛機出海、一直搜救到天黑，他們兩人還是下落不明。這位第一次出日間任務就失蹤的人，是一位靠著自己的夜戰經驗，已經幾個月沒有中過彈的人。就在這一天，他已憑著擊落四十四架敵機的紀錄，獲悉上級馬上就要頒發橡葉騎士鐵十字勳章。對夜間戰鬥機部隊而言，他的死實在讓人的心情很難平復。空軍已經慘到連貝克這種專家，也不得不在明顯超出自己訓練範圍的任務中喪命的地步了嗎？

四月初，有一支「新的」戰鬥機聯隊在耶佛成軍，那是安東・馬德少校（Anton Mader）的第十一戰鬥機聯隊（JG 11）。這個聯隊是從第一戰鬥機聯隊分出來的，並加上剛從非洲撤回國內的第二十七戰鬥機聯隊二中隊。該中隊這時只有九架可出動的Bf 109，指揮官是楊森上尉（Janssen），駐在呂瓦登。過沒多久，第五十四戰鬥機聯隊（JG 54）也從東線來到了奧登堡。

不論是在蘇聯、地中海還是英吉利海峽，到處戰鬥機都不夠用。一直到此時為止，德國本土的防空都不在空軍優先考慮的事項裡。「造戰鬥機、造戰鬥機、造更多戰鬥機！」這是烏德特自殺前不久大聲疾呼的事，他早已預見到德國上空會發生的可怕空戰。一九四一年九月的生產計畫只會生產三百六十架戰鬥機。對於擴張到整個歐洲的前線而言，這實在是太少了。

烏德特的繼任者米爾希把這個數字提高到了兩倍，甚至在一九四二年年底還提出要每個月生產一千架戰鬥機。但戈林只是大聲笑，問說這麼多戰鬥機要怎麼運用。就連參謀總長顏雄尼克也宣稱：「每個月超過四百到五百架，前線就沒有地方可以用了。」

這是一九四二年春天時的事。到了秋天，德國每個月生產五百架戰鬥機，而且逐月都在成長：一九四三年二月七百架、三月與四月各超過八百架、五月超過九百架，到了六月更接近一千架。但德國的眾多前線馬上就把這些生產的戰鬥機給耗光了，至於德國上空的空戰，從激戰的程度來看，顯然數量還是遠遠不夠。

在海峽的彼岸，美國陸軍第八航空隊對德國的防空網密切地關注著。「空中堡壘」轟炸機一開始只是在試探自己能完成什麼樣的任務，並不清楚會遭遇到什麼程度的反抗。一九四三年春天，德軍戰鬥機在數量甚少的狀況下，表現出強大的意志力，也使美軍意識到需要提高警覺。第八航空隊司令伊拉・C・伊克將軍（Ira C. Eaker）擬了一個計畫要摧毀德國的戰鬥機部隊與生產中心。他寫道：「如果我們沒有盡快消滅德國戰鬥機兵力的成長，或許真的會無法執行我們計畫中的對德打擊行動。」[2]

伊克一直不願接受英軍的請求，讓美軍的轟炸機參加夜間對德國城市的轟炸。最後雙方協商的結果，就是美軍在白天行動，英軍則在晚上。這個計畫的兩位支持者伊克將軍和哈里斯中將，也都將該計畫貫徹到底。

---

2 原註：引自 Sir Charles Webster and Noble Frankland, *The Strategic Air Offensive Against Germany* (H.M.S.O. 1961), Vol. II, p. 20.

亞瑟・哈里斯爵士這個名字，至少可說是與接下來的燃燒彈轟炸行動中，德國各大城市的命運息息相關。他在一年前的一九四二年二月二十二日接下皇家空軍轟炸機司令部，以便實施戰時內閣在二月十四日的決議，升高對德空戰的層級。

一九三九年的英軍和德軍一樣都有嚴格的命令限制，不得在敵人領土上投彈。就連英軍日間對黑戈蘭德與威廉港外德國軍艦的轟炸，都在開戰後的第一次空戰中以損失超過半數威靈頓轟炸機作收後被迫喊停。因此，皇家空軍很早就學到了德國空軍後來會在不列顛空戰學到的同一教訓——緩慢、防禦不足的轟炸機是無法抵禦戰鬥機的。唯一的替代選項，就是在夜色的掩護中實施空襲。

當德軍開始攻打西線，同時正好碰上邱吉爾成為英國首相時，戰爭中這段相對和平的時光結束了。當天晚上，英國轟炸機第一次轟炸德國城市。一九四〇年五月十日與十一日間的午夜後幾分鐘，幾架懷特利轟炸機轟炸蒙興格拉巴赫（München Gladbach）、擊中了路易斯街（Luisenstraße）與市鎮。四位平民身亡，包括一位英籍女性。

已故空軍大臣史派特（James Molony Spaight）在一九四四年出版的著作《為轟炸行動辯護》（*Bombing Vindicated*）中，已經承認了英軍搶在德軍之前先轟炸德國城鎮。他寫道：「我們無法確定，但確實存在合理的可能性，足以認為若是我國繼續避開攻擊德國城市，則我國首都與工業中心將不會受到攻擊……這樣的空戰並沒有好處。」

史派特說的沒錯。德國空軍在一九四〇到一九四一年的空中攻勢，其目的是逼迫英國談和，但卻沒有成功。德軍確實只打算攻擊軍事與軍備工業相關目標，但由於當時尋找目標的科技不夠發達，造成平民也受到嚴重波及，尤其是夜間轟炸行動。另一方面，皇家空軍在一九四〇到一九四一年對德國城市的空襲，其效果十分有限。這樣的攻擊充其量只能說是騷擾。同樣地，當時在黑夜中尋找並擊中目標的各種相關技術都相當有限。從英軍的觀點來看，這樣的結果確實令人失望。

但戰爭正是新發明蓬勃發展的時期。當德國空軍忙於地中海戰場，以及更為重大的東線戰場時，皇家空軍便得到了為未來的戰事建立現代化轟炸機部隊所需的機會與時間。四發動機的史特靈、哈利法克斯與蘭開斯特轟炸機開始大量完工出廠，高頻無線電專家也開發出無線電導航網路（Gee）的導航輔助系統，可以讓飛過德國西部的轟炸機隨時確認自己的位置。到了一九四二年年初，英國自認為一切準備就緒，開始打破近兩年的潛伏準備出擊。這時又正好遇上哈里斯中將接下轟炸機司令部的時候。

高層新的指示不但讓哈里斯得以放手作戰，甚至還明確說明「敵軍平民，尤其是工業相關從業人員之士氣」應列為轟炸行動的「首要目標」。指示中附了一份優先目標的清單，從埃森（Essen）開始，還有杜易斯堡、杜塞多夫和科隆都在上面。由於整個魯爾區與萊茵河流域都在Gee系統的有效範圍內，因此皇家空軍希望夜間轟炸機部隊能以令人滿意的精準度找到目標。清單上還有大量超出Gee系統範圍的城市，只有在條件十分有利時才能攻擊的目標。

每個城市的後面，都有提到之所以上榜的工業種類。舉例來說，不萊梅有航空工業，漢堡有船塢，史溫福（Schweinfurt）則有滾珠軸承工廠。為了強調轟炸機不該瞄準人口密集區，空軍參謀總長查爾斯·波塔爵士（Sir Charles Portal）還特別寫了一份備忘錄強調。「如果部隊尚未理解這點，便須以此備忘錄再強調一次」，他以此作為結論[3]。

為了執行新政策，轟炸機部隊的戰術也作了明顯的改變。長時間持續以單機攻擊——造成炸彈四散、效果不彰——的作法，改成在最短的時間內將大量炸彈集中在一定的範圍內攻擊。

哈里斯接下了這個任務。從他身上，策劃戰術的人看到了一位能將他們的想法化為行動的人選。皇家空軍終於「脫下手套」了（空軍部的用語，意指沒有限制地作戰）。一九四二年春天，哈里斯對德國發動了以下三場空襲，向外界證明自己與前任的不同。

一九四二年三月二十八日與二十九日的夜晚，一百九十一架飛機轟炸古城呂貝克（Lübeck），一共投下三百噸的炸彈，包括有一半的燃燒彈。以《對德戰略空中攻勢：一九三九至一九四五年》的說法，英軍之所以選擇這裡，是因為「這裡大多以中世紀建築為主，因此相當易燃」，以及「英軍已知此地防守不甚嚴密」。轟炸結束後，當地花了三十二小時才將火勢完全撲滅，城市內部也成了悶燒的廢墟。超過一千棟民宅全毀、四千棟以上半毀。此次空襲造成平民五百二十人死亡、七百八十五人受傷。有八架英國轟炸機遭到夜間戰鬥機擊落，大多是在返航的過程中損失。

第二場空襲則是以羅斯托克為目標，這裡是亨克爾的工廠所在地。這次的空襲由四百六十八架轟炸機，分成四個晚上攻擊，從四月二十四日一直持續到二十七日。舊城區有六成遭到燒毀，這也是德國第一次使用「恐怖空襲」這個詞。「恐怖空襲」後來也被用在希特勒對艾克塞特、巴斯（Bath）、諾威治（Norwich）、約克等防禦較弱的地區所發動的報復攻擊。英國人將這些空襲稱作「貝德克」（Baedeker）空襲[4]。

最後，哈里斯還在邱吉爾的親自認可下，將所有可用的飛機全部集中起來，發動歷史上第一次轟炸機達到一千架規模的空襲行動。這次空襲發生在一九四二年五月三十日晚上，目標是科隆。在一個半小時之內，一波又一波的轟炸機來到城市上空投彈，投下的一千四百五十五噸炸彈中，有三分之二是燃燒彈。一千七百處零星的火警擴散、連成一大片火海，造成三千三百棟民宅全毀、九千五百棟受損、四百七十四位居民喪生。

這場大規模攻擊嚴峻地指出德軍夜間戰鬥機的侷限。英國轟炸機已不再單機進入地面管制站的攔截區內被單一一架戰鬥機攔截。這些轟炸機現在會聚集成群進入德國領空。雖然戰鬥機擊落了三十六架攻擊科隆的轟炸機，將其總戰果累計至六百架，但這也僅占了一千架敵機中的百分之三點六。哈里斯原本預期會損失五十架飛機，邱吉爾更認為會損失一百架。整體而言，這支龐大的編隊基於各種原因總共損失了四十架飛機，另外還有一百一十六架承受不同程度的損傷，其中大多是高砲造成的。顯然先前的假設是對的，單次攻擊投入的轟炸機越多，效率就越高、損失就越低。

德軍第十二航空軍司令兼「夜間戰鬥機將軍」約瑟夫．康胡伯對此事的反應，就是努力加強手下的戰鬥能力。他把「天床」系統擴充到荷蘭、比利時與德國境內任何他能擴充到的地方。還建立了越來越多的夜間戰鬥機大隊，並引進了新的地面管制方法，先是讓兩架飛機可以在同一個管制區內行動，後來甚至增加到三架。但夜間戰鬥機受制於地面管制的基本原則仍然不變，而且

3 原註：引自 *The Strategic Air Offensive Against Germany, Vol. 1, p. 324.*

4 譯註：德國著名的旅遊指南出版社。此詞來自一九四二年四月德國宣傳人員的一句評論，宣稱：「我軍應攻擊貝德克旅遊指南上列為三星級的每一座英國城市」。

康胡伯的整個計畫需要好幾年才能完成。而早在那之前，他的方法就會在諸多事件中證實已經過時了。

同時，德國空軍高層仍盼望著只要打贏東線戰場就能逆轉整個局勢。直到達成這個目標之前，德國空軍的主力顯然必須集中在那裡才行。可是達成此目標的預計所需時間已經從幾個月延長到了一年，最後仍然看不到盡頭。戰鬥機總監阿道夫·賈南德持續警告戈林，德國不能一直忽視建立本土防空體系，但這只讓戈林十分惱火，並如此回答：「等我把我的聯隊帶回西線，就根本不需要這些措施。防禦的問題到那個時候再解決就好了。但首先我們必須盡快把蘇聯打下來。」

德國空軍高層對於這種處置的期盼，還受到現有防禦的成功鼓舞。一九四二年六月二十五日晚上，空軍迎擊一千零六架攻擊不萊梅的轟炸機，擊落了其中四十九架。四月十七日，日間戰鬥機也證明了自己是不容忽視的戰力。

那天下午，十二架四發動機蘭開斯特轟炸機在中隊長奈特頓（J. D. Nettleton）指揮下直接飛越法國，攻擊MAN公司在奧格斯堡的工廠，這裡是潛艦柴油主機的生產地。當然，如此精準的攻擊只能在白天進行。為了避開德軍的空中預警系統，他們整趟航程都是貼著地形、跳著山丘飛行。即使如此，他們還是被第二「李希霍芬」戰鬥機聯隊的幾個中隊追擊，並在巴黎南邊被德機追上。接下來的戰鬥，有四架轟炸機遭到擊落，其中一架由波爾准尉（Pohl）擊落，將聯隊的擊落累計數來到一千架。

奈特頓繼續帶著剩下的八架蘭開斯特轟炸機前進，正好在天黑前在MAN的工廠上投彈。他們是在低空攻擊，因此又有三架轟炸機被高砲擊落。剩下的五架利用夜色掩護安全返回英國。

雖然這次行動相當大膽，但損失七架四發動機轟炸機與機上人員，只換到暫時減少柴油主機的產量，實在太不划算了。這件事又加強了英國轟炸機司令部原有的想法，認為戰略空中攻勢無法在白天執行。但選擇晚上攻擊，又必須犧牲精準度。為了破壞軍事目標，就必須摧毀大片面積的城市、甚至將整個城市化為廢墟，而那都不是轟炸機司令部的目的。哈里斯爵士在他的著作《轟炸機攻勢》（*Bomber Offensive*）裡寫道：

「除了在埃森之外，我們沒有一次是瞄準任何一間工廠……摧毀工廠雖然仍是規模甚大的破壞，但我們只把它當成是額外的成果。我們的瞄準點通常都是城鎮的中心。」[5]

以上是一九四三年德國本土防空戰發生之前的序幕。

北非的太陽照耀在卡薩布蘭加的白色建築物上。一場會議在滿佈別墅的安法（Anfa）郊區內一間豪華飯店裡舉行。拱形的窗戶可以遠眺大西洋，開放的陽台走道，還可以聽見海灘上防波堤傳來的海浪聲。這天是一九四三年一月二十一日，德國未來在轟炸機攻勢下的命運正是在此時此地決定的。美國總統羅斯福與英國首相邱吉爾簽署了一份由同盟國參謀首長聯席會議（Combined Chiefs of Staff）草擬的文件。

這份卡薩布蘭加指令送到了兩國個別的轟炸機司令部，並且經常被視為是德國城市的最後喪

5 原註：Sir Arthur Harris, *Bomber Offensive* (Collins 1947), p. 147.

鐘。任何對於這份指令是否用意真是如此的懷疑，只要看過第一條的內容就會再清楚不過了。

「貴單位之主要目標係逐步摧毀並擾亂德國軍事、工業與經濟體系，同時打擊德國人民的士氣，直到其武裝反抗的能力決定性地減弱為止。[6]」

這份指令並不只是一份概括性的目標宣言而已。指令上還有一份依優先順序排列的清單，列出只要天候與戰術上可行，就應予攻擊的目標。

一、德軍潛艦造船廠；
二、德國飛機工廠；
三、運輸設施；
四、煉油廠；
五、其他敵軍戰爭工業相關目標

從這份清單看起來，美軍拿到了他們要的精準日間攻擊，英軍則仍能在晚上繼續執行「區域轟炸」。邱吉爾後來寫道，會議期間他曾和美國駐英的第八陸軍航空隊司令伊克將軍面談，當中談到了雙方各自的想法。邱吉爾想要說服伊克改採夜間轟炸，但伊克相當堅持自己的立場。最後英國首相只得放棄：

「我決定支持伊克和他的作戰主軸，完全放棄先前對於空中堡壘轟炸機在白天執行任務的反對意見。[7]」

但美軍的偏好對英軍幾乎沒有任何影響。一如往常，這種從最高層下來的指令，總是留有大量的解讀空間，讓執行的指揮官可以自由詮釋。而英國皇家空軍轟炸機司令部的司令哈里斯中將也打算繼續執行他一直以來的戰術。指令上不是說了，清單上的目標是在天候與戰術許可的狀況下才要攻擊嗎？那英軍的戰術本來就使這些目標癱瘓。如果美軍想要在白天挑釁德軍的戰鬥機防空部隊，那就讓他們去做吧。對皇家空軍而言，他們還是要繼續在晚上放火燒德國的都市。指令上不是也說了要打擊德國的士氣嗎？

哈里斯中將對指令的解釋，可以用他的話來描述：「這份指令給了我十分寬廣的選擇餘地，基本上我可以攻擊任何人口十萬人以上的德國工業城市。[8]」

第一次空襲發生在一九四三年三月五日與六日之間的夜晚，地點是英軍清單上唯一純屬軍事性質的目標——埃森。這座城市的市中心就是克魯伯公司（Krupp）的巨大工廠。這波攻勢以快速、有雷達導引的蚊式轟炸機打頭陣，他們沿著接近目標的路線投下黃色信號彈，替隨後抵達的重型轟炸機製造目視導引。這些「導引機」會在攻擊期間持續投放紅色與綠色信號彈，標出目標所在的位置。

在四百二十二架雙發動機與四發動機轟炸機中，只有一百五十三架成功將炸彈投放在瞄準點方圓五公里的範圍內，但有三百六十七架宣稱有飛到目標區的上空。即使有科技上的創新輔助，可以找到目標、標定目標的狀況下，還是讓人懷疑到底能不能真正擊中目標，以及到底有沒有執行的價值。這場空襲只持續了三十八分鐘，一共投下一千零一十四噸的炸彈。當地居民受到相當

---

6 原註：*The Strategic Air Offensive Against Germany, Vol. II, p. 12.*

7 原註：*The Second World War, Vol. IV, p. 545*

8 原註：*Bomber Offensive, p. 144.*

嚴重的傷害，首當其衝就是克魯伯工廠旁的住宅區。

皇家空軍的「魯爾轟炸」於是開始了，一直持續到六月二十八日，五百四十架飛機對科隆發動新一波攻擊為止。在短短的四個月內，埃森、杜易斯堡與杜塞多夫的市中心燒光了，還有鄔伯塔（Wuppertal）、波庫（Bochum）等城鎮被燒成廢墟。

哈里斯中將在魯爾區利用雷達導引的導引機部隊，達成了某種程度的精準度，讓炸彈多多少少能落在目標區附近，但他並不以此滿足。他在同一段期間，將轟炸範圍擴充到德國全境的城市：南邊有曼海姆（Mannheim）、斯圖加特、紐倫堡和慕尼黑；東邊一直到柏林與斯泰丁（Stettin）；北邊有不萊梅、威廉港、漢堡與基爾。

同樣在四個月期間，德國守軍的戰果也正在穩定上升，包括高砲與夜間戰鬥機。轟炸機飛得越遠，返航的航程也就越長，能攻擊的機會也就越多。光是在四月十七日對捷克斯洛伐克的皮耳森（Pilsen）轟炸，三百二十七架轟炸機中就有三十六架沒有返航，另有五十七架受損。換言之，有百分之二十八點五的飛機失去行動能力。

皇家空軍轟炸機司令部在五月二十七日轟炸埃森（五百一十八架中有二十二架全毀，一百一十三架受損）、五月二十九日轟炸鄔伯塔-巴門（Barmen，第一夜間戰鬥機聯隊的Bf 110追逐轟炸機出海，造成七百一十九架轟炸機中有三十三架遭到擊落，六十六架主要由高砲射中受損），以及六月十四日轟炸奧伯豪森（Oberhausen，兩百零三架飛機中有十七架遭到擊落，四十五架受損）時，也都承受了類似的損失。在這四個月，他們一共飛了一萬八千五百零六架次的轟炸行動，其中有八百七十二架轟炸機沒有返航，另有兩千一百二十六架受損，包括受損甚為嚴重的飛機。

但即使八百七十二架看起來像是相當驚人的數字，其實這只相當於轟炸機司令部總兵力的百分之四點七而已。這不足以阻止像哈里斯這樣的人繼續準備更強力的轟炸。

但轟炸機司令部這波攻擊的成果卻相當令人懷疑。雖然許多德國城市都被炸成了廢墟，但目標達成了嗎？德國的工業被摧毀，或是德國的士氣受到打擊了嗎？兩者都沒有發生。在七月十三日對亞琛發動最後一次轟炸後，皇家空軍就中止了轟炸行動。看來他們打算在發動最致命的攻勢之前稍作休息。

二、漢堡大轟炸

一九四三年七月二十四日晚上。在易北河下游的史塔德，第二航空師有著一間巨大的地下作戰室，值夜人員正準備上班。隨著房間裡越來越擁擠，室內也開始迴盪著一陣低聲交談的聲響。整個景象的重點，幾乎與這間「軍用歌劇院」樓地板同高的主角，就是一大片毛玻璃做成的畫面，上面是德國地圖，並附有網格。敵軍空襲期間，時時變化的戰況就會投影在這張地圖上。

螢幕的後面，坐著一批德國空軍女子輔助單位的人，她們在整理完辦公桌，檢查過投影機後，便耐心等著第一次空襲警報響起。每位女兵都有一台電話，直接連線到沿岸的雷達站。只要有一座雷達站發現敵機正在接近，就會傳來像這樣的報告：「敵機八十架以上，位於網格GC5，向東前進，高度六千公尺。」負責的女兵便會趕快把資訊投影到正確的網格上。

螢幕的前面坐著好幾排的地面管制官，而在他們後面的上方還坐著指揮官與聯絡官，他們手邊有電話分機，可以與戰鬥機單位、其所在基地與空襲預警單位聯絡。在更上面的上層走道，還有其他投影機，負責在螢幕上指出防空戰機的位置。

這套複雜的夜間戰鬥機系統又一次開始加速運作，視覺與聽覺上的交換活動也越來越多，有作戰命令下達、報告傳來，還有各種投影的影像在螢幕上互相追逐。有些影像在螢幕上徘徊、接受位置修正，最後終於停了下來。戰鬥機總監賈南德是這樣諷刺這幅景象的：「像極了水族館裡的水蚤。」

但德國不是只有這間由史瓦伯迪森中將（Walter Schwabedissen）指揮的「水族館」。第一航空師有另一座，蓋在接近安恆的迪倫，並由多靈中將（Kurt-Bertram von Döring）掌管；第三航空師的水族館在梅茲，由雍克少將（Werner Junck）指揮；第四航空師的在柏林附近的多伯利茨，由胡斯少將指揮。為了處理從南方攻來的空襲，新成立的第五航空師在哈利．馮．布羅上校的指揮下，於慕尼黑附近的史萊斯漢也蓋了一座類似的設施。

可是在七月二十四日這天，卻發生了難以理解的事。就在午夜前不久，第一批報告傳到了史塔德，這時螢幕上的投影顯示敵軍轟炸機隊正在北海上空，沿著海岸往東飛行。第三夜間戰鬥機聯隊（NJG 3）的Bf 110馬上受命從史塔德、費希塔、維特蒙港（Wittmundhaven）、溫斯道夫、呂內堡（Lüneburg）和卡斯楚普（Kastrup）起飛，並在「天床」的指揮下在海上就定位。同時，相關單位也確認第一批導引機部隊的後面，還跟著幾百架轟炸機，並且全都待在易北河出海口的北邊。他們的目標到底是哪裡？他們是要往南轉向基爾與呂貝克，還是要繼續飛往波羅的海，攻擊某個德軍還不知道的目標？現在一切都要靠緊密追蹤這支機隊的動向，不被佯攻騙過，才能有效阻止這次的攻擊。

一時間，史塔德的作戰室陷入一片焦急。螢幕上代表敵機的圖示卡在相同的位置好幾分鐘。

信號官切換到不同的電話線，以便與雷達站聯絡，並問對方到底發生什麼事。所有的雷達站都傳來相同的答案：「裝置受到干擾，無法運作。」

這整件事成了天大的謎團。然後芙蕾亞雷達站的報告傳來了，說他們的兩百四十公分長波雷達也受到了干擾。他們至少還能區分機隊的回波和人工產生的假回波，但符茲堡雷達使用的是五十三公分的雷達波，其螢幕上充滿了無法辨別的大量回波，看起來像是大批的昆蟲群，根本什麼都認不出來。

這樣的狀況十分危急。夜間戰鬥機的管制完全依賴符茲堡雷達的精確情報，包括位置與高度。如果沒有這些情報，管制員什麼也不能做，戰鬥機只能摸黑作戰。

第二航空師不得不尋求傳統防空警報系統的協助——那群在德國各地以目視或聽覺尋找轟炸機的人，但這些人只能報告自己所看到的東西。在離梅多夫（Meldorf）不遠的迪特馬欣（Dothmarschen），他們看到有許多黃燈從空中降下，數量越來越多，而且都在同一個地區。他們認為這是轉彎地點的信號。新的報告傳來，說轟炸機隊開始往東南轉向。敵軍正以緊密編隊與易北河平行飛行，直直往漢堡飛去。

漢堡是一座古老的漢薩同盟城市，有五十四處重型、二十六處輕型高砲陣地保護，還有三十二座探照燈與三處煙幕砲陣地。這時有幾百門砲開始轉向西北，可是因為高砲也需要從符茲堡雷達取得目標情報，在攻擊於〇一〇〇時前不久開始時，他們根本什麼都看不到。高砲和夜間戰鬥機一樣，在黑夜裡沒有目視就無法作戰。

高砲部隊指揮官下令進行預防性砲擊。如果高砲無法瞄準，或許至少可以嚇嚇敵軍的飛行員。過沒多久，隆隆的砲聲便加入了炸彈爆炸的聲響。英軍為了此次飽和轟炸，一共派出了七百九十一架轟炸機：三百四十七架蘭開斯特、兩百四十六架哈利法克斯、一百二十五架史特靈（以上皆為四發動機機），還有七十三架雙發動機的威靈頓轟炸機。在上述轟炸機中，有七百二十八架成功抵達漢堡地區。他們每隔一分鐘，從機上丟下一團團的鋁箔紙，讓這些東西在空中散開落下，產生一片能製造雷達回波的雲層。

這就是癱瘓德軍雷達的秘密武器。在英國，這套裝置的代號是「窗戶」（Window），在德國的代號則是「都坡」（Düppel）。這種鋁箔的大小剛好是符茲堡雷達波長的一半，因此能反射德軍夜間戰鬥機與管制站的搜索雷達波，效果十分顯著。如此一來，雷達螢幕上就會看到幾百萬個微小的回波，讓轟炸機可以躲在這道電子煙幕的後面。

英軍小心守護了這個機密十六個月，甚至到了這時，要不要把「窗戶」投入使用都引起了一波爭論。有些人擔心讓德軍看到這個秘密武器，會造成德國空軍有樣學樣，用同樣的方法干擾英國的雷達站，並發動猛烈的報復攻擊。事實上，德國早就有類似的東西在平行發展了。一九四二年春天，德軍的高頻無線電專家盧森斯坦（Roosenstein）在荒涼的波羅的海海岸做過相關實驗，並同樣證明「都坡」可以干擾雷達。看來德軍已經發現了完美的反雷達裝備。

可是戈林一聽說這件事，便嚴令禁止進一步研究。不論在何種狀況下，英軍都不能得知有這種想法。通信處長馬丁尼將軍只得把這個秘密藏在他的保險櫃深處。當時候的德國空軍，光是講出「都坡」兩個字都成了犯罪。德國空軍高層又一次不是主動解決問題，而是陷入鴕鳥心態。

英國將這套裝置投入運用的決定，來自空軍參謀本部的一個計算。空軍算出在他們口中的「魯爾轟炸」中，大約有兩百八十六架轟炸機及其機組員——轟炸機司令部第一線兵力的四分之一——本可以透過投入使用「窗戶」而不必遭到擊落損失。這個計算說服了邱吉爾，他在七月十五日親自宣布，說他已批准在漢堡的空襲中第一次使用這些鋁箔。而這套干擾系統的效果也超出了預期。在離開英國的七百九十一架轟炸機中，只有十二架沒有返航。過去皇家空軍發動大規模空襲，所付出的代價從來沒有這般地少。

但對漢堡而言，恐怖的一週就此開始，是這座城市七百五十年的歷史上前所未有的恐怖。盟軍將這次消滅戰稱作「蛾摩拉行動」（Operation Gomorrah），其規模不只是七月二十四日與二十五日之間的夜間空襲，還有二十五日、二十六日由美軍發動的兩波日間攻擊——以兩百三十五架空中堡壘轟炸機攻擊港口與碼頭。到了二十七日晚上，皇家空軍還派出了七百二十二架轟炸機，繼續大肆破壞；二十九日晚上又有六百九十九架再次來襲，這次還有萬里無雲的夏夜天候站在他們這一邊。只有在最後的第四波攻擊於八月二日發動時，漢堡上空才有濃密的雲層保護。這波攻擊由於導引機丟下的信號彈無從目視，七百四十架轟炸機中，只有大約一半宣稱自己有確實來到目標區。但在這之前，哈里斯從來沒有在連續四天晚上派出三千架次的轟炸機去轟擊一座城市的記錄。

第三夜間戰鬥機聯隊的夜間戰鬥機很快從這次震驚中恢復冷靜。雖然英軍持續使用「窗戶」與後來的新型干擾措施來反制德軍的雷達，聯隊還是根據地面的指示，讓夜間戰鬥機在沒有精準導引的狀況下去找盟軍轟炸機。另外，現在城市上空也有單發動機戰鬥機了，雖然他們必須仰賴夜間目視，但防空部隊的成果還是開始回升。在漢堡的空襲中，皇家空軍一共損失了八十七架轟炸機，另外還有一百七十四架被高砲擊中受損。

一共有約九千噸的炸彈落在這座受到猛攻的城市裡。漢堡成了一片火海，其景象前所未聞，遠遠超出人為救災工作可以處理的範圍。有三萬零四百八十二名居民喪生、二十七萬七千三百三十棟建築物（將近半座城市）化為烏有。有許多證詞都能說明這裡的慘況，但首先一定要先問一個問題：德國空軍對於這樣的慘劇，作出了什麼反應？

—

漢堡空襲帶來的震憾，終於讓空軍的諸多將領團結起來。戈林身邊像顏雄尼克和米爾希等人，全都開始吵同一件事。空軍的整體方針非改變不可。所有的部隊必須全部投入德國本土的防衛戰，不分日夜對抗盟軍轟炸機發動的大規模空襲。

只有希特勒仍然沒有學到教訓。在七月二十五日的戰情會議上，他對空軍侍從官大發雷霆。這位可憐的侍從官是敢於直言進諫的克里斯提安少校，而希特勒是這樣對他發火的：「只有恐怖才能擊敗恐怖！除此以外都是狗屁。只有摧毀英國人的城市，他們才會住手。我只有一個方法打贏戰爭，就是對敵人造成的傷害超越他們對我所造成的……不論是在什麼時代，道理都是這樣，在空中也一樣。若不是如此，德國人民會為此感到憤怒，並隨著時間過去而喪失對空軍的所有信心。空軍到了現在，還是沒有完全做到自己的工作……」

根據他的說法，不論「對英攻勢總指揮官」迪特．佩茲上校（Dieter Peltz）手上的兵力多麼不足，報復攻擊都應該是空軍的第一要務。沒有人同意這樣的政策。前面已經提過，這時在空軍高層之間已有了驚人的強烈共識，要動員兵力來加強本土防衛。接下來舉行了一次又一次的會議，包括在柏林、波茨坦-艾希（Eiche）、戈林的「羅明頓帝國狩獵小屋」（Reichsjägerhof Rominten）以及他位於哥達普的「魯賓遜」指揮列車上，而這些會議也接連得出了結論。

七月二十八日，在漢堡第二次遭遇夜間轟炸後，空軍後勤司令米爾希元帥接獲戈林的指示，要航空工業集中生產防禦性機型。

同一天，米爾希也向德國的電子產業下令，要加速生產一種不會被敵軍的「窗戶」干擾的機載雷達。此舉的目標如下：「在最短時間內，將敵軍夜間轟炸機的損失率至少提升到二十至二十五個百分點。」

二十九日，空軍參謀本部的羅斯堡上校（Viktor von Lossberg）身為前轟炸機飛行員、技術局現任部門主管，提出夜間戰鬥機應該「無限制追擊」轟炸機。空軍應該取消把戰鬥機限制在一個「天床」管制區的作法。就算沒有雷達干擾，這樣的制度也無法應付緊密轟炸機編隊來襲。夜間戰鬥機從今以後應該自由射擊轟炸機隊，自行選擇目標。第二天，這個提議終於在審議後通過，把關的成員包括米爾希、懷瑟上將（Hubert Weise）、康胡伯與賈南德兩位將軍，以及第一夜間戰鬥機聯隊的聯隊長史特萊伯少校。

最後，一個月前依轟炸機飛行員哈約．赫曼少校的建議而成立的第三〇〇戰鬥機聯隊（Jagdgeshwader 300）在這時擴編了。這支外號「野豬」（Wilde Sau）的部隊，配有單發動機戰鬥機，其任務是直接在受到威脅的城市上空巡邏。

到了八月一日，最後兩個決策已經成為戈林的正式命令，命令本文：「日間與夜間防空戰機的生產將列為最優先事項。」

———

漢堡成了最後的臨門一腳。保護德國天空的人們一直苦苦哀求不果的東西，現在終於成真了，這場防衛戰還沒有輸。現在戰鬥機部隊已調整成以防禦為主，擁有一切所需的條件，不分日夜都能對盟軍轟炸機部隊造成顯著的傷害。而在接下來的大規模空戰中，空軍也確實做到了這一點。

但領空防禦的改革完成前，德國空軍高層還要再遭遇一次挫敗。一九四三年八月十七日與十八日之間的夜晚，英國轟炸機司令部以完美的詭計，騙過了德軍夜間防空體系。他們第一次挑選了佩內明德（Peenemünde）的火箭測試中心做為目標，並派出了五百九十七架四發動機轟炸機空襲。同時，他們也派出數量不多、二十架蚊式轟炸機，前往柏林發動佯攻。蚊式轟炸機投下了許多信號彈，極為成功地創造出柏林將是主要攻擊目標的錯覺。

這天晚上也正好是「野豬」部隊大量部署的第一個晚上。一百四十八架重戰鬥機與五十五架戰鬥機在柏林的夜空徒勞無功地搜索，卻承受了首都高砲部隊的全部火力。要一直等到第一波轟炸機群已經在佩內明德投彈，德軍才發現轟炸機的所在位置。梅塞希密特戰機為了迎頭趕上，馬上往北快速前進。帶頭的是艾勒少校的第一夜間戰鬥機聯隊二大隊，這支部隊從比利時的聖崇德（St. Trond）起飛，幾乎飛越了整個德國。

接下來的交戰於〇一三二時爆發，動手的是第四中隊的中隊長華瑟·巴特中尉（Walter Barte）他對著一架在兩千公尺高空巡航的蘭開斯特轟炸機俯衝，並發射了一長串子彈。等他恢復爬升時，通信士回報，說看見敵機兩側機翼著火。三分鐘後，這架蘭開斯特轟炸機墜毀在佩內明德西南方，炸成一團火球。

大隊長艾勒在三分鐘內擊落了另外兩架敵機，他是利用敵機在火箭測試場的火光照耀下顯示出的剪影找到敵機的。巴特也擊落了第二架敵機，一架編號十七號的蘭開斯特，在有三人跳傘逃生後墜毀了。兩個年輕的夜間戰鬥機組員慕塞少尉（Musset）與哈夫納中士（Hafner）自八機編隊中擊落了四架，然後才因敵火反擊而被迫跳傘逃生[9]。在這一場大膽、機智的轟炸行動中，英軍一共損失了四十架飛機，另有三十二架受損。

佩內明德受到的損害乍看之下似乎比實際狀況還要嚴重。測試區與無法替代的設計圖等都沒有受損。但在第二天早上〇八〇〇時，德國空軍作戰處長魯道夫・邁斯特中將（Rudolf Meister）便打電話給顏雄尼克，通知說他十分看重的V-1、V-2武器誕生地成了大規模轟炸行動的目標。這時顏雄尼克的秘書蘿黛・克斯騰小姐（Lotte Kersten）和侍從官瓦納・羅希騰堡少校（Werner Leuchtenberg）都在等總長前去用早餐。結果總長打來一通電話，「羅希騰堡，先前往現場，我隨後就到。」

克斯騰小姐等了半個小時、一個小時。將軍平時都是極為守時的模範人物。她最後打了通電話，結果沒有人接。她跑到長官距離不到十步的房間去，發現顏雄尼克癱在地上，他的手槍就在身旁。沒有人聽到槍響。

漢斯・顏雄尼克，德國空軍獲得閃擊戰大勝時期的參謀總長，為什麼會在空軍開始衰微的此時自殺呢？是因為佩內明德空襲對他的打擊太大了嗎？被克斯騰小姐叫回來的羅希騰堡找到了一張字條，上面寫著總長最後的想法：「我再也無法與帝國元帥共事了。元首萬歲。」

烏德特在一九四一年十一月自殺前，不是也寫了類似的話嗎？

過沒多久，戈林大步踏進房間，然後把他和死者關在裡面十分鐘。最後他拉著一張長臉出

9 原註：於附錄十七的夜間戰鬥機戰鬥報告中有提及。

來，終於叫了羅希騰堡過來。

「和我說實話，」他要求道，「他為什麼要這樣做？」

羅希騰堡疑惑地看著總司令的眼睛。戈林到底想聽到什麼答案？他真的想聽全部的實話嗎？還是他想聽某種可以替自己脫罪，看似把參謀總長的死歸咎於發現自己能力不足的說詞？羅希騰堡決定好好把握這次少見的密談所帶來的機會。

「總長他……」他以謹慎的語調說，「想要指出空軍高層嚴重的不足之處。」

戈林沉重地抬起頭來。他的傲氣正以驚人的速度遭受打擊。對戈林感到失望的希特勒越常直接找顏雄尼克談空軍的事，顏雄尼克就越容易感覺到總司令的虛榮與野心對空軍的傷害有多大。一切都從史達林格勒開始，戈林企圖將自己鼓吹的空運行動失敗一事，全部推給顏雄尼克來承擔。在那之後，還有許多其他的事情讓總司令的地位每況愈下。

顏雄尼克夾在兩個巨人之間，一邊是相信自己軍事才華的希特勒；另一邊則是作為軍官，不論有多強烈的反對意見，都應該聽從其命令的戈林。他必須忍受希特勒對空軍每次失敗的怒火，還要聽戈林對這種討價還價過程的冷嘲熱諷（「你在元首面前永遠都像個小學生，像一個手指貼齊褲縫的低階軍官！」）。顏雄尼克就是這兩位「老戰略家」的代罪羔羊，專門讓他們兩個當出氣筒。可是這個出氣筒不夠堅固，最後還是毀了。

這就是羅希騰堡少校和總司令說的故事。戈林一邊聽，臉色一邊因怒氣上升而紅漲。但羅希騰堡並沒有就此住口。他早在幾週前就曾經在最後關頭從總長手中把槍奪下來過一次，現在他認為最近發生的幾件事肯定已成了顏雄尼克的導火線。

他說的這幾件事，包括戈林最近曾企圖將顏雄尼克趕下台，而顏雄尼克還得從可能的繼任者李希霍芬元帥口中聽到這件事。這次嘗試因希特勒反對而失敗後，戈林又張開雙臂擁抱參謀總長，還說：「你知道的吧？我才是你最好的朋友。」另一件事則是戈林明知顏雄尼克總是毫無保留地服從希特勒，卻又沒有明確理由的狀況下，指示他時機已經成熟，不再需要百分之百服從元首的命令了。

就在年輕軍官講出最後這個指控時，戈林猛然站了起來。「你說什麼！」他尖叫道，「你敢這樣說我？」

「元帥，是您說要聽全部的實話的。」

「你……我要把你送軍法！」戈林充滿威脅地貼近羅希騰堡，然後突然崩潰，掉入座椅，雙手掩面。他哭泣的同時，整個高大的身體都在顫抖。他最親近的同事對於這樣的失態已經習以為常。自史達林格勒以來，充滿戲劇性的他越來越常在自己的悲傷中崩潰。這樣的反應並沒有反映出他有做任何的反省。他只是覺得被背叛、被疏遠、被欺騙。有錯的都是別人，不是他個人。

「很好！現在我們要重振空軍，」從自己脆弱的情緒恢復後保證道，「為什麼沒有人，」他指著邁斯特、馬丁尼和白波．史米德幾位在門的另一邊等待的將領，「沒有人告訴我這個年輕人所說的真相？」

戈林一如往常，就是忍不住要來兩句戲劇性的演講。但兩天內，羅希騰堡就被派往前線當參謀，而新任的參謀總長也不是會要求全權授權的李希霍芬，而是君特．科登將軍（Günter Korten），他的前一個職位是東線戰場的第一航空軍團副司令。李希霍芬在日記中坦承「對我來說這真是一大好消息，如果被指派的人是我，那一定會造成莫大的紛爭。」

科登沒有造成任何紛爭。他知道自己的角色就在活在戈林的陰影之下，直到一九四四年七月二十日，他被一枚原本要炸死希特勒的炸彈炸死為止。最後，空軍的主控權一點也沒有改變，顏雄尼克的死完全白費了。戈林對外宣稱他的死因是「腹部出血」，還偽造了死亡日期，以便不讓他人懷疑他的死與轟炸佩內明德有關。直到今天，官方上的顏雄尼克忌日仍是八月十九日，而不是十八日。

無庸置疑的是，空軍參謀總長確實知道自己對德國空軍衰亡的影響。「如果在一九四二年十二月之前沒能贏得戰爭，那我們就不會贏了，」他在第二次對俄夏季攻勢開始時曾如此說道。雖然空軍在「閃擊戰」期間的許多戰術與技術成就都要歸功於他，但他支持俯衝轟炸才是唯一勝利之道的想法。他嚴重高估了中型轟炸機的能力，尤其是Ju 88，進而忽略了四發動機轟炸機機隊的建立。他沒有對禁止開發新機型一事提出任何意見，也沒有警告希特勒說空軍無法應對多面戰線。

對於顏雄尼克的失敗，最有力的證據來自他生命的最後幾個月。空軍參謀本部完全明白美軍的飛機建造計畫，顏雄尼克最後也終於認知到四發動機轟炸機群對德國構成的威脅。他常常說「如此龐大的風險足以讓史達林格勒的災難顯得微不足道。」

他突然轉變立場支持守勢，使他成了賈南德、康胡伯等將領的盟友。當空軍正在東線、地中海大失血的同時，這些將領一直持續想把注意力拉回西線正在面臨的威脅。但就連參謀總長也沒辦法讓希特勒動搖。元首對防禦不感興趣，認為只有攻擊才能帶來勝利。對顏雄尼克而言，這點顯然是相當沉重的打擊。他曾如此有自信地支持自殺行為，說：「你不覺得一個人犧牲自己的生命，可以指出用其他方法都無法獲得重視的重大危機嗎？」

一九四三年八月十八日，顏雄尼克上將把他的想法付諸行動。奇怪的是，他這麼做的時機，正好就是美軍「空中堡壘」轟炸機的日間攻勢引來大批德軍戰鬥機集中防禦德國的日子。他自殺的日子正是德國上空發生第一場大規模日間空戰的隔天早上，而這場空戰恰好尖銳地說明了攻擊者的極限所在。

三、日間戰略轟炸

到了一九四三年七月，駐在英國的美國陸軍第八航空隊已經擴充到十五個轟炸機大隊，超過三百架B-17空中堡壘與B-24解放者轟炸機。唯一的問題就是他們的護航戰鬥機航程不足。P-47雷霆式的航程一開始只能觸及比利時與荷蘭的海岸線，而雙發動機、雙體機身的P-38閃電式則和德軍的Bf 110一樣，完全比不上戰鬥機。

七月二十八日，雷霆式戰機第一次掛著翼下副油箱現身，使它得以一路前往德國西側邊境。這當然還是不夠，但第八航空隊司令伊克將軍已經等不下去。他的計畫差不多該開始實施了——對德國航空工業中心發動日間精準轟炸。戰鬥機能在去程持續保護轟炸機，一路保護到航程的極限為止，然後再在轟炸機返航時再次前來與他們會合。

在漢堡遇到皇家空軍的沉重夜間空襲而化為火海的同時，兩個編隊共七十七架空中堡壘轟炸機則在白天深入德國中部。他們的目標是卡塞－貝騰豪森（Kassel-Bettenhausen）的費斯勒工廠，以及阿舍斯萊本（Aschersleben）的AGO工廠，就在馬德堡（Magdeburg）附近。伊克將軍想以戰略性轟炸攻擊最危險的對手，而這兩座工廠都有負責生產佛克沃夫Fw 190戰鬥機的任務。

德國的戰鬥機大隊早在轟炸機接近目標之前，便開始接近攻擊它們了。第一個成功攔截的是使用Bf 109，來自耶佛的第十一戰鬥機聯隊二大隊。第五中隊的十一架梅塞希密特機落在後面，它們每一架飛機機身下面都掛著一枚兩百五十公斤炸彈，只能費力地爬上八千公尺高空。

以戰鬥機「轟炸」轟炸機是相當新奇的戰術，只有在對手採用緊密編隊時才能使用。第五中隊的中隊長海因茲・諾克中尉（Heinz Knocke）幾週前試過一次，效果出乎意料地好——炸彈炸斷了一架B-17的主翼，使轟炸機旋轉著墜海。現在就來看看一整個中隊能達成什麼樣的效果了。

Bf 109戰鬥機待在轟炸機上空一千公尺處，並跟著對方每一次改變方向的舉動，再很快地連續投彈，最後往左爬升離開，躲開爆炸。炸彈使用定時引信，戰術的成功仰賴設法讓目標機的位置與炸彈落下的軌跡對齊。這只能靠估計，因此有許多炸彈都沒有達成戰果。不是丟得太後面，就是穿過編隊，在下方爆炸。但突然之間，隊伍中間發出一道閃光。費斯特上士（Fest）成功擊中目標了。還不只這樣，有三架空中堡壘好像停在半空中動也不動，然後同時墜落。三架飛機的機翼在空中翻滾，飛機本身則拖著長長的煙霧往地面俯衝而去，後面還慢慢張開了幾頂降落傘。

炸彈顯然是剛好在編隊過於緊密的飛機之間引爆，這種意料之外的成功鼓舞了眾人。Bf 109不再受限於沉重的炸彈，開始對著受損的編隊俯衝，將敵機衝散，只有等到儀表板上的紅燈亮起，顯示燃油已快要用盡，他們才鳴金收兵。

在君特・史佩特上尉（Günter Specht）的指揮下，第十一戰鬥機聯隊二大隊共擊落了十一架敵機，美軍在這兩次空襲中總共損失二十二架B-17，不包括另外四架受損嚴重、只能勉強返回英國的轟炸機。

德軍宣稱擊落了三十五架敵機，美軍則認為自己至少擊落了四十八架Fw 190和Bf 109。事實上德軍只損失了七架戰鬥機。

從七月二十八日起，美軍口中的「一九四三年的血腥夏日」開始了。這段期間的美軍轟炸機沒有戰鬥機護航。七月二十九日，瓦爾內明德的阿拉度工廠因為也是Fw 190的生產基地，成了美軍轟炸的目標。三十日有一百三十一架四發動機轟炸機再次攻擊卡塞的費斯勒工廠。

八月一日，美軍在完全不同的地區攻擊了完全不同的目標。北非的陸軍第九航空隊從班加西飛越地中海，低空轟炸羅馬尼亞的普洛耶什提煉油廠。但他們沒有奇襲優勢，轟炸機遇到強力的高砲還擊，而在被高砲猛力攻擊後，返航的轟炸機又被該地區所有的戰鬥機部隊追逐出海——漢斯．杭恩上尉的第四戰鬥機聯隊一大隊，柏克中尉（Burk）的第二十七戰鬥機聯隊四大隊，再加上羅馬尼亞的戰鬥機與盧耶上尉（Herbert Lütje）的第六夜間戰鬥機聯隊四大隊（IV/NJG 6）手下的少數Bf 110。一百七十八架解放者轟炸機有四十八架遭到擊落，五十五架嚴重損傷。雖然普洛耶什提損失慘重，但產量很快恢復到正常水準。

八月十三日，又有六十一架解放者轟炸機從北非出發，直接穿過奧地利攻擊維也納新城（Wiener Neustadt）的梅塞希密特工廠。這次攻擊沒有遇到戰鬥機的抵抗。德國南部與奧地利成了盟軍南北包夾的目標，因為對從英國與北非出發的轟炸機而言，這裡都在飛行航程內。德國的防禦才剛獲得加強，又不得不分成兩條戰線。

即使如此，德國空軍的成功率還是持續上升。光是在七月，空軍高層計算敵軍的損失率就達到了整體攻擊部隊的百分之十二到十五。美國陸軍第八航空隊在這個月的五次轟炸行動中，在八百三十九架次損失了八十七架轟炸機。即使以這個數字看，損失率也超過百分之十，這同樣沒有計入因損傷嚴重而報廢的機體。

這樣的損失率代表只要出十次任務，一整個編隊就會損失掉。飛機不是燃燒墜毀、在降落時撞毀，就是基於其他原因而成了廢鐵。這場「血腥夏日」也影響了轟炸機組員的士氣。這樣的損失不能繼續下去。

——

根據裝備與戰爭生產部長史佩爾（Albert Speer）的說法，德國也同樣無法繼續承受美軍日間精準轟炸帶來的後果。雖然英軍的轟炸造成大規模的破壞，但沒有嚴重影響德軍的作戰能力，但美軍卻是直接攻擊重要的工廠，導致生產上的困境。就算他們在攻擊的過程中損失許多轟炸機，但剩下的還是足以造成嚴重的損害。

史佩爾向戰鬥機總監賈南德表達了他的顧慮，將軍則提出這樣的措施：「準備三到四倍數量的戰鬥機，這樣我們就能讓敵軍承受足以影響成果的損失了。」

史佩爾只要覺得有必要，就會代表防衛部隊發揮所有他手上握有的影響力，甚至包括影響願意聽他說話的希特勒。空軍後勤部長米爾希也有同樣的結論。他在參觀西線的各處戰鬥機基地後，於六月二十九日寫了這樣一份報告給戈林。

「若要對美軍以一百至兩百架四發動機機組成的編隊形成具決定性的成果，戰鬥機部隊必須達到四比一的數量優勢。因此，成功防禦此類編隊需要每次出動六百至八百架戰鬥機。」他也不忘稱讚現有部隊的作戰士氣：「飛行員士氣高昂，我無法完全表達他們在數量劣勢下所達成的優異表現，各指揮官也都恪盡其責。只要他們能得到新一批援軍，日間戰鬥機的前景便是一片光明。」他十分強調「得到援軍」的重要。

這些支援其實德國空軍也拿得出來。一九四三年的前八個月，Bf 109與Fw 190的產量達到了七千四百七十七架。可是德國的防衛部隊卻不是主要收到這批戰鬥機的人。在希特勒的親自明令之下，東線與地中海的第二航空軍團才是擁有絕對優先權的部隊。

第二十七、五十三與七十七戰鬥機聯隊在突尼西亞與西西里一直在打一場不可能獲勝的仗。光是護航運補船團，他們的資源就已經用到極限了。他們承受的損失非常慘重，包括好幾百架飛機在地面上被炸彈破壞。還有幾百架飛機因為撤離命令來得太晚，不得不在受損的狀況下棄置。發動機承受的損耗已超過預定的全壽期。這時新的備用機仍然不斷流入南方前線，宛如丟進無底洞般。

雖然產量大增，德國本土防空戰可用的日間戰鬥機數量只緩慢地上升——從三月和四月的一百二十架，上升到五月初的一百六十二架，六月初再上升至兩百五十五架，七月達到三百架。到八月底，在美軍日間攻勢的壓力下，本土防空部隊的第一線戰機規模達到了有史以來的「最高點」——四百零五架Bf 109和Fw 190，再加上一個重戰鬥機聯隊，一共有約八十架Bf 110與Me 410。

雖然這些部隊有些是新組成的單位，但大多數都是從其他戰線撤回來的。許羅上尉的第二十七戰鬥機聯隊二大隊從義大利南部撤到維斯巴登-厄本海姆（Wiesbaden-Erbenheim）；朗梅爾上尉（Rammelt）的第五十一戰鬥機聯隊二大隊撤到慕尼黑附近的紐碧堡（Neubiberg）；著名的「綠心聯隊」第五十四戰鬥機聯隊（JG 54）也派萊茵哈德·塞勒少校（Reinhard Seiler）的三大隊從俄國北部調到黑戈蘭德灣的奧登堡與諾德荷茲。另外還有兩個聯隊整隊調回國，第三戰鬥機聯隊「烏德特」在威科中校的指揮下從東線南端調回來；第二十六戰鬥機聯隊「史拉格特」則在普里勒少校（Josef Priller）指揮下，從該部隊與英美編隊交戰戰果無人能及的英吉利海峽返回。兩個聯隊現在都駐在敵機入侵的路線上，萊茵河下游與荷蘭。

就連在日間作戰早已過時，近年來退居其他角色，但效果總是不佳的Bf 110，都不得不重出江湖。只要這種戰鬥機能避免與敵方戰鬥機交戰，其火力仍能傷害重型轟炸機。卡爾・波恆-泰特巴少校（Karl Boehm-Tettelbach）是第二十六重戰機聯隊的聯隊長，他的部隊分散在溫斯道夫、夸肯布呂克和希德斯海姆，已就定位、準備作戰。

部隊的集結完成了。每天早上，飛行員都坐在駕駛艙裡準備起飛，德軍的雷達則持續探測西線的天空。在航空師的地下作戰室內，男女管制人員也在等待，戰鬥隨時都可能開始。

一九四三年八月十七日一大早，空軍監視單位傳來回報，說美國陸軍第八航空隊在英格蘭的基地有不尋常的動靜，可能是打算發動大規模行動。第一航空師在迪倫收到的進一步情報指出，敵軍可能打算深入德國中南部。因此，北海沿岸的數個戰鬥機大隊接獲命令，要提早移動到漢斯（Rheims）西邊的機場，以便取得更接近行動目的地的出發位置。這些措施很快就顯示出了價值。

一〇〇〇時過後不久，一支由一百四十六架轟炸機與無數護航噴火式與雷霆式戰機組成的機群跨入荷蘭海岸線，開始往內陸飛行。機群旁一段距離處有幾架第一戰鬥機聯隊二大隊的Fw 190戰鬥機跟蹤，他們保持與目標的接觸，暫時還沒有要攻擊。

美軍還在荷蘭上空就開始往南修正航向，以六千公尺高度飛過比利時。在臨門進入德國邊境前，護航戰鬥機必須打道回府了。這正是Fw 190戰鬥機在等待的時刻。他們從正面、稍高的位置，採自由開火的方式襲向美軍。Fw 190隨後又從編隊下方掠過、爬高後回頭再攻擊一次。

前幾架空中堡壘著火了，有四架拖著黑煙，往下衝向愛非山脈的鄉間，之後又有三架在亨斯律克山脈（Hunsrück）上空墜落。這時空中已經充滿了Fw 190與Bf 109。只要有一個大隊的彈藥用盡，就會有下一個大隊前來接手。

這場空戰持續了九十分鐘，過程沒有間斷過。美軍損失了十四架飛機，剩下一百三十二架可以繼續執行轟炸任務——雷根斯堡-普律芬寧（Regensburg-Prüfening）的梅塞希密特工廠。同時，德軍的戰鬥機管制單位也正在集結部隊，要在轟炸機的回程也製造同等規模的損失。通常來講，轟炸機部隊的回程就是循原路返回，但這次美軍卻往南轉——發揮他們優異的遠距航程——一路飛過義大利與地中海，最後才降落在北非。即使如此，還是有十架轟炸機被當地的第二航空軍團擊落，造成共損失了二十四架B-17，另外還有更多飛機受損。

但八月十七日的空戰還沒有達到頂峰。中午過後不久，又有一支規模更龐大的編隊來襲。這次一共有兩百二十九架飛機從須耳德河（Scheldt）河口進入，並準備轟炸史溫福的軸承廠。這支編隊受到的「迎接」規模

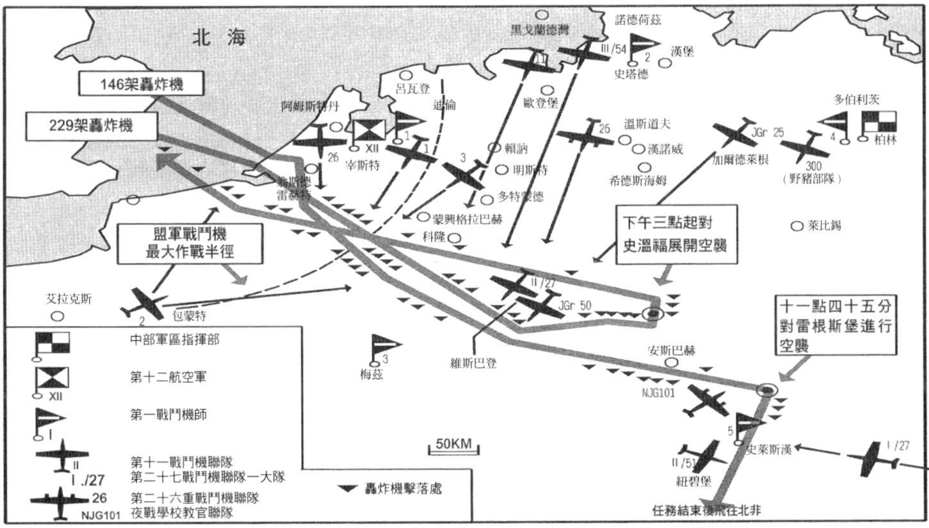

防衛日間戰略轟炸　1943年8月17日，總共300架德國空軍戰鬥機對兩股空襲史溫福及雷根斯堡的美國四發轟炸機群展開攔截。共有60架轟炸機被擊落，其中10架是被南歐空防單位擊落（地圖以外地區）。此圖可看出第三帝國在1943年夏季時的防禦體系態勢及各聯隊兵力分佈的情形。

又比第一波更大。德軍戰鬥機不等護航戰鬥機折返了。在一個大隊與雷霆機交戰的同時，另一個大隊負責攻擊轟炸機。

第一批發動攻擊的部隊又是第十一戰鬥機聯隊五中隊——先前實驗以炸彈擊落轟炸機的中隊。今天此中隊的Bf 109在機翼下掛了兩枚二十一公分火箭彈。他們從後方接近，距離八百公尺外朝著隊形緊密的敵機發射。許多火箭失去準頭，但有兩枚擊中了目標，造成兩架轟炸機直接在空中炸成碎片。歷經火箭彈攻擊的序幕之後，美軍從接近史溫福一直到返航為止都沒有喘息的機會，期間有超過三百架德軍戰鬥機升空去攔截他們。

這次任務有三十六架空中堡壘轟炸機沒有返航，將這一天的損失累計到了六十架，另外還有超過一百架飛機受損。這一天的空戰又一次證明，速度相對較慢的轟炸機在白天實在很難抵禦堅定的戰鬥機攻擊。就算是以強力防禦武裝得名的「空中堡壘」，也無從改變這樣的事實。在這次挫敗之後，美軍轟炸機有超過五週的時間都沒有再出現在德國上空。他們報復的方法，是在優勢戰鬥機護航下，去攻擊德國空軍在西線占領國的基地。

要等到十月，美國陸軍第八航空隊才會再一次踏出戰鬥機的航程範圍，但他們這次學到的教訓卻比八月還要慘痛。十月八日到十四日的一週內，美軍轟炸了不萊梅、馬連堡、但澤、明斯特，同時再一次轟炸了史溫福。他們一共損失了一百四十八架飛機。也就是說，美軍在這段期間折損了一千五百名機組員。就算是美軍也沒辦法一下子填補這麼多人。大概在史溫福第二次遭遇空襲的同時，美軍的官方史學家寫道，德軍採取的反制，無論是「規模、規劃的細膩程度與執行的確實性，都是無懈可擊的。」

如此，防守的德軍贏得決定性的勝利了嗎？也許吧，但他們必須持續跟上最新發展的腳步，並認知到美軍接下來會竭盡所能延長護航戰鬥機的航程，以便觸及到德國本土。指出這個威脅的人又是賈南德。為了抵消這點，也就是為了保持德軍對本國領空的制空權，他呼籲高層打造有史以來最強、最快的戰鬥機。他認為一旦德軍無法應付敵軍的戰鬥機，轟炸機就會毫髮無傷地到達目標上空。

但希特勒把他的提議粗魯地推到一旁，戈林則說這樣的想法是「目光如豆、軟弱的失敗主義」。

一九四四年初，目光如豆的觀點，眼睜睜看著美軍P-51野馬式長程戰鬥機的登場。Fw 190與Bf 109戰鬥機再也無法稱霸天空，德國戰鬥機部隊從此走向衰亡的命運。

但德國空軍還有一次機會。賈南德口中的戰鬥機是世上第一款服役的噴射戰鬥機。這架飛機務必在正確的前線——德國的本土防空戰登場。

四、錯失掌握先機

一九四二年七月十八日〇八〇〇時前不久，有一架飛機在萊普海姆機場（Leipheim）的跑道末端等著，這裡位在多瑙河的君茨堡（Günzburg）附近，跑道只有一千一百公尺長，必須全部善加運用。

駕駛弗利茨．溫德爾是梅塞希密特的首席試飛員，他點點頭回應地面人員的道別，然後關上座艙罩。發動機的噪音越來越高亢，最後成了震耳欲聾的尖嘯聲。

這架飛機少了當代所有飛機都有的傳統特徵——螺旋槳。它使用的不是傳統的活塞發動機，而是在主翼下面掛著兩具包在厚重整流罩內的渦輪噴射發動機。發動機圓形的後部開口噴出火熱的噴流，可將沙石噴到了機尾上。

溫德爾緩慢而小心地將油門桿往前推。他雙腳踩著煞車，將飛機停在原地三十到四十秒，直到轉速表指到七千五百轉為止。全馬力是八千五百轉，這時他已經煞不住這架飛機了。他放開煞車，讓Me 262往前衝出去。

這架飛機的機鼻筆直地指向空中，就像一枚砲彈。但這個設計也干擾了飛行員的前方視野。他只能往旁瞄了一下，以保持在跑道中心線上。在第一次駕駛一架革命性的原型機起飛時，這確實是不可忽視的缺點。溫德爾心想，如果這架飛機採用前三點式起落架就好了。事實上，起落架是機上唯一保持傳統設計的地方。後三點式起落架造就了它奇怪的姿態，並使發動機的噴流直接噴往地上、影響飛行員的視野。更糟的是，以這樣的姿態，機尾在空氣動力學上可以說是「無感」——它無法取得前面吹來的氣流。升降舵沒有反應，雖然此時速度已相當快，但飛機仍不願意離地。

試飛場邊的觀眾無不屏息以待。他們都因發動機的噪音而什麼都聽不到，只能看著飛機像賽車一樣飛速衝往跑道末端，它應該老早就達到時速一百八十公里了。

這是五噸重的Me 262應該要離地的速度。在今天一大早的地面測試中，溫德爾只花了八百公尺就達到了這個速度，但他卻無法把機尾拉離地面。剩下的跑道長度只夠他把飛機停下來。他每次只要把飛機停下來，離機場邊緣的圍籬就又比上次更近一點了。

「沒有螺旋槳的飛機是飛不起來的，」這是懷疑論者的論點。現在看起來，他們說不定是對的。

這次溫德爾決定賭一把。他聽過一個建議，可以在這樣的狀況下把拒絕離地的機尾抬起來。這樣的動作很不尋常，也很危險，但他必須冒這個險。他在一百八十公里的速度、全馬力前進的狀況下，突然短暫但猛力地踩了一下煞車。這個動作成功了，飛機沿著中心軸往前傾斜，機尾也離開了地面。這樣一來，水平方向的運動馬上製造氣流向機尾，升降舵也終於感覺得到風壓了。溫德爾馬上作出回應，他非常溫和而幾乎是自然地把飛機拉離了地面。

第一架Me 262升空了，而且飛得很好！首席試飛員從一開始就一直在協助這個計畫，而現在他的辛苦終於有了回報。他把操縱桿稍微往前推了一點，以便讓飛機加速，這時整個人頓時往後陷入飛行椅中。Me 262像支箭射入高空，而且爬得越高、飛得越快。驚訝的溫德爾瞥了一眼儀表板。自他在一九三九年四月二十六日親自以Me 209將世界最高速提高到每小時七百五十五公里以來，這個紀錄就只有他的同事迪特瑪開著火箭推進的Me 163打破過。由於戰時所有火箭相關的發展都是最高機密，他們也從來沒有正式提出主張這個紀錄。

Me 262的第三架原型機，此時才第一次利用兩具Jumo 004噴射發動機離地，就徹底粉碎了世界紀錄。時速表上毫不含糊地顯示著來到八百公里！溫德爾突然覺得能駕著這架驚人的飛機實在太開心了。他收回油門，然後再次加速：發動機的反應相當優異。接著他繞了一大圈，準備降落。他平順地落地，然後滑行停了下來。Me 262 V3的第一次飛行持續了十二分鐘，它日後將會成為第一架量產的噴射機。

「它太棒了！」溫德爾對著迎向他的梅塞希密特博士說，「我從來沒有這麼享受首飛的過程。」

當天下午，他又飛了一次。如果要補償損失的時間，那真正的測試要馬上開始才行。梅塞希密特在這之前已經花了太多時間等待發動機備妥。Me 262的機身早在一九四一年四月就由溫德爾試飛過了，當時用的是舊型的活塞發動機，根本不適合這款新機的流線型機身。但這至少是個開始，而且也確實讓他們測試了一些飛行特性。六個月後，第一組噴射發動機由ＢＭＷ公司送到柏林。這兩具發動機在測試架上的表現達到標準，並在一九四二年三月二十五日第一次進行飛行測試。

Me 262 V1在這次測試中成了一大奇景。除了機翼下方的噴射發動機之外，中間還裝著原本的活塞發動機。對溫德爾而言，這樣也好，因為他離地才五十公尺，兩具噴射發動機就接連熄火，他還得靠傳統發動機全馬力輸出才能安全降落。噴射發動機的渦輪機沒能承受飛行時的應力，兩邊的壓縮機葉片都斷掉了。如此嚴重的問題雖然是在意料之中，但新的替補發動機卻花了很久時間才送來，這時V1原型機只能像個孤兒躺在機庫裡。

最後，Jumo 004發動機終於送到了，並且達成了先前提到的成功。Me 262第一次以噴射動力飛行，就表現出製造者幾乎不敢期望的優異性能。現在溫德爾開始測試它的每一個性能，作小規模修改，然後再次起飛。在第十趟飛行中達到遠超過八百公里的極速後，他建議廠商馬上準備量產。當然，這不是梅塞希密特可以決定的。他們直到此時都只有收到三架原型機的契約，除此以外什麼都沒有。於是柏林的後勤部長米爾希開始介入，他把測試移到空軍的雷希林中心進行。

八月十七日，Me 262第一次飛行過後一個月，空軍派了經驗豐富的試飛員過來雷希林，他是博韋工程少校（Heinrich Beauvais）仔細審查這架高科技飛機。他小心翼翼擠入狹窄的駕駛艙時，溫德爾還再次提醒他要用煞車來抬高機頭。溫德爾在八百公尺處站著，告訴博韋什麼時候要這樣做。然後他就看著飛機接近，可是速度太慢，明顯沒有達到時速一百八十公里。但飛行員還是在他身旁踩了煞車。尾輪抬起來了，卻又掉了下去。博韋又試了一次，之後在機場邊緣再試了第三次。

飛機不知為何仍舊飛起來了，並以大概一公尺的高度從地面上掠過，可是飛機的速度太慢，無法真正取得高度。幾秒後，一邊的翼尖勾到一處垃圾堆。發出巨響後，Me 262墜毀在垃圾堆的頂端，並激起一大片塵土。飛行員毫髮無傷，奇蹟似地從殘骸中爬了出來。

這場意外導致Me 262最後階段的開發計畫延誤了好幾個月。雖然替代機馬上做好了，連發動機也都準備好了，但輪到帝國航空部沒有信心了。他們認為這整個計畫還處於非常初期的階段，不可能批准任何形式的量產。沒有人把這件事當成一件緊要事項來處理。米爾希只要求已證明可行的機型加速生產而已。他認為新的計畫會占據工廠的產能，干擾原有的生產專案。

到了一九四二年夏天，美軍已經參戰九個月了，他們的第一批四發動機轟炸機也開始出現在歐洲大陸的上空。到了一九四三年，這些轟炸機就會達到數百架，到了一九四四年則是上千架。如前所述，德國空軍高層對於美國飛機的生產計畫知之甚詳。在這個關鍵時刻，德軍打造出了一款戰鬥機，比世上任何其他戰機都要快上兩百公里，足以讓德國的所有敵人都為之緊張。這架飛機一年內就能服役，可以趕上盟軍實施主要空中攻勢的時間點。因此，我們可以合理地認為，Me 262應該要取得最高優先權，將所有技術與材料相關資源都投入製造機體與噴射發動機上。可是空軍高層沒有人願意承擔責任去提出這樣的建議，甚至不知道有這難得的機會。

直到一九四二年十二月，技術局才把Me 262的量產列入計畫，然後到一九四四年才正式生產——一個月只生產二十架。世界最快的戰鬥機被打入了冷宮，彷彿德國空軍對它一點興趣都沒有。

德國空軍高層已不是第一次如此短視了。Me 262雖然擁有大好前景，但它並非第一架噴射機。噴射機的歷史早在戰爭爆發之前就開始了。當時，He 100與不久後的Me 209在挑戰世界速度紀錄的過程中，已顯示出活塞發動機飛機已經快要達到性能的極限了。不論動力輸出有多強，這種發動機製造出來的速度都很難超過大約七百五十五公里的極限。如果要達到音速甚至是超音速，就需要全新的動力來推進。這樣的原則早在一九三〇年代中期就已經出爐了——飛機不能用螺旋槳牽引，而是要用持續產生反作用力的系統來推進。當時列出的可能解決方案有三種：

一、渦輪噴射發動機，將導入發動機內的空氣壓縮、注油，然後在燃燒室內點火，最後由高速排出後方噴嘴的空氣提供推進力。

二、火箭發動機，其內部自行攜帶所需的氧氣與燃料，不依賴外界空氣。雖然推力明顯強過噴射發動機，但燃料卻會在幾秒之內耗盡。

三、衝壓噴射發動機，理論上這是最不複雜的設計，因為導入發動機內的空氣完全只透過由風壓將空氣擠入一道中央「導管」來壓縮。雖然產生的推力非常強大，但這樣的飛機需要一組輔助發動機提供先行動力，才能在高速下產生所需的壓力。這類發動機的實驗由歐根．桑格博士（Dr. Eugen Sänger）首先在呂內堡荒原附近，帶領一支飛機測試團隊進行。

德國企業界第一位願意給這些新想法機會的人，是恩斯特．亨克爾。他在一九三五年底與年輕的瓦納．馮．布朗（Wernher von Braun）見面，對方當時還在柏林附近的庫默斯多夫（Kummersdorf）靶場實驗所謂的「火箭爐」。布朗相信火箭也可以用來推進飛機，但他身為陸軍火箭部隊的員工，並沒有什麼立場去支援航空相關的專案。亨克爾馬上送給他一架He 112的機身供他作實驗，還附了幾位飛機技師任他差遣。試飛員艾里希．瓦西茲（Erich Warsitz）從雷希林到來後，這場危險的開發工作就可以開始了。

布朗的火箭發動機裝上了He 112的機身，在一陣火焰的噪音後，發動機在工作人員躲到混凝土掩體後方的同時發動。火箭的燃燒室在測試的過程中爆炸了好幾次，造成亨克爾必須兩度送新的飛機過來。之後他們將一架全新的飛機，連同原本的發動機一起送達。雖然安裝了火箭發動機，但瓦西茲必須等到升空後才啟動。可是在一次事前的地面測試中，He 112卻爆炸了，還把飛行員炸上半空中。

瓦西茲不願意放棄，他親自請亨克爾再送一架新飛機過來。一九三七年夏天，這架飛機第一次完成了火箭動力飛行。He 112高速升空，繞了機場一圈，然後完好無損地降落。

隨後亨克爾便自行準備開發He 176——一款專為火箭推進設計的機型。這架飛機很小，高度只有一百四十四公分，長五百二十公分，機身包覆著駕駛艙與發動機。飛行員顯然沒辦法正常坐著，而是像躺在躺椅上駕駛，但擁有非常良好的視野。烏德特看著這架飛機的翼面積只有五點四平方公尺，評論道：「這只是裝了穩定翼的火箭而已嘛！」

同時，化學專家海穆斯．華瑟博士（Dr. Hellmuth Walter）正在基爾開發更易於調節出力，具有六百公斤力推力的火箭發動機，比布朗的「火箭爐」要可靠得多。He 176裝上了華瑟博士的發動機後，在波羅的海的烏瑟洞島（Usedom）海岸舉行了第一次滑行測試，並在一九三九年春天，由瓦西茲在佩內明德繼續執行。與以往的火箭飛機相比較，現在對飛行員威脅較大的不再是座位下冒著濃煙的火箭，而是跑道長度不足的機場。此外，因地面崎嶇而造成機翼碰觸地面的事件簡直是司空見慣。一九三九年六月二十日，一個視野良好、天氣平靜的日子，瓦西茲該下定決心了。飛機在跑道上的反應良好，在午後最後離地成功沒有多久之後，他便下令：「準備初次試飛。」

他的決心感染了工廠裡的工程師，讓他們違背自己的警告與預警，替他作最終檢查，並加入危險的發動機燃料，同時兩位保養人員還跑去附近的農場借了一隻小豬來給他抱抱，祈求好運。然後他們便看著He 176高速從跑道上衝出，壓過一處崎嶇地面，然後危險地往一旁傾斜。但瓦西茲仍保持對飛機的操控，將這頭小猛獸控制住，最後終於在附近的森林樹梢上不遠處讓飛機升空。在先前的跑道測試中，他都必須限制加速，但現在隨著飛機自由飛翔，他緊緊地貼在座位上。飛機在幾秒內就把他載出了波羅的海，這時已經差不多可以回頭找機場了，因為火箭只有一分鐘的推力。發動機在接近跑道時熄火，但速度還是太快，機輪承受了衝擊力，在地面上滑行了很長一段距離後才停下來。現場頓時鴉雀無聲，接著旁觀者的歡呼聲才打破了沉默。

瓦西茲馬上打電話給還不知道已經做了試飛的亨克爾。「博士，」他說，「很高興向您報告，您的He 176剛剛完成歷史上第一次無輔助動力的火箭飛行了！您也聽到了，我現在還活得好好的。」

這件事在帝國航空部引起了不少騷動。第二天早上，米爾希、烏德特和許多技術局的工程師都跑到佩內明德來了。瓦西茲又一次駕著他噴火的座機展示了六十秒的飛行，並接受了無數的掌聲與喝采。即使如此，米爾希和烏德特還是不給He 176面子。他們並沒有稱讚這歷史性的一刻，而是怒目相視。亨克爾開發這架飛機之前沒有先和航空部談過，等於是又一次自作主張的行為。該給他一點教訓了。

「這算哪門子飛機！」烏德特罵道，並馬上禁止這架「屁股上長了火山」的飛機再進行任何進一步實驗。亨克爾和他的同事——包括冒生命危險試飛的瓦西茲——只能站在機場邊，一句話也說不出來。

亨克爾確實對此事提出了抗辯，甚至還在一九三九年七月三日成功在雷希林附近的羅根西恩（Roggenthien）當著希特勒與戈林進行展示飛行。但他們幾乎只對飛行員的成就有興趣，而不是這架劃時代的小飛機。亨克爾可以留著他的「火箭玩具」，但空軍不會發出任何進一步開發的契約。戰爭爆發後，這架飛機的命運也成定局了。He 176被送到了柏林的航空博物館，然後在一九四四年的一場轟炸中遭到摧毀。

亨克爾另外開發的噴射機He 178命運也沒好到哪去。該機除了優異的速度之外，航程也比He 176要長得多。一九三六年，亨克爾在羅斯托克工廠設立了一個「秘密」部門，讓他最年輕的物理學家帕布斯．馮．歐海因（Pabst von Ohain）日夜努力製作噴射發動機。但帝國航空部對這點也不太滿意。柏林對亨克爾相當生氣，說他既然是飛機製造商，就應該把製作飛機「發動機」的事留給相關的廠商來做。

但飛機發動機業界有別的事要操心。空軍正以驚人的速度建軍，如果德國要迎頭趕上國外在活塞發動機上仍然相當顯著的科技優勢，那就不可能有時間投入還不成熟的論證。直到一九三九年底，德國政府才發出噴射發動機的開發合約，而且是給德紹的容克斯與ＢＭＷ，機體則由梅塞希密特設計。

於是自行研發、走在前面的亨克爾就這樣被冷落在一旁。這點也沒有讓他難過，他繼續想辦法像往常一樣，準備向「柏林的名流們」證明自己的本事而已。歐海因的第一具渦輪發動機在一九三七年成功運轉了，一年後他打造出動力更強的版本，並在一九三九年夏天安裝到He 178上面。於是，在瓦西茲駕駛第一架火箭動力飛機的幾週後，又成了駕駛第一架噴射機的人類。這天是一九三九年八月二十七日，距離開戰才五天而已。柏林沒有人有空理會He 178，亨克爾得等到波蘭戰役結束好幾週後，才成功在米爾希與烏德特面前展示他的心血結晶，戈林根本沒有出現。幾次啟動失敗後，飛機最後從他們頭上飛過，其渦輪發動機的咆哮震耳欲聾，亨克爾想表達的訊息也終於傳達到了。但空軍高層這時已沉醉在波蘭的快速勝利當中，他們的自大這時再加上了短視。「在這個東西有成果之前，戰爭早就贏了……」

He 178還是沒有贏得合約，就像一九四〇年二月的情勢錯估，造成空軍禁止開發「所有一年內未能進入量產階段的專案」一樣。

德國在戰爭爆發時，其火箭與噴射發動機的開發上其實是遙遙領先敵國的。如果德國當時利用這樣的優勢，便能以科技上更為先進的武器，對抗盟軍的數量優勢。但這個優勢卻白白浪費掉了。

即使如此，發明家的努力還是沒有受到拘束，他們仍在禁令下繼續研發。梅塞希密特不只打造出了Me 262的機殼——這時還沒有發動機可用——還在奧格斯堡從德國滑翔機研究會那邊接收了一位設計師——亞歷山大・里皮希（Alexander Lippisch）。他有多年研究無尾三角翼飛機的經驗，並將他的成果集中在DFS 194型機上。他在梅塞希密特公司的努力促成了Me 163的問世，這架飛機先由海尼・迪特瑪試飛，並預計要用華瑟公司的火箭發動機驅動。這是一架短胖的小飛機，最早的目的是要達到眾人夢想已久的一千公里極速里程碑。

一九四一年春天，迪特瑪在佩內明德作了測試。他每趟飛行都載了更多的燃料，讓飛機飛得更快。從每小時八百公里開始，先提升到八百八十，再到九百二十公里。五月十日，迪特瑪決定要挑戰一千公里大關。飛機飛向空中，一分鐘內就爬升到四千公尺。然後他把機頭改平，以全馬力加速到九百五十、九百八十，最後指針到了時速一千公里。飛機突然開始震動，機尾開始搖晃，機頭也進入俯衝。迪特瑪立刻關閉火箭發動機，讓飛機恢復正常。最後他拉高機頭，讓飛機安全滑翔降落。

最終的速度測量結果是每小時一千零四公里。這是人類當時最接近音速的一次。

後來Me 163發展成了一架攔截機，其試飛工作由第十六測試部隊（Erprobungskommandos 16, EK 16）的志願者進行，並由沃夫岡・史佩德上尉（Wolfgang Späte）指揮，在奧登堡附近的巴德垂森納試飛。在戰爭的最後幾個月，此機還加入了作戰，負責攔截盟軍的轟炸機。

但前景更為看好的，是Me 262噴射戰鬥機，帝國航空部至此對它還是沒什麼興趣。航空部的態度，要等到三十一歲的戰鬥機總監賈南德試飛過後才會改變。這場試飛在一九四三年五月二十二日舉行，距離溫德爾建議換裝前三點起落架已過了將近一年。但沒有人去改變設計，因為航空部仍然不喜歡這種「美國人發明」的起落架設計。因此賈南德也不得不學會用危險的傳統起落架起飛所需的技巧。他成功後就和在他之前飛過這架飛機的所有人一樣，馬上感覺到它的強勁動力，沒有振動的高速與優異的爬升率。他像支箭從高空飛射而下，對另一架碰巧經過的飛機發動假想攻擊。

他印象非常深刻。他想到，如果手下的戰鬥機部隊馬上配備足夠數量的這種飛機那就好了。這樣德國本土保衛戰就有希望了。降落之後眾人詢問他的意見，賈南德只說：「就好像天使在背後推送一樣……」

他馬上向米爾希與戈林報告此事，他說Me 262是非常重要的計畫，這架飛機能扭轉局勢。他似乎說服了他們兩個，但即使到了這時，Me 262還是沒有量產，因為有一個人反對——希特勒。他不想要新的戰鬥機，他不想要防禦，他只想要攻擊。他要轟炸機，除此以外什麼都不要。一九四三年十一月二十六日，又延後了六個月後，Me 262在茵斯特堡當著他的面前展示了一次，他提出一個問題，使威利·梅塞希密特教授大為震驚：

「這架飛機能掛炸彈嗎？」

梅塞希密特說可以，畢竟不管是什麼飛機，真的硬要掛炸彈的話，當然都掛得上去。當他一想到這個回答代表的意義，馬上就後悔了。希特勒沒給他再多講一個字的機會，馬上興奮地大喊：「我們的閃電轟炸機終於出爐啦！」

他身邊的人都嚇得說不出話來。這句話突然成了元首「不可違逆的決定」，事後的任何抗議都沒有辦法改變。世界第一架噴射戰鬥機現在得掛炸彈了，它的優勢就這樣沒了。

這馬上創造出一連串的技術問題。炸彈會造成起飛重量過重，起落架無法承受，因此必須強化起落架與輪胎。它的航程對轟炸任務而言又太短，因此只好加裝副油箱。而副油箱又傳移了重心，破壞了飛機的穩定性。德國手邊沒有適合這種飛機使用的炸彈掛架，連瞄準器都沒有，如果使用一般戰鬥機的準星，那只能用淺角度俯衝了。這架飛機太快了，無法在標準的俯衝轟炸中瞄準目標。元首總部還發了明令，禁止進行這樣的俯衝，至少不能在時速超過七百五十公里的時候做。

溫豪少校（Heinz Unrau）的第五十一轟炸機聯隊一大隊（I/KG 51）是獲選在實戰中操作「閃電轟炸機」的部隊，但他們十分絕望。這種飛機在水平轟炸的測試中什麼也丟不中，炸彈甚至常常偏離目標超過一千五百公尺。直到機身強化、他們可以透過低角度俯衝攻擊後，結果才改善。

自希特勒作出決定之後，已經過了八個月。這時盟軍已經開始入侵了，諾曼第前線在阿夫杭士（Avranches）遭到突破後已完全崩潰。直到一九四四年八月初的這時，Me 262噴射轟炸機的實戰部隊才終於進駐漢斯附近的朱凡庫（Juvincourt），準備參加作戰。

這支部隊由申克少校（Wolfgang Schenck）指揮，一開始只有九架飛機。其中兩架在離開德國時因維修不良而故障，飛行員受的訓練也不足，在這之前從未以最大起飛重量起飛過，第三架飛機又在中途降落施瓦比哈爾（Schwäbisch Hall）時折損。最後第四架飛機找不到朱凡庫而迫降，因此又損失了一架。

原本的九架飛機只剩五架可以對抗正從橋頭堡突破防線的盟軍。十月底他們得到了二十五架飛機，第五十一轟炸機聯隊二大隊帶著戰鬥轟炸機版的Me 262加入了他們，並且飛行意外在累積經驗後也成了過去式，但這少數幾架噴射轟炸機又能做些什麼呢？它們數量太少，來得也太晚了。

希特勒將第一款噴射戰鬥機改造成轟炸機，又一次讓他的「直覺」壞了軍方的好事。

五、夜間戰鬥機的極盛時期

一九四三年七月三十日黃昏，一輛藍灰色的空軍公務車從波茨坦急駛向柏林而去。開車的人是哈約．赫曼少校。他身兼兩職。白天他在維德帕克瓦德，在空軍參謀本部監督下替「戰術技術研究小組」上課，晚上則開著佛克沃夫Fw 190巡視夜空。

赫曼決定要證明他的想法是對的，可是直到這時為止，不論是專家還是上級，都只用一副同情的微笑看著他。當他來到斯塔肯機場（Staaken）時，空軍參謀本部與飛行學校的志願者都在等他。每架飛機的機身下都掛了一組四百公升副油箱，可以讓飛機飛上兩個半小時。這支小型編隊在晚間飛到蒙興格拉巴赫，天氣看起來會整晚晴朗無雲。

赫曼在午夜左右，得知皇家空軍出發了。有人回報荷蘭海岸出現大量轟炸機，正往魯爾區前進。他的試驗部隊不到幾分鐘開著十架Bf 109與Fw 190升空。他們沒有飛去找敵機，沒有地面管制台的協助，他們永遠都不會找到。反之，他們爬升到轟炸機據報的高度，前往預想的杜易斯堡-埃森目標區，然後在空中等待，眼睛一直看向西邊。

轟炸機這時正在通過由地面管制輔助的雙發動機夜間戰鬥機看守的「天床」管制區，並一如赫曼預期地經過他們所在的位置。遠方出現了一道火光，它慢慢地往地面下沉。這表示有一架轟炸機被Bf 110擊落了，同時其墜落的過程還指示出了整個部隊的前進路徑。「他們正對著我們接近，」赫曼在無線電上說道。

這時又有另一架轟炸機在左邊墜毀，顯然他們往南轉向了。突然之間，天空中飄落了有顏色的燈光，那是導引機部隊的信號彈。「去找耶誕樹，」他又在無線電上呼叫了一次。

這幾架戰鬥機欣賞著一場驚人的煙火秀，而且似乎離他們很近。正當無數探照燈開始探索天空時，黃色、綠色和紅色的傘降信號彈也正緩慢地落地，還有第一批燃燒彈產生的閃光緊追在後。隨著火勢擴大，戰鬥機也得到了最終接近目標所需的光源。轟炸機的目標是科隆，比赫曼一開始預料的要遠了一點。他們讓發動機輸出全馬力，加速往當地前進。

探照燈照亮了幾架轟炸機，以像粉筆一樣雪白的燈光淹沒了整個機群，並且可以一連好幾分鐘照亮一架飛機，這正是赫曼計畫的出發點。他們沒有重戰鬥機用來尋找目標的雷達，因此只能以目視發現目標。這表示他們必須直接在目標區上空，在我方高砲火力範圍內作戰。他們的作戰方式與目前為止那種有秩序、優雅的夜間戰鬥機戰術不同，而是像「野豬」一頭衝進戰場。不論「野豬部隊」這個名字是誰取的，看來都會繼續沿用下去了。

這時，赫曼發現身處在一架被照亮的轟炸機後面，而且距離近到連自己都被探照燈照瞎了。大口徑高砲的砲彈在他身邊爆炸，他在報告中寫道：「就像坐在一個以火與白熱鋼鐵做成的籠子裡。」他本身很習慣駕駛轟炸機，因此這對他來說並不是什麼新奇的體驗。赫曼在轟炸倫敦時初次上陣，還活過了北冰洋船團的致命砲火，當他遇到也許是整場戰爭最猛烈的高砲火力（馬爾他）時，他也只有受到內心的驚嚇而已。

因此當空軍中央軍區司令懷瑟上將在聽過他的計畫後叫他「不要小看德國高砲的威力」時，他早就知道了。他和魯爾區第四高砲師師長辛茨少將（Johannes Hintz）商量好，讓高砲最高只打到六千公尺，把以上的高度留給「野豬部隊」自由運用。如果戰鬥機為了追逐敵機而降到這個高度以下，飛行員便要以燈光信號標出自己的位置。

雖然在柏林上空的演習證明這種劃分方式是可行的，但這聽起來還是很複雜。不論如何，辛茨還是同意試試看。可是現在赫曼人不在魯爾，而是在科隆上空，這裡的第七高砲師對這樣的安排一無所知。該師軍官都不知道手下的八十八公厘高砲陣地射界內，會有德軍戰鬥機混在英軍轟炸機編隊當中。在六千到六千一百公尺之間發射的紅綠兩色信號彈，對他們一點意義都沒有。

赫曼等了一下，決定忽略危險，還是叫他的部下發動攻擊。他離一架蘭開斯特轟炸機非常近，甚至可以在探照燈的強光中看到坐在砲塔內的機尾機槍手。機組員正平靜地看著下方燃燒的城市，依照過去的經驗，只有在出發與返航時的黑暗中，夜間戰鬥機才有可能對轟炸機構成威脅。在目標上空的燈光照耀下，他們是很安全的。但時代已經變了，赫曼以四門機砲開火，造成蘭開斯特馬上起火燃燒，往左轉，然後像火把餘焰墜落地面。

赫曼拉高機頭，離開高砲火力範圍，然後看向四周，天空中有三到四架轟炸機起火燃燒。等到降落時，他的部隊只有一架戰鬥機失蹤。他統計大家宣稱的擊落數後，得到總共十二架的結果。他把數字報給了柏林，還不忘強調他們「頂著強烈高砲砲火！」在這樣的狀況下，他覺得以第一次測試「野豬部隊」的實力來講，大家的表現算是很不錯了。

這樣的結果讓一切都開始前進。戈林六天前才在聽赫曼與包巴赫（Baumbach）兩位少校的報告後批准了這個實驗。現在天才剛亮，戈林把赫曼從床上挖起來，叫他去卡琳宮仔細報告整件事的經過。當這位三十歲的戰術發明家離開時，他手上還多帶了一份命令，要將「野豬部隊」擴充成一個聯隊，名叫第三〇〇戰鬥機聯隊。

——

還有另一件事也促成了這樣的發展。六月二十四日，第十二航空軍司令兼「夜間戰鬥機總監」約瑟夫．康胡伯被元首打入冷宮了。

本書前面介紹過，康胡伯自一九四〇年以來，就一直有系統地建立著德國空軍的夜間戰鬥機部隊，並且不受任何逆境影響。這包括他的探照燈被地方黨部全部搶走，以及希特勒明令禁止對英國轟炸機基地發動前景看好的反制任務等。康胡伯一直到一九四三年夏天，都仍保有他的「天床」管制系統——從日德蘭半島北端一直延伸到地中海——而且他手上還有五個聯隊，一共約四百架重戰鬥機，同時還有第六個正在成軍。但他仍不滿意，他手邊的機密報告指出，根據盟軍（尤其是美國）的航空武裝計畫，接下來的四發動機轟炸機機群，其規模將會大到德軍的防空體系完全無法招架的地步。

康胡伯十分盡責地提出一套方案，準備處理這樣的威脅。他認為解決的方法不是尋求新的戰術，將夜間戰鬥機從狹窄的「天床」管制區裡解放出來，而是大規模擴充現有的部隊。他認為六個聯隊不夠，要準備十八個聯隊，管制區將遍佈全國各地。目前昂貴的雷達機型將會以更先進的裝備與新的管制程序取代，並配上探測範圍更廣的新型航空雷達。這一切都需要電子電機產業大幅調整生產線，但在這個計畫即將呈給希特勒之前，戈林已經同意其中的一半了。

一九四三年六月二十四日，康胡伯被叫到了「狼穴」。他以為是去進一步說明他的想法，但元首根本沒讓他開口。他直接拿出了美軍的生產數字——康胡伯這套政策最早的出發點。數字寫得清清楚楚：美國人每個月都能生產五千架軍用飛機。

「這太扯了！」希特勒怒罵道，「如果這個數字是真的，那你就是對的！這樣一來我就得馬上撤離東線，把所有資源全部投入防空。但這絕對不正確！我不會接受這種鬼扯！」

那個數據是由國防軍情報局準備的，在這之前從來沒有人懷疑過它的真實性。現在國防軍參謀總長凱特爾和戈林都只能漲紅著臉聽元首發飆，沒有人敢違抗他。康胡伯的提議馬上被否決，夜間戰鬥機擊落的敵機，已經多到足以干擾盟軍的行動了。

幾位將軍就這樣解散，請回。在希特勒面前什麼話都不敢說的戈林，這下轉過頭來，把康胡伯罵了一頓。他說這些「愚蠢的提議」讓他這個帝國元帥看起來像個蠢蛋。「如果你想接手整個空軍，」他大聲說，「就直接把我的位子拿去算了！」

過沒多久，康胡伯就失去了第十二航空軍指揮官的地位，由約瑟夫·「白波」·史米德少將接任。後者直到此時都還是德國空軍司令部情報處處長。康胡伯仍是夜間戰鬥機總監，直到一九四三年十一月中才連這個頭銜也不保。此時他已沒有任何影響力了，這個一手建立起夜間戰鬥機部隊的人，現在被旁調到挪威。

——

以上就是哈約．赫曼少校提議利用「野豬部隊」改變夜間戰術時，影響最為直接的背景，他的想法一點都不會太過誇張。只有少數的轟炸機能經由地面管制的方式擊落，而來襲的敵機數量太多了，多到足以毀滅整個城市。轟炸機在目標區上空常常會被探照燈照亮好幾分鐘，這個時間應該也足以讓戰鬥機實施攻擊。這套戰術不需要複雜的硬體或管制體系，雖然攔截還是比白天困難，但因為仍然依靠目視，因此一般的戰鬥機也可以參與。

赫曼從一開始就不曾宣稱自己提倡的戰術是萬靈丹，他也沒打算要取代依賴雷達導引的攔截單位。他的提議僅僅只是要補充、協助他們——是在目前完全依賴高砲進行防禦的目標區正上方。他不知道自己在七月先行實驗的成果，會把所有注意力都集中到他們身上，將他們當成是扭轉局勢唯一的希望。赫曼才剛開始在波昂-杭格拉（Bonn-Hangelar）組訓新的第三〇〇戰鬥機聯隊的三個大隊，漢堡上空的風暴就爆發了，夜間戰鬥機與高砲依賴的雷達系統被英軍的「窗戶」徹底反制了。

第二天，第三〇〇戰鬥機聯隊的聯隊長接到戈林打來的電話。他以急切的聲音說：「赫曼，漢堡被炸了，比以往都還要嚴重。整個夜間戰鬥機部隊都無法運作。現在我只能靠你了，你一定要馬上開始行動，就算數量很少也無所謂。」

轟炸的第二天晚上——七月二十七日與二十八日之間的夜晚——赫曼派出十二架戰鬥機來到

還在燃燒的城市上空。連重戰鬥機也都參與了「野豬部隊」的行動，導致英軍的損失再次累加上去。到了八月一日，德國空軍中央軍區司令懷瑟發布命令，由於雷達干擾，「所有」夜間防衛部隊都應「效法單發動機的赫曼聯隊，直接在敵軍轟炸目標區的高砲與探照燈操作界線上空行動。」簡單來說，就是所有夜間戰鬥機都要採取「野豬部隊」的戰術。就連這時還是第十二航空軍司令的康胡伯，都指示說「天床」體系已失去效用，應暫時捨棄並採用新方法。

過沒多久，不論是單發動機還是雙發動機戰鬥機，所有聯隊都開始在看到遠方冒出火光時直接追上去，希望轟炸機還在目標區上空時成功攔截。這並不容易，先前已經提過，像是在八月十七日與十八日之間的晚上，這些戰鬥機都聚集在柏林上空，可是實際的轟炸目標卻是佩內明德。另一方面，八月二十三日與二十四日之間，柏林卻成了七百二十七架轟炸機真正的目標，而這天晚上史塔德與多伯利茨兩地的航空師作戰室以甚高的效率找出了轟炸機的方向，負責替盟軍導引的管制官，早在到達目標前的一個小時，已經洩漏了轟炸機的目標。

各夜間戰鬥機大隊於是從四面八方往柏林集中，正當皇家空軍的轟炸機抵達史普雷河（Spree）並投下第一批信號彈時，混戰一觸即發。柏林龐大的探照燈帶延綿八十公里，將黑夜照成了白晝。在高砲火力的怒吼下——依懷瑟的命令，最高只能打到四千五百公尺——這一仗造成英軍損失了五十六架四發動機轟炸機。

一週後同樣的事再次登場。「野豬部隊」又一次在絕佳時機來到現場，在柏林正上方與轟炸機交戰。這次他們一共擊落了四十七架蘭開斯特、哈利法克斯與史特靈轟炸機。縱然敵軍的干擾裝置造成德軍的整套雷達與地面管制系統失效，全新的H2S雷達系統還能為轟炸機提供下方地形的雷達影像，但八月二十三日、九月一日與四日的前三次大規模柏林轟炸任務仍造成英國轟炸機司令部損失一百二十三架四發動機轟炸機，一百一十四架受損。整體而言，這相當於全體參戰轟炸機的百分之十四。這樣的損失比先前都高，加上正好發生在敵軍認為已經擊敗德軍的時刻。由於是遠距跨越陸地飛行的緣故，使得地面管制官得以及時發現盟軍的目標是指向柏林，進而可以好整以暇叫來大批部隊聚集在目標區攔截。

德國空軍高層以審慎樂觀的態度看待此事。米爾希在八月二十五日說：「我們有完全的信心，不管日夜都比過去對敵軍造成更多的傷害。只有這樣，德國的軍備工業與相關人員才能保存下來。如果我們失敗，國家就會潰敗……」

就連戈林也將「柏林之夜」稱作是守軍的決定性勝利，並達到鼓舞空軍與德國百姓士氣的效果。

赫曼在九月接獲指示，要把新成立的第三〇〇戰鬥機聯隊擴充成一個擁有三個聯隊的航空師，他則升為中校師長。但這三個聯隊——庫特・凱特納中校（Kurt Kettner）位於波昂－杭格拉的第三〇〇戰鬥機聯隊，赫姆・懷恩萊少校（Helmut Weinreich）位於慕尼黑附近紐碧堡的第三〇一戰鬥機聯隊，以及曼弗雷・莫辛格少校（Manfred Mörssinger）位於多伯利茨的第三〇二戰鬥機聯隊——他們的飛機只夠每個聯隊組成一個大隊而已。其他大隊都得和日間戰鬥機大隊共用飛機，而這樣的作法不但耗損飛機，造成許多飛機無法承受，也會影響各個部隊的妥善率。

隨著秋季天候的到來，晴朗無雲的日子越來越少了。英國的轟炸機司令部會選擇天候不佳的日子出動，他們知道這樣的天氣對防空部隊不利。即使如此，「野豬部隊」還是繼續在先前認為戰鬥機無法運作的天候下升空攔截。赫曼事後對此評論道：「我們必須持續在逼迫轟炸機司令部行動的天候下騷擾他們。如果我們失敗，皇家空軍就會取得柏林的制空權。」

柏林空戰成了一場生死之爭。從一九四三年十一月十八日持續到一九四四年三月二十四日，在哈里斯中將的目標「將柏林整片炸過一遍」之下，首都至少遭遇了十六次大規模空襲。他還補充：「如果美國陸軍航空隊加入的話，我們雙方加起來大概要損失四百到五百架飛機，德國則會輸掉戰爭。」[10]

哈里斯認為，只要大量投入他手上最優秀的蘭開斯特四發動機轟炸機攻擊柏林與其他城市，就能在一九四四年四月一日之前逼迫德國投降。

一九四三年到四四年冬季期間，就是德軍採用「野豬部隊」戰術的夜間戰鬥機所必須面對的苦戰。他們用盡所有方法改善目標區上空的視線條件，以便提升戰鬥機部隊的成功率。這時的英軍已經可以不管雲層而完成投彈，因此再也無法依賴探照燈照亮。可是只要有探照燈的光線透過雲層，再加上城市燃燒的火光，轟炸機底下便會有一層發光的雲幕，讓雲層上的轟炸機從更高處看起來就像蟲子在爬行。赫曼甚至提議要讓平民放棄燈火管制，反而應該盡量點亮門窗的燈光，協助空軍照明。他認為反正英軍也不用目視投彈，而是依賴H2S雷達系統。但柏林的納粹黨地方部兼宣傳部長戈培爾則否決了這樣的建議。

然後還有以下這樣的反制措施。每當英軍的導引機投下俗稱「耶誕樹」的信號彈，替隨後的部隊標示目標時，專門的德軍飛機就會投下自己的照明彈，從上方照亮轟炸機隊。根據戰鬥機部隊的觀察，此舉造成轟炸機不再維持緊密攻擊隊形，改以單一縱隊隊形，導致炸彈稀稀落落，無

---

10 原註：*The Strategic Air Offensive Against Germany, Vol. 11, p. 192.*

法以緊密的群體投放。

然而「野豬部隊」在惡劣天候下的行動成果，很快就被其承受的損失蓋過去。戰鬥機無法「盲目飛行」，就算有儀器可以接收機場的導引信號，單單穿過雲層的下降過程往往還是會造成墜機事件。越來越多飛行員覺得降落威脅了的自身安全，最後選擇棄機跳傘。有時候他們甚至連要降落的機場位在何處都不知道。

「野豬」作戰成功的先決條件，就是地面管制得先排除英軍的種種欺敵手段，包括雷達干擾、佯攻等等，從而能及時報告敵軍的空襲目的地。而「及時」指的是發動攻擊前半個小時，這樣「野豬部隊」才有時間集結。管制官必須完全仰賴自己的經驗，甚至經常是直覺，才能確認目標區。而在這時的天候狀況下，他們的猜測常常與實際的狀況相差甚遠。

最後的結果，就是「野豬部隊」的式微幾乎和其瞬間竄紅的過程一樣快。一九四四年三月十六日，第三十航空師又一次解散，只剩下少數大隊仍在執行先前的任務。

在此同時，雙發動機的夜間戰鬥機部隊又得到了一線生機。他們配備了「列支敦斯登」SN2機載雷達，不受「窗戶」反制措施的影響。德軍又一次能攔截去程與回程的敵軍轟炸機了。這套系統的成就在一九四四年三月三十日達到高峰。這天英國轟炸機司令部在轟炸紐倫堡的任務，遭遇了二戰中最慘重的損失，而這天正是哈里斯中將宣稱德國會受不了英國的轟炸壓力而投降的最後期限。

——

以這個季節而言，一九四四年三月三十日晚間的天氣可說是超乎尋常地好——能見度良好、無風，西邊也沒有雲。夜間轟炸機的機組員從北法、荷蘭、比利時、德國西部、北部一直到柏林一帶的基地登上飛機，坐在駕駛艙內準備出擊。月亮會在接近午夜時升起，以溫和的月光照亮一切。對守軍而言，這是令人期待的最理想天氣了。如果英軍真來了，今天一定會讓他們嘗到苦頭。

二三〇〇時左右，第一戰鬥機軍司令約瑟夫．史米德少將下令起飛。直到此時為止，敵軍只有派小編隊過來，像是攻擊荷蘭機場的蚊式轟炸機，在北海佈雷的哈利法克斯轟炸機等等。防空部隊不會中這種調虎離山的計謀。他們在等的是主力攻勢，以及預告這種攻勢即將到來的明顯準備跡象——從海峽的另一邊傳來。最後，終於有報告稱第一波轟炸機越海朝東南方的比利時前進。大多數德軍戰鬥機在他們飛入歐陸之前，就開始起飛攔截了。

華瑟．葛拉布曼少將是駐迪倫第三戰鬥機師師長。他已下令麾下的部隊在亞琛南邊的「I」無線電信標附近就預備位置。哈約．赫曼上校的第一戰鬥機師則在多伯利茨就位；麥斯．伊貝爾少將的第二師則從史塔德一路飛到法蘭克福東邊的「O」信標。這類措施到底能不能成功，其實還是相當要看運氣。各師作戰中心裡沒有人能確定轟炸機會飛哪條路線，是否原路折返，或是不是佯攻。

戰鬥機機組員正仔細聽著地面傳來的導引廣播。英軍發現了這種無線電通訊有多重要之後，有一段時間一直能成功干擾通訊。但在信號強度加強之後，導引又可以運作了。

這時接收到的導引廣播內容是，「敵機從須耳德河河口與奧斯坦德之間的廣大前線進入領空，數量達數百架。敵機前鋒部隊在布魯塞爾南方，航向〇九〇，高度五千到七千公尺。」

他們到底有什麼意圖？會轉向哪個方向？依敵機現在的航向，他們會接近北邊的「I」與南邊的「O」信標，兩處都有戰鬥機聚集。

機隊綿延四百公里，一直到超過福達（Fulda）的地方，都有轟炸機正魚貫往東前進。為什麼如此擅長佯攻與在最後一刻改變主力部隊路線的轟炸機司令部，這次卻叫蘭開斯特與哈利法克斯轟炸機直直往目標飛去呢？這個問題至今還是沒有答案。但這樣的作法，其結果卻是讓轟炸機直接進入夜間戰鬥機的虎口。

過去幾個月，英軍一直派遣由蚊式轟炸機改裝的長程重戰機進入德國，造成Bf 110開始以三人機組行動。這天晚上，在馬丁．德雷佛斯中尉朝著比利時的「I」信標飛去的同時，他身後背對背地坐著他的通信士韓科中士和機槍手佩茲上士（Petz）。機槍手的工作，就是持續監視後方，避免遇到什麼「驚喜」。這天晚上，他的在場確實很有價值。雖然在抵達信標前，大家都以為不會有什麼狀況，但佩茲卻突然大喊：「注意！四發動機敵機剛從我們頭上飛過。在那裡，左邊。」

另外兩人馬上往他說的方向轉頭，但來不及了，Bf 110飛得太快，轟炸機已經不見了。但有一就有二，附近一定還有其他轟炸機。德雷佛斯往東轉，讓韓科把機上的新型列支敦斯登SN2雷達打開。隨著兩根陰極射線管點亮——左邊顯示方向，右邊顯示高度。兩根陰極射線管上都有回波，其中三個看起來滿吻合的，有著不同的方向與距離。這時換韓科開口了：「我們就在轟炸機隊伍正中間，」他說。

若要接近最靠近的轟炸機，他們必須爬升一點，而現在能不能找到轟炸機，就要看通信士的本事了。他依賴雷達提供飛行員指示，雷達顯示的距離終於縮短到一千公尺以內，這時韓科說：「他就在我們正前方，稍微高一點。」

頓時，德雷佛斯認出了四根細細的排氣管火焰，轟炸機的輪廓馬上在明亮的月光中照了出來。「距離六百公尺，」韓科讀出指數，他只能做到這樣了，SN2雷達這時還沒辦法探測到五百公尺以內的目標。

Bf 110慢慢追上獵物，那是一架蘭開斯特轟炸機，絲毫不知大難臨頭，正安心地平直飛行。德雷佛斯調整Bf 110的速度，與敵機等速，再次開始爬升。德機上的三雙眼睛正看著外面那巨大而充滿威脅的影子。兩機現在距離剩下五十公尺，可以清楚看到對方機腹小小的隆起處，裡面裝的就是空對地雷達。他們沒有看到其他任何改裝。這架蘭開斯特仍未裝上機腹砲塔，因此看不到，也無法抵抗來自後方的攻擊。英軍真的不知道自己的飛機大多都是從這個方向被擊落的嗎？

德雷佛斯把眼睛對準駕駛艙上方的準星，小心瞄準敵機左翼內側的發動機。這具準星是給駕駛艙後面那兩門以七十二度角往上射擊的二十公厘機砲使用的。這樣一來，就不用把機頭指向敵機了，只要從敵機下面與之平行飛越，一樣能擊中對方。

這時飛行員按下開火按鈕，讓外號「斜奏樂」（Schräge Musik）的傾斜式機砲開火射擊，敵機機翼繼而閃過金屬擊中的火花。如果瞄準機身，可能會引爆炸彈，Bf 110也可能會被波及。機翼很快便著火，Bf 110馬上向左急轉，避開危險區。蘭開斯特花了五分鐘掙扎，這個飛行火球短暫往前飛了一段時間之後，陡然往地面墜落。墜機時的強烈爆炸，說明該機這時還掛著炸彈。

德雷佛斯的飛機往東爬升，那裡有更多著火的飛機，顯示出英軍轟炸機的前進路線。

這在當時來說，是英國轟炸機司令部至今損失最慘重的一晚，也是德軍夜間戰鬥機司令部在本土防空戰中取得戰果最為豐碩的一晚。當然，天氣、及時集中戰鬥機部隊到正確的地點等等，都是重要的因素。但同樣重要的是，這支部隊在一九四三年夏天承受了致命打擊之後，現在又繼續對敵軍轟炸攻勢造成了關鍵的威脅。這有相當一部分要歸功於列支敦斯登SN2機載雷達和「斜奏樂」機砲。

英軍在一九四三年七月底到八月初的漢堡大轟炸中首次使用「窗戶」，除了造成高砲與夜間戰鬥機的地面管制失靈之外，同樣也干擾了當時飛機所攜帶的雷達系統。上述雷達當時全都採用五十三公分波長的雷達波。另外，原始版的「列支敦斯登B/C」型雷達的搜索角度只有二十四度這點也嚴重限制了戰鬥機可以偵測到的範圍。如果轟炸機在被戰鬥機發現後轉向，離開了雷達探測範圍，便很難再次找到它。幸好在舊的B/C型因波長受到干擾而完全無法使用的同時，新的SN2型已經在開發了。新系統結合了更寬廣的掃描角度（一百二十度）和三百三十公分的波長，至少能暫時避免受到干擾的影響。

漢堡大轟炸後，SN2的生產成了最優先事項。到了十月初，第一批夜間戰鬥機改裝完成；三個月內，這款雷達成了標準配備。雖然前方天線變大了許多，但只要不必盲目四處尋找轟炸機，這樣的代價算不了什麼。

SN2的有效距離比舊機型也強上許多。它可以發現比夜間戰鬥機稍高一點位置的現敵機。例如在五千五百公尺，它還有六公里的探測範圍。因此，只要戰鬥機聽著導引廣播進入轟炸機的航路，剩下的事他們都可以自己完成。

這麼一來，在一九四三年十一月還很有自信地認為已經取得德國本土制空權的英國轟炸機司令部，到了十二月又開始承受重大損失了。在次年的一月到二月間，損失持續上升，並在三月達到最高峰。

至於「斜奏樂」，這是一種在第一線誕生的武器，雖然有許多著名的夜間戰鬥機飛行員後來都被認為是首創這種戰術的人——包括赫姆·蘭特、海因茲-沃夫岡·史瑙佛和兩位飛行親王，利普-維森菲德和賽恩-維特根史坦（Heinrich Prinz zu Sayn-Wittgenstein），但其實真正發明這種作法的是一位軍械士，名叫保羅·馬勒。

馬勒有一次經過塔涅維茲武器測試場（Tarnewitz）時，注意到有一架Do 217轟炸機裝有實驗性的傾斜式機槍，用來防禦敵方的戰鬥機。自此之後，這個想法在他腦中開始成形。如果他能在一架Bf 110的機背上安裝這種裝置，就能從敵機下方的盲點開火，而不必面對敵方的還擊。雖然這時攻擊敵軍轟炸機本來就是從下方，但Bf 110最後要開火射擊時，還是必須在敵機後方用機頭對準對方，以前射槍砲射擊。這樣一來，我方就會進入敵機機尾四聯裝機槍射界內。更重要的是，如果從下方攻擊，敵機的截彈面積就會更大，而且機身較薄。寬大的機翼上有重型發動機和龐大的油箱，只要命中幾發就會著火。

馬勒利用手邊的資源臨機應變，將兩挺二十公厘MG FF機砲裝在一個以硬木製成的平台上，然後再把準星裝到駕駛艙上方。帕希姆（Parchim）的第五夜間戰鬥機聯隊二大隊（II/NJG 5）是馬勒當時的單位。他們一開始對這麼做相當懷疑，但還是同意在行動中實驗看看。一九四三年八月十七日與十八日之間的夜晚，當佩內明德遭遇空襲的時候，第五夜間戰鬥機聯隊五中隊的霍克中士（Gefreiter Hölker）率先以這種方式擊落了兩架敵軍轟炸機。後來第六中隊的彼德·厄哈特少尉（Peter Erhardt）在三十分鐘內擊落四架。十月二日，該大隊的大隊長曼菲德·毛勒索上尉（Manfred Meurer）在報告中寫道：「第五夜間戰鬥機聯隊二大隊使用傾斜式射擊的實驗武器，至今已擊落了十八架敵機，並且過程中沒有任何飛機損失或損傷……」

消息很快傳到了其他單位，彷彿有人發明了可以保證長命百歲的方法，大家都爭著要找保羅．馬勒。他在報告中寫道：「我的客戶很快就多了許多知名的夜間戰鬥機飛行員，他們都想要我在他們的飛機上安裝『斜奏樂』。」

一位軍械士的靈感，促成了一種全新重要武器的誕生，且終於由帝國航空部正式下令生產。馬勒收到了一份書面證明與五百帝國馬克，充當他的發明費。到了一九四四年，德軍的夜間戰鬥機就少有未配備「斜奏樂」的飛機了。敵軍有越來越多轟炸機機組員，還不知道自己是被什麼東西擊中後飛機就快速起火燃燒。

英軍在一月損失了所有攻擊柏林架次的百分之六點一五，攻擊斯泰亭、布藍茲維（Brunswick）和馬德堡的飛機則損失百分之七點二一。但德軍的成果不是只有擊落而已。有許多轟炸機在前往目標的路上不斷受到騷擾，被迫在受損的狀況下返航。戰鬥與提前返航造成剩下的飛機四散在天空各處，因此無法集中有序地到達目標上空。雖然柏林與其他城市在一九四三與四四年之間的冬天必須忍受轟炸的恐怖，卻沒有如敵軍預期地徹底毀滅。引用英軍官方史書《對德戰略空中攻勢》的說法：

「轟炸機司令部主要因為德軍夜間戰鬥機部隊的影響，被迫偏離主要目標柏林，並分散其兵力，以比先前更沒效率的方式執行任務……轟炸柏林不只是失敗，而是敗北。」[11]

造成局勢改變的，主要有三場重要空戰。一九四四年二月十九日與二十日之間的夜晚，萊比錫成了八百二十三架四發動機轟炸機的目標。雖然皇家空軍盡力誤導德軍，以許多誘導式的航路與佯攻來欺敵，且前往柏林的主力轟炸機路線直到最後一刻才轉向南方，夜間戰鬥機還是追了上來。七十八架轟炸機沒有返回英格蘭。

第二場空戰是三月二十四日與二十五日之間的夜晚對柏林的最後一次攻擊，轟炸機司令部損失了七十二架飛機。

最後則是在三月三十與三十一日之間的晚上，德軍戰鬥機在月光下聚集到了兩處無線電信標之間，並擊退了一波對紐倫堡發動的攻擊。

———

第一夜間戰鬥機聯隊三大隊的馬丁・德雷佛斯中尉擊落第一架蘭開斯特後又過了十分鐘，這時通信士韓科的SN2雷達又帶著他追向第二架。敵機位於七千公尺的高度，他得爬升很久才能來到目標下方。他瞄準射擊，但在第一輪射擊後機砲卡彈了。蘭開斯特這時已經注意到不對勁，先是往一旁傾斜，然後突然俯衝加速逃離。德雷佛斯勉強跟上，終於又來到了目標下方，等待對方平穩下來，然後再次攻擊，但這次使用的是機鼻的槍砲。蘭開斯特馬上起火墜機，並在空中爆炸，將著火的碎片散落在佛格堡山（Vogelberg）的森林各地。

「到處都有像被打到的蒼蠅一樣墜落的敵軍，」韓科在報告中寫道，「德雷佛斯中尉在班伯格（Bamberg）北方二十公里處擊落第三架轟炸機，這次又是使用『斜奏樂』。」

德國各地的大隊都分享了這次的勝利。第五夜間戰鬥機聯隊二大隊的一位中隊長赫姆・舒特中尉（Helmut Schulte）從梅客倫堡一路飛來，並在法蘭克福南邊遇上了轟炸機機隊。他的第一波攻擊擊落了一架英國導引機，造成敵機在紅、綠、白三色的信號彈之間的地面上爆炸。他總共擊

---

11 原註：pp. 193 and 206.

落四架，來自艾福特（Erfurt），屬於第五夜間戰鬥機聯隊四大隊的威廉·索伊斯博士少尉（Dr. Wilhelm Seuss）則擊落了另外四架。

但這天晚上最大的成果，是來自第六夜間戰鬥機聯隊一大隊（I/NJG 6）的一架飛機，成員包括馬丁·貝克中尉（Martin Becker）、通信士約翰森（Johanssen）和後機槍手威芬巴赫（Welfenbach）。他們在二三四五時從梅因茲-芬恆（Mainz-Finthen）起飛，並在二十五分鐘後從雷達發現波昂東邊有一支哈利法克斯轟炸機隊。在〇〇二〇時至〇〇五〇時之間，他們至少擊落了當中的六架轟炸機，過程中還經由殘骸燃燒的照明，協助他們了解這支朝北邊飛行機隊的去向——從威次拉爾（Wetzlar）、吉森（Giessen）和阿爾斯非德（Alsfeld）一直到福達。到了這裡，貝克必須返航，但他再次起飛後，又遇上了也正在返航的同一支轟炸機隊，並在〇三一五時於盧森堡上空又擊落一架。他在一個晚上就擊落了七架敵機。

第一戰鬥機軍的作戰日誌裡寫道，本軍在這天晚上共派出了兩百四十六架次的戰鬥機、重戰鬥機。使用戰鬥機的「野豬部隊」因為地面太晚宣佈敵人的目標是紐倫堡，而沒能成功攔截。然而，重戰鬥機則宣稱擊落了一百零一架敵機，再加上「可能擊落」六架。英軍的資料宣稱在七百九十五架出擊的哈利法克斯與蘭開斯特轟炸機中，有九十五架沒有返航，另有七十一架嚴重受損，其中十二架於降落後報廢。

這是第二次世界大戰中規模最大的夜間空戰，對英軍高層而言，百分之十二的損失也還是太高了。夜間空襲不得不喊停了，這時大家都很清楚這場攻勢已經失敗了。但如果要說德軍的夜間戰鬥機這時贏得了整場戰爭中最大的勝利，也必須說這是他們最後的勝利了。

六、最後的掙扎

雖然德國的城市受到了嚴重打擊，雖然轟炸造成德國百姓與工人的死亡與困頓——他們現在過得比前線的軍人還苦——正如前面所述，夜間的區域轟炸並未對德國的存亡造成最後的致命打擊。

對這個任務作出更多貢獻的，是美國陸軍第八航空隊在日間進行具選擇性、精準的轟炸行動。他們慎選目標，先是對武器生產造成困難，最後再讓整個德國戰爭體系無以為繼。

早在一九四三年三月八日，美國的作戰分析委員會（Committee of Operations Analysts）便已作出以下見解：「比起在許多產業中造成小規模破壞，在少數關鍵產業造成嚴重破壞的效果更好。」美軍的轟炸機遵循的正是這樣的法則。在一九四三年一整年，伊拉·伊克將軍在英格蘭的B-17空中堡壘與B-24解放者轟炸機一直集中攻擊歐陸的軍事與軍備工業的目標。

這一年下來，只要目標超出護航戰鬥機的航程範圍，轟炸機部隊就會蒙受慘重的損失。而在一九四三年，整個德國都是在這個範圍之外。顯然擁有優異火力保護的空中堡壘轟炸機，其自衛能力被高估了。雖然B-17與B-24以緊密的箱型編隊飛行，還有不同高度的交錯排列，但勇敢的德國戰鬥機仍一次又一次迫使轟炸機脫隊落單，然後再在剝奪其僚機提供的聯合火力後將落單的飛機擊落。

皇家空軍先前就曾警告過美國陸軍航空隊，說德軍會使用這樣的戰術。顯然這時英軍的論點已經得到了證實。英軍和德軍在戰爭初期就得知沒有戰鬥機護航的轟炸機，唯有以長期承受損失為代價，才能深入敵國領空，但一九四三年的美軍還沒學到這一點。其中最嚴重的案例，是在當年八月和十月對史溫福的軸承工廠發動的兩波日間轟炸。在這兩次的攻擊中，美軍遇到了極為猛烈的反擊，導致日後在這條轟炸航線上長期都可見到轟炸機的殘骸。

一九四三年十月十四日或許可說是對德戰略轟炸最黑暗的一天。德國戰鬥機部隊口中的「肥狗」（dicker Hund）——轟炸機隊，在這天遭到約三百架各式德國戰鬥機的無情攻擊，包括Bf 109、Fw 190與Bf 110。在起飛攻擊史溫福的兩百九十一架空中堡壘轟炸機中，有兩百二十架飛機堅定地抵達目標，並投下四百七十八噸的炸彈，至少有六十架沒有回到英格蘭。這些飛機破碎、燒毀的機身在比利時、盧森堡、德國與法國境內，留下了一條綿延數百公里的路徑。有十七架安全返回英格蘭的轟炸機，因損傷過於嚴重而無法修復。上述損失全部加起來，相當於本次行動的部隊損失了超過百分之二十六，另外還有一百二十一架飛機受到較為輕微的損傷。顯然沒有任何一支空軍，在承受這樣的損失後仍可以繼續作戰的。

美軍又一次學到了空戰的教訓，並銘記在心。專門針對本土防空而成立的戰鬥機部隊永遠都能從日間轟炸機手中奪得制空權，即使對手是B-17這種擁有十三門超重型火力的飛機，即使緊密編隊形成驚人火網的情況下，戰鬥機仍能獲勝。只要轟炸機沒有戰鬥機護航，就仍不可能擊敗德軍戰鬥機。

然而美軍對一開始的挫敗，卻採取了與英軍和早期德軍不同的反應。他們沒有像英德兩國那樣轉入夜間轟炸，而是希望能開發長程戰鬥機，讓轟炸機一直到德國的心臟地帶都能得到保護。一九四三年的美軍手上沒有這樣的戰鬥機。雖然堅固的單座P-47雷霆式擁有接近對手Bf 109與Fw 190等機型的飛行與戰鬥能力，但航程卻不足以執行長程護航。一九四三年的夏秋，雷霆式雖然在機腹下加掛了一百零八加侖的副油箱，卻仍必須在德國邊界折返，丟下轟炸機自生自滅。

美軍第一個解決方案來自雙機體的P-38閃電式戰鬥機，於一九四三年十一月加入長程護航的行列。P-38在機翼加掛兩組副油箱後，航程足以到達柏林。然而這是雙發動機的機型，一如先前提過，其結果相當類似於德軍在Bf 110上的經驗。由於閃電式機身較重、機動性較差，無法對抗德軍單座的Bf 109與Fw 190。

美軍得再深入研究才能找到擁有一切所需的戰鬥機。最後，他們找到了一款至一九四二年都還備受冷落的機型——P-51野馬式。

P-51的故事相當奇特，它最早是由皇家空軍在一九四〇年向美國的北美公司（North American Aviation）訂購，其開發與製造都是以在英國的服役為主。第一批飛機在一九四一年秋天交機，但皇家空軍對其性能不甚滿意。他們發現野馬的速度與飛行高度成反比。在不列顛空戰，許多決定性交戰發生的一萬五千英尺下，野馬的速度比歐洲最新版的頂尖戰機噴火式與Bf 109都要慢上許多。由於戰鬥機司令部找不到它能勝任的傳統戰鬥機任務，因此皇家空軍便將其改裝為戰鬥轟炸機。

但英軍卻成功發現了野馬式的問題出在哪裡。雖然機體的強度與空氣動力學方面無可挑剔，機上的艾利森（Allison）發動機輸出只有一千一百五十匹馬力，顯然不足以讓它發揮優異的性能。於是野馬式便開始在英美兩地接受使用馬林（Merlin）發動機的測試，最後終於採用了美製派卡德（Packard）V-1650發動機[12]。結果P-51的性能有了飛躍性的成長，速度與機動性一舉勝過德

12 譯註：勞斯萊斯馬林系列是噴火式戰機的發動機；派卡德 V-1650 系列則是馬林的授權生產型。

軍兩款戰鬥機的表現，續航力能從英格蘭的基地直飛德國中心地帶。第八航空隊終於盼到野馬式這款護航戰鬥機了。

一九四四年年初，美軍替歐洲的戰略航空任務組建了新的高級司令部——美國戰略航空軍司令部（USSTAF），由卡爾・史帕茲將軍（Carl Spaatz）指揮。各航空軍同時也有新任指揮官到職。在英格蘭，杜立德中將（James H. Doolittle）從伊克將軍手中接下了第八航空軍；在義大利新成立的第十五航空軍則由納森・F・吞寧中將（Nathan F. Twining）指揮。這兩個航空軍是要負責擊潰德國的部隊。而在一九四四年，他們的目標十分明確——第一要務就是要摧毀德國空軍。

美國陸軍航空隊的二戰官方史書是這麼說的：「德國空軍曾數次對美軍的轟炸機造成嚴重損害。隨著德國在西線的戰鬥機兵力增加，顯然在任何成功的戰略轟炸與一九四四年春季的登陸歐陸行動之前，都必須先對納粹德國的航空戰力發動全面攻擊。[13]」

一九四三年年底，盟軍發現眼前面對的狀況和德軍在一九四〇年夏天遇到的相當類似——除非取得制空權，否則無法登陸反攻。三年半以前，德國空軍沒能贏得不列顛空戰，造成希特勒不得不延後入侵作戰的時機。最後只能放棄登陸作戰，將希望寄托在先將蘇聯巨人處理掉上頭。

盟軍對於將摧毀德國空軍當作進一步作戰先決條件的重視，在美國陸軍航空軍總司令亞諾將軍（Henry H. Arnold）對歐洲各地指揮官的新年訊息中也有提及：「大君主行動（Operation Overlord）[14]與鐵砧行動（Operation Anvil）[15]都必須等到德國空軍遭到毀滅後，才可能付諸執行。因此我要親自向各位說明，務必『在一切可能場合摧毀敵國空軍，包括在空中、在地面上與在工廠裡』。[16]」

這樣目標就很清楚了。超過一千架四發動機日間轟炸機保持戰備狀態，有史以來頭一遭，美軍手中有長程戰鬥機可用，能一路護航轟炸機前往目標。現在萬事俱備，只欠東風，他們只需要連續一週的晴朗天氣與良好的目標上空能見度就可以了。然後「論證行動」（Operation Argument）——旨在摧毀德軍每一間戰鬥機工廠的行動——就可以開始了。

德國上空的天氣在一九四四年一月十一日第一次放晴。隨著雲層散開，鄉間也受到冬陽的照耀。雖然這樣的天候只維持了一小段時間，但陸軍第八航空軍還是馬上把握機會出擊。接近中午時，至少六百六十三架轟炸機起飛，以三群大型編隊全部飛往同一個目標——布藍茲維-哈柏斯塔特（Halberstadt）-阿舍斯萊本的戰鬥機生產中心。

這個目標區就在往柏林的直線路線上，距離不到一百五十公里。有很長一段時間，德軍作戰中心努力畫出轟炸機的飛行路線時，這些轟炸機看起來都像是要直撲首都而來。戰鬥機大隊馬上緊急起飛。

但美軍遇到問題了。雖然目標上空的視野良好，但英格蘭上空卻有濃厚的雲層，造成起飛與組成編隊的過程浪費了他們不少寶貴的時間。現在他們開始往前飛了，天氣卻變得越來越糟，杜

---

13 原註：*The Army Air Forces in World War II, Vol. III, p. xi.*

14 譯註：即諾曼第登陸。

15 譯註：後改名為 Operation Dragoon，法國南部的登陸行動。

16 原註：Ibid., p. 8.

立德將軍決定把已經起飛的第二與第三個機群叫回。這個決定有一個關鍵的原因，他手下的部隊才剛抵達德荷邊境，就已遇到Bf 109與Fw 190戰鬥機的猛烈攻擊。這時的美軍，手上還沒有足夠多的長程戰鬥機可以全程護航所有的轟炸機。

第二波和第三波的空中堡壘與解放者轟炸機在德國西部掉頭，同時還把炸彈丟到了替代目標上，或是直接在開放田野丟棄。這樣一來，原本的六百六十三架中，就只剩下第一波的兩百三十八架轟炸機繼續前往目標。但這天美軍只有一個戰鬥機大隊，計四十九架野馬式可以護航轟炸機。P-51出現在至此之前都還在美軍戰鬥機航程外的德國中部，想必讓德軍的戰鬥機司令部嚇了一跳。德軍的Bf 109和Fw 190接獲的命令一直都只追擊轟炸機，但這天他們卻必須首次在本土上空面對性能相當，甚至更為優越的對手。這些對手一共只有四十九架，不可能同時照顧到每個地方。另外，P-51太早與轟炸機會合了，造成他們的燃料開始不足。這些因素加上德軍地面管制站的精明指示，使德軍戰鬥機得以穿透美軍戰鬥機的掩護，並再次對轟炸機實施攻擊。

這場空戰一共有三個德國的戰鬥機師參與——第一戰鬥機師來自柏林附近的多伯利茨，由哈約．赫曼上校指揮，「野豬部隊」的創始人；第二戰鬥機師以易北河的史塔德為基地，並由長期擔任第二十七戰鬥機聯隊聯隊長的伊貝爾少將指揮；第三戰鬥機師的基地在荷蘭的迪倫，指揮官是老將華瑟．葛拉布曼上校，他在重戰鬥機的圈子裡享有盛名，曾飛著遜於對手的Bf 110，在英國上空迎戰噴火式戰鬥機。三位指揮官在這一天，總共有兩百零七架戰鬥機與重戰鬥機的兵力，可用來攻擊敵軍的轟炸機部隊。

而這天又重演了一九四三年夏、秋季的血腥場面。轟炸機部隊雖然努力奮戰，但仍無法擊退德軍戰鬥機。轟炸機機組員甚至回報說他們認為德軍的戰術進步了，還說敵機的武裝比先前要強大。如果轟炸機組成緊密編隊，形成無法貫穿的防禦火網，德軍的重戰鬥機就會從安全距離外發射火箭攻擊整個機群，並且彈無虛發；反之，如果轟炸機散開、採用鬆散編隊，Bf 109和Fw 190戰鬥機就會衝下來攻擊脆弱的對手。

共有一百七十四架轟炸機預定要攻擊阿舍斯萊本的ＡＧＯ工廠，那裡是Fw 190的生產基地之一。可是在轟炸機到達目標之前，已經有三十四架遭到擊落，相當於整體兵力的百分之二十左右。第八航空軍在一九四四年第一次嘗試擊潰德國戰鬥機生產力的這場空襲中，總共損失了六十架重型轟炸機和五架戰鬥機。美軍宣稱擊落了一百五十二架德軍戰鬥機，但實際上根據第一戰鬥機航空軍的作戰日誌，他們只了損失三十九架飛機。

至此，沒有更多的證據可以證明德軍的戰鬥機部隊遭到了毀滅，還反而利用冬季的喘息時間將戰力恢復到比先前更強的地步。然而任何最終獲勝的想法都僅僅只是幻想。長程的野馬式戰機的登場，造成負責德國戰鬥機作戰與生產的人對未來都萌生悲觀的想法，尤其是戰鬥機總監阿道夫・賈南德與亞伯・史佩爾部長。

此時德國的情勢，有一個因素是盟軍負責戰略轟炸的決策者想都沒想過要列入考量的。德國的戰鬥機部隊不但要對抗敵人，還要對抗最高統帥部。即使到了此時，希特勒與戈林都還是對戰鬥機無感，他們只對轟炸機有興趣。在國家面臨生死存亡的時候，他們一心所想的不是保護國土而是對英國發動報復攻擊。

前面已經提過，在皇家空軍於一九四三年七月對漢堡發動毀滅性轟炸後，德國空軍高層的態度有了一百八十度的轉變——未來的最高優先目標，沒有別的，就是要保護德國。但這個決定從來沒有獲得希特勒的認可。史佩爾在元首面前，只能用圓滑的辭令和各種藉口來說明為什麼戰鬥機的產量日漸增加。不管希特勒下了什麼決策，到最後要付出代價的總是戰鬥機的產量。他最糟的決策，就是把世界第一款的噴射戰鬥機——性能優異的Me 262——在一句「不得變更的決策」下，改造成他口中模糊不清的「閃電」轟炸機。梅塞希密特工廠做的這款戰鬥機，正是德國空軍戰鬥機司令部在一九四四年的決定性空戰中可以用來扭轉局勢的飛機。等Me 262終於能扮演這樣的角色時，其產量已逐月下滑，登場的時間也太晚了。

針對德國戰鬥機防空部隊的衰亡，可以在一九四四年二月的可用飛機統計中找到明確的證據——他們一共擁有三百四十五架戰鬥機與一百二十八架重戰鬥機。雖然產量已大幅提升，但這樣的數字和一九四三年的秋天幾乎一樣。原因就在於其他戰線——東線、南邊的地中海與北邊的英吉利海峽——把剩下的飛機全都消耗完了。

這就是美軍發動「偉大的一週」（Big Week），對飛機工廠發動有系統、有計畫的攻擊時，德國空軍所看到的惡兆。美軍希望能在這波攻勢中對德國的戰鬥機部隊發動最後的致命一擊。到了二月，打擊德國戰鬥機部隊一事，已經演變成「極為緊急的狀況，使得史帕茲將軍和他的副作戰處長安德森將軍（Orvil Anderson），願意冒著超乎平時水準的風險去完成任務。這包括在基地當地天候不佳的狀況下冒承受額外損失的風險出擊」。史帕茲在二月八日指示，「『論證行動』必須在一九四四年三月一日前完成。[17]」

德軍完全清楚本身的戰鬥機生產與組裝工廠面臨重大威脅，這點可由負責所有空軍後勤的最高指揮官米爾希元帥的行為佐證。他在二月十五日——「偉大的一週」前幾天——與手下各部首長的一次會議中，強烈抗議梅塞希密特將大量新機停放在工廠附屬機場。「如果敵軍攻擊那邊，」米爾希說，「就算是再多的生產數字也沒有用。這些飛機還沒送到前線就被炸毀了！」

他立刻下令飛機必須分散各地、實施偽裝，然後藏到附近的森林裡，同時加快把完成品送到空軍技術測試中心的腳步。但在他的命令執行前，美國陸軍第八航空軍捷足先登了。米爾希這時正好離開柏林，正在作新一輪巡視各家工廠的路途中。他突然發現自己不管去到哪裡都被炸彈所困，還一次次親眼目睹許多變成廢墟的設施在冒煙。

——

二月十九日，美國戰略航空軍司令部的氣象專家終於預測接下來會有持續的有利天候了。一波高壓正慢慢從波羅的海南下，將德國上空的雲層驅散。這正是轟炸機部隊等了好幾個月的時刻。雖然他們起飛上路的過程困難重重（英國還是有五千英尺的厚重低雲），吞寧將軍手下的第十五航空隊還在義大利的安其奧（Anzio）奮戰，史帕茲將軍仍在二月二十日講了關鍵的三個字：「動手吧！」

皇家空軍有超過七百架四發動機轟炸機才剛從萊比錫的夜間轟炸中返航，在與德國夜間戰鬥機的浴血奮戰中，損失了七十八架蘭開斯特與哈利法克斯轟炸機。但這時已有將近一千架轟炸機在英國的機場開啟發動機熱機。這些轟炸機分別是十六個聯隊的空中堡壘與解放者轟炸機，另外還有閃電式、雷霆式與野馬式等共十七個大隊的戰鬥機，以及十六個皇家空軍的戰鬥機中隊，分別配備噴火式與野馬式戰機。最後，總共有九百四十一架重轟炸機與超過七百架戰鬥機跨越海

——

17 原註：*The Army Air Forces in World War II*, Vol. IU, p. 31.

峽，像一股強勁的潮水湧向德國，組成到今天為止仍是歷史上最龐大規模的戰略空襲行動。

他們的目標又一次選上德國中部、布藍茲維與萊比錫之間的眾多航空工業工廠——ATG與Erla公司（萊比錫）、海特布里克（Heiterblick）與莫考（Mockau）以及Luther-MIAG公司（萊比錫）、容克斯公司（伯恩堡〔Bernburg〕、哈柏斯塔特與阿舍斯萊本），還有許多其他工廠所在地。其中有一支編隊會離開主要路線，飛過丹麥與波羅的海，一路飛到梅客倫堡的圖托夫（Tutov），甚至還要飛到波森。

所有的目標工廠都被炸彈擊中，其中也有些受到了相當的損害。美軍在有了一月十一日的經驗後，預期這波攻勢又會遇到德軍戰鬥機的猛力攻擊，但他們終於鬆了一口氣。這次他們的強力護航戰鬥機與德軍的Bf 109和Fw 190戰鬥機爆發無數纏鬥，並成功阻止大多數敵機接近轟炸機。雖然美軍可說是故意冒險犯難發動攻擊，還預期會遭遇「甚高的損失」，但最後的結果是整個龐大機隊只損失了二十一架轟炸機，其餘的都成功返回英格蘭的基地。美軍的「偉大的一週」有了一個好的開始。德軍的戰鬥機終於第一次遭到擊潰。

當天晚上，皇家空軍轟炸機司令部接續出動，派出了六百架飛機轟炸斯圖加特——德國航空工業的重鎮。二月二十一日天還沒亮，兩處Luther-MIAG的工廠又遭到了攻擊，還有幾處空軍彈藥庫與機場也成了敵軍的目標。

二十二日這天，對德軍戰鬥機生產力的打擊又進一步提升了。這時吞寧將軍在義大利的第十五航空軍已經可以出手助戰了。就在他的轟炸機從南邊攻擊雷根斯堡的梅塞希密特工廠時，杜立德將軍的第八航空軍又攻擊了德國中部，以及哥他、史溫福的工廠。

但這天卻有許多事情都出了差錯。英國上空的雲層非常厚，造成許多轟炸機還沒突破雲層就先相撞。有許多聯隊沒能在雲層上方完成整隊，其他則在不佳的氣候狀況下脫隊飛越海峽——同樣一直沒能形成編隊。對美軍第二與第三轟炸機師而言，他們別無選擇，只能取消行動，下令轟炸機返航。

這樣一來就只剩下美軍第一轟炸機師了，他們因此受到了激烈的迎戰。美軍在英國上空花太多時間整隊，給了德軍戰鬥機管制單位充分的時間可以好好調動防衛兵力。葛拉布曼上校在他位於荷蘭迪倫的地下作戰中心裡指揮著德軍第三戰鬥機師，同時緊張地研究著無線電監聽與雷達單位傳來的敵軍空中動向。接著他必須猜測敵軍的意圖與航路，並將手下的戰鬥機部隊派到能發揮最佳效果的地方，他猜中了。葛拉布曼下令第一與第十一戰鬥機聯隊從威斯特發里亞前來攔截，還讓這兩個聯隊幾乎同時在最佳時機成功遇敵。空中堡壘轟炸機才剛跨過德國邊境，馬上遭四面八方的攻擊。

對美軍而言，這樣的發展超出了他們的預料。最近德軍的戰鬥機都完全只專注在目標區上空的防禦，最多也只會在接近目標的最後一百公里攻擊。可是今天他們出擊的地點偏西很多，而這時轟炸機還因為起飛時的混亂而四散各地。另外，除了有少數雷霆式提供護航之外，美軍的戰鬥機護航部隊還沒到達現場。美軍原訂安排轟炸機隊延後與野馬式會合，以便讓戰鬥機擊退預期會在目標區附近出現的德軍攻勢。德軍的戰術變化突然又替Bf 109戰鬥機帶來了絕佳的攻擊機會。

戰鬥綿延了數百公里，從萊茵河地區、威斯特伐里亞與漢諾威一直到哈次山脈（Harz），一共有四十一架四發動機轟炸機起火墜落。一開始的四百三十架轟炸機中，大多數都受命折返，剩餘九十九架抵達主要目標。只有伯恩堡與阿舍斯萊本的Ju 88夜間戰鬥機工廠受到有效傷害，其餘都逃過一劫。

至於攻擊哥他與史溫福的行動根本沒有達成，因為負責攻擊的機隊被叫回去了。這樣一來，胡斯少將負責掃蕩南德天空的第七戰鬥機師就閒了下來，可以攻擊美國第十五航空軍從南方發動的攻擊。雖然雷根斯堡的梅塞希密特工廠遭到了轟炸，這支轟炸機部隊也有十四架飛機沒能返回義大利。美軍的包夾攻勢失敗了。

「偉大的一週」與「論證行動」的成敗仍是未定之局。二月二十三日，天候又轉壞了，美軍利用這次停頓讓機組員休息，他們在連續三天的出擊後確實需要喘口氣。在柏林，米爾希元帥才剛從他一邊被轟炸一邊進行的巡視行程中返回，並作出了以下結論：

「我軍主要生產中心的狀況十分危險，這並不是危言聳聽……過去數週與數月的轟炸，幾乎完全集中在我軍的戰鬥機與重戰鬥機生產力上，其中又以過去幾天最為激烈……去年七月，我軍才首次達到每個月生產一千架戰鬥機、一百五十到兩百架重戰機的產量，後者還包括夜間戰鬥機。我們希望到了十一月可以分別達到每月兩千架與兩百五十架。由於每一次的大規模空襲都會降低產量，我軍最後未能達到前述目標。首先是雷根斯堡與維也納新城的Bf 109工廠遭到攻擊……然後又是Fw 190的工廠。」

「現在這些工廠又被炸了，而且目標還多了Luther-MIAG公司生產Bf 110的工廠，以及容克斯在伯恩堡、哈柏斯塔特與阿舍斯萊本生產Ju 88及Ju 188等夜間戰鬥機工廠外……萊比錫的Erla工廠這個月應能達到四百五十架。雖然他們撐過了二月十九日週六晚上的空襲，但第二天的產量還是大受影響……造成Erla的產量降低三百五十架左右，梅塞希密特降低約一百五十到兩百架，維也納新城也比原訂計畫少了約兩百架……」

「二月份我軍本應生產兩千架戰鬥機，但現在不可能達到這個數字了。如果能生產一千到一千兩百架，那就應該知足了……至於三月，」米爾希總結道，「依我的計算，別說達到兩千架，甚至可能會掉到八百架以下。」

如果米爾希預料到接下來幾天內，他的戰鬥機生產中心還會再受到打擊的話，他的估計可能還會再悲觀一點。但如前所述，他的期望結果確實是過於悲觀了。

二月二十四日，盟軍轟炸機在休息過後，又從英格蘭與義大利派了超過六百架轟炸機過來同時對德國空襲，這次包夾攻擊奏效了。南邊有八十七架空中堡壘轟炸斯太爾馬克（奧地利東部）的戴姆勒-賓士航空發動機工廠。胡斯少將派出了手下的兩個戰鬥機聯隊，包括法蘭肯的第三戰鬥機聯隊與奧地利的第二十七戰鬥機聯隊。德軍的戰鬥機又一次證明自己的火力不減。最後面的轟炸機緊密編隊全數遭到擊落，十架空中堡壘全都被戰鬥機的二十公厘機砲與Bf 110的火箭摧毀。第十五航空隊總共損失了十七架轟炸機，相當於其戰力的百分之二十。

但就在奧地利上空爆發空戰的同時，第八航空隊的轟炸機也正從西方來到史溫福與哥他上空，讓德軍的戰鬥機司令部面臨兩難。若要封閉現有的戰力缺口，北邊的德軍航空師就必須把戰鬥機往南派，造成第八航空軍的第二波攻擊隊得以在幾乎不受打擾的狀況下前往東北方的圖托夫、克萊辛（Kreising）與波森。

雖然攻擊史溫福與哥他的部隊損失了四百七十七架轟炸機中的四十四架，卻擊中了哥他車輛製造廠（生產Bf 110）與軸承工廠，造成相當嚴重的損害。太陽才剛下山，皇家空軍轟炸機司令部又派了一波夜間轟炸部隊前來。這時哈里斯爵士已準備好讓手下的蘭開斯特轟炸機與美軍合作，一起發動日夜持續的「車輪攻勢」了。他們絕對不會炸錯目標，因為史溫福十二個小時前才被日間轟炸機炸過，這時火還沒熄滅，七百架蘭開斯特又出現了。雖然軸承廠又被猛烈轟炸了一次，但產量的下降還比不上一九四三年轟炸後的衝擊——有三分之一產量疏散到別的地方去了。

這是否說明哈里斯中將是對的呢？他一直對於「關鍵產業發動精準轟炸」的求勝策略相當懷疑，還說：「我相信德軍早就採取所有措施，將這麼重要的生產工作分散到各地去了。就算把史溫福夷為平地，我認為也不會使得德軍的國防工業遭受嚴重打擊。[18]」

但哈里斯在英國卻找不到幾個人支持他的看法。空軍參謀總長波塔爵士的發言明確證實了這樣的分歧：「如果我們先前在戰術上就能將目前投放在德國的炸彈的其中四分之一，集中到數種目標的其中一種上，例如石油、滾珠軸承、航空發動機或飛機工廠等諸如此類，戰爭早就該打贏了……如果我們能選擇一種關鍵產業轟擊，每單位炸彈造成的破壞肯定能大幅提升。[19]」

不論哈里斯的意見為何，一九四四年一月十四日這一天，英美兩國空軍參謀本部的一份聯合指示都命令他要「將攻擊史溫福列為第一優先[20]」，接著再有二月二十四日到二十五日的「車輪攻擊」。二十四小時後，還有第三波更具破壞力的攻擊來襲，「偉大的一週」還沒結束。在接下來的交戰中，轟炸的規模與破壞力都達到了頂點，守軍企圖擊落最多飛機的徒然嘗試也隨之加強。

二月二十五日，對攻勢有利的天氣一路延伸到了德國南部，最重要的是目標區上空擁有良好的視野。美國戰略航空軍司令部決定對兩處至今都沒有受到多大破壞的「論證行動」目標發動強力打擊——雷根斯堡與奧格斯堡的梅塞希密特工廠。

慕尼黑附近、史萊斯漢的作戰指揮碉堡內，第七戰鬥機師師長胡斯少將正面對著兩股轟炸機攻勢，同時從西邊和南邊朝著雷根斯堡的同一目標前進。他決定將大批戰鬥機派去攔截南邊由一百七十六架飛機組成的轟炸機群，今天在那個方向沒有人偵測到有護航的美軍戰鬥機。他的推測賭對了。他的手下擊落了三十三架轟炸機，這又是總出擊架次的五分之一。

從西邊進攻的部隊強大得多，因此受到的損失也比較少。德國北部與中部的戰鬥機與護航的P-51輪番纏鬥，少有人能前去獵殺「肥狗」（轟炸機）。這當中的七百三十八架飛機，第八航空軍只損失了三十一架，但全部加起來的單日損失達到六十四架空中堡壘與解放者轟炸機，算是相當嚴重的損失。不過這一波超過八百架的轟炸機倒也製造了相當龐大的損害。他們投下的炸彈擊中了雷根斯堡-普律芬寧、上陶布林（Obertraubling）、奧格斯堡、斯圖加特與福爾斯（Furth）。由於目標區視線絕佳，梅塞希密特工廠被炸得幾乎沒有幾塊磚頭還待在原本的位置。長期生產世界最知名戰機Bf 109的工廠成了一堆瓦礫。在奧格斯堡，還有皇家空軍的夜間轟炸，將破壞工作收尾完成。

在對德國戰鬥機生產力發動這最後一擊後，「偉大的一週」結束了。同盟國的每一家報紙都大肆宣揚行動的成果。在戰略航空軍的各個指揮部，空照圖都只照到遍地的廢墟，但他們真的達成目標了嗎？

——

德國空軍司令部的眾人都嚇呆了——航空工業的巨頭們都絕望了。在戰爭生產部與米爾希

---

18 原註：Webster/Frankland: *The Strategic Air Offensive Against Germany*, 1939-1945, Vol. II, p. 65.

19 原註：Ibid., pp. 67-8.

20 原註：Ibid., p. 69.

的航空統帥辦公室（Generallufzeugmeister），會議一場接著一場地開。所有相關單位都接獲了命令，要用盡任何的手段拯救剩下的、重要的戰鬥機產能，讓產業再次啟動。

各家工廠傳回的第一批報告，都很難讓上級燃起希望。在哥他，廠房的損傷太過嚴重，大約有六到七週無法開工。在萊比錫的Erla，有一百六十架從工廠廢墟搶救出來的受損機身，多數都可以修復。雷根斯堡的梅塞希密特工廠損失慘重，一開始甚至造成該公司決定不要重建，直接找別的地方另起爐灶。之後才發現重要的工具機其實受損沒有他們擔心的嚴重，許多機器只要從瓦礫堆裡挖出來就能用了。四個月後，各大工廠的產能恢復正常。至於梅塞希密特奧格斯堡工廠則在三月九日復工——「車輪攻擊」發動後的兩週。

緊急對策確實帶來了相當驚人的成果。這幾家公司早在德國政府下令之前，就已經主動疏散重要工廠了，現在更有了史佩爾的部門明令支持。結果，「偉大的一週」的最後成果其實是柏林高層的徹底組織重整。三月一日，戰爭生產部有了自己的「戰鬥機幕僚」，由一位精力充沛的官員紹爾（Saur）管理。這代表戰鬥機的生產已經脫離帝國航空部的內部鬥爭，不必再像以前一直被轟炸機搶先了。

史佩爾立場十分堅定，他認為除非國防工業能受到有效保護，尤其是要抵禦美國陸軍航空軍的精準日間轟炸，否則這個工業體系一定會崩潰。雖然有「偉大的一週」造成的破壞，紹爾的工作仍是要將戰鬥機的產能推到極限。他擬定了新的計畫，從別的地方調來更多勞工，還增加了分配給戰鬥機產業的物資。最後的幫助則是來自同盟國空軍參謀軍官，他們認為德國的戰鬥機生產力暫時絕不可能從最近這幾次的攻擊中復原，因此有一陣子暫停了空襲行動。

關於戰鬥機工業恢復的速度，可以從以下的生產表了解。

A.戰鬥機（一九四四年）

月份	Bf 109	Fw 190	總計
二月	905（80）*	209（108）§	1114（188）
三月	934（93）	373（314）	1307（407）
四月	1011（44）	461（344）	1472（388）
五月	1278（40）	482（367）	1760（407）
六月	1603（140）	689（457）	2292（597）

* 括號內為近距離偵察機型的Bf 109

§ 括號內為對地攻擊機型的Fw 190

B.重戰鬥機（一九四四年）

月份	Bf 110/ Me 410	Ju 88	Do 217*	He 219*	總計
二月	125	92	5	5	227
三月	226	85	19	11	343
四月	340	185	25	24	574
五月	365	241	8	13	627
六月	335	271	15	15	636

* 夜間戰鬥機型

以上可以看出德國空軍每月生產兩千架戰鬥機的要求，其實在一九四四年中便已達成。到了下半年，紹爾和他的團隊還把生產數字推得更高。雖然面對「偉大的一週」的挫敗，一九四四年出廠的戰鬥機仍是戰爭期間最多的一年，總共達到了兩萬五千兩百八十五架。因此，德軍很快就無法承受戰略轟炸的原因，並不是因為戰鬥機難以補充，而是還有別的原因。

德國上空持續不斷的制空權爭奪，造成空軍的飛行員消耗得很快。每週美軍的戰鬥機護航部隊都比前一週規模更大。尤其是速度與機動性都勝過對手的P-51，就連老練的德軍戰鬥機飛行員都得冒險才能想辦法戰勝。太多老手遭到擊落，而補充的人員素質又實在不足以左右戰局。由於空軍戰鬥機司令部沒有優先挑選人才的權限，因此只能盡力運用他們招得到的人；同時他們擁有的時間又不夠，因此無法給這些新兵充足的訓練。年輕新兵才準備到一半就被丟進戰場，而且必須在任何氣候狀況下起飛、貫穿上千公尺厚的雲層。雖然盲目飛行的科技在這時已相當完整，但很少有飛行員真的學會。到了雲層以上，指揮官必須費力把各機聚集成規模與火力充足的編隊。等他們完成這項工作，敵軍的雷霆式與野馬式早就在優勢高度占位去了。隨著德軍的損失以令人憂心的速度上升，這些參加這場無望之戰的人對指揮高層的信心也漸漸消逝。

「一九四四年一月到四月，我軍日間戰鬥機部隊損失超過一千名飛行員，」戰鬥機總監賈南德在一份呈給帝國航空部的報告中寫道，「這一千多人裡包括我軍最優秀的中隊長、大隊長與聯隊長。敵軍的每一次進攻，我軍大約都要損失五十名飛行員左右。目前的狀況，已來到我軍作戰體系在可預見的未來即將崩潰的階段。」

——

然而，德軍的戰鬥機部隊仍然做出最後的一次努力將德國上空的制空權從美軍手中搶回來。三月三日，有幾架P-38戰鬥機在豔陽天出現在柏林上空。一天後，第八航空軍派出轟炸機，在戰鬥機護航下回到同一個目標，可是這天的地面能見度不佳，只有二十九架空中堡壘成功抵達。三月六日，天氣終於轉好，六百六十架四發動機轟炸機起飛攻向柏林，他們的意圖是要逼迫德國空軍出動迎戰。美軍對越來越強大的戰鬥機護航部隊很有信心，打算同時在空中與地面擊潰德國的戰鬥機部隊。美軍空戰史書籍的相關段落，對此次攻擊作了以下描述：「上層希望德軍的戰鬥機針對柏林受到的任何威脅做出迅速的回應，並在隨後爆發的空戰中承受重大損失……如果有任何目標是德國空軍願意為之一戰的，想必就是柏林了。」

一九四〇年九月七日，德國空軍也出於同樣的假設，將自己在不列顛空戰中的攻擊目標變更為倫敦。他們同樣以英國首都為誘餌，計畫以決定性空戰的挑戰，面對皇家空軍戰鬥機司令部小心謹慎的戰術。現在時間過了三年半，往柏林的路上擠滿了轟隆隆飛行的轟炸機，同時還有無數護航的戰鬥機，以其凝結尾在高空中畫出一條條的線條。德國空軍接受了這個挑戰，他們起飛攔截大量轟炸機與一群群的戰鬥機護航部隊，並準備了自己的新戰術，以聯隊規模——六十到八十架飛機的機群接敵。

這樣的戰鬥編隊通常以三個大隊組成，其中只有一個大隊負責直接攻擊轟炸機。其他大隊的工作，是要與敵軍的野馬式與雷霆式戰鬥機交戰。不到幾週，德軍還發現了一件事可以應付野馬式的優越飛行性能，那就是將麾下至少一部分的Bf 109換裝高高度的戴姆勒-賓士DB 605 AS發動機。換裝後，Bf 109又能跑贏對手了，尤其是在爬升的時候，也能到達更高的高度，而這點在小型接戰中搶占有利位置時極為重要。

德軍準備了三個這樣的高高度大隊，分別是位於帕德伯恩的第一戰鬥機聯隊三大隊、胡斯鐵特（Hustedt）的第十一戰鬥機聯隊二大隊，以及南邊黑佐格瑙拉（Herzogenaurach）的第五戰鬥機聯隊一大隊，他們負責在據報有敵軍編隊來襲時升空爬高，然後再從高空衝下來攻擊美軍的護航戰鬥機，將他們從轟炸機隊旁引開，讓德軍的重型戰鬥機可以自由攻擊。在這些重型戰鬥機中，最重要的機型是有機身裝甲的Fw 190，現在武裝升級到了四門機砲與兩挺機槍。

Bf 109的高高度型沒有掛載副油箱，因此航程非常有限。為了進一步減輕重量，機上的主翼外側機槍也移除了，但這一切都值得。有一位飛行員在報告中說：「我們可以飛到一萬一千、一萬兩千，甚至是一萬三千公尺的高度，敵機最多只能飛到一萬而已。我們可以派一個小隊從上面襲擊，擊落其中一架，然後在敵機還不知道發生什麼事以前又回到他們頭上。」

但這樣的戰術所取得的成果極有限。他們不是每次都能把夠多的美軍護航戰鬥機引開，以提供相對笨重的德國戰鬥機與掛著火箭的Bf 110重戰鬥機所需的攻擊條件。隨著時間過去，美軍的戰鬥機越來越多，施展這個戰術也變得越來越困難。

可是在三月六日這天，整場戰爭打得最艱苦的空戰之一又發生了。德軍為了與轟炸機隊對抗，派出了大約兩百架戰鬥機與重戰鬥機，與美國戰機交戰長達數小時。最後鄉間散落著六十九架美軍轟炸機與十一架戰鬥機的殘骸，德軍的損失卻更為慘重，高達八十架戰鬥機。防空部隊有將近一半遭到擊落或承受必須迫降的嚴重損傷。這場消耗戰已經來到致命的階段，不論是勇氣還是技術都沒辦法再帶來什麼好處了。

兩天後的三月八日，美軍又派出了五百九十架轟炸機與八百零一架戰鬥機，對柏林轟擊。這時德軍的防禦已經明顯減弱，雖然美軍損失了三十七架轟炸機與十七架戰鬥機，但他們攻擊目標的精準度卻十分致命。在各大目標中，又以厄克納（Erkner）的滾珠軸承廠遭受的損害最為嚴重，幾乎徹底摧毀。三月二十二日，柏林又遇到第三波空襲，六百六十九架轟炸機只遇到了輕微的抵抗。損失的十二架轟炸機大多是被高砲擊落的，戰鬥機的戰果掛零。

在德國南部，德軍的戰鬥機部隊也承受了一次致命打擊。三月十六日，第八航空軍的另一波轟炸機攻勢在奧格斯堡附近，遇到了第七十六重戰機聯隊的四十三架Bf 110。第一批轟炸機遭到擊落後，美軍的護航機就來了。由於美軍的戰鬥機比對手輕快靈活許多，Bf 110只有承受無情痛擊的份。一共有二十六架Bf 110遭到擊落，其餘還被一路追殺回基地。這次慘劇過後，第七十六重戰機聯隊三大隊解編，剩下的大隊迅速換裝新型的Me 410。舊的Bf 110重戰機早在德國空軍於一九三九年開戰時便已在服役，終於要從此退出德國的上空了。

日間攻勢在一九四四年三、四、五月持續進行，他們只有在天候狀況對守軍極為有利時，才會偶爾遇到抵抗。大多數時候，美軍都沒有遭遇升空攔截的德軍戰機。前第三戰鬥機師師長葛拉布曼少將在戰後一次德國本土防空戰的研究中，如此總結此時的狀況：「美軍已進入完全控制德國制空權的階段。我軍手上剩餘的戰鬥機總數，最多只有美軍在一次空襲中派出的護航戰鬥機數量的一半。美軍再也不需要專門採取欺敵措施來誤導守軍了。他們的戰鬥機兵力實在太過強大。天氣良好的時候，他們甚至可以事先派出一整個編隊去攻擊德軍，而這時德軍甚至還沒就定位……」。賈南德也證實，美軍戰鬥機從嚴守護航轟炸機任務轉為主動攻擊德軍戰鬥機，是決定性的轉捩點所在。

雖然德軍的戰鬥機產量每個月都在上升，但德國的戰鬥機戰力最後還是成了全盛時期的殘影。到了一九四四年五月二十四日，德國空軍的兵力事實上已下滑到如下表所示的數字。

防區（單位）	戰鬥機	重戰鬥機
德國北部（第一、二、三師）	174	35
德國南部（第七師）	72	0
總計	246	35

這時的美軍已有能力一次派出一千架長程戰鬥機，可以自由來去全德國上空，甚至接近德國東側的邊境。沒有別的事實能比這點更進一步證明，盟軍在多次激烈空戰後所取得的完全制空權。前述戰後對德國戰時防禦的研究提出了三個重點：

一、敵軍與日俱增的兵力，德國並沒有任何針對防禦行動的升級來因應；

二、敵軍承受的損失率降低，使得守軍對其已經沒有任何嚇阻效果；

三、守軍長期遭受的損失，超出其可以承受的程度。

最後結果，其實仍不是透過摧毀德國航空工業達成，而是透過空中的戰鬥機對戰達成。轟炸機之所以能間接地完成其摧毀德軍戰鬥機部隊的任務，是因為德軍戰鬥機升空加入空戰、對抗轟炸機向工廠發動的攻擊。

德國的天空幾乎沒有反抗兵力後，第八與第十五航空軍的轟炸大隊就可以自由挑選目標了，至少可以根據這波戰略轟炸的規劃者所訂的優先順序選擇。一九四四年四月，他們的主要優先目標還是航空工業、機場與通訊網絡。但到了五月，開始對德國作戰能力的最終來源發動主力攻擊。這些目標包括石油、氫氣與合成燃料等工廠，將會是對德國的最後一擊。

五月十二日，九百三十五架重轟炸機及超過一千架的護航戰鬥機又再次出現在德國上空。他們在法蘭克福上空被一群德軍戰鬥機正面猛力迎擊。先是兩個、後是三個美軍的大隊因此而被衝散，還有幾架轟炸機遭到擊落。但大批的轟炸機往更東邊的地方飛去，轟炸莫斯特（Most）、柏倫（Böhlen）、洛伊納（Leuna）、呂岑多夫（Lützendorf）與茲威考（Zwickau）等地的機油工廠。轟炸機有八百架的實力，正大剌剌地直接攻擊目標。莫斯特的生產整個停擺，洛伊納則有超過六成的生產受到影響。

自四月中旬以來，第十五航空軍一直派出幾百架轟炸機從南邊攻打羅馬尼亞在普洛耶什提的油田與煉油廠。六週內這些地方被炸了至少二十次。

五月二十八日與二十九日，又輪到第八航空軍上場。魯蘭（Ruhland）、馬德堡、蔡茲（Zeitz）以及再次受到攻擊的洛伊納全都承受了嚴重的損害。兩百二十四架解放者轟炸機攻擊波利茨（Pölitz），造成當地損傷慘重，整整兩個月無法生產機油。這裡過去原本每個月可以產出四萬七千噸油料，是單次損失最多油料產量的一次轟炸。五月全德國的產量下跌了六萬噸，總共只產出十二萬噸，比德國空軍每月最低需求還短少三萬噸。夏季盟軍入侵諾曼第時，德國空軍之所以還能得到堪用的物資，完全是靠最高統帥部的戰備儲備在支撐。

但到了九月，整套後勤體系崩潰了。這時德國空軍拿到的配額只有區區三萬噸，相當於最低需求量的五分之一。這時再以過人的努力去拯救航空工業，讓它們從廢墟恢復到每個月生產幾千架飛機又有什麼用呢？就算有這些全新的飛機，也只能變成廢鐵。這時的德國空軍沒有急需的燃油與飛行員，無法用這些戰機去對抗敵人。

現在往回看，如果盟軍提早對石油產業發動戰略轟炸，他們或許能大幅提早得到如此成果的時機，進而大幅縮短戰爭。就這點而言，前裝備與戰爭生產部長史佩爾在一九四五年七月十八日接受審問時的發言尤其值得參考。他在許多證詞中提到：

「盟軍的航空攻擊直到一九四四年初，才開始有決定性的成果，這反映在一九四三與一九四四年的武器產量數字上。主要是因為德國工人與工廠管理階級持續不斷的努力，以及敵軍過於隨機、分散的攻擊模式。直到盟軍開始攻擊機油工廠前，他們的攻擊都沒有清楚可見的經濟面考量……美軍的攻擊遵循一套清楚的系統，有組織地攻擊工業目標，成為至今最危險的一種攻擊模式。事實上，造成德國國防工業崩潰的正是這種攻擊。光是對化學產業的轟炸，就能在完全沒有交火的狀況下，達成破壞德國的防衛能力……[21]」

這時盟軍的大批空軍部隊正在努力準備一九四四年六月六日的入侵行動，以及之後支援盟軍在法國的作戰。在如此強大的空軍兵力面前，德國空軍此時幾乎完全無能為力。史培萊將軍手上的第三航空軍團只有一百九十八架轟炸機與一百二十五架戰鬥機可以升空，卻要面對盟軍的三千四百六十七架轟炸機與五千四百零九架戰鬥機。在這樣的狀況下，戰術、規劃、經驗、勇氣甚至是自我犧牲這種東西又有什麼用呢？

德國的宣傳單位一直鼓吹只要有一種神奇的武器，到了這個階段都還能扭轉局勢。但這樣的武器一直沒有出現，德國空軍只能徒勞無功地對抗一對二十的數量劣勢。

在南歐，突尼西亞與西西里的失敗，造成德國空軍損失了一整個聯隊，包括數百架飛機。卡西諾（Cassino）的三場戰役，這時已充作地面部隊使用的空軍傘兵，在修道院和城鎮接連被美軍炸成瓦礫堆後，仍然堅守了下來。盟軍總司令亞歷山大將軍（Harold Alexander）在寫給邱吉爾的電報中寫道：「我很懷疑還有別的部隊能承受這樣的攻擊，然後還能像他們這樣勇猛的方式作戰。[22]」

在北邊，一小支德國空軍部隊——第二十六轟炸機聯隊的兩個大隊，配有魚雷機——還在嘗試打擊前往蘇聯的北極船團。由於船團的防衛兵力強大，該單位總共只擊沉一艘船艦——一九四五年二月二十三日擊沉的七千一百七十七噸的亨利・培根號（*SS Henry Bacon*）。

東線的德國空軍則成功發動了最後一次奇襲。邁斯特中將的第四航空軍在一九四四年六月二十一日與二十二日之間的晚上，攻擊了烏克蘭的波塔瓦機場（Poltava），這裡有一百一十四架幾個小時前降落的空中堡壘，是第八航空軍在東線的第一批「瘋狂行動」（Operation Frantic）中派過來的。第四轟炸機聯隊以照明彈照亮機場後，第二十七、五十三與五十五轟炸機聯隊便成功摧毀四十三架轟炸機、十五架野馬式戰機，還另外造成二十六架飛機損傷。美軍的著作《二次大戰的陸軍航空軍》（*The Army Air Forces in World War II*）甚至宣稱，「敵軍的攻擊十分精明、成功」。但這樣的長程轟炸機隊早就該在幾年前出現了。由於前線不斷後退，俄國境內的戰略目標

21 原註：Webster/Frankland. *The Strategic Air Offensive Against Germany 1939-45*, Vol. IV, pp. 380, 383, 384.

22 原註：W. S. Churchill, *The Second World War*, Vol. V, p. 395.

很快超出航程範圍，更別說還有日漸需要增援陸軍的作戰行動所造成的損耗。

在德國本土上空，盟軍終於恢復日夜轟炸了，最後也贏得了完全的制空權。白天，他們靠的是幾百架長程護航戰鬥機；晚上，靠的是新的戰術與新的干擾裝置。到了一九四四年秋天，終於連夜間戰鬥機的列支敦斯登SN2雷達都失效了。

——

現在德國已到了最後滅亡的前夕，即使希特勒仍不願意稱之為「戰鬥機」，空軍終於還是以世界第一架噴射戰鬥機Me 262試著保護國家。奧格斯堡附近的萊希菲爾（Lechfeld）組織了一個試驗單位，由提爾菲德上尉（Werner Thierfelder）指揮。他在幾次的實驗性行動後墜機身亡，由華瑟·諾佛尼少校（Walter Nowotny）接任。諾佛尼是東線享有盛名的戰鬥機飛行員，他很快發現自己的單位需要大量訓練，如此才有點成功的希望。空軍高層沒有聽他的，只是要求馬上投入作戰。

一九四四年十月初，諾佛尼的單位——此時是大隊——進駐了奧斯納布律克（Osnabrück）附近的阿許默（Achmer）和黑塞皮（Hesepe），正好在美軍轟炸機的主要轟炸路線上。他們每天能派出去攻擊敵軍轟炸機以及強大戰鬥機護航部隊的飛機只有三到四架次。但在一個月內，這少數的噴射戰鬥機就擊落了二十二架飛機。可是到了月底，可用的飛機從三十架降低到三架了。這些損失很少是因為敵軍的作為，幾乎全都是技術上的不足。許多飛行員在這架革命性飛機上，只有駕著圍繞機場飛了幾圈的經驗而已。

在諾佛尼和前任一樣於行動中喪生後，新的第七「興登堡」戰鬥機聯隊（JG 7）便在約翰尼斯．史坦霍夫上校的指揮下成立，其中三大隊便是從原諾佛尼的單位轉移過去的。在霍哈根（Hohagen）與辛納（Sinner）兩位少校的指揮下，該大隊是唯一持續與敵接戰的單位，而且還是在最艱難的狀況下，從布蘭登堡-布里耶斯特（Briest）、奧拉寧堡與帕希姆起飛迎擊。

作戰上最主要的困難來自一個問題——空中堡壘會在八百公尺外開火射擊，但戰鬥機的三十公厘機砲只有兩百五十公尺的有效射程。這時又一次——同時又一次來得太晚了——有新的武器加入來處理這個問題，那就是R4M五十公厘火箭彈，其測試由克里斯托少校的第二十五測試部隊（Erprobungskommando 25）執行。二十四枚R4M火箭從機翼下的簡易木製軌道齊射出去後，其散布方式有點類似霰彈槍。更重要的是，R4M火箭可以從敵機砲塔的射程外發射。通常至少都會有一枚火箭命中，只要命中，轟炸機一定會墜落。

裝備R4M火箭後，第七戰鬥機聯隊三大隊在一九四五年二月的最後一週內，擊落了四十五架四發動機轟炸機與十五架長程戰鬥機，而只承受最低限度的損失。戰爭到了這個階段，四十幾架噴射戰鬥機所達成的優秀戰果，只是杯水車薪而已。現在飛到德國上空的轟炸機部隊，往往一波就有超過兩千架飛機了。在全部出廠的一千兩百九十四架Me 262中，可能只有四分之一曾經與敵軍交戰過。許多飛機都在眾多測試部隊的試飛過程中墜毀，但大多數根本沒有起飛過——這還是少數從未短缺的噴射燃油充足的情況下發生的。

戰爭的最後幾週，又有另一個Me 262部隊成軍了。這就是第四十四戰鬥機團（Jagdverband 44, JV 44）。其飛機總數不超過一個中隊的規模，指揮官是阿道夫．賈南德本人。這位在一九三九年開戰時已經是中尉中隊長的軍官，在戰爭結束時還是中隊長，只是軍階升到了中將而已。他在一九四五年一月二十日被拔掉了戰鬥機總監的職稱。

他的「中隊」來自老一輩戰鬥機王牌中仍然倖存的少數飛行員。他們過去全都曾經帶過聯隊規模的部隊，而且多數人都戰功彪炳。其中包括約翰斯・史坦霍夫上校（副指揮官），呂佐上校，還有許多中校、少校與上尉。第四十四戰鬥機團的存在，是曾經自豪、龐大的德國空軍戰鬥機司令部敗亡悲劇的最終章。

打從不列顛空戰失利以來，戈林遷怒德軍戰鬥機部隊的行為就不曾停過。他們沒能以現有的兵力取得英國的制空權；德國空軍在地中海戰場面對越來越強大的敵人，其損失也年年攀升；最後分派到戰鬥機，卻一直都不夠資源，終於未能保護德國本土，並讓敵軍的戰略轟炸攻勢得逞……德國空軍總司令把上述這些事情全怪罪到戰鬥機部隊頭上，指責他們不夠積極，甚至是怯戰。他完全不理會這些失敗其實是在戰略失誤與最高統帥部的武器決策上。在戰爭的最後歲月甚至出現一種矛盾的狀況，同盟國空軍的高層對德國戰鬥機部隊的勇氣與戰鬥力的讚賞，甚至超越了德國空軍總司令對他們的任何評價。

本書先前已經提過，在希特勒眼中，防禦是個優先程度極低的東西。即使史佩爾與紹爾在一九四四年將戰鬥機的產量提高到史上最高的數字，那也是明顯違反元首明確意圖與希望的行為。隨著每個前線都一再慘敗，這位德國獨裁者的暴怒也越來越常降臨到任何膽敢違抗他的人頭上。只要牽涉到德國空軍，他只願意聆聽大家討論進攻作戰，他的耳朵完全聽不進與空中防禦有關的任何建言。到了一九四四年八月，當史佩爾與賈南德親自向他表達德國戰鬥機部隊必須緊急集中到德國本土的防衛行動中時，希特勒的反應是直接把他們轟出去，並大吼著說他們應該聽元首的命令。第二天，他宣布解散戰鬥機部隊，並指示史佩爾將戰鬥機的生產力轉移去生產高砲。從現實狀況來看，這當然沒有道理可言，史佩爾被迫以圖表來說明給希特勒聽。

希特勒的態度感染了戈林，他一次也沒有替自己的空軍講話，而是當個應聲蟲，把上頭的災難性命令往下傳。一九四三年秋天，在防禦盟軍一場轟炸的作戰不順利後，他把手下各個戰鬥機部隊的指揮官叫到了慕尼黑附近的史萊斯漢，然後把他們罵了一頓。帝國元帥宣稱，打從不列顛空戰以來，有太多的戰鬥機飛行員根本配不上他們拿到的勳章了。

賈南德將軍一聽，便把脖子上的騎士十字勳章拆了下來，然後重重砸在戈林的桌子上。接下來便是一片冰冷的沉默，但戈林什麼也沒有做。他繼續討論，但清醒多了、思路也有條理多了。

賈南德一次又一次試著建立戰鬥機的戰略後備戰力，避免他的武器遭到全滅。在敵軍的持續轟炸之下，他努力留下了部分新出廠的戰鬥機，用來訓練新飛行員。畢竟一千架到兩千架以上的集中兵力突然出現，仍可能對盟軍造成嚴重的挫敗。

但賈南德一次又一次被人搶走手中小心栽培的核心戰力，只能眼睜睜地看著這些部隊被提早投入戰場。在希特勒明令之下，超過八百架飛機的預備戰力在一九四四年七月底被白白浪費在入侵前線上。阿登攻勢期間，這種事又再發生一次，只是在他建立了超過三千架飛機的預備隊之後，這次的規模還要大上許多。雖然這些飛行員從未受過對地攻擊訓練，他們卻必須在一次短暫、無用的陸軍支援行動中犧牲。

賈南德坦承：「這時我已完全失去進一步作戰的任何想法了。」他的戰鬥機部隊每次達到驚人的數量，可以再次挑戰盟軍在德國的制空權時，上級就會發一道瘋狂的命令下來，讓他辛辛苦苦建立的部隊化為泡影。

賈南德身為戰鬥機總監的職位雖然要等到一九四五年一月，才由同樣戰功彪柄的高登・哥羅伯上校接手，但這時的他已經遭到停職，不能再以這個身份主動去做什麼事了。這時的戰局也已經進展到德國空軍轟炸機司令部的飛行員——他們本身的任務因航空燃油短缺而停止——開始接受戰鬥機轉換訓練的地步了。畢竟依戈林公開宣稱的說法，轟炸機飛行員都是大膽積極的人，不像他們的戰鬥機同袍那樣。

戰鬥機部隊實在是受夠了。一九四五年新年一過，一群前聯隊長在橡葉騎士十字勳章得主君特・呂佐上校的帶領下去到最高統帥部，抗議空軍高層持續抹黑戰鬥機部隊的行為。希特勒不願意見他們，葛萊姆元帥與參謀總長寇勒將軍的辦公室好心出手，他們才能確保戈林聽見他們的話。

呂佐早已準備好一份陳情書，上面寫滿了他們的要求。這時他開始讀內容：首先，轟炸機司令部目前對戰鬥機司令部握有的控制權必須終止；其次，Me 262不應再分配給轟炸機部隊，而是給戰鬥機部隊；第三，他們要求總司令停止把問題歸咎於缺乏戰鬥精神，以及停止羞辱戰鬥機部隊官兵。

戈林這時插嘴了，「這是叛變！」他蠻橫地大喊，「我要槍斃你們幾個！」

最後呂佐被流放到義大利，不得再踏上德國一步。戈林接著把矛頭轉向賈南德，他認為後者是幕後主使者——實際上不是。賈南德身為戰鬥機總監，先前一直都無法親自飛行，但現在希特勒一聽說此事，便實現了他的願望，讓賈南德帶著一支Me 262部隊再次升空。

戈林除了同意希特勒的決定之外，其實並沒有什麼別的選擇，他只能最後再補一槍，叫賈南德把所有這些「叛徒」全部一起帶走。被拔官的賈南德等的就是這句話。他可以再次和堅強的團隊並肩作戰，進而證明Me 262戰鬥機的實力。這就是第四十四戰鬥機團的誕生過程。

一九四五年二月十日，布蘭登堡-布里耶斯特的第五十四戰鬥機聯隊四大隊（IV/JG 54）將其第四中隊交給賈南德，以便重編為中隊規模的第四十四戰鬥機團。過沒多久，賈南德開始接收噴射機。成立第一支Me 262聯隊——第七戰鬥機聯隊——的史坦霍夫上校，將指揮權交給懷森堡少校（Theodor Weissenberg），自己則以另一位「叛徒」的身分加入第四十四戰鬥機團，並協助隊上其他人適應新機種。最後，二戰最怪異的戰鬥機部隊便以緊密編隊的方式起飛，飛往德國南部的拉格萊希菲爾（Lager Lechfeld）與慕尼黑-里恩（München-Rien），並在三月到四月於當地持續對抗美軍的戰鬥機與轟炸機。在這裡，世界第一款噴射戰鬥機壓倒性的優勢得到了完全的證明，四十四戰鬥機團的戰果也一舉提升到數十架。這支駐在南方的小單位，其嚴重打擊盟軍完全制空權的能力，並沒有把在德國北部與中部作戰的第七戰鬥機聯隊的表現給比下去。

美軍高層早已預期到會有噴射機出現，並在一九四五年三月中感受到其帶來的威力。當月十八日，有一千兩百五十架轟炸機飛往柏林，準備發動對首都在整場戰爭中所遭遇規模最大的一次攻擊。雖然天候不佳，但德軍的戰鬥機管制中心仍讓第七戰鬥機聯隊一與二大隊的三十七架Me 262成功攔截敵機。雖然轟炸機群有整整十四個大隊的戰鬥機護航——此時依然有相當優勢的野馬式戰鬥機——但噴射機仍輕易地突破了盟軍戰鬥機組成的保護網。P-51完全不是飛行模式簡單優雅的Me 262的對手，頓時成了笨重過時的機型。噴射機宣稱擊落十九架、可能擊落兩架，本身則損失兩機。美軍的統計則是損失二十四架轟炸機與五架戰鬥機。

有一個中隊——第十一夜間戰鬥機聯隊第十中隊——還配備了夜戰用的噴射機。三月三十日與三十一日之間的夜晚，威特中尉（Kurt Welter）擊落了四架蚊式轟炸機，證明了Me 262在夜戰中也能表現良好。

四月四日，第七戰鬥機聯隊的四十九架Me 262在北豪森（Nordhausen）上空攻擊一百五十架轟炸機的編隊，並宣稱擊落十架、可能擊落十五架敵機。但這一天第八航空軍的攻擊應該是在漢堡地區才對。第二天，賈南德的第四十四戰鬥機團以僅僅五架Me 262出擊，在沒有損失的情況下，於一支龐大且有重兵護航的轟炸機群中擊落了兩架轟炸機。

四月七日可能是最能證明噴射機面對活塞式發動機戰鬥機時擁有強大優勢的一天。德國空軍在這一天發動代號「狼人」（Operation Wehrwolf）的行動，其目標從以往的轟炸機轉移到護航的戰鬥機身上。第七戰鬥機聯隊在沒有重大損失的狀況下宣稱擊落了二十八機，但同一天卻有一百八十三架Bf 109與Fw 190被美軍的P-51滿場追殺。根據第一航空軍的作戰日誌，這天至少損失了其中的一百三十三架，包括七十七位飛行員的陣亡。雖然美軍司令部認為其部隊所宣稱的一百架德軍戰鬥機擊落數必定有被誇大，但事實上這個數字是完全正確的。不幸的是，美國陸軍航空軍的史書記載了損失七架轟炸機，卻沒有說明在二戰最後的大規模空戰中，美軍到底損失了幾架P-51戰機。

短短的三天後，德軍噴射機要付出代價了。總計一千兩百架轟炸機進入柏林地區，並以地毯式轟炸破壞了噴射機在奧拉寧堡、伯格（Burg）、布蘭登堡-布里耶斯特、帕希姆和雷希林-拉茲（Larz）的基地。雖然噴射機擊落了十架轟炸機，本身也因為基地損壞而被迫撤往最遠至布拉格的基地。

除了零星的作戰之外，這是Me 262最後一次接敵了。不論飛機的性能有多優秀，在這之後都再也看不到少數勇敢的飛行員升空挑戰盟軍的制空權了。

德國的噴射機早在戰前便已進入研發階段，卻被德國軍方高層忽視甚至禁止多年，才在最後一刻被強行投入戰場。Me 262證明，即使德國身處在危機之中，仍保有強大的發明能力。然而，該機對戰爭結果的影響卻少得不足以掛齒。

——

到了這個時候，有許多著名的夜間戰鬥機飛行員都已陣亡。賽恩-維特根史坦親王少校與曼菲德．毛勒索上尉在一九四四年一月二十一日陣亡，前者是在擊落五架英國轟炸機後，被一架蚊式擊落的。鑲鑽橡葉寶劍騎士十字勳章得主赫姆．蘭特在擊落一百一十架敵機後，和他的機組員在降落時因發動機故障而同時殉職。但德國的日間與夜間的空戰王牌雙雙都存活了下來。第四夜間戰鬥機聯隊聯隊長海因茲-沃夫岡．史瑙佛少校在夜間擊落了一百二十一架敵機，第五十二戰鬥機聯隊聯隊長艾里希．哈特曼少校（Erich Hartmann），駕駛Bf 109在白天擊落刷新世界紀錄的三百五十二架敵機。

這些倖存者活下來了，德國空軍卻衰亡了。空軍的淪喪與國防軍在所有戰線的敗北有著密不可分的關係。德國戰時生產的十一萬三千五百一十四架飛機當中，至少有四萬零五百架是在一九四四年生產——在航空工業承受嚴重打擊的期間及之後。在這場長期戰爭中，約有十五萬名空軍官兵喪生，其中超過七萬人是飛行人員，有許多是在戰爭的最後幾個月，為了奮戰至最後一刻而死。

一九四四年十一月八日，諾佛尼底下的五架Me 262從奧斯納布律克的基地起飛，準備攔截美軍轟炸機。他們的機場每天都要承受美軍戰鬥轟炸機的攻擊，使得他們只能在一個大隊的Fw 190與集中火力的高砲掩護下才有辦法離場。

這天，諾佛尼原本是沒有獲准起飛，但當傳來敵軍轟炸機返航的情報時，他便抗命帶著最後幾架可作戰的Me 262加入戰局。幾分鐘後，他回報擊落一架敵機，這是他在戰爭期間擊落的第兩百五十八架。但他在無線電上回傳的下一個訊息則是壞消息：「單發動機故障，嘗試降落。」

阿許默作戰指揮部的人，包括凱勒上將與戰鬥機總監阿道夫．賈南德都跑出來。他們聽見諾佛尼的噴射機發出異音，並且不斷接近。接著他低空出現在機場上空，後面還跟著一整群的P-51。他們像群獵犬般追殺著這架受損的Me 262。諾佛尼如果要嘗試降落，那無異於自殺行為，他決定以剩下的一具發動機迎戰敵人。

他陡然爬升，轉過機頭追擊離地面上空不遠處的敵機。沒有人知道他到底是被敵機擊中還是墜落地面。不論如何，華瑟．諾佛尼死了，這時候他才二十三歲。

旁觀者不發一語。他們都知道不論戰爭還會拖多久，總之是輸定了。

總結與結論

一、一九四一年巴巴羅沙行動發動時，德國預想空軍在東線的作戰將不會持續很久，很快就能再度集中攻擊英倫三島。結果隨著一年一年過去，空軍的損耗也不斷在上升。由於西線空軍只有少數的戰力，英軍及一九四二年加入的美軍得以在不受干擾的情況下準備對德國的作戰。

二、德國空軍的計算認為，就算只有少數戰鬥機，他們也能擊退日間前來攻打德國本土的任何敵機，到了夜間，轟炸機將無法擊中任何目標。但盟軍強大的兵力，加上新的導航與尋標科技，每天晚上都有密集的轟炸來襲。

三、雖然德軍的夜間戰鬥機部隊逐漸取得越來越多的戰果，但仍未能跟上敵轟炸機部隊規模成長的速度。「天床」系統採用單一夜間戰鬥機在地面管制的協助下攔截敵機，只要敵機往返過程都是在寬廣的前線且時間錯開，此系統便能達成令人滿意的戰果。戰爭後期以緊密編隊出擊的轟炸機戰術，唯有安裝機載雷達、獨立作戰的夜間戰鬥機始能攔截。

四、對英國轟炸機基地進行的反制行動只持續很短一段時間，參與的兵力也嚴重不足。未能持續執行此前景看好的作戰模式，對於皇家空軍轟炸機司令部有著相當顯著的幫助。

五、一九四三年七月底，漢堡夜間轟炸造成的嚴重後果，終於導致德國空軍高層將本土防空列為最優先事項。只有希特勒仍堅持空軍的最主要角色是攻擊而非防禦。他的命令所導致的慘痛後果，便是將世界第一款噴射戰機Me 262轉為高速轟炸機的最主要原因。

六、美軍的護航戰鬥機能全程保護轟炸機之前，空中堡壘轟炸機每一次在日間對德國的戰略轟炸，都會蒙受嚴重損失。自一九四四年起，長程戰鬥機——德軍在一九四〇年攻打英國時，認為需要裝備的機型——使美軍得以在日間掌控德國的制空權。

七、英國轟炸機司令部在夜間對德國城市發動地毯式轟炸的作戰方式，並未取得成功。城市居民的士氣通過了嚴酷的考驗，及時疏散工廠設施，也使國防工業生產在一九四四年轟炸行動的最高峰期間達到史上最高的產能。

八、盟軍的勝利絕大多數仍是出自其戰術空軍部隊在入侵歐陸與隨後期間得到的絕對優勢，再加上戰略轟炸部隊對燃料與運輸造成生產受限的結果，這一切都加快了德國武裝部隊的崩潰。換言之，在決定戰局的許多因素——對軍事目標而非平民——的攻擊。世人應永遠記得這樣的教訓。

附錄十九　空襲造成德國軍人以外傷亡統計（1939至1945）

位於威斯巴登的德意志聯邦統計局，依照1937年12月31日第三帝國領土為計算範圍，所得出的二次大戰傷亡數字如下：

類別	人數
因戰爭死亡平民人數	410,000
非軍警及配在武裝部隊的平民死亡人數	23,000
外籍人士及戰俘營死亡人數	32,000
被放逐難民死亡人數	128,000
總計	**593,000**

註：受傷人數486,000人

第三帝國的國土至1942年12月31日時擴張，除去波希米亞及美仁地區之外，全國境內因轟炸而死亡人數達635,000人，其中570,000為德國平民以及境內被放逐難民。

相關於此，大英帝國宣稱損失65,000名平民。德國在第二次世界大戰中，國防軍陣亡總數為380,000人。

德國境內因轟炸而造成的房屋損失

西德境內：234萬棟全毀

東德境內：43萬棟全毀

柏林市：60萬棟全毀

關於第三帝國各邦與各城市的詳細損失數據請參閱漢斯・倫普甫（Hans Rumpf）所著之*Das warder Bomberthowever*（Stalling-Verlag, Oldenburg）。

15. 雷因哈特・科拉（Reinhard Kollak）士官長，NJG 1、NJG 4，共擊落49架
16. 約瑟夫・卡夫特（Josef Kraft）上尉，NJG 4、NJG 5、NJG 1、NJG 6，共擊落56架
17. 普林茲・利普・維森菲德（Prinz zur Lippe-Weibenfeld）少校，NJG 2、NIG 1、NJG 5，1944年3月12日歿，共擊落51架
18. 赫伯・呂特耶（Herbert Litie）中校，NJG 1、NJG6，共擊落53架
19. 曼菲德・毛勒索（Manfred Meurer）上尉，NJJG 1、NJG5，1944年1月21日歿，共擊落65架
20. 根特・拉德許（Günther Radusch）上校，NIG 1、NJG 3、NJG 5、NJG2，共擊落64架
21. 蓋察哈德・拉特（Gerhard Raht）上尉，NJG2，共擊落58架
22. 海因茲・洛克爾（Heinz Rokker）上尉，NJG 2，共擊落64架
23. 普林茲・賽恩－維特根史坦（Prinz zur Sayn-Wittgenstein）少校，NJG 3、NJG 2，1944年1月21日歿，共擊落83架
24. 魯道夫・荀內特（Rudolf Schönert）少校，NJG1、NJG2、NJG5、NJG 100，共擊落64架
25. 維納・史特萊伯（Werner Streib）上校，NJG 1，共擊落66架
26. 海因茲・史篤魯寧（Heinz Strining）少校，NJG 2、NJG 1，1944年12月24日歿，共擊落56架
27. 海因茲・文克（Heinz Vincke）士官長，NJG 1，1944年2月26日歿，共擊落54架
28. 庫特・威特（Kurt Welter）中尉，JG 300、NJG 11，擊落數超過50架
29. 保羅・佐納（Paul Zorner）少校，NJG 2、NJG 3、NJG 5、NJG 100，共擊落59架

註：以上資料由漢斯・林格（Hans Ring）根據「戰鬥機飛行員協會」（German Fighter Pilot's Association）提供之原始資料製作而成。

2. 海因茲－渥爾夫岡・史瑙佛（Heinz-Wolfgang Schnaufer）少校，NJG 1、NJG 4，1950年7月15日歿，共擊落121架

二、橡葉寶劍騎士十字勳章得主及擊落五十架以上的飛行員（按姓氏排列）

1. 路德維希・貝克（Ludwig Becker）上尉，NJG 2、NJG 1，1943年2月26日歿，共擊落46架
2. 馬丁・貝克（Martin Becker）上尉，NJG3、NJG4、NJG 6，共擊落57架
3. 馬丁・德雷佛斯（Martin Drewes）少校，NJG 1，共擊落52架
4. 古斯塔夫・法蘭克西（Gustay Francsi）中尉，NJG 100，1961年10月6日歿，共擊落56架
5. 漢斯－迪特・法蘭克（Hans-Dieter Frank）上尉，NJG 1，1943年9月27日歿，共擊落55架
6. 魯道夫・法蘭克（Rudolf Frank）少尉，NJG 3，1944年4月26日歿，共擊落45架
7. 奧古斯特・蓋格（August Geiger）上尉，NIG 1，1943年9月27日歿，共擊落53架
8. 保羅・吉德納（Paul Gildner）中尉，NJG 1，1943年2月24日歿，共擊落44架
9. 赫曼・葛萊納（Hermann Greiner）上尉，NJG 1，共擊落50架
10. 威廉・海爾蓋特（Wilhelm Herget）少校，NIG 4、NJG3，共擊落71架，包括晝間擊落14架
11. 哈約・赫曼（Hajo Hermann）上校，JG 300、JG 30、第一戰鬥機師，共擊落9架
12. 維納・霍夫曼（Werner Hoffmann）少校，NJG 3、NJG5，共擊落52架
13. 漢斯－約阿欽・亞布斯（Hans-Joachim Jabs）中校，NJG 1，共擊落50架（晝間22架）
14. 雷因侯德・科納克（Reinhold Knacke）上尉，NJG 1，1943年2月3日歿，共擊落44架

30. 根特・夏克（Günther Schack）上尉，JG 51、JG 3，於東線共擊落174架
31. 海因茲・施密特（Heinz Schmidt）上尉，JG 52，1943年9月5日歿，於東線共擊落173架
32. 維納・許羅（Werner Schroer）少校，JG 27、JG 54、JG 3，共擊落114架（括西線102架）
33. 華特・舒克（Walter Schuck）中尉，JG 5、JG7，共擊落206架（東線198架）
34. 列烏浦・史坦巴茲（Leopold Steinbatz）少尉，JG 52，1942年6月15日歿，於東線共擊落99架
35. 約翰尼斯・史坦霍夫（Johannes Steinhoff）上校，JG 52、JG 77、JG7，共擊落176架（東線149架）
36. 馬克斯・史托茲（Max Stotz）上尉，JG 54，1943年8月19日歿，共擊落189架（東線173架）
37. 亨里希・史篤姆（Heinrich Sturm）上尉，JG 52，1944年12月22日歿，於東線共擊落158架
38. 蓋爾哈德・提本（Gerhard Thyben）中校，JG3、JG 54，共擊落157架（東線152架）
39. 提奧多・維森伯格（Theodor Weibenberger）少校，JG 7、JG 5、JG 7，1950年6月10日歿，共擊落208架（東線175架）
40. 渥爾夫-狄特里希・威科（Wolf-Dietrich Wilcke）上校，JG 53、JG 3、JG 1，1944年3月23日歿，共擊落162架（西線25架）
41. 約瑟夫・涅姆海勒（Joset Wurmheller）少校，JG 53、JG 2，1944年6月22日歿，共擊落102架（西線93架）

B. 夜間戰鬥機飛行員

一、鑲鑽橡葉寶劍騎士十字勳章得主

1. 赫姆・蘭特（Helmut Lent）中校，NJG 1、NJG 2、NJG 3，1944年10月7日歿，共擊落111架（晝間擊落8架）

16. 奧圖・凱特爾（Otto Kittel）中尉，JG 54，1945年2月14日歿，於東線共擊落267架
17. 華特・克魯平斯基（Walter Krupinski）少校，JG 52、JG 11、JG 26、JG 44，共擊落197架，其中東線177架
18. 艾米爾・朗格上尉（Emil Lang），JG54、JG26，1944年9月3日歿，共擊落173架（東線145架）
19. 赫姆・利普菲德（Helmut Lipfert）上尉，JG 52，JG 53，於東線共擊落203架
20. 根特・呂佐（Günther Litzow）上校，JG 3、JG 44，1945年4月24日歿，共擊落103架（東線85架）
21. 艾岡・麥爾（Egon Mayer）中校，JG2，1944年3月2日歿，於西線共擊落102架
22. 約齊姆・慕興貝格（Joachim Müncheberg）少校，JG26、JG51、JG77，1944年3月23日歿，共擊落135架（西線102架）
23. 華特・歐騷（Walter Oesau）上校，JG 51、JG 3、JG 2、JG 1，1944年5月11日歿，共擊落125架（西班牙8架，東線44架）
24. 馬克斯－赫姆特・歐斯特曼（Max-Hellmuth Ostermann）中尉，JG 54，1942年8月9日歿，共擊落102架（東線93架）
25. 漢斯・菲力普（Hans Philipp）中校，JG 54、JG 1，1943年10月8日歿，共擊落206架（西線28架）
26. 約瑟夫・普里勒（Josef Priller）上校，JG 51、JG 26，1961年5月20日歿，於西線共擊落101架
27. 根特・拉爾（Günther Rall）少校，JG 52、JG 11、JG 300，共擊落275架（東線271架）
28. 恩斯特－威廉・萊特（Ernst-Wilhelm Reinert）中尉，JG 77、JG 27，共擊落174架（東線103架）
29. 艾里希・魯多佛（Erich Rudorffer）少校，JG 2、JG 54、JG 7，共擊落222架（東線136架）

二、橡葉寶劍騎士十字勳章得主暨擊落一百五十架以上之飛行員（照姓氏排列）

1. 霍斯特・阿德麥特（Horst Ademeit）少校，JG 54，1944年8月8日歿，於東線共擊落166架
2. 海因茲・貝爾（Heinz Bar）中校，JG 51、JG 77、JG 1、JG 3，1957年4月28日歿，共擊落220架，其中西線124架
3. 蓋爾哈德・巴克洪（Gerhard Barkhorn）少校，JG 52、JG6、JG 44，於東線共擊落301架
4. 威廉・巴茲（Wilhelm Batz）少校，JG 52，共擊落237架，包括東線232架
5. 漢斯・白斯溫格（Hans Beiwenger）中校，JG 54，1943年3月6日歿，於東線共擊落152架
6. 庫特・布蘭德爾（Kurt Brandle）少校，JG 53、JG 3，1943年11月3日歿，共擊落180架，包括東線170架
7. 約齊姆・布倫戴爾（Joachim Brendel）上尉，JG 52，於東線共擊落189架
8. 庫特・布呂根（Kurt Bihligen）中校，JG2，於西線共擊落108架
9. 彼得・杜特曼（Peter Dittmann）少尉，JG 52，於東線共擊落152架
10. 亨里希・艾勒爾（Heinrich Ehrler）少校，JG 5、JG 7，1945年4月6日歿，共擊落204架，包括東線199架
11. 安通・哈克（Anton Hackl）少校，JG 77、JG 11、JG 26、JG 76、JG 300，共擊落190架，包括東線125架
12. 安通・哈佛納（Anton Hafner）中尉，JG 51，1944年10月17日歿，共擊落204架，包括東線184架
13. 赫伯・伊勒菲（Herbert Ihlefeld）上校，JG 77、JG 11、JG 1、JG 52，共擊落130架，其中西班牙9架，西線56架
14. 根特・約斯騰（Günther Josten）中尉，JG 51，於東線共擊落178架
15. 約齊姆・克須納（Joachim Kirschner）上尉，JG 3、JG 27，1943年12月17日歿，共擊落188架，其中西線約20架。

附錄十八　德國戰鬥機飛行員擊落紀錄

德國的日間及夜間戰鬥機於二戰期間，在各戰線共擊落約7萬架各式敵機，其中約4萬5千架是在東戰場擊落的。當中只有103名飛行員的擊墜數字超過100架，其中13名擊落超過200架以上，更有兩人的擊落數是300架以上的空戰王牌。不過單純以擊落數字的多寡便遂下評斷，蓋空戰的勝利乃集個人戰技、運氣及機會的大成，另外還要考慮各種不同的外在條件。諸如戰爭時期，前線地區、訓練程度及技巧天賦等。以擊落數字來列舉空戰英雄榜最大的遺憾就是例如巴塔薩（Balthasar），威克（Wick）與特勞特洛弗等人皆無緣進榜，但上列各人對空戰發展與概念上的貢獻之大，遠非個人擊落數字所能比擬。

A. 日間戰鬥機飛行員

一、鑲鑽橡葉寶劍騎士十字勳章得主（以授勳時間先後為順序依據）

1. 維納．莫德士（Werner Molders）上校，JG 51，戰鬥機總監，1941年11月22日歿，擊落115架，包括西班牙14架，西線68架
2. 阿道夫．賈南德（Adolf Galland）中將，JG 26，戰鬥機總監，JV 44，於西線共擊落103架
3. 高登．哥羅伯（Gordon Gollob）上校，JG 3、JG 77，戰鬥機總監，共擊落150架，包括東線144架
4. 漢斯-約阿欽．馬塞里（Hans-Joachin Marseille）上尉，JG 27，1942年9月30日歿，於西線共擊落158架
5. 赫曼．葛拉夫（Hermann Graf）上校，JG 52、JG 50、JG 11，共擊落211架，包括東線202架
6. 華瑟．諾佛尼（Walter Nowotny）少校，JG 54，1944年8月11日歿，共擊落258架，包括東線255架
7. 艾里希．哈特曼（Erich Hartmann）少校，JG 52，共擊落352架，包括東線348架

火，因此只能追蹤第一架敵機的墜落到其進入雲霧內為止。

我在此宣告擊落四架敵機，明細如下：

1) 0145時於2,600公尺高度，從後方攻擊一架四發動機敵機，開火距離約30到40公尺。敵機兩翼與機身馬上發出明亮火光。我持續觀察敵機，直到敵機於0147時著火墜落。

2) 0150時我占位攻擊另一架敵機，攻擊高度比敵機略高，位於敵機右後方約60到70公尺處。目視觀察到敵機右翼中彈，造成敵機爆炸。我觀察到著火的機身殘骸於0152時落地。

3) 0157時我又於2,000公尺高度攻擊另一架四發動機敵機，位置是於敵機後方100公尺處。敵機兩翼與機身發出明亮火光，並進入垂直俯衝。此機墜落後我在0158時看到其殘骸仍在燃燒。敵機後機槍手的強力反擊造成我機兩翼中彈。

4) 0159時我已準備好再次攻擊。敵機迂迴飛行、採取強烈閃避動作。在敵機左轉時，我於其左後方40至50公尺處一輪射擊，造成敵機左翼起火。敵機發出明亮火光墜落，我於0201時觀察到其墜地。敵機後機槍手的反擊未有效果。

數分鐘後我又攻擊一架敵機，對方來回激烈閃避。我機在第一次攻擊時因砲管爆炸，造成機砲失去功能。我隨後以機槍再攻擊三次，並有效擊中敵機右翼，但未能造成敵機起火。由於敵機後機槍手以強大火力反擊，我機的左發動機多次中彈。同時本機還受到右側的敵機攻擊，造成通信士左肩中彈、左發動機起火。我於此時脫離攻擊，將左發動機停俥並往西脫離目標區。本機未能與地面建立聯繫，ES信號也沒有效果。由於本機持續失去高度，我便在2,000公尺高度下令棄機。

我在跳傘時雙腿遭到尾翼擊中，造成右大腿骨和左小腿骨骨折。成功跳傘降落後，我和通信士被送到了居斯特洛（Güstrow）後備軍醫院。

該Bf 110於0250時墜毀在居斯特洛北側邊界。

慕塞

13. 發動攻擊的戰術位置：後方

14. 敵機機槍手是否喪失防禦能力：未觀察到

15. 使用之彈藥類型：MG 17與MG 151/20

16. 消耗彈藥數量：無法評估，座機Bf 110已墜毀

17. 擊落敵機時使用之槍械類型與數量：4挺MG 17、2挺MG 151/20

18. 自身駕駛的機型：Bf 110 G-4

19. 任何其他具戰術或技術價值之資訊：無

20. 自機因敵方行動承受之損傷：無

21. 參與行動之其他部隊（包括防砲）：「野豬部隊」

魯普列希（Rupprecht）
上尉中隊長

B. 檢附之飛行員個人報告

（此報告係關於慕塞少尉與哈夫納中士於1943年8月18十八日，佩內明德上空宣稱擊落的4架敵機）

慕塞少尉
第1夜間戰鬥機聯隊5中隊　　聯隊指揮部，1943.09.19

我在1943年8月17日2347時起飛前往柏林，參加「野豬部隊」行動。我在柏林地區觀察到北方有敵軍活動，並馬上往該方向飛去，同時將飛機飛到敵機的目標佩內明德上空約4,200公尺左右的高度。在佩內明德的火光下我從上方看到許多敵機正以7到8機的緊密隊形飛過目標上空。

我下降到3,300公尺，並將自己的戰鬥機帶到敵軍一個機隊的後方。

0142時，我以兩輪射擊從一架敵機的正後方攻擊，並多次有效擊中左內側發動機，造成該發動機馬上起火。敵機往左翻覆墜落。由於我馬上對另一架敵機開

附錄十七　夜間戰鬥報告摘錄
（1943年8月18日，佩內明德上空）

A. 標準擊落宣告表格

1. 墜落時間（日期、時分）與地點：1943年8月18日0201時，佩內明德，高度2,000公尺

2. 宣告之機組員姓名：慕塞少尉、哈夫納中士

3. 擊落敵機類型：四發動機轟炸機

4. 敵機國籍：英國

5. 擊落狀況

（a）**火焰與黑煙**：敵機發出火焰與白煙

（b）**敵機是否掉落零件（請列舉）或爆炸？**：——

（c）**敵機是否被迫降落？（說明相對於防線位置、係正常降落或迫降）**：——

（d）**如降落在前線以外，是否在地面上起火？**：——

6. 墜毀狀況（僅在可觀察時填寫）：

（a）**位於前線何處？**：——

（b）**是否垂直墜落或著火？**：幾乎水平降落，激起一片塵霧

（c）**若未觀測到墜毀，請說明原因**：已找到殘骸

7. 敵機機組員下落（死亡、跳傘等）：未觀察到

8. 檢附飛行員個人報告

9. 目擊者

（a）**空中**：哈夫納中士（第1夜間戰鬥機聯隊6中隊，通信士）

（b）**地面**：——

10. 對敵機發動攻擊次數：一次

11. 發動攻擊之方向：敵機左側後下方

12. 有效射擊發動之距離：四十到五十公尺

附錄十六　空勤人員傷亡統計（1939至1944）

資料引自德國空軍總部後勤指揮部

日期	陣亡及失蹤		受傷		總計
	作戰單位	訓練單位	作戰單位	訓練單位	
1939.09.01至1941.6.22（22個月）	11,584	1,951	3,559	2,439	19,533
1941.06.22至1943.12.31（30個月）	30,843	4,186	10,827	2,698	48,554
1944.01.01至1944.12.31	17,675	3,384	6,915	1,856	29,830
合計（軍官人數）	60,102（9,928）	9,521（1,037）	21,301（3,490）	6,993（474）	97,917（14,929）

運輸績效（1942.11.29至1943.02.03）

架次總數：2,566架次

成功運補架次：2,260架次（或達成91%）

運補物資

民生補給物資	1,541.14噸
彈藥	767.50噸
其他物資	99.16噸
合計	**2,407.80噸**

燃料（立方米）

B4 燃油	609.07
汽油	459.35
柴油	42.60
合計	**1,111.02立方米（約887噸）**

總計	**3,294.80噸**

在德國飛機尚可於史達林格勒降落的期間（1942.11.29至1943.01.16），平均每架飛機之載運總量為**1.845噸**。

在德國飛機只能進行空投的期間（1943.01.17至1943.02.03），平均每架飛機之載運量則降為**0.616噸**。

回運成效

傷患	9,208名（含軍官、士官及士兵）
回收貨箱	2,369
郵包	533

附錄十五　空中運補史達林格勒

以下數字摘自德國空軍第一運輸指揮部恩斯特・庫爾上校的報告。其報告中只記載了He 111機型的執勤狀況。Ju 52與其他機隊隸屬第二運輸指揮部管轄。

對史達林格勒空中運補之單位

單位	起迄時間	使用之He 111機型
I/KG 55	1942.11.29至1943.01.31	H6、H16
II/KG 55	1942.11.29至1942.12.30	H6、H11
III/KG 55	1943.01.01至1943.01.31	H6、H11、H16
KG 55聯隊部	1942.11.29至1943.01.31	H6、H16
I/KG 100	1942.11.29至1943.01.30	H6、H16、H14
I/KG 27	1942.11.20至1943.01.30	H6
II/KG 27	1942.11.29至1943.01.30	H6
III/KG 27	1943.01.18至1943.01.30	H6、H16
KG zbV 5	1942.11.29至1943.02.03	P2、P4、H3、H2、H6
KG zbV 20	1942.12.03至1943.01.13	D、F、F2、P4、H3
獨立中隊蓋德（Gaede）、葛拉特（Gratl）、葛洛克（Glocke）中隊		H5、H6

對史達林格勒空中運補之機場

機場	運作期間	單位
摩洛索夫斯卡亞	1942.11.29至1943.01.01	KG zbV5 & 20 （1942.11.29至1942.12.26）
新切爾卡斯克		KG zbV5 & 20 （1942.12.29至1943.1.13）
北史達林諾（Stalino-Nord）		KG zbV5 1943.01.21至1943.02.03

附錄十四　德國空軍於俄國戰場損失機數（1941.6.22—1942.4.8）

儘管於1941年夏季與秋季獲得了壓倒性的勝利，德國空軍在這段期間還是承受了嚴峻的人員與物資的損失。這個數字略大於同時期德國飛機總產量的三分之一。

時間	全毀	損傷
1941.06.22至08.02 1941.08.03至09.27 1941.09.28至12.06 1941.12.07至1942.04.08	1,023 580 489 859	657 371 333 636
總計	**2,951架**	**1,997架**

附錄十三　德國年度飛機種類與產量

年代（9月起算）／機種	1939	1940	1941	1942	1943	1944	1945	總計
轟炸機	737	2,852	3,373	4,337	4,649	2,287	—	**18,235**
戰鬥機	605	2,746	3,744	5,515	10,898	25,285	4,935	**53,728**
攻擊機	134	603	507	1,249	3,266	5,496	1,104	**12,359**
偵察機	163	971	1,079	1,067	1,117	1,686	216	**6,299**
水上飛機	100	269	183	238	259	141	—	**1,190**
運輸機	145	388	502	573	1,028	443	—	**3,079**
滑翔機	—	378	1,461	745	442	111	8	**3,145**
聯絡機	46	170	431	607	874	410	11	**2,549**
教練機	588	1,870	1,121	1,078	2,274	3,693	318	**10,942**
噴射機	—	—	—	—	—	1,041	947	**1,988**
年度總計	**2,518**	**10,247**	**12,401**	**15,409**	**24,807**	**40,593**	**7,539**	**113,514**

Ju 188	1,036	轟炸機
Ju 290	41	長程偵察機
Ju 352	31	運輸機
Ju 388	103	轟炸機
Bf 109	30,480	戰鬥機
Bf 110	5,762	重型戰鬥機/夜間戰鬥機
Me 262	1,294	噴射戰鬥機/噴射轟炸機
Me 323	201	運輸機
Me 410	1,013	高速轟炸機
Ta 154	8	戰鬥機
Ta 152	67	戰鬥機
總數	**98,755**	

附錄十二　德國空軍各主要機型產量（1939-1945）

資料引自德國空軍總部（OKL）後勤指揮部。

名稱	數量	機種
Ar 196	435	水上飛機
Ar 234	214	噴射轟炸機
BV 138	276	水上飛機
BV 222	4	水上飛機
Do 17	506	轟炸機
Do 217	1,730	轟炸機
Do 215	101	轟炸機
Do 18	71	水上飛機
Do 24	135	水上飛機
Do 335	11	戰鬥機
Fi 156	2,549	聯絡機
Fw 190	20,001	戰鬥機
Fw 200	263	長程偵察機
Fw 189	846	偵察機
Go 244	43	運輸機
He 111	5,656	轟炸機/運輸機
He 115	128	水上飛機
He 177	1,446	轟炸機
He 219	268	夜間戰鬥機
Hs 126	510	偵察機
Hs 129	841	攻擊機
Ju 52	2,804	運輸機
Ju 87	4,881	俯衝轟炸機
Ju 88	15,000	轟炸機/偵察機/夜間戰鬥機

若是期望德國在1940或1941年擁有戰略空軍，實是期望過高。即使屆時便已有可用機型——幾近於不可能——我軍也不會擁有充足數量的飛機，或可操作此機型的充足人員，供成功且具決定性的空中行動使用。本人在此甚至質疑其生產能力是否能跟上損失的速度。

在嚴重缺乏原物料的情況下，任何生產充足數量戰略轟炸機的計畫，必須以其他類型飛機的產能作為交換的代價。第二次世界大戰的重要教訓之一，便是機型與武器種類的數量，將嚴重影響一國的經濟。

戰爭前幾年——在沒有盟友的額外軍事生產力投入的狀況下——德國根本無法追求這樣的目標。德國必須先擴充生產區為要務。

除此以外，許多客觀公正的評論都深信，德軍快速取得的勝利是來自空軍整體直接或間接支援地面部隊的策略。只有在空軍堅壁清野之後，陸軍才能推進。就這點而言，空軍的主要任務是作為陸軍的密接支援部隊。這樣的部隊沒有也不可能由空軍完全控制。

即使空軍將建立戰略打擊能力列為絕對優先，並完全忽略密接支援，空軍仍會需要以下幾種機型：

一、同樣數量的短程與長程偵察機（百分之二十）；

二、可能要更多的戰鬥機，尤其是長程型（百分之三十）；

三、海上型（百分之八）。

這樣一來，最多只有百分之四十的兵力可用於長程轟炸機上，也就是大約四百到五百架。

以本人對原物料、燃料，以及生產飛機與訓練人員的能力所作的評估，我只能說這樣的戰略空軍成軍的時間點會太晚，同時陸軍會因缺乏直接與間接支援而蒙受嚴重損失。

至於戰略化的德國空軍能如何影響戰爭的進程與結果，實在是難以評估。戰爭在不當的時機爆發帶給德國莫大的傷害，而在這樣的情況下，不論對德國空軍所扮演的實際角色作出什麼樣的批評，都只能流於紙上談兵。

附錄十一　凱賽林元帥針對德國空軍政策暨德國四發動機轟炸機問題之聲明（1954.03.17）*

德國空軍內部曾出現爭取開發四發動機轟炸機之主張，這點無庸置疑。個人認為應該提出當代多次進行之討論中所提出的觀點……在沒有理解1930年代的真實狀況下，很容易對此事作出錯誤的結論。當代的狀況可概述如下：

一、德國空軍必須從無到有，因此前十年在此方面毫無進展。

二、直到1935年中期，復興空軍的所有實際作為都必須秘密進行，造成效率不彰。

三、飛機本身與發動機製造商都需要時間，才能將設計轉化為實體。

四、上述兩種廠商都需要累積大量經驗，才能產出確實具有作戰能力的產品。

五、開發與製造受到原物料與燃料不足的嚴重影響。

六、德國航空工業雖已進入承受成長期諸多副作用的時期，仍須從相對輕型飛機切換至重型飛機（轟炸機）。

七、一般人員訓練亦須經過此過程，尤其是在盲目飛行與全天候飛行仍是「無意義的神秘詞彙」的年代。

八、飛機開發計畫（如烏拉山轟炸機）已超越當代政治情勢多年，因此政策必須調整，轉向眼前可用的技術資產。如此的政策應已足以應付西歐的戰爭及其受到限制的空軍戰略作為。

如此便可以得到以下結論。即使當時便已認定須扮演戰略角色，並且擬定縝密的生產計畫，德國空軍到了1939年仍不會擁有任何規模的戰略武力。即使是未受戰火波及且能進行大規模計畫的美軍，也要到1943年才開始部署戰略轟炸機。

* 原註：凱賽林於 1936 到 1937 年曾任德國空軍參謀總長，並下令禁止四發動機轟炸機的進一步開發。

第125偵察大隊（He 60、He 114、Ar 95）

第五航空軍團（司令史屯夫），總部：奧斯陸

第108運輸機大隊（Ju 52）

克肯納斯航空指揮部

第30轟炸機聯隊5中隊（Ju 88）

第1教導聯隊4斯圖卡大隊（Ju 87）

第77戰鬥機聯隊13中隊（Bf 109）

第120偵察大隊1長程偵察中隊（Ju 88）

巴巴羅沙作戰德軍總投入兵力，1945架飛機（相當於全空軍兵力61%強）。
堪用軍機為510架轟炸機、290架斯圖卡、440架戰鬥機、40架重戰鬥機、120架偵察機。

第53轟炸機聯隊（He 111, H2-6）
第77斯圖卡聯隊（Ju 87）
第51戰鬥機聯隊（Bf 109F）
第102特殊轟炸機大隊（Ju 52）

第8航空軍（指揮官李希霍芬）
第2轟炸機聯隊（Do 17Z）
第1、2斯圖卡聯隊（Ju 87）
第26重戰鬥機聯隊（Bf 110）
第27戰鬥機聯隊（Bf 109E）
第1運輸機聯隊4大隊（Ju 52）
第11偵察大隊2長程偵察中隊（Do 17P）

第1防砲軍（指揮官阿克斯泰姆）
（支援第2、3裝甲軍古德林與霍斯）

第一航空軍團（司令凱勒），總部：諾科特／茵斯特堡（支援北面集團軍里布）
直屬空軍總部第2長程偵察大隊（Do 215）
第106運輸機大隊（Ju 52）

第1航空軍（指揮官佛斯特）
第1、76、77轟炸機聯隊（Ju 88）
第54戰鬥機聯隊（Bf 109F）
第122偵察大隊5長程偵察中隊（Ju 88）

波羅的海航空指揮部（指揮官維德）
第806海岸航空大隊（Ju 88）

附錄十　巴巴羅沙作戰之德國空軍軍力（1941.6.22）

第四航空軍團（司令羅爾），總部：熱索夫（支援南面集團軍倫德斯特）

第122偵察大隊4長程偵察中隊（Ju 88）

第50、104特殊轟炸機大隊（Ju 52）

第52戰鬥機聯隊（Bf 109F）

第5航空軍（指揮官葛萊姆）

第51、54轟炸機聯隊（Ju 88）

第55轟炸機聯隊（He 111, H4～6）

第3戰鬥機聯隊（Bf 109F）

第121偵察大隊4長程偵察中隊（Ju 88）

第4航空軍（指揮官普魯格拜）

第27轟炸機聯隊（He 111H）

第77戰聯機聯隊（Bf 109E）

第121偵察大隊3長程偵察中隊（Ju 88）

第2防砲軍（指揮官戴斯洛赫）

（支援克萊斯特第1裝甲軍）

第二航空軍團（司令凱賽林），總部：華沙－比拉尼（支援中央集團軍波克）

第122長程偵察大隊（Ju 88）

第53戰鬥機聯隊（Bf 109F）

第2航空軍（指揮官羅策）

第210重轟炸機大隊（Bf 110）

第3轟炸機聯隊（Ju 88）

註：

（1）II/NJG 1於1940年9月變更番號為I/NJG 2。

（2）新編II/NIG 1由I/ZG 76改編而成。

（3）III/NJG 1改編自單發戰鬥機夜戰單位IV/JG 2。

（4）IV/NJG 1於1942年10月1日變更番號為IV/NJG 2。

（5）負責對英國本土進行長程夜戰直到1941年10月11日奉命停止。

（6）1942年10月變更番號為II/NJG 2。

（7）IV/NJG 4於1943年8月1日變更番號為I/NJG 6。

（8）II/NJG 5於1944年5月10日變更番號為III/NJG 6。

（9）V/NJG 5於1944年5月10日變更番號為II/NJG 5。

第五夜間戰鬥機聯隊	1942.09	夏佛少校 拉德許中校（1943.08） 利普-維森菲德少校（1944.03） 波薛爾斯中校（1944.03） 舜涅特少校（1945.03）
I/NJG 5	1942.09	房登上尉
II/NJG 58	1942.12	舜涅特上尉
III/NJG 5	1943.04	波薛爾斯上尉
IV/NJG 5	1943.09	尼貝舒茲上尉
V/NJG 59	1943.08	彼得斯上尉
第六夜間戰鬥機聯隊	1943.09	夏佛少校 華勒士少校（1944.02） 雷肯少校（1944.03） 格里瑟少校（1944.04） 盧耶少校（1944.09）
I/NJG 6		華勒士少校
II/NJG 6	1943.08	洛克斯少校
III/NJG 6	1944.05	費勒爾上尉
IV/NJG 6	1943.06	盧耶上尉

以上六個聯隊，是德國夜間防空作戰的主幹戰力。直到大戰結束前，還有許多單位也參與了夜戰行動，只是因持續不斷的番號變更，以致很難整理出一個完整的架構。例如第100及第200獨立夜戰大隊，他們主要在東線戰場進行所謂的「鐵路夜戰」（因將「天床」夜戰雷達架設於火車箱上）。此外又如由史萊斯漢夜戰訓練學校教練中隊衍生而成的第101夜間戰鬥機大隊（駐英格史塔）及第102大隊（駐克參根），在1944年9月時各擁有三個大隊的戰力。從1943年9月開始短暫投入戰場的「野豬部隊」，即採用單發戰鬥機的JG 300、JG 301及JG 302。最後還包括專事機載雷達測試工作的第10夜間戰鬥機聯隊，以及接受「野豬」戰術訓練的第11夜戰聯隊的兩個大隊。在此要特別提到由維特中尉（Welter）率領的第11夜間戰鬥機聯隊10中隊（10/NJG 11），該中隊是所有夜戰部隊中唯一配備Me 262噴射戰鬥機的單位，所以特別引人注目。

附錄九　德國夜戰聯隊組織暨發展概況

部隊番號	成軍時間	歷任指揮官
第一夜間戰鬥機聯隊	1940.06	法克少校 史特萊伯中校（1943.07） 亞布斯中校（1944.02）
I/NJG 1	1940.06	拉德許上尉，後由史特萊伯中校接任
II/NJG 11	1940.07	海瑟上尉
II/NJG 12（新編）	1940.09	葛拉夫・史提費里德上尉，後由艾勒上尉接任
III/NJG 13	1940.07	波特默上尉
IV/NJG 14	1942.10	蘭特上尉
第二夜間戰鬥機聯隊	1941.11	胡斯霍佛上尉 賽恩-維特根史坦少校（1944.01） 拉德許上校（1944.02） 塞姆勞少校（1944.11） 提米希中校（1945.02）
I/NJG 25	1940.09	海瑟上尉，後由胡斯霍佛上尉接任
II/NJG 2	1941.11	蘭特中尉
III/NJG 26	1942.03	本許上尉
III/NJG 2（新編）	1943.07	奈伊上尉
第三夜間戰鬥機聯隊	1941.03	沙克上校 蘭特中校（1943.08） 拉德許上校（1944.11）
I/NJG 3	1940.10	拉德許上尉，旋即為克諾屈上尉接任
II/NJG 3	1941.10	拉德許少校
III/NJG 3	1941.11	納克上尉
IV/NJG 3	1942.11	西蒙上尉
第四戰間戰鬥機聯隊	1941.04	史托騰霍夫上校 提米希中校（1943.10） 施瑙佛少校（1944.11）
I/NJG 4	1942.10	海爾蓋特上尉
II/NJG 4	1942.04	羅西威爾上尉
III/NJG 4	1942.05	霍勒上尉
IV/NJG 47	1943.01	華勒士上尉

附錄八　克里特「水星作戰」投入兵力與損失（1941.5.20-6.2）

第11航空軍投入兵力

第7傘兵師及軍團直屬部隊	13,000人
第5山地師	9,000人
合計：	22,000人

傘兵部隊、山地特戰部隊及運輸機部隊陣亡、失蹤及受傷人數總計

軍官386人，士官兵6,085人

271架Ju 52型運輸機墜毀

註：第11航空軍作戰日誌估計盟軍損傷人數為5,000人以上

附錄七　第八航空軍團於克里特作戰擊沉之英艦（1941.5.21-6.1）

日期	擊沉	擊傷
5.21	驅逐艦朱諾號	巡洋艦阿賈克斯號（輕）
5.22	驅逐艦灰犬號 巡洋艦格洛斯特號 巡洋艦斐濟號	巡洋艦娜雅德號（重） 戰艦厭戰號（重） 防空巡洋艦卡萊爾號號（輕） 戰艦英勇號（輕）
5.23	驅逐艦喀什米爾號 驅逐艦凱利號	
5.26		航空母艦可畏號（重） 驅逐艦努比亞號（重）
5.27		戰艦巴勒姆號（輕）
5.28		巡洋艦阿賈克斯號（輕）
5.29	驅逐艦帝國號 驅逐艦哈勒華德號	巡洋艦獵戶座號（重） 驅逐艦引誘號（輕） 巡洋艦戴朵號（輕）
5.30		巡洋艦伯斯號（輕） 驅逐艦凱文號（輕）
5.31		驅逐艦那比亞號（輕）
6.1	防空巡洋艦加爾各答號	
總計	擊沉： 巡洋艦三艘 驅逐艦六艘	擊傷： 戰艦三艘 航空母艦一艘 巡洋艦七艘 驅逐艦四艘

註：（輕）輕損、（重）重損

Do 17：20%燒夷彈

30%長效延遲信管高爆彈，信管設定時間分為2至4個小時及10至14個小時兩種，其中後者不加裝震動觸發裝置

25%裝載BI型子母彈，不吊掛SD 50炸彈。載彈量應以能讓飛機爬升至敵防空火砲射程以外之高度為原則。各機除執行任務所需之最低限度量外，不得裝載額的燃油

五、為達成最大效果，各部隊應以最密集的編隊飛行——包括進入、攻擊，尤其是回程時。作戰行動的主要目的，是證明德國空軍可以達成這一點。

六、第1航空軍指揮部No. 10285/40號作戰命令全文結束。

指揮官 葛勞爾

註：洛格（Loge）為倫敦之代稱。

四、執行步驟

（a）集結

與護航戰鬥機群於橫越海峽時會合，嚴禁任意改變航向

（b）航向

KG 30：聖奧美，格里內半島稍南——目標：塞文內（Seveneae）北方之鐵路交會點

KG 1：聖波勒—「拉斯拉克河口」——目標：里佛里德

KG 76：黑汀—布洛涅北緣——目標：威斯特漢

（c）護航單位

JG 26負責KG 30

JG 54護衛KG 1

JG 27護衛KG 76

因戰鬥機已達續航極限，應儘量避免無謂滯留，並全程以高速往返

（d）與戰鬥機會合後之飛行高度

KG 30：5,000至5,500公尺

KG 1：6,000至6,500公尺

KG 76：5,000至5,500公尺

應利用各聯隊之間的高度差來安排各中隊的位置。務使整個編隊的長度不致過長。回程時高度稍降，可以4,000公尺之高度橫越英吉利海峽

（e）抵達洛格上空後請立即執行任務，如偏離原設定目標則攻擊其他預選之備取目標。攻擊高度參照（d）之飛行高度

（f）返航

投彈完畢之後一律右轉回航，負責左區攻擊的KG 76須在確認右側其餘編隊已完成投彈後方可進行小半徑迴轉。右轉之後前往護航戰鬥機待命區梅德斯通-迪母丘奇

（g）攜載彈種

He 111及Ju 88不掛載五十公斤炸彈

附錄六　第1航空軍對倫敦首度空襲之作戰命令（1940.9.7）

第1航空軍指揮部　　K.H.Q 1940.9.6

la Br. B.Nr. 10285 g.Kdos. N.f.K

一、第1航空軍團於九月七日晚間對洛格目標區進行大規模空襲。以下為對同一目標區執行攻擊之單位。

前導空襲：由第2航空軍之某轟炸機聯隊於1800時執行。

主攻擊：由第2航空軍於1840時執行。

由第1航空軍及支援之KG 30於1845時執行後續攻擊。

二、攻擊單位

KG 30（及支援之KG 76二大隊）：負責右區

KG 1（及支援之KG 76二大隊）：負責中區

KG 76（除第二大隊）：負責左區

目標劃分線請見附件。

三、戰鬥及護航措施

（a）前導攻擊勢將引出大量英軍戰鬥機，因此在主攻擊展開時將與其正面遭遇。

（b）由第2戰鬥機指揮部負責調撥給每個轟炸機聯隊一支戰鬥機聯隊之兵力以為保護。

（c）ZG 76（支援第1航空軍）由1840時開始針對第1航空軍負責之目標進行掃蕩，清除該空域之敵機並於轟炸機群攻擊時提供掩護。

（d）第2戰鬥機指揮部應以兩支戰鬥機聯隊的兵力協助第1及第2航空軍遂行其任務。

第2戰鬥機指揮部（指揮官奧斯特坎）

第3、26、51、52、54戰鬥機聯隊（Bf 109）

第26、76重戰鬥機聯隊（Bf 110）

夜戰師（師長康胡伯）

第1夜戰聯隊（Bf 110）

第三航空軍團（司令史培萊），總部：巴黎

第8航空軍（指揮官李希霍芬）

第1、2、77斯圖卡聯隊（Ju 87）

第27戰鬥機聯隊（Bf 109）

第2教導聯隊2大隊（當時正於德國換裝Bf 109）

第5航空軍（指揮官葛萊姆）

第51、54轟炸機聯隊（Ju 88）

第55轟炸機聯隊（He 111）

第4航空軍（指揮官普魯格拜）

第1教導聯隊（Ju 88）

第27轟炸機聯隊（He 111）

第3斯圖卡聯隊（Ju 87）

第3戰鬥機指揮部（指揮官雍克）

第2、53戰鬥機聯隊（Bf 109）

第2重戰鬥機聯隊（Bf 110）

附錄五　「鷹日作戰」戰鬥序列（1940.8.13）

第5航空軍團（司令史屯夫），總部：克里斯提安桑

第5航空軍（指揮官蓋斯勒）

第26轟炸機聯隊（He 111）

第30轟炸機聯隊（Ju 88）

第76重轟炸機聯隊1大隊（Bf 110）

第2航空軍團（司令凱賽林），總部：布魯塞爾

第1航空軍（指揮官葛勞爾）

第1轟炸機聯隊（He 111）

第76轟炸機聯隊（Do 17、Ju88）

第77轟炸機聯隊（Ju 88，未投入作戰）

第2航空軍（指揮官羅策）

第2轟炸機聯隊（Do 17）

第3轟炸機聯隊（Do 17）

第53轟炸機聯隊（He 111）

第1斯圖卡聯隊2大隊（Ju 87）

第1教導聯隊4斯圖卡大隊（Ju 87）

第210測試大隊（Bf 109、Bf 110）

第9航空師（師長科勒）

第4轟炸機聯隊（He 111、Ju 88）

第40轟炸機聯隊1大隊（Ju 88、Fw 200、預備隊）

第100轟炸大隊（He 111導引機）

附錄四　「威悉演習」德國空軍參戰部隊（1940.04.09）

第10航空軍（指揮官蓋斯勒），總部：漢堡。

單位	出擊地點
轟炸機部隊	
第4轟炸機聯隊（KG 4）	法斯堡、呂能堡、沛勒貝格
第26轟炸機聯隊（KG 26）	盧比克－布朗肯湖、馬爾克斯（奧登堡）
第30轟炸機聯隊（KG 30）	威斯特蘭（夕爾特）
第100轟炸大隊（KGr 100）	諾德霍茲
俯衝轟炸機部隊	
第1斯圖卡聯隊1大隊（StG 1）	基爾－霍特瑙
戰鬥機部隊（單、雙發動機）	
第1重戰鬥機聯隊1大隊（ZG 1）	巴斯
第76重戰鬥機聯隊1大隊（ZG 76）	威斯特蘭（夕爾特）
第77戰鬥機聯隊2大隊（JG 77）	威斯特蘭（夕爾特）
偵察機部隊	
第122偵察大隊1中隊（Aufkl.Gr.(F)122）	漢堡－富斯布特
第120偵察大隊1中隊（Aufkl.Gr.(F)120）	呂貝克－白沙島
岸防部隊	
第506海岸航空大隊（KuFlGr 506）	李斯特（夕爾特）
傘兵部隊	
第1傘兵團1營	
運輸機部隊	
第1特殊轟炸聯隊1至4大隊	哈格瑙、什列斯維格、史塔德、威特森
第101特殊轟炸大隊（zbV 101）	紐穆斯特
第102特殊轟炸大隊（zbV 102）	紐穆斯特
第103特殊轟炸大隊（zbV 103）	什列斯維格
第104特殊轟炸大隊（zbV 104）	史塔德
第105特殊轟炸大隊（zbV 105）	霍特瑙
第106特殊轟炸大隊（zbV 106）	威特森
第107特殊轟炸大隊（zbV 107）	漢堡－富斯布特
第108特殊轟炸聯隊1至3大隊（水上飛機）（zbV 108）	諾德內

附錄三　波蘭空軍兵力表及戰損（1939.09）

資料引自倫敦西考斯基研究所（Sikorski Institute）及亞當．庫洛夫斯基（Adam Kurowski）所著*Lotnictwo Polskie 1939 Roku*，1962年華沙出版。

機種	**機型**	**作戰單位**	**後備單位及航校**
戰鬥機	P 11c P 7	129 30	43 75
輕轟炸機	P 23	118	85
轟炸機	P 37	36	30
偵察機	R XIII RWD 14 Czapla	49 35	95 20
總數		**397**	**348**

戰損

大部分供航空學校及後備部隊使用的飛機都在開戰後數天全部投入前線部隊。作戰損毀的飛機總數達333架，包括82架來自波蘭轟炸機團。116架堪用的飛機大部分是在9月17日那天飛越喀爾巴阡山區，最後是被羅馬尼亞政府扣押。

附錄二　德國空軍波蘭戰役戰損

根據德國空軍參謀本部1939年10月5日公佈的數字，空軍1939年9月1日至28日於東線戰場（指波蘭）的損失人數統計。

種類	陣亡	受傷	失蹤	總計
空勤人員	189	126	224	539
地勤人員	42	24	0	66
捲入地面作戰的防砲部隊	48	71	10	129
總戰損人數	**279**	**221**	**234**	**734**

機種	損失
偵察機	63
戰鬥機	67
重戰鬥機	12
轟炸機	78
斯圖卡	31
運輸機	12
水上飛機及其他	22
總數	**285**

註：另外約有279架飛機在作戰中受損，因此也應列入戰損計算，占超過總數的10%。

第1戰鬥機聯隊1大隊
第21戰鬥機聯隊1大隊

空軍教導師（師長佛斯特），師部：耶騷，東普魯士
第121偵察大隊4中隊
第1、2教導聯隊

第4航空軍團「東南戰區」（司令羅爾），總部：西利西亞，萊辛巴赫
第123偵察大隊3中隊

第2航空師（師長羅策），師部：尼斯
第122偵察大隊2中隊
第4、76、77轟炸機聯隊
第76重戰鬥機聯隊1大隊

戰鬥機部隊指揮部（指揮官李希霍芬），總部：歐朋恩
第124偵察大隊1中隊
第77斯圖卡聯隊
第2（斯圖卡）教導聯隊
第2教導聯隊2（攻擊機）大隊
第2重戰鬥機聯隊1大隊

總共投入兵力為648架轟炸機，219架斯圖卡，30架攻擊機——897架「可吊掛炸彈」的機型——此外還有210架戰鬥機及重戰鬥機，474架偵察機、運輸機等。此數據不包含陸軍航空隊及負責本土防禦的戰鬥機部隊。

附錄一　波蘭之役空軍兵力表（1939.9.1）

空軍總部（總司令戈林），總部：波茨坦
直屬部隊：
第2教導聯隊8、10偵察中隊
空軍第100通信營
特殊轟炸大隊
第7傘兵師（師長司徒登），駐什列辛的鹿山，下轄九支運輸機大隊

第1航空軍團「東戰區」（司令凱賽林），總部：海寧斯霍姆，斯泰亭
第121偵察大隊1、3中隊

第1航空師（師長葛勞爾），師部：波美拉尼亞，克羅辛湖
第121偵察大隊2中隊
1、26、27轟炸機聯隊
第2斯圖卡聯隊2、3大隊
第1教導聯隊4（斯圖卡）大隊
海軍186大隊4（斯圖卡）中隊
第2教導聯隊1（戰鬥機）大隊
第1重戰鬥機聯隊1、2大隊
第56海岸航空大隊

東普魯士空軍指揮部（司令威默），總部：柯尼斯堡
第120偵察大隊1中隊
第3轟炸機聯隊
第1斯圖卡聯隊1大隊

Seversky, A. P. de, *Entscheidung durch Luftmacht*, Union, Stuttgart, 1951.

Siegler, Fritz Frhr v., *Die höheren Dientststellen der deutschen Wehrmacht 1933-1945*, Institut für Zeitgeschichte, Mimich, 1953.

Sims, Edward, *American Aces of the Second World War*, Macdonald, London, 1958.

Spetzler, Eberhard, *Luftkrieg und Menschlichkeit*, Musterschmidt, Göttingen, 1956.

Spremberg, Paul, *Entwicklungsgeschichte des Straustrahltriebwerkes*, Krausskopf-Flugwelt, Mainz, 1963.

Taylor, John W. R., *Best Flying Stories*, Faber & Faber, London, 1961.

Thorwald, *Jürgen, Ernst Heinkel, Stürmisches Leben*, Mundus, Stuttgart, 1955.

Udet, Ernst, *Mein Fliegerleben*, Deutscher Verlag, Berlin, 1935.

Webster, Sir Charles and Frankland, Noble, *The Strategic Air Offensive against Germany 1939-1945* (4 vols.), H.M. Stationery Office, London, 1961.

Wood, Derek and Dempster, Derek, *The Narrow Margin*, Heinemann, London, 1962.

Ziegler, Mano, *Raketenfäger Me 163*, Motor Presse, Stuttgart, 1961.

Zuerl, Walter, *Das sind unsere Flieger*, Pechstein, Munich, 1941.

Melzer, Walther, *Albert-Kanal und Eben-Emael*, Vowinckel, Heidelberg, 1957.

Middleton, Drew, *The Sky Suspended*, Seeker & Warburg, London, 1960.

Murawski, Erich, *Der deutsche Wehrmachtbericht 1939-45*, Boldt, Boppard/Rh., 1962.

Nowarra, H. J. and Kens, K. H., *Die deutschen Flugzeuge 1933-45*, Lehmanns. Munich, 1961.

Nowotny, Rudolf, *Walter Nowotny*, Druffel, Leoni, 1957.

Osterkamp, Theo, *Durch, Höhen und Tiefen jagt ein Herz*, Vowinckel, Heidelberg, 1952.

Payne, L. G. S., *Air Dates*, Heinemann, London, 1957.

Pickert, Wolfgang, *Vom Kubanbrückenkopf bis Sewastopol*, Vowinckel, Heidelberg, 1955.

Playfair, I. S. O., *The Mediterranean and Middle East*, (4 vols.), H.M. Stationery Office, London, 1960.

Priller, Josef, *Geschichte eines Jagdgeschwaders* (Das JG 26 1937-45), Vowinckel, Heidelberg, 1962.

Ramcke, Bemhard, *Vom Schiffsjungen zum Fallschirmjäger-General*, Die Wehrmacht, Berlin, 1943.

Richards, Denis, and Saunders, Hilary St. G., *Royal Air Force 1939-1945* (3 vols.), H.M. Stationery Office, London, 1953-55.

Ries, jr., Karl, *Markierung und Tarnanstriche der LujtwoQe im 2. Weltkrieg*, Hoffmann, Finthen, 1963.

Rohwer, Jürgen and Jacobsen, H. A., *Entscheidungsschlachten des Zweiten Weltkrieges*, Berhard und Graefe, Frankfurt, 1960.

Rudel, Hans-Ulrich, *Trotzdem*, Dürer, Buenos Aires, 1949.

Rumpf, Hans, *Das war der Bombenkrieg*, Stalling, Oldenburg, 1961.

Rumpf, Hans, *Der hochrote Hahn*, Mittler & Sohn, Darmstadt, 1952.

Schellmann, Holm, *Die Luftwaffe und das "Bismarck"-Unternehmen*, Mittler & Sohn, Frankfurt, 1962.

Seemen, Gerhard v., *Die Ritterkreuztrdger 1939-1945*, Podzun, Bad Nauheim, 1955.

Green, William, *Famous Fighters of the Second World War* (4 vols.), Macdonald, London, 1962.

Green, William, *Flying Boats*, Macdonald, London, 1962.

Green, William, *Famous Bombers of the Second World War* (2 vols.), Macdonald, London, 1964.

Hahn, Fritz, *Deutsche Geheimwaffen 1939-45*, Hoffmann, Heidenheim, 1963.

Harris, Sir Arthur, *Bomber Offensive*, Collins, London, 1947.

Heiber, Helnut, *Hitler's Lagebesprechungen*, Deutsche Verlagsanstalt, Stuttgart, 1962.

Herhudt v. Rohden, Hans-Detleve, *Die Luftwaffe ringt um Stalingrad*, Limes, Wiesbaden, 1950.

Hubatsch, Walter, "*Weserübung*", *Die deutsche Besetzung von Dänemark und Norwegen 1940*, Musterscbmidt, Göttingen, 1960.

Irving, David J., *The Destruction of Dresden*, London, 1963.

Jacobsen, H. A., *1939-1945, Der Zweite Weltkrieg in Chronik und Dokumenten*, Wehr und Wissen, Darmstadt, 1961.

Johnen, Wilhelm, *Duell unter den Sternen*, Barenfeld, Düsseldorf, 1956.

Keiling, Wolf, *Das Deutsche Heer 1939-1945* (2 vols.), Podzun, Bad Nauheim.

Kens, Karlheinz, *Die Alliierten Luftstreitkräfte*, Moewig, Munich, 1962.

Kesselring, Albert, *Soldat bis zum letzten Tag*, Athenäum, Bonn, 1953.

Knoke, Heinz, *Die grosse Jagd, Bordbuch eines deutschen Jagdfliegers*, Bösendahl, Rinteln, 1952.

Koch, Horst-Adalbert, *Flak, Die Geschichte der deutschen Flakartillerie 1935-1945*, Podzun, Bad Nauheim, 1954.

Loewenstem, E. v., *Luftwaffe, über dem Feind*, Limpert, Berlin, 1941.

Lusar, Rudolf, *Die deutschen Waffen und Geheimwaffen des 2. Weltkrieges und ihre Weiterentwicklung*, Lehmanns, Munich, 1959.

McKee, Alexander, *Entscheidung* über *England*, Bechtle, Mimich, 1960.

參考書目

Ansel, Walter, *Hitler Confronts England*, Duke University Press, Durham, 1960.

Bartz, Karl, *Als der Himmel brannte*, Sponholtz, Hanover, 1955.

Baumbach, Werner, *Zu Spät ?*, Pflaum, Munich, 1949.

Bekker, Cajus, *Augen durch Nacht and Nebel, Die Radar-Story*, Stalling, Oldenburg, 1964.

Bishop, Edward, *The Battle of Britain*, Allen & Unwin, London, 1960.

Böhmler, Rudolf, *Fallschirmjäger*, Podzun, Bad Nauheim, 1961.

Braddon, Russell, *Cheshire V. C*, Evans Brothers, London, 1954.

Brickhill, Paul, *Reach for the Sky*, Collins, London, 1954.

Churchill Sir Winston, *The Second World War* (6 vols.), Cassell, London, 1948-1954.

Collier, Basil, *The Defence of the United Kingdom*, H.M. Stationery Office, London, 1957.

Conradis, Heinz, *Forschen und Fliegen, Weg und Werk von Kurt Tank*, Musterschmidt, Göttingen, 1955.

Craven, W. F. and Cate, J. L., *The Army Air Forces in World War II* (7 vols.), University of Chicago Press, 1949-55.

Duke, Neville, *Test Pilot*, Wingate, London, 1953.

Feuchter, George W., *Geschichte dies Luftkriegs*, Athenäum, Bonn, 1954.

Forell, Fritz v., *Mölders und seine Männer*, Steirische Verlagsanstalt, Graz, 1941.

Frankland, Noble (*see* Webster, Charles).

Galland, Adolf, *Die Ersten und die Letzen*, Schneekluth, Darmstadt, 1953.

Gartmann, Heinz, *Traumer, Forscher, Konstrukteure*, Econ, Düsseldorf, 1958.

Girbig, Werner, *1,000 Tage über Deutschland. Die 8 amerikanische Luftfiotte im 2. Weltkrieg*, Lehmanns, Munich, 1964.

Görlitz, Walter, *Paulua, Ich stehe hier auf Befehl*, Bernard & Graefe, Frankfurt, 1960.

Green, William, *Floatplanes*, Macdonald, London, 1962.

攻擊高度四千米：德國空軍崛起與敗亡的命運

Angriffshöhe 4000: Die deutsche Luftwaffe im Zweiten Weltkrieg

作者　卡尤斯・貝克（Cajus Bekker）
譯者　常　靖
主編　區肇威（查理）
封面設計　莊謹銘
內頁排版　宸遠彩藝

出版　燎原出版／遠足文化事業股份有限公司
發行　遠足文化事業股份有限公司（讀書共和國出版集團）
地址　新北市新店區民權路 108-2 號 9 樓
電話　02-2218-1417
信箱　sparkspub@gmail.com
法律顧問　華洋法律事務所／蘇文生律師
印刷　中原造像股份有限公司

出版日期　二〇二一年六月／初版一刷
　　　　　二〇二三年七月／初版三刷
定價／七五〇元

讀者服務

攻擊高度四千米：德國空軍崛起與敗亡的命運 / 卡尤斯 . 貝克 (Cajus Bekker) 著 ; 常靖譯 . -- 初版 . -- 新北市 : 遠足文化事業股份有限公司燎原出版 , 2021.05
672 面 ; 17×22 公分

譯自 : Angriffshöhe 4000 : Die deutsche Luftwaffe im Zweiten Weltkrieg

ISBN 978-986-06297-2-9 (平裝)

1. 空軍　2. 空戰史　3. 德國

598.943　　110006752